Springer-Lehrbuch

Springer-Verlag Berlin Heidelberg GmbH

Peter Vogel

Signaltheorie und Kodierung

Mit 129 Abbildungen

 Springer

Prof. Dr. Peter Vogel
Fachhochschule Düsseldorf
Josef-Gockelnstr. 9
40474 Düsseldorf

ISBN 978-3-540-66011-8

Die Deutsche Bibliothek – Cip-Einheitsaufnahme
Vogel, Peter: Signaltheorie und Kodierung / Peter Vogel. - Berlin; Heidelberg; New York;
Barcelona; Hongkong; London; Mailand; Paris; Singapur; Tokio: Springer, 1999
   (Springer-Lehrbuch)
   ISBN 978-3-540-66011-8   ISBN 978-3-642-58473-2 (eBook)
   DOI 10.1007/978-3-642-58473-2

Einbandgestaltung: design & production GmbH, Heidelberg
Satz: Reproduktionsfertige Vorlage des Autors
SPIN: 10729630   62/3020 - 5 4 3 2 1 0 - Gedruckt auf säurefreiem Papier

Vorwort

Im vorliegenden Lehrbuch werden zwei Fachgebiete behandelt. Das erste Fachgebiet, die Signaltheorie oder Systemtheorie, beinhaltet eine formale Beschreibung von Signalen und Systemen und stellt damit eine wichtige Grundlage für andere Fachgebiete, beispielsweise die Nachrichtentechnik und Regelungstechnik, zur Verfügung. Das zweite Fachgebiet, die Kodierung, beinhaltet spezielle Signalverarbeitungen zur Datenkompression oder für den Fehlerschutz bei einer Datenübertragung oder Speicherung. Ihre Verbreitung wurde erst durch die Technik der digitalen Signalverarbeitung ermöglicht.

Das Buch entstand während meiner Vorlesungstätigkeit über Nachrichtentechnik an der Fachhochschule Düsseldorf für den Studiengang *Ton und Bild.* Bei Aufnahme der Tätigkeit im Berufungsjahr 1994 folgte ich zunächst einer verbreiteten Auffassung über die wichtige Klasse der sog. *linearen, zeitinvarianten* Systeme hinsichtlich ihrer Darstellbarkeit im Zeitbereich und Frequenzbereich. Schon in einem frühen Stadium eigener Untersuchungen, die ich im Jahr 1997 begann, wurden Gültigkeitsgrenzen von bislang als allgemeingültig erachteten Grundaussagen festgestellt. Spannend war, hinter die Gültigkeitsgrenzen zu blicken. Die Ergebnisse sind in Kap. 5 veröffentlicht. Bereits die Problemerkennung erfordert eine mathematisch geradezu „pingelige" Betrachtungsweise, bestehend aus kleinen, vorsichtigen Schritten, die sich durch das ganze Buch zieht. Diese Vorgehensweise hat sich bewährt, denn sie ermöglicht eine hundertprozentige Nachvollziehbarkeit des Stoffes. Die Beschränkung auf plausible Erklärungen dagegen kann zu Mißverständnissen führen, wie der Wettlauf zwischen Achilles und der Schildkröte aus dem Paradoxon von Zenon aus Elea zeigt (der Hase kann die Schildkröte niemals einholen, da er für jede verbleibende halbe Distanz zur Schildkröte immer wieder eine bestimmte Zeit benötigt).

Daß der Schwerpunkt auf der digitalen (zeitdiskreten) Signalverarbeitung liegt, ist kein Zufall. Die mathematische Darstellung der Signale erfordert dann lediglich elementare Grundkenntnisse, z.B. über Zahlenfolgen und Zahlenreihen. Distributionen zur genauen Darstellung analoger Signale werden damit vermieden. Interessanterweise ist dies auch bei der Beschreibung der Schnittstelle zwischen analogen und digitalen Signalen der Fall. Das Buch richtet sich daher auch an Fachhochschulstudenten. Es vermittelt Grundkenntnisse, um die Signalverarbeitung in modernen signalverarbeitenden Systemen zu verstehen, die Filtermethoden, aber auch Kodierstandards für die Kodierung von Ton und Bild einschließen. Kapitel 5 dagegen ist für Fachleute gedacht oder für Studenten, die signaltheoretische Kenntnisse bereits erworben haben.

Konsequent wurde für alle Kapitel eine induktive Vorgehensweise gewählt, die vom Beispiel zur Verallgemeinerung führt. Nicht nur für Behauptungen (Lemmas und Sätze) wurden übersichtliche Strukturelemente eingesetzt, sondern auch für Definitionen und Beispiele. Diese Teile können damit sofort unterschieden werden und sind nicht untrennbar miteinander verzahnt. Bei den zahlreichen Abbildungen wurden auch Grauwertbilder dargestellt, da die Signalverarbeitung anhand der Bildverarbeitung in idealer Weise veranschaulicht werden kann. Mathematisch komplizierte Betrachtungen sind, weitgehend vom Hauptteil getrennt, in selbstständigen Einheiten wie Fußnoten und Anhängen untergebracht. Übungen befinden sich ebenfalls streng strukturiert am Ende jedes Kapitels. Problemvertiefungen können dort ebenfalls ausgelagert sein, d.h. sie beinhalten nicht nur Schema-Aufgaben. Zur weiteren Förderung des Leseflusses wurde die Anzahl der Referenzen auf mathematische Formeln klein gehalten.

An dieser Stelle gilt mein Dank allen, die am Entstehen dieses Buches mitgewirkt haben. Insbesondere möchte ich Herrn Dipl.-Ing. M. Esser für seine ausdauernde Unterstützung in allen Fragen betreffend der Latex-Erstellung des Buches danken sowie Herrn Holzwarth vom Springer-Verlag, Herrn Prof. Dr. W. Krabs für die Durchsicht von Kap. 5, den Studenten K. Rauhaus und C. Arnold für ihr fachliches Engagement und ihr Korrekturlesen, ebenso Herrn Studienrat Kindervater und meinem Sohn Sebastian. Mein Dank gilt auch meiner Ehefrau Margarete, die mir den zeitlichen Rahmen für das Buchprojekt ermöglichte. Mein Dank gilt schließlich dem Springer-Verlag für seine freundliche Unterstützung.

Wenn Sie, liebe Leserin oder lieber Leser, Anmerkungen, Anregungen oder Korrekturhinweise haben, würde ich mich über eine Mitteilung freuen. Schreiben Sie mir an die Fachhochschule Düsseldorf, oder schicken Sie mir eine Email an vogelpe@mail.rz.uni-duesseldorf.de.

Kaarst, im Mai 1999   *Peter Vogel*

Inhaltsverzeichnis

Formelzeichen

Zahlen und Zahlenmengen

arg

Argument (s. $\mathbb{C}$)

$\mathbb{C}$

Menge der komplexen Zahlen.
Eine komplexe Zahl z kann als Punkt einer Ebene, der *komplexen Zahlenebene*, dargestellt werden. Ihre Koordinaten sind der Realteil $\operatorname{Re} z$ und Imaginärteil $\operatorname{Im} z$. Die Länge des Vektors zu diesem Punkt ist der Betrag $|z|$, der mit der Realteilachse gebildete Winkel ist das Argument $\arg z$. Aus Betrag und Argument einer komplexen Zahl z ergeben sich ihr Realteil und Imaginärteil zu $\operatorname{Re} z = |z|\cos(\arg z)$ und $\operatorname{Im} z = |z|\sin(\arg z)$. Die Addition komplexer Zahlen entspricht der Addition von Vektoren. Bei der Multiplikation werden die Beträge multipliziert und die Argumente addiert. Aus diesen Definitionen folgen die Rechenregeln eines Körpers. Für die *imaginäre Einheit* j beispielsweise ist $\operatorname{Re} \mathrm{j} = 0$, $\operatorname{Im} \mathrm{j} = 1$ und $|\mathrm{j}| = 1$, $\arg \mathrm{j} = \pi/2$. Daraus folgt die für die imaginäre Einheit charakteristische Beziehung $\mathrm{j}^2 = -1$.

j

Imaginäre Einheit (s. $\mathbb{C}$)

$\mathbb{N}$

Menge der natürlichen Zahlen. Sie enthält die Zahlen $1, 2, \ldots$. Die 0 wird nicht dazugezählt.

$\mathbb{Q}$

Menge der rationalen Zahlen. Sie enthält alle Brüche n/m mit ganzen Zahlen $n, m \in \mathbb{Z}$.

$\operatorname{Re}, \operatorname{Im}$

Ralteil und Imaginärteil (s. $\mathbb{C}$)

$\mathbb{R}$

Menge der reellen Zahlen.
Reelle Zahlen lassen sich durch die Punkte einer Geraden, der *Zahlengeraden*, darstellen. Wie bei den komplexen Zahlen gelten die Rechenregeln eines Körpers. Im Gegensatz zu komplexen Zahlen lassen sich zwei reelle Zahlen x, y stets miteinander vergleichen, d.h. es gilt eine der drei Beziehungen $x < y$, $x = y$, $x > y$.

$\mathbb{Z}$ Menge der ganzen Zahlen. Sie enthält die Zahlen $0, 1, -1, 2, -2, \ldots$.

Matrizen und Vektoren

$\boldsymbol{E}$ Einheitsmatrix.
Eine (reelle) quadratische Matrix. Alle Komponenten in der Hauptdiagonalen sind 1. Die anderen Komponenten sind 0.

$\boldsymbol{e}_n$ Einheitsvektoren.
Ihre n-te Komponente ($n \in \mathbb{N}$) ist 1. Alle anderen Komponenten sind 0.

$\boldsymbol{F}$ Quadratische Matrix.
Die Komponenten werden mit $\boldsymbol{F}_{n,m}$ angegeben, wobei n die Zeilennummer und m die Spaltennummer ist.

$\boldsymbol{F}^T$ Transponierte einer Matrix $\boldsymbol{F}$.
Sie ensteht aus $\boldsymbol{F}$ durch Vertauschung der Zeilen mit den Spalten, d.h. es ist $\boldsymbol{F}^T_{n,m} = \boldsymbol{F}_{m,n}$.

$\boldsymbol{\Lambda}$ Diagonalmatrix.
Eine komplexwertige, quadratische Matrix. Nur Komponenten in der Haupdiagonalen können verschieden von 0 sein.

$\boldsymbol{x}$ Reeller oder komplexer (Spalten-)Vektor. Die Komponenten werden mit $x(1), x(2), \ldots$ (ohne Fettdruck) angegeben.

Funktionen

e^x Exponentialfunktion für reelle Zahlen x mit e als Eulersche Zahl

$\mathrm{e}^{\mathrm{j}\,x}$ Komplexe Zahl mit dem Betrag 1 und dem Argument (Winkel) x ($x \in \mathbb{R}$). Es ist

$$\mathrm{e}^{\mathrm{j}\,x} = \mathrm{Re}\,\mathrm{e}^{\mathrm{j}\,x} + \mathrm{j}\,\mathrm{Im}\,\mathrm{e}^{\mathrm{j}\,x} = \cos x + \mathrm{j}\,\sin x \,.$$

$\mathrm{F}(v)$ Hilfsfunktion (reell oder komplex)

$\log x$ Logarithmusfunktion. Mit $\mathrm{ld}, \mathrm{lg}, \mathrm{ln}$ wird der Zweierlogarithmus (Basis 2), Zehnerlogarithmus (Basis 10) bzw. natürliche Logarithmus (Basis e) bezeichnet.

si Spaltfunktion, definiert durch $\mathrm{si}\,(x) = \sin(x)/x$. Eigenschaften: Beliebig oft differenzierbar, gerade, Funktionsgrenzwert $\mathrm{si}\,(0) = 1$.

Si   Integralsinus, definiert durch $\mathrm{Si}(x) = \int_0^x \mathrm{si}\,(v)\,\mathrm{d}v$

$P(z)$ Polynom mit reellen Koeffizienten

Sonstige mathematische Symbole

lim   Grenzwert einer reellen oder komplexen (zweiseitigen) Zahlenfolge $x(k), k \in \mathbb{Z}$. Grenzwerte werden auch mit

$$x(-\infty) = \lim_{k \to -\infty} x(k)$$

und

$$x(\infty) = \lim_{k \to \infty} x(k)$$

bezeichnet. Die Grenzwertbildung ist mit der Addition und Multiplikation verträglich, d.h. die Summe und das Produkt zweier konvergenter Folgen ist ebenfalls konvergent, wobei die Grenzwerte zu addieren bzw. zu multiplizieren sind.

$\sum_{i=-\infty}^{\infty}$ Reihengrenzwert.
Er ergibt sich für eine (zweiseitige) Folge als Grenzwert der Folge der Partialsummen $\sum_{i=-k}^{k} x(i)$ für $k \to \infty$. Die absolute Konvergenz einer Reihe beinhaltet die Konvergenz der Reihe für die Folge $|x(i)|$ der Beträge. Sie ist stärker als Konvergenz, d.h. aus der aboluten Konvergenz einer Reihe folgt ihre Konvergenz, aber die Umkehrung gilt nicht.

$\sum_{i}^{e}$ Es erfolgt eine Summation über alle ganzen Zahlen $i \in \mathbb{Z}$. Hierbei sind aber nur endlich viele Summanden von 0 verschieden. Der Reihengrenzwert ist somit durch eine endliche Summe gegeben.

$:=$ Definierendes Gleichheitszeichen

$*$ Faltung (auch Konjugation einer komplexen Zahl).
Die Faltung $y = x * h$ zweier Signale x, h ist bei der zeitdiskreten Faltung durch $y(k) = \sum_{i=-\infty}^{\infty} h(i)x(k-i)$ gegeben. Die zeitkontinuierliche Faltung ist durch
$y(t) = \int_{-\infty}^{\infty} h(v)x(t-v)\,\mathrm{d}v$ definiert, wird aber nicht benötigt.

$\subset$ Teilmengenrelation. Beispielsweise ist $\mathbb{N} \subset \mathbb{Z}$ bzw. $\mathbb{Z} \supset \mathbb{N}$ (Obermengenrelation). Bei $\subseteq$ und $\supseteq$ ist auch die Gleichheit der Mengen erlaubt.

$\cap$ Durchschnitt von Mengen

Wahrscheinlichkeitsrechnung

E Erwartungswert einer Zufallsvariablen. Er ist das Ergebnis eines Zufallsexperiments und ergibt sich aus einer statistischen Mittelung gemäß $E\{x\} = \int_{-\infty}^{\infty} x p(x)\, dx$ für eine reelle Zufallsvariable mit der pdf $p(x)$ und $E\{x\} = \sum_{i=1}^{N} x_i P_i$ für eine diskrete Zufallsvariable mit den Wahrscheinlichkeitswerten $P_i = \mathrm{prb}(x_i), i = 1 \ldots N$. Aus der Bedeutung von P_i als Anteil der aufgetretenen Werte x_i bei einer großen Anzahl (unabhängiger) Durchführungen des Zufallsexperiments folgt, daß $E\{x\}$ den mittleren Wert von x angibt. Für $E\{x\} = 0$ heißt die Zufallsvariable x *mittelwertfrei*. Die Erwartungswertbildung ist eine lineare Operation, d.h. für zwei Zufallsvariable x_1, x_2 und Zahlen $\lambda, \mu \in \mathbb{R}$ gilt $E\{\lambda x_1 + \mu x_2\} = \lambda E\{x_1\} + \mu E\{x_2\}$.

p Verteilungsdichte (pdf). Sie ist eine nicht negative, integrierbare Funktion mit $\int_{-\infty}^{\infty} p(x)\, dx = 1$.

P Wahrscheinlichkeitswert.
Wahrscheinlichkeitswerte sind nicht negative, reelle Zahlen, deren Summe 1 ergibt.

ρ Korrelationskoeffizient.
Er gibt an, in welchem Maße eine linearere Beziehung zwischen zwei Zufallsvariablen x_1, x_2 besteht. Es ist

$$\rho = E\{[x_1 - \mu_1][x_2 - \mu_2]/[\sigma_1 \cdot \sigma_2]$$

mit μ_1, μ_2 als Erwartungswert von x_1, x_2 und σ_1, σ_2 als Standardabweichung von x_1, x_2. Für $\rho = 1$ besteht eine 100 %ige Korrelation, für $\rho = 0$ sind die Zufallsvariablen unkorreliert. Statistisch unabhängige Zufallsvariable sind unkorreliert.

σ^2 Varianz.
Die Varianz einer Zufallsvariablen x ist durch $\sigma^2 = E\{[x - E\{x\}]^2\}$ gegeben. Die Varianz ist somit die mittlere quadratische Abweichung der Zufallsvariable x von ihrem Erwartungswert und damit ein Maß für ihre „Variabilität". Der Wert σ heißt *Standardabweichung*. Für eine mittelwertfreie Zufallsvariable ist $E\{x\} = 0$ und damit die Varianz gleich ihrem zweiten Moment $E\{x^2\}$. Aus der Linearität der Erwartungswertbildung folgt die Berechnung der Varianz gemäß $\sigma^2 = E\{x^2\} - [E\{x\}]^2$. Ist die Zufallsvariable x mittelwertfrei, stimmen folglich Varianz und zweites Moment von x überein.

Signale, Signalparameter, Signalräume

b_i — Basissignale.
Aus ihnen werden mit Hilfe elementarer Signaloperationen Signalräume erzeugt. Beispielsweise wird der Signalraum der Signale endlicher Dauer durch den Diracimpuls erzeugt.

$\boldsymbol{b}_i$ — Endlichdimensionale Basisvektoren.
Aus ihnen kann ein beliebiger Eingangsvektor $x \in \mathbb{R}^M$ gemäß $\boldsymbol{x} = \sum_{n=1}^{M} \widetilde{x}(n)\boldsymbol{b}_n$ erzeugt werden. Die Faktoren $\widetilde{x}(n)$, mit denen die Basisvektoren multipliziert werden, sind die Transformationskoeffizienten einer Transformation mit der Transformationsmatrix $\boldsymbol{F}$ (s. $\boldsymbol{F}$). Für orthogonale Basisvektoren gilt $\boldsymbol{b}_n^{*T} \cdot \boldsymbol{b}_m = \delta(n - m)$.

c, C — Konstanten.
c bezeichnet eine Zeitkonstante, C bezeichnet einen konstanten Signalwert.

δ — Diracimpuls.
Es wird nur der zeitdiskrete Diracimpuls benötigt. Es ist $\delta(0) = 1$ und $\delta(k) = 0$ für $k \neq 0$.

ε — Sprungsignal.
Zeitdiskretes oder zeitkontinuierliches Signal. Es ist dadurch gekennzeichnet, daß alle Signalwerte vor dem Zeitpunkt 0 gleich 0 und die übrigen Signalwerte gleich 1 sind.

f — Frequenz.
Indizes: „a" : Abtastung, „d" : diskret, „g" : Grenzfrequenz.

$\boldsymbol{F}$ — Quadratische Transformationsmatrix.
Die Spalten von $\boldsymbol{F}^{-1}$ sind die Basisvektoren der Transformation $\widetilde{\boldsymbol{x}} = \boldsymbol{F} \cdot \boldsymbol{x}$ (s. $\boldsymbol{b}_i$). Bei einer unitären Transformation bilden die Basisvektoren ein Orthonormalsystem. Es gilt dann $\boldsymbol{F}^{-1} = \boldsymbol{F}^{*T}$. Bei einer orthogonalen Transformation ist $\boldsymbol{F}^{-1} = \boldsymbol{F}^{T}$.

k — Diskreter Zeitpunkt ($k \in \mathbb{Z}$)

$\mathbf{LTI}(\mathbb{E})$ — LTI-Hülle einer Signalmenge (Erzeuger) $\mathbb{E}$. Sie enthält alle (endlichen) Linearkombinationen, die man aus Signalen $x \in \mathbb{E}$ und ihren Verschiebungen $\tau_c(x)$ bilden kann.

r_τ — Rechteckimpuls.
Zeitdiskretes oder zeitkontinuierliches Signal. Es ist durch $r_\tau(t) = \varepsilon(t) - \varepsilon(t - \tau)$ definiert. Hierbei ist τ die Impulsdauer.

s_τ — Spaltfunktion (Signal). Es ist $s_\tau(t) = \mathrm{si}\,(\pi t/\tau)$ mit der si-Funktion $\mathrm{si}\,(x) = \sin(x)/x$. Hierbei ist τ die erste Nullstelle > 0.

t — Zeitpunkt ($t \in \mathbb{R}$)

T — Abtastabstand

T_0 — Periodendauer

Ω — Signalraum.

Er stellt den Definitionsbereich eines LTI-Systems dar und ist dadurch gekennzeichnet, daß die elementaren Signaloperationenen, die Addition zweier Signale des Signalraums, die Multiplikation eines Signals mit einem Faktor $\lambda \in \mathbb{C}$ und die zeitliche Verschiebung eines Signals wieder ein Signal des Signalraums ergibt.

Mit $\Omega_{\Sigma-}$, Ω_{0-} wird der Signalraum der linksseitig summierbaren bzw. linksseitig abklingenden, zeitdiskreten Signale bezeichnet. Ω^+ ist die direkte Summe aus Ω und einem Signal, das nicht aus Ω ist.

x — Eingangssignal, Eingangswert.

Zeitdiskrete Signale sind zweiseitige Folgen reeller oder komplexer Zahlen. Mit $x(k)$ werden sowohl das Signal als auch ihre Signalwerte bezeichnet.

Zeitkontinuierliche Signale sind reelle oder komplexe Funktionen. Mit $x(t)$ werden sowohl das Signal als auch ihre Signalwerte bezeichnet. Mit $x_{\min}, x_{\max}$ wird der Wertebereich bezeichnet.

Akzente: $\tilde{x}$: Transformation, $\bar{x}$: Mittelwert, $\hat{x}(k)$: Schätzwert.

Indizes: „a" : Abtastung, „c" : komplexwertig, „d" : diskret, „p" : Prädiktionsfehler, „u" : Unterabtastung.

$x^F(f)$ — Frequenzfunktion eines Signals.

Sie ist für zeitdiskrete Signale durch

$$x^F(f) = \sum_{i=-\infty}^{\infty} x(i)\,\mathrm{e}^{-\mathrm{j}\,2\pi f i}$$

definiert und für zeitkontinuierliche Signale $x(t)$ implizit durch

$$x(t) = \int_{-\infty}^{\infty} x^F(f)\,\mathrm{e}^{\mathrm{j}\,2\pi f t}\,\mathrm{d}f\;.$$

$X(z)$ — z-Transformierte eines Signals.

Sie ist für zeitdiskrete Signale durch

$$X(z) = \sum_{i=-\infty}^{\infty} x(i)z^{-i}\;,\; z \in \mathbb{C}$$

definiert.

y — Ausgangssignal, Ausgangssignalwert.
Die Bezeichnungen für den Eingangswert x werden übernommen. Indizes: „c" : komplexwertig, „d" : diskret, „p" : Prädiktionsfehler, „s" : Spreizung.

Systeme

$A(f)$ — Amplitudenfunktion eines Systems. Es ist $A(f) = |S^F(f)|$.

FIR — FIR-Filter (zeitdiskret).
Das (zeitdiskrete) Faltungssystem ist durch eine Impulsantwort endlicher Dauer charakterisiert, d.h. es ist

$$y(k) = \sum_{i=k_1}^{k_2} h(i)x(k-i) \, .$$

grad — Filtergrad eines FIR-Filters.
Er ist als $k_2 - k_1 + 1$ definiert mit k_1 als Anfangszeitpunkt und k_2 als Endzeitpunkt der Impulsantwort des FIR-Filters. Für das Nullfilter FIR = 0 ist die Impulsantwort gleich 0 und der Filtergrad ist nicht definiert.

g — Impulsantwort eines Generator-Filters.
Damit werden sog. *primäre* Signalabhängigkeiten ausgedrückt.

h — Impulsantwort eines LTI-Systems.
Ein Faltungssystem ist durch seine Impulsantwort vollständig beschrieben. Das Ausgangssignal ergibt sich durch Faltung des Eingangssignals mit der Impulsantwort gemäß $y = x * h$, d.h.

$$y(k) = \sum_{i=-\infty}^{\infty} h(i)x(k-i) \, .$$

Für den Interpolator (digitaler Modulator) ist das Eingangsignal zeitdiskret und das Ausgangssignal zeitkontinuierlich mit $y(t) = \sum_{i=-\infty}^{\infty} x(kT)h(t-kT)$.
Spezielle Impulsantworten: h_{121}: 121-Filters, h_{RP}: System im Rückkopplungspfad, h_R: Rückkopplung.

h_n — Impulsantworten eines FIR-approximierbaren LTI-Systems.
Das Ausgangssignal ergibt sich aus

$$y(k) = \lim_{n \to \infty} \sum_{i=-n}^{n} h_n(i)x(k-i) \, .$$

$h^F(f)$ — Fouriertransformierte der Impulsantwort h. Sie gibt die Frequenzfunktion des Faltungssystems mit der Impulsantwort h an.

h^{-1} — Inverse Impulsantwort.
Sie ist durch $h * h^{-1} = h^{-1} * h = \delta$ charakterisiert.

$[h]$ — Filtermatrix.
Die Multiplikation eines Eingangsvektors $\boldsymbol{x}$ mit der Filtermatrix entspricht einer Faltung des zeitdiskreten Signals $x(k)$ mit der Impulsantwort h. Das Signal $x(k)$ entsteht aus dem Vektor $\boldsymbol{x}$ durch eine Signalfortsetzung.

$H(z)$ — Übertragungsfunktion.
Sie ist die z-Transformierte der Impulsantwort h, gegeben durch

$$H(z) = \sum_{i=-\infty}^{\infty} h(i)z^{-i} \, , \; z \in \mathbb{C} \, .$$

Die Reihe konvergiert für $r_1 < |z| < r_2$.

S — System (zeitdiskret oder zeitkontinuierlich).
Ein System wird durch die Abhängigkeit des Ausgangssignals vom Eingangssignal beschrieben. Zur vollständigen Beschreibung gehört die Angabe der Eingangssignale, für die das System definiert ist. Für ein LTI-System bilden die Eingangssignale den Signalraum Ω (s. Signale). Bei einem zeitdiskreten System sind Eingangs-und Ausgangssignale zeitdiskret, bei einem kontinuierlichen System sind beide Signale zeitkontinuierlich. Gemischte Formen kommen auch vor (Interpolator und Abtaster). Spezielle Systeme sind:

τ_c:	Verzögerer,
S_Δ:	Differenzierer,
$S_{\Sigma-}$:	(Linksseitiger) Summierer,
$S_{\Sigma+}$:	Rechtsseitiger Summierer,
S_{id}:	Identisches System,
S_h:	Faltungssystem mit der Impulsantwort h,
$S_{\mathrm{pr1}}, S_{\mathrm{pr2}}$:	Projektionen,
S^+:	Fortsetzung von S auf Ω^+,
S_{kon}:	Zeitkontinuierliches System,
S_{dis}:	Zeitdiskretes System,
S_{RP}:	System im Rückkopplungspfad.

S^{-1} — Inverses System (Umkehrsystem).
Es kehrt die Systemoperation des Systems S um, d.h. es gilt $S^{-1}(S(x)) = x$ für alle Eingangssignale $x \in \Omega$.

$S^F(f)$ — Frequenzfunktion eines Systems.
Die Frequenzfunktion eines zeitdiskreten Systems ist durch $y(k) = S^F(f)\,\mathrm{e}^{\mathrm{j}\,2\pi fk}$ bzw. für ein zeitkontinuierliches System durch $y(t) = S^F(f)\,\mathrm{e}^{\mathrm{j}\,2\pi ft}$ definiert. Hierbei wird vorausgesetzt, daß das System auf ein sinusförmiges Signal der Frequenz f mit einem sinusförmigen Signal der gleichen Frequenz reagiert.

τ_c — Verzögerer (s. S)

$\Phi(f)$ — Phasenfunktion eines Systems. Es ist $\Phi(f) = \arg S^F(f)$.

Kodierung

a_i — s. Quantisierung Q

b — Binärblock (Binärvektor). Seine Komponenten sind 0 oder 1.

D — Mittlerer quadratischer Quantisierungsfehler. Bei einer skalaren Quantisierung ist $D = E\{[x - Q(x)]^2\}$.

d — Hamming-Distanz.
Sie gibt den Abstand zwischen zwei Binärvektoren in Form der Anzahl der unterschiedlichen Binärkomponenten an.

e — Ereignis.
Unterschieden wird zwischen der Ereignisfolge $e(k)$ ($k = 1, 2, \ldots$) und dem Wertevorrat für jedes Ereignis $e(k)$, gegeben durch die Ereigniswerte $e_i, i = 1, \ldots N$.

I — Entropie. Die (absolute) Entropie einer diskreten Zufallsvariable mit den Wahrscheinlichkeitswerten $P_1, \ldots P_N$ ist durch $I = -\sum_{i=1}^{N} P_i \operatorname{ld} 1/P_i$ gegeben. Die (differentielle) Entropie einer kontinuierlichen Zufallsvariablen mit der pdf $p(x)$ ist $I = -\int_{-\infty}^{\infty} p(x) \operatorname{ld} p(x)\,\mathrm{d}x$.

L — Anzahl der Binärsymbole.
Bei der AD-Umsetzung ist sie die Wortbreite. In diesem Fall erfolgt die Binärkodierung durch einen FLC. Bei einem VLC bezeichnen $L_i, i = 1, \ldots N$ die Kodewortlängen des VLC.
Bei der Kanalkodierung bezeichnen L, L_Q, L_P die Blockgröße, die Anzahl der Quellbit und die Anzahl der Prüfbit. Es ist $L = L_Q + L_P$.

M — Blockgröße bei Quellenkodierung.
Hierbei werden jeweils M Ereignisse gemeinsam durch einen VLC binär kodiert.

p

Verteilungsdichte (pdf) (s. **Wahrscheinlichkeitsrechnung**)

P

Wahrscheinlichkeitswert (s. **Wahrscheinlichkeitsrechnung**).
Es bezeichnen P_e, P_eK, P_R, P_F, P_W die Wahrscheinlichkeit für einen Bitfehler bei einem symmetrischen Binärkanal ohne Kanalkodierung (P_e) und mit Kanalkodierung (P_eK), für eine fehlerfreie Blockübertragung (P_R), für eine fehlerhafte Blockübertragung, wenn der Fehler nicht erkannt wird (P_F) und für eine Blockwiederholung (P_W).

Q

Quantisierung (skalar oder vektoriell).
Einem Eingangswert (skalare Quantisierung) oder Eingangsvektor (Vektorquantisierung) wird ein Ausgangswert bzw. Ausgangsvektor zugeordnet, wobei die Menge der möglichen Ausgangswerte $y_1, \ldots y_N$ bzw. Ausgangsvektoren $\boldsymbol{y}_1, \ldots \boldsymbol{y}_N$ endlich ist. Bei einer skalaren Quantisierung bezeichnen $a_i, i = 1, \ldots N$ die linken Randpunkte der Quantisierungsintervalle.

ρ

Korrelationskoeffizient (s. **Wahrscheinlichkeitsrechnung**)

R

Mittlere Bitrate.
Es sind R_K, R_Q die Kanalbitrate und die Quellbitrate, beispielsweise in bit pro Eingangswert oder bit pro Sekunde. $R_\mathrm{G}(D)$ bezeichnet die RDF bei gaußverteilten Eingangswerten: $R_\mathrm{G}(D) = 1/2\,\mathrm{ld}\,(\sigma^2/D)$.

σ^2

Varianz von x (s. **Wahrscheinlichkeitsrechnung**). Mit σ_p^2 wird die Varianz der Prädiktionsfehlerwerte bezeichnet, d.h. es ist

$$\sigma_\mathrm{p}^2 = E\{[x(k) - \widehat{x}(k)]^2\}\,.$$

Er stellt den mittleren quadratischen Prädiktionsfehler dar.

s

Quantisierungsschrittweite bei einer skalaren, uniformen Quantisierung

Überblick

Um sich im vorliegenden Buch besser zurechtzufinden, gibt die folgende Abb. einen Überblick über den Inhalt und die Schwerpunkte. Die Pfeile stellen Querbezüge dar. Querbezüge bestehen somit auch zwischen der Signaltheorie und der Kodierung. Die Angabe „3.4" beispielsweise bedeutet, daß FIR-Filter aus *Abschn. 3.4* (Abschn. 4 aus Kap. 3) bei der Quellenkodierung eingesetzt werden.

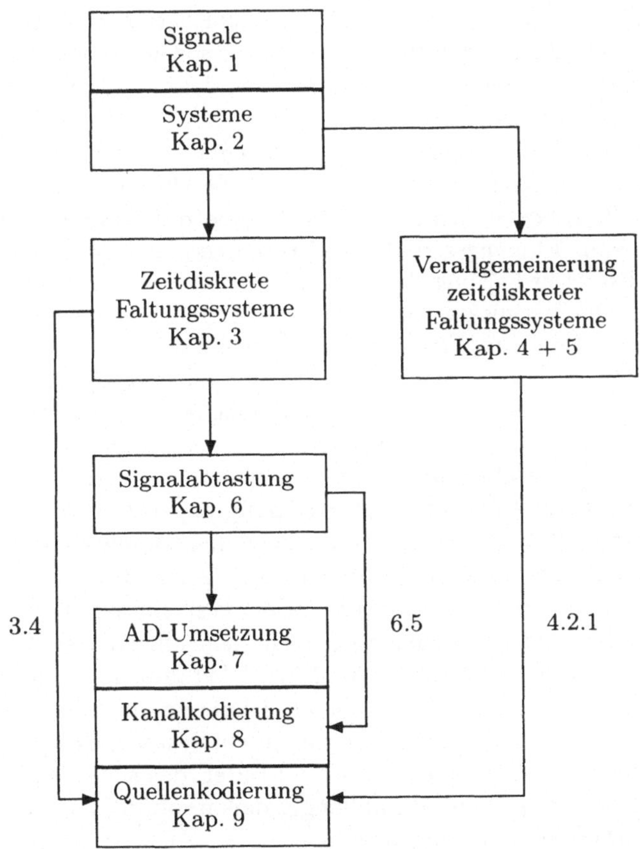

Abb. 0.1. Aufbau des Buches

Kapitel 1–6 beschreiben die Theorie der Signale und Systeme, *Kap. 7, 8, 9* beinhalten die Kodierung. In *Kap. 1 und 2* werden Signale und Systeme (auch als Filter bezeichnet) eingeführt. Signale und Systeme können mit Zahlen und Funktionen verglichen werden. Die Signale entsprechen Zahlen, Systeme entsprechen Funktionen, die eine Zahlenumformung bewirken. Dementsprechend reagieren Systeme auf ein Eingangssignal mit einem Ausgangssignal. Grundsätzlich wird zwischen zeitdiskreten und zeitkontinuierlichen Signalen unterschieden. Zeitkontinuierliche Signale beschreiben z.B. den stetigen, zeitlichen Verlauf einer elektrischen Spannung, die ein Mikrofon abgibt. Zeitdiskrete Signale sind eher „künstlicher" Natur. Sie werden durch Zahlenfolgen beschrieben, die beispielsweise die Bytewerte einer Computerdatei darstellen. Die Systemeigenschaften Kausalität, Stabilität, Linearität und Zeitinvarianz werden anhand von Systembeispielen eingeführt und es wird untersucht, wie sich diese Eigenschaften auf eine Zusammenschaltung von Systemen auswirken.

Eine Spezialisierung auf zeitdiskrete Signale und Systeme erfolgt in *Kap. 3*. Es enthält viele Methoden der digitalen Signalverarbeitung wie die zeitdiskrete Faltung, die Fouriertransformation und z-Transformation sowie FIR-Filter und IIR-Filter. Viele Bücher der digitalen Signalverarbeitung sind ausschließlich diesen Themen gewidmet. Die in *Kap. 3* behandelten Systeme sind als sog. *LTI-Systeme* bekannt. Die Bezeichnung kommt aus dem Englischen und steht für *Linear* und *Time Invariant* (zeitinvariant). Sie können entweder direkt im Zeitbereich oder im Frequenzbereich beschrieben werden. Ihre Beschreibung im Zeitbereich beinhaltet die Angabe des Ausgangssignals in Abhängigkeit vom Eingangssignal. Das Ausgangssignal ergibt sich hierbei aus einer zeitdiskreten Faltung des Eingangssignals mit der Impulsantwort des Systems. Die Impulsantwort stellt somit eine Systemcharakteristik dar. Die Beschreibung im Frequenzbereich beinhaltet die Angabe des sinusförmigen Ausgangssignals für sinusförmige Eingangssignale. Beide Beschreibungsmöglichkeiten werden LTI-Systemen üblicherweise als allgemeingültig unterstellt. In *Kap. 3* wird diese Auffassung bereits durch einfache Gegenbeispiele (Mittelwertbilder und Grenzwertbilder) widerlegt. Diese Systeme „reagieren" nicht auf einen am Systemeingang angelegten Impuls, d.h. ihre Impulsantwort ist 0. Zur besseren Unterscheidung werden die LTI-Systeme, die auf einer Faltung beruhen, *Faltungssysteme* genannt.

Im ersten Abschn. von *Kap. 4* werden die Gegenbeispiele aus *Kap. 3* verallgemeinert. Sie stellen jedoch immer noch nicht den allgemeinen Fall eines LTI-Systems dar, wie sich am Ende von *Kap. 5* herausstellt. *Kap. 5* enthält eine Theorie über zeitdiskrete LTI-Systeme. Hierbei wird in die „innere Struktur" dieser Systeme geblickt. Ein Beispiel für ein System aus *Kap. 5* ist das „Monster-LTI-System". Dieses System ist ein Filter, das sinusförmige Eingangssignale sperrt oder passieren läßt abhängig davon, ob die Frequenz einen rationalen Zahlenwert besitzt oder nicht.

Die verschiedenen zeitdiskreten Systeme kann man mit unserem Zahlensystem vergleichen: Auf der untersten Stufe stehen FIR-Filter aus Abschn. 3.4. Sie entsprechen den ganzen Zahlen. Die Zusammenschaltungen von FIR-Filtern führen auf sog. IIR-Filter (Abschn. 3.7). Sie entsprechen den rationalen Zahlen. Rationale Zahlen lassen sich bekanntlich aus zwei ganzen Zahlen (als Bruch) zusammensetzen. Dies trifft sinngemäß für IIR-Filter ebenso zu. Mit FIR-Filtern können aber auch Systeme (bezüglich ihres Verhaltens) angenähert werden, die keine Faltungssysteme sind. Diese Systeme entsprechen den irrationen Zahlen. Es handelt sich hierbei um „bösartige" (mathematisch unstetige) Systeme aus Abschn. 4.1. Ihre Impulsantwort ist als Beschreibungsmittel wertlos. Die Theorie in *Kap. 5* führt auf sog. *universelle* Systeme. Man könnte sie mit den komplexen Zahlen vergleichen oder mit Zahlenfolgen. Sie sind nur mit Hilfe nicht konstruktiver Methoden der Mathematik nachweisbar.

Kapitel 4 und 5 können als Spezialgebiete der Systemtheorie angesehen werden. Sie können bei einem erstmaligen Lesen des Buches übergangen werden bis auf Abschn. 4.2.1. Dort werden unitäre Transformationen eingeführt, insbesondere die Diskrete Fouriertransformation und die Diskrete Kosinustransformation. Auf sie wird in Abschn. 9.4 über Transformationskodierung zurückgegriffen.

Ein eigenständiges Kapitel über zeitkontinuierliche Signale wird man vergeblich suchen, da der Schwerpunkt auf zeitdiskreten Signalen und Systemen liegt. Diesbezüglich wird auf die einschlägige Fachliteratur verwiesen, z.B. [1, 2]. Bestimmte Kenntnisse über zeitkontinuierliche Signale und Systeme werden jedoch in *Kap. 6* über Signalabtastung benötigt. Sie werden daher in Abschn. 6.1 dargelegt. *Kapitel 6* beschreibt die Schnittstelle zwischen zeitkontinuierlichen und zeitdiskreten Signalen. Ein zeitkontinuierliches Signal gibt den zeitlichen Verlauf beispielsweise eines Mikrofonsignals wieder. Durch Entnahme von Signalwerten zu bestimmten Zeitpunkten entsteht daraus ein zeitdiskretes Signal, beschrieben durch eine Zahlenfolge (die Angabe von Maßeinheiten überlassen wir den Physikern). Interessant ist, daß aus dem zeitdiskreten Signal unter bestimmten Voraussetzungen das zeitkontinuierliche Signal fehlerfrei zurückgewonnen werden kann. Dies beinhaltet das Abtasttheorem, das ausführlich behandelt wird. Distributionen, mit denen üblicherweise die Begründung geführt wird, werden nicht verwendet. Aus dem Abtasttheorem folgt insbesondere, daß jedes zeitkontinuierliche System auch zeitdiskret realisiert werden kann (Abschn. 6.3).

Die Digitalisierung eines zeitkontinuierlichen Signals wird durch eine AD-Umsetzung vollendet, bei der die abgetasteten Signalwerte noch „gerundet" werden. Dieser als Quantisierung bezeichnete Vorgang, insbesondere der Rundungsfehler, werden in *Kap. 7* behandelt. Das Ergebnis von Signalabtastung und Quantisierung ist ein digitales Signal. Das digitale Signal kann durch eine Art „Signalverpackung" robuster gegenüber Fehlern gemacht werden, die bei der Übertragung oder Signalspeicherung auftreten. Die Fehlereinflüsse werden durch einen Kanal beschrieben, die Signalverpackung übernimmt die Kanalkodierung (*Kap. 8*). Eine andere Aufgabe ist die Datenkompression. Für die Signalspeicherung beispielsweise wird damit eine Verringerung des benötigten Speicherplatzes erreicht. Methoden der Datenkompression, auch Quellenkodierung genannt, werden in *Kap. 9* dargelegt.

Kapitel 6, 7, 8 und 9 spiegeln einen Teil der Verarbeitungskette einer Nachrichtenübertragung (oder Speicherung) wieder: Ein zeitkontinuierliches Signal wird abgetastet, quantisiert (gerundet) und kodiert. Dies erfolgt vor der eigentlichen Übertragung in Form einer Wellenausbreitung über eine Leitung oder im freien Raum. Vor der Übertragung muß das kodierte Signal noch in ein zeitkontinuierliches Signal umgeformt werden. Diese „klassische" Aufgabe der Nachrichtenübertragung wird als Modulation bezeichnet. Eine einfach zu durchschauende Methode ist die Amplitudenmodulation. Sie erscheint in Abschn. 6.5 als eine Anwendung von Abschn. 6.4. Die Modulation vervollständigt die Verarbeitungskette zur Übertragung eines Signals: Vor der eigentlichen Übertragung wird das (zeitkontinuierliche) Signal abgetastet, quantisiert, komprimiert, „verpackt" (Kanalkodierung) und schließlich moduliert.

1. Zeitdiskrete und zeitkontinuierliche Signale

Zunächst werden verschiedene Signalmodelle vorgestellt. Dazu zählen analoge und digitale Signale. „Einfache" Signale, beispielsweise die Sprungfunktion zur Beschreibung eines Einschaltvorgangs oder der Diracimpuls sind von besonderer Bedeutung. Aus diesen Signalen können mit Hilfe elementarer Signaloperationen komplexere Signale „aufgebaut" werden. Die bei diesem Verknüpfungsprozess entstehenden Signale bilden sog. Signalräume, die den Definitionsbereich für Systeme darstellen. Signalräume ermöglichen eine mathematisch korrekte, und gerade deswegen eine hundertprozentig nachvollziehbare Abhandlung der dargestellten Theorie der Signale und Systeme.

1.1 Signalmodelle

Ein Beispiel für ein Signal ist der elektrische Spannungsverlauf als Ergebnis einer Tonaufzeichnung durch ein Mikrophon. Der Spannungsverlauf folgt hierbei den Schallschwingungen in kontinuierlicher Weise, d.h. die elektrische Spannung (der Signalwert) besitzt zu jedem Zeitpunkt einen bestimmten Wert. Ein solches Signal nennt man *zeitkontinuierlich*. Im Gegensatz zu zeitkontinuierlichen Signalen sind *zeitdiskrete* Signale nur zu bestimmten Zeitpunkten definiert. Ein Beispiel für die Zweckmäßigkeit des zeitdiskreten Signalmodells sind die in einer Datei gespeicherten Bytewerte. Die Zeitpunkte kann man sich hierbei als „Adressen" vorstellen, mit denen die einzelnen Bytewerte adressiert werden können. Der Wertevorrat der Signalwerte ist ebenfalls begrenzt, nämlich auf die durch ein einzelnes Byte darstellbaren $2^8 = 256$ Zustände oder ganzen Zahlen von 0–255. Ein Signal mit einem endlichen Wertevorrat für die Signalwerte nennt man *wertdiskret*.[1] Ein Signal, das sowohl zeitdiskret als auch wertdiskret ist, nennt man *digital*. Die in einer Datei gespeicherten Bytewerte sind also ein Beispiel für ein digitales

---

[1] Ein Signal wird auch noch wertdiskret genannt, wenn die möglichen Signalwerte durch natürliche Zahlen in Form von $y_1, y_2, y_3, \ldots$ abgezählt werden können (abzählbar unendlicher Wertevorrat). Wir werden im folgenden von einem beschränkten und daher endlichen Wertevorrat ausgehen.

Signal. Ein digitales Signal kann innerhalb einer endlichen Zeitspanne durch endlich viele Binärsymbole dargestellt werden. Im Gegensatz dazu nennt man ein zeitkontinuierliches und wertkontinuierliches (nicht wertdiskretes) Signal *analog*.

Die bisherigen Ausführungen legen es nahe, ein zeitdiskretes Signal durch eine Folge reeller Zahlen zu beschreiben und ein zeitkontinuierliches Signal durch eine reelle Funktion. Bestimmte Erweiterungen dieses Signalmodells haben sich als vorteilhaft erwiesen. So kann die Verwendung komplexer Zahlen für die Signalwerte Herleitungen vereinfachen. Davon machen wir im folgenden ebenfalls Gebrauch. Die Benutzung komplexer Zahlen werden wir durch den Begriff „Pseudosignal" hervorheben. Eine andere Erweiterung, das mathematische Modell der sog. *verallgemeinerten Funktionen,* auch *Distributionen* genannt, wird im folgenden dagegen nicht benutzt. Auf die zeitkontinuierliche, auch aus der Physik bekannte, sog. *Delta-Funktion* wird hier also nicht zurückgegriffen. Damit wird eine auch für den Ingenieur in allen Einzelheiten nachvollziehbare Abhandlung ermöglicht. Hauptergebnisse der Signaltheorie für zeitkontinuierliche Signale und Systeme können dennoch hergeleitet werden. Wir werden daher die folgende Definition zugrunde legen:

Definition 1.1 (Signale).
Ein zeitdiskretes Signal wird durch eine zweiseitige Folge reeller oder komplexer Zahlen $(x(k))_{k\in\mathbb{Z}}$ dargestellt.[2] Dabei ist $x(k)$ der Signalwert *des Signals zum Zeitpunkt k.[3] Signalwerte $x(t)$ für nicht ganzzahlige Zeitpunkte t sind nicht definiert. Ein zeitkontinuierliches Signal wird durch eine reelle oder komplexe, für alle reellen Zahlen definierte Funktion $x(t)$ dargestellt. Dabei ist $x(t)$ der* Signalwert *des Signals zum Zeitpunkt t.[4] Bei einem wertdiskreten Signal ist der Wertevorrat für die Signalwerte endlich oder abzählbar unendlich. Bei einem wertkontinuierlichen Signal unterliegt der Wertevorrat keiner Einschränkung (allgemeiner Fall).*

Bei der vorstehenden Definition erstreckt sich der Zeitbereich von $-\infty$ bis $+\infty$. Signale unendlicher Dauer wie beispielsweise eine Sinusschwingung sind damit beschreibbar. Ein unbegrenzter Zeitbereich ermöglicht außerdem in einfacher Weise die zeitliche Verschiebung eines Signals, z.B. eine Signalverzögerung. Auf einer zeitlichen Verschiebung des Signals basiert andererseits die Definition sog. *zeitinvarianter* Systeme (s. Kap. 2). Signale, deren Signalwerte nur für einen bestimmten Zeitbereich definiert sind, sind durch die vorstehende Definition ebenfalls erfaßbar. Eine Möglichkeit besteht darin, das Signal außerhalb seines Definitionsbereichs periodisch fortzusetzen.

---

[2] Bei zweiseitigen Zahlenfolgen läuft der Index also von $-\infty$ bis $+\infty$.

[3] Es wird mit $x(k)$ auch das Signal selbst bezeichnet.

[4] Es wird wie üblich mit $x(t)$ neben dem Funktionswert auch die Funktion selbst bezeichnet.

Auf Grund der vorstehenden Definition kommt als Modell zur Beschreibung eines zeitkontinuierlichen Signals jede Zahlenfunktion und als Modell für zeitdiskrete Signale jede zweiseitige Folge in Betracht. Für zeitkontinuierliche Signale sind folglich stetige Funktionen wie Potenzen $t^a, a \in \mathbb{R}$, Exponentialfunktionen $e^{\lambda t}, \lambda \in \mathbb{R}$ oder die Sinusfunktion $\sin 2\pi f t$ mit f als Frequenz möglich. Aber auch unstetige Funktionen, wie die *Sprungfunktion* oder der *Rechteckimpuls* stellen wichtige zeitkontinuierliche Signale dar. Die hierbei auftretenden unendlich steilen Signalflanken sind Idealisierungen, die experimentell nur näherungsweise realisiert werden können. Aus diesen Beispielen erhält man durch eine *Signalabtastung* sofort Beispiele für zeitdiskrete Signale. Hierbei wird das zeitkontinuierliche Signal $x(t)$ z.B. äquidistant mit dem Abtastabstand T abgetastet, woraus das zeitdiskrete Signal

$$x_{\mathrm{d}}(k) = x(kT) \qquad (1.1)$$

entsteht (s. Abb. 1.1).[5]

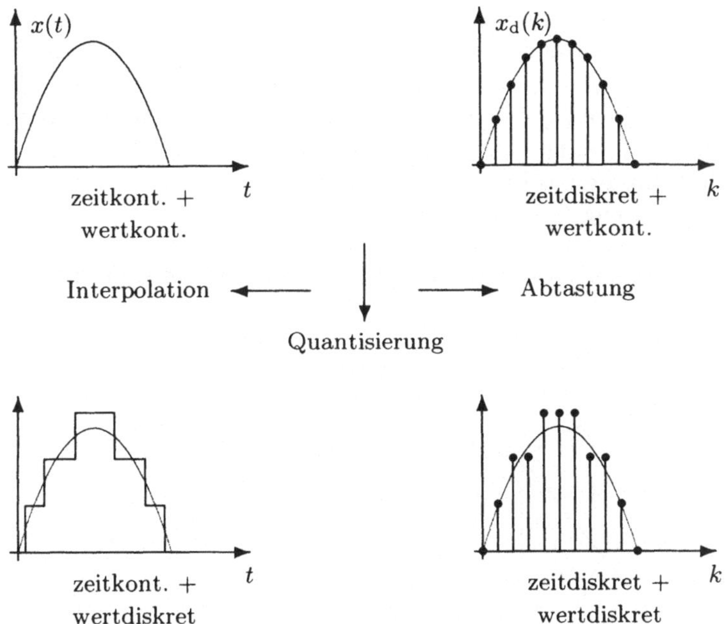

Abb. 1.1. Übergänge zwischen den Signalmodellen durch Abtastung, Interpolation und Quantisierung

---

[5] Jedes zeitdiskrete Signal kann durch Abtastung eines zeitkontinuierlichen Signals gewonnen werden.

Der umgekehrte Weg von einem zeitdiskreten Signal zu einem zeitkontinuierlichen Signal ist ebenfalls möglich. Diese als *Interpolation* oder *Modulation* bezeichnete Operation sowie die Signalabtastung werden ausführlich in Kap. 6 behandelt. Beide Operationen sind in Abb. 1.1 dargestellt. Abbildung 1.1 zeigt außerdem die *Quantisierung* eines Signals (zeitdiskret oder zeitkontinuierlich). Ein wertkontinuierliches Signal wird hierbei in ein wertdiskretes Signal umgeformt. Abtastung und Quantisierung beinhalten folglich die *Digitalisierung* eines analogen Signals. Auf die Quantisierung wird in Kap. 7 eingegangen.

Beispiel 1.1 (Zeitkontinuierliches Sinussignal).
Ein zeitkontinuierliches, sinusförmiges Signal ist durch

$$x(t) = A\sin(2\pi ft + \phi) \tag{1.2}$$

darstellbar. Dabei sind

$f :$ die Frequenz,
$A :$ die Amplitude und
$\phi :$ der Nullphasenwinkel.

Der Verlauf von $x(t)$ ergibt sich aus einer Kreisbewegung eines Zeigers der Länge A, der innerhalb der Periodendauer $T_0 = 1/f$ eine volle Umdrehung vollführt, wobei der Zeiger auf die y-Achse zu projezieren ist (s. Abb. 1.2). Enstprechend ergibt eine Projektion auf die x-Achse das Signal $x_1(t) = A\cos(2\pi ft + \phi)$. Die Darstellung des sinusförmigen Signals als Pseudosignal basiert auf diesem Prinzip. Sie lautet

$$x_c(t) = A\,e^{j\,(2\pi ft+\phi)} \,. \tag{1.3}$$

Der Realteil liefert das Signal $A\cos(2\pi ft + \phi)$, der Imaginärteil liefert $A\sin(2\pi ft + \phi)$.

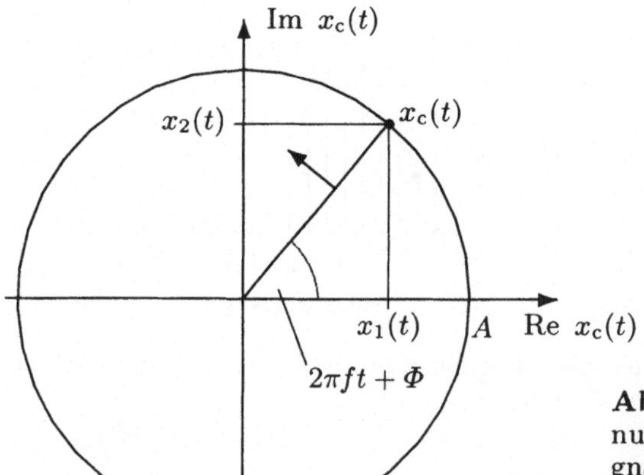

Abb. 1.2. Darstellung eines sinusförmigen Signals als Pseudosignal. Es ist $x_1(t) = \mathrm{Re}\,x_c(t) = A\cos(2\pi ft + \Phi)$ und $x_2(t) = \mathrm{Im}\,x_c(t) = A\sin(2\pi ft + \Phi)$

Beispiel 1.2 (Sprungfunktion, Rechteckimpuls und Diracimpuls).
Die zeitkontinuierliche Sprungfunktion lautet (s. Abb. 1.3)

$$\varepsilon(t) := \begin{cases} 0 : t < 0 \\ 1 : t \geq 0 \,. \end{cases} \tag{1.4}$$

Sie stellt einen Einschaltvorgang zum Zeitpunkt 0 dar. Die *zeitdiskrete Sprungfunktion* entsteht durch Abtastung der zeitkontinuierlichen Sprungfunktion gemäß

$$\varepsilon(k) := \begin{cases} 0 : k < 0 \\ 1 : k \geq 0 \,. \end{cases} \tag{1.5}$$

Der zeitkontinuierliche Rechteckimpuls der Dauer τ ist durch

$$r_\tau(t) := \begin{cases} 1 : 0 \leq t < \tau \\ 0 : \text{sonst} \end{cases} \tag{1.6}$$

gegeben. Einen zeitdiskreten Rechteckimpuls erhält man daraus ebenfalls durch Abtastung. Ist die Impulsdauer kleiner als der Abtastabstand, erhält man den *zeitdiskreten Diracimpuls*. Er besitzt nur einen einzigen Signalwert ungleich 0 für den Zeitpunkt $k = 0$:

$$\delta(k) := \begin{cases} 1 : k = 0 \\ 0 : \text{sonst} \,. \end{cases} \tag{1.7}$$

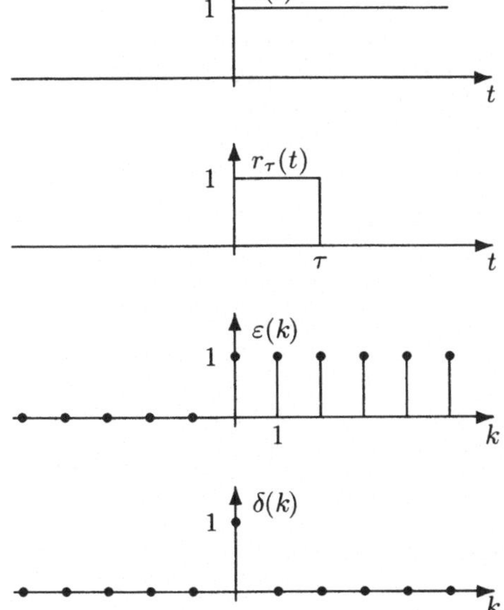

Abb. 1.3. Signalbeispiele: Die beiden oberen Abbildungen zeigen die zeitkontinuierliche Sprungfunktion und einen zeitkontinuierlichen Rechteckimpuls der Dauer τ. Die beiden unteren Abbildungen zeigen die zeitdiskrete Sprungfunktion und den zeitdiskreten Diracimpuls

Das folgende Beispiel verdeutlicht Unterschiede zwischen einem zeitdiskreten und zeitkontinuierlichen, sinusförmigen Signal.

Beispiel 1.3 (Zeitdiskretes Sinussignal).
Ein zeitdiskretes, sinusförmiges Signal ist durch

$$x(k) = A\sin(2\pi f k + \phi) \tag{1.8}$$

gegeben. Dabei bezeichnen wieder f die Frequenz, A die Amplitude und ϕ den Nullphasenwinkel. Für $f = 0$ erhält man das *konstante Signal* $x(k) = A\sin\Phi$, für $f = 1/2$ erhält man das *alternierende Signal*

$$x(k) = A(-1)^k \sin\Phi .$$

Beide Signale sind in Abb. 1.4 veranschaulicht.

```
100  -100 100  -100 100  -100 100  -100
100  -100 100  -100 100  -100 100  -100
100  -100 100  -100 100  -100 100  -100
100  -100 100  -100 100  -100 100  -100
100  -100 100  -100 100  -100 100  -100
100  -100 100  -100 100  -100 100  -100
100  -100 100  -100 100  -100 100  -100
100  -100 100  -100 100  -100 100  -100
100  -100 100  -100 100  -100 100  -100
100  -100 100  -100 100  -100 100  -100
100  -100 100  -100 100  -100 100  -100
```

Abb. 1.4. Konstantes und alternierendes Signal, verdeutlicht durch ein streifenförmiges Bild. Die Signalwerte sind die Grauwerte der Bildpunkte eines Bildes. Ein konstantes Signal entsteht längs der Spalten, ein alternierendes Signal entsteht längs der Zeilen

Im Unterschied zum zeitkontinuierlichen, sinusförmigen Signal muß die Periode ganzzahlig sein, damit sich die Signalwerte gemäß

$$x(k + T_0) = x(k) \tag{1.9}$$

periodisch wiederholen. Für die Periode T_0 folgt

$$2\pi f T_0 = n2\pi , \ n \in \mathbb{Z} .$$

Aus dieser Bedingung ergibt sich

$$f = \frac{n}{T_0} , \tag{1.10}$$

d.h. die Frequenz ist eine rationale Zahl. Daraus ergeben sich beispielsweise die folgenden Perioden:

$$
\begin{aligned}
f &= 0 : &\quad T_0 &= 1 \ (\text{konstantes Signal}), \\
f &= 1/2 : &\quad T_0 &= 2 \ (\text{alternierendes Signal}), \\
f &= 1/3 : &\quad T_0 &= 3, \\
f &= 2/5 : &\quad T_0 &= 5.
\end{aligned}
$$

Die Periode für den Frequenzwert $f = 2/5$ ergibt sich dabei aus folgender Rechnung:

$$\begin{aligned}
2\pi f \cdot 0 = 0 : \quad & x(0) = A\sin\Phi \,, \\
2\pi f \cdot 1 = 2\pi \cdot 2/5 : \quad & x(1) = A\sin(4\pi/5 + \Phi) \,, \\
2\pi f \cdot 2 = 2\pi \cdot 4/5 : \quad & x(2) = A\sin(8\pi/5 + \Phi) \,, \\
2\pi f \cdot 3 = 2\pi \cdot 6/5 : \quad & x(3) = A\sin(12\pi/5 + \Phi) \,, \\
2\pi f \cdot 4 = 2\pi \cdot 8/5 : \quad & x(4) = A\sin(16\pi/5 + \Phi) \,, \\
2\pi f \cdot 5 = 2\pi \cdot 10/5 = 4\pi : \quad & x(5) = A\sin(4\pi + \Phi) = A\sin\Phi \,.
\end{aligned}$$

Das vorstehende Beispiel zeigt, daß ein zeitdiskretes, sinusförmiges Signal nur dann periodisch ist, wenn die Frequenz f eine rationale Zahl ist. In dieser Hinsicht unterscheiden sich zeitdiskrete, sinusförmige Signale von zeitkontinuierlichen, sinusförmigen Signalen, die bei *jeder* Frequenz periodisch sind. Ein weiterer Unterschied ergibt sich aus der folgenden Überlegung: Bei zeitkontinuierlichen, sinusförmigen Signalen sind alle Frequenzen $f \in \mathbb{R}$ sinnvoll in dem Sinn, daß zwei unterschiedliche Frequenzwerte zwei unterschiedliche Signale ergeben. Bei zeitdiskreten, sinusförmigen Signalen liegen die Verhältnisse anders. Hier sind die Frequenzen $-1/2 < f \le 1/2$ bereits ausreichend, denn zwei Frequenzwerte f und $f + 1$ ergeben das gleiche Signal. Zum Beispiel ergeben die Frequenzen $f = 0$ und $f = 1$ beide das konstante Signal $x(k) = A\sin\Phi$. Auf diese Mehrdeutigkeit werden wir bei der Abtastung sinusförmiger Signale in Kap. 6 näher eingehen. Die Frequenz

$$f_{\mathrm{max}} := 1/2 \tag{1.11}$$

stellt eine *maximale Frequenz* dar, denn ein sinusförmiges Signal dieser Frequenz ist alternierend. Das folgende Beispiel soll weitere Unterschiede zwischen zeitdiskreten und zeitkontinuierlichen Signalen verdeutlichen.

Beispiel 1.4 (Unendlichkeitsstellen).
Die reelle Funktion $x(t) := 1/\sqrt{|t|}$ besitzt eine Unendlichkeitstelle bei $t = 0$. Damit auch für diesen Zeitpunkt ein Signalwert erklärt ist, könnte man das Signal wie folgt definieren:

$$x(t) := \begin{cases} 1/\sqrt{|t|} : t \ne 0 \\ \phantom{1/\sqrt{|t|}} 1 : t = 0 \,. \end{cases} \tag{1.12}$$

Der Zeitpunkt $t = 0$ stellt noch immer eine Ausnahmestelle dar, da die Signalwerte $x(t)$ in der Umgebung dieses Zeitpunktes unbegrenzt anwachsen. Derartige Ausnahmestellen treten bei zeitdiskreten Signalen nicht auf! Die Differentiation des vorliegenden Signals ist bei der Ausnahmestelle $t = 0$ nicht möglich, während bei zeitdiskreten Signalen eine *zeitdiskrete Differentiation* in Form der Differenzenbildung $x'(k) := x(k) - x(k - 1)$ stets durchführbar ist (s. Abschn. 2.1).

1.2 Signaloperationen

Aus einfachen Signalen können komplexere Signale durch folgende *elementare Signaloperationen* erzeugt werden:

- Addition zweier Signale (Überlagerung),
- Multiplikation eines Signals mit einem Faktor,
- zeitliche Verschiebung eines Signals.

Bei diesen Signaloperationen werden die einzelnen Signalwerte zweier Signale miteinander addiert, mit einem Faktor multipliziert oder es findet eine zeitliche Verschiebung des Signals statt. Dabei kommen sowohl zeitdiskrete als auch zeitkontinuierliche Signale in Betracht. Dies wird im folgenden durch die Zeitvariable t ausgedrückt, die ganzzahlige Werte einschließt.

Definition 1.2 (Elementare Signaloperationen).
Unter der Summe oder Überlagerung zweier Signale x_1, x_2 versteht man das Signal mit den Signalwerten $x_1(t) + x_2(t)$. Die Multiplikation eines Signals x mit einem Faktor λ besitzt die Signalwerte $\lambda x(t)$. Die zeitliche Verschiebung eines Signals x um c Zeiteinheiten ist durch

$$y = \tau_c(x) \, , \; y(t) := x(t - c) \tag{1.13}$$

gegeben.

Bei der zeitlichen Verschiebung liegt für $c > 0$ eine Verzögerung vor. Für $c = 0$ wird das Signal nicht geändert. Bei zeitdiskreten Signalen ist c ganzzahlig, da Signalwerte nur für ganzzahlige Zeitpunkte definiert sind. Die Speicherung und Wiedergabe eines Signals durch ein Tonband oder durch einen elektronischen Speicher sind Beispiele für die Verzögerung eines Signals. Verzögerungen ergeben sich beispielsweise auch beim Anlegen einer elektrischen Spannung an eine Leitung. Infolge einer Wellenausbreitung mit endlicher Geschwindigkeit stellt sich ein entsprechend verzögerter elektrischer Spannungsverlauf am anderen Leitungsende ein.

Neben einer reinen Verzögerung können außerdem Signalverzerrungen und Signaldämpfungen auftreten. Die Dämpfung kann durch die Multiplikation des Signals mit einem Faktor dargestellt werden. Bei der Multiplikation mit dem Faktor λ ergibt sich in Abhängigkeit von λ folgende Situation:

$$
\begin{aligned}
\lambda = 1 : &\quad \text{keine Signaländerung,} \\
|\lambda| > 1 : &\quad \text{Signalverstärkung,} \\
|\lambda| < 1 : &\quad \text{Signalabschwächung,} \\
\lambda = -1 : &\quad \text{Invertierung.}
\end{aligned}
$$

Abbildung 1.5 zeigt eine Realisierung der Multiplikation für analoge Signale mit Hilfe eines Operationsverstärkers (OPV). Der OPV wird hierbei wie auch bei den folgenden Schaltungen als invertierender Verstärker betrieben. Dabei

wird der positive Eingang des OPV auf Masse gelegt und an den negativen
Eingang die Eingangsspannung angelegt. Auf Grund des hohen Verstärkungs-
faktors darf (in den folgenden Schaltungen) die Eingangsspannung gleich 0
gesetzt werden. Wegen seines hochohmigen Eingangs kann der Eingangsstrom
ebenfalls gleich 0 gesetzt werden.

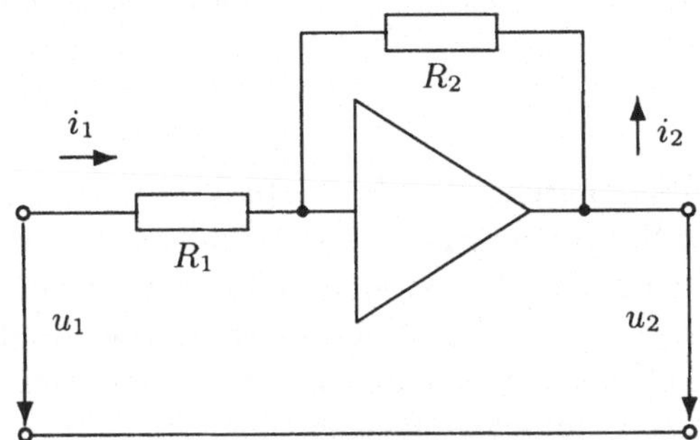

Abb. 1.5. Analoger Multiplizierer mit Hilfe eines OPV. Es gilt $i_1 = u_1/R_1$, $i_2 = u_2/R_2$ und $i_1 + i_2 = 0$. Daraus folgt als Ergebnis $u_2 = -u_1 R_2/R_1$. Der Faktor ist somit durch $\lambda = -R_2/R_1$ gegeben. Das negative Vorzeichen kann durch eine vor-oder nachgeschaltete Inverterstufe beseitigt werden. Für die Inverterstufe gilt $u_2 = -u_1$. Sie kann durch die OPV-Schaltung mit $R_1 = R_2$ realisiert werden

Der Multiplizierer bzw. Inverter kann in einfacher Weise zu einem Ad-
dierer erweitert werden, der die Aufgabe der Überlagerung zweier analoger
Signale übernimmt, wie die Abb. 1.6 zeigt. Nähere Einzelheiten über OPV-
Schaltungen können beispielsweise [3] entnommen werden. Dort sind auch
Rechenschaltungen für die Addition und Multiplikation digitaler Signale ge-
zeigt.

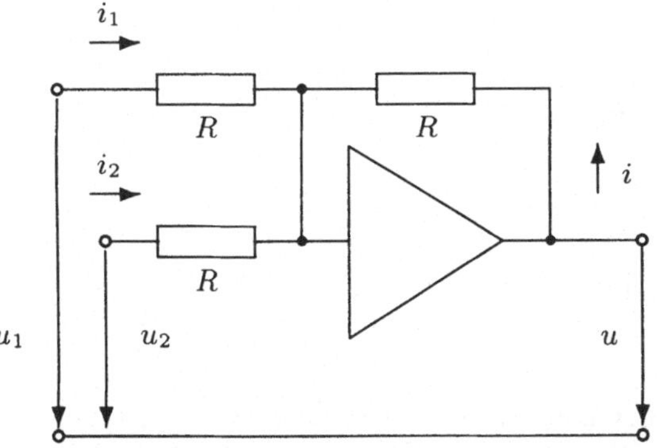

Abb. 1.6. Addierer für analoge Signale mit Hilfe eines OPV. Es gilt $u_1/R + u_2/R + u/R = 0$. Daraus folgt als Ergebnis $u = -(u_1 + u_2)$. Das negative Vorzeichen kann durch vor-oder nachgeschaltete Inverterstufen beseitigt werden

Die folgenden Beispiele zeigen, wie aus Signalen, beispielsweise der Sprungfunktion und dem Diracimpuls, komplexere Signale aufgebaut werden können. Hierbei werden elementare Signaloperationen auf die Sprungfunktion bzw. den Diracimpuls sowie die daraus entstehenden Signale angewandt.

Beispiel 1.5 (Rechteckimpuls).
Mit Hilfe der Sprungfunktion kann ein Rechteckimpuls wie folgt aufgebaut werden:

$$r_\tau(t) = \varepsilon(t) - \varepsilon(t - \tau) \, . \tag{1.14}$$

Abbildung 1.7 verdeutlicht die Überlagerung der Sprungfunktion $\varepsilon(t)$ und der um τ Zeiteinheiten verzögerten Sprungfunktion $\varepsilon(t - \tau)$, multipliziert mit -1. Mit Hilfe von (zeitkontinuierlichen) Rechteckimpulsen können beliebige treppenförmige Signalverläufe aufgebaut werden. Bei kleiner Treppenbreite können damit *stetige* Signalverläufe beliebig genau angenähert werden. Durch periodische Wiederholung des Rechteckimpulses entsteht der sog. *Rechteckpuls*

$$x(t) = \sum_{i=-\infty}^{\infty} r_\tau(t - iT_0) \, . \tag{1.15}$$

Dabei sind τ die Impulsbreite und T_0 die Periode des Rechteckpulses. Das Verhältnis τ/T_0 wird *Tastverhältnis* genannt.

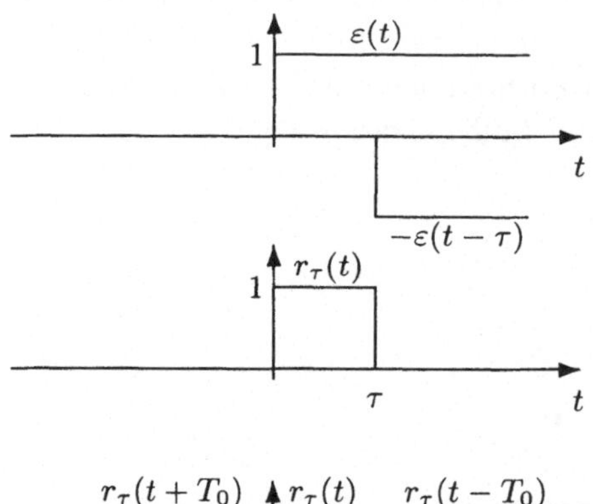

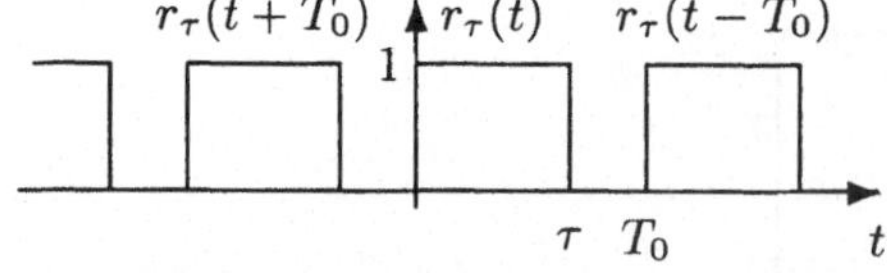

Abb. 1.7. Beispiele elementarer Signaloperationen. Aus zwei Sprungfunktionen entsteht ein Rechteckimpuls (Abb. Mitte). Aus dem Rechteckimpuls entsteht durch periodische Wiederholung ein Rechteckpuls (Abb. unten)

Beispiel 1.6 (Diracimpuls).
Mit Hilfe des zeitdiskreten Diracimpulses $\delta(k)$ kann *jedes* zeitdiskrete Signal x endlicher Dauer aufgebaut werden, denn es gilt

$$x(k) = \sum_i^e x(i)\delta(k - i) \; . \tag{1.16}$$

Für jeden Signalwert des Signals x wird ein Diracimpuls benötigt. Die Summation erstreckt sich folglich über den endlichen Bereich von Zeitpunkten $i \in \mathbb{Z}$ mit $x(i) \neq 0$. Die Anzahl der überlagerten (verschobenen) Diracimpulse ist somit endlich. Abbildung 1.8 zeigt ein Beispiel.

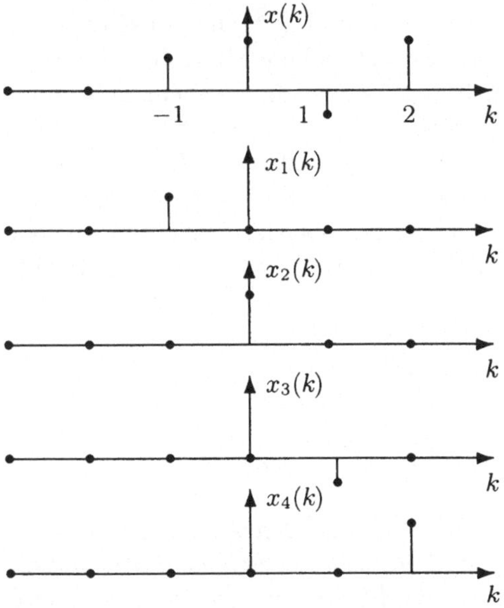

Abb. 1.8. Erzeugung eines Signals endlicher Dauer mittels Diracimpulsen. Die Überlagerung der Signale $x_1(k) = x(-1)\delta(k + 1)$, $x_2(k) = x(0)\delta(k)$, $x_3(k) = x(1)\delta(k - 1)$, $x_4(k) = x(2)\delta(k - 2)$ ergibt das Signal $x(k)$

1.3 Signalräume

Bei der Addition (Überlagerung) zweier Signale oder der Multiplikation eines Signals mit einem Faktor λ werden die einzelnen Signalwerte auf die gleiche Weise verknüpft wie bei endlich-dimensionalen Vektoren, beispielsweise zweidimensionalen (Zeilen-)Vektoren $\boldsymbol{x} = (x(1), x(2))$. Die Vektorkomponenten werden einfach für jeden Zeitpunkt miteinander addiert bzw. mit dem Faktor λ multipliziert. Für diese Operationen gelten die gleichen Rechenregeln eines *Vektorraums* wie für zweidimensionale Vektoren.[6] Insbesondere ist das *neutrale Element* der Addition das sog. *Nullsignal*, dessen Signalkomponenten alle gleich 0 sind.

Bei dieser Betrachtungsweise werden Signale als Vektoren mit unendlich vielen Komponenten, den Signalwerten, interpretiert. Bei zweidimensionalen Vektoren $\boldsymbol{x} = (x(1), x(2))$ ist die Indexmenge die Menge $\{1, 2\}$. Bei zeitdiskreten Signalen ist die Anzahl der Komponenten abzählbar, und die Indexmenge ist die Menge der ganzen Zahlen $\mathbb{Z}$. Bei zeitkontinuierlichen Signalen ist die Anzahl der Komponenten überabzählbar und die Indexmenge ist die Menge der reellen Zahlen $\mathbb{R}$. Die Gesamtheit (Menge) aller Signale ist folglich bei zeitdiskreten Signalen die Menge $\mathbb{R}^{\mathbb{Z}}$ und bei zeitkontinuierlichen Signalen die Menge $\mathbb{R}^{\mathbb{R}}$.[7] Die Signalmengen $\mathbb{R}^{\mathbb{Z}}$ und $\mathbb{R}^{\mathbb{R}}$ sind Vektorräume. Insbesondere ergeben die Summe zweier Signale und die Multiplikation eines Signals mit einem Faktor wieder ein Signal, wobei die Rechenregeln eines Vektorraums gelten. Außerdem ist die zeitliche Verschiebung $\tau_c(x)$ eines Signals x ebenfalls ein Signal. Damit haben wir festgestellt, daß die *elementaren Signaloperationen* uneingeschränkt ausführbar sind. Hierbei ergeben sich wieder Signale. Davon haben wir bereits Gebrauch gemacht, indem wir aus der Sprungfunktion oder dem zeitdiskreten Diracimpuls komplexere Signale aufgebaut haben.

Bei den elementaren Signaloperationen bleiben bestimmte Signaleigenschaften wie beispielsweise die Periodizität erhalten. Ein anderes Beispiel ist die Integrierbarkeit zeitkontinuierlicher Signale. Diesen Sachverhalt nehmen wir zum Anlaß für die folgende grundlegende Definition:

Definition 1.3 (Signalraum).
Eine Menge $\Omega \subseteq \mathbb{R}^{\mathbb{Z}}$ zeitdiskreter Signale und eine Menge $\Omega \subseteq \mathbb{R}^{\mathbb{R}}$ zeitkontinuierlicher Signale wird Signalraum genannt, wenn alle elementaren Signaloperationen (Addition zweier Signale, Multiplikation mit einem Faktor und zeitliche Verschiebung eines Signals) für Signale der Signalmenge Ω wieder Signale von Ω ergeben.

---

[6] Ein Vektorraum V über einem Zahlenkörper $\mathbb{K}$ ($\mathbb{R}$ oder $\mathbb{C}$) ist wie folgt definiert: Für zwei Elemente (Vektoren) $x_1, x_2 \in V$ und einer Zahl $\lambda \in \mathbb{K}$ sind $x_1 + x_2 \in V$ und $\lambda x_1 \in V$ (Abgeschlossenheit) und es gelten für $x_1, x_2, x_3 \in V, \lambda, \mu \in \mathbb{K}$ die folgenden Rechenregeln:

$$
\begin{aligned}
(x_1 + x_2) + x_3 &= x_1 + (x_2 + x_3) && \text{(Assoziativität)}, \\
x_1 + x_2 &= x_2 + x_1 && \text{(Kommutativität)}, \\
x_1 + 0 &= x_1 && \text{(Nullelement)}, \\
x_1 + (-x_1) &= 0 && \text{(Inverses Element)}, \\[4pt]
\lambda(\mu x_1) &= (\lambda\mu)x_1 && \text{(Assoziativität)}, \\
1 \cdot x_1 &= x_1 && \text{(Multiplikation mit 1)}, \\
\lambda(x_1 + x_2) &= \lambda x_1 + \lambda x_2 && \text{(Distributivität)}, \\
(\lambda + \mu)x_1 &= \lambda x_1 + \mu x_1 && \text{(Distributivität)}.
\end{aligned}
$$

[7] Bei Pseudosignalen ist anstelle des Körpers $\mathbb{R}$ der reellen Zahlen der Körper $\mathbb{C}$ der komplexen Zahlen zu verwenden.

Auf Grund dieser Definition stellt die Menge *aller* zeitdiskreten Signale $\mathbb{R}^{\mathbb{Z}}$ bzw. die Menge *aller* zeitkontinuierlichen Signale $\mathbb{R}^{\mathbb{R}}$ einen Signalraum dar. Ein weiteres Beispiel ist die Menge Ω aller zeitkontinuierlichen, integrierbaren Signale. Dieser Signalraum ist *kleiner* als der Signalraum $\mathbb{R}^{\mathbb{R}}$, d.h. es gilt $\Omega \subset \mathbb{R}^{\mathbb{R}}$. Solche *kleineren* Signalräume spielen eine wichtige Rolle bei Systemen, die in Kap. 2 eingeführt werden. Ein System erhält per Definition ein Eingangssignal und liefert ein Ausgangssignal, daß nur vom Eingangssignal abhängt. Ein Beispiel ist der zeitkontinuierliche Integrierer, welcher das Eingangssignal integriert und als Ausgangssignal ausgibt. Damit diese Operation überhaupt durchführbar ist, muß das Eingangssignal integrierbar sein. Im Falle der Nicht-Integrierbarkeit wäre das Ausgangssignal sonst nicht definiert. Der Integrierer, als Ergebnis einer mathematischen Modellbildung, erfordert konsequenterweise integrierbare Eingangssignale als *Definitionsbereich*. Dieser Definitionsbereich stellt einen Signalraum dar.[8] Ein weiteres Beispiel für einen Signalraum ist der Signalraum der sinusförmigen Signale einer bestimmten Frequenz. Diese Aussage schließt die Tatsache ein, daß die Überlagerung zweier sinusförmiger Signale der gleichen Frequenz f wieder ein sinusförmiges Signal der Frequenz f ergibt.

Beispiel 1.7 (Signalraum der sinusförmigen Signale).
Die sinusförmigen, zeitdiskreten oder zeitkontinuierlichen Signale einer bestimmten Frequenz f bilden einen Signalraum. Sie bilden zunächst einen Vektorraum. Insbesondere ergibt die Überlagerung zweier sinusförmiger Signale der (gleichen) Frequenz f wieder ein sinusförmiges Signal der Frequenz f. Dies folgt aus der für alle reellen Zahlen $a, b \in \mathbb{R}$ gültigen trigonometrischen Beziehung [4]

$$a \sin 2\pi ft + b \cos 2\pi ft = A \sin(2\pi ft + \Phi) \tag{1.17}$$

mit

$$A = \sqrt{a^2 + b^2}\,, \tag{1.18}$$
$$\tan \Phi = b/a\,.$$

Da die Tangensfunktion die Periode π besitzt, ist der Phasenwinkel Φ durch die Gleichung $\tan \Phi = b/a$ nur bis auf ein ganzzahliges Vielfaches von π festgelegt.[9]

---

[8] Insbesondere gilt die Abgeschlossenheit: Die Summe zweier integrierbarer Funktionen ist integrierbar. Ebenso das Produkt einer integrierbaren Funktion mit einem Faktor. Schließlich ist die zeitliche Verschiebung einer integrierbaren Funktion integrierbar.

[9] Der genaue Wert Φ folgt aus der Beziehung für $t = 0$ gemäß $b = A \sin \Phi$. Da die Amplitude A positiv ist, wird Φ durch das Vorzeichen von b festgelegt gemäß

$$\Phi = \begin{cases} 0 \ldots \pi : b \geq 0 \\ -\pi \ldots 0 : \text{sonst}\,. \end{cases}$$

Die Multiplikation eines sinusförmigen Signals mit einem Faktor ändert nur die Amplitude und eventuell das Vorzeichen, d.h. diese Operation liefert ebenfalls ein sinusförmiges Signal. Schließlich ergibt die zeitliche Verschiebung eines sinusförmigen Signals wieder ein sinusförmiges Signal. Dies folgt aus

$$A\sin(2\pi f(t-c)+\Phi) = A\sin(2\pi ft+\Phi_1)\,,$$

$$\Phi_1 = \Phi - 2\pi fc\,.$$

Nach dem vorstehenden Beispiel bilden die sinusförmigen Signale einer bestimmten Frequenz einen Signalraum. Sinusförmige Signale sind in beide Zeitrichtungen unendlich ausgedehnt. Dagegen besitzen *Einschaltvorgänge* einen Einschaltzeitpunkt. Für Zeiten vor dem Einschaltzeitpunkt sind per Definition die Signalwerte alle gleich 0. Ein Beispiel ist die Sprungfunktion. Einschaltvorgänge bilden ebenfalls einen Signalraum. Dabei ist wichtig, daß der Einschaltzeitpunkt nicht fest vorgegeben wird, sondern vom Signal abhängt. Damit ist die zeitliche Verschiebbarkeit der Signale gewährleistet. Die zeitliche Verschiebung eines Einschaltvorgangs ist also wieder ein Einschaltvorgang. Ebenso bilden *Ausschaltvorgänge* einen Signalraum. Das sind Signale, deren Signalwerte ab einem bestimmten Zeitpunkt (Ausschaltzeitpunkt) 0 sind. Ein Beispiel ist die am Zeitnullpunkt gespiegelte Sprungfunktion $\varepsilon(-t)$. Signale, die sowohl einen Einschaltzeitpunkt als auch einen Ausschaltzeitpunkt besitzen, sind von endlicher Dauer und bilden ebenfalls einen Signalraum. Ein Beispiel dafür ist der Rechteckimpuls. Endlich-dimensionale Vektoren $x \in \mathbb{R}^n$ bilden einen Vektorraum. Man kann aus ihnen periodische Signale aufbauen, die ebenfalls einen Signalraum bilden.

Eine *Hierarchie* von Signalräumen erhält man, wenn das Signalverhalten im Unendlichen als Signaleigenschaft herangezogen wird. Steht in dieser Hierarchie ein erster Signalraum Ω_1 unter einem zweiten Signalraum Ω_2, dann ist $\Omega_1 \subset \Omega_2$, d.h. jedes Signal aus dem Signalraum Ω_1 ist ein Signal des Signalraums Ω_2. An der obersten Stelle in der Hierarchie steht folglich der Signalraum $\mathbb{R}^{\mathbb{Z}}$ bzw. $\mathbb{R}^{\mathbb{R}}$ aller möglichen Signale. Für zeitdiskrete Signale liegt die folgende Hierarchie vor:

1. Signale endlicher Dauer:
   Alle Signalwerte vor einem Einschaltzeitpunkt und nach einem Ausschaltzeitpunkt sind 0.
2. Abklingende Signale:
   Das sind Signale, die im Unendlichen ($+\infty$ und $-\infty$) gegen 0 streben (konvergieren). Signale endlicher Dauer sind abklingend, aber die Umkehrung gilt nicht, d.h. aus dem Abklingen eines Signals im Unendlichen folgt nicht, daß das Signal von endlicher Dauer ist. Der Signalraum der Signale endlicher Dauer ist daher eine echte Teilmenge des Signalraums der abklingenden Signale, d.h. $\Omega_1 \subset \Omega_2$. Ein wichtiges Beispiel für abklingende Signale sind Signale mit der folgenden Summierbarkeitseigenschaft:

$$\sum_{i=-\infty}^{\infty} |x(i)|^a < \infty \; . \tag{1.19}$$

Hierbei ist a eine reelle Konstante mit $a \geq 1$. In der Mathematik werden die mit diesen Signalen gebildeten Vektorräume mit l^a bezeichnet.[10] Sonderfälle sind

 a) die sog. *absolut summierbaren* Signale ($a = 1$) und
 b) die Signale endlicher Energie ($a = 2$), auch *Energiesignale* genannt. Ihre Energie ist durch

$$\sum_{i=-\infty}^{\infty} |x(i)|^2$$

gegeben.
Hierbei gilt

$$l^1 \subset l^2 \; , \tag{1.20}$$

d.h. jedes absolut summierbare Signal ist ein Energiesignal.[11] Ein Beispiel für ein Energiesignal ist das Signal

$$x(k) = \varepsilon(k - 1)\frac{1}{k} \; .$$

Es ist quadratisch summierbar wegen $1 + 1/4 + 1/9 + 1/16 + \cdots = \pi^2/16$. Das Signal ist nicht absolut summierbar, da die harmonische Reihe $1 + 1/2 + 1/3 + 1/4 + \cdots$ divergiert.

---

[10] Wir überzeugen uns davon, daß diese Signale im Unendlichen gegen 0 konvergieren. Dies folgt unmittelbar aus der Abschätzung

$$|x(\pm N)|^a \leq \sum_{|i| \geq N} |x(i)|^a \; .$$

Die rechte Seite stellt die Abweichung der *Partialsumme*

$$\sum_{|i| < N} |x(i)|^a$$

von ihrem Reihengrenzwert

$$\sum_{i=-\infty}^{\infty} |x(i)|^a$$

dar, welche für $N \to \infty$ gegen 0 strebt.

[11] Die folgende Ungleichung

$$\sum_{i=-N}^{N} |x(i)|^2 \leq \left[\sum_{i=-N}^{N} |x(i)| \right]^2 = \sum_{i=-N}^{N} |x(i)| \sum_{k=-N}^{N} |x(k)|$$

wird benötigt. Sie gilt, da die rechte Seite neben $|x(i)|^2$ gemischte Produkte $|x(i)| \cdot |x(k)| \geq 0, i \neq k$ besitzt. Für ein absolut summierbares Signal x konvergiert die rechte Seite gegen einen endlichen Wert und damit auch die linke Seite (nach dem Monotoniekriterium für Folgen). Also ist das Signal x auch ein Energiesignal.

3. Beschränkte Signale:
   Bei beschränkten Signalen sind die Signalwerte durch eine obere Schranke C > 0 begrenzt, d.h. es gilt für alle Zeitpunkte k

$$|x(k)| \leq C \, . \tag{1.21}$$

Die beschränkten Signale bilden ebenfalls einen Signalraum, der in der Mathematik auch mit l^∞ bezeichnet wird. Der Signalraum umfaßt die abklingenden Signale, d.h. abklingende Signale sind auch beschränkt.[12] Zu den beschränkten Signalen gehören die periodischen Signale. Letzere besitzen noch nicht einmal Grenzwerte $x(\infty), x(-\infty)$. Beschränkte Signale haben i.allg. unendliche Energie, besitzen jedoch eine endliche *mittlere Leistung* (quadratischer Mittelwert)

$$\overline{x^2(k)} = \lim_{N\to\infty} \frac{1}{2N+1} \sum_{i=-N}^{N} |x(i)|^2 \leq C^2 \, . \tag{1.22}$$

Beispielsweise besitzt das sinusförmige Signal $x(k) = \cos 2\pi f k$ keine endliche Energie, aber eine endliche mittlere Leistung (s. Abschn. 4.1).
4. Signale mit Potenzverhalten:
   Das sind Signale, die im Unendlichen nicht stärker als eine Potenz $|k|^n$ wachsen, d.h. es ist für eine positive Konstante C und eine Zahl $n \in \mathbb{N}$

$$|x(k)| \leq C(|k|^n + 1) \, .$$

Dazu gehören die Potenzen selbst sowie die daraus gebildeten Polynome. Aber auch beschränkte Signale ($n = 0$) gehören dazu.
5. Signale mit Exponentialverhalten:
   Das sind Signale, die im Unendlichen nicht stärker als eine Exponentialfunktion wachsen, d.h es ist

$$|x(k)| \leq C \, e^{\lambda |k|}$$

mit positiven Konstanten C, λ. Die Exponentialfunktion wächst im Unendlichen stärker als jede Potenz, so daß diese Signale in unserer Hierarchie noch höher stehen.

Das Wachstumsverhalten bezieht sich in der vorstehenden Hierarchie auf beide Zeitrichtungen. Das Wachstumsverhalten kann sich auch auf nur eine Zeitrichtung beziehen. Die Signaleigenschaft „Einschaltvorgang" beispielsweise beschreibt nur das linksseitige Wachstumsverhalten, denn Signalwerte vor einem Einschaltzeitpunkt sind alle gleich 0 (Klasse 1). Das rechtsseitige Wachstumsverhalten dagegen ist beliebig. In Kap. 2 sind linksseitig (und

---

[12] Dies folgt daraus, das fast alle Signalwerte $x(k), k \leq 0$ (bis auf endlich viele Signalwerte) in beliebiger Nähe ihres linksseitigen Grenzwerts $x(-\infty)$ liegen bzw. fast alle Signalwerte $x(k), k > 0$ in beliebiger Nähe ihres rechtsseitigen Grenzwerts $x(\infty)$ liegen.

auch rechtsseitig) summierbare Signale von Bedeutung, denn nur für diese Signale ist das Ausgangssignal des Summierers,

$$y(k) = \sum_{i=-\infty}^{k} x(i)$$

definiert (s. Abschn. 2.1). Ein linksseitig summierbares Signal besitzt somit den (i.allg. von k abhängigen) Grenzwert

$$y(k) = \lim_{N \to -\infty} \sum_{i=N}^{k} x(i) \ .$$

Aus der für eine ganze Zahl $n \in \mathbb{Z}$ mit $n > k$ gültigen Darstellung

$$x(k) = \sum_{i=k}^{n} x(i) - \sum_{i=k+1}^{n} x(i)$$

folgt, daß das Signal den linksseitigen Grenzwert

$$x(-\infty) = \lim_{k \to -\infty} x(k) = \sum_{i=-\infty}^{n} x(i) - \sum_{i=-\infty}^{n} x(i)$$
$$= y(n) - y(n) = 0$$

besitzt. Ein linksseitig summierbares Signal ist also wie ein absolut summierbares Signal ebenfalls linksseitig abklingend.[13] Der Signalraum der linksseitig summierbaren Signale wird im folgenden mit

$$\Omega_{\Sigma^-} := \left\{ x \in \mathbb{R}^{\mathbb{Z}} \ \middle| \ \lim_{N \to -\infty} \sum_{i=N}^{0} x(i) \quad \text{konvergiert} \right\} \tag{1.23}$$

bezeichnet. Anstelle einer Summation bis 0 kann auch eine Summation bis zu einem beliebigen Wert $k \in \mathbb{Z}$ erfolgen. Der Wert k hat zwar Einfluß auf den Grenzwert, aber nicht auf die Konvergenz. Der Signalraum der linksseitig abklingenden Signale wird im folgenden mit

$$\Omega_{0^-} := \left\{ x \in \mathbb{R}^{\mathbb{Z}} \ \middle| \ \lim_{k \to -\infty} x(k) = 0 \right\} \tag{1.24}$$

bezeichnet. Den gefundenen Sachverhalt, daß linksseitig summierbare Signale linksseitig abklingend sind, kann man mit den vorstehenden Bezeichnungen einfach durch

$$\Omega_{\Sigma^-} \subset \Omega_{0^-} \tag{1.25}$$

---

[13] Im Unterschied zur Summierbarkeit beinhaltet die absolute Summierbarkeit eine Betragsbildung (absolute Konvergenz). Die absolute Summierbarkeit ist stärker als die Summierbarkeit, denn aus der absoluten Konvergenz einer Reihe folgt ihre Konvergenz [5, II].

ausdrücken.

Für zeitkontinuierliche Signale liegen die Verhältnisse wegen möglicher Unendlichkeitsstellen komplizierter. Man kann Unendlichkeitsstellen ausschließen, indem man beispielsweise beschränkte Signale voraussetzt. Diese bilden ebenfalls einen Signalraum. Den Signalräumen l^a zeitdiskreter Signale entsprechen die Signalräume L^a. Sie sind durch die Integrierbarkeitseigenschaft

$$\int_{-\infty}^{\infty} |x(t)|^a \, \mathrm{d}t < \infty \tag{1.26}$$

definiert. Hierbei ist a wieder eine Konstante mit $a \geq 1$. Spezialfälle sind die absolut integrierbaren Signale ($a = 1$) und die quadratisch integrierbaren Signale oder Energiesignale ($a = 2$). Nur für beschränkte, zeitkontinuierliche Signale gilt die Beziehung $L^1 \subset L^2$. Bei der Definition der Signalräume L^a wird das sog. *Lebesgue-Integral* verwendet. Diese Signalräume werden im folgenden jedoch nicht benötigt.

1.4 Übungsaufgaben zu Kapitel 1

Übungsaufgabe 1.1 (Zeitdiskretes Sinussignal).
Man stelle eine volle Periode des zeitdiskreten, sinusförmigen Signals $x(k) = \cos 2\pi f k$ für die Frequenzen $f = 0, 1/4, 2/5, 1/2$ in der komplexen Ebene dar.

Übungsaufgabe 1.2 (Zeitkontinuierliches Sinussignal).
Gegeben sind die zwei zeitkontinuierlichen, sinusförmigen Signale $x_1(t) = \cos 2\pi f_1 t$, $x_2(t) = \sin 2\pi f_2 t$. Man charakterisiere das Signal $x(t) = x_1(t) + x_2(t)$ für die Fälle $f_2 = f_1$ und $f_2 = 2f_1$.

Übungsaufgabe 1.3 (Zeitdiskrete Sprungfunktion).
Man untersuche zunächst die Summierbarkeit (absolute und quadratische Summierbarkeit) der zeitdiskreten Sprungfunktion. Wie groß ist die Energie und die mittlere Leistung des Signals? Man charakterisiere die Signale, die man erhält, wenn man endlich viele elementare Signaloperationen auf die Sprungfunktion anwendet.

2. Systeme

Anhand von Systembeispielen werden zunächst Systemeigenschaften eingeführt. Eine wichtige Klasse von Systemen sind die sog. *LTI-Systeme* (engl. *Linear Time Invariant*), welche durch die beiden Systemeigenschaften Linearität und Zeitinvarianz gekennzeichnet sind. Diese Systemeigenschaften bleiben bei einer Zusammenschaltung von Systemen erhalten. Bei Rückkopplungen müssen aber sog. *Eigenbewegungen* berücksichtigt werden, die per Definition ohne eine äußere Anregung des Systems am Systemausgang auftreten können.

Beispiele für Systeme haben wir bereits in Kap. 1 kenngelernt. Die elementaren Signaloperationen, Multiplikation eines Signals mit einem Faktor sowie eine zeitliche Verschiebung bzw. Verzögerung eines Signals beinhalten eine Signalumformung oder Systemoperation. Die Durchführung der Systemoperation ist die Aufgabe eines Systems (*Filters*). Hierbei ordnet das System einem (reellwertigen) Eingangssignal ein (reellwertiges) Ausgangssignal zu. Zuordnungen nennt man in der Mathematik auch *Abbildungen*.

Definition 2.1 (System).
Ein System erhält ein Eingangssignal x und liefert als Ergebnis der Systemoperation ein Ausgangssignal y, welches nur vom Eingangssignal abhängt. Es gilt also $y = S(x)$, wobei S die Signaloperation bzw. die Signalzuordnung (Abbildung) bezeichnet. Bei einem zeitdiskreten System sind die Eingangssignale und Ausgangssignale zeitdiskret, bei einem zeitkontinuierlichen System sind die Eingangssignale und Ausgangssignale zeitkontinuierlich.

Weitere Systembeispiele sind die Abtastung und Interpolation aus Abschn. 1.1. Es handelt sich hierbei weder um zeitdiskrete noch um zeitkontinuierliche Systeme, sondern um „Mischformen", bei denen die Eingangs- und Ausgangssignale nicht vom gleichen Signaltyp (zeitdiskret, zeitkontinuierlich) sind. Die Quantisierung eines zeitdiskreten oder zeitkontinuierlichen Signals ist ein weiteres Beispiel für ein System. Das System kann in diesem Fall abhängig vom Signaltyp des Eingangssignals als zeitdiskretes oder zeitkontinuierliches System aufgefaßt werden. Weitere Systembeispiele sind in der Tabelle 2.1 zusammengefaßt. Systeme mit gleichlautenden Definitionen als zeitdiskretes und zeitkontinuierliches System sind in der Tabellenmitte dargestellt. In diesem Fall wird die Zeitvariable t verwendet, die ganzzahlige Zeitpunkte einschließt.

Tabelle 2.1. Systembeispiele

	System	Zeitdiskret	Zeitkontinuierlich
1.	Proportionalglied		$y(t) = \lambda x(t)$	
2.	Verzögerungsglied		$y(t) = x(t - c)$	
3.	Differenzierer S_Δ	$y(k) = x(k) - x(k - 1)$	$y(t) = x'(t)$
4a.	Summierer $S_{\Sigma-}$	$y(k) = \sum_{i=-\infty}^{k} x(i)$	
4b.	Integrierer		$y(t) = \int_{-\infty}^{t} x(v)\,\mathrm{d}v$
5.	Konstante		$y(t) = \mathrm{C}$	
6.	Quadrierer		$y(t) = x^2(t)$	
7.	Ein zeitvariantes Proportionalglied		$y(t) = tx(t)$	
8.	Ein zeitvariantes Verzögerungsglied	$y(k) = \begin{cases} x(k) : k < 0 \\ 0 : k = 0 \\ x(k - 1) : k > 0 \end{cases}$	
9.	Matrixmultiplikation	$\boldsymbol{y} = \begin{bmatrix} 1 & 1 \\ 1 & -1 \end{bmatrix} \boldsymbol{x}$	
10.	Matrixmultiplikation	$\boldsymbol{y} = \begin{bmatrix} 1 & 2 \\ 2 & 4 \end{bmatrix} \boldsymbol{x}$	

Die Beispielsysteme 1–4 sind besonders wichtig. Das *Proportionalglied* und *Verzögerungsglied* führen elementare Signaloperationen durch. Damit eine echte Zeitverzögerung vorliegt, wird beim Verzögerungsglied $c \geq 0$ vorausgesetzt. Beim zeitdiskreten Verzögerungsglied muß außerdem c ganzzahlig sein. Beim zeitkontinuierlichen *Differenzierer* müssen differenzierbare Eingangssignale vorliegen, welche einen Signalraum bilden. Der zeitdiskrete Differenzierer dagegen kann die Differenz zwischen zwei aufeinanderfolgenden Signalwerten für beliebige zeitdiskrete Eingangssignale bilden. Beim *Summierer* und *Integrierer* erfolgt eine Summation bzw. Integration über alle Signalwerte bis zum aktuellen Zeitpunkt für die Ausgabe. Die Eingangssignale müssen wie beim zeitkontinuierlichen Differenzierer ebenfalls eingeschränkt werden. Der Summierer erfordert *linksseitig summierbare* Signale. Diese Signale bilden den Signalraum $\Omega_{\Sigma-}$ (s. Abschn. 1.3). Absolut summierbare Signale oder Einschaltvorgänge sind linksseitig summierbar und daher als Eingangssignale ebenfalls möglich. Entsprechend erfordert der Integrierer *linksseitig integrierbare* Eingangssignale. Das sind Signale, die über Intervalle der Form $(-\infty, t)$ integrierbar sind. Diese Signale bilden ebenfalls einen Signalraum.

Die *Konstante*, der *Quadrierer* und das zeitvariante Proportionalglied sind insofern „einfache" Systeme, da ein Ausgangssignalwert nur vom Eingangssignalwert zum gleichen Zeitpunkt abhängt oder überhaupt keine Abhängigkeit vom Eingangssignal besteht (Konstante). Das zeitvariante Verzögerungsglied führt eine zeitliche Verzögerung (um eine Zeiteinheit) nur für die Eingangssignalwerte $x(k), k \geq 0$ durch. Die beiden letzten Beispielsysteme sind Systeme für endlich dimensionale Vektoren, im vorliegenden Fall für zweidimensionale Vektoren. Hierbei werden Matrizenmultiplikationen mit einer quadratischen Matrix $\boldsymbol{F}$ blockweise für jeweils zwei aufeinanderfolgende Eingangssignalwerte durchgeführt. Beispielsweise ist

$$\begin{pmatrix} y(0) \\ y(1) \end{pmatrix} = \boldsymbol{F} \begin{pmatrix} x(-1) \\ x(0) \end{pmatrix} , \quad \begin{pmatrix} y(2) \\ y(3) \end{pmatrix} = \boldsymbol{F} \begin{pmatrix} x(1) \\ x(2) \end{pmatrix} . \tag{2.1}$$

2.1 Systemeigenschaften

Alle Beispielsysteme besitzen die Eigenschaft, daß jeder Ausgangssignalwert $y(t)$ nicht von Eingangssignalwerten $x(t'), t' > t$ abhängt. Solche Systeme heißen *kausal*. Kausalität ist eine Voraussetzung für die *Realisierbarkeit* eines Systems. Sie besagt, daß zur Bestimmung eines Ausgangssignalwertes *künftige* Eingangssignalwerte nicht herangezogen werden. Ein Beispiel für ein nicht kausales System ist das Verzögerungsglied mit einer negativen Verzögerungszeit $c < 0$. Ein weiteres Beispiel für ein nicht kausales System ist ein zeitdiskreter Differenzierer, der anstelle der *linksseitigen* Differenz $x(k)-x(k-1)$ die *rechtsseitige* Differenz $x(k+1) - x(k)$ bildet. Der zeitdiskrete Differenzierer in der vorliegenden Form ist dagegen kausal.

Systeme, deren Ausgangssignalwert $y(t)$ *nur* vom Eingangssignalwert $x(t)$ abhängen darf, heißen *gedächtnislos*. Gedächtnislose Systeme werden durch eine (i.allg. zeitabhängige) *Kennline* beschrieben, die die Abhängigkeit des Ausgangssignalwerts $y(t)$ vom Eingangssignalwert $x(t)$ angibt. Beispiele sind das Proportionalglied, dessen Kennlinie eine Gerade durch den Nullpunkt ist, und der Quadrierer, dessen Kennlinie eine Parabel ist. Die Konstante ist ebenfalls gedächtnislos. Ihre Kennlinie ist eine horizontale Gerade. Der zeitdiskrete Differenzierer dagegen ist ein System mit Gedächtnis. Das Gedächtnis erstreckt sich hierbei auf einen einzelnen vergangenen Eingangssignalwert $x(k-1)$. Das Gedächtnis eines Systems kann sich aber auch auf unendlich viele Eingangssignalwerte erstrecken. Ein Beispiel ist der Summierer bzw. Integrierer. Die bisherigen Definitionen fassen wir wie folgt zusammen:

Definition 2.2 (Kausalität und Gedächtnis).
Ein zeitdiskretes oder zeitkontinuierliches System heißt kausal, wenn jeder Ausgangssignalwert $y(t)$ nicht von Eingangssignalwerten $x(t'), t' > t$ abhängt und gedächtnislos, wenn darüber hinaus jeder Ausgangssignalwert $y(t)$ nur vom Eingangssignalwert $x(t)$ abhängen darf.

Der zeitkontinuierliche Differenzierer kann als ein kausales System aufgefaßt werden, denn bei differenzierbaren Eingangssignalen darf die Ableitung linksseitig gebildet werden:

$$x'(t) = \lim_{\Delta t \to 0^+} \frac{x(t) - x(t - \Delta t)}{\Delta t}.$$

Der zeitkontinuierliche Differenzierer ist auf Grund der vorstehenden Definition ein System mit Gedächtnis, denn sein Ausgangssignalwert $y(t)$ hängt nicht nur vom Eingangssignalwert $x(t)$ ab. Zur Bestimmung von $y(t)$ werden allerdings nur Eingangssignalwerte in einer beliebig kleinen Umgebung von t benötigt.

Abbildung 2.1 zeigt eine Realisierung des zeitkontinuierlichen Differenzierers und Integrierers mit Hilfe eines OPV. Die dabei auftretenden Proportionalitätsfaktoren können durch vorgeschaltete oder nachgeschaltete Proportionalglieder auf den Wert Eins gebracht werden.

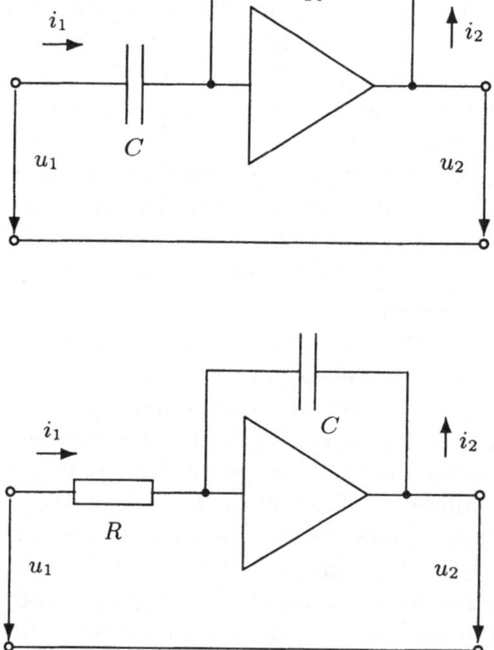

Abb. 2.1. Realisierung des zeitkontinuierlichen Differenzierers (Abb. oben) und Integrierers (Abb. unten) mit Hilfe eines OPV. Für den Differenzierer gilt $i_1 = Cu_1'$, $i_2 = u_2/R$ und $i_1 + i_2 = 0$, woraus als Ergebnis $u_2 = -RCu_1'$ folgt. Für den Integrier gilt $i_1 = u_1/R$, $i_2 = Cu_2'$ und $i_1 + i_2 = 0$. Daraus folgt zunächst $u_2' = -1/RCu_1$ und daraus als Ergebnis $u_2(t) = -\frac{1}{RC} \int_{-\infty}^{t} u_1(v)\,dv + u_2(-\infty)$. Für Einschaltvorgänge gilt: Der Kondensator ist vor dem Einschaltzeitpunkt über dem Widerstand R entladen, also $u_2(-\infty) = 0$

Eine Realisierung des zeitdiskreten Differenzierers mit Hilfe eines Verzögerungsglieds, Addierers und Proportionalglieds (Faktor 1) zeigt Abb. 2.2. Die Realisierung des Summierers mit Hilfe einer rückgekoppelten Schaltung ist in Abschn. 2.2.3 dargestellt (s. Abb. 2.15).

Die Wirkungsweise des zeitdiskreten Differenzierers kann durch seine Antwort auf die Sprungfunktion, die sog. *Sprungantwort* verdeutlicht werden. Sie ist durch den Diracimpuls gegeben:

$$y(k) = \varepsilon'(k) = \varepsilon(k) - \varepsilon(k - 1) = \delta(k)\,. \tag{2.2}$$

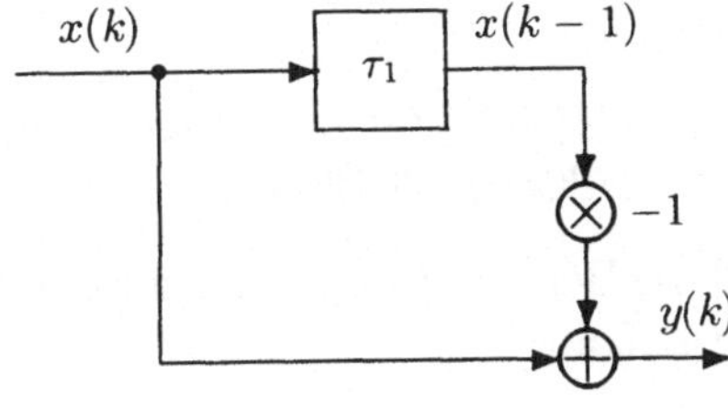

Abb. 2.2. Realisierung des zeitdiskreten Differenzierers mit Hilfe eines Verzögerungsglieds ($c = 1$), Addierers und Proportionalglieds (Faktor -1). Es ist $y(k) = x(k) - x(k-1)$

Werden die zeitdiskreten Signale durch Grauwertbilder veranschaulicht, liefert folglich der Differenzierer bei einem Grauwertsprung ein nadelförmiges Signal beim Auftreten des Helligkeitssprungs, wobei die Impulshöhe durch die Größe des Grauwertsprungs gegeben ist. Bei konstanten Grauwertflächen dagegen liefert der zeitdiskrete Differenzierer den Wert 0. Er liefert somit eine Art Konturbild, bei dem die Körperumrisse skizzenhaft hervorgehoben werden. Abbildung 2.3 zeigt ein Beispiel.

20	20	20	100	100	100	100	100
20	20	20	100	100	100	100	100
20	20	20	100	100	100	100	100
20	20	20	100	100	100	100	100
20	20	20	100	100	100	100	100
20	20	20	20	100	100	100	100
20	20	20	20	20	100	100	100
20	20	20	20	20	20	100	100
20	20	20	20	20	20	100	100
20	20	20	20	20	20	100	100
20	20	20	20	20	20	100	100

			80				
			80				
			80				
			80				
			80				
				80			
					80		
						80	
						80	
						80	
						80	

Abb. 2.3. Wirkungsweise des zeitdiskreten Differenzierers für ein Grauwertbild als Testsignal (Abb. oben). Jede Bildzeile enthält ein zeitdiskretes Signal. Der Differenzierer filtert jede einzele Bildzeile (horizontale Filterung). Das Ergebnis ist eine Art Konturbild, das den Helligkeitssprung vom Helligkeitswert 20 auf den Helligkeitswert 100 hervorhebt (Abb. unten). Der Signalwert 0 ist durch ein leeres Feld dargestellt. Bei einer Differentiation längs der Bildspalten würden vertikale Helligkeitssprünge hervorgehoben

Der zeitdiskrete Differenzierer liefert als Antwort auf die Sprungfunktion den Diracimpuls. Sein Ausgangssignal ist beschränkt, wenn das Eingangssignal beschränkt ist.[1] Solche Systeme heißen stabil:

---

[1] Für ein beschränktes Eingangssignal, d.h. $|x(k)| \leq C$ ist $|y(k)| = |x(k) - x(k-1)| \leq 2C$. Das Ausgangssignal ist also ebenfalls beschränkt, wobei die Schranke durch den Wert 2C gegeben ist.

Definition 2.3 (Stabilität).
Ein zeitdiskretes oder zeitkontinuierliches System heißt stabil, wenn jedes beschränkte Eingangssignal ein beschränktes Ausgangssignal zur Folge hat.

Gemäß der vorstehenden Definition sind die Beispielsysteme stabil bis auf die folgenden instabilen Systeme (s. Übungsaufgabe):

1. Zeitkontinuierlicher Differenzierer,
2. Summierer und Integrierer,
3. das zeitvariante Proportionalglied.

Der Summierer und Integrierer sind deshalb nicht stabil, weil ihre Systemantworten auf die (beschränkte) Sprungfunktion durch

$$y(k) = (k + 1)\varepsilon(k) \tag{2.3}$$

für den Summierer und

$$y(t) = t\varepsilon(t) \tag{2.4}$$

für den Integrierer gegeben sind. Beide Sprungantworten wachsen über alle Grenzen, d.h. sie sind nicht beschränkt.

Die ersten vier Beispielsysteme

1. Proportionalglied,
2. Verzögerungsglied,
3. Differenzierer,
4. Summierer und Integrierer

sind sog. *LTI-Systeme. LTI* steht für *linear und timeinvariant (zeitinvariant).* Linearität ist gleichbedeutend mit dem sog. *Superpositionsprinzip.* Es besagt, daß bei den beiden elementaren Signaloperationen Addition zweier Signale und Multiplikation eines Signals mit einem Faktor, ausgeführt am Systemeingang, die sich ergebenden Ausgangssignale auf die gleiche Weise miteinander zu verknüpfen sind:

Definition 2.4 (Linearität).
Ein für einen Vektorraum Ω definiertes zeitdiskretes oder zeitkontinuierliches System S heißt linear, wenn für alle Signale $x_1, x_2 \in \Omega$ gilt[2]

$$S(x_1 + x_2) = S(x_1) + S(x_2) \quad \textit{(Additivität)} \tag{2.5}$$

und für ein beliebiges Signal $x \in \Omega$ und einen beliebigen Faktor $\lambda \in \mathbb{R}$ oder $\lambda \in \mathbb{C}$ gilt

$$S(\lambda x) = \lambda S(x) \quad \textit{(Homogenität).} \tag{2.6}$$

---

[2] Da die Menge der Eingangssignale Ω ein Vektorraum ist, sind $x_1 + x_2$ sowie λx ebenfalls Signale, für die das System S definiert ist.

Dazu zunächst ein Beispiel, bei dem das Superpositionsprinzip zur Bestimmung des Ausgangssignals des RC-Glieds angewandt wird.

Beispiel 2.1 (RC-Glied).

Eingangssignal und Ausgangssignal seien durch die Eingangsspannung und Ausgangsspannung eines RC-Glieds gegeben (s. Abb. 2.4). Die Eingangsspannung sei für Zeiten $t < 0$ gleich 0. Der Kondensator ist also vor dem Zeitpunkt $t = 0$ entladen ($u_2 = 0$).

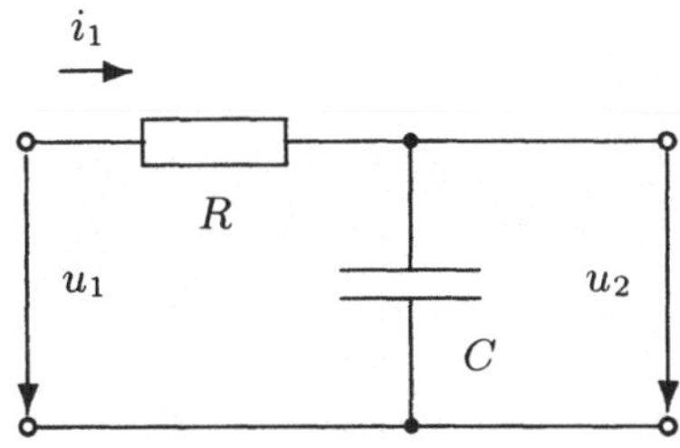

Abb. 2.4. Beispiel für das Superpositionsprinzip: Das RC-Glied. $\tau = RC$ bezeichnet die Zeitkonstante des RC-Glieds. Es ist $i_1 = (u_1 - u_2)/R = Cu_2'$, woraus als Ergebnis die Differentialgleichung $\tau u_2' + u_2 = u_1$ folgt

Die (Sprung-)Antwort des RC-Glieds bei Anregung mit dem Eingangssignal $x_1(t) = \varepsilon(t)$ löst die Differentialgleichung

$$\tau u_2' + u_2 = \varepsilon \tag{2.7}$$

und ist durch den *Aufladevorgang* $u_2(t) = y_1(t)$ mit

$$y_1(t) = \varepsilon(t) \cdot (1 - e^{-t/\tau}) \tag{2.8}$$

gegeben. Die Kondensatorspannung nähert sich hierbei asymptotisch dem Wert 1.[3] Die Antwort des RC-Glieds auf den um die Zeitspanne t_0 verzögerten Einschaltvorgang $x_2(t) = \varepsilon(t - t_0)$ ist der um t_0 verzögerte Aufladevorgang

$$y_2(t) = \varepsilon(t - t_0) \cdot (1 - e^{-(t-t_0)/\tau}) \,. \tag{2.9}$$

Die Überlagerung des ersten Eingangssignals mit dem zweiten Eingangssignal, multipliziert mit -1 ist der Rechteckimpuls

$$r_{t_0}(t) = x_1(t) - x_2(t) = \begin{cases} 1 : 0 \leq t < t_0 \\ 0 : \text{sonst} \end{cases} \,.$$

Die Antwort des RC-Glieds auf den Rechteckimpuls ist nach dem *Superpositionsprinzip* (s. Abb. 2.5)

$$\begin{aligned} y(t) &= y_1(t) - y_2(t) \\ &= \varepsilon(t)(1 - e^{-t/\tau}) - \varepsilon(t - t_0)(1 - e^{-(t-t_0)/\tau}) \,. \end{aligned} \tag{2.10}$$

---

[3] Dieser Spannungsverlauf ist vollkommen verschieden von der Sprungantwort des Integrierers, gegeben durch $y(t) = t\varepsilon(t)$ (s. Abb. 2.1). Dies rührt daher, daß bei der OPV-Schaltung des Integrierers das Potential zwischen dem Widerstand und dem Kondensator auf 0 gebracht wird, beim RC-Glied dagegen nicht.

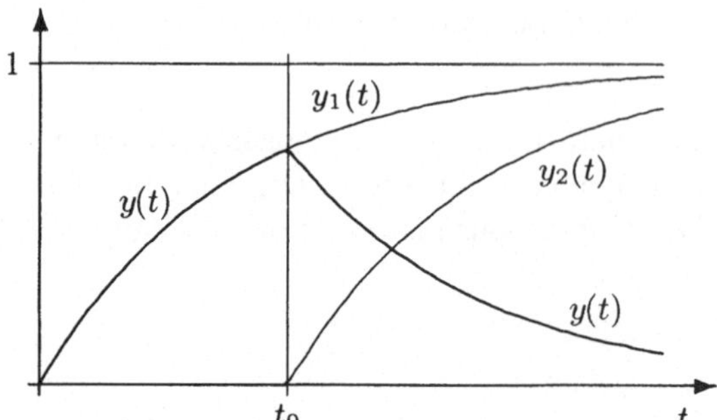

Abb. 2.5. Antwort des RC-Glieds auf einen Rechteckimpuls. Nach dem Superpositionsprinzip sind die beiden Aufladevorgänge $y_1(t)$ und $y_2(t)$ gemäß $y_1(t) - y_2(t)$ miteinander zu verknüpfen

Für Zeiten $t < t_0$ ist nur der Aufladevorgang $y_1(t)$ wirksam. Für Zeiten $t \geq t_0$ ergibt die Verknüpfung beider Aufladevorgänge den *Entladevorgang*

$$y(t) = \mathrm{e}^{-(t-t_0)/\tau} - \mathrm{e}^{-t/\tau} = \mathrm{e}^{-t/\tau}(\mathrm{e}^{t_0/\tau} - 1) \ .$$

Der Kondensator entlädt sich über die kurzgeschlossenen Eingangsklemmen ($u_1 = 0$) und dem Widerstand R und nähert sich asymptotisch dem Wert 0.

Auf Grund der vorstehenden Definition sind bei einem linearen System die beiden elementaren Signaloperationen Addition zweier Signale und Multiplikation eines Signals mit einem Faktor mit der Systemoperation S (in der Reihenfolge) vertauschbar. Der Vektorraum Ω der Eingangssignale gestattet hierbei die uneingeschränkte Ausführbarkeit der elementaren Signaloperationen am Systemeingang. Eine unmittelbare Folgerung für lineare Systeme ist:

Lemma 2.1 (Lineare Systeme).
Die Antwort eines linearen Systems S auf das Nullsignal ist das Nullsignal, d.h. es gilt $S(0) = 0$. Ein lineares System S ist genau dann kausal, wenn jeder Einschaltvorgang am Systemeingang stets zu einem Einschaltvorgang am Systemausgang führt, dessen Einschaltzeitpunkt nicht vor dem des Eingangssignals liegt, d.h.

$$x(t) = 0 \ \textit{für} \ t \leq t_0 \Rightarrow y(t) = 0 \ \textit{für} \ t \leq t_0 \ . \tag{2.11}$$

Beweis:
Aus der Homogenität folgt für $\lambda = 0$: $S(0) = S(\lambda x) = \lambda S(x) = 0$. Das Nullsignal am Eingang eines linearen Systems führt also zu dem Nullsignal am Systemausgang.

Bei einem kausalen System hängt der Ausgangssignalwert $y(t)$ nicht von Eingangssignalwerten $x(t'), t' > t$ ab. Dies ist gleichwertig mit der Bedingung

$$x_1, x_2 \in \Omega \ , \ x_1(t) = x_2(t) \ \text{für} \ t \leq t_0 \Rightarrow y_1(t) = y_2(t) \ \text{für} \ t \leq t_0 \ .$$

Sie ist äquivalent zur angegebenen Bedingung in (2.11):
Für das Eingangssignal

$$x := x_1 - x_2$$

folgt aus der Linearität von S das Ausgangssignal $y = S(x) = S(x_1) - S(x_2) = y_1 - y_2$. Die Aussage $y(t) = 0$ für $t \leq t_0$ ist also gleichbedeutend mit $y_1(t) = y_2(t)$ für $t \leq t_0$.
q.e.d.

Additivität und *Homogenität* können gleichwertig durch eine einzelne Vertauschbarkeitsrelation ausgedrückt werden: Für beliebige Signale $x_1, x_2 \in \Omega$ und Faktoren $\lambda_1, \lambda_2 \in \mathbb{R}$ gilt

$$S(\lambda_1 x_1 + \lambda_2 x_2) = \lambda_1 S(x_1) + \lambda_2 S(x_2) \,. \tag{2.12}$$

Hierbei wird die Systemoperation mit der sog. *Linearkombination* zweier Signale, $\lambda_1 x_1 + \lambda_2 x_2$ vertauscht. Diese Beziehung gilt allgemeiner für eine Linearkombination bestehend aus endlich vielen Signalen, ebenso die Additivität, wie durch vollständige Induktion bestätigt werden kann.

Untersucht man die Beispielsysteme auf Linearität, stellt man fest: Nicht linear sind nur

1. die Konstante,
2. der Quadrierer.

Alle anderen Beispielsysteme sind linear. Insbesondere ist das Proportionalglied linear. Seine Kennlinie ist eine Gerade durch den Nullpunkt. Die *Konstante* und der *Quadrierer* besitzen ebenfalls Kennlinien. Ihre Kennlinien sind aber keine durch den Nullpunkt gehende Geraden, weswegen diese beiden Systeme nicht linear sind (Übungsaufgabe).

Das RC-Glied aus dem vorstehenden Beispiel verhält sich nicht nur linear sondern auch zeitunabhängig, denn sein Ausgangssignal ist für die um t_0 verzögerte Sprungfunktion einfach die um t_0 verzögerte Sprungantwort des Systems. Die Antwort des RC-Glieds auf die verzögerte Sprungfunktion ergibt also die den gleichen Signalverlauf, aber um t_0 Zeiteinheiten verzögert. In diesem Sinn hängt das Systemverhalten des RC-Glieds nicht von der Zeit ab, es verhält sich *zeitinvariant*:

Definition 2.5 (Zeitinvarianz).
Ein für eine Signalmenge Ω definiertes zeitdiskretes oder zeitkontinuierliches System S heißt zeitinvariant, wenn für alle Signale $x \in \Omega$ und eine beliebige zeitliche Verschiebung c[4]

$$S(\tau_c(x)) = \tau_c(S(x)) \tag{2.13}$$

gilt. Ein System, das sowohl linear als auch zeitinvariant ist, heißt LTI-System.

---

[4] Es wird $\tau_c(x) \in \Omega$ vorausgesetzt.

Auf Grund der vorstehenden Definition sind bei einem LTI-System alle drei elementaren Signaloperationen

1. Addition zweier Signale,
2. Multiplikation eines Signals mit einem Faktor,
3. zeitliche Verschiebung eines Signals

mit der Systemoperation S vertauschbar. Die Signalmenge Ω der Eingangssignale bildet hierbei einen Signalraum. Die elementaren Signaloperationen sind damit uneingeschränkt am Systemeingang ausführbar.

Untersucht man die Beispielsysteme auf Zeitinvarianz, stellt man fest: Alle Beispielsysteme sind zeitinvariant bis auf die folgenden zeitvarianten Systeme:

1. Zeitvariantes Proportionalglied,
2. zeitvariantes Verzögerungsglied,
3. die beiden Matrizenmultiplikationen.

Daraus ergibt sich die Schlußfolgerung, daß die ersten vier Beispielsysteme LTI-Systeme sind. Bei den anderen Systemen ist entweder die Linearität oder die Zeitinvarianz verletzt. Insbesondere liegt bei einer blockweise ausgeführten Matrixmultiplikation Zeitinvarianz nur für den uninteressanten Fall vor, wenn die Matrix F proportional zur Einheitsmatrix ist.[5] Eine Erweiterung der Theorie der LTI-Systeme auf Matrizenmultiplikationen ist dennoch möglich, wie in Abschn. 4.1 gezeigt wird.

---

[5] Wir zeigen, daß die Matrixmultiplikation mit einer Matrix F gemäß (2.1) nur dann zeitinvariant ist, wenn

$$F = \lambda E \, , \ \lambda \in \mathbb{R}$$

mit E als Einheitsmatrix gilt. Die Komponenten von F werden im folgenden mit $F_{11}, F_{12}, F_{21}, F_{22}$ bezeichnet.
Für das Eingangssignal $x(k) = \delta(k)$ erhält man aus (2.1) die Ausgangssignalwerte

$$y_0(0) = F_{11}x(-1) + F_{12}x(0) = F_{12} \, ,$$
$$y_0(1) = F_{21}x(-1) + F_{22}x(0) = F_{22} \, .$$

Die übrigen Ausgangssignalwerte sind 0.
Für das Eingangssignal $x(k) = \delta(k - 1)$ erhält man die Ausgangssignalwerte

$$y_1(2) = F_{11}x(1) + F_{12}x(2) = F_{11} \, ,$$
$$y_1(3) = F_{21}x(1) + F_{22}x(2) = F_{21} \, .$$

Die übrigen Ausgangssignalwerte sind ebenfalls 0. Bei Zeitinvarianz muß $y_1(k) = y_0(k - 1)$ sein. Daher ist

$$F_{12} = y_0(0) = y_1(1) = 0 \, ,$$
$$F_{22} = y_0(1) = y_1(2) = F_{11} \, ,$$
$$0 = y_0(2) = y_1(3) = F_{21} \, ,$$

woraus $F = \lambda E, \lambda = F_{11}$ folgt.

2.2 Zusammenschaltung von Systemen

Systeme können auf verschiedene Weisen miteinander zusammengeschaltet werden. Hierbei werden die folgenden drei Arten unterschieden:

1. Summenschaltung (Addition) zweier Systeme,
2. Hintereinanderschaltung zweier Systeme,
3. Rückkopplung eines Systems.

Aus diesen drei *Grundschaltungen* können komplexere Systeme aufgebaut werden. Die Signalverbindungen zwischen den Systemen werden stets als verzögerungsfrei angenommen. Verzögerungszeiten können, falls erwünscht durch Verzögerungsglieder zwischen den Signalverbindungen nachgebildet werden.

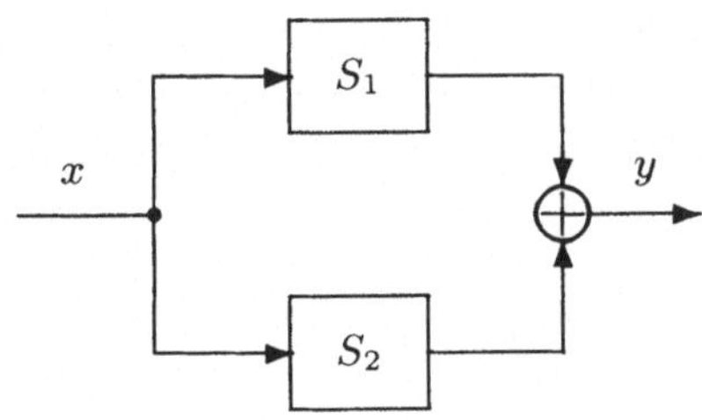

Abb. 2.6. Summenschaltung zweier Systeme. Es ist $y = S_1(x) + S_2(x)$

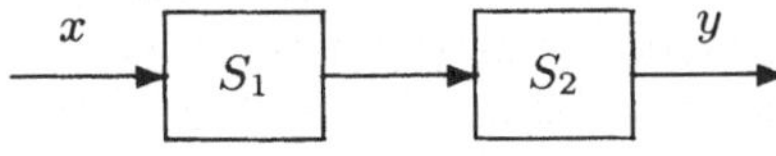

Abb. 2.7. Hintereinanderschaltung zweier Systeme. Es ist $y = S_2(S_1(x))$

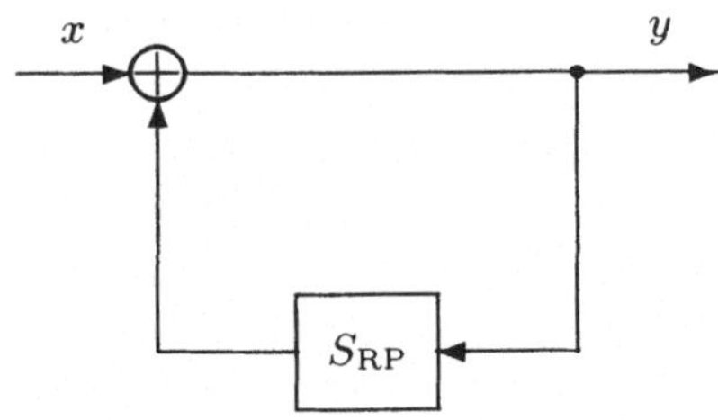

Abb. 2.8. Rückkopplung eines Systems. Es ist $x + S_{\mathrm{RP}}(y) = y$

2.2.1 Summenschaltung und Hintereinanderschaltung

Bei der Summenschaltung zweier Systeme werden einfach die Ausgangssignale beider Systeme überlagert, d.h. es gilt

$$S(x) = (S_1 + S_2)(x) := S_1(x) + S_2(x) \ . \tag{2.14}$$

Damit die Addition durchführbar ist, müssen beide Systeme für das Eingangssignal x definiert sein. Die Summenschaltung zweier Systeme kann leicht auf endlich viele Systeme ausgedehnt werden. Dabei sind die Ausgangssignale aller Teilsysteme zu überlagern. Ein einfaches Beispiel für die Summenschaltung zweier Systeme ist die Schaltung für den zeitdiskreten Differenzierer (s. Abb. 2.2). Das Ausgangssignal des zeitdiskreten Differenzierers, $y(k) = x(k) - x(k-1)$ ist die Summe zweier Systeme S_1 und S_2. Das System S_1 ist das sog. *identische System*, welches ein Eingangssignal unverändert als Ausgangssignal abgibt. Das identische System wird mit S_id bezeichnet. Es ist also $S_1 = S_\mathrm{id}$ mit

$$S_\mathrm{id}(x) := x \ . \tag{2.15}$$

Das System S_2 liefert das Ausgangssignal $-x(k-1)$. Dieses ist das Eingangssignal, verzögert um eine Zeiteinheit und multipliziert mit dem Faktor -1.

Bei der Hintereinanderschaltung zweier Systeme wird das Ausgangssignal durch die Hintereinanderausführung der beiden Systemoperationen gebildet:

$$S(x) = (S_2 S_1)(x) := S_2(S_1(x)) \ . \tag{2.16}$$

Die Schreibweise $S_2 S_1$ entspricht der in der Mathematik üblichen Bezeichnung für die Hintereinanderausführung zweier *Abbildungen*. Sie ist nicht mit einer *gewöhnlichen* Multiplikation der beiden Systeme zu verwechseln, bei der die Signalwerte der beiden Systeme miteinander multipliziert werden. Damit die Hintereinanderschaltung durchführbar ist, muß das Ausgangssignal des ersten Systems ein zulässiges Eingangssignal für das zweite System sein. Diese Bedingung ist nicht automatisch erfüllt, sondern muß nachgeprüft werden. Sind beispielsweise beide Systeme durch den zeitkontinuierlichen Differenzierer gegeben, bildet die Hintereinanderschaltung die zweifache Ableitung des Eingangssignals. Das Ausgangssignal des ersten Systems muß differenzierbar sein, damit es vom zweiten System verarbeitet werden kann. Dies bedeutet, daß das Eingangssignal der Hintereinanderschaltung zweimal differenzierbar sein muß.

Das System S_2 des soeben betrachteten zeitdiskreten Differenzierers, das das Ausgangssignal $y(k) = -x(k-1)$ liefert, ist bereits ein einfaches Beispiel für die Hintereinanderschaltung zweier Systeme. Das Ausgangssignal $y(k) = -x(k-1)$ entsteht durch die Hintereinanderschaltung eines Verzögerungsglieds mit der Verzögerungszeit $c = 1$ und eines Proportionalglieds mit dem Faktor -1. Bei der Hintereinanderschaltung dieser Systeme spielt die Reihenfolge keine Rolle, d.h. das resultierende System liefert in jedem Fall $-x(k-1)$ als Ausgangssignal. Die Vertauschbarkeit bei der Hintereinanderschaltung zweier Systeme ist jedoch nicht automatisch erfüllt. Ein einfaches Beispiel ist die Matrixmultiplikation. Bei der Multiplikation zweier Matrizen kommt es i.allg. auf die Reihenfolge an. Sogar für LTI-Systeme lassen sich im Gegensatz zur *verbreiteten Auffassung*, LTI-Systeme seien vertauschbar, Gegenbeispiele finden:

Beispiel 2.2 (Verletzung der Vertauschbarkeit).
Die folgenden beiden LTI-Systeme sind nicht vertauschbar: Das erste System
(System S_1) ist der sog. *Grenzwertbilder*, welcher ein konstantes Ausgangs-
signal mit

$$y(k) = x(-\infty) = \lim_{k \to -\infty} x(k) \qquad (2.17)$$

bildet. Der Grenzwertbilder berechnet also den linksseitigen Grenzwert des
Eingangssignals und liefert ein konstantes Ausgangssignal mit diesem Wert.
Er erfordert folglich Eingangssignale, für die der linksseitige Grenzwert existiert. Das zweite System (System S_2) ist der sog. *Mittelwertbilder*, welcher
ein konstantes Ausgangssignal mit

$$y(k) = \overline{x(k)} = \lim_{n \to \infty} \frac{1}{2n + 1} \sum_{i=-n}^{n} x(i) \qquad (2.18)$$

bildet. Er erfordert Eingangssignale, deren arithmetischer Mittelwert existiert. Es wird im folgenden außerdem vorausgesetzt, daß die Eingangssignale
beschränkt sind. In diesem Fall wirken sich einzelne Eingangssignalwerte auf
den Mittelwert nicht aus.

Beide Systeme sind linear, da die Bildung des linksseitigen Grenzwerts
und des arithmetischen Mittelwerts lineare Operationen sind. Eine zeitliche
Verschiebung des Eingangssignals wirkt sich bei diesen Operationen nicht auf
das Ausgangssignal aus. Insbesondere gilt für die Mittelwertbildung

$$\sum_{i=-n}^{n} x(i) - \sum_{i=-n}^{n} x(i - 1) = x(n) - x(-n - 1) \,.$$

Für ein beschränktes Eingangssignal x sind $|x(n)|, |x(-n-1)| \leq C$ mit einer
Konstanten C. Aus der Division durch $2n + 1$ und der anschließenden Grenzwertbildung $n \to \infty$ folgt die Gleichheit der Mittelwerte des Signals x und
seiner zeitlichen Verschiebung $\tau_1(x)$. Ebensowenig Einfluß auf das Ausgangssignal hat die zeitliche Verschiebung eines beschränkten Eingangssignals um c
Zeiteinheiten. Eine zeitliche Verschiebung der Ausgangssignale wirkt sich auf
konstante Ausgangssignale ebenfalls nicht aus. Daraus folgt, daß beide Systeme auch zeitinvariant, also LTI-Systeme sind. Die Hintereinanderschaltung
dieser Systeme liefert für die Sprungfunktion $x(k) = \varepsilon(k)$

1. $\qquad S_2(S_1(x)) = S_2(x(-\infty)) = S_2(0) = 0\,,$
    denn die Sprungfunktion besitzt den linksseitigen Grenzwert 0, die an-
    schließende Mittelwertbildung ergibt ebenfalls 0,
2. $\qquad S_1(S_2(x)) = S_1(\overline{x}) = \overline{x} = 1/2\,,$
    denn die arithmetische Mittelwertbildung der Sprungfunktion ergibt den
    konstanten Wert 1/2. Die linksseitige Grenzwertbildung liefert ebenfalls
    1/2.

Das Ergebnis der Hintereinanderschaltung hängt also von der Reihenfolge ab.

Für die Summenschaltung und Hintereinanderschaltung von Systemen gilt:

Lemma 2.2 (Zusammenschaltungen von Systemen).
Bei der Summenschaltung und Hintereinanderschaltung zweier Systeme bleiben die Systemeigenschaften Kausalität, Stabilität, Linearität und Zeitinvarianz erhalten. Beispielsweise ergibt die Hintereinanderschaltung zweier kausaler, stabiler LTI-Systeme wieder ein kausales und stabiles LTI-System. Bei linearen Systemen sind die Summenschaltung und Hintereinanderschaltung zweier Systeme miteinander verträglich, denn es gelten die beiden Distributivgesetze

$$S_1(S_2 + S_3) = S_1 S_2 + S_1 S_3 \,, \qquad (2.19)$$

$$(S_1 + S_2)S_3 = S_1 S_3 + S_2 S_3 \,, \qquad (2.20)$$

die Schaltungsumformungen gemäß Abb. 2.9 ermöglichen.[6]

Beweis:
Wir beschränken uns auf den Nachweis für die Hintereinanderschaltung sowie auf das erste Distributivgesetz. Das zweite Distributivgesetz zeigt man wie das erste Distributivgesetz. Die Summenschaltung wird in einer Übungsaufgabe behandelt. Es sei $S = S_2 S_1$ mit dem Ausgangssignal $y_1 = S_1(x)$ des ersten Systems und dem Ausgangssignal der Hintereinanderschaltung $y = S(x)$.

1. Kausalität:
   Für kausale Systeme hängt $y(t)$ nur von Signalwerten $y_1(t'), t' \leq t$ ab. Diese Signalwerte hängen ihrerseits nur von den Eingangssignalwerten $x(t''), t'' \leq t' \leq t$ ab.
2. Stabilität:
   Für stabile Systeme gilt: Ein beschränktes Eingangssignal x liefert ein be-

---

[6] Dank der beiden Distributivgesetze bilden lineare Systeme, deren Eingangssignale und Ausgangssignale der gleichen Signalmenge Ω angehören, eine sog. *Algebra*. Da auch die Ausgangssignale in Ω liegen, ist die Hintereinanderschaltung $S_2 S_1$ zweier Systeme der Algebra stets möglich. Die Eigenschaften einer Algebra sind:

1. Die Systeme bilden einen Vektorraum mit den Verknüpfungen

   $$(S_1 + S_2)(x) = S_1(x) + S_2(x) \,, \quad (\lambda S)(x) = \lambda S(x) \,, \quad \lambda \in \mathbb{R}\,(\mathbb{C})\,.$$

2. Für die Hintereinanderschaltung von Systemen gilt die Assoziativität:

   $$(S_1 S_2)S_3 = S_1(S_2 S_3)\,.$$

3. Das sog. *Einselement* ist das identische System S_{id}.
4. Es gelten die beiden Distributivgesetze.
   Die Vertauschbarkeit bei der Hintereinanderschaltung ist nicht allgemeingültig, wie das letzte Beispiel zeigte. Die Algebra ist daher nicht kommutativ. Aus diesem Grund müssen beide Distributivgesetze gefordert werden.
5. Schließlich gilt

   $$(\lambda S_1)(\mu S_2) = (\lambda \mu)(S_1 S_2)\,, \quad \lambda, \mu \in \mathbb{R}\,(\mathbb{C})\,.$$

schränktes Ausgangssignal $y_1 = S_1(x)$ als Eingangssignal für das System S_2, woraus ein beschränktes Ausgangssignal $y = S_2(y_1)$ folgt.

3. Linearität:

Für zwei lineare Systeme und $x_1, x_2 \in \Omega, \lambda, \mu \in \mathbb{R}$ oder $\mathbb{C}$ ist

$$S(\lambda x_1 + \mu x_2) = S_2(S_1(\lambda x_1 + \mu x_2)) = S_2(\lambda S_1(x_1) + \mu S_1(x_2))$$
$$= \lambda S_2(S_1(x_1)) + \mu S_2(S_1(x_2))$$
$$= \lambda S(x_1) + \mu S(x_2) \, ,$$

wobei zuerst die Linearität von S_1, dann die Linearität von S_2 ausgenutzt wurde.

4. Zeitinvarianz:

Für ein zeitinvariantes System S und $x \in \Omega, c \in \mathbb{R}$ oder $c \in \mathbb{Z}$ ist

$$S(\tau_c(x)) = S_2(S_1(\tau_c(x)) = S_2(\tau_c(S_1(x)) = \tau_c(S_2(S_1(x)))$$
$$= \tau_c(S(x)) \, ,$$

wobei zuerst die Zeitinvarianz von S_1, dann die Zeitinvarianz von S_2 ausgenutzt wurde.

5. Erstes Distributivgesetz:

Für lineare Systeme und $x \in \Omega$ ist

$$S_1(S_2 + S_3)(x) = S_1(S_2(x) + S_3(x)) = S_1(S_2(x)) + S_1(S_3(x))$$
$$= S_1 S_2(x) + S_1 S_3(x) \, .$$

Bei der zweiten Gleichung wurde die Linearität von S_1 ausgenutzt.

q.e.d.

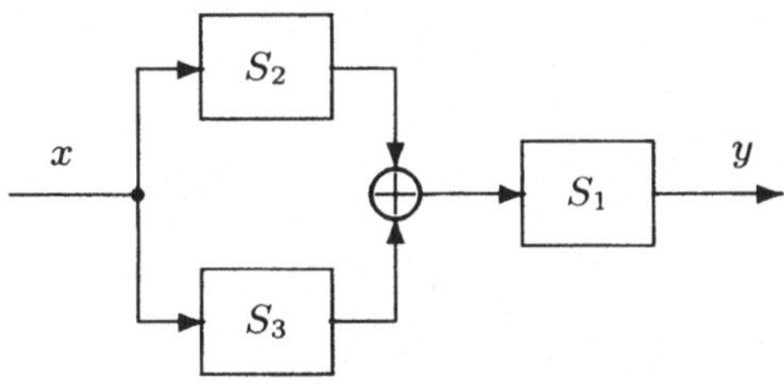

äquivalent:

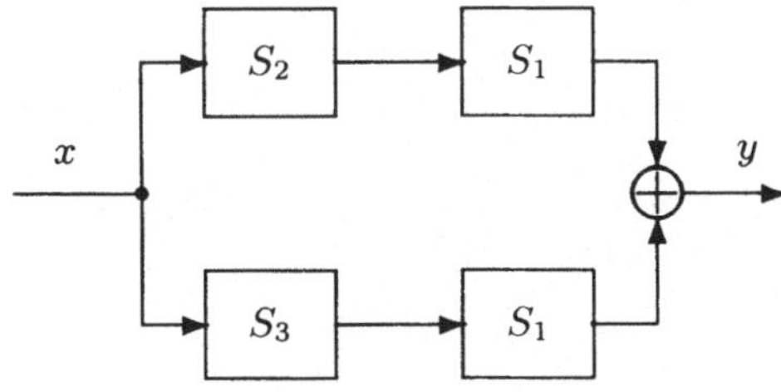

Abb. 2.9. Erstes Distributivgesetz für lineare Systeme: $S_1(S_2 + S_3) = S_1 S_2 + S_1 S_3$. Die beiden Schaltungen sind folglich äquivalent, d.h. sie liefern für ein Eingangssignal das gleiche Ausgangssignal

2.2.2 Inverse Systeme

Für die vier LTI-Beispielsysteme Proportionalglied, Verzögerungsglied, Differenzierer und Summierer hat die Reihenfolge bei der Hintereinanderschaltung keinen Einfluß auf das Ausgangssignal. Beispielsweise ergibt sich für den Differenzierer und Summierer für linksseitig summierbare Signale unabhängig von der Reihenfolge das gleiche Ergebnis:

1. Reihenfolge Summierer, Differenzierer:

$$\sum_{i=-\infty}^{k} x(i) - \sum_{i=-\infty}^{k-1} x(i) = x(k) \ .$$

Die linksseitige Summierbarkeit garantiert hierbei die Existenz der beiden Grenzwerte und damit die Gültigkeit der Beziehung.[7] Mit S_Δ als Bezeichnung für den Differenzierer und S_{Σ^-} als Bezeichnung für den Summierer läßt sich die vorstehende Beziehung auch durch

$$S_\Delta(S_{\Sigma^-}(x)) = x \ , \ x \in \Omega_{\Sigma^-} \tag{2.21}$$

darstellen.

2. Reihenfolge Differenzier, Summierer:

$$\sum_{i=-\infty}^{k} [x(i) - x(i-1)] = x(k) \ .$$

Die Beziehung gilt für linksseitig abklingende Eingangssignale $x(k)$.[8] Es gilt also

$$S_{\Sigma^-}(S_\Delta(x)) = x \ , \ x \in \Omega_{0^-} \ . \tag{2.22}$$

---

[7] Aus der für $N \le k - 1$ gültigen Darstellung

$$x(k) = \sum_{i=N}^{k} x(i) - \sum_{i=N}^{k-1} x(i)$$

folgt durch Grenzübergang $N \to -\infty$ die angegebene Beziehung.

[8] Wir zeigen: Das Ausgangssignal $y = S_\Delta(x)$ des Differenzierers für ein linksseitig abklingendes Eingangssignal $x(k)$ ist linksseitig summierbar und es gilt $S_{\Sigma^-}(y) = x$: Für $N < k$ ist

$$\sum_{i=N}^{k} y(i) = \sum_{i=N}^{k} [x(i) - x(i-1)] = x(k) - x(N-1) \ .$$

Da der erste Summand $x(k)$ nicht von N abhängt und $x(-\infty) = 0$ gilt, ist der Grenzwertübergang $N \to -\infty$ erlaubt und liefert

$$\lim_{N \to -\infty} \sum_{i=N}^{k} y(i) = x(k) \ .$$

Mit Hilfe der Sprungfunktion kann die Beziehung auch gemäß

$$x(k) = \sum_{i=-\infty}^{\infty} [x(i) - x(i-1)]\varepsilon(k-i)$$

ausgedrückt werden. Das Signal $x(k)$ wird hierbei als Überlagerung von (möglicherweise unendlich vielen) Sprungfunktionen dargestellt.

Abbildung 2.10 zeigt die beiden Hintereinanderschaltungen für den Summierer und Differenzierer. Die Summation wird durch die (zeitdiskrete) Differentiation umgekehrt und umgekehrt die Differentiation durch die Summation. Abbildung 2.10 verdeutlicht die Umkehrung für den Differenzierer anhand eines Testbildes.

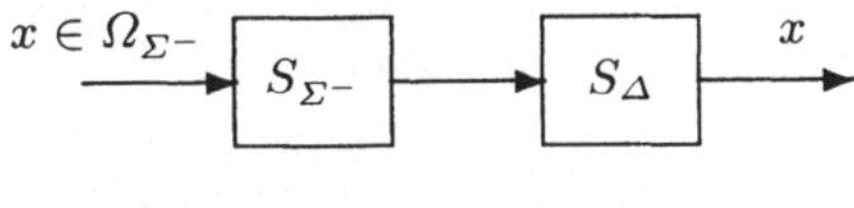

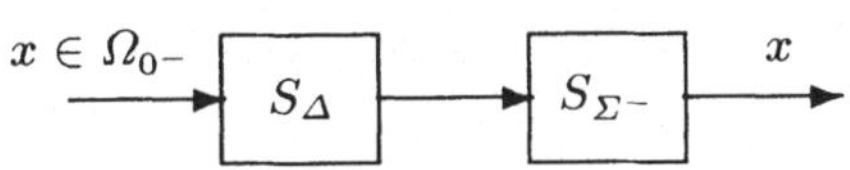

Abb. 2.10. Differenzierer und Summierer als inverse Systeme für linksseitig summierbare Eingangssignale (Signalraum $\Omega_{\Sigma-}$) und linksseitig abklingende Signale (Signalraum Ω_{0-})

		100	100				
	100	100	100	100			
100	100	100	100	100			
100	100	100	100	100			
100	100		100	100	100		
100	100	100	100	100	100	100	100
100	100	100	100	100	100	100	
100	100	100	100	100	100		
	80	100	100	100	100		
		100	100	100			
			100				

		100		-100			
	100				-100		
100					-100		
100					-100		
100		-100	100			-100	
100							
100							-100
100						-100	
	80	20				-100	
		100			-100		
			100	-100			

Abb. 2.11. Umkehrung der Systemoperation des zeitdiskreten Differenzierers für ein Grauwertbild als Testsignal (Abb. oben). Der Signalwert 0 ist durch ein leeres Feld dargestellt. Der Differenzierer filtert jede einzele Bildzeile (horizontale Filterung). Aus dem Ausgangsbild (Abb. unten) läßt sich das ursprüngliche Bild durch (linksseitige) Summierungen der Bildzeilen zurückgewinnen

Der gefundene Zusammenhang entspricht der in der Mathematik bekannte Umkehrung der Integration durch Differentiation und der Differentiation durch Integration. Das eine Systemoperation umkehrende System wird inverses System genannt:

Definition 2.6 (Inverses System).
Sind S, S^{-1} zwei Systeme mit

$$S^{-1}(S(x)) = x \, , \ x \in \Omega \tag{2.23}$$

für alle Signale x aus einer Signalmenge Ω, dann heißt S^{-1} Inverse des Systems S auf (oder für) die Signalmenge Ω.

Die Bestimmung eines inversen Systems ist eine wichtige Aufgabe. Man denke beispielsweise an ein durch Meßfehler oder Übertragungsfehler fehlerbehaftetes Signal, das durch ein inverses System zurückgewonnen werden soll, welches den fehlerverursachenden Vorgang umzukehren versucht.

Gleichung (2.23) umfaßt zwei Forderungen: Erstens muß das System S für Signale der Signalmenge Ω erklärt sein. Zweitens muß das Ausgangssignal von S ein zulässiges Eingangssignal für S^{-1} ergeben. Daher muß das inverse System S^{-1} auf der Signalmenge

$$S(\Omega) := \{S(x)|x \in \Omega\} \tag{2.24}$$

erklärt sein, also für alle möglichen Ausgangssignale $S(x)$ des Systems S bei Anregung mit Eingangssignalen $x \in \Omega$. Abbildung 2.12 verdeutlicht dies.

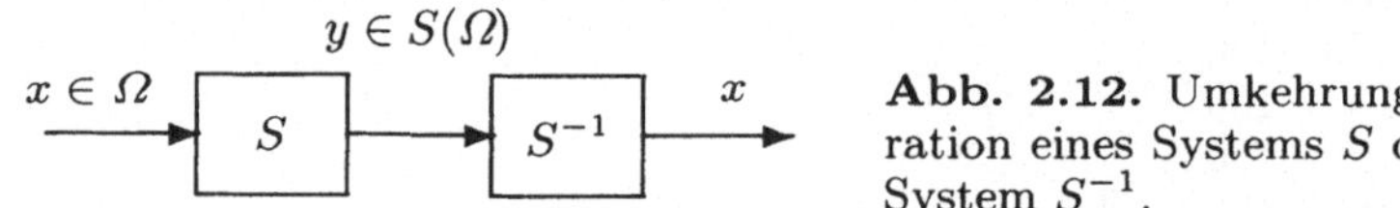

Abb. 2.12. Umkehrung der Systemoperation eines Systems S durch das inverse System S^{-1}.

Notwendig und hinreichend für die Invertierbarkeit eines Systems ist seine Eindeutigkeit.[9]

Definition 2.7 (Eindeutigkeit eines Systems).
Ein für eine Signalmenge Ω erklärtes zeitdiskretes oder zeitkontinuierliches System heißt eindeutig (für die Signalmenge Ω), wenn zwei unterschiedliche Eingangssignale $x_1, x_2 \in \Omega$ stets zwei unterschiedliche Ausgangssignale $y_1 = S(x_1), y_2 = S(x_2)$ ergeben, d.h.

$$x_1, x_2 \in \Omega \, , \ x_1 \neq x_2 \Rightarrow y_1 \neq y_2 \, . \tag{2.25}$$

Bei einem nicht eindeutigen System ist die Zurückgewinnung der Signale x_1 und x_2 aus den Signalen y_1 und y_2 gemäß $x_1 = S^{-1}(y_1), x_2 = S^{-1}(y_2)$ nicht möglich. Die Information, welche die Signale x_1, x_2 voneinander unterscheidet, kann durch die Systemoperation des Systems S verletzt werden. Abbildung 2.13 erläutert den Sachverhalt bei Eindeutigkeit.

---

[9] Die surjektive Abbildung $S : \Omega \to S(\Omega)$ ist dann auch injektiv.

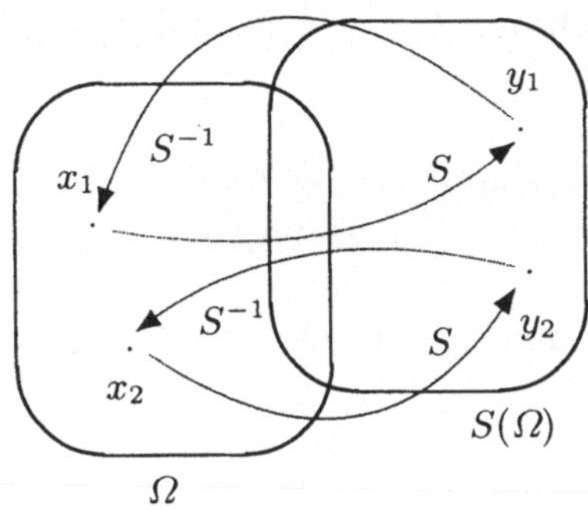

Abb. 2.13. Die Eindeutigkeit des Systems S gestattet seine Umkehrung durch das inverse System S^{-1}.

Anhand der Abb. 2.13 erkennt man, daß das System S^{-1} ebenfalls invertierbar ist. S^{-1} ist auf der Signalmenge $S(\Omega)$ invertierbar, das inverse System ist das System S. Dies läßt sich durch

$$S(S^{-1}(y)) = y \ , \ y \in S(\Omega) \tag{2.26}$$

ausdrücken.[10] Aus diesem Grund bezeichnet man die Systeme S und S^{-1} auch als *zueinander invers*.

Untersucht man den Differenzierer auf Invertierbarkeit, stellt man fest: Beim Differenzierer ergeben zwei Eingangssignale, die sich in einem konstanten Signal voneinander unterscheiden, das gleiche Ausgangssignal. Der Differenzierer ist also nicht invertierbar, wenn konstante Signale zugelassen werden. Dagegen ist er bei linksseitig abklingenden Eingangssignalen invertierbar, wie wir bereits gesehen haben. Da konstante Signale nicht linksseitig abklingend sind, sind diese auch nicht in der Signalmenge Ω_{0-} enthalten. Durch geeignete Einschränkung der Signalmenge Ω für die Eingangssignale läßt sich also beim Differenzierer die Eindeutigkeit des Systems und damit seine Invertierbarkeit erzwingen. Die folgenden Beispielsysteme sind eindeutig (bei geeigneter Wahl der Signalmenge Ω) und damit invertierbar:

1. Proportionalglied (für $\lambda \neq 0$):
   Das Inverse System ist ein Proportionalglied mit dem Faktor $1/\lambda$.
2. Verzögerungsglied:
   Das zum Verzögerungsglied mit der Verzögerungszeit c inverse System ist durch $y(t) = x(t + c)$ gegeben. Bei einer echten Verzögerung ($c > 0$) ist dieses System nicht kausal.
3. Differenzierer und Summierer:
   Differenzierer und Summierer sind zueinander invers. Die Zuodnung er-

---

[10] Einen formalen Nachweis kann man wie folgt führen:
Für $y \in S(\Omega)$ ist zunächst $y = S(x)$ für ein Signal $x \in \Omega$. Daraus folgt

$$S(S^{-1}(y)) = S(S^{-1}(S(x))) = S(x) = y \ ,$$

wobei die Definitionsgleichung (2.23) für ein inverses System benutzt wurde.

folgt zwischen linksseitig abklingenden Signalen (Signalraum Ω_{0-}) und linksseitig summierbaren Signalen (Signalraum $\Omega_{\Sigma-}$).[11] Abbildung 2.14 verdeutlicht die Zusammenhänge.

4. Zeitvariantes Verzögerungsglied:
Das inverse System bewirkt wie das zeitvariante Verzögerungsglied eine zeitliche Verschiebung seines Eingangssignals (Übungsaufgabe).

5. Beispielsystem 9:
Das inverse System ist durch eine Matrixmultiplikation mit der zur Systemmatrix inversen Matrix

$$\begin{pmatrix} 1 & 1 \\ 1 & -1 \end{pmatrix}^{-1} = \frac{1}{2} \begin{pmatrix} 1 & 1 \\ 1 & -1 \end{pmatrix}$$

gegeben. Diese Matrix ist bis auf einen Faktor gleich der Matrix des Systems S (Hadamard-Transformation).

Sämtliche invertierbare Beispielsysteme sind linear, es gilt also $S(0) = 0$ (s. Lemma 2.1). Aus der Eindeutigkeit von S folgt daraus für ein Eingangssignal $x \in \Omega$ mit $x \neq 0$ ein Ausgangssignal $S(x) \neq 0$ oder anders ausgedrückt

---

[11] Wir überzeugen uns davon, daß

$$S_\Delta(\Omega_{0-}) = \Omega_{\Sigma-} \tag{2.27}$$

gilt. Wir haben bereits $S_\Delta(\Omega_{0-}) \subseteq \Omega_{\Sigma-}$ gezeigt. Zu zeigen bleibt daher:

$$\Omega_{\Sigma-} \subseteq S_\Delta(\Omega_{0-}) \ .$$

Es sei $y \in \Omega_{\Sigma-}$. Gesucht ist ein Signal $x \in \Omega_{0-}$ mit

$$y = S_\Delta(x) \ .$$

Das Signal $x := S_{\Sigma-}(y)$ besitzt die gewünschten Eigenschaften.
Erstens gilt $y = S_\Delta(S_{\Sigma-}(y))$, da das Signal y linksseitig summierbar ist.
Zweitens ist das Signal x linksseitig abklingend:
Für $N < k < 0$ ist

$$\sum_{i=N}^{k} y(i) = \sum_{i=N}^{0} y(i) - \sum_{i=k+1}^{0} y(i) \ .$$

Da der zweite Summand nicht von N abhängt und y linksseitig summierbar ist, liefert zunächst der Grenzübergang $N \to -\infty$

$$x(k) = \lim_{N \to -\infty} \sum_{i=N}^{k} y(i) = \sum_{i=-\infty}^{0} y(i) - \sum_{i=k+1}^{0} y(i) \ .$$

Da die erste Summe nicht von k abhängt und y linksseitig summierbar ist, ist der Grenzwertübergang $k \to -\infty$ durchführbar und liefert

$$x(-\infty) = \sum_{i=-\infty}^{0} y(i) - \sum_{i=-\infty}^{0} y(i) = 0 \ .$$

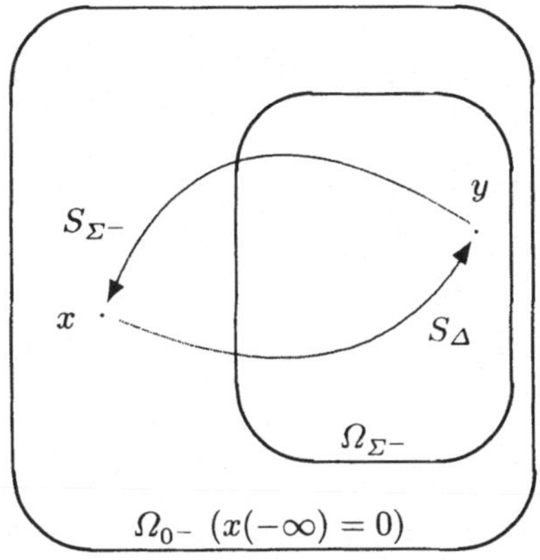

Abb. 2.14. Differenzierer und Summierer als zueinander inverse Systeme. Der Differenzierer S_Δ ordnet einem linksseitig abklingenden Signal $x \in \Omega_{0-}$ ein linksseitig summierbares Signal $y = S_\Delta(x) \in \Omega_{\Sigma-}$ zu. Es ist $x = S_{\Sigma-}(y)$. Wegen $\Omega_{\Sigma-} \subset \Omega_{0-}$ (s. Abschn. 1.3) ist das Signal y ebenfalls linksseitig abklingend

$S(x) = 0 \Rightarrow x = 0$. Diese Bedingung ist ein Kriterium für die Eindeutigkeit eines linearen Systems.

Lemma 2.3 (Eindeutigkeitskriterium für lineare Systeme).
Ein lineares System S ist auf der Signalmenge Ω genau dann eindeutig, wenn für jedes Signal $x \in \Omega$

$$S(x) = 0 \Rightarrow x = 0 \tag{2.28}$$

gilt.

Beweis:
Wir müssen noch zeigen, daß das angegebene Kriterium nicht nur notwendig, sondern auch hinreichend für die Eindeutigkeit von S ist. Für $x_1, x_2 \in \Omega$ mit $x_1 \neq x_2$ ist zunächst $x := x_1 - x_2 \in \Omega$ mit $x \neq 0$. Aus dem Kriterium folgt $S(x) = S(x_1 - x_2) \neq 0$. Aus der Linearität von S ergibt sich daraus $S(x_1) - S(x_2) \neq 0$, wie behauptet.
q.e.d.

Das Kriterium ist beispielsweise für den Differenzierer und für linksseitig abklingende Eingangsignale erfüllt, denn aus $S_\Delta(x) = 0$ folgt ein konstantes Signal x, welches nur für $x = 0$ linksseitig abklingend ist. Beim Summierer ist das Kriterium nicht so offensichtlich erfüllt. In diesem Fall ist es einfacher, die Umkehroperation direkt nachzuvollziehen, welche durch die Differentiation gegeben ist.

Die ersten vier Beispielsysteme sind LTI-Systeme, deren Inversen ebenfalls LTI-Systeme sind. Allgemeiner gilt:

Lemma 2.4 (Inverse eines LTI-Systems).
Es sei S ein eindeutiges LTI-System auf dem Signalraum Ω. Dann ist das inverse System S^{-1} ein LTI-System auf dem Signalraum $S(\Omega)$.

Beweis:
Wir zeigen zunächst, daß $S(\Omega)$ ein Signalraum ist und beweisen dann die Linearität und Zeitinvarianz des inversen Systems. Es seien $\lambda, \mu \in \mathbb{R}$ oder $\mathbb{C}$.

1. $S(\Omega)$ ist ein Signalraum:
   Für $y_1, y_2 \in S(\Omega)$ ist zunächst $y_1 = S(x_1), y_2 = S(x_2), x_1, x_2 \in \Omega$. Daraus folgt

$$\lambda y_1 + \mu y_2 = \lambda S(x_1) + \mu S(x_2) = S(\lambda x_1 + \mu x_2)$$

   mit $\lambda x_1 + \mu x_2 \in \Omega$, woraus $\lambda y_1 + \mu y_2 \in S(\Omega)$ folgt.
2. Linearität von S^{-1}:
   Für $y_1, y_2 \in S(\Omega)$ ist zunächst $y_1 = S(x_1), y_2 = S(x_2), x_1, x_2 \in \Omega$. Daraus folgt

$$S^{-1}(\lambda y_1 + \mu y_2) = S^{-1}(\lambda S(x_1) + \mu S(x_2)) = S^{-1}(S(\lambda x_1 + \mu x_2)) \, .$$

   Bei der letzten Gleichung wurde die Linearität von S ausgenutzt. Aus $\lambda x_1 + \mu x_2 \in \Omega$ folgt

$$S^{-1}(\lambda y_1 + \mu y_2) = \lambda x_1 + \mu x_2 = \lambda S^{-1}(y_1) + \mu S^{-1}(y_2) \, .$$

3. Zeitinvarianz von S^{-1}:
   Es sei $y \in S(\Omega)$, $c \in \mathbb{Z}$ für zeitdiskrete Signale bzw. $c \in \mathbb{R}$ für zeitkontinuierliche Signale. Dann ist zunächst $y = S(x), x \in \Omega$. Daraus folgt

$$S^{-1}(\tau_c(y)) = S^{-1}(\tau_c(S(x))) = S^{-1}(S(\tau_c(x))) \, ,$$

   denn nach Voraussetzung ist S zeitinvariant. Aus $\tau_c(x) \in \Omega$ folgt

$$S^{-1}(\tau_c(y)) = \tau_c(x) = \tau_c(S^{-1}(y)) \, .$$

q.e.d.

Nach den bisherigen Ausführungen ist das inverse System S^{-1} durch das invertierte System S festgelegt, d.h. das inverse System ist eindeutig bestimmt oder mit anderen Worten, ein System besitzt nicht mehrere inverse Systeme. Es kann jedoch die paradox anmutende Situation vorliegen, daß das inverse System vom Signalraum Ω abhängt. Eindeutigkeit gilt also nur für den verwendeten Signalraum. Beim Differenzierer gibt es neben dem Summierer $S_{\Sigma-}$ ein nicht kausales inverses System in Form des *rechtsseitigen* Summierers

$$S_{\Sigma+}(x) := - \sum_{i=k+1}^{\infty} x(i) \, . \tag{2.29}$$

Er bildet eine *rechtsseitige* Summe des Eingangssignals und ist für alle rechtsseitig summierbaren Eingangssignale definiert (Signalraum $\Omega_{\Sigma+}$). Die Systemoperationen $S_{\Sigma-}$ und $S_{\Sigma+}$ unterscheiden sich in der vom Eingangssignal abhängigen Konstanten

$$S_{\Sigma}(x) := S_{\Sigma-}(x) - S_{\Sigma+}(x) = \sum_{i=-\infty}^{\infty} x(i) \, . \tag{2.30}$$

Die Hintereinanderschaltung des Differenzierers und rechtsseitigen Summierers ergeben wie beim linksseitigen Summierer:

1. Reihenfolge Summierer, Differenzierer:

$$-\sum_{i=k+1}^{\infty} x(i) - \left(-\sum_{i=k}^{\infty} x(i)\right) = x(k) \ .$$

Die Beziehung gilt für alle rechtsseitig summierbaren Signale, d.h.

$$S_\Delta(S_{\Sigma+}(x)) = x \ , \ x \in \Omega_{\Sigma+} \ . \tag{2.31}$$

2. Reihenfolge Differenzier, Summierer:

$$-\sum_{i=k+1}^{\infty} [x(i) - x(i-1)] = x(k) \ .$$

Die Beziehung gilt für alle rechtsseitig abklingenden Signale (Signalraum Ω_{0+}), d.h.

$$S_{\Sigma+}(S_\Delta(x)) = x \ , \ x \in \Omega_{0+} \ . \tag{2.32}$$

Die zweite Beziehung besagt, daß $S_{\Sigma+}$ das zum Differenzierer inverse System für rechtsseitig abklingende Signale ist. Das zum Differenzierer inverse System hängt somit vom Signalraum ab:[12]

1. Linksseitig abklingende Signale:
   Das inverse System ist durch den linksseitigen Summierer $S_{\Sigma-}$ gegeben. Die Zuordnung findet zwischen den linksseitig summierbaren Signalen (Signalraum $\Omega_{\Sigma-}$) und den linksseitig abklingenden Signalen (Signalraum Ω_{0-}) statt.
2. Rechtsseitig abklingende Signale:
   Das inverse System ist der rechtsseitige Summierer. Die Zuordnung findet zwischen den rechtsseitig summierbaren Signalen und den rechtsseitig abklingenden Signalen statt.

2.2.3 Rückkopplung

Auf die Aufgabe, ein inverses System zu bestimmen, wird man bei der Rückkopplung geführt. Bei der Rückkopplung wird das Ausgangssignal über ein System S_{RP} im Rückkopplungspfad an den Summierer am Eingang der Rückkopplung zurückgekoppelt. Daraus ergibt sich die Gleichung

$$x + S_{\mathrm{RP}}(y) = y \ . \tag{2.33}$$

---

[12] Daraus ergibt sich das folgende Paradoxon: Für Signale, die sowohl linksseitig als auch rechtsseitig abklingend, also beidseitig abklingend sind, sind $S_{\Sigma-}, S_{\Sigma+}$ beide inverse Systeme zum Differenzierer. Dies steht scheinbar im Widerspruch zur Eindeutigkeit eines inversen Systems. Die Lösung dieses *Paradoxons* besteht darin, daß die Systeme $S_{\Sigma-}$ und $S_{\Sigma+}$ auf dem Signalraum $S_\Delta(\Omega)$ identisch sind, falls Ω beidseitig abklingende Signale beinhaltet.

Sie ist eine implizite Gleichung zur Bestimmung des Ausgangssignals y in Abhängigkeit vom Eingangssignal x, im folgenden auch *Rückkopplungsgleichung* genannt. Mit Hilfe des Systems

$$S := S_{\mathrm{id}} - S_{\mathrm{RP}} \qquad (2.34)$$

läßt sie sich auch als $x = y - S_{\mathrm{RP}}(y) = S(y)$ bzw.

$$S(y) = x \qquad (2.35)$$

darstellen. Für den Sonderfall, daß keine Rückkopplung vorliegt ($S_{\mathrm{RP}} = 0$), ist $S = S_{\mathrm{id}}$, d.h. die Rückkopplung beinhaltet keine Signalumformung. Die Signalmenge Ω der Eingangssignale ist, abhängig vom System im Rückkopplungspfad, möglicherweise einzuschränken, damit die Rückkopplungsgleichung lösbar ist. Diese Einschränkung würde besonders stark ausfallen, wenn sich im Rückkopplungspfad das identische System befindet. In diesem Fall ist $S = S_{\mathrm{id}} - S_{\mathrm{RP}} = 0$. Die Rückkopplungsgleichung lautet $0 = x$. Sie ist offensichtlich für Eingangssignale $x \neq 0$ nicht nach y auflösbar. Das Nullsignal $x = 0$ ist das einzige zulässige Eingangssignal, die Rückkopplung in diesem Fall also nutzlos. Nutzvolle Rückkopplungen ergeben sich also nur für bestimmte Systeme im Rückkopplungspfad.

Bei einer zeitdiskreten Rückkopplung wird gefordert, daß der Signalwert $S_{\mathrm{RP}}(y)(k)$ nur von den vergangenen Signalwerten $y(k-1), y(k-2), \ldots$ abhängt. Ein Beispiel ist das Verzögerungsglied

$$S_{\mathrm{RP}}(y) = \tau_1(y) \ .$$

Abbildung 2.15 zeigt die Rückkopplung in diesem Fall. Für die Rückkopplungsgleichung folgt

$$y(k) - y(k-1) = x(k) \ .$$

Sie stellt eine sog. *Differenzengleichung* dar. Aus ihr erhält man

$$y(0) = y(-1) + x(0) \ , \ y(1) = y(0) + x(1) = y(-1) + x(0) + x(1) \ldots \ ,$$

woran man erkennt, daß eine Summierung der Eingangssignalwerte erfolgt. Die Differenzengleichung ist für alle möglichen Eingangssignale $x \in \mathbb{R}^{\mathbb{Z}}$ lösbar, und stellt für linksseitig summierbare Eingangssignale den Summierer dar, wie im folgenden Beispiel noch ausführlich gezeigt wird.

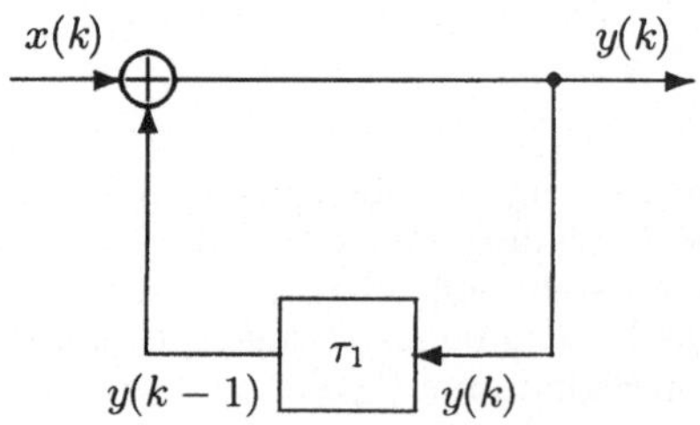

Abb. 2.15. Summierer-Rückkopplung:Realisierung des Summierers S_{Σ}- mit Hilfe einer Rückkopplung. Es ist $y(k) = x(k) + y(k-1)$

Bei einer zeitkontinuierlichen Rückkopplung stellt das identische System im Rückkopplungspfad eine verzögerungsfreie Rückkopplung des Ausgangssignals an den Eingang der Rückkopplung dar. Eine noch so kleine Signalverzögerung im Rückkopplungspfad wird dabei nicht berücksichtigt. Die Idealisierung bei der Modellbildung geht hier also zu weit, denn sie führt auf ein nutzloses Systemverhalten. Wird dagegen eine Signalverzögerung im Rückkopplungspfad vorgesehen, beispielsweise durch ein Verzögerungsglied mit einer Verzögerungszeit $\tau > 0$, resultiert die Rückkopplungsgleichung

$$y(t) - y(t - c) = x(t) \,,$$

die sogar für *alle* möglichen Eingangssignale $x \in \mathbb{R}^{\mathbb{R}}$ lösbar ist! Im folgenden wird stets eine Signalverzögerung im Rückkopplungspfad vorausgesetzt. Damit ist der Fall $S = 0$ nicht möglich.

Bei der Summierer-Rückkopplung ergeben sich für die Rückkopplungsgleichung $S_\Delta(y) = x$ mehrere Lösungen. Ist nämlich y eine Lösung der Rückkopplungsgleichung, dann ist auch $y + C$ eine Lösung, da die Konstante C bei der Differentiation 0 ergibt. Speziell für $x = 0$ besitzt die Rückkopplungsgleichung konstante Signale $y = C$ als Lösung. Selbst bei fehlender äußerer Anregung der Rückkopplung ($x = 0$) kann also ein vom Nullsignal verschiedenes Ausgangssignal in Form eines konstanten Signals auftreten. Ausgangssignale bei fehlender äußeren Anregung sind für die Rückkopplung typisch und werden Eigenbewegung genannt. Auch für das Beispiel einer zeitkontinuierlichen Rückkopplung sind Eigenbewegungen in Form periodischer Signale (mit der Periode c) möglich, denn in diesem Fall ist die Rückkopplungsgleichung

$$y(t) - y(t - c) = 0$$

erfüllt.

Definition 2.8 (Eigenbewegungen).
Jedes Ausgangssignal der Rückkopplung bei fehlender äußerer Anregung, d.h. jedes Signal y mit $S(y) = 0$ heißt eine Eigenbewegung der Rückkopplung oder des Systems S.

Bei einem linearen System S ist wegen $S(0) = 0$ das Nullsignal eine Eigenbewegung des Systems S. Um andere Eigenbewegungen vom Nullsignal unterscheiden zu können, wird eine Eigenbewegung $y \neq 0$ auch *echte* Eigenbewegung genannt. Für den Differenzierer beispielsweise sind die Eigenbewegungen konstante Signale $y(k) = C$, wobei $C \neq 0$ echte Eigenbewegungen sind. Eigenbewegungen können bei einem linearen System S einer speziellen Lösung der Gleichung $S(y) = x$ überlagert werden. Daraus ergeben sich weitere Lösungen, denn aus

$$S(y_0) = 0$$

für eine Eigenbewegung y_0 folgt

$$S(y + y_0) = S(y) + S(y_0) = S(y) = x \,.$$

Bei einem LTI-System bilden die Eigenbewegungen des Systems einen Signalraum, den sog. *Signalraum der Eigenbewegungen*:

Lemma 2.5 (Eigenbewegungen).
Bei einem linearen System bilden die Eigenbewegungen einen Vektorraum und bei einem LTI-System einen Signalraum. Bei einem linearen System hat jede Lösung der Rückkopplungsgleichung $S(y) = x$ die Form

$$y = y_1(x) + y_0(x) \,, \tag{2.36}$$

wobei y_1 eine spezielle Lösung der Rückkopplungsgleichung und y_0 eine Eigenbewegung ist, die vom Eingangssignal x abhängen kann. Zwei Lösungen der Rückkopplungsgleichung unterschieden sich in einer Eigenbewegung der Rückkopplung.

Beweis:
Für ein lineares System S sind mit zwei Eigenbewegungen des Systems auch deren Linearkombination eine Eigenbewegung. Ist das System S zeitinvariant, ist mit einer Eigenbewegung auch ihre zeitliche Verschiebung eine Eigenbewegung. Diese Eigenschaften folgen unmittelbar aus der Linearität bzw. Zeitinvarianz von S. Für zwei Lösungen y_1 und y_2 der Rückkopplungsgleichung folgt aus der Linearität von S

$$S(y_2 - y_1) = S(y_2) - S(y_1) = x - x = 0 \,.$$

Zwei Lösungen der Rückkopplungsgleichung unterschieden sich also in einer Eigenbewegung des Systems S. Aus

$$y_2 = y_1 + (y_2 - y_1) = y_1 + y_0$$

folgt daraus die allgemeingültige Darstellung der Lösung der Rückkopplungsgleichung wie behauptet.
q.e.d.

Eigenbewegungen stellen die „Unbestimmtheit" für das Ausgangssignal der Rückkopplung dar. In der Mathematik werden sie auch *homogene Lösung* genannt. Homogene Lösungen von Matrizengleichungen beispielsweise ergeben sich, wenn die Systemoperation durch eine Matrixmultiplikation gegeben ist. Ein anderes Beispiel sind Differentialgleichungen. In diesem Fall ist die Systemoperation durch eine Linearkombination des Signals $y(t)$ und seinen Ableitungen erster und höherer Ordnung $y'(t), y''(t), \cdots$ gegeben. Bei einer Differenzengleichung ist die Systemoperation durch eine Linearkombination der Signalwerte $y(k), y(k-1), y(k-2) \cdots$ definiert. Homogene Lösungen stellen die Unbestimmtheit der Lösung der Gleichung $S(y) = x$ dar. Nur durch Zusatzforderungen an die Lösung y, beispielsweise in Form von *Anfangswerten* bei einer Differentialgleichung oder in Form bestimmter Signalwerte $y(k)$ bei einer Differenzengleichung, ergeben sich eindeutig bestimmte Lösungen y. Die Rückkopplungsgleichung allein reicht dagegen nicht zur vollständigen

Festlegung der Ausgangssignale der Rückkopplung aus. Beim Rückkopplungs-Summierer reicht zur Festlegung des Ausgangssignals die Vorgabe eines einzelnen Signalwertes, beispielsweise $y(-1)$ aus. Eine andere Möglichkeit beim Rückkopplungs-Summierer ist die Forderung linksseitig abklingender Ausgangssignale ($y(-\infty) = 0$). Durch diese Bedingungen sind echte Eigenbewegungen $y = C \neq 0$ als Lösung der Rückkopplungsgleichung ausgeschlossen. Allgemeiner kann durch die Forderung, daß die Menge der Ausgangssignale keine echten Eigenbewegungen von S enthält, stets eindeutige Lösbarkeit der Rückkopplungsgleichung erzwungen werden. Bei einem linearen System S ist diese Bedingung,

$$S(y) = 0 \Rightarrow y = 0 \tag{2.37}$$

nach Lemma 2.3 gleichwertig mit der Eindeutigkeit des Systems S. Unter dieser Bedingung läßt sich die Systemoperation S umkehren. Mit S^{-1} als inverses Systems erhält man das Ausgangssignal der Rückkopplung durch

$$y = S^{-1}(x) \ . \tag{2.38}$$

Die Rückkopplung ist folglich durch das inverse System S^{-1} gegeben. Aus Lemma 2.4 folgt, daß die Rückkopplung ebenfalls ein LTI-System ist, wenn S ein LTI-System ist.

Beispiel 2.3 (Summierer-Rückkopplung).
Es wird die zeitdiskrete Rückkopplung mit einem Verzögerungsglied im Rückkopplungspfad gemäß Abb. 2.15 angenommen. Die Rückkopplungsgleichung lautet folglich

$$y(k) - y(k - 1) = x(k) \ .$$

Man kann sie auch als

$$S(y) = S_\Delta(y) = y' = x$$

angeben. Die Rückkopplungsgleichung ist für jedes Eingangssignal $x \in \mathbb{R}^\mathbb{Z}$ lösbar, wobei es mehrere Lösungen gibt. Jede Lösung y läßt sich durch einen einzelnen Signalwert von y, beispielsweise durch $y(-1)$ festlegen. Die allgemeine Lösung läßt sich rekursiv wie folgt berechnen:
Aus $y(k) = y(k - 1) + x(k)$ folgt

$$y(0) = y(-1) + x(0) \ ,$$
$$y(1) = y(0) + x(1) = y(-1) + x(0) + x(1) \ ,$$
$$y(k) = y(-1) + \sum_{i=0}^{k} x(i) \ , \ k \geq 0 \ . \tag{2.39}$$

Aus $y(k - 1) = y(k) - x(k)$ folgt

$$y(-2) = y(-1) - x(-1) \,,$$

$$y(-3) = y(-2) - x(-2) = y(-1) - x(-1) - x(-2) \,,$$

$$y(k) = y(-1) - \sum_{i=k+1}^{-1} x(i) \,, \ k \le -2 \,. \tag{2.40}$$

Der Signalwert $y(-1)$ tritt bei allen Signalwerten $y(k)$ als Summand auf. Daraus folgt, daß sich zwei Lösungen y_1, y_2 in einem konstanten Signal unterscheiden. Die konstanten Signale bilden die Eigenbewegungen des Differenzierers. In Abhängigkeit von $y(-1)$ erhält man verschiedene Lösungen der Rückkopplungsgleichung.

1. Für linksseitig summierbare Eingangssignale x kann

$$y(-1) = \sum_{i=-\infty}^{-1} x(i)$$

gewählt werden. Der Signalwert $y(-1)$ ist in diesem Fall also vom Eingangssignal x abhängig. Speziell für einen Einschaltvorgang x zum Zeitpunkt 0 folgt $y(-1) = 0$, d.h. der Speicher der Rückkopplung ist vor dem Einschaltzeitpunkt *leer*. Man erhält

$$k \ge 0 : y(k) = \sum_{i=-\infty}^{-1} x(i) + \sum_{i=0}^{k} x(i) = \sum_{i=-\infty}^{k} x(i) \,,$$

$$k \le -2 : y(k) = \sum_{i=-\infty}^{-1} x(i) - \sum_{i=k+1}^{-1} x(i) = \sum_{i=-\infty}^{k} x(i) \,.$$

Für $k \ge 0, k \le -2$ und $k = -1$ erhält man einheitlich die Darstellung[13]

$$y(k) = \sum_{i=-\infty}^{k} x(i) \tag{2.41}$$

---

[13] Bei linksseitig summierbaren Signalen erhält man mit

$$y := S_{\Sigma^-}(x) + C(x)$$

eine allgemeine Lösung der Rückkopplungsgleichung $S_\Delta(y) = x$. Hierbei ist $C(x)$ eine möglicherweise vom Eingangssignal x abhängige Konstante. Ist beispielsweise $C(x) = C \ne 0$ unabhängig von x, ist das Ausgangssignal y nicht linear abhängig vom Eingangssignal, denn aus $x = 0$ folgt $y = C \ne 0$. Dagegen besteht für $C(x) = 0$ die lineare und zeitinvariante Abhängigkeit $y = S_{\Sigma^-}(x)$. Diese Aussage läßt sich wie folgt umkehren: Hängt das Ausgangssignal linear und zeitinvariant vom (linksseitig summierbaren) Eingangssignal ab, folgt $C(x) = 0$. Aus der LTI-Eigenschaft von S_{Σ^-} und der Rückkopplung folgt zunächst die LTI-Eigenschaft von $C(x)$, woraus

$$C(x) = C(S_\Delta(y)) = C(y - \tau_1(y)) = C(y) - \tau_1(C(y)) = C(y) - C(y) = 0$$

folgt. Ist beispielsweise $y(-1) = x(-1)$, dann ist $C(x) \ne 0$ und die LTI-Eigenschaft (Zeitinvarianz) ist verletzt.

oder kurz $y = S_{\Sigma-}(x)$. Die Rückkopplungsgleichung realisiert also den Summmierer. Die gefundene Lösung erhält man durch Systemumkehrung gemäß $y = S_{\Delta}^{-1}(x)$. Nach Abschn. 2.2.2 ist das Ausgangssignal linksseitig abklingend, d.h. $y(-\infty) = 0$. Echte Eigenbewegungen $y = \mathrm{C} \neq 0$ des Differenzierers sind damit als Ausgangssignale ausgeschlossen.

2. Für rechtsseitig summierbare Eingangssignale x kann

$$y(-1) = -\sum_{i=0}^{\infty} x(i)$$

gewählt werden. Der Signalwert $y(-1)$ ist in diesem Fall ebenfalls vom Eingangssignal x abhängig. Man erhält

$$y(k) = -\sum_{i=k+1}^{\infty} x(i) \qquad (2.42)$$

oder kurz $y = S_{\Sigma+}(x)$. Die Rückkopplungsgleichung beinhaltet also den rechtsseitigen Summmierer. Die gefundene Lösung erhält man ebenfalls durch Systemumkehrung gemäß $y = S_{\Delta}^{-1}(x)$. Nach Abschn. 2.2.2 ist das Ausgangssignal rechtsseitig abklingend, d.h. $y(\infty) = 0$. Echte Eigenbewegungen $y = \mathrm{C} \neq 0$ des Differenzierers sind damit als Ausgangssignale ebenso ausgeschlossen.

Mit Hilfe der Summierer-Rückkopplung kann der Summierer realisiert werden. Das System im Rückkopplungspfad ist in diesem Fall ein Verzögerungsglied. Das Verzögerungsglied ist stabil während der Summierer nicht stabil ist. Die Stabilität des Systems im Rückkopplungspfad überträgt sich also nicht auf die Rückkopplung.

Neben konstanten Signalen können auch andere Arten von Eigenbewegungen auftreten, die auch die *unangenehme* Eigenschaft besitzen können, daß ihre Signalwerte unbegrenzt wachsen. Beispiele für Eigenbewegungen sind in Anhang A.1 dargestellt.

2.3 Übungsaufgaben zu Kapitel 2

Übungsaufgabe 2.1 (1-2-1-Filter).

Es sei $x(k)$ ein zeitdiskretes Signal, das die Grauwerte einer (unendlich ausgedehnten) Bildzeile wiedergibt. Das folgende *Filter* bildet das zeitdiskrete Ausgangssignal gemäß

$$y(k) = \frac{1}{4}x(k-1) + \frac{1}{2}x(k) + \frac{1}{4}x(k+1) \, .$$

Wir nennen es *1-2-1-Filter* und werden uns in Kap. 3 eingehend damit beschäftigen.

1. Man stelle die Sprungantwort des Filters dar.
2. Ist das Filter kausal und realisierbar?
3. Man zeige, daß es sich um ein stabiles LTI-System handelt.

Übungsaufgabe 2.2 (Stabilität).

Man zeige, daß der zeitkontinuierliche Differenzierer und das zeitvariante Proportionalglied nicht stabil sind.

Übungsaufgabe 2.3 (Gedächtnislose Systeme).

Man zeige: Ein durch eine zeitunabhängige *Kennlinie* gegebenes System ist genau dann linear, wenn seine Kennlinie eine Gerade durch den Nullpunkt ist. Um welches System handelt es sich?

Übungsaufgabe 2.4 (LTI-Systeme).

Man untersuche das folgende zeitdiskrete System (*Rauhaus-System*) hinsichtlich Linearität und Zeitinvarianz: Das System läßt den ersten Impuls des Eingangssignals ungehindert passieren und sperrt dann alle zeitlich darauffolgenden Impulse des Eingangssignals (Sicherung brennt durch).

Übungsaufgabe 2.5 (Regelkreis).

Man baue einen Regelkreis gemäß der folgenden Abb. aus den drei Grundschaltungen auf.

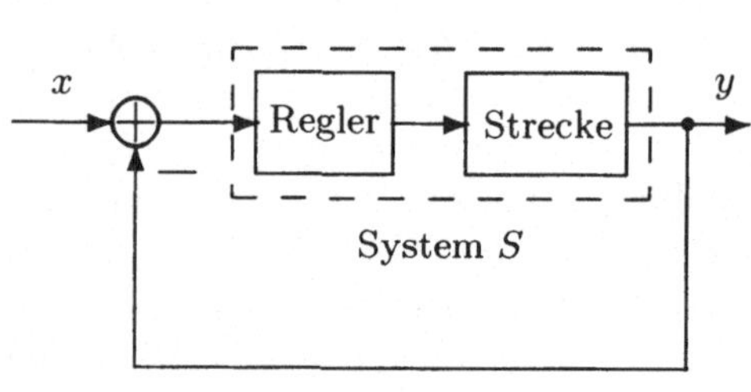

Abb. 2.16. Blockschaltbild für einen Regelkreis, bestehend aus Regler und Regelstrecke. Der Ist-Wert y wird mit dem Sollwert x verglichen. Der Regler erzeugt ein vom Fehler $x - y$ abhängiges Steuersignal für die Regelstrecke. Die Regelstrecke ist beispielsweise eine Heizungsanlage, y die gemessene Raumtemperatur und x die Solltemperatur

Übungsaufgabe 2.6 (Summenschaltung).

Man zeige, daß die Systemeigenschaften Kausalität, Stabilität, Linearität und Zeitinvarianz bei der Summenschaltung zweier Systeme erhalten bleibt.

Übungsaufgabe 2.7 (Eindeutigkeit).

Man zeige, daß die Konstante, der Quadrierer, das zeitvariante Proportionalglied und das Beispielsystem (10) (Matrixmultiplikation) nicht eindeutig sind.

Übungsaufgabe 2.8 (Inverse Systeme).

Man bestimme das inverse System zum Systembeispiel 8 (zeitvariantes Verzögerungsglied) für alle Eingangssignale $\Omega = \mathbb{R}^{\mathbb{Z}}$ sowie die Signalmenge $S(\Omega)$ aller Ausgangssignale.

Übungsaufgabe 2.9 (Rückkopplung).

Gegeben sei eine Rückkopplung mit dem System $y(k) = \lambda x(k - 1)$ im Rückkopplungspfad. Unter der Voraussetzung $y(-1) = 0$ bestimme man die Sprungantwort der Rückkopplung in Abhängigkeit von λ. Wie groß ist der Grenzwert $y(\infty)$? Wie lauten die Eigenbewegungen der Rückkopplung? Man charakterisiere sie.

3. Zeitdiskrete Faltungssysteme

Zeitdiskrete Faltungssysteme sind LTI-Systeme, bei denen das Ausgangssignal durch (zeitdiskrete) Faltung des Eingangssignals mit der Impulsantwort des LTI-Systems entsteht. Die Faltungsoperation wird von jedem LTI-System durchgeführt, falls das Eingangssignal von endlicher Dauer ist. Aus diesem Grund werden Faltungssysteme meistens mit LTI-Systemen gleichgesetzt. Faltungssysteme stellen jedoch nur eine wenn auch wichtige Unterklasse von LTI-Systemen dar, die in diesem Kapitel behandelt werden. Faltungssysteme können hinsichtlich der Dauer ihrer Impulsantwort unterschieden werden. Bei endlicher Dauer liegen sog. *FIR-Filter* (engl.: Finite Impulse Response) vor, die für beliebige Eingangssignale definiert sind. Bei unendlicher Dauer heißen sie *IIR-Filter* (engl.: Infinite Impulse Response). Die Faltung ist dann nur für bestimmte Eingangssignale erlaubt. Die *z-Transformation* erweist sich als ein geeignetes Hilfsmittel zur Durchführung der Faltung, aber auch als Hilfsmittel für theoretische Untersuchungen, wie bei der Aufspaltung eines FIR-Filters in mehrere Teilfilter demonstriert wird. Die Zusammenschaltungen von FIR-Filtern werden ebenfalls mit der z-Transformation untersucht. Die Zusammenschaltungen führen auf IIR-Filter, die durch eine Differenzengleichung beschrieben werden und durch zwei FIR-Filter realisiert werden können. Die Fouriertransformation kann als Spezialfall der z-Transformation aufgefaßt werden. Sie erlaubt eine Beschreibung von Faltungssystemen im Frequenzbereich, welche das Systemverhalten bei sinusförmiger Anregung beinhaltet.

3.1 Faltungsdarstellung bei LTI-Systemen

Wir gehen im folgenden von einem auf einem Signalraum Ω erklärten LTI-System S aus. Der Signalraum enthalte die Signale endlicher Dauer, so daß insbesondere der Diracimpuls ein zulässiges Eingangssignal ist. Ein Signal endlicher Dauer kann wie folgt mit Hilfe des Diracimpulses erzeugt werden:

$$x(k) = \sum_{i=k_1}^{k_2} x(i)\delta(k - i) \,. \tag{3.1}$$

Dabei bezeichnet k_1 den Anfangszeitpunkt und k_2 den Endzeitpunkt des Signals x. Abbildung 1.8 aus Abschn. 1.2 zeigt ein Beispiel. Gemäß vorstehender Gleichung wird der Diracimpuls um i Zeiteinheiten verschoben und durch Multiplikation mit $x(i)$ der korrekte Signalwert $x(i)$ für den Zeitpunkt i erzeugt. Auf Grund der Linearität des LTI-Systems S erhält man zunächst als Ausgangssignal

$$y(k) = \sum_{i=k_1}^{k_2} x(i)h_i(k) \,, \tag{3.2}$$

wobei $h_i(k)$ die Systemantwort für das Eingangssignal $x(k) = \delta(k - i)$ bezeichnet. Da es sich bei diesem Eingangssignal um einen (um i Zeiteinheiten verschobenen) Diracimpuls handelt, wird die Systemantwort als *Impulsantwort* bezeichnet. Da ausschließlich reelle Systeme betrachtet werden, ist h_i reell. Bei einem linearen aber zeitvarianten System kann der Signalverlauf der Impulsantworten h_i unterschiedlich sein. Bei einem LTI-System ergibt sich jedoch wegen der Zeitinvarianz immer der gleiche Signalverlauf. Da für das Eingangssignal $x(k) = \delta(k)$ das Ausgangssignal h_0 folgt, ergibt $x(k) = \delta(k-i)$ das Ausgangssignal

$$h_i(k) = h_0(k - i) \,. \tag{3.3}$$

Alle Impulsantworten des LTI-Systems besitzen folglich den gleichen Signalverlauf und gehen durch Verschiebung der Impulsantwort h_0 des Systems hervor. Diese wollen wir *die Impulsantwort* des LTI-Systems nennen und mit h bezeichnen:

Definition 3.1 (Impulsantwort).
Das Ausgangssignal eines LTI-Systems für den Diracimpuls als Eingangssignal heißt Impulsantwort des Systems und wird mit h bezeichnet. Es ist also

$$h = S(\delta) \,. \tag{3.4}$$

Wir haben als wichtiges Ergebnis gefunden:

Satz 3.1 (Darstellungssatz für LTI-Systeme).
Für ein LTI-System, das für Signale endlicher Dauer erklärt ist, ergibt sich das Ausgangssignal bei Anregung mit einem Signal endlicher Dauer aus der Impulsantwort h des Systems gemäß

$$y(k) = \sum_{i=k_1}^{k_2} x(i)h(k - i) \,. \tag{3.5}$$

Die gefundene Gleichung besagt, daß der Eingangssignalwert $x(i)$ mit $h(k-i)$ zu multiplizieren bzw. zu gewichten ist und dann die Summe über alle Eingangssignalwerte zu bilden ist. Aus diesem Grund heißt die Impulsantwort h auch *Gewichtsfunktion* und ihre Signalwerte $h(i)$ heißen *Gewichtswerte*. Die Gewichtswerte ergeben sich gemäß Tabelle 3.1.

Tabelle 3.1. Gewichtung der Eingangssignalwerte

Eingangssignalwert	Gewichtswert
$x(k)$	$h(0)$
$x(k-1)$	$h(1)$
$\ldots$	$\ldots$
$x(k+1)$	$h(-1)$
$x(k+2)$	$h(-2)$
$\ldots$	$\ldots$

Der Eingangssignalwert $x(k)$ zum aktuellen Zeitpunkt k wird demnach mit $h(0)$ gewichtet. Die vergangenen Eingangssignalwerte $x(k-1), x(k-2), \ldots$ sind mit den „davon rechts befindlichen" Gewichtswerten $h(1), h(2), \ldots$ zu gewichten, während künftige Eingangssignalwerte $x(k+1), x(k+2), \ldots$ mit den „links befindlichen" Gewichtswerten $h(-1), h(-2), \ldots$ zu gewichten sind. Letztere sind bei einem kausalen System folglich 0. Abbildung 3.1 veranschaulicht die Rechenschritte.

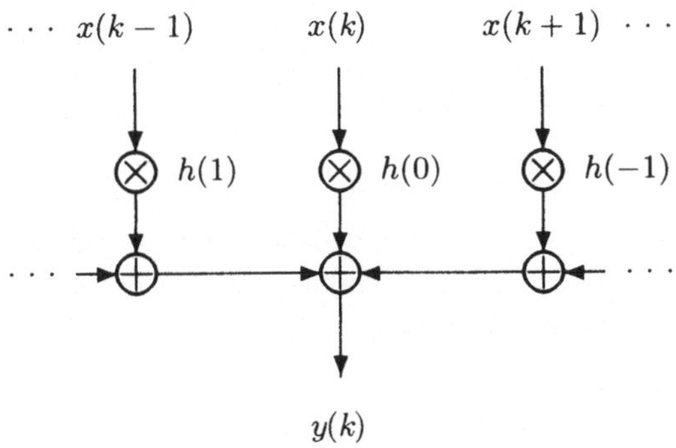

Abb. 3.1. Bestimmung des Ausgangssignalwerts $y(k)$ durch Gewichtung der Eingangssignalwerte gemäß (3.5)

Beispiel 3.1 (Differenzierer und Grenzwertbilder).

Für den *Differenzierer* ist das Ausgangssignal

$$y(k) = x(k) - x(k-1) . \tag{3.6}$$

Die vorstehende Gleichung entspricht (3.5). Sie gilt nicht nur für Eingangssignale endlicher Dauer, sondern für alle möglichen Eingangssignale. Der Eingangssignalwert $x(k)$ wird mit $h(0) = 1$ gewichtet, $x(k-1)$ mit $h(1) = -1$ und alle übrigen Eingangssignalwerte werden nicht berücksichtigt (Gewichtung mit 0). Die Impulsantwort erhält man auch durch Einsetzen von $x(k) = \delta(k)$ in das Ausgangssignal zu

$$h(k) = \delta(k) - \delta(k-1) . \tag{3.7}$$

Der *Grenzwertbilder* liefert das konstante Ausgangssignal gemäß

$$y(k) = x(-\infty) = \lim_{k \to -\infty} x(k) \tag{3.8}$$

(s. (2.17)). Seine Antwort auf den Diracimpuls ist $h = 0$, denn es ist

$$h(k) = \delta(-\infty) = 0 \ . \tag{3.9}$$

Gleichung (3.5) lautet folglich $y = 0$. Tatsächlich ergibt sich bei Anregung des Grenzwertbilders mit einem Signal endlicher Dauer das Nullsignal als Ausgangssignal. Gleichung (3.5) ist also für den Grenzwertbilder ebenfalls erfüllt. Im Gegensatz zum Differenzierer ist allerdings die Einschränkung auf Eingangssignale endlicher Dauer wesentlich. Für Eingangssignale x mit linksseitigem Grenzwert $x(-\infty) \neq 0$ ist die Darstellung des Ausgangssignals gemäß (3.5) falsch.

Gleichung (3.5) läßt sich allgemeiner gemäß

$$y(k) = \sum_{i=-\infty}^{\infty} x(i)h(k - i) \tag{3.10}$$

darstellen. Hierbei ist der Grenzwert

$$y(k) = \lim_{n \to \infty} \sum_{i=-n}^{n} x(i)h(k - i) \tag{3.11}$$

für jeden Zeitpunkt k zu bilden. Die Grenzwertbildung ist beispielsweise dann möglich, wenn das Eingangssignal endliche Dauer besitzt. Die Grenzwertbildung ist aber auch in anderen Fällen möglich, beispielsweise dann, wenn die Impulsantwort von endlicher Dauer ist. Ist die Grenzwertbildung durchführbar, wird eine Verknüpfung zwischen den beiden Signalen x und h definiert, die wir zum Anlaß für die folgende Definition nehmen:

Definition 3.2 (Zeitdiskrete Faltung).
Zwei zeitdiskrete Signale x_1, x_2 heißen miteinander faltbar, wenn für jeden Zeitpunkt $k \in \mathbb{Z}$ die Reihe

$$y(k) = \sum_{i=-\infty}^{\infty} x_1(i)x_2(k - i) \ , \tag{3.12}$$

auch Faltungssumme genannt, konvergiert. In diesem Fall heißt das Signal y Faltungsprodukts von x_1, x_2. Um die Abhängigkeit des Faltungsprodukts von den Signalen x_1, x_2, den sog. Faltungsfaktoren, hervorzuheben, werden auch die Schreibweisen

$$y = x_1 * x_2 \ , \ y(k) = (x_1 * x_2)(k) = x_1(k) * x_2(k) \tag{3.13}$$

benutzt.

Abbildung 3.2 versucht die *Faltung* zu verdeutlichen: Zwei Signale x_1, x_2 endlicher Dauer sollen gemäß

$$y(k) = \sum_{i=k_1}^{k_2} x_1(i)x_2(k - i)$$

miteinander gefaltet werden. Hierbei bezeichnen k_1, k_2 Anfangszeitpunkt und Endzeitpunkt des Signals x_1. Zur Berechnung des Signalwerts $y(k)$ wird zunächst durch Spiegelung und Verschiebung das Signal $x_2(k-i)$ gebildet (k fest, i variabel):

1. Aus dem Signal $x_2(i)$ entsteht durch Spiegelung das Signal $x_2(-i)$.
2. Aus dem Signal $x_2(-i)$ entsteht durch Verschiebung um k Zeiteinheiten nach rechts das Signal $x_2(-(i-k)) = x_2(k-i)$.

Anschließend werden die Signalwerte $x_1(i), x_2(k-i)$ miteinander multipliziert und aufsummiert (Summationsindex i).

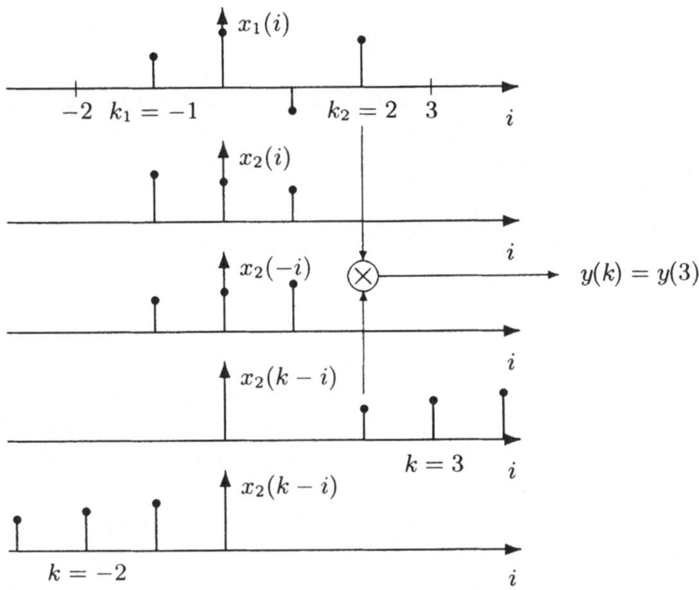

Abb. 3.2. Erklärung der Faltung anhand der Faltung von zwei Signalen x_1, x_2 endlicher Dauer gemäß $y(k) = \sum_{i=k_1}^{k_2} x_1(i)x_2(k-i)$. Es sind k_1, k_2 Anfangszeitpunkt und Endzeitpunkt von Signal x_1. Für die beiden Zeitpunkte $k = 3, -2$ ergibt sich ein Signalwert $y(k) \neq 0$

Neben (3.10) gibt es noch die weitere Darstellung einer Faltung gemäß

$$y(k) = \sum_{i=-\infty}^{\infty} h(i)x(k-i) \,. \tag{3.14}$$

Beide Darstellungen gehen durch eine Substitution von $k-i$ ineinander über. Man erhält die vorstehende Darstellung auch formal aus (3.10), indem man die Reihenfolge von x und h bei der Faltung vertauscht:

$$y(k) = (x * h)(k) = \sum_{i=-\infty}^{\infty} x(i)h(k-i) \,.$$

Vertauschung der Reihenfolge von x und h liefert

$$y(k) = (h * x)(k) = \sum_{i=-\infty}^{\infty} h(i)x(k - i) \, .$$

Die Vertauschbarkeit der Reihenfolge bei der Faltung nennt man auch *Kommutativität* der Faltung. Diese sowie andere Rechenregeln der Faltung werden uns bei der Zusammenschaltung von Systemen in Abschn. 3.3 begegnen.

Die Faltung besitzt große Ähnlichkeit mit der sog. *Kreuzkorrelation (Korrelation)* zweier Signale. Die Korrelation zweier (reeller) Signale x und h ist durch

$$R_{hx}(k) := \sum_{i=-\infty}^{\infty} h(i)x(k + i) \tag{3.15}$$

definiert. Im Vergleich zur Faltung der Signale x und h werden bei der Korrelation anstelle von $x(k - i)$ die Signalwerte $x(k + i)$ verwendet. Einstellbare Filter in Bildverarbeitungsprogrammen arbeiten meistens nach diesem Prinzip. Das Signal h wird hierbei über das Signal x „gelegt“, wobei k den „Aufsetzpunkt“ von $h(0)$ angibt. Dann erfolgt die Summation gemäß

$$R_{hx}(k) = h(0)x(k) + h(1)x(k + 1) + h(-1)x(k - 1) + \cdots \quad .$$

Durch Variation von k erhält man auf diese Weise verschiedene Korrelationswerte $R_{hx}(k)$. Sie geben Auskunft über die Ähnlichkeit des Signals $x(k + i), i \in \mathbb{Z}$ mit dem Signal $h(i), i \in \mathbb{Z}$.[1] Besteht beispielsweise eine exakte Übereinstimmung gemäß $h(i) = x(k + i), i \in \mathbb{Z}$, d.h. befinden sich die Signalwerte $h(i)$ im Signal x an einer bestimmten Position k, wird dies durch einen entsprechend hohen Korrelationswert $R_{hx}(k)$ angezeigt. Durch Auswertung der Korrelation kann in diesem Fall das Vorkommen des Signals h im Signal x festgestellt werden.

Der Zusammenhang zwischen der Faltung und der Korrelation ist durch

$$R_{hx}(k) = \sum_{i=-\infty}^{\infty} h(i)x(k + i) = \sum_{i=-\infty}^{\infty} h(-i)x(k - i) \tag{3.17}$$

---

[1] Die Ähnlichkeit basiert auf der für zwei (reelle) Signale x und h endlicher Energie gültigen Beziehung

$$\sum_{i=-\infty}^{\infty} |h(i) - x(k + i)|^2 = \sum_{i=-\infty}^{\infty} h^2(i) - 2 \sum_{i=-\infty}^{\infty} h(i)x(k + i) + \sum_{i=-\infty}^{\infty} x^2(k + i)$$

$$= \sum_{i=-\infty}^{\infty} h^2(i) + \sum_{i=-\infty}^{\infty} x^2(i) - 2R_{hx}(k) \, . \tag{3.16}$$

Ein großer Wert $R_{hx}(k)$ bedeutet demnach eine kleine Abweichung zwischen den Signalen $h(i)$ und $x(k + i)$.

gegeben, d.h. die Korrelation entsteht durch Faltung des Signals x mit dem *gespiegelten* Signal $h(-i)$. Im Gegensatz zur Faltung sind die Rechenregeln für die Korrelation komplizierter.[2]

Auf Grund unserer bisherigen Ergebnisse ergibt sich das Ausgangssignal jedes LTI-Systems aus einer Faltung des Eingangssignals x mit der Impulsantwort h des Systems, d.h. es ist $y = x * h$, wenn das Eingangssignal von endlicher Dauer ist. Diese Bedingung garantiert insbesondere die Faltbarkeit der beiden Signale x und h. Hierbei stellt sich die Frage, ob die Faltungsdarstellung des Ausgangssignals eines LTI-Systems für beliebige Eingangssignale (von nicht endlicher Dauer) gilt. Diese Frage kann mit einem entschiedenen *nein* beantwortet werden. Eine Faltungsdarstellung ist beispielsweise dann nicht möglich, wenn das Eingangssignal x nicht mit der Impulsantwort h gefaltet werden kann. Ein Beispiel dafür sind die zwei konstanten Signale $x(k) = 1, h(k) = 1$. Diese Schwierigkeit könnte man dadurch umgehen, indem man nur solche Eingangssignale x zuläßt, die mit der Impulsantwort h faltbar sind. Aber selbst unter dieser Bedingung ist die Faltungsdarstellung des Ausgangssignals eines LTI-Systems nicht garantiert. Ein Beispiel dafür ist der Grenzwertbilder, der ein LTI-System ist (s. Beispiel 2.2). Seine Impulsantwort ist nach (3.9) das Nullsignal, d.h. $h = 0$. Aus einer Faltungsdarstellung des Ausgangssignals würde

$$y = x * h = 0$$

folgen. Dies ist jedoch falsch, denn der Grenzwertbilder liefert für Eingangssignale mit $x(-\infty) \neq 0$ ein vom Nullsignal verschiedenes Ausgangssignal. Die Darstellung des Ausgangssignals eines LTI-Systems als Faltungsprodukt ist somit nicht allgemeingültig. Insbesondere ist damit auch die verbreitete Auffassung widerlegt, daß die Impulsantwort eines LTI-Systems eine das System eindeutig kennzeichnende Eigenschaft, eine sog. *Systemcharakteristik* ist. Im Fall des Grenzwertbilders beispielsweise ist die Impulsantwort $h = 0$, aber der Grenzwertbilder liefert auch Ausgangssignale ungleich dem Nullsignal.

Eine andere Fragestellung lautet, ob durch die Faltungsoperation $y = x*h$ mit einer vorgegebenen Impulsantwort h ein LTI-System entsteht, Faltbarkeit der Eingangssignale x mit h vorausgesetzt. Eine positive Antwort darauf gibt der folgende Satz:

Satz 3.2 (Faltungssysteme).
Es sei h ein zeitdiskretes Signal, das mit den Signalen eines Signalraums Ω faltbar ist. Dann ist durch das Faltungsprodukt

$$S(x) = y = x * h \, , \ x \in \Omega \tag{3.18}$$

---

[2] Beispielsweise ist die Korrelation nicht *kommutativ*. Es ist nämlich

$$R_{xh}(k) = \sum_{i=-\infty}^{\infty} x(i)h(k+i) = \sum_{i=-\infty}^{\infty} x(i-k)h(i) = R_{hx}(-k) \, .$$

ein LTI-System auf Ω erklärt, welches Faltungssystem genannt wird. Seine Impulsantwort ist h.

Beweis:

1. Linearität:
   Für $x_1, x_2 \in \Omega, \lambda, \mu \in \mathbb{R}$ folgt:

$$S(\lambda x_1 + \mu x_2)(k) = \sum_{i=-\infty}^{\infty} [\lambda x_1(i) + \mu x_2(i)] h(k-i)$$

$$= \lambda \sum_{i=-\infty}^{\infty} x_1(i) h(k-i) + \mu \sum_{i=-\infty}^{\infty} x_2(i) h(k-i)$$

$$= \lambda S(x_1)(k) + \mu S(x_2)(k) \, ,$$

da die beiden letzten Faltungssummen wegen der Faltbarkeit von x_1, x_2 mit h konvergieren.

2. Zeitinvarianz:
   Für $x \in \Omega, c \in \mathbb{Z}$ folgt:

$$\tau_{-c} \left(S(\tau_c(x)) \right)(k) = \tau_{-c} \left(\sum_{i=-\infty}^{\infty} x(i-c) h(k-i) \right)$$

$$= \sum_{i=-\infty}^{\infty} x(i-c) h(k+c-i)$$

$$= \sum_{n=-\infty}^{\infty} x(n) h(k-n) = S(x)(k) \, ,$$

woraus folgt

$$S(\tau_c(x)) = \tau_c(S(x)) \, .$$

3. Impulsantwort:
   Einsetzen von $x(i) = \delta(i)$ in die Faltungssumme liefert

$$y(k) = \sum_{i=-\infty}^{\infty} x(i) h(k-i) = h(k) \, .$$

q.e.d.

Die Signale x und h sind beispielsweise dann faltbar, wenn h ein Signal endlicher Dauer ist. In diesem Fall kann h mit jedem zeitdiskreten Signal x gefaltet werden. Nach dem soeben bewiesenen Satz ist in diesem Fall durch

$$S(x) = y = x * h$$

ein LTI-System für alle möglichen zeitdiskreten Eingangssignale erklärt. Solche Faltungssysteme heißen wegen der endlichen Dauer ihrer Impulsantwort auch *FIR-Filter* (engl.: Finite Impulse Response). FIR-Filter sind also Faltungssysteme, die für alle möglichen Eingangssignale erklärt sind.[3] Beispiele für FIR-Filter sind das Proportionalglied, das Verzögerungsglied (Verzögerungszeit c) und der Differenzierer. Dabei ergeben sich die Gewichtswerte gemäß Tabelle 3.2.

Tabelle 3.2. Gewichtswerte von FIR-Filtern

FIR-Filter	Gewichtswerte
Proportionalglied	$h(0) = \lambda$
Identisches System	$h(0) = 1$
Verzögerungsglied	$h(c) = 1$
Differenzierer	$h(0) = 1, h(1) = -1$

Das Proportionalglied ist ein gedächtnisloses System. Speziell für $\lambda = 1$ ist es das identische System mit dem einzelnen Gewichtswert $h(0) = 1$. Die Kausalität der FIR-Filter erkannt man daran, daß Gewichtwerte $h(i)$ für negative Zeitpunkte $i < 0$ gleich 0 sind. Eine Impulsantwort mit dieser Eigenschaft nennt man *kausal*.

Die Faltbarkeit von x und h ist auch dann möglich, wenn die Impulsantwort h unendliche Dauer besitzt. In diesem Fall muß allerdings der Signalraum für die Eingangssignale entsprechend eingeschränkt werden. Ein Beispiel ist der Summierer, gegeben durch

---

[3] Diese Aussage läßt sich auch umkehren, denn es gilt:

Lemma 3.3 (FIR-Filter).
Ein Faltungssystem, das für alle Eingangssignale $x \in \mathbb{R}^{\mathbb{Z}}$ erklärt ist (d.h. es ist $\Omega = \mathbb{R}^{\mathbb{Z}}$ wählbar), ist ein FIR-Filter.

Beweis:
Ein Faltungssystem mit der Impulsantwort h sei für alle Signale $x \in \mathbb{R}^{\mathbb{Z}}$ erklärt. Wir widerlegen die Annahme, daß h von unendlicher Dauer ist. Wäre h von unendlicher Dauer, dann würde es zu jedem $n \in \mathbb{N}$ ein $k_n \in \mathbb{N}$ mit $h(k_n) \neq 0, k_1 < k_2 \ldots$ geben. Für das Eingangssignal mit

$$x(k) := \begin{cases} \frac{1}{h(-k)} & : k = k_n \ , \ n = 1, 2 \ldots \\ 0 & : \text{sonst} \end{cases}$$

folgt

$$y(0) = \sum_{i=-\infty}^{\infty} x(i)h(0 - i) = \sum_{n=-\infty}^{\infty} x(k_n)h(-k_n) = \sum_{n=-\infty}^{\infty} 1 = \infty$$

im Widerspruch zur Existenz des Grenzwerts für $y(0)$.
q.e.d.

$$y(k) = \sum_{i \leq k} x(i) \, . \tag{3.19}$$

Er gewichtet alle Eingangssignalwerte $x(i), i \leq k$ mit 1. Die Gewichtswerte sind also durch die Sprungfunktion $h(i) = \varepsilon(i)$ gegeben. Sie ist von unendlicher Dauer, weswegen der Summierer ein sog. *IIR-Filter* (engl.: Infinite Impulse Response) ist. Die Faltungssumme lautet:

$$y(k) = \sum_{i=-\infty}^{\infty} x(i)\varepsilon(k - i) \, . \tag{3.20}$$

Die Eingangssignale müssen linksseitig summierbar sein, damit die Faltung durchführbar ist. Die vorstehenden Definitionen fassen wir wie folgt zusammen:

Definition 3.3 (Faltungssysteme).
Ein System, dessen Ausgangssignal durch Faltung des Eingangssignals mit seiner Impulsantwort gemäß

$$y = S(x) = x * h \, , \ x \in \Omega$$

entsteht, heiß Faltungssystem. Ist die Impulsantwort h von endlicher Dauer, dann heißt das Faltungssystem FIR-Filter, im anderen Fall heißt es IIR-Filter.

Tabelle 3.3 zeigt die Impulsantworten der bereits behandelten Faltungssysteme. Sie enthält außerdem die Impulsantwort des Grenzwertbilders aus Beispiel 3.1. Der Grenzwertbilder ist ein Beispiel für ein LTI-System, das kein Faltungssystem ist.

Tabelle 3.3. Impulsantwort von LTI-Systemen

System	Impulsantwort h
Proportionalglied (FIR)	$\lambda\delta(k)$
Identisches System (FIR)	$\delta(k)$
Verzögerungsglied (FIR)	$\delta(k - c)$
Differenzierer (FIR)	$\delta(k) - \delta(k - 1) = \delta'(k)$
Summierer (IIR)	$\varepsilon(k)$
Grenzwertbilder	$h(k) = 0$

Aus der Impulsantwort des identischen Systems ergibt sich die für alle möglichen Eingangssignale $x \in \mathbb{R}^{\mathbb{Z}}$ gültige Beziehung

$$x = x * \delta \, , \ x(k) = \sum_{i=-\infty}^{\infty} x(i)\delta(k - i) \, . \tag{3.21}$$

Diese Beziehung wird als *Ausblendeigenschaft* des Diracimpulses bezeichnet. Wir kennen sie bereits in Form von (3.1). Sie besagt, daß der Diracimpuls das *neutrale Element der Faltung* ist. Die Kausalität der vorstehenden Faltungssysteme erkennt man unmittelbar anhand ihrer Impulsantworten. Die Gewichtswerte $h(i)$ sind nämlich für negative Zeitpunkte $i < 0$ gleich 0. Der Grenzwertbilder ist ebenfalls kausal, denn sein Ausgangssignalwert $y(k) = x(-\infty)$ hängt nicht von Eingangssignalwerten $x(i), i > k$ ab. Die Stabilität der vorstehenden FIR-Filter und die Instabiltät des Summierers ergeben sich aus dem folgenden Stabilitätskriterium:

Lemma 3.4 (Stabilitätskriterium).
Ein Faltungssystem mit der Impulsantwort h ist genau dann stabil, wenn h absolut summierbar ist ($h \in l^1$), d.h.

$$\sum_{i=-\infty}^{\infty} |h(i)| < \infty . \tag{3.22}$$

Beweis:

1. Das Kriterium ist hinreichend:
   Aus dem Kriterium folgt für ein beschränktes Eingangssignal $|x(k)| \leq C$ ein beschränktes Ausgangssignal:

   $$|y(k)| = \left| \sum_{i=-\infty}^{\infty} x(i)h(k-i) \right| \leq \sum_{i=-\infty}^{\infty} |x(i)||h(k-i)|$$

   $$\leq C \sum_{i=-\infty}^{\infty} |h(k-i)| = C \sum_{i=-\infty}^{\infty} |h(i)| .$$

2. Das Kriterium ist notwendig:
   Das Faltungssystem mit der Impulsantwort h sei stabil. Ein beschränktes Eingangssignal liefert also ein beschränktes Ausgangssignal. Das mit Hilfe der Vorzeichenfunktion

   $$\text{sgn}(x) = \begin{cases} 1 : x > 0 \\ 0 : x = 0 \\ -1 : x < 0 \end{cases}$$

   definierte Eingangssignal $x(k) = \text{sgn}(h(-k))$ ist beschränkt. Das Ausgangssignal muß ebenfalls beschränkt sein. Insbesondere muß der Signalwert $y(0)$ endlich sein. Es ist

   $$y(0) = \sum_{i=-\infty}^{\infty} x(i)h(0-i) = \sum_{i=-\infty}^{\infty} \text{sgn}(h(-i))h(-i) = \sum_{i=-\infty}^{\infty} |h(i)| .$$

   Also ist h absolut summierbar.

q.e.d.

Nach dem vorstehenden Stabilitätskriterium ist jedes FIR-Filter stabil, denn seine Impulsantwort ist von endlicher Dauer. Insbesondere sind das

Proportionalglied, das Verzögerungsglied und der Differenzierer stabil. Der Summierer dagegen ist nach dem Kriterium nicht stabil, denn seine Impulsantwort ist die Sprungfunktion, welche nicht absolut summierbar ist.

3.2 Zeitdiskrete Faltung

Ein Faltungssystem erfordert die Faltbarkeit seiner Impulsantwort mit den Eingangssignalen. Es soll daher zunächst geklärt werden, welche Signale miteinander faltbar sind. Hierbei werden die Signalraumeigenschaften aus Abschn. 1.3 herangezogen. Zwei Einschaltvorgänge können stets miteinander gefaltet werden. Anhand von Einschaltvorgängen soll die Faltung in Abschn. 3.2.2 noch einmal verdeutlicht werden. Zur Durchführung der Faltung stellt die z-Transformation ein geeignetes Hilfsmittel dar. Dies wird in Abschn. 3.2.3 anhand von Signalen endlicher Dauer gezeigt. Eine Verallgemeinerung auf Signale unendlicher Dauer wird erst in Abschn. 3.6 vorgenommen. Bei der Faltung von Signalen gelten bestimmte Rechenregeln, die vom Rechnen mit Zahlen bekannt sind (z.B. Assoziativität, Kommutativität, Distributivität). Rechenregeln der Faltung werden erst in Abschn. 3.3 vollständig behandelt, da erst die Zusammenschaltung von Faltungssystemen die entsprechenden Fragen aufwirft.

3.2.1 Faltbarkeit

Ein einfaches Beispiel für zwei Signale, die nicht miteinander faltbar sind, sind zwei konstante Signale $x = h = C$ (mit einer Konstanten $C \neq 0$). In diesem Fall divergiert die Faltungssumme für jeden Wert k, denn alle Summanden der Faltungssumme sind dann gleich dem Wert $x(i)h(k - i) = C^2$. Tabelle 3.4 gibt Auskunft über Signaleigenschaften, welche die Faltbarkeit der Signale gewährleisten. Zusätzlich gibt Tabelle 3.4 den Signaltyp des Faltungsprodukt an. Diese Angabe ist insofern wichtig, weil das Ausgangssignal eines Faltungssystems für weitere Faltungssysteme als Eingangssignal in Frage kommen kann.

Tabelle 3.4. Miteinander faltbare Signale und Ergebnis der Faltung

Signal h	Signal x	Faltungsprodukt
Endliche Dauer	Beliebig	Beliebig
Einschaltvorgang	Einschaltvorgang	Einschaltvorgang
Ausschaltvorgang	Ausschaltvorgang	Ausschaltvorgang
Endliche Dauer	Endliche Dauer	Endliche Dauer
Absolut summierbar	Beschränkt	Beschränkt
Absolut summierbar	Absolut summierbar	Absolut summierbar
Energiesignal	Energiesignal	Beschränkt

Der Tabelle ist zunächst zu entnehmen, daß die Impulsantwort eines FIR-Filters mit einem beliebigen Eingangssignal gefaltet werden kann, denn in diesem Fall enthält die Faltungssumme

$$y(k) = \sum_{i=-\infty}^{\infty} h(i)x(k-i)$$

nur endlich viele Summanden. Die Faltbarkeit gilt ebenso für den Fall, daß das Signal x von endlicher Dauer und h ein beliebiges Signal ist. Eine Vertauschung der Signaltypen für die Signale x, h ist auf Grund der Kommutativität der Faltung stets möglich und wird in der Tabelle nicht explizit dargestellt. Bei der Faltung eines Signals h endlicher Dauer mit einem Signal x muß das entstehende Signal $y = x * h$ nicht endliche Dauer besitzen. Sein Signaltyp wird vielmehr vom Signaltyp des Signals x bestimmt.

Eine endliche Faltungssumme liegt auch dann vor, wenn beide Signale x und h Einschaltvorgänge bzw. Ausschaltvorgänge sind. In beiden Fällen bleibt der Signaltyp erhalten, d.h. die Faltung zweier Einschaltvorgänge ergibt einen Einschaltvorgang und die Faltung zweier Ausschaltvorgänge ergibt einen Ausschaltvorgang. Man bezeichnet daher den Signalraum der Einschaltvorgänge bzw. den Signalraum der Ausschaltvorgänge als *faltungsabgeschlossen*. Dieser Sachverhalt wird in Abschn. 3.2.2 ausführlich behandelt. Beispielsweise antwortet ein kausales Faltungssystem, dessen Impulsantwort folglich ein Einschaltvorgang ist, auf einen Einschaltvorgang ebenfalls mit einem Einschaltvorgang. Ein FIR-Filter besitzt eine Impulsantwort endlicher Dauer, die folglich sowohl einen Einschaltvorgang als auch einen Ausschaltvorgang darstellt. Ein FIR-Filter antwortet daher auf einen Einschaltvorgang mit einem Einschaltvorgang und auf einen Ausschaltvorgang mit einem Ausschaltvorgang. Bei Anregung mit einem Signal endlicher Dauer reagiert es daher ebenfalls mit einem Signal endlicher Dauer.

Neben den bisherigen Fällen kann die Faltungssumme auch dann konvergieren, wenn sie unendlich viele Summanden besitzt. Ein wichtiges Beispiel ist die Impulsantwort eines stabilen Systems. Seine Impulsantwort ist also absolut summierbar. Die Anregung des stabilen Systems mit einem beschränkten Signal, beispielsweise mit einem periodischen Signal, führt auf ein ebenfalls beschränktes Ausgangssignal. Ein absolut summierbares Signal ist also mit einem beschränkten Signal faltbar und liefert ein beschränktes Signal $y = x * h$. Da absolut summierbare Signale beschränkt sind (s. Abschn. 1.3), folgt daraus insbesondere die Faltbarkeit zweier absolut summierbarer Signale.

Faltbarkeit gilt auch für die größere Klasse der Energiesignale. Für zwei Energiesignale x, h folgt aus der *Schwarzschen Ungleichung* [6]

$$|y(k)|^2 \leq \left[\sum_{i=-\infty}^{\infty} |h(i)| \cdot |x(k-i)| \right]^2 \leq \sum_{i=-\infty}^{\infty} |h(i)|^2 \sum_{i=-\infty}^{\infty} |x(k-i)|^2$$

$$= \sum_{i=-\infty}^{\infty} |h(i)|^2 \sum_{i=-\infty}^{\infty} |x(i)|^2 < \infty \, , \qquad (3.23)$$

d.h. die Faltungssumme konvergiert absolut und ist damit auch konvergent. Das Ergebnis der Faltung ist aber i.allg. kein Energiesignal, d.h. die Energiesignale bilden keinen Signalraum, der abschlossen bezüglich der Faltung ist.[4] Das Faltungsprodukt ist aber in jedem Fall ein beschränktes Signal, wie die Abschätzung zeigt.

Bei absolut summierbaren Signalen dagegen gilt die Faltungsabgeschlossenheit, d.h. das Faltungsprodukt zweier absolut summierbarer Signale ist ebenfalls absolut summierbar.[5]

3.2.2 Faltung von Einschaltvorgängen

Wir wollen uns der Faltung von Einschaltvorgängen zuwenden. Die Faltung von Ausschaltvorgängen und Signalen endlicher Dauer wird ebenfalls behandelt. Die Faltung zweier Einschaltvorgänge x_1, x_2 können wir uns in Abb. 3.3 anhand zweier Sprungfunktionen veranschaulichen. Zur Berechnung des Ausgangssignalwerts

$$y(k) = \sum_{i=-\infty}^{\infty} x_1(i)x_2(k-i) \qquad (3.24)$$

ist das Signal x_2 zunächst am Nullpunkt zu spiegeln, um k Zeiteinheiten zu verzögern und seine Werte $x_2(k-i)$ (k fest, i variabel) mit den Werten $x_1(i)$ zu multiplizieren und aufzusummieren. Da das Signal x_2 ein Einschaltvorgang ist (Einschaltzeitpunkt $\overline{k}_1$), ist das Signal $x_2(k-i)$ ein Ausschaltvorgang (Ausschaltzeitpunkt $k - \overline{k}_1$). Daraus folgt, daß die Faltungssumme für $y(k)$ für jedes k endlich ist, und damit die Signale x_1, x_2 miteinander faltbar sind. Mit Verringerung von k wandert der Ausschaltzeitpunkt $k - \overline{k}_1$ nach links.

---

[4] Einen weiteren Aufschluß über das Ergebnis der Faltung zweier Energiesignale liefert der Faltungssatz für Energiesignale aus Abschn. 3.5 (Lemma 3.15).

[5] Sind die Signale x, h absout summierbar, folgt

$$\sum_{k=-\infty}^{\infty} |y(k)| = \sum_{k=-\infty}^{\infty} \left| \sum_{i=-\infty}^{\infty} x(i)h(k-i) \right|$$

$$\leq \sum_{k=-\infty}^{\infty} \sum_{i=-\infty}^{\infty} |x(i)| \cdot |h(k-i)| = \sum_{i=-\infty}^{\infty} \sum_{k=-\infty}^{\infty} |x(i)| \cdot |h(k-i)|$$

$$= \sum_{i=-\infty}^{\infty} |x(i)| \sum_{k=-\infty}^{\infty} |h(k-i)| = \sum_{i=-\infty}^{\infty} |x(i)| \sum_{k=-\infty}^{\infty} |h(k)| < \infty \, ,$$

wobei eine Vertauschung der Summationsreihenfolge vorgenommen wurde. Dies ist nach dem *Umordnungssatz für Doppelreihen* erlaubt [5, II]. Das Signal $y = x*h$ ist also ebenfalls absolut summierbar.

Unterschreitet $k-\overline{k}_1$ den Einschaltzeitpunkt k_1 von Signal x_1, d.h. ist $k-\overline{k}_1 <$ k_1, ist der Summationsbereich leer und damit $y(k) = 0$. Daraus folgt, daß das Signal y ebenfalls ein Einschaltvorgang ist. Der Einschaltzeitpunkt ergibt sich aus $k - \overline{k}_1 = k_1$ zu $k_1 + \overline{k}_1$.[6]

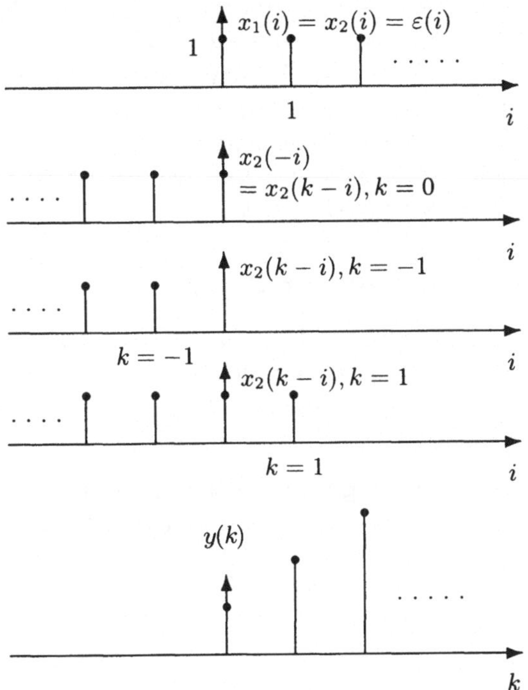

Abb. 3.3. Faltung zweier Sprungfunktionen ($k_1 = \overline{k}_1 = 0$). Für $k < 0$ ist der Summationsbereich leer, für $k \geq 0$ überlappen sich die beiden Signale $x_1(i), x_2(k-i)$ (k fest, i variabel). Die ansteigenden Signalwerte $y(k) = k + 1$ für $k \geq 0$ entsprechen dem wachsenden Überlappungsbereich und ergeben ein rampenförmig anwachsendes Ausgangssignal y

Die festgestellte Faltungsabgeschlossenheit bei Einschaltvorgängen gilt auch für Ausschaltvorgänge sowie für Signale endlicher Dauer. In allen drei Fällen ist der Summationsbereich der Faltungssumme endlich:

1. Einschaltvorgänge:
   Die Faltung zweier Einschaltvorgänge mit den Einschaltzeitpunkten $k_1, \overline{k}_1$ liefert ebenfalls einen Einschaltvorgang mit dem Einschaltzeitpunkt $k_1 + \overline{k}_1$.
2. Ausschaltvorgänge:
   Die Faltung zweier Ausschaltvorgänge mit den Ausschaltzeitpunkten

---

[6] Für $k = k_1 + \overline{k}_1$ ist $y(k) = x_1(k_1)x_2(k - k_1) = x_1(k_1)x_2(\overline{k}_1) \neq 0$.

$k_2, \overline{k}_2$ liefert ebenfalls einen Ausschaltvorgang mit dem Ausschaltzeitpunkt $k_2 + \overline{k}_2$. Der Nachweis kann mit ähnlichen Überlegungen wie bei Einschaltvorgängen erfolgen (Übungsaufgabe).

3. Signale endlicher Dauer:

Bei Signalen endlicher Dauer liegt sowohl ein Einschaltvorgang (Einschaltzeitpunkte $k_1, \overline{k}_1$) als auch ein Ausschaltvorgang (Ausschaltzeitpunkte $k_2, \overline{k}_2$) vor. Nach den Ergebnissen für Einschaltvorgänge und Ausschaltvorgänge ergibt sich bei der Faltung ein Einschaltvorgang mit dem Einschaltzeitpunkt $k_1 + \overline{k}_1$ und gleichzeitig ein Ausschaltvorgang mit dem Ausschaltzeitpunkt $k_2 + \overline{k}_2$. Die Faltung zweier Signale endlicher Dauer liefert daher ebenfalls ein Signal endlicher Dauer mit dem Einschaltzeitpunkt $k_1 + \overline{k}_1$ und dem Ausschaltzeitpunkt $k_2 + \overline{k}_2$.

3.2.3 z-Transformation für Signale endlicher Dauer

Die z-Transformation ist ein geeignetes Hilfsmittel zur Durchführung der Faltung. Dies wird im folgenden für die Faltung zweier Signale endlicher Dauer gezeigt. Die z-Transformation ist für Signale endlicher Dauer wie folgt definiert:

Definition 3.4 (z-Transformation für Signale endlicher Dauer).
Die z-Transformierte eines Signals endlicher Dauer mit k_1 als Anfangszeitpunkt und k_2 als Endzeitpunkt ist die für komplexe Zahlen z erklärte komplexwertige Funktion

$$X(z) := \sum_{i=k_1}^{k_2} x(i) z^{-i} \, , \ z \in \mathbb{C} \, . \tag{3.25}$$

Die Zuordnung, welche einem Signal x seine z-Transformierte zuordnet, heißt z-Transformation.

Aus der Definition ergeben sich unmittelbar die in Tabelle 3.5 dargestellten z-Transformierten.

Tabelle 3.5. Beispiele für die z-Transformation

Signal	z-Transformierte
Nullsignal 0	0
$\delta(k)$	1
$\delta(k-1)$	z^{-1}
$\delta(k+1)$	$z^1 = z$
$\delta(k) - \delta(k-1)$	$1 - z^{-1}$
$\delta(k-c)$	z^{-c}

Das Signal $\delta(k) - \delta(k-1)$ verdeutlicht die Linearität der z-Transformation, wonach die z-Transformierte eines Signals $x = \lambda x_1 + \mu x_2$ durch

$$X(z) = \lambda X_1(z) + \mu X_2(z) \tag{3.26}$$

gegeben ist. Dabei sind x_1, x_2 zwei Signale endlicher Dauer und λ, μ reelle Zahlen.

Eine Anwendung der z-Transformation besteht darin, die Faltung zweier Signale auf die Multiplikation ihrer z-Transformierten zurückzuführen. Beispielsweise hat man anstelle der Faltung

$$\delta(k - c_1) * \delta(k - c_2) = \delta(k - c_1 - c_2) \tag{3.27}$$

die Multiplikation

$$z^{-c_1} z^{-c_2} = z^{-(c_1 + c_2)} \tag{3.28}$$

durchzuführen. Die Eigenschaft des Diracimpulses als neutrales Element der Faltung kommt durch eine Multiplikation mit 1 (im z-Bereich) zum Ausdruck. Für die Faltung zweier Signale endlicher Dauer gelten bestimmte Rechenregeln (Distributivität, Assoziativität, Kommutativität), welche auch im z-Bereich gelten, woraus sich vollkommen äquivalente Rechenschritte im z-Bereich ergeben. Wir benötigen im folgenden nur die *Distributivität* für Signale x, h_1, h_2 endlicher Dauer:

$$x * (h_1 + h_2) = x * h_1 + x * h_2 \; . \tag{3.29}$$

Sie beinhaltet eine gliedweise Berechnung der Faltungssumme für $x * (h_1 + h_2)$.[7] Die Multiplikation der z-Transformierten gemäß (3.28) läßt sich mit Hilfe der Distributivität unmittelbar auf Signale endlicher Dauer verallgemeinern:

Satz 3.5 (Faltungssatz für Signale endlicher Dauer).
Die z-Transformierte des Faltungsprodukts zweier Signale endlicher Dauer ist gleich dem Produkt ihrer z-Transformierten.

Beweis:
Ausgangspunkt sind zwei Signale x_1, x_2 endlicher Dauer. Zum Nachweis brauchen wir nicht die Faltung von x_1, x_2 durchzuführen, sondern benutzen die Gleichung

$$
\begin{aligned}
x = (x_1 * x_2)(k) &= \sum_i^e x_1(i)\delta(k - i) * \sum_n^e x_2(n)\delta(k - n) \\
&= \sum_i^e \sum_n^e x_1(i)x_2(n)\delta(k - i - n) \; ,
\end{aligned}
$$

---

[7] Es ist

$$
\begin{aligned}
(x * [h_1 + h_2])(k) &= \sum_i^e x(i)[h_1(k - i) + h_2(k - i)] \\
&= \sum_i^e x(i)h_1(k - i) + \sum_i^e x(i)h_2(k - i) \; .
\end{aligned}
$$

die aus der Distributivität der Faltung für Signale endlicher Dauer folgt (Ausmultiplizieren des Faltungsprodukts). Aus der Linearität der z-Transformation ergibt sich

$$X(z) = \sum_i^e \sum_n^e x_1(i)x_2(n)z^{-(i+n)} \ .$$

Die Gleichheit mit dem Produkt

$$X_1(z)X_2(z) = \sum_i^e \sum_n^e x_2(n)z^{-n}$$

ist offensichtlich.
q.e.d.

Beispiel 3.2 (Rechnen im z-Bereich).
Eine Faltung von zwei Signalen endlicher Dauer wird in der Tabelle 3.6 sowohl direkt (im Zeitbereich) als auch im z-Bereich ausführlich dargestellt. Die Ausführung der Faltung im z-Bereich ist kürzer und übersichtlicher, wie der Tabelle zu entnehmen ist.

Tabelle 3.6. Falten mit Hilfe der z-Transformation

Zeitbereich	z-Bereich
$(\delta(k) - \delta(k-1)) * (\delta(k) + \delta(k-1))$	$(1 - z^{-1})(1 + z^{-1})$
$\begin{aligned}= \ &\delta(k) * \delta(k) + \delta(k) * \delta(k-1)\\ &-\delta(k-1) * \delta(k) - \delta(k-1) * \delta(k-1)\end{aligned}$	$\begin{aligned}= \ &1 \cdot 1 + 1 \cdot z^{-1}\\ &-z^{-1} \cdot 1 - z^{-1} z^{-1}\end{aligned}$
$= \delta(k) + \delta(k-1) - \delta(k-1) - \delta(k-2)$	$= 1 + z^{-1} - z^{-1} - z^{-2}$
$= \delta(k) - \delta(k-2)$	$= 1 - z^{-2} \ .$

Weitere Anwendungen des Faltungssatzes werden wir in Abschn. 3.4.1 bei der Darstellung eines FIR-Filters als Hintereinanderschaltung von Teilsystemen kennenlernen.

3.3 Zusammenschaltung von Faltungssystemen

Die folgenden Abbildungen Abb. 3.4–3.6 zeigen Zusammenschaltungen von Faltungssystemen. Es handelt sich hierbei um die Summenschaltung, Hintereinanderschaltung und Rückkopplung, die bereits in Abschn. 2.2 eingeführt wurden. Im Unterschied zu Abschn. 2.2 sind die Teilsysteme Faltungssysteme. Ihre Impulsantworten sind in den Abbildungen ebenfalls angegeben. Es wird der Frage nachgegangen, ob eine Zusammenschaltung von Faltungssystemen wieder ein Faltungssystem ergibt, und wenn dies der Fall ist, wie sich die Impulsantworten dieser Faltungssysteme aus den Teilsystemen ergeben.

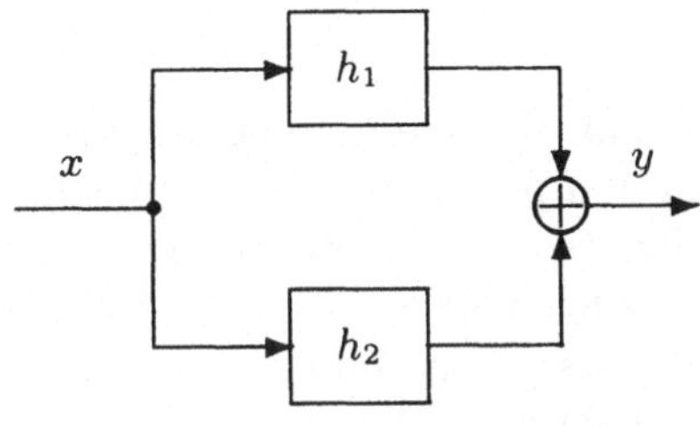

Abb. 3.4. Summenschaltung (Addition) von zwei Faltungssystemen. Es ist $y = x * h_1 + x * h_2$

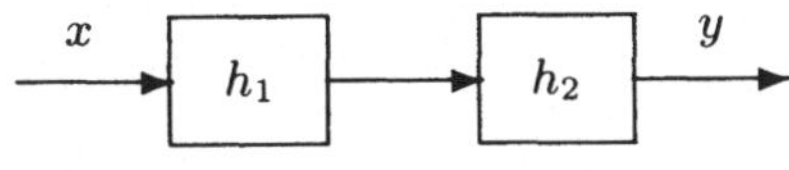

Abb. 3.5. Hintereinanderschaltung von zwei Faltungssystemen. Es ist $y = h_2 * (h_1 * x)$

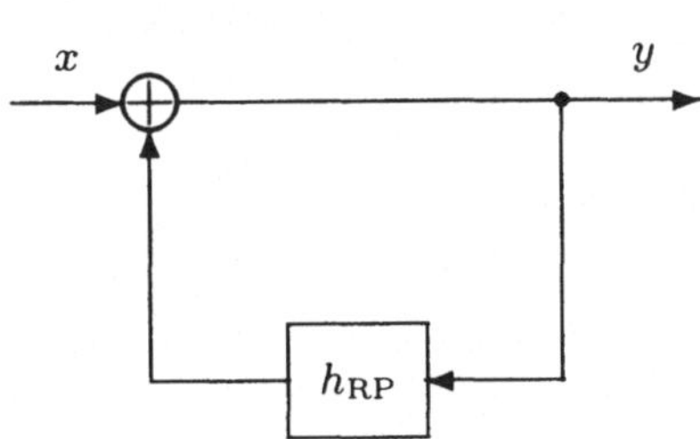

Abb. 3.6. Rückkopplung eines Faltungssystems. Es ist $x + h_{\mathrm{RP}} * y = y$

3.3.1 Summenschaltung von Faltungssystemen

Zunächst wird die Addition zweier Faltungssysteme S_1, S_2 behandelt. Ihre Impulsantworten seien h_1, h_2. Damit die Addition durchführbar ist, muß das Eingangssignal mit beiden Impulsantworten h_1, h_2 faltbar sein. Unter dieser *Faltbarkeitsbedingung* sind die Ausgangssignale beider Teilsysteme definiert. Ihre Addition bzw. Überlagerung ergibt das Ausgangssignal

$$(S_1 + S_2)(x) = y = x * h_1 + x * h_2 \ . \tag{3.30}$$

Daraus folgt durch Einsetzen von $x = \delta$ die Impulsantwort

$$y = h = \delta * h_1 + \delta * h_2 = h_1 + h_2 \ . \tag{3.31}$$

Hierbei haben wir ausgenutzt, daß der Diracimpuls das neutrale Element der Faltung ist. Um zu erkennen, daß ein Faltungssystem vorliegt, wird die *Distributivität* der Faltung benötigt. Diese ermöglicht das Ausklammern des gemeinsamen Faltungsfaktors x bei der Summe von Faltungsprodukten wie bei einer gewöhnlichen Multiplikation, und liefert als Ergebnis[8]

$$y = x * (h_1 + h_2) \ . \tag{3.33}$$

Bei der Addition zweier Faltungssysteme sind also einfach die Impulsantworten beider Faltungssysteme zu addieren und mit dem Eingangssignal zu falten, um das Ausgangssignal zu erhalten. Insbesondere ist die Summe zweier Faltungssysteme wieder ein Faltungssystem. Allgemeiner ergibt die Addition von endlich vielen Faltungssystemen ein Faltungssystem mit einer Impulsantwort, die gleich der Summe der Impulsantworten der Teilsysteme ist. Bei der Addition von Faltungssystemen trägt das *Nullsystem*, gekennzeichnet durch $y = 0$, keinen Beitrag am Ausgangssignal bei. Das Nullsystem ist das Faltungssystem mit der Impulsantwort $h = 0$.

Beispiel 3.3 (Addition von Faltungssystemen).
Als einfaches Beispiel für die Addition zweier Faltungssysteme wird der Differenzierer betrachtet. Dessen Ausgangssignal

$$y(k) = x(k) - x(k - 1)$$

ist die Summe der beiden Ausgangssignale

$$y_1(k) = x(k) \ , \quad y_2(k) = -x(k - 1) \ .$$

Folglich ist der Differenzierer gleich der Summe der zwei Faltungssysteme mit den Impulsantworten

$$h_1(k) = \delta(k) \ , \quad h_2(k) = -\delta(k - 1) \ .$$

---

[8]

Lemma 3.6 (Distributivität der Faltung).
Unter der Voraussetzung, daß das Signal x mit den Signalen h_1, h_2 faltbar ist, ist x auch mit $h_1 + h_2$ faltbar und es gilt

$$x * (h_1 + h_2) = x * h_1 + x * h_2 \ . \tag{3.32}$$

Beweis:
Aus der Faltbarkeit von x mit h_1, h_2 folgt

$$(x * [h_1 + h_2])(k) = \sum_{i=-\infty}^{\infty} x(i)[h_1(k - i) + h_2(k - i)]$$

$$= \sum_{i=-\infty}^{\infty} x(i)h_1(k - i) + \sum_{i=-\infty}^{\infty} x(i)h_2(k - i) \ .$$

q.e.d.

3.3.2 Hintereinanderschaltung von Faltungssystemen

Bei der Hintereinanderschaltung zweier Faltungssysteme S_1 und S_2 muß zunächst die folgende *Faltbarkeitsbedingung* erfüllt sein:

1. Das Eingangssignal x ist mit h_1 faltbar.
2. Das Ausgangssignal $x * h_1$ des ersten Faltungssystems ist mit h_2 faltbar.

Für das Ausgangssignal der Hintereinanderschaltung folgt

$$S_2 S_1(x) = y = (x * h_1) * h_2 \; . \tag{3.34}$$

Daraus ergibt sich durch Einsetzen von $x = \delta$ die Impulsantwort

$$y = h = (\delta * h_1) * h_2 = h_1 * h_2 \; . \tag{3.35}$$

Hierbei haben wir wieder davon Gebrauch gemacht, daß der Diracimpuls neutrales Element der Faltung ist.

Die bisher aufgetretenen Impulsantworten sind in Tabelle 3.7 zusammengefaßt. Die Tabelle enthält außerdem die Impulsantworten der Faltungssysteme aus Tabelle 3.3.

Tabelle 3.7. Impulsantworten von Faltungssystemen

System	Impulsantwort
Nullsystem $S(x) = 0$	$h = 0$
Summe zweier Systeme $S_1 + S_2$	$h = h_1 + h_2$
Hintereinanderschaltung $S_1 S_2$	$h = h_1 * h_2$
Proportionalglied	$h(k) = \lambda\delta(k)$
Identisches System $S(x) = S_{\mathrm{id}}(x) = x$	$h = \delta$
Verzögerungsglied	$h(k) = \delta(k - c)$
Differenzierer	$h(k) = \delta(k) - \delta(k - 1) = \delta'(k)$
Summierer $S_{\Sigma-}$	$h(k) = \varepsilon(k)$

Wir stellen uns die Frage, ob bei der Hintereinanderschaltung ein Faltungssystem vorliegt. Hierbei wird die *Assoziativität* der Faltung benötigt. Sie beinhaltet die folgende Beziehung:

$$y = (x * h_1) * h_2 = x * (h_1 * h_2) \; . \tag{3.36}$$

Die Assoziativität ermöglicht also eine beliebige Klammersetzung bei einem Faltungsprodukt bestehend aus mehreren Faltungsfaktoren wie bei einer gewöhnlichen Multiplikation. Die Hintereinanderschaltung zweier Faltungssysteme ist folglich bei Assoziativität der Faltung ebenfalls ein Faltungssystem. Ihre Impulsantwort ist $h = h_1 * h_2$. Allgemeiner ergibt unter dieser Voraussetzung die Hintereinanderschaltung von endlich vielen Faltungssystemen ein Faltungssystem mit einer Impulsantwort, die gleich dem Faltungsprodukt der Impulsantworten der Teilsysteme ist.

Beispiel 3.4 (Hintereinanderschaltung zweier Verzögerungsglieder).
Die Hintereinanderschaltung zweier Verzögerungsglieder mit den Verzögerungszeiten c_1, c_2 besitzt die Impulsantwort

$$\delta(k - c_1) * \delta(k - c_2) = \delta(k - (c_1 + c_2)) \,.$$

Diese ist die Impulsantwort eines Verzögerungsgliedes mit der Verzögerungszeit $c := c_1 + c_2$. Ihre Faltung mit einem Eingangssignal $x \in \mathbb{R}^{\mathbb{Z}}$ ergibt

$$x(k) * \delta(k - c) = x(k - c) \,, \tag{3.37}$$

also das Ausgangssignal der Hintereinanderschaltung.

Leider folgt aus der *Faltbarkeitsbedingung* nicht die Assoziativität, wie das folgende Beispiel zeigt.

Beispiel 3.5 (Hintereinanderschaltung von Differenzierer und Summierer).
Der Differenzierer liefert für ein beliebiges Eingangssignal $x \in \mathbb{R}^{\mathbb{Z}}$ das Ausgangssignal

$$\delta'(k) * x(k) = x'(k) \,. \tag{3.38}$$

Die Hintereinanderschaltung von Differenzierer (System S_1) und Summierer (System S_2) besitzt folglich die Impulsantwort

$$h(k) = (\delta' * \varepsilon)(k) = \varepsilon'(k) = \delta(k) \,.$$

Man kommt zum gleichen Ergebnis auch wie folgt:

$$\delta'(k) * \varepsilon(k) = [\delta(k) - \delta(k - 1)] * \varepsilon(k) = \delta(k) * \varepsilon(k) - \delta(k - 1) * \varepsilon(k)$$
$$= \varepsilon(k) - \varepsilon(k - 1) = \delta(k) \,.$$

Die Faltung eines Eingangssignals x mit der Impulsantwort $h = \delta$ der Hintereinanderschaltung ergibt folglich

$$x * h = x * (\delta' * \varepsilon) = x * \delta = x \,. \tag{3.39}$$

Die Hintereinanderschaltung liefert aber für das konstante Eingangssignal $x = 1$ das Ausgangssignal

$$y = (x * \delta') * \varepsilon = 0 * \varepsilon = 0 \,, \tag{3.40}$$

da die Differentiation eines konstanten Signals das Nullsignal ergibt. Es ist also für dieses Eigangssignal

$$(x * \delta') * \varepsilon \neq x * (\delta' * \varepsilon) \,,$$

d.h. die Assoziativität ist verletzt. Das Ausgangssignal läßt sich nicht durch Faltung des Eingangssignals mit der Impulsantwort der Hintereinanderschaltung für alle Eingangssignale gewinnen.

Im vorstehenden Beispiel läßt sich die Assoziativität durch Einschränkung der Eingangssignale erreichen. Die Assoziativität ist beispielsweise für *Einschaltvorgänge*, *Ausschaltvorgänge* und Signale *endlicher Dauer* erfüllt. Konstante Eingangssignale sind damit ausgeschlossen. Die Assoziativität erfordert die Vertauschbarkeit der Summationsreihenfolge bei der Ausführung zweier Faltungen. Sie ist in allen drei Fällen erfüllt, da die auftretenden Faltungssummen in diesen Fällen endlich sind.[9]

Wir haben in Abschn. 2.2 (Beispiel 2.2) gefunden, daß bei der Hintereinanderschaltung zweier LTI-Systeme das Ausgangssignal von der Reihenfolge der Systeme abhängen kann. Bei Faltungssystemen dagegen besteht keine

---

[9]
Lemma 3.7 (Assoziativität der Faltung).
Sind die Signale x, h_1, h_2 Einschaltvorgänge, Ausschaltvorgänge oder wenigstens zwei dieser Signale von endlicher Dauer, dann ist

$$(x * h_1) * h_2 = x * (h_1 * h_2) \ . \tag{3.41}$$

Beweis:
Für jedes k ist

$$y(k) := [(x * h_1) * h_2](k) = \sum_n^e \left(\sum_i^e x(i)h_1(n - i) \right) h_2(k - n) \ .$$

In allen drei Fällen sind die beiden Faltungssummen endlich:

1. Einschaltvorgänge:
   Das Faltungsprodukt $x * h_1$ ist ebenfalls ein Einschaltvorgang. Die Faltungssumme für zwei Einschaltvorgänge ist endlich.
2. Ausschaltvorgänge:
   Das Faltungsprodukt $x * h_1$ ist ebenfalls ein Ausschaltvorgang. Die Faltungssumme für zwei Ausschaltvorgänge ist endlich.
3. Zwei Signale haben endliche Dauer:
   Die Faltungssumme für ein Signal endlicher Dauer und ein beliebiges Signal ist endlich.

Daher kann die Summationsreihenfolge vertauscht werden und man erhält

$$y(k) = \sum_i^e x(i) \sum_n^e h_1(n - i)h_2(k - n) \ .$$

Die innere Faltungssumme läßt sich durch Substitution auch als

$$\sum_n^e h_1(n - i)h_2(k - n) = \sum_n^e h_1(n)h_2(k - n - i) = (h_1 * h_2)(k - i)$$

ausdrücken. Es gilt also

$$y(k) = [x * (h_1 * h_2)](k)$$

und damit die Assoziativität.
q.e.d.

Die Assoziativität gilt unter allgemeineren Vorrausetzungen. Eine hinreichende Voraussetzung ist die Faltbarkeit der Signale $|x|, |h_1|$ und $|x| * |h_1|, |h_2|$. In diesem Fall konvergiert die Doppelreihe für $y(k)$ absolut für jeden Wert k. Nach dem *Umordnungssatz* für Doppelreihen kann daher auch in diesem Fall die Summationsreihenfolge vertauscht werden [5, II].

Abhängigkeit von der Reihenfolge. Dies folgt aus der *Kommutativität* der Faltung. Sie besagt, daß ein Faltungsprodukt unabhängig von der Reihenfolge seiner Faltungsfaktoren ist, d.h. es gilt

$$h_1 * h_2 = h_2 * h_1 \ . \tag{3.42}$$

Diese Eigenschaft haben wir bereits bei (3.14) kenngelernt. Bei der Hintereinanderschaltung zweier Faltungssysteme ist das Ausgangssignal

$$y = (x * h_1) * h_2 = (x * h_2) * h_1 \ ,$$

also unabhängig von der Reihenfolge der Faltungssysteme. Die bisherigen Ergebnisse fassen wir wie folgt zusammen:

Lemma 3.8 (Addition und Hintereinanderschaltung von Faltungssystemen).
Die Addition zweier Faltungssysteme mit den Impulsantworten h_1, h_2 besitzt die Impulsantwort $h_1 + h_2$, die Hintereinanderschaltung besitzt die Impulsantwort $h_1 * h_2$, falls h_1, h_2 faltbar sind. Die Reihenfolge der beiden Systeme hat hierbei keinen Einfluß auf das Ausgangssignal. Für Eingangssignale, die mit h_1, h_2 faltbar sind, stellt die Addition ein Faltungssystem dar, d.h. es gilt $y = (h_1 + h_2) * x$. Ist neben der Faltbarkeitsbedingung, daß das Eingangssignal x mit h_1 faltbar sowie $x * h_1$ mit h_2 faltbar ist, die Faltung assoziativ, dann ist die Hintereinanderschaltung ein Faltungssystem, d.h. es ist $y = (h_1 * h_2) * x$. Die Assoziativität ist beispielsweise dann erfüllt, wenn alle drei Signale Einschaltvorgänge, Ausschaltvorgänge oder wenigstens zwei der drei Signale endliche Dauer besitzen.

Für den Signalraum Ω der Einschaltvorgänge, Ausschaltvorgänge und der Signale endlicher Dauer gilt nach Abschn. 3.2.1: Zwei Signale des Signalraums sind miteinander faltbar und ergeben wieder ein Signal des Signalraums. Daher ist eine uneingeschränkte Hintereinanderschaltung von Faltungssystemen mit Impulsantworten aus Ω bei Anregung mit einem Eingangssignal aus Ω möglich. Die Faltbarkeitsbedingung, daß das Eingangssignal x mit h_1 faltbar und das Signal $x * h_1$ mit h_2 faltbar ist, ist für Signale $x, h_1, h_2 \in \Omega$ also automatisch erfüllt. Die Einschaltvorgänge, Ausschaltvorgänge und Signale endlicher Dauer bilden daher eine sog. *Faltungsalgebra:*

Definition 3.5 (Faltungsalgebra).
Ein Signalraum Ω heißt Faltungsalgebra, wenn zwei beliebige Signale $x_1, x_2 \in \Omega$ miteinander faltbar sind mit $x_1 * x_2 \in \Omega$ (Faltungsabgeschlossenheit des Signalraums) und die Assoziativität der Faltung gilt.[10]

---

[10] In einer Faltungsalgebra gilt somit die Assoziativität, Distributivität und Kommutativität. Darüber hinaus gilt für alle Signale $x_1, x_2 \in \Omega, \lambda \in \mathbb{R}$

$$(\lambda x_1) * x_2 = \lambda(x_1 * x_2) \ .$$

Der Diracimpuls ist neutrales Element, d.h. für alle Signale $x \in \Omega$ ist $\delta * x = x$.

Wenden wir uns noch einmal dem Beispiel 3.5 der Hintereinanderschaltung des Differenzierers und Summiers zu. Die Impulsantworten dieser Systeme sind $h_1 = \delta'$, $h_2 = \varepsilon$, also beide Einschaltvorgänge. Der Einschaltzeitpunkt $k_1 = 0$ zeigt insbesondere, daß es sich um die Impulsantworten kausaler Faltungssysteme handelt. Da die Einschaltvorgänge eine Faltungsalgebra bilden, gilt die Assoziativität der Faltung bei Anregung der Hintereinanderschaltung mit Einschaltvorgängen x. Konstante Eingangssignale, welche die Assoziativität verletzen, sind damit *ausgeschlossen*. Für Einschaltvorgänge realisiert die Hintereinanderschaltung daher das identische System. Dieses Ergebnis kennen wir bereits aus Abschnitt 2.2 (s. Abb. 2.14). Dort wurden allgemeiner linksseitig abklingende Eingangssignale angenommen. Diese Signale bilden allerdings *keine* Faltungsalgebra, womit die Grenzen der Anwendung einer Faltungsalgebra aufgezeigt werden.[11] Dennoch können wir mit Hilfe einer Faltungsalgebra wichtige Resultate gewinnen, was die Invertierung eines Faltungssystems betrifft. Auf dieses Problem stößt man, wenn ein Faltungssystem zurückgekoppelt wird.

3.3.3 Rückkopplung von Faltungssystemen

Im folgenden wird ein Faltungssystem im Rückkopplungspfad einer Rückkopplung angenommen (s. Abb. 3.6). Die Impulsantwort des Faltungssystems wird mit h_{RP} bezeichnet. Die Rückkopplungsgleichung lautet

$$x + h_{\mathrm{RP}} * y = y$$

oder

$$y * (\delta - h_{\mathrm{RP}}) = x \ .$$

Mit der Abkürzung

$$h := \delta - h_{\mathrm{RP}} \tag{3.43}$$

---

[11] Bei linksseitig abklingenden Signalen oder sogar bei linksseitig summierbaren Signalen ist die Faltbarkeit zweier Signale nicht gewährleistet. Selbst ein Signalraum Ω mit beliebig stark linksseitig abklingenden Signalen garantiert nicht die Faltbarkeit seiner Signale! Ist beispielsweise x ein Signal aus Ω mit Signalwerten $x(-i) > 0, i \geq 0$, dann ist das Signal

$$h(i) := \frac{\varepsilon(i)}{x(-i)}$$

ein Einschaltvorgang, also ebenfalls aus dem Signalraum Ω. Die Faltung $y = h * x$ ergibt an der Stelle 0

$$y(0) = \sum_{i=-\infty}^{\infty} h(i)x(-i) = \sum_{i=0}^{\infty} \varepsilon(i) \ .$$

Die Reihe konvergiert nicht, so daß die Faltbarkeit der Signale x und h widerlegt ist.

lautet diese Faltungsgleichung einfacher

$$y * h = x \,. \tag{3.44}$$

Eine Impulsantwort der Rückkopplung ergibt sich daraus durch Einsetzen von $x = \delta$. Zur besseren Unterscheidung von der Impulsantwort h wird die Impulsantwort der Rückkopplung mit h_R bezeichnet, d.h. es ist $y = h_\mathrm{R} * x$. Für sie muß

$$h_\mathrm{R} * h = \delta = h * h_\mathrm{R} \tag{3.45}$$

gelten. Bei der zweiten Gleichung wurde die Kommutativität der Faltung benutzt. Eine Impulsantwort h_R mit dieser Eigenschaft heißt *inverse Impulsantwort* von h. Sie wird mit h^{-1} bezeichnet. Wir wollen im folgenden annehmen, das h eine inverse Impulsantwort besitzt. Diese Annahme ist keineswegs selbstverständlich, wie wir noch feststellen werden. Ferner sollen alle Eingangssignale sowie die Impulsantwort h und ihre Inverse h^{-1} einer Faltungsalgebra angehören. Wir überzeugen uns davon, daß in diesem Fall die Faltung von h^{-1} mit dem Eingangssignal x das Ausgangssignal y der Rückkopplung liefert, die Rückkopplung also ein Faltungssystem ist. Aus der Rückkopplungsgleichung $y * h = x$ folgt

$$y = y * \delta = y * (h * h^{-1}) = (y * h) * h^{-1} = x * h^{-1} \,. \tag{3.46}$$

Das Ausgangssignal ist daher durch Faltung des Eingangssignals x mit der Impulsantwort h^{-1} der Rückkopplung zu bilden. Wir überzeugen uns davon, daß $y = x * h^{-1}$ tatsächlich eine Lösung der Rückkopplungsgleichung ist:

$$(x * h^{-1}) * h = x * (h^{-1} * h) = x * \delta = x \,.$$

Beidesmal haben wir die Assoziativität der Faltung benötigt. Wir haben gefunden:

Lemma 3.9 (Rückkopplung eines Faltungssystems).
Eine Rückkopplung mit der Rückkopplungsgleichung

$$y * h = y * (\delta - h_\mathrm{RP}) = x$$

ist ein Faltungssystem mit der Impulsantwort

$$h_\mathrm{R} = h^{-1} \,, \tag{3.47}$$

falls die Eingangssignale und die Impulsantwort h sowie ihre Inverse h^{-1} einer Faltungsalgebra angehören.

Ein Beispiel für ein rückgekoppeltes Faltungssystem ist die Summierer-Rückkopplung aus Beispiel 2.3. In diesem Fall befindet sich ein Verzögerungsglied im Rückkopplungspfad mit $c = 1$, also

$$h_\mathrm{RP}(k) = \delta(k - 1) \,.$$

Die Rückkopplungsgleichung lautet in diesem Fall

$$y * \delta' = x$$

oder einfach $y' = x$. Abhängig davon, ob man Einschaltvorgänge oder Ausschaltvorgänge zugrunde legt, ergeben sich verschiedene inverse Impulsantworten und Ausgangssignale:

1. Einschaltvorgänge:
   Die inverse Impulsantwort des Differenzierers ist $h^{-1} = \varepsilon$, denn es ist $\delta' * \varepsilon = \delta$. Die Rückkopplung stellt den Summierer dar.
2. Ausschaltvorgänge:
   Die inverse Impulsantwort ist $h^{-1} = \varepsilon - 1$, denn es ist

$$\delta' * (\varepsilon - 1) = \delta' * \varepsilon - \delta' * 1 = \delta' * \varepsilon = \delta \ .$$

   Die Rückkopplung stellt den rechtsseitigen Summierer dar.

Summierer sowie rechtsseitiger Summierer sind beide inverse Systeme zum Differenzierer. Ihre Impulsantworten ergeben sich als inverse Impulsantworten zur Impulsantwort des Differenzierers in unterschiedlichen Faltungsalgebren. Beim Summierer werden Einschaltvorgänge verwendet, beim rechtsseitigen Summierer Ausschaltvorgänge.

Die Impulsantwort $h = \delta'$ des Differenzierers besitzt (sogar mehrere) inverse Impulsantworten. Eine nicht invertierbare Impulsantwort h ist ebenfalls möglich. Beispiele sind $h = 0$ oder $h = 1$. In beiden Fällen ist die Faltungsgleichung $h * h^{-1} = \delta$ nicht erfüllbar: Im ersten Fall ist nämlich $h * h^{-1} = 0$, im zweiten Fall ergibt $1 * h^{-1}$ ein konstantes Signal. Den Grund dafür, daß diese Impulsantworten nicht invertierbar sind, erkennen wir daran, daß das durch die Impulsantwort h gegebene Faltungssystem $S(x) = h * x$ in diesen Fällen nicht eindeutig und damit nicht invertierbar ist. Falls h invertierbar ist, stellt sich die Frage, ob die inverse Impulsantwort h^{-1} eindeutig bestimmt ist:

1. Eindeutigkeit:
   Diese Frage ist zu bejahen, wenn wir eine bestimmte Faltungsalgebra Ω zugrunde legen. Ein Signal $h \in \Omega$ besitzt dann höchstens ein inverses Signal $h^{-1} \in \Omega$. Ist nämlich $\ddot{h}^{-1} \in \Omega$ ebenfalls invers zu h, dann folgt

$$\ddot{h}^{-1} = \ddot{h}^{-1} * \delta = \ddot{h}^{-1} * (h * h^{-1}) = (\ddot{h}^{-1} * h) * h^{-1}$$
$$= \delta * h^{-1} = h^{-1} \ .$$

2. Mehrdeutigkeit:
   Ein Signal h kann jedoch in unterschiedlichen Faltungsalgebren unterschiedliche inverse Signale besitzen. Diese sind allerdings nach Punkt (1) innerhalb einer Faltungsalgebra eindeutig bestimmt. Ein Beispiel ist der Differenzierer ($h = \delta'$) mit der inversen Impulsantwort $h^{-1} = \varepsilon$ für Einschaltvorgänge und $\ddot{h}^{-1} = \varepsilon - 1$ für Ausschaltvorgänge.

Ein-und Ausschaltvorgänge stellen nach den bisherigen Ausführungen eine Faltungsalgebra dar. Diese Faltungsalgebren besitzen den Vorteil, daß ihre

Signale (außer dem Nullsignal) invertierbar sind. Wir demonstrieren dies anhand von Einschaltvorgängen. Im folgenden wird daher ein Einschaltvorgang $h \neq 0$ angenommen. Die Bedingung $h \neq 0$ ist für ein verzögerndes System im Rückkopplungspfad immer erfüllt. Wir wissen bereits, daß es höchstens einen zu h inversen Einschaltvorgang gibt. Wir überzeugen uns davon, daß es tatsächlich einen inversen Einschaltvorgang zu h gibt, indem wir h^{-1} berechnen.

Der inverse Einschaltvorgang zu h ist eine Lösung der Faltungsgleichung $h * y = x = \delta$. Es sei

$$k_1 : \quad \text{Einschaltzeitpunkt für } h\,,$$
$$\overline{k}_1 : \quad \text{Einschaltzeitpunkt für } y\,.$$

Die Summe der Einschaltzeitpunkte von h und y ergibt den Einschaltzeitpunkt von δ. Dieser ist 0, woraus $k_1 + \overline{k}_1 = 0$ oder

$$\overline{k}_1 = -k_1 \tag{3.48}$$

folgt. Die Faltungsgleichung $h * y = \delta$ lautet ausführlich

$$\sum_i^e h(i)y(k - i) = \delta(k)\,,\ k \in \mathbb{Z}\,.$$

Für den Summationsbereich gilt $i \geq k_1$ und $k - i \geq \overline{k}_1$ oder

$$k_1 \leq i \leq k - \overline{k}_1 = k + k_1\,.$$

Für $k < 0$ ist der Summationsbereich leer, also die linke wie die rechte Seite der Faltungsgleichung gleich 0. Für $k = 0$ ist $i = k_1 = -\overline{k}_1$. Die Faltungsgleichung lautet

$$h(k_1)y(k - k_1) = h(k_1)y(\overline{k}_1) = 1\,.$$

Aus $h(k_1) \neq 0$ folgt

$$y(\overline{k}_1) = \frac{1}{h(k_1)}\,. \tag{3.49}$$

Für $k > 0$ lautet die Gleichung

$$h(k_1)y(k + \overline{k}_1) + h(k_1 + 1)y(k + \overline{k}_1 - 1) + \cdots + h(k_1 + k)y(\overline{k}_1) = 0$$

oder wegen $h(k_1) \neq 0$

$$y(k + \overline{k}_1) = -\frac{h(k_1 + 1)y(k + \overline{k}_1 - 1)}{h(k_1)} - \cdots - \frac{h(k_1 + k)y(\overline{k}_1)}{h(k_1)}\,. \tag{3.50}$$

Sie ermöglicht eine rekursive Bestimmung der Werte $y(\overline{k}_1 + 1), y(\overline{k}_1 + 2), \ldots$ des gesuchten inversen Einschaltvorgangs zu h. Hierbei ist h ein beliebiger Einschaltvorgang.

Speziell für eine kausale Impulsantwort h mit $k_1 = 0$ als Einschaltzeitpunkt folgt eine ebenfalls kausale Impulsantwort mit Einschaltzeitpunkt $\overline{k}_1 = -k_1 = 0$, die sich wie folgt rekursiv berechnen läßt:

$$y(0) = \frac{1}{h(0)} \ , \tag{3.51}$$

$$y(k) = -\frac{h(1)y(k-1)}{h(0)} - \frac{h(2)y(k-2)}{h(0)} - \dots$$

$$-\frac{h(k)y(0)}{h(0)} \ , \ k > 0 \ . \tag{3.52}$$

Für den Summierer beispielsweise ist $h = \varepsilon$, also $k_1 = 0$ und $h(i) = 1$ für $i \geq 0$. Daraus folgt

$$y(0) = 1 \ ,$$
$$y(1) = -y(0) = -1 \ ,$$
$$y(2) = -y(1) - y(0) = 0 \ ,$$
$$y(3) = -y(2) - y(1) - y(0) = 0 \ ,$$
$$\dots \tag{3.53}$$

d.h. es ist $y(k) = \delta(k) - \delta(k-1)$. Damit ist die Impulsantwort des Differenzierers als zur Sprungfunktion $h = \varepsilon$ inverse Impulsantwort bestätigt.

Mit einer entsprechend modifizierten Methode können auch Ausschaltvorgänge invertiert werden. Da Signale endlicher Dauer Einschaltvorgänge bzw. Ausschaltvorgänge darstellen, können auch diese invertiert werden. Das inverse Signal ist allerdings bis auf einen Sonderfall abgesehen kein Signal endlicher Dauer. Für die Faltungsalgebren der Einschaltvorgänge, Ausschaltvorgänge und Signale endlicher Dauer gilt:

1. Einschaltvorgänge:
   Jeder Einschaltvorgang $h \neq 0$ besitzt genau einen inversen Einschaltvorgang h^{-1}. Ist k_1 der Einschaltzeitpunkt von h, dann ist $-k_1$ der Einschaltzeitpunkt von h^{-1}. Speziell für eine kausale Impulsantwort h mit $k_1 = 0$ folgt eine kausale Impulsantwort h^{-1} mit Einschaltzeitpunkt $-k_1 = 0$. Bei einer Rückkopplung mit $h = \delta - h_{\mathrm{RP}}$ haben wir ein verzögerndes System im Rückkopplungspfad (Impulsantwort h_{RP}) vorausgesetzt. Daher ist $h \neq 0$ kausal mit $k_1 = 0$. Folglich realisiert die Rückkopplung ein kausales System mit der Impulsantwort h^{-1}.

2. Ausschaltvorgänge:
   Jeder Ausschaltvorgang $h \neq 0$ besitzt genau einen inversen Ausschaltvorgang h^{-1}. Ist k_2 der Ausschaltzeitpunkt von h, dann ist $-k_2$ der Ausschaltzeitpunkt von h^{-1}.

3. Signale endlicher Dauer:
   Ein Signal $h \neq 0$ endlicher Dauer mit Einschaltzeitpunkt k_1 und Ausschaltzeitpunkt k_2 besitzt nur dann ein inverses Signal h^{-1} endlicher Dauer, falls

   $$k_1 = k_2$$

gilt. In diesem Fall ist[12]

$$h(k) = \lambda\delta(k - c), \lambda \neq 0 \ , \ c = k_1$$

und

$$h^{-1}(k) = \frac{1}{\lambda}\delta(k + c) \ .$$

Bei einer Rückkopplung ist für $h = \delta - h_{\mathrm{RP}}$ der Fall $k_1 = k_2$ ausgeschlossen, da h_{RP} ein verzögerndes System ist. Daraus folgt, daß ein rückgekoppeltes FIR-Filter, also mit einer Impulsantwort endlicher Dauer, stets ein IIR-Filter realisiert.

3.4 FIR-Filter

FIR-Filter besitzen eine Impulsantwort endlicher Dauer. Der Einschaltzeitpunkt der Impulsantwort wird im folgenden mit k_1 bezeichnet, der Ausschaltzeitpunkt mit k_2. Die Impulsantwort besitzt folglich die Darstellung

$$h(k) = \sum_{i=k_1}^{k_2} h(i)\delta(k - i) \tag{3.54}$$

mit

$$h(k_1) \neq 0 \ , \ h(k_2) \neq 0 \ . \tag{3.55}$$

Das Ausgangssignal des FIR-Filters ist

$$y = \mathrm{FIR}(x) = h * x \tag{3.56}$$

bzw.

$$y(k) = \sum_{i=k_1}^{k_2} h(i)x(k - i) \ . \tag{3.57}$$

---

[12] Das Signal h ist sowohl ein Einschaltvorgang als auch ein Ausschaltvorgang. Es besitzt daher *genau einen* inversen

Einschaltvorgang h_1 :   Einschaltzeitpunkt $-k_1$
Ausschaltvorgang h_2 :   Ausschaltzeitpunkt $-k_2$.

Das Signal h besitzt h^{-1} als inverses Signal endlicher Dauer. Da h^{-1} ein Einschaltvorgang ist, folgt $h^{-1} = h_1$. Da h^{-1} ein Ausschaltvorgang ist, folgt $h^{-1} = h_2$. Es ist also

$$h^{-1} = h_1 = h_2 \ .$$

Folglich besitzt h^{-1} den Einschaltzeitpunkt $-k_1$ und den Ausschaltzeitpunkt $-k_2$. Neben $k_1 \leq k_2$ ist daher $-k_1 \leq -k_2$, was $k_1 = k_2$ zur Folge hat. Ein- und Ausschaltzeitpunkte von h und h^{-1} fallen somit zusammen, woraus die angegebenen Formen für h und h^{-1} folgen.

Die endlich vielen Gewichtswerte $h(k_1), h(k_1 + 1), \ldots h(k_2)$ werden auch *Filterkoeffizienten* genannt. Für ein kausales FIR-Filter ist $k_1 \geq 0$. Die Dauer der Impulsantwort beträgt $k_2 - k_1 + 1$ und ist endlich.

Abbildung 3.7 zeigt die Realisierung eines kausalen FIR-Filters mit Hilfe von Verzögerungsgliedern zur Bildung der Signalwerte $x(k-1)$, $x(k-2)$, Proportionalgliedern zur Multiplikation mit den Filterkoeffizienten $h(0)$, $h(1)$, $h(2)$ und Addierern für die Summation. Es verallgemeinert die Schaltung zur Realisierung des zeitdiskreten Differenzierers, Abb. 2.2.

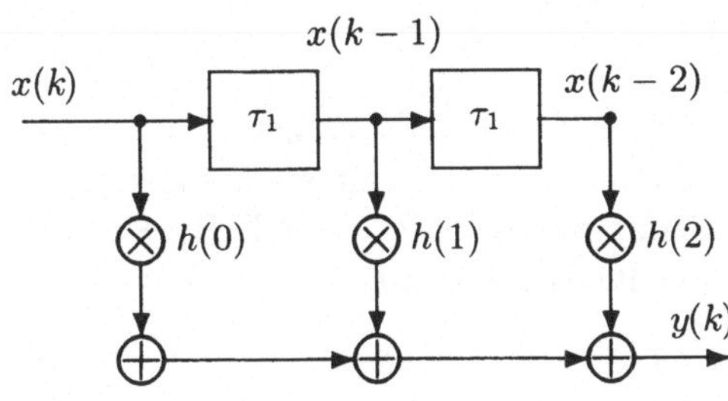

Abb. 3.7. Realisierung eines kausalen FIR-Filters mit den Filterkoeffizienten $h(0)$, $h(1)$ und $h(2)$. Die Verzögerungsglieder bilden ein Schieberegister

Die neu eingeführten Begriffe fassen wir in der folgenden Definition zusammen. Sie enthält außerdem den wichtigen Begriff des sog. *Filtergrads*.

Definition 3.6 (FIR-Filter).
FIR-Filter besitzen eine Impulsantwort endlicher Dauer mit einem Anfangszeitpunkt k_1 und einem Endzeitpunkt k_2. Die Differenz

$$\mathrm{grad(FIR)} = k_2 - k_1 \tag{3.58}$$

ist der sog. Filtergrad *des FIR-Filters. Die endlich vielen Gewichtswerte* $h(k_1), h(k_1 + 1), \ldots h(k_2)$ *werden auch* Filterkoeffizienten *genannt.*

Beispielsweise besitzt das Verzögerungsglied mit der Impulsantwort $h(k) = \delta(k - c)$ die Dauer 1 und den Filtergrad 0, denn es ist $k_1 = k_2 = c$. Weitere Beispiel sind Tabelle 3.8 zu entnehmen. Das *1-2-1-Filter* bezeichnet das FIR-Filter mit der Impulsantwort

$$h_{121}(k) = \frac{1}{4}\delta(k - 1) + \frac{1}{2}\delta(k) + \frac{1}{4}\delta(k + 1) \tag{3.59}$$

(s. Übungsaufgabe 2.1). Das *Nullsystem* ist in der Tabelle ebenfalls aufgeführt. Es besitzt per Definition die Impulsantwort $h = 0$. Es kann als ein Proportionalglied mit dem Faktor $\lambda = 0$ und damit als ein FIR-Filter aufgefaßt werden. Es besitzt keinen Filtergrad, d.h. der Filtergrad ist nicht definiert, denn Einschalt-und Ausschaltzeitpunkt der Impulantwort $h = 0$ sind nicht definiert.

Die Impulsantwort h eines FIR-Filters kann mit einem beliebigen Signal $x \in \mathbb{R}^{\mathbb{Z}}$ gefaltet werden, denn die Faltungssumme

Tabelle 3.8. Filtergrad von FIR-Filtern

FIR-Filter	Filtergrad
Proportionalglied	0
Verzögerungsglied	0
Differenzierer	1
1-2-1-Filter	2
Nullsystem	Nicht definiert

$$y(k) = \sum_{i=k_1}^{k_2} h(i)x(k-i)$$

ist endlich. Daraus folgt, daß ein FIR-Filter für jedes Eingangssignal x erklärt ist. Wegen der Endlichkeit der Faltungssumme ist die Faltung assoziativ (vgl. Lemma 3.7). Die Hintereinanderschaltung zweier FIR-Filter $\mathrm{FIR}_1, \mathrm{FIR}_2$ mit den Impulsantworten h_1, h_2 liefert also das Ausgangssignal

$$y = \mathrm{FIR}_1(\mathrm{FIR}_2(x)) = (h_1 * (h_2 * x)) = (h_1 * h_2) * x \; . \tag{3.60}$$

Die Impulsantwort der Hintereinanderschaltung

$$h = h_1 * h_2 \tag{3.61}$$

ist nach den Ergebnissen von Abschn. 3.2.1 ebenfalls von endlicher Dauer, so daß die Hintereinanderschaltung zweier FIR-Filter wieder ein FIR-Filter ergibt. Ebenso ist die Summe zweier FIR-Filter wieder ein FIR-Filter, denn seine Impulsantwort $h = h_1 + h_2$ ist wie die Impulsantworten h_1, h_2 von endlicher Dauer.

Die Dauer von $h = h_1 * h_2$ bzw. den Filtergrad der Hintereinanderschaltung können wir explizit angeben: Der Einschaltzeitpunkt von h ergibt sich aus der Summe der Einschaltzeitpunkte für h_1 und h_2 $(k_1 + \overline{k}_1)$, der Ausschaltzeitpunkt von h ergibt sich aus der Summe der Ausschaltzeitpunkte von h_1 und h_2 $(k_2 + \overline{k}_2)$. Für den Filtergrad von h folgt

$$(k_2 + \overline{k}_2) - (k_1 + \overline{k}_1) = (k_2 - k_1) + (\overline{k}_2 - \overline{k}_1) \; .$$

Die Filtergrade werden somit bei der Hintereinanderschaltung zweier FIR-Filter addiert:

Lemma 3.10 (Addition von Filtergraden).
Die Hintereinanderschaltung zweier FIR-Filter $\mathrm{FIR}_1, \mathrm{FIR}_2$ *ist ein FIR-Filter mit dem Filtergrad*

$$\mathrm{grad}(\mathrm{FIR}_1\mathrm{FIR}_2) = \mathrm{grad}(\mathrm{FIR}_1) + \mathrm{grad}(\mathrm{FIR}_2) \; . \tag{3.62}$$

Bei der Faltung zweier Impulsantworten endlicher Dauer oder allgemeiner zweier Signale endlicher Dauer erfolgt somit eine Impulsverbreiterung. Die Faltung von $h_1(k) = \delta(k) - \delta(k-1)$ mit $h_2(k) = \delta(k) + \delta(k-1)$ beispielsweise ergibt

$$h(k) = h_1 * h_2(k) = \delta(k) + \delta(k-1) - \delta(k-1) - \delta(k-2)$$
$$= \delta(k) - \delta(k-2) \; .$$

Die Hintereinanderschaltung der beiden FIR-Filter mit dem Filtergrad 1 ergibt in diesem Beispiel ein FIR-Filter mit dem Filtergrad 2. Die Filtergrade addieren sich also und führen so zu einer zwar zeitlich immer noch begrenzten aber verbreiterten Impulsantwort. Die Faltung mit $h_2(k) = \lambda\delta(k-c)$ bewirkt keine Impulsverbreiterung, sondern nur eine zeitliche Verschiebung von h_1 und eine Multiplikation der Signalwerte mit einem Faktor. Der Filtergrad dieses FIR-Filters ist 0, womit die Additionsregel für Filtergrade ebenfalls bestätigt wird. Eine anschauliche Erklärung für die Impulsverbreiterung liefert Abb. 3.2 (zur Erklärung der Faltung). Wenn sich die Signale $h_1(i), h_2(k-i)$ (k fest, i variabel) gerade noch „überlappen", ergibt sich ein Signalwert $h(k) \neq 0$. Bei Überlappungsfreiheit hingegen resultieren Signalwerte $h(k) = 0$. Daraus folgt eine entsprechend verbreiterte Impulsantwort.

Die Additivität der Filtergrade bei FIR-Filtern läßt sich nicht auf IIR-Filter verallgemeinern. Zunächst ist der Filtergrad eines IIR-Filters wegen der unendlichen Dauer seiner Impulsantwort gemäß grad(IIR) := $+\infty$ festzulegen. Für ein FIR-Filter (FIR) und ein IIR-Filter (IIR) würde aus der Additivität der Filtergrade

$$\mathrm{grad(FIR\ IIR)} = \mathrm{grad(FIR)} + \mathrm{grad(IIR)} = \infty$$

folgen. Ein Gegenbeispiel hierzu ist der Differenzierer (FIR-Filter) und Summierer (IIR-Filter). Die Hintereinanderschaltung besitzt die Impulsantwort $h = \delta' * \varepsilon = \delta$. Es ist also grad(FIR IIR) $= 0 \neq \infty$. Die Additivität der Filtergrade ist somit verletzt.

Wie wir bereits in Abschn. 2.2.1 gesehen haben, kann die Vertauschung zweier hintereinandergeschalteter LTI-Systeme S_1, S_2 Einfluß auf das Ausgangssignal haben. Die Vertauschbarkeit ist jedoch gewährleistet, wenn eines der beiden LTI-Systeme ein FIR-Filter ist, d.h. für ein beliebiges LTI-System S gilt

$$S(\mathrm{FIR}(x)) = \mathrm{FIR}(S(x)), x \in \Omega \; . \tag{3.63}$$

Hierbei bezeichnet Ω den Signalraum, auf dem das LTI-System S definiert ist. Aus der LTI-Eigenschaft von S folgt nämlich

$$S(\mathrm{FIR}(x)) = S\left(\sum_{i=k_1}^{k_2} h(i)\tau_i(x)\right) = \sum_{i=k_1}^{k_2} h(i)S(\tau_i(x))$$

$$= \sum_{i=k_1}^{k_2} h(i)\tau_i(S(x)) = \mathrm{FIR}(S(x)) \; , \; x \in \Omega \; .$$

In den folgenden Fällen ist daher eine Vertauschbarkeit zweier hintereinandergeschalteter LTI-Systeme ohne Auswirkung auf das Ausgangssignal:

1. Beide LTI-Systeme sind Faltungssysteme und ihre Impulsantworten sind miteinander faltbar (Kommutativität der Faltung),

2. eines der beiden LTI-Systeme ist ein FIR-Filter.

Die Vertauschbarkeit eines FIR-Filters mit einem beliebigen LTI-System wenden wir auf den Differenzierer als FIR-Filter an. Die Vertauschbarkeit des Differenzierers (System S_Δ) mit einem beliebigen LTI-System S ergibt für seine Impulsantwort

$$h := S(\delta) = S(\varepsilon') = S(S_\Delta(\varepsilon)) = S_\Delta(S(\varepsilon)) .$$

Die Behandlung von FIR-Filtern hat uns auf folgendes Resultat geführt:

Lemma 3.11 (Sprungantwort und Impulsantwort).
Die Impulsantwort eines beliebigen LTI-Systems S ergibt sich aus der Differentiation der Sprungantwort $S(\varepsilon)$ des LTI-Systems:

$$h = S(\delta) = [S(\varepsilon)]' . \tag{3.64}$$

Nach den bisherigen Ergebnissen ergibt die Summe und Hintereinanderschaltung zweier FIR-Filter wieder ein FIR-Filter. Beispiele für FIR-Filter im Rückkopplungspfad der Rückkopplung haben wir ebenfalls kennengelernt. Ein Verzögerungsglied im Rückkopplungspfad beispielsweise führt auf den Summierer. Das FIR-Filter im Rückkopplungspfad ergibt ein IIR-Filter. Die Erhaltung der FIR-Eigenschaft ist bei der Rückkopplung also nicht erfüllt.

3.4.1 Die Übertragungsfunktion von FIR-Filtern

Die Übertragungsfunktion eines FIR-Filters ist als z-Transformierte der Impulsantwort des FIR-Filters definiert:

Definition 3.7 (Übertragungsfunktion eines FIR-Filters).
Die Übertragungsfunktion (engl.: System Function) eines FIR-Filters ist die z-Transformierte $H(z)$ seiner Impulsantwort h, d.h.

$$H(z) = \sum_{i=k_1}^{k_2} h(i) z^{-i} . \tag{3.65}$$

Da die Impulsantwort eines FIR-Filters ein Signal endlicher Dauer ist, kann der Faltungssatz der z-Transformation für Signale endlicher Dauer aus Abschn. 3.2.3 angewandt werden. Man erhält auf diese Weise Aussagen über das FIR-Filter bei einer Anregung mit einem Signal endlicher Dauer, die Hintereinanderschaltung von FIR-Filtern und die Zerlegbarkeit eines FIR-Filters in „einfachere" FIR-Filter (Faktorisierung). Auf Signale unendlicher Dauer wird später in diesem Kapitel bei der Behandlung von IIR-Filtern eingegangen.

Nach Abschn. 3.2.3 ist die z-Transformation linear und es gilt der Faltungssatz. Daraus folgen für die Summe und Hintereinanderschaltung zweier FIR-Filter sowie für die Multiplikation eines FIR-Filters mit einem Faktor die in Tabelle 3.9 angegebenen Übertragungsfunktionen. Die Tabelle enthält außerdem die Übertragungsfunktionen von FIR-Filtern, die Tabelle 3.5 entnommen werden können. Man erhält sie auch unmittelbar durch Einsetzen der Impulsantwort des FIR-Filters in (3.65).

Tabelle 3.9. Übertragungsfunktion von FIR-Filtern

FIR-Filter	Übertragungsfunktion $H(z)$
Nullsystem ($h = 0$)	0
Identisches System	1
Proportionalglied (λ)	λ
Verzögerungsglied (c)	z^{-c}
Differenzierer	$1 - z^{-1}$
Summe zweier FIR-Filter mit Impulsantworten h_1, h_2	$H_1(z) + H_2(z)$
Multiplikation eines FIR-Filters (Impulsantwort h) mit einem Faktor λ	$\lambda H(z)$
Hintereinanderschaltung zweier FIR-Filter mit Impulsantworten h_1, h_2	$H_1(z) \cdot H_2(z)$

Auf Grund des Faltungssatzes werden bei der Hintereinanderschaltung zweier FIR-Filter ihre Übertragungsfunktionen miteinander multipliziert. Eine andere Anwendung des Faltungssatzes ist die Anregung eines FIR-Filters mit einem Signal endlicher Dauer. Demnach ist die z-Transformierte des Eingangssignals mit der Übertragungsfunktion des FIR-Filters zu multiplizieren, um die z-Transformeirte des Ausgangssignals zu erhalten, d.h. es gilt

$$Y(z) = H(z)X(z) \ . \tag{3.66}$$

Mit Hilfe des Faltungssatzes erhalten wir als weitere Anwendung die Zerlegbarkeit eines FIR-Filters in einfache Teilsysteme, die hintereinander zu schalten sind, wie im folgenden dargelegt wird.

Die Übertragungsfunktion des FIR-Filters läßt sich wie folgt darstellen:

$$H(z) = \sum_{i=k_1}^{k_2} h(i)z^{-i} = z^{-k_2} \mathrm{P}(z) \ , \tag{3.67}$$

$$\mathrm{P}(z) := \sum_{i=k_1}^{k_2} h(i)z^{k_2-i} \ . \tag{3.68}$$

In der vorstehenden Summe läuft $k_2 - i$ von 0 bis $N = k_2 - k_1$. Hierbei ist N der Filtergrad des FIR-Filters. Wegen $h(k_1) \neq 0$ als Koeffizient für z^N ist $\mathrm{P}(z)$ ein Polynom N-ten Grades. Für $z = 0$ folgt

$$\mathrm{P}(0) = h(k_2) \neq 0 \ .$$

Daher ist $z = 0$ keine Nullstelle von $\mathrm{P}(z)$. Das Polynom läßt sich mit Hilfe seiner N *Nullstellen* $z_0 = z_1, \ldots z_N$ wie folgt faktorisieren:

$$P(z) = C \cdot (z - z_1) \ldots (z - z_N) \, .$$

Die Konstante C erhält man aus einem Koeffizientenvergleich für z^N zu $C = h(k_1) \neq 0$. Nullstellen können gleich sein, d.h. mehrfach vorkommen (mehrfache Nullstellen). Komplexe Nullstellen treten als konjugiert komplexe Paare auf. Dies bedeutet, daß mit $z_0 \in \mathbb{C}$ auch der konjugiert komplexe Wert z_0^* eine Nullstelle ist.[13] Faßt man beide Nullstellen zusammen, erhält man

$$(z - z_0)(z - z_0^*) = z^2 - zz_0^* - z_0 z + z_0 z_0^* = z^2 - 2\operatorname{Re}(z_0)z + |z_0|^2 \, .$$

Aus dem Faltungssatz folgt: Das FIR-Filter ergibt sich aus einer Hintereinanderschaltung

1. eines FIR-Filters mit Filtergrad 0:
   Das Verzögerungsglied mit der Impulsantwort

$$h_0(k) = C \cdot \delta(k - k_2) \tag{3.69}$$

   besitzt die Übertragungsfunktion Cz^{-k_2}.
2. FIR-Filtern mit Filtergrad 1:
   Zu jeder reellen Nullstelle $z_0 \in \mathbb{R}$ gehört ein Teilsystem mit der Impulsantwort

$$h_1(k) = \delta(k + 1) - z_0 \delta(k) \tag{3.70}$$

   und der Übertragungsfunktion $z - z_0$.
3. FIR-Filtern mit Filtergrad 2:
   Zu jeder nicht reellen Nullstelle $z_0 \in \mathbb{C}$ gehört ein (reelles) Teilsystem mit der Impulsantwort

$$h_2(k) = \delta(k + 2) - 2\operatorname{Re}(z_0)\delta(k + 1) + |z_0|^2 \delta(k) \tag{3.71}$$

   und der Übertragungsfunktion $(z - z_0)(z - z_0^*)$. Man erhält h_2 aus einer Faltung von zwei Pseudosignalen gemäß

$$h_2(k) = [\delta(k + 1) - z_0 \delta(k)] * [\delta(k + 1) - z_0^* \delta(k)] \, .$$

Wir haben gefunden:

Lemma 3.12 (Faktorisierung eines FIR-Filters).
Jedes FIR-Filter läßt sich als Hintereinanderschaltung von FIR-Filtern mit Filtergraden ≤ 2 darstellen, d.h. die Hintereinanderschaltung hat die gleiche Impulsantwort wie das FIR-Filter.

Beispiel 3.6 (Faktorisierung eines FIR-Filters).
Ein FIR-Filter habe die Impulsantwort

$$h(k) = \delta(k) + \delta(k - 1) + \delta(k - 2) + \delta(k - 3) \, .$$

---

[13] Dies folgt aus den reellen Koeffizienten des Polynoms $P(z)$. Für eine Nullstelle z_0 ist $P(z_0^*) = [P(z_0)]^* = 0$. Also ist z_0^* ebenfalls eine Nullstelle.

Die Übertragungsfunktion ist

$$H(z) = 1 + z^{-1} + z^{-2} + z^{-3} = z^{-3}\,\mathrm{P}(z)$$

mit dem Polynom dritten Grades

$$\mathrm{P}(z) = z^3 + z^2 + z + 1\ .$$

Die Nullstellen sind $z_1 = -1, z_2 = j, z_3 = -j$. Die Faktorisierung des Polynoms ergibt

$$\mathrm{P}(z) = (z+1)(z-j)(z+j) = (z+1)(z^2+1)\ .$$

Aus den Faktoren $z^{-3}, z+1, z^2+1$ folgen die Impulsantworten der Teilsysteme:

$$h_0(k) = \delta(k-3)\ ,$$
$$h_1(k) = \delta(k+1) + \delta(k)\ ,$$
$$h_2(k) = \delta(k+2) + \delta(k)\ .$$

Anstelle dieser Aufspaltung kann man auch die zwei kausalen FIR-Filter mit den Impulsantworten

$$g_1(k) = \delta(k) + \delta(k-1)\ ,$$
$$g_2(k) = \delta(k) + \delta(k-2)$$

hintereinanderschalten. Die Faltung der Impulsantworten der Teilsysteme ergibt in beiden Fällen die Impulsantwort des FIR-Filters:

$$h = h_0 * h_1 * h_2 = g_1 * g_2\ .$$

3.4.2 Die Frequenzfunktion von FIR-Filtern

Die Beschreibung von Faltungssystemen sowie von Signalen im Frequenzbereich beinhaltet die Fouriertransformation (FT) des Signals bzw. der Impulsantwort des Faltungssystems. Die FT eines Signals definiert die Frequenzfunktion (Fourierspektrum) des Signals, die FT der Impulsantwort definiert die Frequenzfunktion des Systems. Sie stellt eine gleichwertige Beschreibung des Faltungssystems im Frequenzbereich dar. Die FT kann als ein Sonderfall der z-Transformation aufgefaßt werden. Folglich gilt für die FT ebenfalls der Faltungssatz. Demzufolge wird die Frequenzfunktion des Eingangssignals mit der Frequenzfunktion des Systems multipliziert, um die Frequenzfunktion des Ausgangssignals zu erhalten. Insbesondere legt die Frequenzfunktion das Ausgangssignal bei einer sinusförmigen Anregung fest. Eine sinusförmige Anregung führt zu einem ebenfalls sinusförmigen Ausgangssignal mit der gleichen Frequenz. Amplitude und Phasenlage können von der Frequenz abhängen und sind beide durch die Frequenzfunktion bestimmt. Diese Aussagen werden im folgenden für FIR-Filter gezeigt. Die Erweiterung auf IIR-Filter wird später in Abschn. 3.7 vorgenommen. Eine Verallgemeinerung auf beliebige LTI-Systeme wird erst in Kap. 5 vorgenommen.

Im folgenden wird von der Anregung eines FIR-Filters mit dem sinusförmigen Signal

$$x_1(k) := \cos 2\pi f k \tag{3.72}$$

ausgegangen. Die Übertragung der gefundenen Ergebnisse auf ein sinusförmiges Signal beliebiger Amplitude und Phasenlage wird danach vorgenommen. Ein FIR-Filter mit der Impulsantwort h liefert das Ausgangssignal

$$y_1(k) = \sum_{i=k_1}^{k_2} h(i)x_1(k-i) \ . \tag{3.73}$$

Diese Gleichung kann wie folgt interpretiert werden: Das FIR-Filter bildet eine Linearkombination aus dem Eingangssignal $x_1(k)$ und seinen Verschiebungen $x_1(k-i), i = k_1, \ldots k_2$. Wir wissen bereits aus Abschn. 1.3, daß die zeitdiskreten, sinusförmigen Signale einer bestimmten Frequenz f einen Signalraum bilden. Aus der Abgeschlossenheit eines Signalraums gegenüber Linearkombinationen und zeitlichen Verschiebungen folgt, daß das Ausgangssignal ebenfalls sinusförmig mit der gleichen Frequenz wie das Eingangssignal ist. Wir bestimmen Amplitude und Phasenlage des sinusförmigen Ausgangssignals.

Zur Durchführung diese Aufgabe wird das *Pseudosignal*

$$x_{\mathrm{c}}(k) := \mathrm{e}^{\mathrm{j}\, 2\pi f k} \tag{3.74}$$

als Eingangssignal benutzt. Das sinusförmige Eingangssignal ergibt sich daraus durch Bildung des Realteils:

$$x_1(k) = \operatorname{Re} x_{\mathrm{c}}(k) \ . \tag{3.75}$$

Aus

$$y_1(k) := \sum_{i=k_1}^{k_2} h(i)x_1(k-i) = \sum_{i=k_1}^{k_2} h(i)\operatorname{Re} x_{\mathrm{c}}(k-i)$$

$$= \operatorname{Re} \sum_{i=k_1}^{k_2} h(i)x_{\mathrm{c}}(k-i)$$

folgt, daß sich das gesuchte Ausgangssignal y_1 ebenfalls durch Realteilbildung, nämlich aus dem Pseudosignal

$$y_{\mathrm{c}}(k) := \sum_{i=k_1}^{k_2} h(i)x_{\mathrm{c}}(k-i) \tag{3.76}$$

gewinnen läßt. Es ist

$$y_{\mathrm{c}}(k) = \sum_{i=k_1}^{k_2} h(i)\,\mathrm{e}^{\mathrm{j}\, 2\pi f(k-i)} = \mathrm{e}^{\mathrm{j}\, 2\pi f k} \sum_{i=k_1}^{k_2} h(i)\,\mathrm{e}^{-\mathrm{j}\, 2\pi f i} \ .$$

Die rechte Summe ist die sog. *Frequenzfunktion* des FIR-Filters, die mit

$$h^F(f) := \sum_{i=k_1}^{k_2} h(i)\,e^{-j\,2\pi f i} \tag{3.77}$$

bezeichnet wird. Sie stellt die Fouriertransformierte der Impulsantwort h des FIR-Filters dar.[14] Es ist also

$$y_c(k) = x_c(k)h^F(f) \ . \tag{3.78}$$

Das Pseudosignal y_c und damit das gesuchte Ausgangssignal y_1 ist somit durch die Frequenzfunktion des FIR-Filters festgelegt. Der Vergleich von $h^F(f)$ mit der Übertragungsfunktion des FIR-Filters,

$$H(z) = \sum_{i=k_1}^{k_2} h(i)z^{-i}$$

liefert den Zusammenhang

$$h^F(f) = H(\,e^{j\,2\pi f})\ , \tag{3.79}$$

d.h. die Frequenzfunktion des FIR-Filters stimmt für Werte $z = e^{j\,2\pi f}$ auf dem Einheitskreis mit seiner Übertragungsfunktion $H(z)$ überein.

Definition 3.8 (Frequenzfunktion und FT).
Für ein Signal x endlicher Dauer heißt die im allgemeinen komplexwertige Funktion

$$x^F(f) := \sum_{i=k_1}^{k_2} x(i)\,e^{-j\,2\pi f i} \tag{3.80}$$

Fouriertransformierte des Signals x. Andere Bezeichnungen sind: Frequenzfunktion, Fourierspektrum oder Spektrum. Die Zuordnung, welche einem Signal x sein Spektrum zuordnet, heißt Fouriertransformation (FT). Die bei einer Zerlegung der Frequenzfunktion in Realteil und Imaginärteil bzw. in Betrag und Argument gemäß

$$x^F(f) = \operatorname{Re} x^F(f) + j\operatorname{Im} x^F(f) = |x^F(f)|\,e^{j\,\arg x^F(f)} \tag{3.81}$$

---

[14] Die vorliegende Definition der FT für zeitdiskrete Signale ist mit der FT für verallgemeinerte Funktionen verträglich. Faßt man nämlich das zeitdiskrete Signal h als die verallgemeinerte Funktion

$$h(t) := \sum_{i=k_1}^{k_2} h(i)\delta(t - i)$$

auf, wobei $\delta(t)$ die Delta-Funktion bezeichnet, stimmt die FT für diese (verallgemeinerte) Funktion gerade mit unserer Definition überein. Die FT für zeitdiskrete Signale darf nicht mit der sog. *diskreten FT* (DFT) verwechselt werden, welche für endlich-dimensionale Signalvektoren erklärt ist (s. Abschn. 4.2.1).

entstehenden i.allg. frequenzabhängigen Funktionen heißen

$$\begin{aligned}
\textit{Realteil } \operatorname{Re} x^F(f) &: \quad \textit{Realteilfunktion,} \\
\textit{Imaginärteil } \operatorname{Im} x^F(f) &: \quad \textit{Imaginärteilfunktion,} \\
\textit{Betrag } |x^F(f)| &: \quad \textit{Amplitudenfunktion,} \\
\textit{Argument } \arg x^F(f) &: \quad \textit{Phasenfunktion.}
\end{aligned}$$

Frequenzfunktion, Amplitudenfunktion und Phasenfunktion eines FIR-Filters sind die entsprechenden Funktionen für die Impulsantwort h des FIR-Filters. Die folgenden Bezeichnungen werden verwendet:

$$\begin{aligned}
\text{Amplitudenfunktion} &: \quad A(f) := |h^F(f)|\,, \\
\text{Phasenfunktion} &: \quad \Phi(f) := \arg h^F(f)\,.
\end{aligned}$$

Die folgenden Definitionen sind außerdem gebräuchlich:

$$\begin{aligned}
\text{Amplitudengang} &: \quad \text{Amplitudenfunktion } |h^F(f)|\,, \\
\text{Phasengang} &: \quad -\arg h^F(f)\,, \\
\text{Dämpfung in Dezibel (db)} &: \quad -20\log |h^F(f)|\,.
\end{aligned}$$

Mit Hilfe der Amplitudenfunktion und Phasenfunktion erhalten wir

$$\begin{aligned}
y_1(k) &= \operatorname{Re} y_c(k) \\
&= \operatorname{Re}\left[x_c(k)A(f)\,e^{j\,\Phi(f)]}\right]\,,\quad x_c(k) = e^{j\,2\pi f k} \\
&= A(f)\cos[2\pi f k + \Phi(f)])\,.
\end{aligned} \tag{3.82}$$

Amplitudenfunktion und Phasenfunktion des FIR-Filters stellen somit die gesuchte Amplitude und Phasenverschiebung des sinusförmigen Ausgangssignals dar. Dies wurde für das Eingangssignal $x_1(k) = \cos 2\pi f k$ gezeigt, gilt aber auch für alle sinusförmigen Eingangssignale (s. Tabelle 3.10).[15] Wir haben gefunden:

Lemma 3.13 (Sinusförmige Anregung).
Zwischen der Frequenzfunktion $h^F(f)$ eines FIR-Filters und seiner Übertragungsfunktion $H(z)$ besteht der Zusammenhang

$$h^F(f) = H(e^{j\,2\pi f})\,. \tag{3.83}$$

Die Amplitudenfunktion bestimmt das Verhältnis zwischen der Amplitude des sinusförmigen Ausgangssignals des FIR-Filters zur Amplitude des sinusförmigen Eingangssignals und die Phasenfunktion ist die Phasenverschiebung zwischen Eingangssignal und Ausgangssignal.

---

[15] Das Eingangssignal $x_2(k) = \sin 2\pi f k$ läßt sich als Imaginärteil von x_c darstellen. Folglich ist $y_2 = \operatorname{Im} y_c$. Aus der Zerlegung des sinusförmigen Eingangssignals $x(k) = A\sin(2\pi f k + \Phi)$ gemäß $x(k) = a\cos 2\pi f k + b\sin 2\pi f k$ (vgl. Beispiel 1.7) und der Linearität des FIR-Filters ergibt sich das angegebene Ausgangssignal y in Tabelle 3.10.

Tabelle 3.10. Sinusförmige Ausgangssignale von FIR-Filtern

Eingangssignal	Ausgangssignal
$x_1(k) = \cos 2\pi f k$	$y_1(k) = A(f)\cos[2\pi f k + \Phi(f)]$
$x_2(k) = \sin 2\pi f k$	$y_2(k) = A(f)\sin[2\pi f k + \Phi(f)]$
$x(k) = A\sin(2\pi f k + \Phi)$	$y(k) = A(f)A\sin[2\pi f k + \Phi + \Phi(f)]$

Durch Einsetzen von $z = \mathrm{e}^{\mathrm{j}\,2\pi f}$ in die Übertragungsfunktion ergeben sich die Frequenzfunktionen in Tabelle 3.11 (vgl. Tabelle 3.9). Auf das 1-2-1-Filter wird später eingegangen.

Tabelle 3.11. Frequenzfunktion von FIR-Filtern

FIR-Filter	Frequenzfunktion $h^F(f)$
Nullsystem $(h = 0)$	0
Identisches System	1
Proportionalglied (λ)	λ
Verzögerungsglied (c)	$\mathrm{e}^{-\mathrm{j}\,2\pi f c}$
Differenzierer	$1 - \mathrm{e}^{-\mathrm{j}\,2\pi f c}$
1-2-1-Filter	$\frac{1}{2}(1 + \cos 2\pi f)$
Summe zweier FIR-Filter mit Impulsantworten h_1, h_2	$h_1^F(f) + h_2^F(f)$
Multiplikation eines FIR-Filters (Impulsantwort h) mit einem Faktor λ	$\lambda h^F(f)$
Hintereinanderschaltung zweier FIR-Filter mit Impulsantworten h_1, h_2	$h_1^F(f) \cdot h_2^F(f)$

Bei der Hintereinanderschaltung zweier FIR-Filter werden die Frequenzfunktionen miteinander multipliziert. Dies folgt unmittelbar aus dem Faltungssatz der z-Transformation: Aus $h = h_1 * h_2$ folgt

$$H(z) = H_1(z) \cdot H_2(z) \; .$$

Indem man $z = \mathrm{e}^{\mathrm{j}\,2\pi f}$ einsetzt, erhält man den *Faltungssatz der Fouriertransformation,*

$$h^F(f) = h_1^F(f) \cdot h_2^F(f) \tag{3.84}$$

oder ausgedrückt für zwei Signale x_1, x_2 endlicher Dauer:

$$(x_1 * x_2)^F(f) = x_1^F(f) \cdot x_2^F(f) \; . \tag{3.85}$$

Eine andere Begründung ergibt sich aus einer sinusförmigen Anregung der Hintereinanderschaltung. Die Anregung mit dem Pseudosignal $x_\mathrm{c}(k) =$

$e^{j\,2\pi f k}$ ergibt nach dem ersten FIR-Filter das sinusförmige Pseudosignal $h_1^F(f)x_c(k)$ und nach dem zweiten FIR-Filter

$$y_c(k) = h_2^F(f) \cdot [h_1^F(f)x_c(k)] = [h_1^F(f) \cdot h_2^F(f)]x_c(k) \ .$$

Der Vergleich mit $y_c(k) = h^F(f)x_c(k)$ bestätigt die Multiplikation der Frequenzfunktionen.

Aus der Multiplikation der Frequenzfunktionen ergibt sich eine einfache Regel für die Amplitudenfunktion und Phasenfunktion der Hintereinanderschaltung zweier FIR-Filter. Für zwei FIR-Filter mit den Amplitudenfunktionen $A_1(f), A_2(f)$ und den Phasenfunktionen $\Phi_1(f), \Phi_2(f)$ ist

$$\begin{aligned}
h^F(f) &= h_1^F(f)h_2^F(f) = A_1(f)\,e^{j\,\Phi_1(f)}A_2(f)\,e^{j\,\Phi_2(f)}\\
&= A_1(f)A_2(f)\,e^{j\,[\Phi_1(f)+\Phi_2(f)]} \ .
\end{aligned} \tag{3.86}$$

Die Amplitudenfunktionen der zusammengeschalteten FIR-Filter sind somit miteinander zu multiplizieren und die Phasenfunktionen zu addieren. Für die Dämpfungen der FIR-Filter bedeutet dies

$$\begin{aligned}
-20\log A(f) &= -20\log[A_1(f)A_2(f)] = -20[\log A_1(f) + \log A_2(f)]\\
&= -20\log A_1(f) - 20\log A_2(f) \ .
\end{aligned} \tag{3.87}$$

Die Dämpfungen der FIR-Filter sind also wie ihre Phasenfunktionen zu addieren.

Auf den Differenzierer und das 1-2-1-Filter wird im folgenden näher eingegangen.

Beispiel 3.7 (Differenzierer).
Die Impulsantwort des Differenzierers ist

$$h(k) = \delta(k) - \delta(k-1) \ .$$

Für seine Frequenzfunktion folgt

$$h^F(f) = 1 - e^{-j\,2\pi f} = (1 - \cos 2\pi f) + j\sin 2\pi f \ . \tag{3.88}$$

Bei der Darstellung der Frequenzfunktion als sog. *Ortskurve* wird die Frequenzfunktion in der komplexen Ebene aufgezeichnet (s. Abb. 3.8).

Die Ortskurve stellt einen Kreis um den Punkt $(1,0)$ mit dem Radius 1 dar. Dies folgt aus

$$[1 - \operatorname{Re} h^F(f)]^2 + [\operatorname{Im} h^F(f)]^2 = \cos^2 2\pi f + \sin^2 2\pi f = 1 \ .$$

Die Ortskurve geht bei ganzzahligen Frequenzwerten f durch den Nullpunkt. Wird die Frequenz kontinuierlich um 1 erhöht, wird der Kreis genau einmal im Uhrzeigersinn durchlaufen. Wird die Frequenz kontinuierlich um 1 verringert, wird der Kreis genau einmal entgegengesetzt zum Uhrzeigersinn durchlaufen. Die Amplitudenfunktion erreicht für $f = 0$ ihren kleinsten Wert, während sie für $f = 1/2$ ihren größten Wert (2) annimmt. Die Phasenverschiebung schwankt zwischen $\pi/2$ und $-\pi/2$, wobei ein Phasensprung bei $f\ $ 0 statt findet. Diese Zusammenhänge können durch eine getrennte Darstellung der

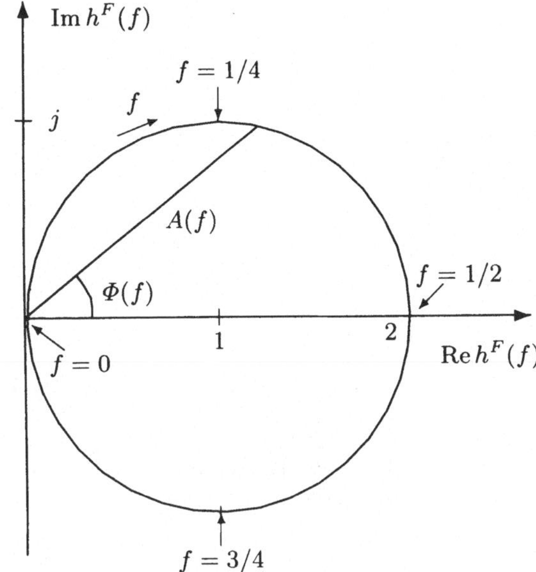

Abb. 3.8. Darstellung der Frequenzfunktion des Differenzierers als Ortskurve

Amplitudenfunktion und Phasenfunktion des Differenzierers ebenfalls verdeutlicht werden. Sie sind in den Abb. 3.9 und 3.10 dargestellt. Da die Frequenzfunktion periodisch mit der Periode 1 ist, sind die Amplitudenfunktion und die Phasenfunktion ebenfalls periodisch mit der Periode 1.[16] Für die Amplitudenfunktion und Phasenfunktion erhält man

$$A^2(f) = [\,\mathrm{Re}\, h^F(f)]^2 + [\,\mathrm{Im}\, h^F(f)]^2$$
$$= (1 - \cos 2\pi f)^2 + \sin^2 2\pi f = 2(1 - \cos 2\pi f)\,,$$
$$\tan \Phi(f) = \frac{\mathrm{Im}\, h^F(f)}{\mathrm{Re}\, h^F(f)} = \frac{\sin 2\pi f}{1 - \cos 2\pi f}\,.$$

Mit Hilfe der trigonometrischen Umformung [4]

$$\frac{\sin \alpha}{1 - \cos \alpha} = \cot \alpha/2 = \tan(\pi/2 - \alpha/2)$$

findet man für die Phasenfunktion den im Frequenzbereich $0 < f < 1$ linearen Verlauf

$$\Phi(f) = \frac{\pi}{2} - \frac{2\pi f}{2} = \frac{\pi}{2}(1 - 2f)\,,\ 0 < f < 1\,.$$

Die gefundene Amplitudenfunktion kann man wie folgt interpretieren:

---

[16] Bei der Phasenfunktion ist zu beachten, daß sie nur bis auf ganzzahlige Vielfache von 2π eindeutig bestimmt ist, d.h. mit $\Phi(f)$ ist auch $\Phi(f) + n2\pi, n \in \mathbb{Z}$ eine Phasenfunktion des Differenzierers. Für $f = 0$ und allgemeiner bei ganzzahliger Frequenz ist die Phasenfunktion unbestimmt bzw. beliebig, denn dann ist die Amplitudenfunktion $A(f) = 0$. Eine periodische Phasenfunktion stellt somit nur eine von vielen Möglichkeiten dar.

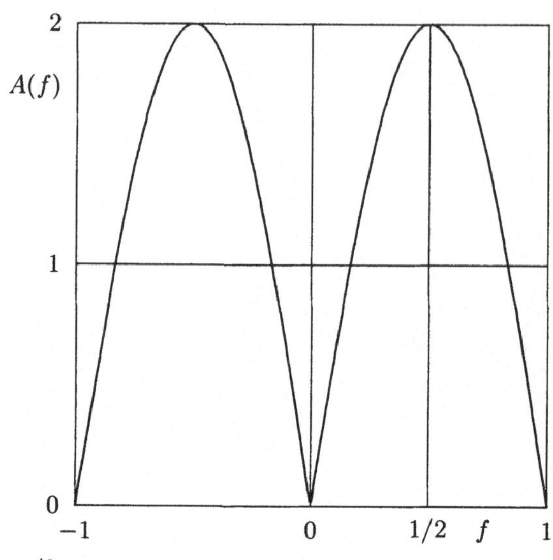

Abb. 3.9. Amplitudenfunktion des Differenzierers. Es ist $A(f) = \sqrt{2(1 - \cos 2\pi f)}$. Die Amplitudenfunktion ist periodisch mit der Periode 1

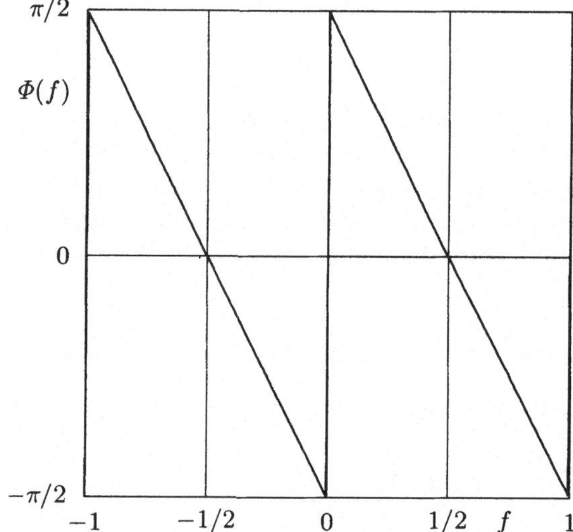

Abb. 3.10. Phasenfunktion des Differenzierers: $\Phi(f) = \pi/2(1 - 2f)$, $0 < f < 1$. Die Phasenfunktion kann als periodische Funktion mit der Periode 1 gewählt werden. Für ganzzahlige Frequenzen $f = k$ ist $\Phi(f)$ unbestimmt. Beispielsweise kann $\Phi(k) = \pi/2$ gesetzt werden

1. Frequenz $f = 0$:
   Für $f = 0$ ist das sinusförmige Eingangssignal (Amplitude $A = 1$)

   $$x(k) = \sin(2\pi f k + \Phi) = \sin \Phi ,$$

   also ein konstantes Signal. Wegen $A(0) = 0$ ist das Ausgangssignal $y(k) = 0$ in Übereinstimmung damit, daß die Differentiation eines konstanten Signals das Nullsignal ergibt.
2. Frequenz $f = 1/2$:
   Nach (1.11) läßt sich die Frequenz $f = 1/2$ als maximale Frequenz auffassen. Für $f = 1/2$ ist das sinusförmige Eingangssignal (Amplitude $A = 1$)

   $$x(k) = \sin(2\pi f k + \Phi) = \sin(\pi k + \Phi) = (-1)^k \sin \Phi ,$$

also ein alternierendes Signal. Wegen $A(1/2) = 2$ verdoppelt sich die Amplitude des alternierenden Eingangssignals im Einklang mit der Differentiation eines alternierenden Signals. Es liegt somit ein sog. *Hochpaß* vor, welcher niedrige Frequenzen sperrt und hohe Frequenzen durchläßt.

Beispiel 3.8 (1-2-1-Filter).
Die Impulsantwort des 1-2-1-Filters ist

$$h(k) = \frac{1}{4}\delta(k-1) + \frac{1}{2}\delta(k) + \frac{1}{4}\delta(k+1) \ .$$

Für seine Frequenzfunktion folgt

$$h^F(f) = \frac{1}{4}\,\mathrm{e}^{\mathrm{j}\,2\pi f} + \frac{1}{2} + \frac{1}{4}\,\mathrm{e}^{-\mathrm{j}\,2\pi f} = \frac{1}{2}(1 + \cos 2\pi f) \ . \tag{3.89}$$

Die Frequenzfunktion ist demnach reellwertig. Sie stimmt mit der Amplitudenfunktion überein, d.h. es ist $A(f) = h^F(f)$ (s. Abb. 3.11), und die Phasenfunktion $\Phi(f)$ ist gleich 0 wählbar.

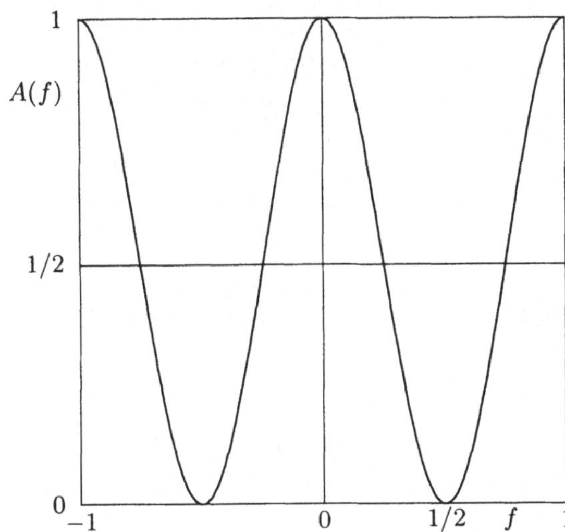

Abb. 3.11. Amplitudenfunktion des 1-2-1-Filters. Es ist $A(f) = 1/2(1 + \cos 2\pi f)$. Die Amplitudenfunktion stellt gleichzeitig die Frequenzfunktion dar. Sie ist periodisch mit der Periode 1

Die gefundene Amplitudenfunktion kann man wie folgt interpretieren:

1. Frequenz $f = 0$:
   Wegen $A(0) = 1$ wird ein konstantes Signal nicht verändert. Ein konstantes Signal passiert also ungehindert das 1-2-1-Filter. Davon kann man sich auch im Zeitbereich überzeugen: Das konstante Eingangssignal $x(k) = C$ liefert das Ausgangssignal

$$y(k) = \frac{1}{4}x(k-1) + \frac{1}{2}x(k) + \frac{1}{4}x(k+1) = C \ .$$

2. Frequenz $f = 1/2$:

   Wegen $A(1/2) = 0$ wird ein alternierendes Signal vollkommen unterdrückt. Davon kann man sich ebenfalls im Zeitbereich überzeugen: Das alternierende Eingangssignal $x(k) = (-1)^k$ liefert das Ausgangssignal

   $$y(k) = \frac{1}{4}(-1)^{k-1} + \frac{1}{2}(-1)^k + \frac{1}{4}(-1)^{k+1} = 0 \ .$$

Das 1-2-1-Filter stellt somit einen *Tiefpaß* dar, welcher im Gegensatz zum Differenzierer (Hochpaß) niedrige Frequenzen durchläßt und hohe Frequenzen unterdrückt. Die Tiefpaßfilterwirkung kann durch Hintereinanderschaltung mehrerer 1-2-1-Filter verstärkt werden. Für n 1-2-1-Filter folgt aus dem Faltungssatz die Frequenzfunktion

$$h_n^F(f) = \left(\frac{1}{2}(1 + \cos 2\pi f) \right)^n$$

mit $h_n^F(0) = 1$, $h_n^F(1/2) = 0$, $h_n^F(1/4) = (1/2)^n$. Die Hintereinanderschaltung läßt bei großen Werten n also nur noch Sinussignale der Frequenz $f \approx 0$ passieren.

Für die Beispiele des Differenzierers und 1-2-1-Filters ergeben sich periodische Frequenzfunktionen und damit auch periodische Amplitudenfunktionen und Phasenfunktionen mit der Periode 1. Den Beispielen ist ferner zu entnehmen, daß die Amplitudenfunktionen gerade Funktionen und die Phasenfunktionen ungerade Funktionen sind, d.h. es gelten die Symmetrieeigenschaften $A(-f) = A(f)$, $\Phi(-f) = -\Phi(f)$. Die gefundenen Eigenschaften können verallgemeinert werden:

1. Periodizität:

   Die Periodizität ist allgemeingültig, wie sich unmittelbar aus der Definition der Frequenzfunktion gemäß

   $$h^F(f) = \sum_{i=k_1}^{k_2} h(i)\, e^{-j\, 2\pi f i}$$

   ergibt, d.h. es gilt stets

   $$h^F(f + 1) = h^F(f) \ . \tag{3.90}$$

   Die Periodizität ergibt sich auch aus der Tatsache, daß die beiden Pseudosignale

   $$x_c(k) = e^{j\, 2\pi f k} = e^{j\, 2\pi(f+1)k}$$

   identisch sind. Daraus folgen gleiche Ausgangssignale für die Frequenzen f und $f + 1$:

   $$y_c(k) = x_c(k)h^F(f) = x_c(k)h^F(f + 1) \ ,$$

   woraus die Periodizität der Frequenzfunktion $h^F(f)$ folgt.

2. Symmetrie:

Aus der Definition der Frequenzfunktion folgt außerdem die Beziehung

$$h^F(-f) = h^{F*}(f) \, , \tag{3.91}$$

d.h. die Frequenzfunktion ist bei $-f$ gleich der konjugiert komplexe Wert der Frequenzfunktion bei f. Eine Funktion mit dieser Symmetrieeigenschaft nennt man auch *konjugiert gerade*. Es ist also

$$A(-f)\,\mathrm{e}^{\mathrm{j}\,\Phi(-f)} = A(f)\,\mathrm{e}^{-\mathrm{j}\,\Phi(f)} \, .$$

Daraus folgt

$$A(-f) = A(f) \, , \tag{3.92}$$

$$A(f) \neq 0 \Rightarrow \Phi(-f) = -\Phi(f) + n2\pi \, , \ n \in \mathbb{Z} \, . \tag{3.93}$$

Die ganze Zahl $n \in \mathbb{Z}$ resultiert daraus, daß die Phasenfunktion nur bis auf ganzzahlige Vielfache von 2π eindeutig bestimmt ist. Auch für diese Beziehungen gibt es eine Erklärung. Aus der Gleichheit der beiden sinusförmigen Signale

$$x_1(k) = \cos 2\pi f k = \cos(-2\pi f k)$$

folgen gleiche Ausgangssignale für die Frequenzen f und $-f$:

$$\begin{aligned}
y_1(k) = A(f)\cos[2\pi f k + \Phi(f)] &= A(-f)\cos[-2\pi f k + \Phi(-f)] \\
&= A(-f)\cos[2\pi f k - \Phi(-f)] \, ,
\end{aligned}$$

woraus sich die angegebenen Beziehungen ergeben.

Die gefundenen Ergebnisse fassen wir zusammen:

Lemma 3.14 (Frequenzfunktion).
Die Frequenzfunktion eines FIR-Filters ist periodisch mit der Periode 1 und konjugiert gerade. Die Amplitudenfunktion ist eine gerade Funktion und ebenfalls periodisch mit der Periode 1. Die Phasenfunktion kann als eine ungerade Funktion mit der Periode 1 gewählt werden.

Auf Grund dieser Eigenschaften reichen zur vollständigen Angabe der Frequenzfunktion ihre Werte im Frequenzbereich $0 \leq f \leq 1/2$ bereits aus. Die Frequenz $f = 0$ repräsentiert hierbei ein konstantes Signal, während die (maximale) Frequenz $f = 1/2$ einem alternierenden Signal entspricht.

Die gefundenen Ergebnisse über die sinusförmige Anregung von FIR-Filtern können auf exponentiell aufklingende oder abklingende sinusförmige Anregungen verallgemeinert werden. Anstelle der Frequenzfunktion tritt dann die Übertragungsfunktion des FIR-Filters. Anstelle von

$$x_{\mathrm{c}}(k) = \mathrm{e}^{\mathrm{j}\,2\pi f k}$$

wird das Pseudosignal

$$x_{\mathrm{c}}(k) := \mathrm{e}^{(a+\mathrm{j}\,2\pi f)k} = z^k \, , \ z := \mathrm{e}^{a+\mathrm{j}\,2\pi f} \tag{3.94}$$

als Eingangssignal vorausgesetzt. Die komplexe Zahl z hat für $a \neq 0$ einen Betrag $|z| = e^a \neq 1$, liegt in diesem Fall also nicht auf dem Einheitskreis. Für $a = 0$ sind beide Pseudosignale identisch. Durch Realteilbildung von x_c ergibt sich das Eingangssignal

$$x_1(k) = \operatorname{Re} x_c(k) = e^{ak} \cos 2\pi f k \;. \tag{3.95}$$

Es handelt sich um ein sinusförmiges Signal mit veränderlicher Amplitude. Für $a > 0$ ($|z| > 1$) ist die Amplitude (das Signal) exponentiell aufklingend und für $a < 0$ ($|z| < 1$) exponentiell abklingend.

Für das Ausgangssignal des FIR-Filters folgt

$$
\begin{aligned}
y_1(k) &= \sum_{i=k_1}^{k_2} h(i) \operatorname{Re} x_c(k - i) = \operatorname{Re} \sum_{i=k_1}^{k_2} h(i) z^{k-i} \\
&= \operatorname{Re}\left[z^k H(z) \right] = \operatorname{Re}\left[e^{ak} e^{j\, 2\pi f k} |H(z)|\, e^{j\, \arg H(z)} \right] \\
&= |H(z)|\, e^{ak} \cos[2\pi f k + \arg H(z)] \;,
\end{aligned} \tag{3.96}
$$

also ein ebenso exponentiell aufklingendes oder abklingendes sinusförmiges Signal der gleichen Frequenz f mit dem gleichen Exponenten a, wobei Amplitude und Phasenverschiebung durch die Übertragungsfunktion $H(z)$ des FIR-Filters gegeben sind. Dieses Ergebnis enthält die sinusförmige Anregung bei konstanter Amplitude als Sonderfall, indem man $a = 0$ setzt.

Die Frequenzfunktion stellt eine Beschreibung des FIR-Filters im Frequenzbereich dar. Dieser steht eine Beschreibung im Zeitbereich in Form der Impulsantwort des FIR-Filters gegenüber. Beide Beschreibungen sind gleichwertig, d.h. aus der Impulsantwort kann die Frequenzfunktion ermittelt werden und umgekehrt kann aus der Frequenzfunktion die Impulsantwort bestimmt werden. Die Zuordnung der Frequenzfunktion erfolgt durch die FT. Da es sich um eine Transformation handelt, muß sie sich umkehren lassen. Zur *Rücktransformation* interpretieren wir die 1-periodische Frequenzfunktion

$$x^F(f) = \sum_{i=k_1}^{k_2} x(i)\, e^{-j\, 2\pi f i}$$

als eine *Fourierreihe* (an der Stelle $-f$) mit den *Fourierkoeffizienten* $x(i)$. Die Periode der Fourierreihe ist 1. Da das Signal x endliche Dauer besitzt, besteht die Fourierreihe nur aus endlich vielen Summanden. Multiplikation von $x^F(f)$ mit $e^{j\, 2\pi f n}, n \in \mathbb{Z}$ ergibt

$$x^F(f)\, e^{j\, 2\pi f n} = \sum_{i=k_1}^{k_2} x(i)\, e^{j\, 2\pi f (n-i)} \;.$$

Anschließende Integration über ein Intervall der Länge 1 liefert

$$\int_{-1/2}^{1/2} x^F(f)\, e^{j\, 2\pi f n}\, \mathrm{d}f = \sum_{i=k_1}^{k_2} x(i) \int_{-1/2}^{1/2} e^{j\, 2\pi f (n-i)}\, \mathrm{d}f = x(n)$$

auf Grund der *Orthogonalitätsbeziehung* für sinusförmige Signale.[17] Die Fourierkoeffizienten sind folglich durch

$$x(k) = \int_{-1/2}^{1/2} x^F(f)\, e^{j\,2\pi f k}\, df \tag{3.98}$$

gegeben und stellen die gesuchte Rücktransformation dar. Für ein FIR-Filter folgt die Impulsantwort gemäß

$$h(k) = \int_{-1/2}^{1/2} h^F(f)\, e^{j\,2\pi f k}\, df \; . \tag{3.99}$$

Auf Grund der vorstehenden Beziehung läßt sich die Frequenzfunktion $x^F(f)$ als eine „Dichte" interpretieren, mit der die sinusförmigen „Basissignale" $e^{j\,2\pi f k}$ gewichtet werden müssen, damit ihre Überlagerung das Signal $x(k)$ ergeben.

Ein Vorteil bei der Beschreibung im Frequenzbereich besteht darin, daß eine Faltung zweier Signale eine Multiplikation ihrer Frequenzfunktionen verursacht (Faltungssatz). Daraus ergeben sich die zwei Anwendungen:

1. Hintereinanderschaltung von FIR-Filtern:
   Die Frequenzfunktionen der FIR-Filter werden multipliziert. Damit haben wir die einfache Regel gefunden, bei einer Hintereinanderschaltung die Amplitudenfunktionen miteinander zu multiplizieren und die Phasenfunktionen zu addieren.

2. Berechnung des Ausgangssignals eines FIR-Filters:
   Bei Anregung eines FIR-Filters mit einem Signal x endlicher Dauer ist das Eingangssignal mit der Impulsantwort des FIR-Filters zu falten. Folglich ergibt die Multiplikation der Frequenzfunktionen des Eingangssignals und des FIR-Filters die Frequenzfunktion des Ausgangssignals. Das Ausgangssignal selbst kann durch eine Rücktransformation aus seiner Frequenzfunktion gewonnen werden (s. Abb. 3.12). Ein entsprechender Zusammenhang gilt für die z-Transformation. Anstelle der Frequenzfunktion ist dann die Übertragungsfunktion des FIR-Filters zu verwenden. Auf die hierbei erforderliche Rücktransformation wird in Abschn. 3.6 eingegangen.

Die Resultate dieses Abschnitts werden im folgenden auf Signale unendlicher Dauer und IIR-Filter verallgemeinert. Es wird aber schon jetzt darauf aufmerksam gemacht, daß die FT wie auch die z-Transformation nicht auf

---

[17] Die Orthogonalitätsbeziehung lautet:

$$\int_{-1/2}^{1/2} e^{j\,2\pi f(n-i)}\, df = \begin{cases} 1 : n = i \\ 0 : n \neq i \end{cases} \; . \tag{3.97}$$

Der Wert 0 für $n \neq i$ folgt aus der Integration eines sinusförmigen Signals über eine oder mehrere Perioden des Signals.

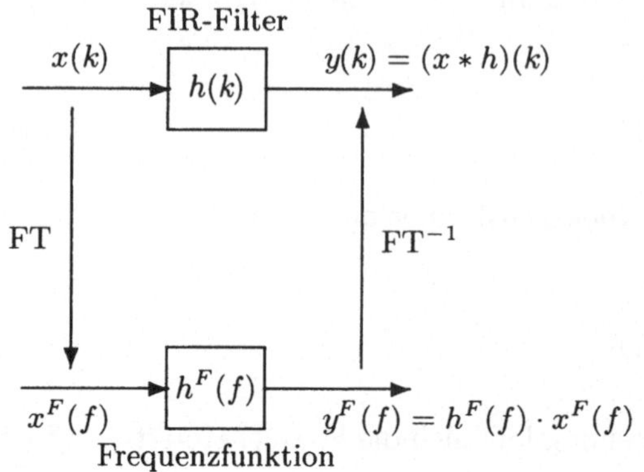

Abb. 3.12. Beschreibung eines FIR-Filters im Frequenzbereich. FT bezeichnet die Fouriertranformation. Mit FT^{-1} wird die Rücktransformation der FT bezeichnet

beliebige (zeitdiskrete) Signale angewandt werden kann, so daß einer Behandlung von Faltungsaufgaben im Frequenzbereich oder z-Bereich Grenzen gesetzt sind. Beispielsweise ist die Faltung eines beliebigen Eingangssignals mit der Impulsantwort eines FIR-Filters stets möglich, das Eingangssignal besitzt aber nicht notwendigerweise eine Frequenzfunktion oder z-Transformierte.

3.5 Fouriertransformation

Im folgenden wird die FT auf Signale unendlicher Dauer ausgedehnt. Zunächst werden absolut summierbare Signale vorausgesetzt. Ein Beispiel ist die Impulsanwort eines stabilen Systems. Die Ergebnisse über eine sinusförmige Anregung von FIR-Filtern können direkt auf die sinusförmige Anregung von stabilen Systemen übertragen werden. Der Faltungssatz wird zweckmäßigerweise für die größere Klasse der Signale endlicher Energie aufgestellt.

Für ein Signal unendlicher Dauer stellt die Fourierreihe

$$x^F(f) := \sum_{i=-\infty}^{\infty} x(i)\, e^{-j\, 2\pi f i} \tag{3.100}$$

die FT des Signals x dar. Diese Definition stimmt für ein Signal endlicher Dauer mit der Definition 3.8 überein. Die FT kann nicht für beliebige Signale gebildet werden, sondern nur für solche Signale, für die die Fourierreihe

$$x^F(f) = \lim_{N \to \infty} x_N^F(f)\,, \quad x_N^F(f) := \sum_{i=-N}^{N} x(i)\, e^{-j\, 2\pi f i} \tag{3.101}$$

konvergiert. Ein Gegenbeispiel ist das konstante Signal $x(k) = 1$. Die Fourierreihe

$$\sum_{i=-\infty}^{\infty} e^{-j\, 2\pi f i} = 1 + 2\sum_{i=1}^{\infty} \cos 2\pi f i \tag{3.102}$$

konvergiert weder für $f = 0$ (uneigentlicher Grenzwert $+\infty$) noch für $f \neq 0$.[18] Die Konvergenz der Fourierreihe ist beispielsweise für absolut summierbare Signale gewährleistet. Für ein absolut summierbares Signal konvergiert die Fourierreihe sogar *gleichmäßig*, denn es gilt für alle Frequenzen f

$$\left| x^F(f) - x_N^F(f) \right| = \left| \sum_{|i|>N} x(i)\, \mathrm{e}^{-\mathrm{j}\,2\pi f i} \right| \leq \sum_{|i|>N} \left| x(i)\, \mathrm{e}^{-\mathrm{j}\,2\pi f i} \right|$$

$$\leq \sum_{|i|>N} |x(i)| \, , \tag{3.103}$$

wobei die rechte Summe für $N \to \infty$ gegen 0 strebt.[19] Gleichmäßige Konvergenz ist stärker als Konvergenz für alle Frequenzen (sog. punktweise Konvergenz). Sie bedeutet, daß sich die Partialsummen

$$x_N^F(f) = \sum_{i=-N}^{N} x(i)\, \mathrm{e}^{-\mathrm{j}\,2\pi f i}$$

ihrer Grenzfunktion $x^F(f)$ gleichmäßig annähern. Innerhalb eines beliebig schmalen um $x^F(f)$ gelegten „Streifens" verlaufen alle Partialsummen $x_N^F(f)$ ab einer bestimmten Zahl N. Auf Grund der gleichmäßigen Konvergenz überträgt sich die Stetigkeit der Funktionen $x(i)\, \mathrm{e}^{-\mathrm{j}\,2\pi f i}$ auf die Stetigkeit von $x^F(f)$, d.h. die Frequenzfunktion eines absolut summierbaren Signals ist stetig [5, II, S. 274]. Die Abschätzung

---

[18] Die Reihe konvergiert im Periodizitätsintervall $-1/2 \leq f \leq 1/2$ im Distributionensinn gegen die Delta-Funktion $\delta(f)$. Man kann sie als einen unendlich schmalen und unendlich hohen Rechteckimpuls der Fläche 1 veranschaulichen. Auf Grund der sog. *Ausblendeigenschaft* der Delta-Funktion ergibt die Rücktransformation

$$x(k) = \int_{-1/2}^{1/2} \delta(f)\, \mathrm{e}^{\mathrm{j}\,2\pi f k}\, \mathrm{d}f = \mathrm{e}^{\mathrm{j}\,2\pi 0 k} = 1 \, ,$$

also tatsächlich das konstante Signal $x(k) = 1$. Mit der Ausblendeigenschaft der (divergenten) Fourierreihe werden wir uns ausführlich in Anhang A.3 beschäftigen, denn sie wird in Kap. 6 benötigt.

[19] Die vorstehende Reihe stellt die Abweichung der Partialsumme

$$\sum_{|i|\leq N} |x(i)|$$

von ihrem Reihengrenzwert

$$\sum_{i=-\infty}^{\infty} |x(i)|$$

dar, welche für $N \to \infty$ gegen 0 strebt.

$$|x^F(f)| = \left| \sum_{i=-\infty}^{\infty} x(i)\, e^{-j\, 2\pi f i} \right| \leq \sum_{i=-\infty}^{\infty} \left| x(i)\, e^{-j\, 2\pi f i} \right|$$

$$= \sum_{i=-\infty}^{\infty} |x(i)| \tag{3.104}$$

zeigt, daß $\sum_{i=-\infty}^{\infty} |x(i)|$ eine obere Schranke von $x^F(f)$ ist. Aus der Definition des Spektrums $x^F(f)$ folgt außerdem, daß $x^F(f)$ periodisch mit der Periode 1 und konjugiert gerade ist, wie bereits für Signale endlicher Dauer festgestellt wurde. In den folgenden zwei Beispielen werden Fourierreihenentwicklungen dazu benutzt, um die FT durchzuführen.

Beispiel 3.9 (FT eines absolut summierbaren Signals).
Ausgangspunkt ist die Fourierreihenentwicklung [4]

$$\sum_{k=1}^{\infty} \frac{\cos kv}{k^2} = \frac{1}{12}(3v^2 - 6\pi v + 2\pi^2)\,,\ 0 \leq v \leq 2\pi\,.$$

Der folgende Vergleich

$$\sum_{k=1}^{\infty} \frac{\cos kv}{k^2} = \sum_{k=1}^{\infty} \frac{\cos 2\pi f k}{k^2} = \sum_{k=-\infty}^{\infty} x(k)\, e^{-j\, 2\pi f k}\,,\ v = 2\pi f$$

ergibt

$$x(k) = \begin{cases} 0 : k = 0 \\ \frac{1}{2k^2} : k \neq 0 \end{cases},\tag{3.105}$$

denn es ist für $k > 0$

$$x(k)\, e^{-j\, 2\pi f k} + x(-k)\, e^{j\, 2\pi f k} = \frac{1}{2k^2} \cdot 2\cos 2\pi f k = \frac{\cos 2\pi f k}{k^2}\,.$$

Das Signal ist absolut summierbar und besitzt das stetige und beschränkte Spektrum (s. Abb. 3.13)

$$x^F(f) = \frac{1}{12}\left[3(2\pi f)^2 - 6\pi(2\pi f) + 2\pi^2\right]$$

$$= \pi^2(f^2 - f + 1/6)\,,\ 0 \leq f \leq 1\,.\tag{3.106}$$

Nach den bisherigen Ergebnissen besitzt ein stabiles System eine absolut summierbare Impulsantwort h, dessen Frequenzfunktion $h^F(f)$ eine stetige, 1-periodische, konjugiert gerade Funktion ist. Die sinusförmige Anregung eines stabilen Systems erfordert die Faltung des sinusförmigen Eingangssignals mit ihrer absolut sumierbaren Impulsantwort. Da ein sinusförmiges Signal beschränkt ist, ist die Faltung erlaubt (vgl. Abschn. 3.2.1). Die Bestimmung des Ausgangssignals kann in der gleichen Weise wie bei FIR-Filtern erfolgen.

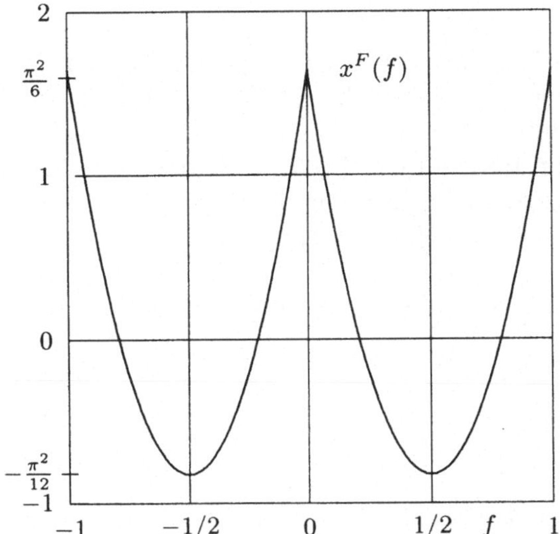

Abb. 3.13. Spektrum des absolut summierbaren Signals $x(k) = 1/(2k^2), k \neq 0$ ($x(0) = 0$)

Man findet daher für die sinusförmige Anregung eines stabilen Systems mit $x(k) = A\sin(2\pi fk + \Phi)$ das sinusförmige Ausgangssignal

$$y(k) = A(f) \cdot A\sin[2\pi fk + \Phi + \Phi(f)] \, .$$

Hierbei bezeichnen wieder $A(f) = |h^F(f)|$ die Amplitudenfunktion und $\Phi(f) = \arg h^F(f)$ die Phasenfunktion des Systems. Wie bei FIR-Filtern ergibt sich unmittelbar aus der Definition von $h^F(f)$, daß die Amplitudenfunktion eine gerade Funktion mit der Periode 1 ist und die Phasenfunktion als eine ungerade Funktion mit der Periode 1 dargestellt werden kann. Was den Zusammenhang zwischen der FT und z-Transformation betrifft, wird auf den nächsten Abschnitt verwiesen. Dort wird die z-Transformation für Signale unendlicher Dauer behandelt.

Die Rückgewinnung des Signals aus seiner Frequenzfunktion ist wie bei Signalen endlicher Dauer durch Fourierkoeffizienten gemäß

$$x(k) = \int_{-1/2}^{1/2} x^F(f)\, e^{j\,2\pi fk}\, df \tag{3.107}$$

möglich. Der Nachweis erfolgt wie bei Signalen endlicher Dauer. Die durchzuführende gliedweise Integration von

$$\sum_{i=-\infty}^{\infty} x(i)\, e^{j\,2\pi f(n-i)}$$

ist wegen der gleichmäßigen Konvergenz der Reihe erlaubt [5, III].

Im folgenden werden Energiesignale zugrunde gelegt. Für Energiesignale kann auf die folgenden Gesetzmäßigkeiten der FT zurückgegriffen werden [5, IV, S. 486 und Nr. 124]:

1. Transformation:
   Die FT ist eine Transformation zwischen den Energiesignalen und den (i.allg.) komplexwertigen, über dem Intervall $-1/2 \leq f \leq 1/2$ quadratisch integrierbaren Funktionen. Dies bedeutet: Jedes Energiesignal ist transformierbar mit einem im Intervall $-1/2 \leq f \leq 1/2$ quadratisch integrierbaren Spektrum. Umgekehrt ist jede konjugiert gerade Funktion mit dieser Eigenschaft das Spektrum eines Energiesignals.

2. Rücktransformation:
   Die Rücktransformation ist durch Fourierkoeffizienten gemäß

$$x(k) = \int_{-1/2}^{1/2} x^F(f) \, e^{j\,2\pi fk} \, df \tag{3.108}$$

gegeben.

3. Erhaltung des Skalarprodukts:
   Bei der FT bleibt das *Skalarprodukt* zweier Energiesignale x, y im folgenden Sinne erhalten:

$$\sum_{i=-\infty}^{\infty} x(i) y^*(i) = \int_{-1/2}^{1/2} x^F(f) y^{F*}(f) \, df \; . \tag{3.109}$$

Das Skalarprodukt der beiden Signale x, y ist hierbei durch die linke Reihe gegeben. Bei reellen Signalen sind die Signalwerte $y^*(i)$ mit $y(i)$ identisch. Das Skalarprodukt kann nach der vorstehenden Beziehung im Frequenzbereich berechnet werden, indem es für die *Vektoren* $x^F(f), -1/2 \leq f \leq 1/2$ und $y^F(f), -1/2 \leq f \leq 1/2$ gebildet wird.[20]

4. Erhaltung der Signalenergie:
   Speziell für gleiche Signale $x = y$ erhält man daraus die sog. *Parsevalsche Gleichung*

$$\int_{-1/2}^{1/2} |x^F(f)|^2 \, df = \sum_{i=-\infty}^{\infty} |x(i)|^2 \; . \tag{3.111}$$

Die linke Seite dieser Gleichung läßt sich als die Energie des Vektors $x^F(f), -1/2 \leq f \leq 1/2$ interpretieren. Die Parsevalsche Gleichung besagt, daß diese Energie gleich der Energie des Signals x ist.

---

[20] Für zwei Signale x, y endlicher Dauer ist der Nachweis einfach:

$$\int_{-1/2}^{1/2} x^F(f) y^{F*}(f) \, df = \int_{-1/2}^{1/2} \sum_i^e x(i) \, e^{-j\,2\pi fi} \sum_n^e y^*(n) \, e^{j\,2\pi fn} \, df$$

$$= \sum_i^e \sum_n^e x(i) y^*(n) \int_{-1/2}^{1/2} e^{j\,2\pi f(n-i)} \, df$$

$$= \sum_i^e x(i) y^*(i) \; . \tag{3.110}$$

Dabei wurde die Orthogonalitätsbeziehung (3.97) benutzt.

Mit Hilfe der Parsevalschen Gleichung kann gezeigt werden, daß die Fourierreihe für $x^F(f)$ im *quadratischen Mittel* konvergiert.[21] Die Konvergenz im quadratischen Mittel ist *schwächer* als die gleichmäßige Konvergenz. Konvergenz im quadratischen Mittel garantiert noch nicht einmal, daß die Fourierreihe für $x^F(f)$ für alle Frequenzen f (d.h. punktweise) konvergiert. Es ist daher möglich, daß das Spektrum $x^F(f)$ für bestimmte Frequenzen nicht definiert ist. Die Frequenzfunktion eines Systems mit einer Impulsantwort endlicher Energie braucht daher für bestimmte Frequenzen nicht definiert zu sein. Andererseits werden einzelne Werte der Frequenzfunktion bei der Rücktransformation auch nicht benötigt, da sie das Ergebnis der Integration nicht beeinflussen.[22] Für Frequenzen, für die die Frequenzfunktion definiert ist, ergibt die sinusförmige Anregung (Frequenz f) des Systems ein sinusförmiges Ausgangssignal gemäß (3.78) wie bei stabilen Systemen oder FIR-Filtern.[23] Für Frequenzen f, für die die Frequenzfunktion nicht definiert ist, ist das Ausgangssignal des IIR-Filters bei sinusförmiger Anregung mit der Frequenz f dagegen ebenfalls nicht definiert.

Beispiel 3.10 (FT eines Energiesignals).
Ausgangspunkt ist die Fourierreihenentwicklung [4]

$$\sum_{k=1}^{\infty} \frac{\cos kv}{k} = -\ln(2 \sin v/2) \,, \ 0 \leq v \leq 2\pi \,.$$

Aus dem folgenden Vergleich

$$\sum_{k=1}^{\infty} \frac{\cos kv}{k} = \sum_{k=1}^{\infty} \frac{\cos 2\pi fk}{k} = \sum_{k=-\infty}^{\infty} x(k)\, \mathrm{e}^{-\mathrm{j}\,2\pi fk} \,, \ v = 2\pi f$$

---

[21] Aus der Parsevalschen Gleichung folgt für die Energie eines Energiesignals x, wenn zunächst nur seine Signalwerte $x(i)$ in einem endlichen Abschnitt $N < |i| \leq M$ berücksichtigt werden,

$$\int_{-1/2}^{1/2} \left| \sum_{|i|=N+1}^{M} x(i)\, \mathrm{e}^{-\mathrm{j}\,2\pi fi} \right|^2 \mathrm{d}f = \sum_{|i|=N+1}^{M} |x(i)|^2 \,.$$

Da x ein Energiesignal ist, kann auf der rechten Seite der Grenzübergang $M \to \infty$ durchgeführt werden. Daraus folgt

$$\int_{-1/2}^{1/2} \left| x^F(f) - x_N^F(f) \right|^2 \mathrm{d}f = \int_{-1/2}^{1/2} \left| \sum_{|i|>N} x(i)\, \mathrm{e}^{-\mathrm{j}\,2\pi fi} \right|^2 \mathrm{d}f = \sum_{|i|>N} |x(i)|^2 \,.$$

Die rechte Seite strebt für $N \to \infty$ gegen 0, da die Signalenergie von x endlich ist, woraus die Konvergenz der Fourierreihe im quadratischen Mittel folgt.

[22] Zwei für $-1/2 \leq f \leq 1/2$ quadratisch integrierbare Frequenzfunktionen, die sich für höchstens abzählbar viele Frequenzen unterscheiden, b.z.w. für diese Frequenzen nicht definiert sind, können als gleiche Funktionen aufgefaßt werden.

[23] Für den Nachweis dieser Gleichung wird nur die Konvergenz der Fourierreihe für $h^F(f)$ für die Frequenz f benötigt.

folgt

$$x(k) = \begin{cases} 0 : k = 0 \\ \frac{1}{2|k|} : k \neq 0 \end{cases}, \tag{3.112}$$

denn es ist für $k > 0$

$$x(k)\,\mathrm{e}^{-\mathrm{j}2\pi fk} + x(-k)\,\mathrm{e}^{\mathrm{j}2\pi fk} = \frac{1}{2k} \cdot 2\cos 2\pi fk = \frac{\cos 2\pi fk}{k}\,.$$

Das Signal besitzt daher das Spektrum

$$x^F(f) = -\ln\left[2\sin\frac{2\pi f}{2}\right] = -\ln[2\sin\pi f]\,,\ 0 \leq f \leq 1 \tag{3.113}$$

und ist in Abb. 3.14 dargestellt. Das Spektrum ist für $f = 0$ nicht definiert. Bei dieser Frequenz konvergiert die Fourierreihe nicht. Trotzdem konvergiert die Fourierreihe im quadratischen Mittel, denn das Signal x ist ein Energiesignal.

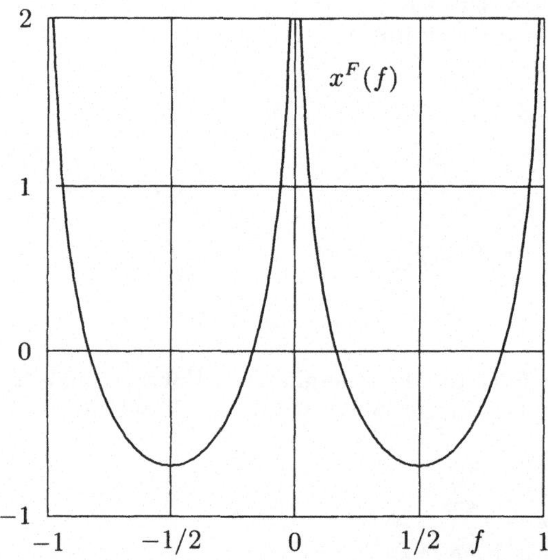

Abb. 3.14. Spektrum des Energiesignals $x(k) = 1/(2|k|)$, $k \neq 0$ $(x(0) = 0)$

Im folgenden Beispiel ist das Spektrum des Energiesignals für alle Frequenzen definiert. Das Spektrum besitzt aber im Gegensatz zu absolut summierbaren Signalen Unstetigkeitsstellen.

Beispiel 3.11 (Ideales Tiefpaßsignal).
Das Signal mit dem Spektrum $(-1/2 < f < 1/2)$

$$x^F(f) = \begin{cases} 1/(2f_\mathrm{g})\,\mathrm{e}^{-\mathrm{j}2\pi fc} : |f| \leq f_\mathrm{g} \\ 0 : f_\mathrm{g} < |f| \leq 1/2 \end{cases} \tag{3.114}$$

ist ein sog. *ideales Tiefpaßsignal* mit der Grenzfrequenz f_g (s. Abb. 3.15). Es ist dadurch gekennzeichnet, daß an seinem Aufbau nur sinusförmige Signale bis zu einer maximalen Frequenz, der Grenzfrequenz f_g, beteiligt sind. Die Festlegung des Spektrums bei den Frequenzen f_g und $-f_\mathrm{g}$ ist willkürlich vorgenommen. Wegen des Faktors $1/(2f_\mathrm{g})$ ist die Fläche

$$\int_{1/2}^{1/2} |x^F(f)| \, \mathrm{d}f = 1 \ .$$

Die Konstante c ist ganzzahlig und führt auf die Phasenfunktion

$$\Phi(f) = -2\pi f c, -1/2 \le f \le 1/2 \ .$$

Sie bewirkt eine zeitliche Verschiebung des Signals, wie gleich gezeigt wird.

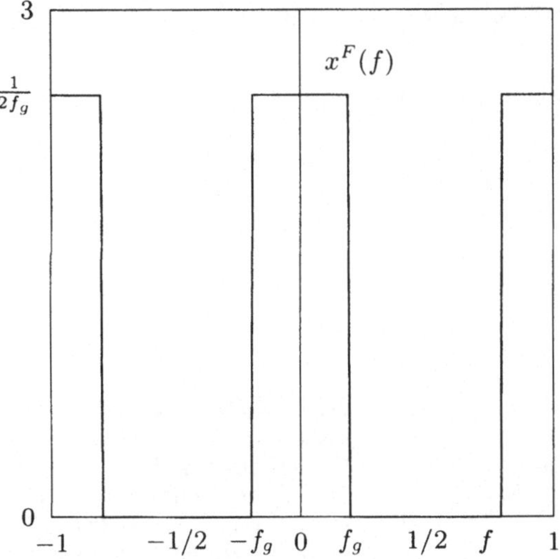

Abb. 3.15. Spektrum eines idealen Tiefpaßsignals mit der Grenzfrequenz $f_\mathrm{g} = 1/5$ und der Phasenfunktion $\Phi(f) = 0$

Das ideale Tiefpaßsignal erhält man durch Rücktransformation seines Spektrums $x^F(f)$. Für $c = 0$ folgt zunächst

$$x(k) = \int_{-1/2}^{1/2} x^F(f)\, \mathrm{e}^{\mathrm{j}\,2\pi f k} \, \mathrm{d}f = \int_{-f_\mathrm{g}}^{f_\mathrm{g}} \frac{1}{2f_\mathrm{g}}\, \mathrm{e}^{\mathrm{j}\,2\pi f k} \, \mathrm{d}f$$

$$= \frac{1}{2f_\mathrm{g}}\, \frac{\mathrm{e}^{\mathrm{j}\,2\pi f_\mathrm{g} k} - \mathrm{e}^{\mathrm{j}\,2\pi(-f_\mathrm{g})k}}{\mathrm{j}\,2\pi k} = \frac{2\mathrm{j}\cdot \sin 2\pi f_\mathrm{g} k}{2f_\mathrm{g}\cdot \mathrm{j}\,2\pi k}$$

$$= \frac{\sin 2\pi f_\mathrm{g} k}{2\pi f_\mathrm{g} k} = \mathrm{si}\,2\pi f_\mathrm{g} k \ . \tag{3.115}$$

Hierbei bezeichnet

$$\operatorname{si} x := \sin(x)/x \qquad\qquad (3.116)$$

die sog. *si-Funktion* oder *Spaltfunktion*. Das Tiefpaßsignal entsteht somit durch Abtastung des zeitkontinuierlichen Signals $x(t) = \operatorname{si} 2\pi f_{\mathrm{g}} t$. Seine Nullstellen sind

$$t_n = n \cdot 1/(2 f_{\mathrm{g}}) \,, \ n \neq 0 \,.$$

Für $t = 0$ ergibt sich der Grenzwert

$$x(0) = \lim_{t\to 0} \frac{\sin 2\pi f_{\mathrm{g}} t}{2\pi f_{\mathrm{g}} t} = \lim_{t\to 0} \frac{2\pi f_{\mathrm{g}} t}{2\pi f_{\mathrm{g}} t} = 1$$

(s. Abb. 3.16).

Für $c \neq 0$ folgt

$$x(k) = \int_{-f_{\mathrm{g}}}^{f_{\mathrm{g}}} \frac{1}{2 f_{\mathrm{g}}}\, \mathrm{e}^{\mathrm{j}\, 2\pi f (k-c)}\, \mathrm{d}f = \operatorname{si}\left[2\pi f_{\mathrm{g}}(k-c)\right]\,, \qquad\qquad (3.117)$$

d.h. c bewirkt eine zeitliche Verschiebung des Signals. Für $c > 0$ liegt eine Verzögerung vor.

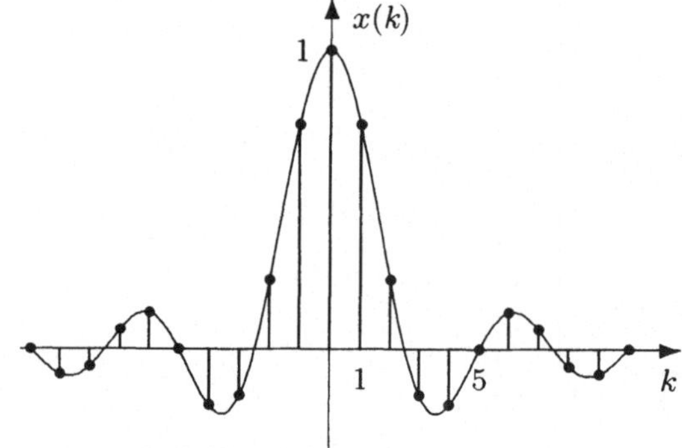

Abb. 3.16. Ideales Tiefpaßsignal $x(k) = \operatorname{si} 2\pi f_{\mathrm{g}} k$ für die Grenzfrequenz $f_{\mathrm{g}} = 1/5$. Das Signal entsteht durch Abtastung von $x(t) = \operatorname{si} 2\pi f_{\mathrm{g}} t$. Die erste Nullstelle $t_0 > 0$ ist $t_0 = 1/(2 f_{\mathrm{g}}) = 5/2$

Das ideale Tiefpaßsignal ist ein Energiesignal, da sein Spektrum im Intervall $-1/2 \leq f \leq 1/2$ quadratisch integrierbar ist. Aus der Parsevalschen Gleichung erhält man seine Energie:

$$\sum_{i=-\infty}^{\infty} |x(i)|^2 = \int_{-1/2}^{1/2} |x^F(f)|^2\, \mathrm{d}f = 2 f_{\mathrm{g}} \cdot \left(\frac{1}{2 f_{\mathrm{g}}}\right)^2 = \frac{1}{2 f_{\mathrm{g}}}\,. \qquad\qquad (3.118)$$

Das Signal ist nicht absolut summierbar, denn die Signalwerte klingen im Unendlichen wie $1/|k|$ ab. Dies erkennt man auch an den Unstetigkeitsstellen $f_{\mathrm{g}}, -f_{\mathrm{g}}$ des Spektrums. Sie widersprechen einem absolut summierbaren Signal, da ein absolut summierbares Signal ein stetiges Spektrum besitzt. Die Werte der Frequenzfunktion für $f = f_{\mathrm{g}}$ und $f = -f_{\mathrm{g}}$ haben keinen Einfluß auf die Signalwerte $x(k)$. Die Fourierreihe für $x^F(f)$ konvergiert auch an diesen Stellen, da das Spektrum die sog. *Dirichletschen Bedingungen* erfüllt.[24]

Ein sog. *idealer Tiefpaß* der Grenzfrequenz f_g besitzt ein ideales Tiefpaßsignal als Impulsantwort. Der ideale Tiefpaß (Grenzfrequenz f_g) läßt sich wie folgt interpretieren: Bei einer sinusförmigen Anregung mit der Frequenz $|f| < f_g$ läßt der ideale Tiefpaß das Eingangssignal ohne Veränderung der Amplitude mit einer zeitlichen Verschiebung (c) passieren. Bei Frequenzen $|f| > f_g, |f| \leq 1/2$ dagegen unterdrückt der ideale Tiefpaß das Eingangssignal vollkommen. Die Impulsantwort des idealen Tiefpaßes ist

$$h(k) = \text{si}\left[2\pi f_g(k - c)\right] . \tag{3.119}$$

Sie besitzt unendliche Dauer, weswegen der ideale Tiefpaß ein IIR-Filter ist. Der ideale Tiefpaß ist nicht stabil, da seine Impulsantwort nicht absolut summierbar ist. Er ist außerdem nicht kausal, da seine Impulsantwort auch Signalwerte $h(k) \neq 0$ für $k < 0$ besitzt. Durch Nullsetzen der Signalwerte $h(k)$ für $k < 0$ kann Kausalität erzwungen werden. Ist die Verzögerung c ausreichend groß, ist der hierbei begangene Fehler gering, d.h. der ideale Tiefpaß kann durch ein kausales System angenähert (approximiert) werden. Ein ähnlches Problem, die Approximation von IIR-Filtern durch FIR-Filter, wird in Abschn. 3.7.2 behandelt.

Wir wenden uns jetzt dem Faltungssatz für Energiesignale zu. Hierbei ist das folgende Ergebnis aus Abschnitt 3.2.1 zu beachten: Die Faltung zweier Energiesignale ergibt i.allg. kein Energiesignal, d.h. das Faltungsprodukt ist i.allg. nicht fouriertransformierbar. Ein Energiesignal kann beispielsweise dadurch erhalten werden, indem man für die gefalteten Energiesignale ein beschränktes Spektrum fordert. Diese Bedingung ist für absolut summierbare Signale ebenfalls erfüllt, da das Spektrum eines absolut summierbaren Signals stetig und beschränkt ist.[25]

---

[24] Das Spektrum $x^F(f)$ genügt den Dirichletschen Bedingungen [4]:

1. $x^F(f)$ ist für $-1/2 \leq f \leq 1/2$ stückweise stetig und monoton.
2. Bei Unstetigkeitsstellen von $x^F(f)$ sind der linksseitige und rechtsseitige Grenzwert definiert.

Bei der Unstetigkeitsstelle f_g beispielsweise ist der linksseitige Grenzwert $x^F(f_g - 0) = 1/(2f_g)$ und der rechtsseitige Grenzwert $x^F(f_g + 0) = 0$. Nach Dirichlet konvergiert die Fourierreihe für $x^F(f)$ auch an den Unstetigkeitsstellen und zwar für $f = f_g$ gegen

$$\sum_{i=-\infty}^{\infty} x(i)\, e^{-j\,2\pi f i} = \frac{x^F(f_g - 0) + x^F(f_g + 0)}{2} = 1/(4f_g) .$$

[25] Energiesignale mit beschränktem Spektrum bilden wie absolut summierbare Signale eine Faltungsalgebra, da ihr Faltungsprodukt ebenfalls ein Energiesignal mit beschränktem Spektrum ist.

Lemma 3.15 (Faltungssatz für Fouriertransformation).
Das Faltungsprodukt zweier Energiesignale mit beschränktem Spektrum ist wieder ein Energiesignal mit beschränktem Spektrum. Das Spektrum des Faltungsprodukts ist gleich dem Produkt der Spektren der gefalteten Signale. Dies gilt insbesondere für zwei absolut summierbare Signale.

Beweis:
Es seien x_1, x_2 zwei Energiesignale mit beschränktem Spektrum und $k \in \mathbb{Z}$ vorgegeben. Mit x_2 ist auch das Signal (k fest, i variabel)

$$x(i) := x_2^*(k - i)$$

ein Energiesignal. Aus der Erhaltung des Skalarprodukts folgt

$$\sum_{i=-\infty}^{\infty} x_1(i)x_2(k - i) = \sum_{i=-\infty}^{\infty} x_1(i)x^*(i) = \int_{-1/2}^{1/2} x_1^F(f)x^{F*}\,\mathrm{d}f\;.$$

Mit der Substitution $n = k - i$ folgt

$$x^F(f) = \sum_{i=-\infty}^{\infty} x_2^*(k - i)\,\mathrm{e}^{-\mathrm{j}\,2\pi f i} = \sum_{n=-\infty}^{\infty} x_2^*(n)\,\mathrm{e}^{-\mathrm{j}\,2\pi f(k-n)}$$

$$= \mathrm{e}^{-\mathrm{j}\,2\pi f k} \sum_{n=-\infty}^{\infty} x_2^*(n)\,\mathrm{e}^{\mathrm{j}\,2\pi f n} = \mathrm{e}^{-\mathrm{j}\,2\pi f k} \cdot x_2^{F*}(f)\;.$$

Daraus folgt

$$\sum_{i=-\infty}^{\infty} x_1(i)x_2(k - i) = \int_{-1/2}^{1/2} x_1^F(f)x_2^F(f)\,\mathrm{e}^{\mathrm{j}\,2\pi f k}\,\mathrm{d}f\;.$$

Da die Spektren $x_1^F(f), x_2^F(f)$ nach Voraussetzung beschränkt sind, ist auch die Funktion $x_1^F(f)x_2^F(f)$ beschränkt und somit über dem Intervall $-1/2 \leq f \leq 1/2$ quadratisch integrierbar. Die gefundene Beziehung stellt somit die Rücktransformation von $x_1^F(f)x_2^F(f)$ dar mit

$$(x_1 * x_2)(k) = \sum_{i=-\infty}^{\infty} x_1(i)x_2(k - i)$$

als Rücktransformierte. Daraus folgt, daß $x_1^F(f)x_2^F(f)$ das Spektrum von $x_1 * x_2$ ist. Da das Spektrum über dem Intervall $-1/2 \leq f \leq 1/2$ quadratisch integrierbar ist, ist $x_1 * x_2$ ebenfalls ein Energiesignal.
q.e.d.

Aus dem Faltungssatz folgt wie bei FIR-Filtern die Möglichkeit, die Frequenzfunktionen des Eingangssignals und der Impulsantwort eines IIR-Filters miteinander zu multiplizieren. Das Ausgangssignal selbst kann durch eine Rücktransformation aus seiner Frequenzfunktion gewonnen werden. Ein Beispiel ist die Anregung eines idealen Tiefpaßes mit einem Energiesignal. Das Ausgangssignal ist ein ideales Tiefpaßsignal mit der Grenzfrequenz des idealen Tiefpaßes oder einer kleineren Grenzfrequenz.

3.6 z-Transformation

Die z-Transformation stellt auch ein geeignetes Hilfsmittel zur Faltung von Signalen unendlicher Dauer dar. Zunächst wird die z-Transformation auf Signale unendlicher Dauer erweitert. Im Unterschied zu Signalen endlicher Dauer muß ihr Konvergenzbereich beachtet werden.

Definition 3.9 (z-Transformation).
Ein Signal x heißt z-transformierbar, wenn die sog. Laurent-Reihe

$$X(z) := \sum_{i=-\infty}^{\infty} x(i)z^{-i} \tag{3.120}$$

für komplexe Zahlen $z \in \mathbb{C}$ konvergiert.[26] *$X(z)$ heiß z-Transformierte des Signals x und die Menge der z-Werte, für die Konvergenz besteht, heißt Konvergenzbereich von $X(z)$. Die Zuordnung, welche einem Signal x seine z-Transformierte zuordnet, heißt z-Transformation. Die z-Transformierte $H(z)$ der Impulsantwort h eines Faltungssystems wird Übertragungsfunktion genannt.*

Die vorstehende Definition enthält gegenüber den Definitionen 3.4 und 3.7 für Signale endlicher Dauer den Konvergenzbereich der z-Transformierten. Für ein Signal endlicher Dauer umfaßt der Konvergenzbereich alle z-Werte $z \neq 0$. Bei Signalen unendlicher Dauer ist der Konvergenzbereich ein durch Kreise in der z-Ebene um den Nullpunkt begrenzter Bereich, wie in den folgenden Beispielen dargelegt wird. Auch der Fall eines leeren Konvergenzbereichs ist möglich. In diesem Fall besitzt das Signal keine z-Transformierte und entzieht sich damit einer Behandlung durch die z-Transformation.

Beispiel 3.12 (Sprungfunktion).
Die z-Transformierte der Sprungfunktion,

$$X(z) = \sum_{i=-\infty}^{\infty} \varepsilon(i)z^{-i} = \sum_{i=0}^{\infty} z^{-i}$$

ist eine geometrische Reihe. Die Summe ihrer ersten $n + 1$ Glieder ist

$$\sum_{i=0}^{n} q^i = \frac{1 - q^{n+1}}{1 - q} \, , \quad q := z^{-1} \, .$$

Der Grenzübergang $n \to \infty$ ist genau dann möglich, wenn $|q| < 1$ ist und liefert als Grenzwert $1/(1 - q)$. Daraus folgt der Konvenzbereich $|z| > 1$ mit

$$X(z) = \frac{1}{1 - z^{-1}} = \frac{z}{z - 1} \, , \quad |z| > 1 \, . \tag{3.121}$$

---

[26] Es wird die Konvergenz der beiden Reihen $\sum_{i=-\infty}^{-1} x(i)z^{-i}$ und $\sum_{i=0}^{\infty} x(i)z^{-i}$ gefordert.

Da die Sprungfunktion die Impulsantwort des Summierers ist, haben wir damit die Übertragungsfunktion des Summierers gefunden. Sie ist eine gebrochen rationale Funktion in z, d.h. sie kann als ein Bruch mit einem Polynom im Zähler und einem weiteren Polynom im Nenner dargestellt werden. Sie ist folglich durch ihre *Nullstellen* und *Polstellen* bis auf einen konstanten Faktor charakterisiert. Diese sind in einem sog. *Pol-Nullstellen-Diagramm* in Abb. 3.17 dargestellt. Dabei werden üblicherweise Nullstellen durch Kreise und Polstellen durch Kreuze dargestellt.

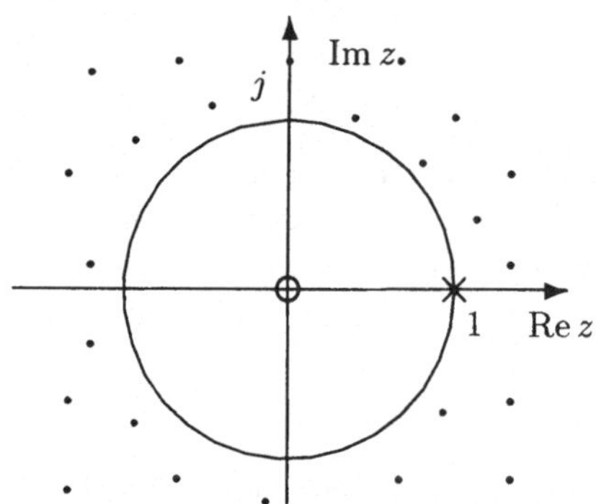

Abb. 3.17. z-Transformation der Sprungfunktion (Summierer). Der Konvergenzbereich ist der Bereich *außerhalb* des Kreises mit dem Radius 1. Die z-Transformierte $X(z) = z/(z-1)$ ist durch eine Nullstelle bei $z = 0$ und eine Polstelle bei $z = 1$ charakterisiert

Beispiel 3.13 (Ausschaltvorgänge).
Es wird der Ausschaltvorgang $x(k) = \varepsilon(k) - 1$ z-transformiert. Da es sich um die Impulsantwort des rechtsseitigen Summierers handelt, bestimmen wir seine Übertragungsfunktion. Es ist

$$X(z) = \sum_{i=-\infty}^{\infty} [\varepsilon(i) - 1]z^{-i} = \sum_{i=-\infty}^{-1} -z^{-i} = -\sum_{i=1}^{\infty} z^i = 1 - \sum_{i=0}^{\infty} z^i \ .$$

Die Bestimmung der z-Transformierten läßt sich also ebenfalls auf eine geometrische Reihe zurückführen. Man erhält als Konvergenzbereich $|z| < 1$ mit

$$X(z) = 1 - \frac{1}{1-z} = \frac{z}{z-1} \ , \ |z| < 1 \ . \tag{3.122}$$

Die Übertragungsfunktion des rechtsseitigen Summierers ist mit der des Summierers aus dem letzten Beispiel identisch. Insbesondere sind die Pole und Nulstellen mit denen des Summierers identisch. Nur im Konvergenzbereich unterscheiden sie sich (s. Abb. 3.18).

In den beiden letzten Beispielen haben wir die Übertragungsfunktion des Summierers und rechtsseitigen Summierers bestimmt. Die Frequenzfunktionen dieser Systeme konnten nicht angeben werden. Den Grund dafür erkennt man anhand der Reihen $\sum_{i=0}^{\infty} z^{-i}$ und $\sum_{i=0}^{\infty} \mathrm{e}^{-\mathrm{j}\,2\pi f i}$ für die Sprungfunktion.

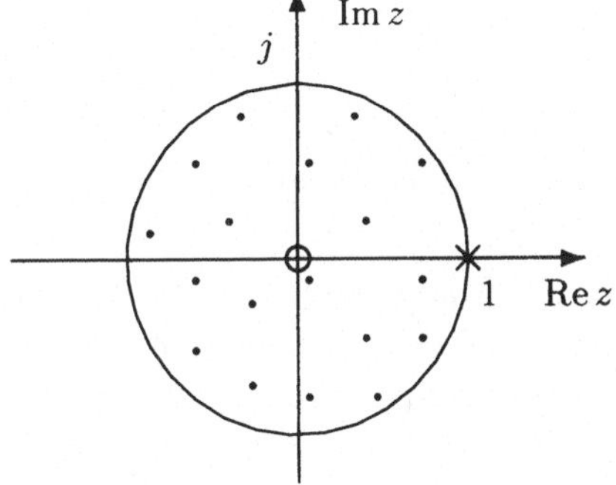

Abb. 3.18. z-Transformation des Ausschaltvorgangs $x(k) = \varepsilon(k) - 1$ (rechtsseitiger Summierer). Der Konvergenzbereich ist der Bereich *innerhalb* des Kreises mit dem Radius 1. Die z-Transformierte $X(z) = z/(z-1)$ ist mit der für die Sprungfunktion identisch

Während die zweite Reihe (wenn man Distributionen ausschließt) divergiert, erzwingt man bei der ersten Reihe ihre Konvergenz durch die Konvergenzbedingung $|z| > 1$. Die Konvergenzbedingung ist bei der zweiten Reihe wegen $|\mathrm{e}^{\mathrm{j}\,2\pi f}| = 1$ nicht erfüllt.

Wie bei Signalen endlicher Dauer stimmen die z-Transformierte und die Fouriertransformierte eines Signals auf dem Einheitskreis, d.h für $z = \mathrm{e}^{\mathrm{j}\,2\pi f}$, überein (vgl. Lemma 3.13):

$$X(z = \mathrm{e}^{\mathrm{j}\,2\pi f}) = x^F(f) . \tag{3.123}$$

Die Beziehung ist aber nur dann sinnvoll, wenn das Signal fouriertransformierbar ist, beispielsweise für ein absolut summierbares Signal. In diesem Fall konvergiert $X(z)$ sogar absolut für $|z| = 1$ wegen

$$\sum_{i=-\infty}^{\infty} |x(i)z^{-i}| = \sum_{i=-\infty}^{\infty} |x(i)||z|^{-i} = \sum_{i=-\infty}^{\infty} |x(i)| < \infty .$$

Der Einheitskreis $|z| = 1$ gehört daher bei einem absolut sumierbaren Signal x zum Konvergenzbereich der z-Transformierten $X(z)$.[27] Ein Beispiel ist die Übertragungsfunktion eines *stabilen* Systems, da seine Impulsantwort absolut summierbar ist. Bei der Sprungfunktion ist diese Bedingung nicht erfüllt. Der Summierer ist auch nicht stabil.

Beispiel 3.14 (Einschaltvorgänge).
Das Signal

$$x(k) = \varepsilon(k)a^k , \ a \in \mathbb{R}$$

besitzt die z-Transformierte

$$X(z) = \sum_{i=0}^{\infty} a^i z^{-i} = \sum_{i=0}^{\infty} (az^{-1})^i = \frac{1}{1 - az^{-1}}$$

---

[27] Bei einem Energiesignal ist seine Frequenzfunktion für bestimmte Frequenzen möglicherweise nicht definiert, weil die zugehörige Fourierreihe bei diesen Frequenzen nicht konvergiert. Der Einheitskreis $|z| = 1$ gehört in diesem Fall nicht zum Konvergenzbereich von $X(z)$.

mit dem Konvergenzbereich $|az^{-1}| < 1$. Also ist

$$X(z) = \frac{z}{z-a}\,,\ |z| > a\,. \tag{3.124}$$

Bezüglich des Wertes a sind die folgenden zwei Fälle zu unterscheiden:

1. $|a| < 1$:
   Für $|a| < 1$ ist das Signal exponentiell abklingend und der Konvergenzbereich enthält den Einheitskreis. Auf dem Einheitskreis sind z-Transformierte und Fouriertransformierte des Signals identisch. Insbesondere ist das Signal absolut summierbar und damit fouriertransformierbar. Dieser Fall ist in Abb. 3.19 dargestellt.

2. $|a| \geq 1$:
   Für $|a| \geq 1$ ist das Signal konstant oder exponentiell aufklingend und der Konvergenzbereich enthält nicht den Einheitskreis. Die Reihe $\sum_{i=0}^{\infty} a^i\,e^{-j\,2\pi f i}$ ist nicht konvergent (unter Ausschluß von Distributionen).

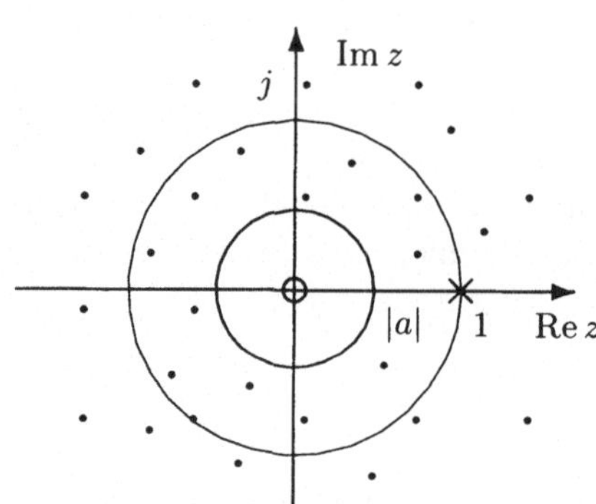

Abb. 3.19. z-Transformation des Signals $x(k) = \varepsilon(k)a^k$ für $|a| < 1$. Der Konvergenzbereich ist der Bereich *außerhalb* des Kreises mit dem Radius $|a|$. Auf dem Einheitskreis $|z| = 1$ stimmen z-Transformierte und Fouriertransformierte des Signals überein, d.h. es ist $X(z = e^{j\,2\pi f}) = x^F(f)$.

In den bisherigen Beispielen wurden Einschaltvorgänge und Ausschaltvorgänge betrachtet. Hier ergab sich der Konvergenzbereich als das Äußere bzw. das Innere eines Kreises in der z-Ebene. Im folgenden Beispiel erhält man als Konvergenzbereich einen ringförmigen Bereich, der durch zwei Kreise begrenzt ist.

Beispiel 3.15 (Ringförmiger Konvergenzbereich).
Das Signal

$$x(k) := \begin{cases} a_1^k : k \geq 0 \\ a_2^k : k < 0 \end{cases}\,,\ a_1, a_2 > 0$$

besitzt die z-Transformierte

$$X(z) = \sum_{i=0}^{\infty} a_1^i z^{-i} + \sum_{i=-\infty}^{-1} a_2^i z^{-i} = \sum_{i=0}^{\infty} (a_1/z)^i + \sum_{i=-\infty}^{-1} (z/a_2)^{-i}\,.$$

Die beiden Reihen werden getrennt betrachtet:

1. Erste Reihe:
   Die erste Reihe konvergiert (absolut) für $|a_1/z| < 1$ und divergiert für $|a_1/z| \geq 1$. Im Falle der Konvergenz erhält man

$$\sum_{i=0}^{\infty} (a_1/z)^i = \frac{1}{1 - a_1/z} = \frac{z}{z - a_1} \, .$$

2. Zweite Reihe:
   Die zweite Reihe konvergiert (absolut) für $|z/a_2| < 1$ und divergiert für $|z/a_2| \geq 1$. Im Falle der Konvergenz erhält man

$$\sum_{i=-\infty}^{-1} (z/a_2)^{-i} = \sum_{i=0}^{\infty} (z/a_2)^i - 1 = \frac{1}{1 - z/a_2} - 1 = \frac{a_2}{a_2 - z} - 1$$

$$= \frac{z}{a_2 - z} \, .$$

Der Konvergenzbereich ist also der ringförmige Bereich $a_1 < |z| < a_2$ mit

$$X(z) = \frac{z}{z - a_1} - \frac{z}{z - a_2} \, , \quad a_1 < |z| < a_2 \tag{3.125}$$

und ist in Abb. 3.20 dargestellt.

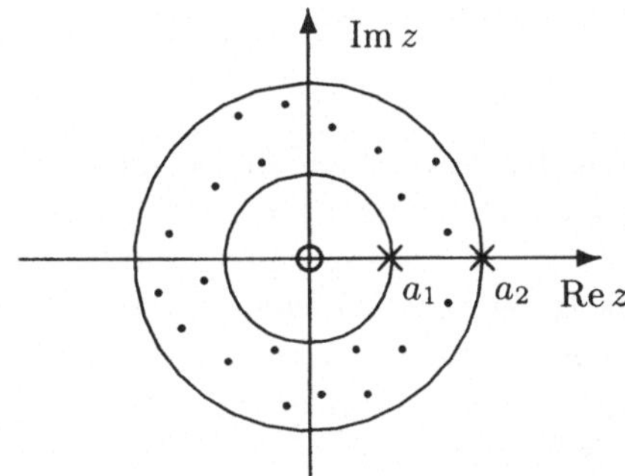

Abb. 3.20. z-Transformation des Signals $x(k)$, gegeben durch $x(k) = a_1^k$ für $k \geq 0$ und $x(k) = a_2^k$ für $k < 0$. Der Konvergenzbereich ist der *ringförmige* Bereich $a_1 < |z| < a_2$

Damit der Konvergenzbereich nicht leer ist, muß $a_1 < a_2$ sein. Die folgenden zwei Fälle sind zu unterscheiden:

1. $a_1 < 1$:
   Wegen $x(k) = a_1^k, k \geq 0$ klingt das Signal rechtsseitig exponentiell ab.
2. $a_1 \geq 1$:
   Aus $a_1 < a_2$ folgt $a_2 > 1$. Wegen $x(k) = a_2^k = (1/a_2)^{-k}, k < 0$ klingt das Signal linksseitig exponentiell ab.

Das Signal ist also entweder rechtsseitig oder linksseitig exponentiell abklingend. Das konstante Signal $x(k) = 1$ beispielsweise paßt nicht in dieses Schema. Für dieses Signal ist $a_1 = a_2 = 1$, der Konvergenzbereich ist also leer. Das Signal $x(k) = 1$ ist folglich nicht z-transformierbar.

Die gefundenen z-Transformierten der Beispiele sind in Tabelle 3.12 angegeben. Die Übertragungsfunktionen von FIR-Filtern aus Abschn. 3.4 (s. Tabelle 3.9) sind ebenfalls enthalten. Außerdem ist der Konvergenzbereich angegeben.

Tabelle 3.12. z-Transformierte (Übertragungsfunktionen) und Konvergenzbereich

Signal (System)	z-Transformierte
Identisches System	1 , $z \in \mathbb{C}$
Proportionalglied (λ)	λ , $z \in \mathbb{C}$
Verzögerungsglied (c)	z^{-c} , $\lvert z \rvert > 0$
Differenzierer	$1 - z^{-1} = \dfrac{z-1}{z}$, $\lvert z \rvert > 0$
Summierer $x(k) = \varepsilon(k)$	$\dfrac{z}{z-1}$, $\lvert z \rvert > 1$
Rechtsseitiger Summierer $x(k) = \varepsilon(k) - 1$	$\dfrac{z}{z-1}$, $\lvert z \rvert < 1$
$x(k) = \varepsilon(k)a^k$	$\dfrac{z}{z-a}$, $\lvert z \rvert > \lvert a \rvert$
$x(k) := \begin{cases} a_1^k : k \geq 0 \\ a_2^k : k < 0 \end{cases}$, $a_1, a_2 > 0$	$\dfrac{z}{z-a_1} - \dfrac{z}{z-a_2}$, $a_1 < \lvert z \rvert < a_2$
$x(k) = 1$	nicht z-transformierbar

Die Gestalt des Konvergenzbereichs in den vorstehenden Beispielen ist kein Zufall. Um die gefunden Ergebnisse zu verallgemeinern, wird der *Konvergenzradius* einer Potenzreihe benötigt. Der Konvergenzradius r hat folgende Bedeutung: Für $\lvert z \rvert < r$ konvergiert die Reihe (sogar absolut), für $\lvert z \rvert > r$ divergiert die Reihe. Für $\lvert z \rvert = r$ muß die Konvergenz gesondert untersucht werden. Der Konvergenzbereich einer Potenzreihe enthält also das Innere eines Kreises mit dem Konvergenzradius r als Radius. Außerhalb dieses Kreises besteht Divergenz. Wenden wir dieses Resultat auf die z-Transformation an. Dazu müssen die beiden Reihen in

$$X(z) = \sum_{i=-\infty}^{-1} x(i)z^{-i} + \sum_{i=0}^{\infty} x(i)z^{-i}$$

auf Konvergenz hin untersucht werden.

1. Erste Reihe:

   Die erste Reihe ist eine Potenzreihe in z. Ihr Konvergenzradius wird mit r_2 bezeichnet. Die Reihe konvergiert folglich absolut für

   $$\lvert z \rvert < r_2$$

   und divergiert für $\lvert z \rvert > r_2$. Ein unendlich großer Konvergenzradius ($r_2 = \infty$) ist möglich. In diesem Fall konvergiert die Reihe für alle Werte $z \in \mathbb{C}$.

Dies ist beispielsweise für einen *Einschaltvorgang* der Fall, denn dann enthält die Reihe nur endlich viele Glieder.

2. Zweite Reihe :

Die zweite Reihe ist eine Potenzreihe in $1/z$. Ihr Konvergenzradius wird mit r_1^{-1} bezeichnet. Die Reihe konvergiert folglich absolut für

$$|1/z| < r_1^{-1}$$

und divergiert für $|1/z| > r_1^{-1}$. Ein unendlich großer Konvergenzradius ($r_1 = 0$) ist möglich. In diesem Fall konvergiert die Reihe für alle Werte $z \neq 0$. Dies ist beispielsweise für einen *Ausschaltvorgang* der Fall, denn dann enthält die Reihe nur endlich viele Glieder.

Beide Reihen sind daher für Werte z mit $|1/z| < r_1^{-1}$ und $|z| < r_2$ absolut konvergent, also im Inneren des Ringbereichs $r_1 \leq |z| \leq r_2$. Außerhalb dieses Ringbereichs dagegen ist einer der beiden Reihen divergent. Wir haben gefunden:

Lemma 3.16 (Konvergenzbereich der z-Transformation).
Die z-Transformierte eines Signals konvergiert absolut im Innern des Ringbereichs

$$r_1 \leq |z| \leq r_2 \tag{3.126}$$

und divergiert im Äußeren dieses Bereichs. Für Einschaltvorgänge ist $r_2 = \infty$ und es liegt Konvergenz für $|z| > r_1$ vor. Für Ausschaltvorgänge ist $r_1 = 0$ und es liegt Konvergenz für $0 < |z| < r_2$ vor. Ist das Signal absolut summierbar, gehört der Einheitskreis $|z| = 1$ zum Konvergenzbereich. In diesem Fall stimmen z-Transformierte und Fouriertransformierte auf dem Einheitskreis überein, d.h. es gilt

$$X(z = e^{j\, 2\pi f}) = x^F(f) \ .$$

Ein Beispiel ist die Übertragungsfunktion eines stabilen Systems.

Für $r_1 > r_2$ ist der Konvergenzbereich leer. Der Fall $r_1 = r_2$ ist ebenfalls möglich. In diesem Fall ist das Innere des Ringbereichs $r_1 \leq |z| \leq r_2$ leer. Die z-Transformierte divergiert für alle Werte $z \in \mathbb{C}$, die nicht auf dem Kreis mit dem Radius $r = r_1 = r_2$ liegen. Ob Konvergenz auf dem Kreis mit dem Radius r besteht oder nicht, hängt vom Signal ab.[28]

Ein enger Zusammenhang zwischen der z-Transformation und der FT kann auf nicht absolut summierbare Signale ausgedehnt werden. Damit kann auch die Rücktransformation der z-Transformation angegeben werden.

Im folgenden sei $z = r$ ein Wert, für den die z-Transformierte

---

[28] Das Signal $x(k) = 1/(k^2 + 1)$ beispielsweise ist absolut summierbar, d.h. der Konvergenzbereich enthält den Einheitskreis. Es kann gezeigt werden, daß $r_1 = r_2 = 1$ gilt, so daß die z-Transformierte für $|z| \neq 1$ divergiert.

$$X(z) = \sum_{i=-\infty}^{\infty} x(i)z^{-i} = \sum_{i=-\infty}^{\infty} x(i)r^{-i}$$

absolut konvergiert. Für $r_1 < r_2$ besitzt jeder Wert r mit $r_1 < r < r_2$ diese Eigenschaft. Die vorstehende Reihe zeigt, daß das Signal

$$y(k) := r^{-k}x(k)$$

absolut summierbar ist. Das Signal ist folglich fouriertransformierbar, woraus der folgende Zusammenhang zur FT folgt:

$$y^F(f) = \sum_{i=-\infty}^{\infty} x(i)r^{-i}\,e^{-j\,2\pi f i} = X(z = r\,e^{j\,2\pi f})\,. \tag{3.127}$$

Durch die Exponentialfunktion r^{-k} wird Fouriertransformierbarkeit erzwungen, wobei die z-Transformierte mit der Fouriertransformierten auf dem Kreis $|z| = r$ übereinstimmt. Mit Hilfe dieses Zusammenhangs läßt sich das Signal x aus seiner z-Transformierten $X(z)$ wie folgt gewinnen. Durch Fourier-Rücktransformation von $y^F(f)$ erhält man

$$y(k) = r^{-k}x(k) = \int_{-1/2}^{1/2} y^F(f)\,e^{j\,2\pi f k}\,\mathrm{d}f$$

oder

$$x(k) = r^{k} \int_{-1/2}^{1/2} y^F(f)\,e^{j\,2\pi f k}\,\mathrm{d}f\,. \tag{3.128}$$

Die Signalwerte $x(k)$ sind also durch $y^F(f)$ und damit durch $X(z)$ auf dem Kreis $|z| = r$ festgelegt.[29]

Aus der gefundenen Rücktransformation erhält man die folgende Abschätzung für das Signal x:

---

[29] Man kann die Rücktransformation auch durch eine Integration in der komplexen Ebene darstellen. Bei der Integration über das Frequenzintervall $-1/2 \leq f \leq 1/2$ durchläuft die komplexe Variable $z = r\,e^{j\,2\pi f}$ den Kreis mit Radius r um den Nullpunkt genau einmal. Folglich ergibt eine Integration in der komplexen Ebene längs dieses Weges

$$x(k) = r^{k}y(k) = r^{k} \oint_{|z|=r} X(z)(z/r)^{k}\frac{\mathrm{d}f}{\mathrm{d}z}\,dz$$

mit

$$\frac{\mathrm{d}f}{\mathrm{d}z} = \frac{1}{\frac{\mathrm{d}z}{\mathrm{d}f}} = \frac{1}{r \cdot j\,2\pi\,e^{j\,2\pi f}} = \frac{1}{j\,2\pi z}\,.$$

Daraus folgt als Ergbnis

$$x(k) = \frac{1}{2\pi j} \oint_{|z|=r} X(z)z^{k-1}\,dz\,. \tag{3.129}$$

$$|x(k)| \leq r^k \int_{-1/2}^{1/2} |y^F(f)| \cdot |\mathrm{e}^{\mathrm{j}\,2\pi fk}|\,\mathrm{d}f \;.$$

Da das Signal y absolut summierbar ist, besitzt es ein stetiges und beschränktes Fourierspektrum $y^F(f)$. Daraus folgt ein endlicher Wert $C(r)$ für das Maximum von $|y^F(f)|$. Da das Signal y von r abhängt, ist auch dieses Maximum von r abhängig. Daraus folgt die Abschätzung

$$|x(k)| \leq C(r)r^k \;. \tag{3.130}$$

Die gefundene Abschätzung gilt für jeden Wert $r = z$, für den die z-Transformierte absolut konvergiert. Insbesondere gilt sie für alle Werte r mit $r_1 < r < r_2$, falls $r_1 < r_2$ ist.[30] Sie beinhaltet, daß das Signal x nicht stärker als exponentiell wächst. Für einen Wert $r > 1$ ergibt sich ein linksseitig exponentiell (oder stärker) abklingendes Signal. Für $r < 1$ ergibt sich ein rechtsseitig exponentiell (oder stärker) abklingendes Signal. Für $r_1 < 1$ und $r_2 > 1$ sind beide Fälle gleichzeitig erfüllbar (mit einem $r > 1$ und einem $r < 1$). In diesem Fall ist das Signal sowohl linksseitig als auch rechtsseitig exponentiell abklingend.

Multipliziert man die Übertragungsfunktionen des Differenzierers und Summierers miteinander, erhält man die Übertragungsfunktion des identischen Systems (vgl. Tabelle 3.12)

$$(z-1)/z \cdot z/(z-1) = 1 \;.$$

---

[30] Die Abschätzung gemäß (3.130) ist auch hinreichend für die absolute Konvergenz der z-Transformierten, falls die Abschätzung für die Werte r eines Intervalls gilt. Ein Gegenbeispiel ist das Signal $x(k) = 1$. Die Abschätzung gilt in diesem Fall nur für $r = 1$ und das Signal ist nicht z-transformierbar.

Lemma 3.17 (z-Transformierbarkeit).
Gilt die Abschätzung (3.130) für alle Werte r mit $r_1 < r < r_2$, dann konvergiert die z-Transformierte absolut für alle $z \in \mathbb{C}$ mit $|z| = r$.

Beweis:
Wir wählen $\overline{r}_1, \overline{r}_2, r$ mit $r_1 < \overline{r}_1 < r < \overline{r}_2 < r_2$, $|z| = r$ und erhalten

$$\left| \sum_{i=-\infty}^{-1} x(i)z^{-i} \right| \leq \sum_{i=-\infty}^{-1} |x(i)|r^{-i} \leq C(\overline{r}_2) \sum_{i=-\infty}^{-1} \overline{r}_2^{\,i} r^{-i}$$

$$= C(\overline{r}_2) \sum_{i=-\infty}^{-1} (r/\overline{r}_2)^{-i} < \infty \;,$$

da $r/\overline{r}_2 < 1$ ist und wegen $\overline{r}_1/r < 1$

$$\left| \sum_{i=0}^{\infty} x(i)z^{-i} \right| \leq \sum_{i=0}^{\infty} |x(i)|r^{-i} \leq C(\overline{r}_1) \sum_{i=0}^{\infty} \overline{r}_1^{\,i} r^{-i} = C(\overline{r}_1) \sum_{i=0}^{\infty} (\overline{r}_1/r)^{i} < \infty \;.$$

q.e.d.

Dies ist ein Beispiel für den *Faltungssatz*, der für Signale endlicher Dauer bewiesen wurde. Er gilt auch für Signale unendlicher Dauer, sofern die gefalteten Signale einen gemeinsamen Konvergenzbereich für ihre z-Transformierten besitzen. Unter dieser Voraussetzung ergibt sich sogar die Faltbarkeit der Signale automatisch, wie im folgenden gezeigt wird. Die Bedingung eines gemeinsamen Konvergenzbereichs ist insbesondere für Signale endlicher Dauer erfüllt, da in diesem Fall die z-Transformierten für alle $|z| > 0$ konvergieren. Die *Linearität* der z-Transformation gilt ebenfalls für Signale unendlicher Dauer unter dieser Bedingung. Dies ergibt sich direkt aus den Rechenregeln konvergenter Reihen.

Lemma 3.18 (Faltungssatz für z-Transformation).
Zwei Signale mit einem gemeinsamen Konvergenzbereich $r_1 < |z| < r_2$ ihrer z-Transformierten $X_1(z), X_2(z)$ sind miteinander faltbar.[31] *Die z-Transformierte des Faltungsprodukts konvergiert für diese z-Werte und ist gleich dem Produkt $X_1(z)X_2(z)$.*

Beweis:
Es seien x_1, x_2 zwei Signale, deren z-Transformierten $X_1(z), X_2(z)$ beide für $r_1 < |z| < r_2$ konvergieren. Im folgenden sei r eine reelle Zahl mit $r_1 < r < r_2$ und

$$y_1(k) := r^{-k}x_1(k) \ , \ y_2(k) := r^{-k}x_2(k) \ .$$

Die Signale y_1, y_2 sind wegen $r_1 < r < r_2$ absolut summierbar. Sie sind daher miteinander faltbar, d.h. die Reihe

$$(y_1 * y_2)(k) = \sum_{i=-\infty}^{\infty} r^{-i}x_1(i)r^{-(k-i)}x_2(k-i) = r^{-k}(x_1 * x_2)(k)$$

konvergiert. Die Signale x_1, x_2 sind somit auch miteinander faltbar. Ihr Faltungsprodukt bezeichnen wir mit x.

Um den Faltungssatz zu zeigen, benutzen wir den Zusammenhang zwischen der FT und der z-Transformation in (3.127). Mit y_1, y_2 ist auch das Signal $y := y_1 * y_2$ absolut summierbar. Auf Grund der vorstehenden Beziehung ist $y(k) = r^{-k}x(k)$. Daraus folgt auch die letzte der drei folgenden Beziehungen

$$y_1(k) = r^{-k}x_1(k) : \quad y_1^F(f) = X_1(z = r\,e^{j\,2\pi f}) \ ,$$

$$y_2(k) = r^{-k}x_2(k) : \quad y_2^F(f) = X_2(z = r\,e^{j\,2\pi f}) \ ,$$

$$y(k) = r^{-k}x(k) : \quad y^F(f) = X(z = r\,e^{j\,2\pi f}) \ .$$

Aus dem Faltungssatz der FT (Lemma 3.15), $y^F(f) = y_1^F(f)y_2^F(f)$ folgt für $z = r\,e^{j\,2\pi f}$ wie behauptet

---

[31] Der Faltungssatz ist auch für komplexwertige (Pseudo-)Signale gültig.

$$X(z) = y^F(f) = y_1^F(f)y_2^F(f) = X_1(z)X_2(z) \; .$$

q.e.d.

3.7 IIR-Filter

Mit Hilfe der z-Transformation wird zunächst die Zusammenschaltung von
FIR-Filtern untersucht. Als Eingangssignale werden Einschaltvorgänge vorausgesetzt. Im Zeitbereich sind die Systeme durch eine Differenzengleichung,
im z-Bereich durch eine gebrochen rationale Übertragungsfunktion gekennzeichnet. Eine Stabilitätsbedingung lautet, daß alle Polstellen der Übertragungsfunktion im Innern des Einheitskreises liegen. Der Konvergenzbereich
ist durch die betragsmäßig größte Polstelle festgelegt. Durch die Zusammenschaltung von FIR-Filtern können bestimmte IIR-Filter realisiert werden.
Andere IIR-Filter, beispielsweise ein idealer Tiefpaß, können durch die Zusammenschaltung von FIR-Filtern nur angenähert werden.

3.7.1 Zusammenschaltung von FIR-Filtern

Wegen der Linearität der z-Transformation und wegen des Faltungssatzes
können wir die Übertragungsfunktion für die Summenschaltung und Hintereinanderschaltung zweier Faltungssysteme bzw. FIR-Filter leicht angeben:
Bei der Summenschaltung sind die Übertragungsfunktionen der Teilsysteme
zu addieren, bei der Hintereinanderschaltung sind sie miteinander zu multiplizieren. Neben der Summenschaltung und Hintereinanderschaltung kann
auch für die Rückkopplung die Übertragungsfunktion angegeben werden, wie
im folgenden dargelegt wird.

Die kausale Impulsantwort der Rückkopplung ist nach Abschnitt 3.3.3 zur
Impulsantwort

$$h = \delta - h_{\mathrm{RP}}$$

invers mit h_{RP} als Impulsantwort des Systems im Rückkopplungspfad. Da
das System im Rückkopplungspfad verzögernd ist, ist h kausal mit $h(0) = 1$.
Die inverse Impulsantwort h^{-1} wird wieder mit h_{R} bezeichnet. Es gilt also

$$h * h_{\mathrm{R}} = \delta \; .$$

Nach (3.51) und (3.52) zur Invertierung eines kausalen Einschaltvorgangs
ergibt sie sich rekursiv aus ($k > 0$)

$$h_{\mathrm{R}}(0) = 1/h(0) = 1 \; ,$$
$$h_{\mathrm{R}}(k) = -h(1)h_{\mathrm{R}}(k-1) - h(2)h_{\mathrm{R}}(k-2) - \cdots - h(k)h_{\mathrm{R}}(0) \; . \quad (3.131)$$

Da die Impulsantwort h endliche Dauer besitzt, ist sie z-transformierbar. Die
inverse Impulsantwort $h_{\mathrm{R}} = h^{-1}$ ist ebenfalls z-transformierbar mit einem

gemeinsamen Konvergenzbereich $|z| > r_1$ für $H(z)$ und $H_\mathrm{R}(z)$. Dies gilt für jede kausale, z-transformierbare Impulsantwort.[32]
Der Faltungssatz (Lemma 3.18) liefert

$$H(z)H_\mathrm{R}(z) = [1 - H_\mathrm{RP}(z)]H_\mathrm{R}(z) = 1 \ , \ |z| > r_1 \ ,$$

woraus für die Übertragungsfunktion der Rückkopplung

$$H_\mathrm{R}(z) = \frac{1}{H(z)} = \frac{1}{1 - H_\mathrm{RP}(z)} \ , \ |z| > r_1 \qquad (3.133)$$

folgt. Es ist

$$H(z) = 1 + h(1)z^{-1} + \cdots h(N)z^{-N} = z^{-N}\mathrm{P}_2(z)$$

mit dem Polynom N-ten Grades

$$\mathrm{P}_2(z) := z^N + h(1)z^{N-1} + \cdots + h(N) \ . \qquad (3.134)$$

Daraus folgt die gebrochen rationale Übertragungsfunktion der Rückkopplung gemäß

$$H_\mathrm{R}(z) = \frac{1}{H(z)} = \frac{z^N}{\mathrm{P}_2(z)} \ . \qquad (3.135)$$

32

Lemma 3.19 (z-Transformierbarkeit der inversen Impulsantwort).
Eine kausale, z-transformierbare Impulsantwort h besitzt eine inverse Impulsantwort h_R gemäß (3.131), die ebenfalls z-transformierbar ist.

Beweis:
Die z-Transformierte von h konvergiere für $|z| > r_0$. Es sei $r > r_0$. Dann gilt für eine Konstante $\mathrm{C} > 0$ die Abschätzung

$$|h(i)| \le \mathrm{C} \cdot r^i \ , \ i \ge 0 \ .$$

Wir zeigen:

$$|h_\mathrm{R}(i)| \le \overline{r}^i \ , \ i \ge 0 \ , \ \overline{r} := (\mathrm{C} + 1)r \ . \qquad (3.132)$$

Nach Lemma 3.17 ist dann das Signal h_R ebenfalls z-transformierbar mit $|z| > (\mathrm{C} + 1)r_0$ als gemeinsamer Konvergenzbereich von $H(z)$ und $H_\mathrm{R}(z)$.
   Der Nachweis wird induktiv geführt. Für $i = 0$ ist die Abschätzung wegen $h_\mathrm{R}(0) = 1$ richtig. Aus $|h_\mathrm{R}(i)| \le \overline{r}^i \ , \ i = 0, 1 \ldots k - 1$ und (3.131) folgt

$$\begin{aligned}
|h_\mathrm{R}(k)| &\le |h(1)| \cdot |h_\mathrm{R}(k-1)| + |h(2)| \cdot |h_\mathrm{R}(k-2)| + \cdots + |h(k)| \cdot |h_\mathrm{R}(0)| \\
&\le \mathrm{C}r \cdot \overline{r}^{k-1} + \mathrm{C}r^2 \cdot \overline{r}^{k-2} + \cdots + \mathrm{C}r^k \cdot \overline{r}^0 \\
&= \mathrm{C}r^k \left[(\overline{r}/r)^{k-1} + (\overline{r}/r)^{k-2} + \cdots + (\overline{r}/r)^0 \right] \\
&= \mathrm{C}r^k \frac{1 - (\overline{r}/r)^k}{1 - \overline{r}/r} = \mathrm{C}r\frac{r^k - \overline{r}^k}{r - \overline{r}} = \mathrm{C}r\frac{\overline{r}^k - r^k}{\overline{r} - r}
\end{aligned}$$

mit $\overline{r} - r = (\mathrm{C} + 1)r - r = \mathrm{C}r$, woraus $|h_\mathrm{R}(k)| \le \overline{r}^k - r^k < \overline{r}^k$ folgt.
q.e.d.

Daraus ergeben sich prinzipiell zwei verschiedene Möglichkeiten, die Rückkopplung aus einfacheren Teilsystemen aufzubauen. In beiden Fällen wird eine Faktorisierung von $P_2(z)$ mit Hilfe seiner Nullstellen $z_0 = z_1, \ldots z_N$ gemäß

$$P_2(z) = (z - z_1) \cdot (z - z_2) \cdots (z - z_N) \tag{3.136}$$

benutzt. Die Nullstellen sind die Polstellen der Übertragungsfunktion $H_R(z)$ der Rückkopplung. Sie können komplex sein und treten in konjugiert komplexen Paaren auf, wie bereits bei der Faktorisierung eines FIR-Filters in Abschn. 3.4.1 dargelegt wurde. Bei der ersten Möglichkeit wird die Rückkopplung als Hintereinanderschaltung realisiert, bei der zweiten Möglichkeit als Summenschaltung:

1. Hintereinanderschaltung:
   Es ist

$$H_R(z) = \frac{z}{z - z_1} \cdot \frac{z}{z - z_2} \cdots \frac{z}{z - z_N} . \tag{3.137}$$

Aus dem Faltungssatz der z-Transformation (Lemma 3.18) folgt: Die Rückkopplung kann als Hintereinanderschaltung von Teilsystemen mit den Übertragungsfunktionen

$$H_0(z) := \frac{z}{z - z_0} , \ |z| > |z_0| \tag{3.138}$$

dargestellt werden (s. Abb. 3.21).

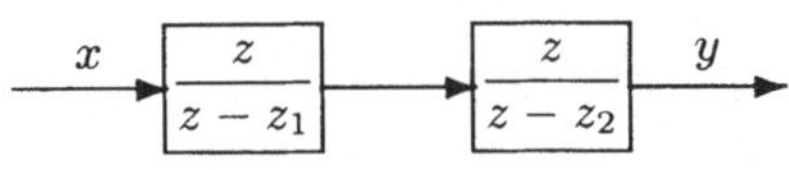

Abb. 3.21. Darstellung der Rückkopplung als Hintereinanderschaltung. Die Übertragungsfunktion der Rückkopplung besitzt zwei reelle Polstellen z_1, z_2

Die Übertragungsfunktionen der Teilsysteme besitzen als gemeinsamen Konvergenzbereich $|z| > r_1$, wobei $r_1 = |z_0|$ der Betrag der Polstelle z_0 mit dem größten Betrag ist. Ihre Impulsantworten sind (s. Tabelle 3.12)

$$h_0(k) = \varepsilon(k) z_0^k . \tag{3.139}$$

Die Impulsantwort der Rückkopplung kann durch Faltung dieser Impulsantworten gewonnen werden. Beispielsweise ist für zwei verschiedene Polstellen z_1, z_2 (Übungsaufgabe)

$$h_1(k) * h_2(k) = \varepsilon(k) z_1^k * \varepsilon(k) z_2^k$$
$$= \varepsilon(k) \frac{1}{z_2 - z_1} \left[z_2^{k+1} - z_1^{k+1} \right] \tag{3.140}$$

und

$$h_0(k) * h_0(k) = \varepsilon(k) z_0^k * \varepsilon(k) z_0^k = (k + 1) z_0^k \varepsilon(k) \tag{3.141}$$

für zwei gleiche Polstellen $z_0 = z_1 = z_2$.[33] Falls z_0 reell ist, ist auch h_0 reell. Falls $z_0 = |z_0|\,\mathrm{e}^{\mathrm{j}\,\phi_0}$ nicht reell ist, ist h_0 auch nicht reell, sondern ein Pseudosignal. In diesem Fall kann durch Zusammenfassung der zwei Teilsysteme, die zu den Polstellen z_0, z_0^* gehören, die reelle Impulsantwort

$$h_0(k) * h_0^*(k) = \varepsilon(k)|z_0|^k \frac{\sin(k+1)\phi_0}{\sin \phi_0} \tag{3.142}$$

gefunden werden (Übungsaufgabe). Ihr Wachstum ist wie bei einer reellen Polstelle z_0 durch die Exponentialfunktion $|z_0|^k$ bestimmt. Allerdings oszilliert h_0 mit der Kreisfrequenz ϕ_0.

2. Summenschaltung:

Es ist

$$H_{\mathrm{R}}(z) = \frac{z^N}{\mathrm{P}_2(z)} = z \cdot \frac{z^{N-1}}{\mathrm{P}_2(z)} \ .$$

Der Faktor $z^{N-1}/\mathrm{P}_2(z)$ ist eine echt gebrochen rationale Funktion, für die eine *Partialbruchzerlegung* durchgeführt werden kann. Für jede Polstelle z_0 der Vielfachheit $n \geq 1$ erhält man den Summanden

$$z \cdot \left[\frac{\mathrm{C}_1}{z - z_0} + \frac{\mathrm{C}_2}{(z - z_0)^2} + \cdots + \frac{\mathrm{C}_n}{(z - z_0)^n} \right] \ .$$

Hierbei sind $\mathrm{C}_1, \mathrm{C}_2 \ldots \mathrm{C}_n$ i.allg. komplexwertige Konstanten (Koeffizienten), die durch einen Koeffizientenvergleich bestimmt werden können, wie im folgenden Beispiel gezeigt wird. Die Rückkopplung wird hier als eine Summenschaltung aufgebaut. Die Teilsysteme besitzen Übertragungsfunktionen der Form

$$\mathrm{C}_1 \frac{z}{z - z_0} + \mathrm{C}_2 z^{-1} \left(\frac{z}{z - z_0} \right)^2 + \cdots + \mathrm{C}_n z^{-(n-1)} \left(\frac{z}{z - z_0} \right)^n \ . \tag{3.143}$$

Die Teilsysteme sind also Summenschaltungen, wie Abb. 3.22 zeigt.
Die Übertragungsfunktionen der Teilsysteme besitzen den gemeinsamen Konvergenzbereich $|z| > r_1$, wobei $r_1 = |z_0|$ der Betrag der Polstelle z_0 mit dem größten Betrag ist. Ihre Impulsantworten sind

$$\mathrm{C}_1 h_0(k) + \mathrm{C}_2 \delta(k - 1) * h_0(k) * h_0(k) + \cdots \ ,$$

wobei der letzte Summand genau n Faltungsfaktoren $h_0(k)$ enthält. Die Summe der Impulsantworten aller Teilsysteme ergibt die Impulsantwort der Rückkopplung. Falls z_0 und damit auch h_0 nicht reell ist, kann durch

---

[33] Für $m \in \mathbb{N}$ Faltungsfaktoren erhält man

$$\binom{k + m - 1}{m - 1} z_0^k \varepsilon(k) \ .$$

Der Binomialkoeffizient ist ein Polynom $m - 1$-ten Grades in k.

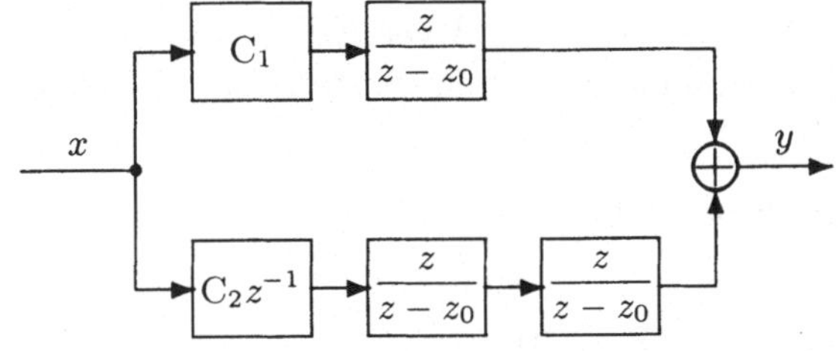

Abb. 3.22. Darstellung der Rückkopplung als Summenschaltung. Gezeigt ist das Teilsystem für eine zweifache, reelle Polstelle z_0

Zusammenfassung der zu z_0, z_0^* gehörenden Teilsysteme als Summenschaltung eine reelle Impulsantwort gefunden werden, wie das folgende Beispiel zeigt.

Mit den gefundenen Darstellungen haben wir den Konvergenzbereich $|z| > r_1$ der Übertragungsfunktion $H_R(z)$ gefunden: Er ist der gemeinsame Konvergenzbereich für alle Teilsysteme. Er ist folglich das Äußere des Kreises, der *alle* Polstellen von $H_R(z)$ enthält, d.h. sein Radius r_1 ist durch die betragsmäßig größte Polstelle von $H_R(z)$ gegeben. Der Wert r_1 entscheidet außerdem über die *Stabilität* der Rückkopplung: Die Rückkopplung kann als Hintereinanderschaltung aus Teilsystemen aufgebaut werden, deren Impulsantworten durch

$$h_0(k) = \varepsilon(k) z_0^k$$

bzw. durch

$$h_0(k) * h_0^*(k) = \varepsilon(k)|z_0|^k \frac{\sin(k+1)\phi_0}{\sin \phi_0}$$

gegeben sind. Hierbei ist z_0 eine Polstelle der Übertragungsfunktion der Rückkopplung. Die Impulsantwort h_0 ist für $|z_0| < 1$ abklingend. Sie ist in diesem Fall darüber hinaus absolut summierbar wegen

$$\sum_{k=-\infty}^{\infty} |h_0(k)| \leq \frac{1}{1 - |z_0|}$$

bzw.

$$\sum_{k=-\infty}^{\infty} |h_0(k)| \leq \frac{1}{|\sin \phi_0|} \frac{1}{1 - |z_0|} \, .$$

Für $|z_0| \geq 1$ dagegen ist die Impulsantwort h_0 nicht abklingend und auch nicht absolut summierbar. Daher ist nur für $|z_0| < 1$ das zugehörige Teilsystem stabil. Da die Stabilität bei der Hintereinanderschaltung stabiler Teilsysteme erhalten bleibt (s. Abschn. 3.2.1), folgt die Stabilität der Rückkopplung unter der *Stabilitätsbedingung*, daß alle Polstellen der Übertragungsfunktion im Innern des Einheitskreises liegen. Ist diese Stabiltätsbedingung verletzt, ist die Rückkopplung nicht stabil [7]. Beispielsweise ist nach Tabelle 3.12 die Stabilitätsbedingung für das System mit der Impulsantwort $h(k) = \varepsilon(k) a^k$

(Polstelle $z_0 = a$) für $|a| < 1$ erfüllt und für $|a| \geq 1$ verletzt. Insbesondere ist für $a = 1$ das System gleich dem Summierer, dessen Polstelle $z_0 = 1$ auf dem Einheitskreis liegt.

Beispiel 3.16 (Rückgekoppeltes FIR-Filter).
Für das FIR-Filter mit

$$h_{\mathrm{RP}}(k) = -\delta(k-1) - \delta(k-2) - \delta(k-3)$$

im Rückkopplungspfad lautet die Übertragungsfunktion der Rückkopplung

$$H_{\mathrm{R}}(z) = \frac{1}{1 - H_{\mathrm{RP}}(z)} = \frac{1}{1 + z^{-1} + z^{-2} + z^{-3}} = \frac{z^3}{z^3 + z^2 + z + 1}$$

$$= \frac{z^3}{(z+1)(z-\mathrm{j})(z+\mathrm{j})} .$$

Die Nullstellen und Polstellen der Übertragungsfunktion zeigt Abb. 3.23. Da die Polstellen nicht im Innern des Einheitskreises liegen, ist das System nicht stabil.

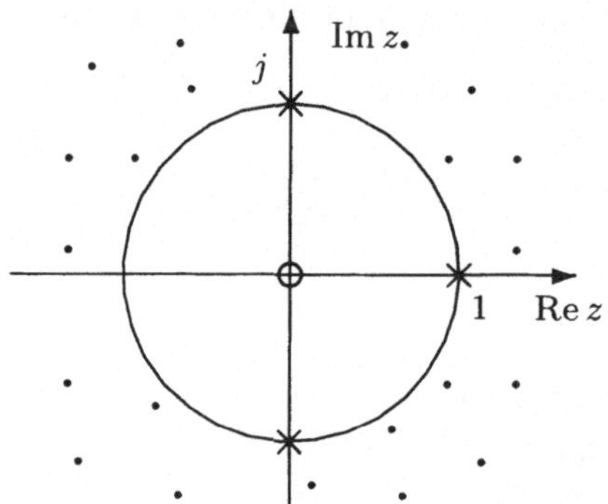

Abb. 3.23. Beispiel für eine Rückkopplung. Die Pole der Übertragungsfunktion liegen hier nicht innerhalb des Einheitskreises. Das System ist also nicht stabil. Der Konvergenzbereich ist das Äußere des Einheitskreises

Um die Rückkopplung als Hintereinanderschaltung darzustellen, wird eine Faktorisierung von $H_{\mathrm{R}}(z)$ vorgenommen:

$$H_{\mathrm{R}}(z) = \frac{z}{z+1} \cdot \frac{z}{z-\mathrm{j}} \cdot \frac{z}{z+\mathrm{j}} .$$

Daraus folgt $h_{\mathrm{R}}(k) = h_1(k) * h_2(k) * h_3(k)$ mit

$$h_1(k) = \varepsilon(k)(-1)^k \tag{3.144}$$

für die reelle Polstelle $z_1 = -1$. Für die beiden komplexen Polstellen $z_2 = \mathrm{j}, z_3 = -\mathrm{j}$ erhält man wegen

$$\mathrm{j} = \mathrm{e}^{\mathrm{j}\,\pi/2} = |z_0|\mathrm{e}^{\mathrm{j}\,\phi_0} , \ |z_0| = 1 , \ \phi_0 := \pi/2$$

$$h_2(k) * h_3(k) = \varepsilon(k)\frac{\sin(k+1)\phi_0}{\sin\phi_0} = \varepsilon(k)\cos k\pi/2 . \tag{3.145}$$

Um die Rückkopplung als Summenschaltung darzustellen, wird eine Partialbruchzerlegung durchgeführt:

$$H_{\mathrm{R}}(z) = \frac{C_1 z}{z+1} + \frac{C_2 z}{z-\mathrm{j}} + \frac{C_3 z}{z+\mathrm{j}}$$

$$= \frac{C_1 z(z-\mathrm{j})(z+\mathrm{j}) + C_2 z(z+1)(z+\mathrm{j}) + C_3 z(z+1)(z-\mathrm{j})}{(z+1)(z-\mathrm{j})(z+\mathrm{j})} \; .$$

Der Koeffizientenvergleich des Zählerpolynoms mit z^3 führt auf die folgenden
drei linearen Gleichungen zur Bestimmung der Koeffizienten C_1, C_2, C_3:

$$\begin{aligned}
z^3 &: \quad C_1 + C_2 + C_3 = 1 \, , \\
z^2 &: \quad C_2(\mathrm{j}+1) + C_3(1-\mathrm{j}) = 0 \, , \\
z^1 &: \quad C_1 + C_2\,\mathrm{j} - C_3\,\mathrm{j} = 0 \, .
\end{aligned}$$

Man erhält nach einiger Rechnung

$$C_1 = \frac{1}{2} \, , \; C_2 = \frac{1+\mathrm{j}}{4} \, , \; C_3 = \frac{1-\mathrm{j}}{4} \; .$$

Somit gilt

$$h_{\mathrm{R}}(k) = C_1 \varepsilon(k)(-1)^k + C_2 \varepsilon(k)\,\mathrm{j}^k + C_3 \varepsilon(k)(-\mathrm{j})^k \; .$$

Die beiden letzten Summanden können zu einem reellen Ausdruck zusammengefaßt werden. Mit $C_3 = C_2^*$ und $\mathrm{j} = \mathrm{e}^{\mathrm{j}\pi/2}$ folgt

$$C_2\,\mathrm{j}^k + C_3(-\mathrm{j})^k = 2\,\mathrm{Re}\left(C_2\,\mathrm{j}^k\right) = 2\,\mathrm{Re}\left(\frac{1+\mathrm{j}}{4}\,\mathrm{e}^{\mathrm{j}\,k\pi/2}\right)$$

$$= \frac{1}{2}\left[\cos k\pi/2 - \sin k\pi/2\right] \, .$$

Daraus folgt

$$h_{\mathrm{R}}(k) = \frac{1}{2}\varepsilon(k)[(-1)^k + \cos k\pi/2 - \sin k\pi/2] \, . \tag{3.146}$$

Neben der Darstellung der Rückkopplung als Summenschaltung ist damit die
Impulsantwort der Rückkopplung gefunden. Man erhält die Werte

$$h_{\mathrm{R}}(0) = 1 \, , \; h_{\mathrm{R}}(1) = -1 \, , \; h_{\mathrm{R}}(2) = 0 \, , \; h_{\mathrm{R}}(3) = 0 \, , \; h_{\mathrm{R}}(4) = 1\ldots \, ,$$

die sich periodisch (mit der Periode 4) wiederholen. Man erhält sie auch durch
Auswertung von (3.131).

Im folgenden wird untersucht, welche Systeme sich bei einer beliebigen Zusammenschaltung von FIR-Filtern unter Verwendung der Summenschaltung,
Hintereinanderschaltung und Rückkopplung ergeben. Insbesondere sollen Systeme dieser Art im Rückkopplungspfad der Rückkopplung plaziert werden.
Bei einem rückgekoppelten FIR-Filter haben wir für das Gesamtsystem
eine gebrochen rationale Übertragungsfunktion der Form

$$H_{\text{ges}}(z) = H_{\text{R}}(z) = \frac{z^N}{\mathrm{P}_2(z)}$$

gefunden. Hierbei ist der Grad des Zählerpolynoms (N) gleich dem Grad des Nennerpolynoms $\mathrm{P}_2(z)$.

Für ein (kausales) FIR-Filter finden wir

$$H_{\text{ges}}(z) = g(0) + g(1)z^{-1} + \cdots + g(n)z^{-n}$$
$$= \frac{g(0)z^n + g(1)z^{n-1} + \cdots + g(n)}{z^n} \,,$$

also ebenfalls eine gebrochen rationale Funktion. Für $g(0) = 0$ ist der Grad des Zählerpolynoms kleiner als der Grad des Nennerpolynoms, d.h. $H_{\text{ges}}(z)$ ist echt gebrochen rational. In diesem Fall verursacht das FIR-Filter eine Signalverzögerung.

Für Systeme mit gebrochen rationalen Übertragungsfunktionen ergibt eine

1. Summenschaltung:

$$H_{\text{ges}}(z) = \frac{\mathrm{P}_1(z)}{\mathrm{P}_2(z)} + \frac{\mathrm{P}_3(z)}{\mathrm{P}_4(z)} = \frac{\mathrm{P}_1(z)\mathrm{P}_4(z) + \mathrm{P}_3(z)\mathrm{P}_2(z)}{\mathrm{P}_2(z)\mathrm{P}_4(z)} \,,$$

2. Hintereinanderschaltung:

$$H_{\text{ges}}(z) = \frac{\mathrm{P}_1(z)}{\mathrm{P}_2(z)} \cdot \frac{\mathrm{P}_3(z)}{\mathrm{P}_4(z)} = \frac{\mathrm{P}_1(z)\mathrm{P}_3(z)}{\mathrm{P}_2(z)\mathrm{P}_4(z)} \,,$$

3. Rückkopplung:

$$H_{\text{ges}}(z) = \frac{1}{1 - \mathrm{P}_1(z)/\mathrm{P}_2(z)} = \frac{\mathrm{P}_2(z)}{\mathrm{P}_2(z) - \mathrm{P}_1(z)} \,.$$

In allen drei Fällen ist der Grad des Zählerpolynoms höchstens gleich dem Grad des Nennerpolynoms, also $H_{\text{ges}}(z)$ gebrochen rational. Bei der Rückkopplung wird vorausgesetzt, daß der Grad von $\mathrm{P}_2(z)$ größer als der Grad von $\mathrm{P}_1(z)$ ist. Der Grade von $\mathrm{P}_2(z)$ ist in diesem Fall gleich dem Grad von $\mathrm{P}_2(z) - \mathrm{P}_1(z)$, also $H_{\text{ges}}(z)$ gebrochen rational. Diese Bedingung beinhaltet, daß $H_{\text{RP}}(z) = \mathrm{P}_1(z)/\mathrm{P}_2(z)$ echt gebrochen rational ist. Das System im Rückkopplungspfad ist dann verzögernd, wie gleich unter Punkt 1 gezeigt wird.

Gehen wir umgekehrt von einer beliebigen, gebrochen rationalen Funktion

$$H_{\text{ges}}(z) = \frac{g(0)z^n + g(1)z^{n-1} + \cdots + g(n)}{z^N + h(1)z^{N-1} + \cdots + h(N)}$$

aus, d.h. es ist $n \leq N$. Dann ist

$$H_{\text{ges}}(z) = z^{-(N-n)} \cdot \frac{g(0) + g(1)z^{-1} + \cdots + g(n)z^{-n}}{1 + h(1)z^{-1} + \cdots + h(N)z^{-N}} \,. \tag{3.147}$$

Das System läßt sich somit wie folgt durch eine Hintereinanderschaltung aufbauen (s. Abb. 3.24) :

1. Ein Verzögerungsglied mit der Verzögerungszeit $c := N - n \geq 0$. Für $N > n$ liegt eine echte Signalverzögerung vor. In diesem Fall ist $H_{\text{ges}}(z)$ echt gebrochen rational. Das Gesamtsystem wirkt verzögernd. Das Ausgangssignal des Verzögerungsglieds bei Anregung mit einem Eingangssignal $x(k)$ ist

$$y_1(k) = x(k - c) . \tag{3.148}$$

2. Ein kausales FIR-Filter mit den Filterkoeffizienten $g(0), g(1), \ldots g(n)$. Sein Ausgangssignal ist

$$y_2(k) = g(0)y_1(k) + g(1)y_1(k - 1) + \cdots + g(n)y_1(k - n) . \tag{3.149}$$

3. Ein rückgekoppeltes FIR-Filter:
   Das FIR-Filter ist durch $h_{\text{RP}} = h - \delta$ gegeben. Das Ausgangssignal der Rückkopplung ergibt sich aus $h * y_3 = y_2$ zu

$$y_3(k) + h(1)y_3(k - 1) + \cdots + h(N)y_3(k - N) = y_2(k) . \tag{3.150}$$

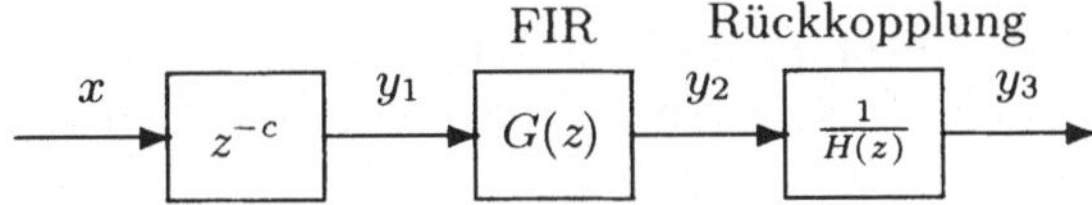

Abb. 3.24. Zerlegung eines IIR-Filters mit einer gebrochen rationalen Übertragungsfunktion $H_{\text{ges}}(z)$ in ein Verzögerungsglied (Verzögerungszeit $N - n$), ein FIR-Filter mit der Übertragungsfunktion $G(z)$ und eine Rückkopplung mit der Übertragungsfunktion $1/H(z)$

Zwischen Eingangssignal $x(k)$ und Ausgangssignal $y_3(k)$ des IIR-Filters besteht somit die folgende *Differenzengleichung*

$$y_3(k) + h(1)y_3(k - 1) + \cdots + h(N)y_3(k - N)$$
$$= g(0)x(k - c) + g(1)x(k - c - 1) + \cdots + g(n)x(k - c - n) . \tag{3.151}$$

Wir haben damit gefunden:

Lemma 3.20 (Zusammenschaltung von FIR-Filtern).
Die Zusammenschaltung kausaler FIR-Filter zu kausalen Systemen ergibt ein IIR-Filter, das sich bereits durch Hintereinanderschaltung eines FIR-Filters und eines rückgekoppelten FIR-Filters aufbauen läßt. Die Übertragungsfunktion ist gebrochen rational. Ihr Konvergenzbereich $|z| > r_1$ ist durch den Betrag $r_1 = |z_0|$ der betragsmäßig größten Polstelle der Übertragungsfunktion festgelegt. Der Zusammenhang zwischen Eingangssignal und Ausgangssignal wird durch eine Differenzengleichung beschrieben. Die Impulsantwort wird durch Faltung von (Pseudo-)Signalen $h_i(k) = \varepsilon(k)z_i^k, i = 1, \ldots N$ und der Impulsantwort eines FIR-Filters gebildet, wobei $z_1, \ldots z_N$ die Polstellen der Übertragungsfunktion sind. Das Wachstumsverhalten der Impulsantwort im

Unendlichen wird durch r_1 festgelegt. Die Impulsantwort klingt (exponentiell) im Unendlichen ab, wenn $r_1 < 1$ ist, d.h. wenn alle Polstellen im Innern des Einheitskreises liegen. In diesem Fall liegt der Einheitskreis $|z| = 1$ im Konvergenzbereich $|z| > r_1$ der Übertragungsfunktion und das System ist stabil. Im anderen Fall ist das System nicht stabil und die Impulsantwort klingt nicht ab ($r_1 = 1$) bzw. wächst im Unendlichen exponentiell ($r_1 > 1$).

3.7.2 Approximation von IIR-Filtern mit FIR-Filtern

IIR-Filter lassen sich durch Zusammenschaltung von FIR-Filtern realisieren. Diese IIR-Filter sind durch eine gebrochen rationale Übertragungsfunktion gekennzeichnet. Ihre Impulsantworten haben eine spezielle Form. Andere Impulsantworten müssen daher angenähert (*approximiert*) werden. Ein idealer Tiefpaß beispielsweise läßt sich nicht aus FIR-Filtern aufbauen, da seine Übertragungsfunktion nicht gebrochen rational ist. Der ideale Tiefpaß kann jedoch durch eine Zusammenschaltung von FIR-Filtern approximiert werden. Im folgenden wird die Annäherung (*Approximation*) durch ein FIR-Filter untersucht. Auf rückgekoppelte FIR-Filter wird also verzichtet. Das FIR-Filter sei kausal und habe den Filtergrad N. Die Abweichung zwischen den Ausgangssignalen wird mit Δy_N bezeichnet (s. Abb. 3.25).

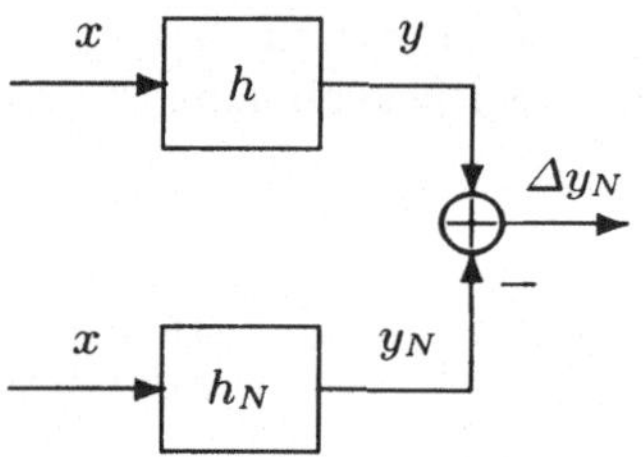

Abb. 3.25. Approximation eines IIR-Filters durch ein kausales FIR-Filter mit dem Filtergrad N. Es ist h die Impulsantwort des IIR-Filters und h_N die Impulsantwort des FIR-Filters.

Der Approximationsfehler hängt von der Abweichung zwischen den Impulsantworten h und h_N ab, gegeben durch

$$\Delta h_N := h - h_N \ . \tag{3.152}$$

Ist man nur an der Approximation der Frequenzfunktion $h^F(f)$ interessiert, ist eine Optimierung des FIR-Filters durch Minimierung des *quadratischen Fehlers*

$$\int_{-1/2}^{1/2} |\Delta h_N^F(f)|^2 \, df$$

möglich. Damit das Integral existiert, ist h als Energiesignal vorauszusetzen. Nach der Parsevalschen Gleichung (3.111) ist der quadratische Fehler durch die Energie von Δh_N gegeben, die im folgenden mit

$$\|\Delta h_N\|^2 := \sum_{i=-\infty}^{\infty} |\Delta h_N(i)|^2 \tag{3.153}$$

bezeichnet wird. Das FIR-Filter mit der Impulsantwort

$$h_N(i) = \begin{cases} h(i) : i = 0, \ldots N \\ \quad 0 : i > N \end{cases} \tag{3.154}$$

minimiert den quadratischen Fehler mit

$$\|\Delta h_N\|^2 = \sum_{i<0} |\Delta h_N(i)|^2 + \sum_{i>N} |\Delta h_N(i)|^2 \ . \tag{3.155}$$

Demnach werden die Filterkoeffizienten des FIR-Filters direkt aus der Impulsantwort h übernommen, wie Abb. 3.26 zeigt.

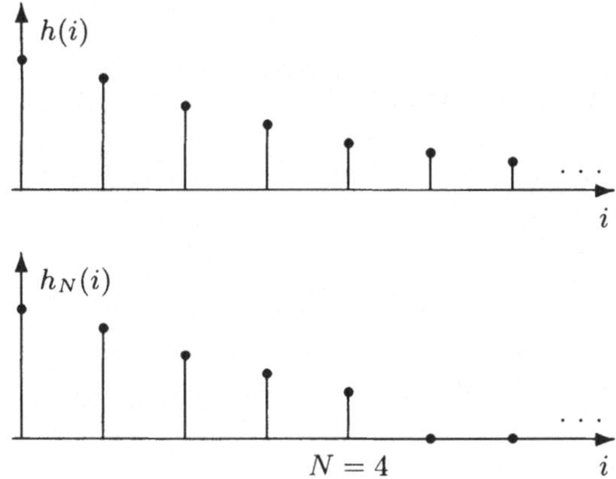

Abb. 3.26. Approximation eines IIR-Filters (Impulsantwort h) durch ein FIR-Filter (Impulsantwort h_N) mit dem Filtergrad $N = 4$

Bei der Approximation der nicht kausalen Impulsantwort eines idealen Tiefpaßes beispielsweise entsteht wegen der Kausalität des FIR-Filters der Fehleranteil

$$\sum_{i<0} |\Delta h_N(i)|^2 = \sum_{i<0} |h(i)|^2 = \sum_{i<0} \mathrm{si}^2[2\pi f_{\mathrm{g}}(k-c)] \ .$$

Dieser Fehleranteil kann durch eine große Verzögerungszeit c klein gehalten werden. Die Approximation des nicht kausalen IIR-Filters gelingt also nur bei einer ausreichend großen Verzögerung des Ausgangssignals. Ist das IIR-Filter kausal, ist der Fehleranteil gleich 0. Der quadratische Fehler $\sum_{i>N} |\Delta h_N(i)|^2$ stellt die Abweichung eines Reihengrenzwerts von seiner N-ten Partialsumme dar und strebt folglich für $N \to \infty$ gegen 0. Der Approximationsfehler wird bei einem großen Filtergrad N des FIR-Filters also beliebig klein.

Die Impulsantwort h_N des FIR-Filters entsteht durch Multiplikation der Impulsantwort h des IIR-Filters mit der „Fensterfunktion"

$$\mathrm{F}(i) = \begin{cases} 1 : 0 \le i \le N \\ 0 : \mathrm{sonst} \end{cases} \ .$$

Durch den „abrupten Wechsel" der Impulsantwort h_N bei den Stellen $0, N$ können für $h_N^F(f)$ unerwünschte Oszillationenen auftreten. Sie treten bei Unstetigkeitsstellen der zu approximierenden Frequenzfunktion $h^F(f)$ auf. Ein Beispiel ist ein idealer Tiefpaß der Grenzfrequenz f_g mit den Unstetigkeitsstellen $f_\mathrm{g}, -f_\mathrm{g}$. Die Oszillationen können durch eine Fensterfunktion mit einem allmählicheren Wechsel von 1 auf 0 reduziert werden [8].

Es wurde eine Approximation der Frequenzfunktion bzw. der Impulsantwort des IIR-Filters vorgenommen. Bei der Approximation ist man nicht nur an der Impulsantwort des IIR-Filters, sondern auch an anderen Ausgangssignalen interessiert. Man möchte also die Ausgangssignale des IIR-Filters durch die Ausgangssignale des FIR-Filters bei verschiedenen Systemanregungen approximieren.

Die Signalabweichung zwischen den Ausgangssignalen y, y_N kann durch eine Vektornorm gemäß

$$d(y, y_N) := \|y - y_N\|$$

angegeben werden. Die Vektornorm eines Signalvektors y mißt seine *Länge*, beispielsweise gemäß

$$\|y\|_1 := \sum_{i=-\infty}^{\infty} |y(i)| \,, \quad \|y\|_2^2 := \sum_{i=-\infty}^{\infty} |y(i)|^2 \,, \quad \|y\|_\infty := \max_{-\infty < i < \infty} |y(i)| \,.$$

Der erste Ausdruck heißt *Absolutnorm*. Der zweite Ausdruck stellt die Signalenergie dar. Die Wurzel aus der Signalenergie heißt *Euklidische Norm*. Der dritte Ausdruck berechnet den betragsmäßig größten Signalwert und heißt daher *Maximumnorm*.

Im folgenden wird der Abstand $d(y, y_N)$ abgeschätzt. Zunächst ist

$$\Delta y_N(k) = y(k) - y_N(k) = \sum_{i=-\infty}^{\infty} h(i)x(k-i) - \sum_{i=-\infty}^{\infty} h_N(i)x(k-i)$$

$$= \sum_{i=-\infty}^{\infty} \Delta h_N(i)x(k-i) \,.$$

1. Absolutnorm:

   Die Signale x und h seien absolut summierbar. Dann ist

$$\|y - y_N\|_1 = \sum_{k=-\infty}^{\infty} \left| \sum_{i=-\infty}^{\infty} \Delta h_N(i)x(k-i) \right|$$

$$\leq \sum_{k=-\infty}^{\infty} \sum_{i=-\infty}^{\infty} |\Delta h_N(i)||x(k-i)|$$

$$= \sum_{i=-\infty}^{\infty} |\Delta h_N(i)| \sum_{k=-\infty}^{\infty} |x(k-i)|$$

$$= \|x\|_1 \cdot \|\Delta h_N\|_1 \,. \tag{3.156}$$

Die vorgenommene Vertauschung der Summationsreihenfolge ist auf Grund des Umordnungssatzes für Doppelreihen erlaubt [5, II].

2. Maximumnorm:
Das Signal x sei beschränkt und h absolut summierbar. Dann ist

$$\|y - y_N\|_\infty = \max_{-\infty < k < \infty} \left| \sum_{i=-\infty}^{\infty} \Delta h_N(i) x(k - i) \right|$$

$$\leq \max_{-\infty < k < \infty} \sum_{i=-\infty}^{\infty} |\Delta h_N(i)| \cdot |x(k - i)|$$

$$\leq \|x\|_\infty \sum_{i=-\infty}^{\infty} |\Delta h_N(i)|$$

$$= \|x\|_\infty \cdot \|\Delta h_N\|_1 . \tag{3.157}$$

3. Euklidische Vektornorm:
Die Signale x, h seien Energiesignale mit beschränktem Spektrum. Die Abschätzung lautet

$$\|y - y_N\|_2 \leq C \|\Delta h_N\|_2 , \quad C := \max_{|f| \leq 1/2} |x^F(f)| . \tag{3.158}$$

Da das Signal x ein beschränktes Fourierspektrum $x^F(f)$ besitzt, ist die Konstante C endlich. Der Nachweis kann mit Hilfe der Parsevalschen Gleichung (3.111) und dem Faltungssatz für Energiesignale (Lemma 3.15) erfolgen: Nach der Parsevalschen Gleichung ist zunächst

$$\|y - y_N\|_2^2 = \sum_{i=-\infty}^{\infty} |\Delta y_N(i)|^2 = \int_{-1/2}^{1/2} \left| \Delta y_N^F(f) \right|^2 \, df .$$

Nach dem Faltungssatz ist

$$\Delta y_N^F(f) = x^F(f) \cdot \Delta h_N^F(f) .$$

Daraus folgt

$$\|y - y_N\|_2^2 \leq C^2 \int_{-1/2}^{1/2} \left| \Delta h_N^F(f) \right|^2 \, df = C^2 \|\Delta h_N\|_2^2 \tag{3.159}$$

und daraus die angegebene Abschätzung. Hierbei wurde die Parsevalsche Gleichung ein zweites Mal angewandt.

Bei allen Abschätzungen erhält man den Faktor $\|\Delta h_N\|_1$ bzw. den Faktor $\|\Delta h_N\|_2$. Bei einem kausalen IIR-Filter mit einer absolut bzw. quadratisch summierbaren Impulsantwort h strebt dieser Faktor für $N \to \infty$ gegen 0. Das Ausgangssignal des IIR-Filters kann dann beliebig genau durch das Ausgangssignal des FIR-Filters angenähert werden.

3.8 Übungsaufgaben zu Kapitel 3

Übungsaufgabe 3.1 (Faltungssysteme).
Ist der Mittelwertbilder aus Beispiel 2.2 ein Faltungssystem?

Übungsaufgabe 3.2 (Impulsantwort zeitvarianter Systeme).
Wie lauten die Impulsantworten des

1. zeitvarianten Proportionalglieds (Systembeispiel 7, Tabelle 2.1)?
2. zeitvarianten Verzögerers (Systembeispiel 8)?

Übungsaufgabe 3.3 (Zeitdiskrete Faltung).
Man bestimme die Faltungsprodukte von

$$h(k) = \begin{cases} 1 : k = 0, 1 \\ 0 : \text{sonst} \end{cases}$$

mit $x_1(k) = h(k)$ und $x_2(k) = \delta(k) - \delta(k-1)$ durch Auswertung der entsprechenden Faltungssummen.

Übungsaufgabe 3.4 (Faltbarkeit).
Man untersuche, ob die folgenden Signale miteinander faltbar sind:

1. $\varepsilon(k)$ mit $\varepsilon(k) + \varepsilon(k - 2)$
2. $\varepsilon(k)$ mit $\varepsilon(-k)$
3. $\varepsilon(-k)$ mit $\varepsilon(-k - 2)$
4. $1/(1 + |k|)$ mit $1/(1 + |k|)$
5. $1/(1 + |k|)$ mit $\varepsilon(k)$

Übungsaufgabe 3.5 (Faltung von Ausschaltvorgängen).
Man zeige: Die Faltung zweier Ausschaltvorgänge mit den Ausschaltzeitpunkten $k_2, \bar{k}_2$ liefert ebenfalls einen Ausschaltvorgang mit dem Ausschaltzeitpunkt $k_2 + \bar{k}_2$.

Übungsaufgabe 3.6 (Invertierung eines Einschaltvorgangs).
Man invertiere die Impulsantwort $h(k) := \delta(k) - a\delta(k - 1)$. Hierbei ist a eine beliebige reelle Zahl.

Übungsaufgabe 3.7 (Differentiation und Faltung).
Gesucht ist die Impulsantwort des Systems S_Δ^2, welches die zweite (zeitdiskrete) Ableitung des Eingangssignals bildet. Hinweis: Man betrachte die Hintereinanderschaltung zweier Differenzierer. Durch Faltung bestimme man das Ausgangssignal für die Eingangssignale $x(k) = 1$, $x(k) = k$ und $x(k) = k^2$. Mit Hilfe dieses Ergebnisses gebe man alle Eigenbewegungen des Systems S_Δ^2 an.

Übungsaufgabe 3.8 (1-2-1-Filter).
Für das 1-2-1-Filter mit dem Ausgangssignal

$$y(k) = \frac{1}{4}x(k - 1) + \frac{1}{2}x(k) + \frac{1}{4}x(k + 1)$$

gebe man die Impulsantwort an. Handelt es sich um ein FIR-Filter oder IIR-Filter? Anhand der Impulsantwort zeige man die Kausalität und Stabilität. Man bestimme die Sprungantwort durch Faltung. Mit Hilfe der Sprungantwort bestimme man die Impulsantwort des 1-2-1-Filters.

Übungsaufgabe 3.9 (Übertragungsfunktion des 1-2-1-Filters).

Man bestimme die Übertragungsfunktion und die Filterkoeffizienten der Hintereinanderschaltung des 1-2-1-Filters mit sich selbst. Man gebe eine einfache Erklärung dafür, daß die Summe der Filterkoeffizienten gleich 1 ist. Man gebe das Ausgangssignal y des 1-2-1-Filters bei Anregung mit der Impulsantwort des 1-2-1-Filters $x = h_{121}$ an.

Übungsaufgabe 3.10 (z-Transformation und Filtergrad).

Man gebe den Filtergrad des n-fachen Differenzierers S_Δ^n ohne Bestimmung seiner Impulsantwort an. Mit Hilfe der z-Transformation stelle man eine Formel für die Impulsantwort von S_Δ^n auf.

Übungsaufgabe 3.11 (Eindeutigkeit der z-Transformation).

Mit Hilfe der Faktorisierung der Übertragungsfunktion eines Signals endlicher Dauer zeige man: Zwei verschiedene Signale endlicher Dauer besitzen verschiedene z-Transformierten.

Übungsaufgabe 3.12 (Nichtlineare Phasenfunktion).

Man überzeuge sich davon, daß das FIR-Filter mit der Impulsantwort $h(k) = \delta(k) - \lambda\delta(k-1)$ für $\lambda = 0.5$ und $\lambda = 1.5$ eine nichtlineare Phasenfunktion besitzt. Bemerkung: Für $\lambda = 1$ ist das FIR-Filter ein Differenzierer mit einer linearen Phasenfunktion im Frequenzbereich $0 < f < 1$.

Übungsaufgabe 3.13 (Sobel-und Laplace-Operator).

Man bestimme die Frequenzfunktion der folgenden FIR-Filter und bestimme den Filtertyp (Tiefpaß, Hochpaß, Bandpaß):

1. Sobeloperator:

$$h(k) = \delta(k+1) - \delta(k-1) \, ,$$

2. Laplaceoperator:

$$h(k) = \delta(k+1) - 2\delta(k) + \delta(k-1) \, .$$

Man vergleiche den Laplaceoperator mit dem FIR-Filter, welches die zweifache Ableitung bildet. Man begründe die Werte der Frequenzfunktionen bei $f = 0$ und $f = 1/2$ im Zeitbereich.

Übungsaufgabe 3.14 (λ-Tiefpaßfilter).

Man bestimme die Frequenzfunktion des folgenden FIR-Filters und vergleiche es mit der Frequenzfunktion des 1-2-1-Filters:

$$h(k) = \frac{\lambda}{2}\delta(k+1) + (1-\lambda)\delta(k) + \frac{\lambda}{2}\delta(k-1) \, .$$

Welcher Filtertyp liegt bei $\lambda = 0, 1/4, 1/2, 1$ vor?

Übungsaufgabe 3.15 (Verzerrungsfreie Übertragung).

Gegeben ist ein verzerrungsfreies Übertragungssystem, welches durch eine konstante Amplitudenfunktion $A(f) = \lambda$ und eine lineare Phasenfunktion mit $\Phi(f) = -2\pi f c, c \in \mathbb{Z}$ gekennzeichnet ist. Man untersuche das System bei sinusförmiger Anregung und bestimme seine Impulsantwort.

Übungsaufgabe 3.16 (Symmetrie der FT).

Man zeige: ist das Signal $x(k)$ gerade, dann ist die Frequenzfunktion $x^F(f)$ reell und gerade. Mit Hilfe der Rücktransformation der FT zeige man, daß auch die Umkehrung gilt.

Übungsaufgabe 3.17 (Idealer Bandpaß).

Man bestimme die Impulsantwort eines idealen Bandpaßes, gegeben durch

$$h^F(f) = \begin{cases} 1 : f_1 \le f \le f_2 \\ 0 : \text{sonst} \end{cases} \, , \, 0 \le f \le 1/2 \, .$$

Was liefert die Hintereinanderschaltung zweier gleicher idealer Bandpäße und welcher Filtertyp liegt für $f_1 = 0$ vor? Wie groß ist die Energie der Impulsantwort? Was folgt daraus beim Grenzübergang $f_1 \to f_2$? Welches Filter ergibt sich für $f_1 = f_2$?

Übungsaufgabe 3.18 (Impulsantworten von Teilsystemen).

Man bestimme für

$$h_i(k) := z_i^k \, \varepsilon(k) \, , \, z_i := |z_0| \, \mathrm{e}^{\mathrm{j} \, \phi_i} \, , \, i = 0, 1, 2$$

die Faltungsprodukte $h_0 * h_0$, $h_0 * h_0^*$ und $h_1 * h_2$.

Übungsaufgabe 3.19 (Übertragungsfunktion von IIR-Filtern).

Man gebe die Übertragungsfunktionen zweier kausaler IIR-Filter an, die zueinander invers sind.

Übungsaufgabe 3.20 (Übertragungsfunktion von IIR-Filtern).

Gegeben ist das in Abb. 3.27 dargestellte System mit

$$H_1(z) = \frac{z}{z-1} \, , \, |z| > 1 \, ,$$

$$H_2(z) = \frac{z-1}{z^2} \, , \, |z| > 0 \, .$$

Man bestimme die Übertragungsfunktion des Gesamtsystems. Wie läßt sich das System als Hintereinanderschaltung aufbauen?

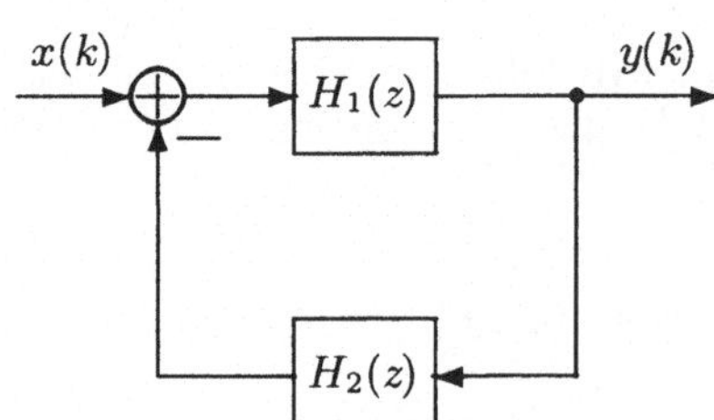

Abb. 3.27. Beispiel eines aus zwei Teilsystemen mit den Übertragungsfunktionen $H_1(z)$ und $H_2(z)$ zusammengeschalteten Systems

4. Verallgemeinerung zeitdiskreter Faltungssysteme

Es werden zwei Verallgemeinerungen für zeitdiskrete Faltungssysteme dargestellt. In Abschn. 4.1 werden „unstetige" LTI-Systeme untersucht. Beispiele sind der Grenzwertbilder und der Mittelwertbilder aus Abschn. 2.2 und 3.1. Ihre Ausgangssignale erhält man *nicht* durch Faltung des Eingangssignals mit der Impulsantwort, da ihre Impulsantworten gleich 0 sind. LTI-Systeme wie der Mittelwertbilder stellen wegen ihrer „exotischen" Frequenzfunktion einen idealen Signaldetektor dar. In Abschn. 4.2 werden LTI-Systeme für Vektoren eingeführt. Im Unterschied zu Signalen besitzen die Vektoren nur eine bestimmte Anzahl von Komponenten. Das Problem, Zeitinvarianz zu definieren, besteht darin, die zeitliche Verschiebung eines Vektors durchzuführen. Die sog. zyklische Verschiebung stellt zwar eine Möglichkeit dar, für Anwendungen in der Transformationskodierung (Abschn. 9.4) ist diese Methode jedoch weniger gut geeignet. Im folgenden wird gezeigt, wie die Bedingung der zeitlichen Verschiebbarkeit von Vektoren gelockert werden kann, um auch solche Anwendungen durch eine Faltung zu erfassen.

4.1 Approximation von LTI-Systemen mit FIR-Filtern

Nach den Ergebnissen von Abschn. 3.1, insbesondere dem *Darstellungssatz für LTI-Systeme* (Satz 3.1), ist das Ausgangssignal eines beliebigen LTI-Systems für ein Eingangssignal endlicher Dauer durch die Faltungssumme

$$y(k) = \sum_i^e h(i)x(k-i) = \sum_i^e x(i)h(k-i) \tag{4.1}$$

gegeben. Wegen der endlichen Dauer des Eingangssignals erfolgt die Summation über einen endlichen Bereich. Üblicherweise wird aus dieser Darstellung geschlossen, das auch für Eingangssignale unendlicher Dauer

$$y(k) = \lim_{n\to\infty} \sum_{i=-n}^n h(i)x(k-i) = \lim_{n\to\infty} \sum_{i=-n}^n x(i)h(k-i) \tag{4.2}$$

gilt. Definition 3.3 eines Faltungssystems beinhaltet diese Darstellung. Für beliebige LTI-Systeme ist sie jedoch nicht automatisch erfüllt. Um zu erkennen, woran dies liegt, führen wir das „abgeschnittene" Eingangssignal endlicher Dauer,

$$x|_n(k) := \begin{cases} x(k) : |k| \leq n \\ \quad 0 : \text{sonst} \end{cases} \tag{4.3}$$

ein. Die Faltungssumme läßt sich damit durch

$$y(k) = \lim_{n\to\infty} \sum_{i=-n}^{n} x(i)h(k-i) = \lim_{n\to\infty} \sum_{i=-n}^{n} x|_n(i)h(k-i)$$

darstellen oder einfach durch

$$y = \lim_{n\to\infty} S(x|_n) . \tag{4.4}$$

Für ein LTI-System ist zunächst nur die Beziehung

$$y = S(x) = S\left(\lim_{n\to\infty} x|_n\right) \tag{4.5}$$

gewährleistet. Die Darstellung des Ausgangssignals als Faltungssumme ist also nur dann richtig, wenn die Systemoperation S mit der Grenzwertbildung $n \to \infty$ vertauschbar ist. Diese Eigenschaft stellt eine Stetigkeitsbedingung an die Systemoperation dar.[1] Daher wird im folgenden ein Faltungssystem als stetiges System bezeichnet und andere LTI-Systeme als *unstetig*.

Den Grenzwertbilder und Mittelwertbilder haben wir als LTI-Systeme kenngelernt, die keine Faltungssysteme sind. Sie sind somit unstetig. Der (kausale) *Grenzwertbilder* ist durch den linksseitigen Grenzwert

$$y(k) = \lim_{n\to\infty} x(k-n) \tag{4.6}$$

gegegeben. Der (beidseitige) *Mittelwertbilder* ist durch

$$y(k) = \lim_{n\to\infty} \frac{1}{2n+1} \sum_{i=-n}^{n} x(k-i)$$

$$= \lim_{n\to\infty} \frac{1}{2n+1} [x(k-n) + x(k-n+1) + \cdots + x(k+n)] \tag{4.7}$$

definiert. Während der beidseitige Mittelwertbilder über alle Eingangssignalwerte mittelt, mittelt der kausale (linksseitige) Mittelwertbilder nur über die Eingangssignalwerte bis zum Zeitpunkt k:

---

[1] Die Stetigkeitsbedingung ist für eine *folgenstetige* Systemoperation erfüllt. Folgenstetigkeit beruht auf der Konvergenz einer Signalfolge. Die Konvergenz der Signalfolge x_n beinhaltet die Konvergenz ihrer Signalwerte $x_n(k)$ für jeden Zeitpunkt k (punktweise Konvergenz). Folgenstetigkeit bedeutet, daß für jede Folge von Signalen x_n, die gegen ein Signal x konvergiert, die Folge $y_n = S(x_n)$ der Ausgangssignale gegen das Signal $y = S(x)$ konvergiert. Da die Folge der abgeschnittenen Signale $x_n := x|_n$ gegen x konvergiert, konvergiert bei einer folgenstetigen Systemoperation $S(x|_n)$ gegen $S(x)$.

$$y(k) = \lim_{n \to \infty} \frac{1}{n+1} \sum_{i=0}^{n} x(k-i)$$

$$= \lim_{n \to \infty} \frac{1}{n+1} [x(k) + x(k-1) + \cdots + x(k-n)] \,. \tag{4.8}$$

Für den Grenzwertbilder ist der Ausgangssignalwert $y(k)$ unabhängig vom Zeitpunkt k, das Ausgangssignale also konstant. Dies trifft auch für die Mittelwertbilder zu, falls das Eingangssignal beschränkt ist, da dann das Ergebnis der Mittelung von einzelnen Eingangssignalwerten nicht abhängt. Die Art der Mittelung, beidseitig oder linksssseitig, hat Einfluß auf den Mittelwert. Für die (beschränkte) Sprungfunktion beispielsweise ist der linksseitige Mittelwert 0, aber der beidseitige Mittelwert 1/2. In beiden Fällen wollen wir den Mittelwert mit $\bar{x}$ bezeichnen. Damit die Systemoperationen durchführbar sind, müssen die Eingangssignale entsprechend eingeschränkt werden. Beschränkte Eingangssignale reichen hierbei nicht aus (Übungsaufgabe).[2] Sowohl der Grenzwertbilder als auch die Mittelwertbilder besitzen als Antwort auf das Eingangssignal $x(k) = \delta(k)$ die Impulsantwort $h(k) = 0$, da der linksseitige Grenzwert bzw. der Mittelwert von $x(k) = \delta(k)$ gleich 0 ist. Das Ausgangssignal dieser Systeme ergibt sich also *nicht* aus der Faltung des Eingangssignals mit der Impulsantwort der Systeme, sonst wäre das Ausgangssignal stets 0. Daraus folgt die Unstetigkeit dieser Systeme. Allgemeiner gilt: Ein vom Nullsystem verschiedenes LTI-System mit der Impulsantwort $h = 0$ ist unstetig.

LTI-Systeme mit der Impulsantwort $h = 0$ stellen einen wichtigen Sonderfall unstetiger LTI-Systeme dar. Um ihre Bedeutung zu verstehen, wird ein beliebiges LTI-System S betrachtet, welches auf einem Signalraum Ω erklärt ist und die Impulsantwort

$$h = S(\delta)$$

besitzt.[3] Das System S wird mit dem Faltungssystem verglichen, das durch die Impulsantwort h definiert ist. Es wird mit S_h bezeichnet, d.h. es ist

$$S_h(x) := h * x \,. \tag{4.9}$$

Damit die Faltung definiert ist, wird für die Eingangssignale der Signalraum

$$\Omega_h := \{ x \in \Omega \,|\, h * x \text{ existiert} \}$$

zugrunde gelegt. Auf dem Signalraum Ω_h sind beide Systeme S, S_h definiert und können somit miteinander verglichen werden. Sie unterscheiden sich voneinander in dem LTI-System $S - S_h$, welches die Impulsantwort

$$S(\delta) - S_h(\delta) = h - h = 0 \tag{4.10}$$

besitzt. Es gilt also

---

[2] Die Signale, für die der linksseitige Grenzwert bzw. der linksseitige oder beidseitige Mittelwert existiert, bilden einen Signalraum.

[3] Hierbei ist vorausgesetzt, daß der Diracimpuls dem Signalraum Ω angehört.

$$S(x) = S_h(x) + [S(x) - S_h(x)] \; , \; x \in \Omega_h \tag{4.11}$$

mit den folgenden zwei *Systemkomponenten:*

1. Faltungssystem S_h:
   Es stellt die stetige Systemkomponente des Systems S dar.
2. System $S - S_h$:
   Da es die Impulsantwort 0 besitzt, ist es unstetig, sofern beide Systeme S, S_h nicht gleich sind. Es stellt somit die unstetige Systemkomponente des Systems S dar.

Beispielsweise besitzt das LTI-System mit $S(x) = x + x(-\infty)$ das identische System als stetige Systemkomponente S_h und den kausalen Grenzwertbilder als unstetige Systemkomponente. Die bisherigen Ergebnise fassen wir wie folgt zusammen:

Lemma 4.1 (Stetige und unstetige LTI-Systeme).
Die Darstellung eines LTI-Systems als Faltungssystem stellt eine Stetigkeitsbedingung an die Systemoperation dar in Form der Vertauschbarkeit der Systemoperation mit einer Grenzwertbildung. LTI-Systeme mit der Impulsantwort 0 sind unstetig, sofern es sich nicht um das Nullsystem handelt. Solche Systeme stellen die Unstetigkeitskomponente eines LTI-Systems für Eingangssignale dar, die mit der Impulsantwort des Systems faltbar sind.

Der Grenzwertbilder und die Mittelwertbilder besitzen ein gemeinsames Konstruktionsprizip. Ihre Ausgangssignale sind durch

$$y(k) = \lim_{n \to \infty} \sum_{i=-n}^{n} h_n(i)x(k - i) \tag{4.12}$$

gegeben. Hierbei stellt $h_n(i)$ eine Folge von Impulsantworten dar, die wie folgt zu wählen sind (s. Abb. 4.1):

1. Kausaler Grenzwertbilder:
   Aus

   $$h_n(i) = \delta(i - n) \tag{4.13}$$

   folgt das Ausgangssignal des kausalen Grenzwertbilders

   $$y(k) = \lim_{n \to \infty} x(k - n) \; .$$

2. Beidseitiger Mittelwertbilder:

$$h_n(i) = \begin{cases} \frac{1}{2n+1} : |i| \le n \\ 0 : \text{sonst} \end{cases} . \tag{4.14}$$

3. Kausaler Mittelwertbilder:

$$h_n(i) = \begin{cases} \frac{1}{n+1} : 0 \le i \le n \\ 0 : \text{sonst} \end{cases} . \tag{4.15}$$

Vergleicht man den vorstehenden Grenzwert mit einer Faltungssumme, erkennt man eine Übereinstimmung für den Fall, daß die Impulsantworten durch

$$h_n(i) = h|_n(i) = \begin{cases} h(i) : |i| \le n \\ \quad 0 : \text{sonst} \end{cases} \tag{4.16}$$

gegeben sind. Die Impulsantworten der Folge h_n entstehen in diesem Fall durch „Abschneiden" der Impulsantwort h des Faltungssystems. Der vorstehende Grenzwert stellt somit eine Verallgemeinerung der Faltungssumme dar. Die Verallgemeinerung besteht darin, daß auch andere Folgen von Impulsantworten zugelassen sind, die nicht notwendigerweise durch Abschneiden eines einzelnen Signals entstanden sind. Den Unterschied verdeutlicht Abb. 4.1.

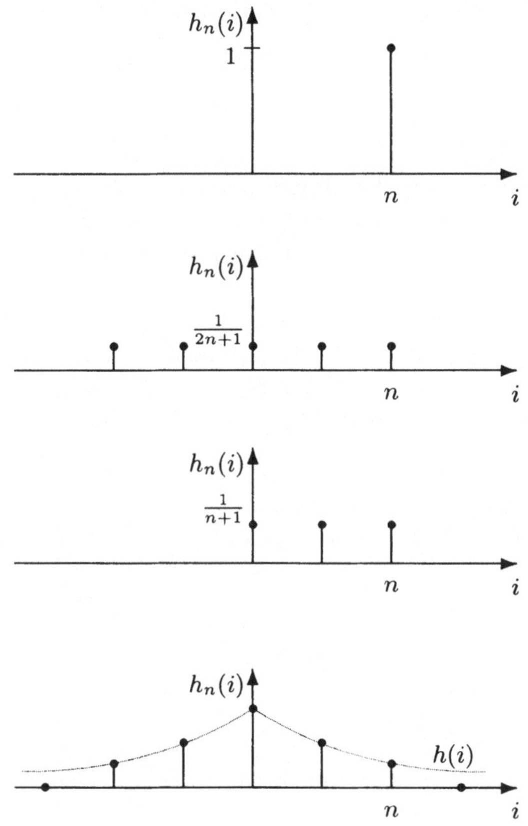

Abb. 4.1. Beschreibung von LTI-Systemen durch eine Folge $h_n(i)$ von Impulsantworten. Die ersten drei Abb. zeigen die Impulsantworten $h_n(i)$ ($n = 2$) des kausalen Grenzwertbilders, sowie des beidseitigen und kausalen Mittelwertbilders. Die Impulsantworten $h_n(i)$ eines Faltungssystems entstehen durch Abschneiden seiner Impulsantwort h (Abb. unten)

Für alle Impulsantworten gilt

$$h_n(i) = 0 \, , \; |i| > n \, . \tag{4.17}$$

Die Impulsantworten h_n gehören daher zu FIR-Filtern. Auf Grund dieser Eigenschaft kann das Ausgangssignal auch gemäß

$$y(k) = \lim_{n \to \infty} \sum_{i=-\infty}^{\infty} h_n(i)x(k - i)$$

dargestellt werden. Beide Darstellungen sind gleichwertig. Impulsantworten h_n mit dieser Eigenschaft wollen wir im folgenden stets voraussetzen.

Definition 4.1 (FIR-approximierbare LTI-Systeme).
Ein FIR-approximierbares (FIR-approximiertes) LTI-System wird durch eine Folge $h_n(i)$ von Impulsantworten ($n \in \mathbb{N}$) mit $h_n(i) = 0$ für $|i| > n$ beschrieben. Das Ausgangssignal ergibt sich daraus zu

$$y(k) = \lim_{n \to \infty} \sum_{i=-\infty}^{\infty} h_n(i)x(k - i) \,. \tag{4.18}$$

Das Ausgangssignal eines FIR-approximierbaren LTI-Systems wird durch die Ausgangssignale

$$y_n(k) := \sum_{i=-n}^{n} h_n(i)x(k - i)$$

einer FIR-Filterung des Eingangssignals mit den Impulsantworten h_n angenähert (approximiert). Das System wird daher wie ein Faltungssystem durch FIR-Filter approximiert.[4] Dieser Sachverhalt kann auch einfach durch

$$S(x) = \lim_{n \to \infty} S_n(x) \tag{4.19}$$

dargestellt werden, wobei S_n das FIR-Filter mit der Impulsantwort h_n bezeichnet. Der Grenzübergang $n \to \infty$ ist hierbei für jeden Zeitpunkt k (punktweise) durchzuführen. Wir überzeugen uns davon, daß hierbei ein LTI-System entsteht. Allgemeiner gilt:

Lemma 4.3 (FIR-approximierbare LTI-Systeme).
Es sei S_n eine Folge von LTI-Systemen, die auf einem Signalraum Ω definiert sind. Dann wird durch

$$S(x) = \lim_{n \to \infty} S_n(x)$$

ein LTI-System für alle Eingangssignale $x \in \Omega$ erklärt, für die der Grenzwert existiert.

---

[4] Die Klasse der FIR-approxmierbaren LTI-Systeme umfaßt daher die Klasse der Faltungssysteme. Wie bei Faltungssystemen gilt:

Lemma 4.2 (Universelle FIR-approximierbare LTI-Systeme).
Ein FIR-approximierbares LTI-System, daß für alle Eingangssignale $x \in \mathbb{R}^{\mathbb{Z}}$ definiert ist, ist ein FIR-Filter.

Der Beweis ist wesentlich komplizierter als der in Abschn. 3.1 (Lemma 3.3) geführte Beweis für Faltungssysteme. Er wird in Anhang A.2 dargestellt. In Kap. 5 wird diese Eigenschaft benötigt, um zu zeigen, daß diese Klasse von Systemen (immer noch) nicht alle LTI-Systeme enthält.

Beweis:

Es seien $x, x_1, x_2 \in \Omega$ Eingangssignale, für die der Grenzwert $S(x), S(x_1), S(x_2)$ existiert.

1. Linearität:

   Für $\lambda, \mu \in \mathbb{R}$ folgt aus der Linearität der Systeme S_n und der Konvergenz der Folgen $S_n(x_1)(k), S_n(x_2)(k)$ für jedes $k \in \mathbb{Z}$

$$\begin{aligned}
S(\lambda x_1 + \mu x_2)(k) &= \lim_{n \to \infty} S_n(\lambda x_1 + \mu x_2)(k) \\
&= \lim_{n \to \infty} [\lambda S_n(x_1)(k) + \mu S_n(x_2)(k)] \\
&= \lambda \lim_{n \to \infty} S_n(x_1)(k) + \mu \lim_{n \to \infty} S_n(x_2)(k) \\
&= \lambda S(x_1)(k) + \mu S(x_2)(k) \ .
\end{aligned}$$

2. Zeitinvarianz:

   Für $c \in \mathbb{Z}$ folgt aus der Zeitinvarianz der Systeme S_n und der Konvergenz der Folge $S_n(x)(k)$ für jedes $k \in \mathbb{Z}$

$$\begin{aligned}
S(\tau_c(x))(k) &= \lim_{n \to \infty} S_n(\tau_c(x))(k) = \lim_{n \to \infty} \tau_c(S_n(x))(k) \\
&= \lim_{n \to \infty} S_n(x)(k - c) = S(x)(k - c) = \tau_c(S(x))(k) \ .
\end{aligned}$$

q.e.d.

Ein durch FIR-Filter approximiertes LTI-System besitzt die Impulsantwort

$$h(k) = \lim_{n \to \infty} \sum_{i=-n}^{n} h_n(i)\delta(k - i) = \lim_{n \to \infty} h_n(k) \ . \tag{4.20}$$

Für den Grenzwertbilder und Mittelwertbilder ist $h = 0$, d.h. die Impulsantwort beschreibt ein durch FIR-Filter approximiertes LTI-System i.allg. nicht vollständig. Die Impulsantwort stellt daher keine *Systemcharakteristik* dar. Die *Frequenzfunktion* erweist sich ebenfalls als nicht vollständige Systembeschreibung. Wir erhalten die Frequenzfunktion durch Anregung des Systems mit dem sinusförmigen Pseudosignal

$$x_c(k) = e^{j 2\pi f k}$$

aus dem ebenfalls sinusförmigen Ausgangssignal

$$y_c(k) = \lim_{n \to \infty} \sum_{k=-n}^{n} h_n(i) e^{j 2\pi f(k-i)} = x_c(k) \cdot S^F(f) \tag{4.21}$$

zu

$$S^F(f) := \lim_{n \to \infty} \sum_{i=-n}^{n} h_n(i) e^{-j 2\pi f i} \ . \tag{4.22}$$

Die Frequenzfunktion ergibt sich folglich als Grenzwert der Frequenzfunktionen[5]

$$h_n^F(f) := \sum_{i=-n}^{n} h_n(i)\,\mathrm{e}^{-\mathrm{j}\,2\pi f i}\,, \quad n \in \mathbb{N} \tag{4.23}$$

der approximierenden FIR-Filter. Im folgenden wird die Frequenzfunktion eines FIR-approximierten LTI-Systems mit der Frequenzfunktion eines Faltungssystems verglichen und der Unterschied anhand des Mittelwertbilders verdeutlicht. Wie bei Faltungssystemen ist die Frequenzfunktion periodisch mit der Periode 1 und konjugiert gerade, denn diese Eigenschaften gelten für die Frequenzfunktionen der approximierenden FIR-Filter. Bei der Hintereinanderschaltung zweier FIR-approximierter LTI-Systeme sind ihre Frequenzfunktionen miteinander zu multiplizieren. Dies folgt aus dem Zusammenhang $y_\mathrm{c}(k) = x_\mathrm{c}(k) \cdot S^F(f)$ für eine sinusförmige Anregung der Systeme. Das Ausgangssignal bei Anregung mit $x(k) = \cos 2\pi f k$ ergibt sich daraus durch Realteilbildung gemäß

$$y(k) = \mathrm{Re}\left[x_\mathrm{c}(k) \cdot S^F(f)\right].$$

Das Ausgangssignal bei Anregung mit $x(k) = \sin 2\pi f k$ ergibt sich durch Imaginärteilbildung gemäß

$$y(k) = \mathrm{Im}\left[x_\mathrm{c}(k) \cdot S^F(f)\right].$$

Wie bei Faltungssystemen braucht die Frequenzfunktion nicht zu existieren. Für den Grenzwertbilder beispielsweise erhält man

$$h_n^F(f) = \sum_{i=-n}^{n} \delta(i - n)\,\mathrm{e}^{-\mathrm{j}\,2\pi f i} = \mathrm{e}^{-\mathrm{j}\,2\pi f n}\,.$$

Der Grenzübergang $n \to \infty$ ist nur für $n \in \mathbb{N}$ möglich: Im Frequenzbreich $|f| \le 1/2$ existiert nur für $f = 0$ der linksseitige Grenzwert des Eingangssignals, denn in diesem Fall ist $x_\mathrm{c}(k) = 1$. Für die übrigen Frequenzen dagegen kann der linksseitige Grenzwert des Eingangssignals nicht gebildet werden.

Die Frequenzfunktion der Mittelwertbilder ist für alle Frequenzen definiert und unabhängig von der Art der Mittelwertbildung gleich (s. Abb. 4.2)

$$S^F(f) = \begin{cases} 1 : f = 0 \\ 0 : 0 < |f| \le 1/2 \end{cases}. \tag{4.24}$$

Da beide Mittelwertbilder die gleiche Frequenzfunktion besitzen, stellt die Frequenzfunktion wie die Impulsantwort keine vollständige Systembeschreibung dar. Die Frequenzfunktion folgt aus der Mittelwertbeziehung

$$\overline{\mathrm{e}^{-\mathrm{j}\,2\pi f i}} = \begin{cases} 1 : f \in \mathbb{Z} \\ 0 : \text{sonst} \end{cases}, \tag{4.25}$$

---

[5] Die Konvergenz erfolgt punktweise.

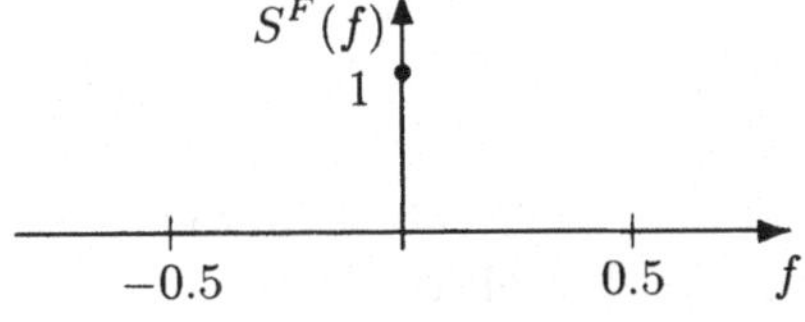

Abb. 4.2. Frequenzfunktion des Mittelwertbilders. Für Frequenzen $|f| \leq 1/2, f \neq 0$ ist sie 0

welche sowohl für linksseitige als auch beidseitige Mittelwertbildung gilt.[6]

Die Frequenzfunktion beschreibt das Systemverhalten bei einer sinusförmigen Anregung: Beim Mittelwertbilder wird ein konstantes Eingangssignal unverändert als Ausgangssignal ausgegeben ($f = 0$). Nicht konstante sinusförmige Eingangssignale dagegen führen zum Ausgangssignal 0. Der Mittelwertbilder stellt somit einen „Signaldetektor" für konstante Signale dar. Wegen des unstetigen, sprunghaften Verlaufs seiner Frequenzfunktion bei $f = 0$ ist die Signaldetektion *ideal*. Eine unstetige Frequenzfunktion besitzt beispielsweise auch ein idealer Tiefpaß. Wie wir aus Abschn. 3.7 wissen, kann er durch FIR-Filter approximiert werden. Die Frequenzfunktion des Mittelwertbilders ist jedoch noch „entarteter". Für Faltungssysteme ist diese Frequenzfunktion nicht möglich.[7]

Die ideale Signaldetektion für konstante Signale kann auf sinusförmige Signale erweitert werden, wie das folgende Beispiel zeigt.

Beispiel 4.1 (Detektion sinusförmiger Signale).
Vor der Mittelwertbildung wird eine Multiplikation mit einem sinusförmigen Signal der Frequenz f_0 ($0 \leq f_0 \leq 1/2$) gemäß

---

[6] Für $f \in \mathbb{Z}$ ist die Mittelwertbeziehung offensichtlich richtig. Für $f \notin \mathbb{Z}$ ist wegen $q := e^{-j 2\pi f} \neq 1$

$$\sum_{i=0}^{n} e^{-j 2\pi f i} = \sum_{i=0}^{n} q^i = \frac{1 - q^{n+1}}{1 - q} \ .$$

Daraus folgt für den linksseitigen Mittelwert (eine entsprechende Abschätzung ist für den beidseitigen Mittelwert möglich)

$$\left| \frac{1}{n+1} \sum_{i=0}^{n} e^{-j 2\pi f i} \right| \leq \frac{1}{n+1} \frac{2}{|1 - q|} \ .$$

Für $n \to \infty$ strebt die rechte Seite und damit auch die linke Seite gegen 0.

[7] Ein Faltungssystem mit einer Impulsantwort endlicher Energie und mit der Frequenzfunktion des Mittelwertbilders ist das Nullsystem: Eine über $|f| \leq 1/2$ quadratisch integrierbare Frequenzfunktion kann nämlich bei einzelnen Frequenzen abgeändert werden, ohne das System zu beeinflussen. Setzt man die Frequenzfunktion des Mittelwertbilders bei $f = 0$ auf den Wert 0, ist die Frequenzfunktion für alle Frequenzen 0, d.h. das Faltungssystem wäre das Nullsystem. Auch für ein Faltungssystem mit einer Distribution als Impulsantwort stellt die Frequenzfunktion des Mittelwertbilders das Nullsystem dar.

$$y(k) = \lim_{n \to \infty} \frac{1}{n+1} \sum_{i=0}^{n} \cos 2\pi f_0 i \cdot x(k-i) \tag{4.26}$$

vorgenommen. Das System ist für $f_0 = 0$ mit dem Mittelwertbilder identisch. Es ist kausal und wird durch FIR-Filter mit den Impulsantworten

$$h_n(i) = \begin{cases} \frac{1}{n+1} \cos 2\pi f_0 i : 0 \leq i \leq n \\ 0 : \text{sonst} \end{cases} \tag{4.27}$$

approximiert. Wie beim Mittelwertbilder ist eine beidseitige Mittelung ebenfalls möglich. Auf die Frequenzfunktion hat dies keinen Einfluß. Sie lautet

$$S^F(f) = \lim_{n \to \infty} \frac{1}{n+1} \sum_{i=0}^{n} \cos 2\pi f_0 i \cdot e^{-j 2\pi f i}$$

$$= \overline{\cos 2\pi f_0 i \cdot \cos 2\pi f i} - j \cdot \overline{\cos 2\pi f_0 i \cdot \sin 2\pi f i} \ .$$

Aus den beiden *Orthogonalitätsbeziehungen*

$$\overline{\sin 2\pi f i \cdot \cos 2\pi f_0 i} = 0 \ , \ f, f_0 \in \mathbb{R} \tag{4.28}$$

$$\overline{\cos 2\pi f i \cdot \cos 2\pi f_0 i} = 0 \ , \ f \neq \pm f_0 \ , \ |f| \leq 1/2 \tag{4.29}$$

und der Mittelwertbeziehung

$$\overline{\cos^2 2\pi f_0 i} = \begin{cases} 1 : 2f_0 \in \mathbb{Z} \\ 1/2 : \text{sonst} \end{cases} \tag{4.30}$$

folgt die Frequenzfunktion des Systems (s. Abb. 4.3):[8]

---

[8] Wir benötigen die beiden Mittelwertbeziehungen

$$\overline{\sin 2\pi f i} = 0 \ , \ f \in \mathbb{R} \ , \tag{4.31}$$

$$\overline{\cos 2\pi f i} = \begin{cases} 1 : f \in \mathbb{Z} \\ 0 : \text{sonst} \end{cases} \ . \tag{4.32}$$

Für $f \in \mathbb{Z}$ sind beide Beziehungen offensichtlich erfüllt. Sie folgen aus (4.25) durch Realteilbildung und Imaginärteilbildung.
Aus den vorstehenden Mittelwertbeziehungen folgt

$$\overline{\sin 2\pi f i \cdot \cos 2\pi f_0 i} = \frac{1}{2}\overline{\sin 2\pi (f-f_0)i} + \frac{1}{2}\overline{\sin 2\pi(f+f_0)i} = 0$$

und

$$\overline{\cos 2\pi f i \cdot \cos 2\pi f_0 i} = \frac{1}{2}\overline{\cos 2\pi (f-f_0)i} + \frac{1}{2}\overline{\cos 2\pi(f+f_0)i} = 0$$

für $f - f_0 \notin \mathbb{Z}$ und $f + f_0 \notin \mathbb{Z}$. Beide Bedingungen sind für $f \neq \pm f_0, |f| \leq 1/2$ ($0 \leq f_0 \leq 1/2$) erfüllt. Damit sind die Mittelwertbeziehungen (4.28) und (4.29) bewiesen. Die Mittelwertbeziehung (4.30) folgt aus

$$\overline{\cos^2 2\pi f_0 i} = \frac{1}{2} + \frac{1}{2}\overline{\cos 2\pi(2f_0)i}$$

$$= \begin{cases} 1 : 2f_0 \in \mathbb{Z} \\ 1/2 : \text{sonst} \end{cases} \ .$$

Für $0 < f_0 < 1/2$ ist

$$S^F(f) = \begin{cases} 1/2 : f = \pm f_0 \\ 0 : \text{sonst} , \ |f| \leq 1/2 \ . \end{cases}$$
(4.33)

Für $f_0 = 0$ oder $f_0 = 1/2$ ist

$$S^F(f) = \begin{cases} 1 : f = \pm f_0 \\ 0 : \text{sonst} , \ |f| \leq 1/2 \ . \end{cases}$$
(4.34)

Das System stellt somit einen idealen Signaldetektor für ein sinusförmiges Signal der Frequenz f_0 dar.

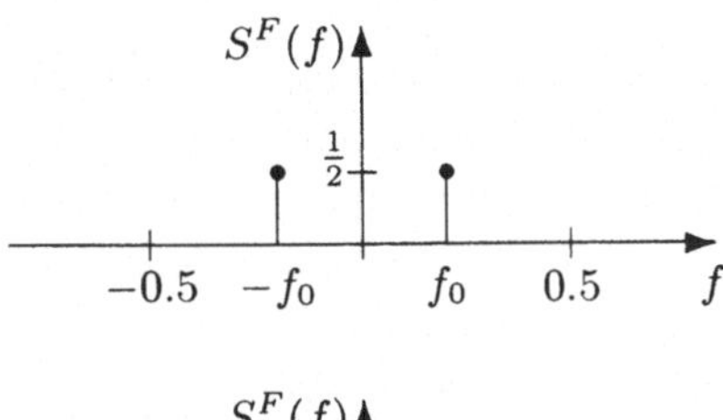

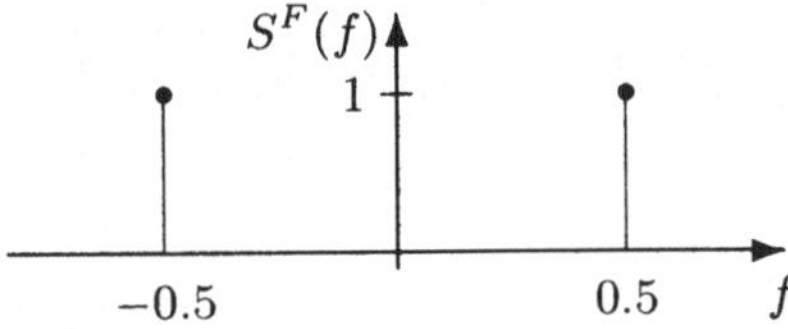

Abb. 4.3. Frequenzfunktion des Signaldetektors für sinusförmige Signale der Frequenz f_0 für $0 < f_0 < 1/2$ (Abb. oben) und $f_0 = 1/2$ (Abb. unten)

4.2 Faltungssysteme für Vektoren

Die Zeitinvarianz eines LTI-Systems erfordert die zeitliche Verschiebbarkeit des Eingangssignals bzw. Ausgangssignals. Daher ist bei Signalen die Zeit in beiden Zeitrichtungen nicht begrenzt. Bei einem zeitdiskreten Signal $x(k)$ ist dann eine zeitliche Verschiebung um $c \in \mathbb{Z}$ Zeiteinheiten gemäß $x(k - c)$ möglich. Für einen Vektor $\boldsymbol{x} \in \mathbb{R}^M$ dagegen, bestehend aus den M Vektorkomponenten $x(1), \ldots x(M)$, ist zunächst unklar, wie eine zeitliche Verschiebung durchzuführen ist.

Eine Möglichkeit der zeitlichen Verschiebung eines Signalvektors besteht in der *zyklischen Verschiebung*. Bei der zyklischen Rechtsverschiebung (Verzögerung) des Vektors $\boldsymbol{x} = (x(1), \ldots x(M))^{T}$[9] um $c = 1$ Zeiteinheiten ist der verschobene Vektor durch

$$\boldsymbol{y} = (x(M), x(1), \ldots x(M - 1))^T$$
(4.35)

---

[9] Durch die Transposition wird aus einem Zeilenvektor ein Spaltenvektor.

gegeben. Der fehlende Signalwert $x(0)$ wird also durch den letzten Signalwert $x(M)$ ersetzt. Bei dieser Methode geht kein Signalwert des Eingangsvektors $\boldsymbol{x}$ verloren. Dies gilt ebenso für eine zyklische Linksverschiebung, bei der der fehlende Signalwert $x(M+1)$ durch den Signalwert $x(1)$ ersetzt wird. Eine zyklische Verschiebung kann durch eine Matrix beschrieben werden. Beispielsweise beschreibt

$$
\begin{pmatrix} y(1) \\ y(2) \\ y(3) \\ \vdots \\ y(M) \end{pmatrix} = \begin{bmatrix} 0\,0\,0\,\ldots\,0\,1 \\ 1\,0\,0\,\ldots\,0\,0 \\ 0\,1\,0\,\ldots\,0\,0 \\ \vdots \\ 0\,0\,0\,\ldots\,1\,0 \end{bmatrix} \cdot \begin{pmatrix} x(1) \\ x(2) \\ x(3) \\ \vdots \\ x(M) \end{pmatrix} \tag{4.36}
$$

die zyklische Rechtsverschiebung um $c = 1$ Zeiteinheiten. Die vorstehende Matrix bezeichnen wir mit $[\delta_1]$. Die Matrix $[\delta_1]$ ist eine sog. *zirkulante* Matrix. Sie ist dadurch gekennzeichnet, daß jede Zeile der Matrix aus einer zyklischen Rechtsverschiebung der vorherigen Zeile hervorgeht. Die erste Zeile ergibt sich aus einer zyklischen Rechtsverschiebung der letzten Zeile. Eine zyklische Rechtsverschiebung um beispielsweise $c = 2$ Zeiteinheiten ergibt sich aus der Hintereinanderausführung zweier zyklischer Rechtsverschiebungen um $c = 1$ Zeiteinheiten. Ihre Matrix folgt aus

$$[\delta_1] \cdot ([\delta_1] \cdot \boldsymbol{x}) = ([\delta_1] \cdot [\delta_1]) \cdot \boldsymbol{x}$$

zu $[\delta_2] := [\delta_1] \cdot [\delta_1] = [\delta_1]^2$. Hierbei wurde die Assoziativität der Matrizenmultiplikation ausgenutzt. Allgemeiner stellt die Matrix

$$[\delta_c] = [\delta_1]^c \,, \quad c \in \mathbb{Z} \tag{4.37}$$

eine zyklische Verschiebung um c Zeiteinheiten dar. Für $c = 0$ findet keine Verschiebung statt. Also ist $[\delta_0]$ gleich der Einheitsmatrix, d.h. $[\delta_0] = \boldsymbol{E}$. Da eine zyklische Verschiebung um M Zeiteinheiten den Eingangsvektor $\boldsymbol{x}$ nicht ändert, ist auch $[\delta_M] = \boldsymbol{E}$. Eine zyklische Rechtsverschiebung um $c = M - 1$ Zeiteinheiten entspricht einer zyklischen Linksverschiebung um $c = 1$ Zeiteinheiten. Also ist $[\delta_{-1}] = [\delta_{M-1}]$. Da diese Operation die zyklische Rechtsverschiebung um $c = 1$ Zeiteinheiten umkehrt, ist

$$[\delta_{-1}] = [\delta_1]^{-1} \tag{4.38}$$

(Übungsaufgabe).

Bei einer zyklischen Rechtsverschiebung um $c = 1$ Zeiteinheiten wird der fehlende Signalwert $x(0)$ am „linken Rand" des Signalvektors $\boldsymbol{x}$ durch den Signalwert $x(M)$ am „rechten Rand" ersetzt. Zum gleichen Ergebnis gelangt man auch wie folgt:

1. Signalfortsetzung:
   Zunächst wird der Signalvektor $\boldsymbol{x}$ zu einem periodischen Signal $x^+(k)$ mit der Periode M fortgesetzt. Seine Signalwerte sind demnach für alle Zeitpunkte $k \in \mathbb{Z}$ definiert und es ist $x^+(k + M) = x^+(k)$. Für die Zeitpunkte $k = 1, \ldots M$ ist $x^+(k) = x(k)$.

2. Faltungsoperation:
   Das periodische Signal $x^+(k)$ wird um $c = 1$ Zeiteinheiten nach rechts verschoben.

3. Restriktion:
   Der Signalvektor y ergibt sich direkt aus den Signalwerten des verschobenen Signals zu den Zeitpunkten $k = 1, \ldots M$. Diesen letzten Schritt bezeichnen wir im folgenden als *Restriktion*.

Anstelle einer Verschiebungsoperation können auch andere Faltungsoperationen durchgeführt werden. Wir setzen im folgenden ein FIR-Filter voraus. Seine Impulsantwort wird mit h bezeichnet. Anstelle des verschobenen Signals wird daher das gefilterte, zeitdiskrete Signal

$$y(k) = \sum_i^e h(i) x^+(k - i) \tag{4.39}$$

gebildet, dessen Restriktion den Ausgangsvektor y liefert.[10] Die Restriktion des Signals $x^+(k - i)$ ergibt den Ausgangsvektor $[\delta_i] \cdot x$. Folglich liefert die Restriktion des Signals y den Ausgangsvektor

$$y = \sum_i^e h(i) \left([\delta_i] \cdot x\right) = \sum_i^e h(i)[\delta_i] \cdot x \ .$$

Die Vektoroperation ist daher durch eine Matrizenmultiplikation mit der Matrix

$$[h] = \sum_i^e h(i)[\delta_i] \tag{4.40}$$

gegeben. Wir bezeichnen sie als *Filtermatrix*. Für die zyklische Rechtsverschiebung beispielsweise ist $h(i) = \delta(i - c)$ und wir erhalten die Filtermatrix $[\delta_c]$. Die Filtermatrix $[h]$ stellt die Operation des FIR-Filters für Signalvektoren dar. Hierbei wird das FIR-Filter mit der Impulsantwort h auf die periodische Fortsetzung des Signalvektors x angewandt. Die Fortsetzung benötigen wir hierbei, um die FIR-Filterung überhaupt ausführen zu können.

Beispiel 4.2 (1-2-1-Filtermatrix).
Für das 1-2-1-Filter mit der Impulsantwort

$$h_{121}(k) = \frac{1}{4}(\delta(k - 1) + 2\delta(k) + \delta(k + 1)) \tag{4.41}$$

ist

$$[h_{121}] = h(-1)[\delta_{-1}] + h(0)[\delta_0] + h(1)[\delta_1] = \frac{1}{4}([\delta_{-1}] + 2E + [\delta_1]) \ ,$$

woraus die Filtermatrix

---

[10] Für ein FIR-Filter, das nur Filterkoeffizienten $h(1), h(2), \ldots h(M)$ besitzt, stellt die vorstehende Faltungssumme die sog. *zyklische Faltung* der beiden Vektoren $(h(1), \ldots h(M))^T$ und x dar. Da die Signale $x^+(k - i)$ für alle $i \in \mathbb{Z}$ periodisch mit der Periode M sind, ist auch das Ausgangssignal $y(k)$ periodisch mit der Periode M.

$$[h_{121}] = \frac{1}{4} \begin{bmatrix} 2\ 1\ 0\ 0\ \dots\ 0\ 0\ 1 \\ 1\ 2\ 1\ 0\ \dots\ 0\ 0\ 0 \\ \vdots \\ 0\ 0\ 0\ 0\ \dots\ 1\ 2\ 1 \\ 1\ 0\ 0\ 0\ \dots\ 0\ 1\ 2 \end{bmatrix} \qquad (4.42)$$

folgt. Man erhält sie auch aus der folgenden Überlegung: In den mittleren Zeilen der Filtermatrix befinden sich die Filterkoeffizienten des FIR-Filters. Da diese Zeilen für die „inneren" Signalwerte $y(2), \dots y(M-1)$ verantwortlich sind, kann die FIR-Filterung ohne Fortsetzung des Eingangsvektors x erfolgen. Bei der Berechnung von $y(1), y(M)$ fehlen die Signalwerte $x(0)$ bzw. $x(M+1)$. Diese werden bei der periodischen Fortsetzung des Signalvektors x durch die Signalwerte

$$x(M): \quad \text{Für } x(0),$$
$$x(1): \quad \text{Für } x(M+1)$$

ersetzt. Dafür verantwortlich sind die beiden Einsen der Filtermatrix in der rechten oberen und linken unteren Ecke.

Das vorstehende Beispiel zeigt den Nachteil der periodischen Fortsetzung: Die fehlenden Signalwerte $x(0), x(M+1)$ des Eingangssignals werden durch die jeweils am gegenüberliegenden „Rand " befindlichen Signalwerte $x(M), x(1)$ ersetzt (geschätzt). Bei einer großen Blockgröße M ist diese Methode der Schätzung weniger gut geeignet. Eine bessere Schätzung wären die in unmittelbarer Nachbarschaft der fehlenden Signalwerte befindlichen Signalwerte

$$x(1): \quad \text{Für } x(0),$$
$$x(M): \quad \text{Für } x(M+1).$$

Diese Schätzung liegt vor, wenn anstelle der periodischen Fortsetzung der Signalvektor x zunächst gerade und dann periodisch mit der Periode $2M$ fortsetzt wird. Abbildung 4.4 verdeutlicht den Unterschied.

Für das 1-2-1-Filter erhält man bei der gerade-periodischen Fortsetzung die Filtermatrix

$$[h_{121}] = \frac{1}{4} \begin{bmatrix} 3\ 1\ 0\ 0\ \dots\ 0\ 0\ 0 \\ 1\ 2\ 1\ 0\ \dots\ 0\ 0\ 0 \\ \vdots \\ 0\ 0\ 0\ 0\ \dots\ 1\ 2\ 1 \\ 0\ 0\ 0\ 0\ \dots\ 0\ 1\ 3 \end{bmatrix} . \qquad (4.43)$$

Zur Berechnung von $y(1)$ wird neben der Gewichtung von $x(1)$ mit $h(0) = 1/2$ zusätzlich $x(1)$ mit $h(1) = 1/4$ gewichtet, da der Signalwert $x(1)$ als Schätzwert für den fehlenden Signalwert $x(0)$ verwendet wird. Daraus folgt

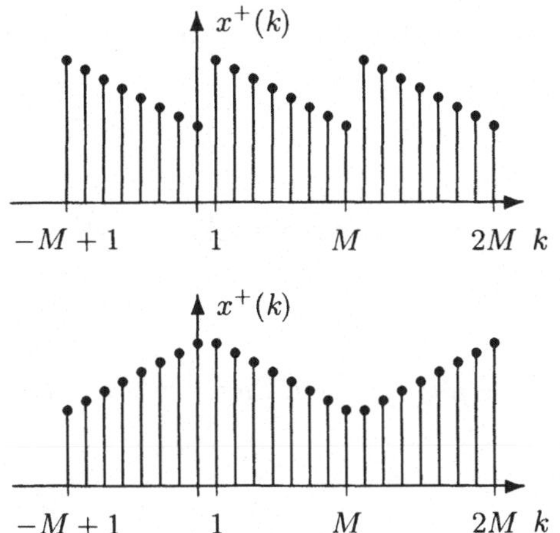

Abb. 4.4. Fortsetzungen eines Signalvektors $\boldsymbol{x} = (x(1),\dots x(M))^T$ zu einem zeit-diskreten Signal $x^+(k)$. Abb. oben: Periodische Fortsetzung (Periode $M = 8$). Abb. unten: Gerade-periodische Fortsetzung (Periode $2M$)

die Gewichtung von $x(1)$ mit $h(0) + h(1) = 3/4$. Ebenso wird der Signalwert $x(M)$ mit $h(0) + h(-1) = 3/4$ gewichtet.

Es stellt sich die Frage, ob die Matrizenmultiplikation des Signalvektors $\boldsymbol{x}$ mit einer Filtermatrix als ein zeitinvariantes Faltungsystem und damit als ein LTI-System aufgefaßt werden kann. Hierbei ist zu beachten, daß die Filtermatrix von der gewählten Fortsetzung des Signalvektors $\boldsymbol{x}$ abhängt. Für eine Filtermatrix wird die folgende Definition zugrunde gelegt:

Definition 4.2 (Filtermatrix).
Eine Filtermatrix beschreibt den Zusammenhang zwischen Eingangs-und Aus-gangsvektor gemäß

$$\boldsymbol{y} = [h] \cdot \boldsymbol{x} \ . \tag{4.44}$$

Der Signalvektor $\boldsymbol{y}$ entsteht durch

1. *eine lineare Fortsetzung des Signalvektors $\boldsymbol{x}$ zu einem zeitdiskreten Signal $x^+(k)$,*
2. *eine Faltung des zeitdiskreten Signals $x^+(k)$ mit der Impulsantwort h eines Faltungsystems (FIR-Filters),*
3. *die Übernahme der Signalwerte des zeitdiskreten Ausgangssignals zu den Zeitpunkten $k = 1,\dots M$ (Restriktion).*

Damit sich der Ausgangsvektor $\boldsymbol{y}$ als Produkt einer Filtermatrix $[h]$ mit dem Eingangsvektor $\boldsymbol{x}$ darstellen läßt, wird eine lineare Fortsetzung vorausgesetzt. Dies bedeutet, daß fehlende Eingangssignalwerte durch Linearkombinationen der Signalwerte $x(1),\dots x(M)$ ersetzt werden. Da die Faltungsoperation und die Restriktion ebenfalls lineare Operationen sind, hängt damit der Ausgangsvektor $\boldsymbol{y}$ linear vom Eingangsvektor $\boldsymbol{x}$ ab, woraus der Zusammenhang

$$\boldsymbol{y} = [h] \cdot \boldsymbol{x}$$

mit einer $M \times M$ Matrix $[h]$ folgt.

Die Filtermatrix $[h]$ hängt ebenfalls linear von der Impulsantwort h ab, d.h. es gilt

$$[\lambda h_1 + \mu h_2] = \lambda [h_1] + \mu [h_2] \ , \quad \lambda, \mu \in \mathbb{R} \ . \tag{4.45}$$

Die Faltung der Impulsantwort $h = \lambda h_1 + \mu h_2$ mit dem Signal $x^+(k)$ ergibt nämlich

$$y(k) = \lambda h_1 * x^+(k) + \mu h_2 * x^+(k) \ .$$

Die Restriktion des Signals y liefert folglich $\lambda [h_1]\boldsymbol{x} + \mu [h_2]\boldsymbol{x}$.

Aus der Darstellung der Impulsantwort gemäß

$$h(k) = \sum_i^e h(i)\delta(k - i)$$

folgt

$$[h] = \sum_i^e h(i)[\delta_i] \ .$$

Die Filtermatrix $[h]$ läßt sich also wie bei der periodischen Fortsetzung durch (4.40) darstellen. Wie anhand der Filtermatrix $[h_{121}]$ für die periodische und gerade-periodische Fortsetzung zu erkennen ist, hängt die Filtermatrix $[h]$ von der Fortsetzung ab.

Für bestimmte Fortsetzungen, beispielsweise für die periodische Fortsetzung, gilt [9]

$$[\delta_c] = [\delta_1]^c \ , \quad c \in \mathbb{Z} \ .$$

Diese Bedingung wird im folgenden *starke Fortsetzungsbedingung* genannt. Für Fortsetzungen, für die die starke Fortsetzungsbedingung gilt, sind alle Filtermatrizen $[\delta_c], c \in \mathbb{Z}$ durch die Filtermatrix $[\delta_1]$ festgelegt. Nach (4.40) ist eine beliebige Filtermatrix $[h]$ durch die Filtermatrix $[\delta_1]$ sowie die Impulsantwort h festgelegt.

Für Fortsetzungen, für die die starke Fortsetzungsbedingung gilt, können Filtermatrizen als Faltungssysteme aufgefaßt werden, denn es gilt:

1. Verschiebungsoperationen:
   Die Filtermatrizen $[\delta_c], c \in \mathbb{Z}$ verhalten sich auf Grund der starken Fortsetzungsbedingung wie die Verschiebungsoperationen $\delta(k - c)$ für zeitdiskrete Signale.

2. Kommutativität:
   Bei dem Produkt zweier Filtermatrizen kommt es nicht auf die Reihenfolge an. Diese Eigenschaft entspricht der Kommutativität der Faltung. Aus der Fortsetzungsbedingung folgt zunächst die Kommutativität für Verschiebungsoperationen:

$$[\delta_{c_1}] \cdot [\delta_{c_2}] = [\delta_1]^{c_1 + c_2} = [\delta_{c_2}] \cdot [\delta_{c_1}] \ , \ c_1, c_2 \in \mathbb{Z} \ .$$

Aus der Darstellung einer Filtermatrix gemäß

$$[h] = \sum_{i}^{e} h(i)[\delta_i]$$

folgt daraus die Kommutativität für zwei Filtermatrizen $[h_1], [h_2]$:

$$[h_1] \cdot [h_2] = [h_2] \cdot [h_1] \ . \tag{4.46}$$

3. Zeitinvarianz:

Aus der Kommutativität folgt, daß eine Filtermatrixoperation (Filtermatrix $[h]$) mit einer Verschiebungsoperation (Filtermatrix $[\delta_c], c \in \mathbb{Z}$) vertauschbar ist, d.h.

$$[h] \cdot [\delta_c] = [\delta_c] \cdot [h] \ . \tag{4.47}$$

Eine Filtermatrixoperation kann daher als eine zeitinvariante Operation aufgefaßt werden. Da Filtermatrixoperationen außerdem lineare Operationen sind, können sie als LTI-Systeme für Vektoren angesehen werden.

Für die gerade-periodische Fortsetzung ist die starke Fortsetzungsbedingung leider nicht erfüllt (Übungsaufgabe). Bei der gerade-periodischen Fortsetzung verhalten sich die Filtermatrizen $[\delta_c], c \in \mathbb{Z}$ nicht wie die Verschiebungsoperationen $\delta(k - c)$ für zeitdiskrete Signale. Allerdings gilt eine schwächere Fortsetzungsbedingung, die von einer wesentlich größeren Klasse von Fortsetzungen erfüllt wird, zu denen auch die gerade-periodische Fortsetzung gehört. Die Filtermatrizen

$$[\delta_c^S] := [\delta(k - c) + \delta(k + c] = [\delta_c] + [\delta_{-c}] \ , \ c \in \mathbb{Z} \tag{4.48}$$

verhalten sich wie die symmetrischen Impulsantworten $h(k) = \delta(k - c) + \delta(k + c)$, denn es gilt die folgende *schwache Fortsetzungsbedingung* [9]:

$$[\delta_c^S] \cdot [\delta_1^S] = [\delta_{c+1}^S] + [\delta_{c-1}^S] \ , \ c \in \mathbb{Z} \ . \tag{4.49}$$

Diese Bedingung wird auch von der gerade-periodischen Fortsetzung erfüllt. Die „Nullfortsetzung", welche fehlende Signalwerte durch Nullen ersetzt, erfüllt die Bedingung nicht (Übungsaufgabe). Ist sie erfüllt, sind alle Filtermatrizen $[\delta_c^S], c \in \mathbb{Z}$ durch die beiden Filtermatrizen $[\delta_1^S]$ und $[\delta_{-1}^S]$ festgelegt. Aus (4.40) folgt für eine Filtermatrix $[h]$ mit symmetrischer Impulsantwort h die Darstellung

$$[h] = h(0)[\delta_0] + \sum_{i \neq 0}^{e} h(i)([\delta_i] + [\delta_{-i}])$$

$$= h(0)\boldsymbol{E} + \sum_{i > 0}^{e} h(i)[\delta_i^S] \ . \tag{4.50}$$

Eine Filtermatrix $[h]$ mit symmetrischer Impulsantwort h ist daher durch die Impulsantwort h und die Filtermatrix $[\delta_1^S]$ festgelegt. Ein einfaches Beispiel ist das 1-2-1-Filter. Seine Filtermatrix ist

$$[h_{121}] = \frac{1}{2}\boldsymbol{E} + \frac{1}{4}[\delta_1^S] \ . \tag{4.51}$$

Für Fortsetzungen, die die schwache Fortsetzungsbedingung erfüllen, können Filtermatrizen mit symmetrischer Impulsantwort als Faltungssysteme aufgefaßt werden, denn ihr Produkt ist kommutativ [9]. Auf Grund der Kommutativität bilden die Filtermatrizen mit symmetrischer Impulsantwort eine kommutative Algebra. Diese Eigenschaft ist für eine *Faltungsalgebra* kennzeichnend. Für die gerade-periodische Fortsetzung können daher die Filtermatrizen mit symmetrischer Impulsantwort als Faltungssysteme für Vektoren aufgefaßt werden.

4.2.1 Unitäre Transformationen

Im folgenden werden unitäre Transformationen eingeführt. Sie sind mit der Fouriertransformation zeitdiskreter Signale vergleichbar. Beispiele sind die Diskrete Fouriertransformation (DFT) und die sog. Diskrete Kosinustransformation (DCT). Dabei handelt es sich um lineare Transformationen des Signalvektors x in den transformierten Signalvektor $\tilde{x}$. Seine Komponenten $\tilde{x}(n), n = 1, \ldots M$ heißen auch *Transformationskoeffizienten*. Eine lineare Transformation ist durch eine Matrixmultiplikation gemäß

$$\tilde{x} = F \cdot x \tag{4.52}$$

gegeben. Hierbei bezeichnet F die $M \times M$ Transformationsmatrix. Das Kennzeichen einer Transformationsmatrix ist ihre Invertierbarkeit. Ihre inverse Matrix F^{-1} definiert die Rücktransformation, denn es gilt

$$x = E \cdot x = (F^{-1} \cdot F) \cdot x = F^{-1} \cdot (F \cdot x) = F^{-1} \cdot \tilde{x} . \tag{4.53}$$

Der Vektor x ergibt sich folglich durch Multiplikation der Zeilen von F^{-1} mit dem Vektor $\tilde{x}$. Für den Einheitsvektor $\tilde{x} = e_1 := (1, 0, \ldots 0)^T$ beispielsweise folgt als Vektor x die erste Spalte von F^{-1}. Wir bezeichnen diesen Vektor mit b_1. Die anderen Spalten von F^{-1} werden mit $b_2, \ldots b_M$ bezeichnet:

$$b_n := F^{-1} \cdot e_n , \quad n = 1, \ldots M . \tag{4.54}$$

Sie stellen die sog. *Basis-Signale* oder *Basisvektoren* der Transformation dar. Aus ihnen setzt sich der Eingangsvektor x wie folgt zusammen:[11]

---

[11] Dies folgt aus der Darstellung des Vektors $\tilde{x}$ mit Hilfe der Einheitsvektoren $e_1 = (1, 0, \ldots 0)^T, \ldots e_M = (0, \ldots 0, 1)^T$ gemäß

$$\tilde{x} = \sum_{n=1}^{M} \tilde{x}(n) e_n .$$

Multiplikation mit F^{-1} führt auf die angegebene Darstellung

$$x = F^{-1} \cdot \tilde{x} = \sum_{n=1}^{M} \tilde{x}(n) b_n .$$

$$x = \sum_{n=1}^{M} \widetilde{x}(n) b_n \ . \tag{4.55}$$

Daran erkennt man die Bedeutung der Transformationskoeffizienten eines Vektors x: Sie geben die Faktoren an, mit denen die Basisvektoren der Transformation zu gewichten sind, um den Vektor x zu erhalten. Der vorstehenden Beziehung entspricht bei zeitdiskreten Signalen die Fourier-Rücktransformation

$$x(k) = \int_{-1/2}^{1/2} x^F(f)\, e^{j\,2\pi f k} \, df \ .$$

Die Basis-Signale der Fouriertransformation sind die (unendliche vielen) zeitdiskreten Signale $e^{j\,2\pi f k}$ mit den Frequenzen $-1/2 \leq f \leq 1/2$. Die Werte der Frequenzfunktion $x^F(f)$, $-1/2 \leq f \leq 1/2$ entsprechen den Transformationskoeffizienten $\widetilde{x}(n)$, $n = 1, \ldots M$.

Bei einer unitären Transformation bzw. unitären Matrix bilden die Basisvektoren ein *Orthonormalsystem*. Dies bedeutet:

1. Orthogonalität:
   Die Basisvektoren stehen aufeinander senkrecht, d.h. das Skalarprodukt zweier verschiedener Basisvektoren ist 0:

   $$b_n^{*T} \cdot b_m = 0 \ , \ n \neq m \ , \ n, m = 1, \ldots M \ . \tag{4.56}$$

2. Normiertheit:
   Die Basisvektoren haben alle die Länge 1:

   $$b_n^{*T} \cdot b_n = 1 \ , \ n = 1, \ldots M \ . \tag{4.57}$$

In Matrizenschreibweise lassen sich beide Bedingungen gemäß

$$\begin{bmatrix} b_1^{*T} \\ \vdots \\ b_M^{*T} \end{bmatrix} \cdot \begin{bmatrix} b_1 \ \ldots \ b_M \end{bmatrix} = E$$

darstellen. Da die zweite Matrix gleich der Matrix F^{-1} ist, ist folglich die erste Matrix gleich der Transformationsmatrix F. Der Übergang zwischen beiden Matrizen ist somit durch eine Transposition (Vertauschung von Zeilen mit Spalten) und Konjugation gegeben, d.h. für eine unitäre Transformation gilt

$$F^{-1} = F^{*T} \ . \tag{4.58}$$

Die Basisvektoren der Transformation sind die Spalten von F^{-1} und damit die Zeilen von F^*. d.h. es gilt

$$b_n = (F_{n,1}^*, \ldots F_{n,M}^*)^T \ , \ n = 1, \ldots M \ . \tag{4.59}$$

Bei einer unitären Transformation bilden nicht nur die Spalten von F^{-1} sondern auch die Spalten der Transformationsmatrix F ein Orthonormalsystem.[12] Für eine reellwertige Transformation sind die Transformationskoeffizienten reell. In diesem Fall ist

$$F^{-1} = F^T \ . \tag{4.60}$$

Eine solche Transformation heißt *orthogonal*. Die bisherigen Definitionen fassen wir wie folgt zusammen:

Definition 4.3 (Unitäre Transformation).
Eine durch die Matrix F gegebene Transformation heißt unitär, falls ihre inverse Matrix durch $F^{-1} = F^{*T}$ gegeben ist und orthogonal, falls die Matrix F außerdem reellwertig ist. Die Spalten von F^{-1} bzw. die Zeilen von F^* sind die Basisvektoren der Transformation. Die Multiplikation der Basisvektoren mit den Transformationskoeffizienten $\tilde{x}(n), n = 1, \ldots M$ eines Vektors x ergeben als Summe den Vektor x.

Beispiel 4.3 (Diskrete Fouriertransformation).
Die DFT ist eine unitäre Transformation mit einer komplexwertigen, symmetrischen Transformationsmatrix F, gegeben durch

$$F_{n,m} = \frac{1}{\sqrt{M}}\, \mathrm{e}^{-\mathrm{j}\, 2\pi(n-1)(m-1)/M} \ , \ n,m = 1, \ldots M \tag{4.61}$$

[10]. Durch Konjugation ergeben sich daraus die Komponenten der Basisvektoren der DFT:

$$b_n(k) = F^*_{n,k} = \frac{1}{\sqrt{M}}\, \mathrm{e}^{\mathrm{j}\, 2\pi(n-1)(k-1)/M} \ , \ n,k = 1, \ldots M \ . \tag{4.62}$$

Der Normierungsfaktor $1/\sqrt{M}$ normiert die Längen der Basisvektoren auf 1:

$$b_n^{*T} b_n = \frac{1}{M} \sum_{k=1}^{M} \mathrm{e}^{-\mathrm{j}\, 2\pi(n-1)(k-1)/M}\, \mathrm{e}^{\mathrm{j}\, 2\pi(n-1)(k-1)/M} = 1 \ .$$

Speziell für $n = 1$ erhält man den „konstanten" Vektor

---

[12] Für eine unitäre Transformation gilt

$$F^{*T} \cdot F = E \ .$$

Daraus folgt, daß auch die Spalten von F ein Orthonormalsystem bilden. Man erhält sie aus $\tilde{e}_n = F \cdot e_n, n = 1, \ldots M$. Die Fouriertransformation zeitdiskreter Signale ist ebenfalls unitär: Das zeitdiskrete Signal $x(k) = e_n(k) := \delta(k - n)$ besitzt die Frequenzfunktion $x^F(f) = \mathrm{e}^{-\mathrm{j}\, 2\pi f n}$. Diese Frequenzfunktionen bilden ein Orthonormalsystem, denn es gilt die Orthogonalitätsbeziehung

$$\int_{-1/2}^{1/2} \mathrm{e}^{\mathrm{j}\, 2\pi f n}\, \mathrm{e}^{-\mathrm{j}\, 2\pi f k}\, \mathrm{d}f = \delta(n - k) \ , \ n,k \in \mathbb{Z} \ .$$

$$b_1 = \frac{1}{\sqrt{M}}(1,1,\ldots 1)^T \; . \tag{4.63}$$

Der DFT-Koeffizient $\tilde{x}(1)$ stellt daher den Gleichanteil (*DC-Anteil*) des Vektors x dar. Aus $\tilde{x} = F \cdot x$ folgt

$$\tilde{x}(1) = \frac{1}{\sqrt{M}} \sum_{k=1}^{M} x(k) \; . \tag{4.64}$$

Die Basisvektoren b_n enthalten M Signalwerte der zeitdiskreten, sinusförmigen (Pseudo-)Signale

$$x_n(k) = \frac{1}{\sqrt{M}} \, \mathrm{e}^{\mathrm{j}\,2\pi f_n (k-1)} \; , \; n,k = 1,\ldots M$$

mit den Frequenzen

$$f_n = \frac{n-1}{M} \; , \; n = 1,\ldots M \; .$$

Die „maximale Frequenz" $f = 1/2$ (s. Abschn. 1.1) wird demnach für $n-1 \geq M/2$ überschritten. Die gleichen Signalwerte ergeben sich für $n - 1 \geq M/2$ bei der Frequenz $f_n - 1$. Für $n = M$ beispielsweise ist $f_n - 1 = -1/M = -f_2$. Daraus folgen gleiche Realteile von b_2 und b_8 in Abb. 4.5. Da die Frequenzen f_n rationale Zahlen sind, sind die Signale $x_n(k)$ periodisch. Die Periode ist gleich M. Folglich werden für die Basisvektoren die Signalwerte $x_n(k)$ innerhalb einer ganzen Periode verwendet.

Beispiel 4.4 (Diskrete Kosinustransformation).
Die (gerade) DCT ist eine orthogonale Transformation mit einer reellen, symmetrischen Transformationsmatrix F. Die inverse Matrix ist wegen der Rellwertigkeit und Symmetrie durch

$$F^{-1} = F^{*T} = F^T = F \tag{4.65}$$

gegeben, also gleich der Transformationsmatrix. Die Transformationsmatrix ist

$$F_{n,m} = \sqrt{\frac{2 - \delta(n-1)}{M}} \cos \frac{\pi(n - 1)(m - 1/2)}{M} \; , \; n,m = 1,\ldots M \tag{4.66}$$

[10]. Für die Komponenten der Basisvektoren der DCT folgt

$$b_n(k) = F_{n,k} \; , \; n,k = 1,\ldots M \; . \tag{4.67}$$

Der Normierungsfaktor

$$\sqrt{\frac{2 - \delta(n-1)}{M}} = \begin{cases} \sqrt{1/M} : n = 1 \\ \sqrt{2/M} : n = 2,\ldots M \end{cases}$$

normiert die Längen der Basisvektoren auf 1 (Übungsaufgabe). Speziell für $n = 1$ erhält man wie bei der DFT den „konstanten" Vektor

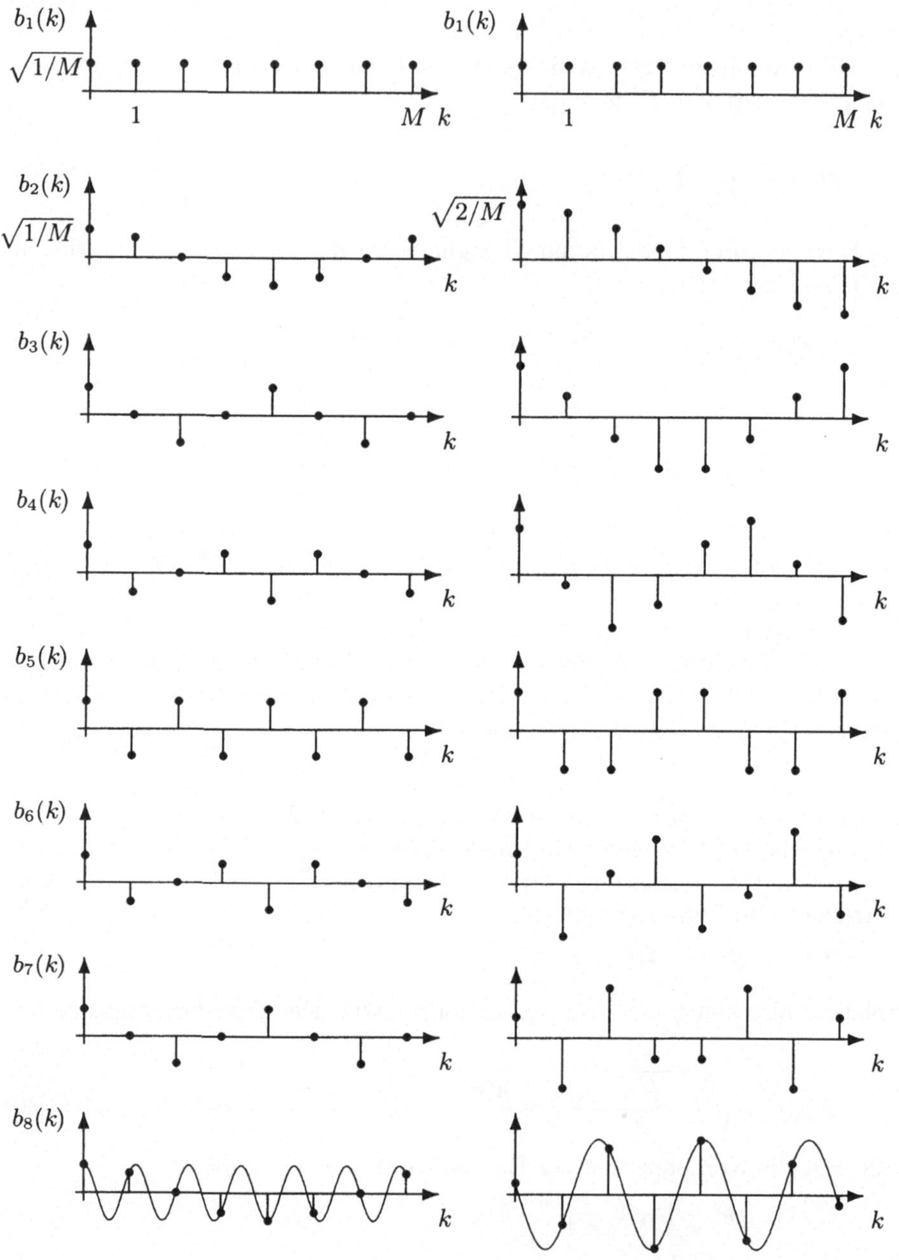

Abb. 4.5. Basisvektoren der DFT (links) und DCT (rechts) für $M = 8$. Der Basisvektor b_1 ist für beide Transformationen gleich dem Vektor mit den konstanten Komponenten $1/\sqrt{M}$. Für die DFT sind für die Basisvektoren $b_2, \ldots b_8$ nur ihre Realteile dargestellt

$$b_1 = \frac{1}{\sqrt{M}}(1, 1, \ldots 1)^T \, , \qquad (4.68)$$

und der DFT-Koeffizient $\widetilde{x}(1)$ stellt ebenfalls den Gleichanteil des Vektors x dar. Die Basisvektoren enthalten M Signalwerte der zeitdiskreten, sinusförmigen Signale

$$x_n(k) = \sqrt{\frac{2 - \delta(n-1)}{M}} \, \cos 2\pi f_n(k - 1/2) \, , \ n, k = 1, \ldots M \qquad (4.69)$$

mit den Frequenzen

$$f_n = \frac{n-1}{2M} \, , \ n = 1, \ldots M \, .$$

Die Frequenzen f_n nähern sich demnach der „maximalen Frequenz" $f = 1/2$. Die Periode der Signale $x_n(k)$ ist gleich $2M$. Für die Basisvektoren werden folglich die Signalwerte innerhalb der halben Periode verwendet. Die vorstehende Abb. verdeutlicht den Unterschied zur DFT.

4.2.2 Faltungssatz für Vektoren

Die Beschreibung zeitdiskreter Faltungssysteme im Frequenzbereich haben wir in Kap. 3 kennengelernt. Auf Grund des Faltungssatzes der FT (Lemma 3.15) ist die Frequenzfunktion des Eingangssignals mit der Frequenzfunktion des Faltungssystems zu multiplizieren. Folglich wird für jede Frequenz die Frequenzfunktion des Eingangssignals mit einem Faktor multipliziert. Bei Signalvektoren tritt an die Stelle der Frequenzfunktion des Eingangssignals der transformierte Vektor $\widetilde{x} = F \cdot x$. Es stellt sich die Frage, ob ein Faltungssystem, gegeben durch eine Filtermatrix $[h]$, im Transformationsbereich ebenfalls eine Multiplikation beinhaltet, d.h. die Multiplikation der Transformationskoeffizienten $\widetilde{x}(n)$ mit Faktoren.

Eine Filtermatrixoperation $[h] \cdot x$ beinhaltet eine Multiplikation mit der Matrix $F \cdot [h] \cdot F^{-1}$: Zunächst wird die inverse Transformation, dann die Filteroperation und schließlich die Transformation durchgeführt, wie Abb. 4.6 zeigt. Eine Multiplikation der Transformationskoeffizienten $\widetilde{x}(n)$ mit Faktoren liegt demnach dann vor, wenn die Matrix $F \cdot [h] \cdot F^{-1}$ eine *Diagonalmatrix* ist. Sie besitzt nur Komponenten ungleich 0 auf der Hauptdiagonalen, d.h.

$$F \cdot [h] \cdot F^{-1} = \begin{bmatrix} \Lambda_{1,1} & & 0 \\ & \ddots & \\ 0 & & \Lambda_{M,M} \end{bmatrix} \, . \qquad (4.70)$$

Die Filtermatrix $[h]$ wird also durch die Transformationsmatrix F *diagonalisiert*. Für die DFT und DCT findet man:

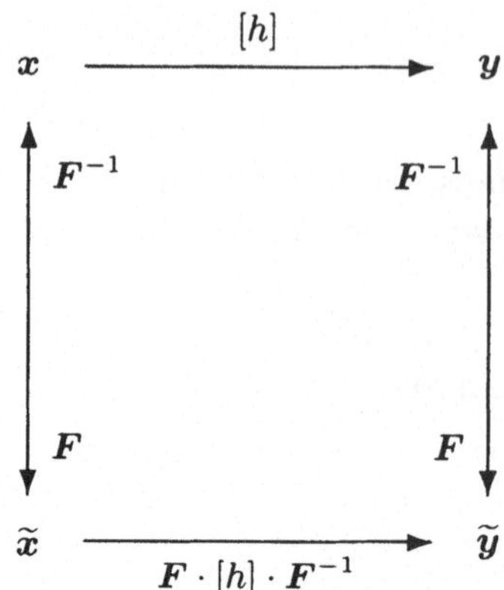

Abb. 4.6. Wirkung einer Filtermatrixoperation mit der Filtermatrix $[h]$ im Transformationsbereich (Transformationsmatrix F)

1. Diskrete Fouriertransformation:
   Bei der periodischen Fortsetzung werden die (zirkulanten) Filtermatrizen durch die DFT diagonalisiert. Dies folgt bereits aus der Diagonalisierung der Matrix $[\delta_1]$, denn alle anderen Filtermatrizen ergeben sich aus dieser Filtermatrix durch Additionen und Multiplikationen.[13]

2. Diskrete Kosinustransformation:
   Bei der gerade-periodischen Fortsetzung werden die Filtermatrizen $[h]$ mit symmetrischer Impulsantwort h durch die DCT diagonalisiert [9]. Dies folgt bereits aus der Diagonalisierung der Filtermatrix $[\delta_1^S]$, denn alle anderen Filtermatrizen ergeben sich aus dieser Filtermatrix durch Additionen und Multiplikationen. Für die Filtermatrix $[\delta_1^S]$ beispielsweise erhält man für $\Lambda = F \cdot [\delta_1^S] \cdot F^{-1}$

$$\Lambda_{n,n} = 1 + \frac{\cos 3\pi(n-1)/(2M)}{\cos \pi(n-1)/(2M)} \ , \ n = 1,\ldots M \ . \tag{4.71}$$

Für das 1-2-1-Filter mit der Filtermatrix

$$[h_{121}] = \frac{1}{2} E + \frac{1}{4} [\delta_1^S]$$

folgt daraus die Diagonalmatrix

$$F \cdot [h_{121}] \cdot F^{-1} = \frac{1}{2} E + \frac{1}{4} F \cdot [\delta_1^S] \cdot F^{-1}$$

---

[13] Werden zwei Filtermatrizen $[h_1]$ und $[h_2]$ diagonalisiert, dann auch ihre Summe $[h_1]+[h_2]$, ihr Produkt $[h_1]\cdot[h_2]$ und $\lambda\cdot[h_1]$, $\lambda \in \mathbb{R}$, wobei ihre Diagonalmatrizen Λ_1, Λ_2 entsprechend zu verknüpfen sind:

$$F \cdot ([h_1] + [h_2]) \cdot F^{-1} = F \cdot [h_1] \cdot F^{-1} + F \cdot [h_2] \cdot F^{-1} = \Lambda_1 + \Lambda_2 \ ,$$

$$F \cdot [h_1] \cdot [h_2] \cdot F^{-1} = F \cdot [h_1] \cdot F^{-1} \cdot F \cdot [h_2] \cdot F^{-1} = \Lambda_1 \cdot \Lambda_2 \ ,$$

$$F \cdot \lambda[h_1] \cdot F^{-1} = \lambda F \cdot [h_1] \cdot F^{-1} = \lambda\Lambda_1 \ .$$

Die Matrizen auf den rechten Seiten sind ebenfalls Diagonalmatrizen.

mit den folgenden Komponenten für $M = 4$:

$$\Lambda_{1,1} = 1 \;,\; \Lambda_{2,2} = 0.85 \;,\; \Lambda_{3,3} = 0.5 \;,\; \Lambda_{4,4} = 0.15 \;. \tag{4.72}$$

Wegen $\Lambda_{1,1} = 1$ bleibt der DC-Anteil erhalten, während die anderen DCT-Koeffizienten $\tilde{x}(n), n > 1$ abgeschwächt werden. Darin kommt die Tiefpaßfilterwirkung des 1-2-1-Filters zum Ausdruck.

4.3 Übungsaufgaben zu Kapitel 4

Übungsaufgabe 4.1 (Mittelwertbildung).
Für das Signal $x(k) = k$ bestimme man das Ausgangssignal des linksseitigen und beidseitigen Mittelwertbilders.

Übungsaufgabe 4.2 (Mittelwertbildung und beschränkte Signale).
Man gebe jeweils ein Signal für die folgenden Fälle an:

1. Das Signal besitzt einen (beidseitigen) Mittelwert, ist aber nicht beschränkt.
2. Das Signal ist beschränkt, besitzt aber keinen Mittelwert.

Übungsaufgabe 4.3 (Mittelwertbilder und Differenzierer).
Es werden der Mittelwertbilder und der (zeitdiskrete) Differenzierer hintereinandergeschaltet.

1. Wie lautet die Frequenzfunktion der Hintereinanderschaltung?
2. Hat die Reihenfolge bei der Hintereinanderschaltung einen Einfluß auf das Systemverhalten?

Übungsaufgabe 4.4 (Sinusdetektor).
Gegeben ist das in Abb. 4.7 dargestellte System, aufgebaut aus zwei kausalen Mittelwertbildern (MW). Man beschreibe das Systemverhalten.

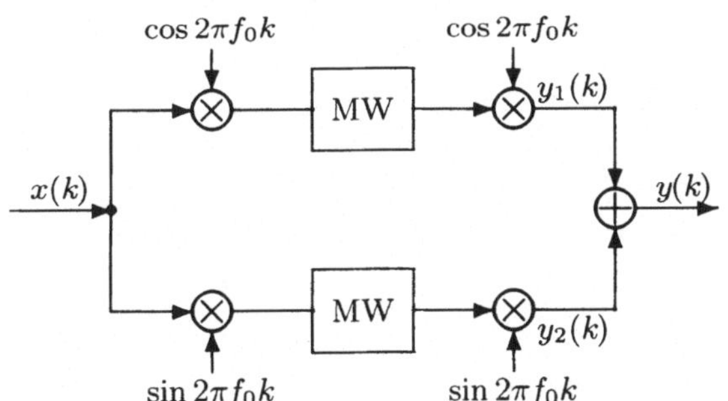

Abb. 4.7. System bestehend aus zwei kausalen Mittelwertbildern und vier Multiplizierern

Übungsaufgabe 4.5 (Signaldetektor für Exponentialsignal).
Die FIR-Filter mit den Impulsantworten

$$h_n(i) = \begin{cases} \frac{1}{n+1} a^i : 0 \le i \le n \\ \quad\; 0 : \text{sonst} \end{cases}$$

mit einer reellen Zahl $|a| < 1$ werden zur Approximation eines LTI-Systems benutzt.

1. Wie lautet die Impulsantwort des Systems?
2. Wie lautet das Ausgangssignal bei Anregung mit $x(k) = \sin 2\pi f k$?
3. Wie lautet das Ausgangssignal bei Anregung mit $x(k) = a^k$?

Übungsaufgabe 4.6 (Starke Fortsetzungsbedingung).

Man bestätige für $M = 4$, daß die Beziehung

$$[\delta_1] \cdot [\delta_{-1}] = E$$

für die periodische Fortsetzung gilt, aber nicht für die gerade-periodische Fortsetzung.

Übungsaufgabe 4.7 (Fortsetzungsbedingungen).

Man zeige, daß aus der starken Fortsetzungsbedingung die schwache Fortsetzungsbedingung folgt.

Übungsaufgabe 4.8 (Nullfortsetzung).

Man bestätige für $M = 6, c = 1$, daß die schwache Fortsetzungsbedingung

$$[\delta_c^S] \cdot [\delta_1^S] = [\delta_{c+1}^S] + [\delta_{c-1}^S] \ , \ c \in \mathbb{Z} \ .$$

für die gerade-periodische Fortsetzung gilt, aber nicht für die Nullfortsetzung, bei der fehlende Signalwerte durch den Signalwert 0 ersetzt werden.

Übungsaufgabe 4.9 (Diskrete Kosinustransformation).

Man zeige, daß die Basisvektoren der DCT normiert sind.

5. Beliebige zeitdiskrete LTI-Systeme

Es werden zeitdiskrete LTI-Systeme behandelt, die nicht notwendigerweise durch eine Faltung des Eingangssignals mit ihrer Impulsantwort beschrieben werden können. In Abschn. 5.1 wird gezeigt, wie ein Signalraum mit Hilfe von Basis-Signalen erzeugt werden kann. Durch Anwendung elementarer Signaloperationen auf die Basis-Signale entstehen die Signale des Signalraums. Bei Signalen treten zwei unterschiedliche Signalabhängigkeiten auf, die in Abschn. 5.2 beschrieben werden. Bei den sog. *Intra-Abhängigkeiten* bestehen Abhängigkeiten zwischen den Signalwerten eines einzelnen Signals, bei den *Inter-Abhängigkeiten* bestehen Abhängigkeiten zwischen den Signalwerten verschiedener Signale. Bei einem LTI-System übertragen sich die Abhängigkeiten für Eingangssignale auf die Ausgangssignale. Daher können die Ausgangssignale eines LTI-Systems nicht frei gewählt werden. Die Einschränkungen, die sich nur aus den Intra-Abhängigkeiten ergeben, sind bereits aufschlußreich, wie in Abschn. 5.3 ausgeführt wird. Für sinusförmige Signale beispielsweise ergeben sich sinusförmige Ausgangssignale der gleichen Frequenz, d.h. auch LTI-Systeme, die nicht durch eine Impulsantwort charakterisiert werden können, besitzen eine Frequenzfunktion. Andererseits bestehen keine Inter-Abhängigkeiten zwischen sinusförmigen Signalen und dem Diracimpuls, so daß auch kein Zusammenhang zwischen der Frequenzfunktion und der Impulsantwort eines LTI-Systems bestehen muß. Will man ein LTI-System auf alle zeitdiskreten Eingangssignale erweitern, steht man einer unüberblickbaren Vielfalt an Signalabhängigkeiten gegenüber, die bei der Festlegung seiner Ausgangssignale zu berücksichtigen sind. Daher ist es erstaunlich, daß eine solche Erweiterung stets gelingt. Dies folgt aus dem Fortsetzungssatz in Abschn. 5.4.

5.1 Signalräume

Ein Signalraum ist nach Kap. 1 dadurch gekennzeichnet, daß die elementaren Signaloperationen

- Überlagerung zweier Signale,

- Multiplikation eines Signals mit einem Faktor,
- zeitliche Verschiebung eines Signals

wieder Signale des Signalraums ergeben. Um die Struktur eines Signalraums besser zu verstehen, ist es vorteilhaft, einen Signalraum durch bestimmte *Basis-Signale* zu charakterisieren (wie bei linearen Räumen), aus denen alle anderen Signale des Signalraums durch wiederholte Anwendung der elementaren Signaloperationen auf die Basissignale erzeugt werden können. Die Basis-Signale bilden den sog. *Erzeuger* des Signalraums.

Definition 5.1 (LTI-Hülle).

Die LTI-Hülle einer Menge $\mathbb{E}$ von (Basis-)Signalen ist die Menge aller Linearkombinationen von Basis-Signalen und deren Verschiebungen, d.h.[1]

$$\mathbf{LTI}(\mathbb{E}) := \mathbf{LIN}(\{\tau_c(x)|x \in \mathbb{E} , c \in \mathbb{Z}\}) . \tag{5.1}$$

Die Menge $\mathbb{E}$ heißt der Erzeuger der LTI-Hülle $\mathbf{LTI}(\mathbb{E})$.

Die LTI-Hülle $\mathbf{LTI}(\mathbb{E})$ besteht per Definition aus Linearkombinationen des Signals x und seinen Verschiebungen $\tau_c(x), c \in \mathbb{Z}$. Da eine Linearkombination nur endlich viele Signale miteinander „kombiniert", kann sie als Ausgangssignal einer FIR-Filterung dargestellt werden. Die FIR-Filterung (Impulsantwort h) eines Signals x ergibt nämlich das Ausgangssignal

$$y = \sum_i^e h(i)\tau_i(x) ,$$

d.h. eine Linearkombination von Signalen $\tau_c(x), c \in \mathbb{Z}$. Die LTI-Hülle $\mathbf{LTI}(\mathbb{E})$ kann daher mit Hilfe von FIR-Filtern charakterisiert werden.

Lemma 5.1 (LTI-Hülle).

Die Signale der LTI-Hülle $\mathbf{LTI}(\mathbb{E})$ haben die Form

$$x = \mathrm{FIR}_1(x_1) + \cdots + \mathrm{FIR}_n(x_n) , \; x_1, \ldots x_n \in \mathbb{E} , \; n \in \mathbb{N} \tag{5.2}$$

mit FIR-Filtern $\mathrm{FIR}_1, \mathrm{FIR}_2 \ldots \mathrm{FIR}_n$. Die LTI-Hülle $\mathbf{LTI}(\mathbb{E})$ ist der kleinste Signalraum, der $\mathbb{E}$ umfaßt.

Beweis:

1. Darstellung der Signale $x \in \mathbf{LTI}(\mathbb{E})$:
   Die FIR-Filterung eines Signals x ergibt eine Linearkombination von Signalen $\tau_c(x), c \in \mathbb{Z}$. Die Summe $\mathrm{FIR}_1(x_1) + \cdots + \mathrm{FIR}_n(x_n)$ liefert folglich eine Linearkombination von Signalen $\tau_c(x), x \in \mathbb{E}, c \in \mathbb{Z}$.

---

[1] Mit $\mathbf{LIN}(\mathbb{E}_1)$ wird die lineare Hülle einer Menge $\mathbb{E}_1$ von Vektoren bezeichnet. Sie enthält alle Linearkombinationenen von Vektoren aus $\mathbb{E}_1$,

$$\sum_i^e \lambda_i x_i , \; \lambda_i \in \mathbb{R} , \; x_i \in \mathbb{E}_1 , \; i \in \mathbb{Z} .$$

2. **LTI**($\mathbb{E}$) ist ein Signalraum:
   Per Definition ist **LTI**($\mathbb{E}$) ein linearer Raum. Zu zeigen bleibt die Abgeschlossenheit gegenüber Verschiebungen. Es sei $x \in$ **LTI**($\mathbb{E}$). Dann ist

   $$x = \sum_i^e \lambda_i \tau_{c_i}(x_i) \ , \ x_i \in \mathbb{E} \ , \ \lambda_i \in \mathbb{R} \ , \ c_i \in \mathbb{Z} \ .$$

   Daraus folgt

   $$\tau_c(x) = \sum_i^e \lambda_i \tau_{c+c_i}(x_i) \ .$$

   Daher ist $\tau_c(x) \in$ **LTI**($\mathbb{E}$).

3. Minimalität von **LTI**($\mathbb{E}$):
   Es sei $\Omega \supseteq \mathbb{E}$ ein Signalraum. Wir zeigen $\Omega \supseteq$ **LTI**($\mathbb{E}$).
   Es sei $x \in$ **LTI**($\mathbb{E}$). Dann ist

   $$x = \sum_i^e \lambda_i \tau_{c_i}(x_i) \ , \ x_i \in \mathbb{E} \ , \ \lambda_i \in \mathbb{R} \ , \ c_i \in \mathbb{Z} \ .$$

   Wegen $\mathbb{E} \subseteq \Omega$ ist $x_i \in \Omega$, $i = 1, \ldots n$. Da Ω ein Signalraum ist, folgt $x \in \Omega$.

q.e.d.

Beispiel 5.1 (Signale endlicher Dauer).
Signale endlicher Dauer besitzen die Form

$$x(k) = \sum_i^e x(i)\delta(k - i) \ . \tag{5.3}$$

Die Summation erfolgt von einem Anfangszeitpunkt k_1 bis zu einem Endzeitpunkt k_2. Die Dauer des Signals beträgt $k_2 - k_1 + 1$. Die Signale endlicher Dauer bilden einen Signalraum Ω. Da die Dauer eines Signals zwar endlich, aber beliebig groß sein kann, ist die Dimension des Signalraums unendlich. Signale endlicher Dauer werden auf Grund der vorstehenden Signaldarstellung durch den Diracimpuls erzeugt, d.h. es ist

$$\Omega = \mathbf{LTI}(\{\delta\}) \ . \tag{5.4}$$

Ein einzelnes Signal reicht also schon aus, um alle Signale endlicher Dauer zu erzeugen.

Bei der LTI-Hülle muß die lineare Hülle am Schluß gebildet werden: Eine Definition der LTI-Hülle gemäß

$$\{\tau_c(x)|x \in \mathbf{LIN}(\mathbb{E}) \ , \ c \in \mathbb{Z}\}$$

anstelle (5.1) würde nämlich auf die Signalmenge

$$\{\tau_c(x)|x = \lambda\delta \ , \ \lambda \in \mathbb{R} \ , \ c \in \mathbb{Z}\} = \{\lambda\delta(k - c)|\lambda \in \mathbb{R} \ , \ c \in \mathbb{Z}\}$$

führen. Diese Signalmenge ist kein Signalraum, da sie nur einzelne Impulse enthält.

Beispiel 5.2 (Sinusförmige Signale).
Sinusförmige Signale besitzen die Form

$$x(k) = A\sin(2\pi f k + \Phi) \ . \tag{5.5}$$

Diese Signale bilden bei fester Frequenz f einen Signalraum, wie bereits in Abschn. 1.3 (Beispiel 1.7) gezeigt wurde. Er wird im folgenden mit $\Omega(f)$ bezeichnet. Die Darstellung eines sinusförmigen Signals gemäß

$$x(k) = a\cos 2\pi f k + b\sin 2\pi f k \tag{5.6}$$

mit von der Amplitude A und der Phase Φ abhängigen reellen Zahlen a und b wurde ebenfalls gezeigt. Daher sind die beiden Signale

$$x_1(k) = \cos 2\pi f k \ , \quad x_2(k) = \sin 2\pi f k \tag{5.7}$$

zur Erzeugung von $\Omega(f)$ ausreichend und der Signalraum ist höchstens zweidimensional. Für die Frequenzen $f = 0$ und $f = 1/2$ ist $x_2 = 0$, d.h. der Signalraum $\Omega(f)$ wird vom Signal x_1 erzeugt: Für $f = 0$ ist $x_1(k) = 1$. Der Signalraum $\Omega(f)$ beinhaltet die konstanten Signale. Für $f = 1/2$ ist $x_1(k) = (-1)^k$. Der Signalraum $\Omega(f)$ beinhaltet die *alternierenden* Signale. Aber auch für Frequenzen $0 < f < 1/2$ wird der Signalraum $\Omega(f)$ von einem einzigen Signal erzeugt, wie im folgenden erklärt wird. Die zwischen der Sinusfunktion und Kosinusfunktion gültige Beziehung $\cos\alpha = \sin(\alpha + \pi/2)$ ist hierbei nicht ausreichend. Aus ihr folgt

$$x_1(k) = x_2(k + c) \ , \quad c \in \mathbb{Z}$$

nur für $2\pi f c = \pi/2 + n2\pi$, $n \in \mathbb{Z}$ bzw. für

$$f = \frac{1/4 + n}{c} \ .$$

Da c ganzzahlig ist, ist die Bedingung nicht für jede Frequenz $0 < f < 1/2$ erfüllbar. Die trigonometrische Beziehung

$$\sin\alpha - \sin\beta = 2\cos\frac{\alpha + \beta}{2}\sin\frac{\alpha - \beta}{2}$$

führt dagegen zum Ziel. Aus ihr folgt

$$\cos 2\pi f k = \frac{1}{2\sin 2\pi f}\left[\sin 2\pi f(k + 1) - \sin 2\pi f(k - 1)\right] \ . \tag{5.8}$$

Das Signal $x_1(k) = \cos 2\pi f k$ läßt sich also durch eine FIR-Filterung des Signals $x_2(k) = \sin 2\pi f k$ gewinnen. Umgekehrt folgt aus der trigonometrischen Beziehung

$$\cos\alpha - \cos\beta = -2\sin\frac{\alpha + \beta}{2}\sin\frac{\alpha - \beta}{2}$$

die Beziehung

$$\sin 2\pi f k = \frac{-1}{2\sin 2\pi f}\left[\cos 2\pi f(k + 1) - \cos 2\pi f(k - 1)\right] \ . \tag{5.9}$$

Das Signal $x_2(k) = \sin 2\pi f k$ läßt sich also durch eine FIR-Filterung des Signals $x_1(k) = \cos 2\pi f k$ gewinnen. Daraus folgt, daß bei Frequenzen $0 < f < 1/2$ der Signalraum $\Omega(f)$ bereits durch das einzelne Signal x_1 oder x_2 erzeugt werden kann. Bei den Frequenzen $f = 0, 1/2$ kann der Signalraum $\Omega(f)$ durch das Signal x_1 erzeugt werden. Es gilt somit für alle Frequenzen

$$\Omega(f) = \mathbf{LTI}(\{\cos 2\pi f k\}) . \tag{5.10}$$

Beispiel 5.3 (Periodische Signale).
Für ein periodisches Signal x mit der (ganzzahligen) Periode $T_0 \in \mathbb{N}$ ist

$$x(k + T_0) = x(k) . \tag{5.11}$$

Ein Beispiel für ein periodisches Signal zeigt Abb. 5.1.

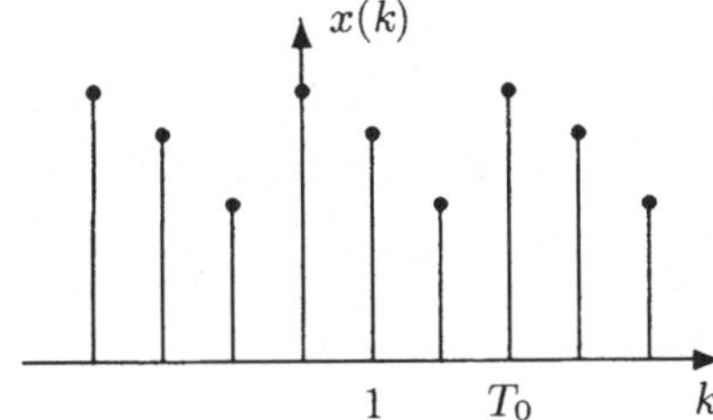

Abb. 5.1. Beispiel für ein periodisches Signal mit der Periode $T_0 = 3$. Es ist also $x(k+3) = x(k)$

Der Signalraum der T_0-periodischen Signale besitzt die Dimension T_0, denn es können die T_0 aufeinanderfolgenden Signalwerte $x(0), x(1), \ldots x(T_0 - 1)$ frei gewählt werden. Der Signalraum kann mit Hilfe des *Diracpulses* der Periode T_0,

$$x_1(k) = \sum_{i=-\infty}^{\infty} \delta(k - iT_0) , \tag{5.12}$$

erzeugt werden. Speziell für $T_0 = 1$ folgt $x(k) = 1$ und der Signalraum enthält nur konstante Signale.

Beispiel 5.4 (Polynome).
Polynome vom Grad $\leq n$ besitzen die Form

$$x(k) = a_0 + a_1 k + \cdots + a_n k^n , \quad a_0, \ldots a_n \in \mathbb{R} \tag{5.13}$$

und bilden ebenfalls einen Signalraum. Dieser besitzt entsprechend der $n + 1$ Koeffizienten $a_0, \ldots a_n$ die Dimension $n + 1$. Keineswegs selbstverständlich ist, daß der Signalraum ebenfalls von einem einzelnen Signal, nämlich von der höchsten Potenz

$$x(k) = k^n \tag{5.14}$$

erzeugt werden kann.[2] Speziell für $n = 0$ enthält der Signalraum die konstanten Signale.

Beispiel 5.5 (Exponentialsignale).
Die Signale der Form

$$x(k) = \lambda a^k \, , \quad \lambda \in \mathbb{R} \tag{5.15}$$

bilden bei vorgegebener Basis $a \neq 0$ einen eindimensionalen Signalraum. Die Signale werden von dem einzelnen Signal

$$x_1(k) = a^k \tag{5.16}$$

erzeugt.

5.2 Signalabhängigkeiten

Signalabhängigkeiten können ebenfalls mit Hilfe von FIR-Filtern dargestellt werden. Daher werden zunächst die benötigten Ergebnisse über FIR-Filter aus Abschn. 3.4 zusammengestellt. Sogenannten *Generatorfiltern* kommt hierbei eine besondere Bedeutung zu. Die Impulsantwort dieser FIR-Filter wird im folgenden mit g bezeichnet, das FIR-Filter mit FIRg.

---

[2] Wir zeigen, daß aus einem beliebigen (normierten) Polynom ($a_n = 1$)

$$\mathrm{P}_n(k) = a_0 + a_1 k + \cdots + k^n \, ,$$

beispielsweise $\mathrm{P}_n(k) = k^n$, alle Polynome vom Grad n erzeugt werden können.
Beweis:
Zunächst stellen wir fest, daß die Differentiation (FIR-Filterung) von k^n

$$k^n - k^{n-1} = k^n - \left[k^n - \binom{n}{1} k^{n-1} + \cdots + (-1)^n \right]$$

ergibt, also ein Polynom vom Grad $n - 1$ in k.
Der Beweis erfolgt induktiv.

1. Induktionsanfang $n = 1$:
   Speziell für ein Polynom $\mathrm{P}_1(k) = a_0 + k$ liefert die Differentiation $\mathrm{P}_0(k) = 1$. Durch Überlagerung $\lambda \mathrm{P}_0(k) + \mathrm{P}_1(k) = \lambda + a_0 + k$ kann jedes Polynom 1.-ten Grades erzeugt werden.
2. Induktionsschluß von n nach $n + 1$:
   Ein beliebiges (normiertes) Polynom vom Grad $n + 1$ besitzt die Darstellung $\mathrm{P}_{n+1}(k) = \mathrm{P}_n(k) + k^{n+1}$. Die Differentiation von k^{n+1} liefert ein Polynom vom Grad n. Nach Induktionsvoraussetzung kann aus ihm das Polynom $\mathrm{P}_n(k)$ erzeugt werden. Daher kann aus k^{n+1} auch das Polynom $\mathrm{P}_{n+1}(k) = \mathrm{P}_n(k) + k^{n+1}$ erzeugt werden.

q.e.d.

FIR-Filter haben per Definition eine Impulsantwort endlicher Dauer. Die Impulsantwort besitzt folglich die Darstellung

$$h(k) = \sum_{i=k_1}^{k_2} h(i)\delta(k - i) \ .$$

Dabei ist k_1 der Anfangszeitpunkt und k_2 der Endzeitpunkt der Impulsantwort. Die Dauer der Impulsantwort beträgt $k_2 - k_1 + 1$ und ist endlich. Der *Filtergrad* des FIR-Filters ist als die Differenz $\mathrm{grad(FIR)} = k_2 - k_1$ definiert. Beispielsweise besitzt das Verzögerungsglied mit der Impulsantwort $h(k) = \delta(k - c)$ die Dauer 1 und den Filtergrad 0, denn es ist $k_1 = k_2 = c$. Das Nullfilter mit der Impulsantwort $h(k) = 0$ dagegen besitzt keinen Filtergrad, d.h. der Filtergrad ist in diesem Fall nicht definiert.

Die Impulsantwort h eines FIR-Filters kann mit einem beliebigen Signal $x \in \mathbb{R}^{\mathbb{Z}}$ gefaltet werden, d.h. ein FIR-Filter kann auf ein beliebiges Eingangssignal x angewandt werden und liefert das Ausgangssignal

$$\mathrm{FIR}(x) = h * x \ .$$

Die Hintereinanderschaltung $\mathrm{FIR_1 FIR_2}$ zweier FIR-Filter $\mathrm{FIR_1}, \mathrm{FIR_2}$ mit den Impulsantworten h_1, h_2 liefert das Ausgangssignal

$$y = \mathrm{FIR_1(FIR_2}(x)) = (h_1 * h_2) * x \ . \tag{5.17}$$

Dies folgt aus der Assoziativität der Faltung für zwei Signale endlicher Dauer,

$$h_1 * (h_2 * x) = (h_1 * h_2) * x \ . \tag{5.18}$$

Dabei addieren sich die Filtergrade (Additivität der Filtergrade),

$$\mathrm{grad(FIR_1 FIR_2}) = \mathrm{grad(FIR_1}) + \mathrm{grad(FIR_2}) \ . \tag{5.19}$$

Daraus folgt $\mathrm{FIR_1} FIR_2 \neq 0$, wenn die beiden FIR-Filter $\mathrm{FIR_1}, \mathrm{FIR_2} \neq 0$ sind.

Während die Vertauschung zweier beliebiger LTI-Systeme bei der Hintereinanderschaltung Einfluß auf das Ausgangssignal haben kann, ist die Vertauschung stets möglich, wenn eines der beiden LTI-Systeme ein FIR-Filter ist (Abschn. 3.4). Für ein beliebiges LTI-System S gilt also

$$S(\mathrm{FIR}(x)) = \mathrm{FIR}(S(x)) \ , \ x \in \Omega \ . \tag{5.20}$$

Hierbei bezeichnet Ω den Signalraum, auf dem das LTI-System S definiert ist.

5.2.1 Abhängigkeiten innerhalb eines Signals

Abhängigkeiten zwischen den Signalwerten eines Signals x bezeichnen wir als *Intra-Abhängigkeit*. Mit Hilfe eines FIR-Filters mit der Impulsantwort g können wir sie gemäß

$$\sum_{i}^{e} g(i)x(k - i) = 0 \ , \tag{5.21}$$

d.h. durch $g*x = 0$ oder $\mathrm{FIR}(x) = 0$ darstellen. Signale mit dieser Eigenschaft sind uns bereits in Kap. 2 als Eigenbewegungen eines Systems S in Form der Gleichung $S(y) = 0$ begegnet.

Definition 5.2 (Intra-Abhängigkeiten).
Ein Signal x heißt intra-abhängig oder auch Eigenbewegung, wenn die Gleichung $\mathrm{FIR}(x) = 0$ für ein FIR-Filter $\mathrm{FIR} \neq 0$ erfüllt ist.

Nach Anhang A.1 bilden die zu einem FIR-Filter gehörenden Eigenbewegungen

$$\Omega = \{x \in \mathbb{R}^{\mathbb{Z}} \,|\, \mathrm{FIR}(x) = 0\} \tag{5.22}$$

einen Signalraum, dessen Dimension durch den Filtergrad des FIR-Filters gegeben ist. In den folgenden Beispielen wird für verschiedene Signalräume ein FIR-Filter angegeben, dessen Eigenbewegungen gerade den Signalraum bilden. Seine Impulsantwort wird mit g bezeichnet, seine Übertragungsfunktion mit $G(z)$. Die Eigenbewegungen können nach Lemma A.2 mit Hilfe der Nullstellen von $G(z)$ ermittelt werden. Bei einer reellen Nullstelle z_0 beispielsweise stellt z_0^k eine (reelle) Eigenbewegung dar. Von Lemma A.2 wird im folgenden Gebrauch gemacht.

Beispiel 5.6 (Sinusförmige Signale).
Die sinusförmigen Signale der Frequenz f sind die Lösungen der Gleichung $g * x = 0$ mit

$$0 < f < 1/2 : g(k) = \delta(k) + g(1)\delta(k-1) + \delta(k-2) \,, \tag{5.23}$$
$$\cos 2\pi f = -g(1)/2 \,,$$
$$f = 0 : g(k) = \delta'(k) = \delta(k) - \delta(k-1) \,, \tag{5.24}$$
$$f = 1/2 : g(k) = \delta(k) + \delta(k-1) \,. \tag{5.25}$$

Die drei aufgeführten Frequenzbereiche betrachten wir getrennt.

1. $0 < f < 1/2$:
   Die Nullstellen der Übertragungsfunktion

   $$G(z) = z^{-2}(z^2 + g(1)z + 1)$$

   sind

   $$z_{1,2} = -\frac{g(1)}{2} \pm \sqrt{\frac{g(1)^2}{4} - 1} = \cos 2\pi f \pm \mathrm{j}\sin 2\pi f \,.$$

   Wegen $0 < f < 1/2$ sind die Nullstellen z_1, z_2 ungleich und treten als konjugiert komplexes Paar auf. Es folgen die zwei linear unabhängigen Eigenbewegungen $x_1(k) = \cos 2\pi f k$ und $x_2(k) = \sin 2\pi f k$. Die Linearkombinationen von $x_1(k), x_2(k)$ beinhalten alle Eigenbewegungen und sind die sinusförmigen Signale der Frequenz f.

2. Konstante Signale ($f = 0$):
   Die Übertragungsfunktion

   $$G(z) = z^{-1}(z - 1)$$

   besitzt die reelle Nullstelle $z_1 = 1$. Daraus folgt die Eigenbewegung $x_1(k) = z_1^k = 1$. Die Eigenbewegungen sind folglich konstante Signale. Das sind die sinusförmigen Signale der Frequenz $f = 0$.

3. Alternierende Signale ($f = 1/2$):
   Die Übertragungsfunktion

   $$G(z) = z^{-1}(z + 1)$$

   besitzt die reelle Nullstelle $z_1 = -1$. Daraus folgt die Eigenbewegung $x_1(k) = z_1^k = (-1)^k$. Die Eigenbewegungen sind folglich alternierende Signale $x(k) = \lambda(-1)^k, \lambda \in \mathbb{R}$. Das sind die sinusförmigen Signale der Frequenz $f = 1/2$.

Beispiel 5.7 (Periodische Signale).
Die periodischen Signale der Periode $T_0 \in \mathbb{N}$ sind die Lösungen der Gleichung $g * x = 0$ mit

$$g(k) = \delta(k) - \delta(k - T_0) , \tag{5.26}$$

denn die FIR-Gleichung $g * x = 0$ ist gleichbedeutend mit der Gleichung $x(k) = x(k - T_0)$. Für $T_0 = 1$ (konstante Signale) stimmt das FIR-Filter mit dem Differenzierer überein und wurde bereits bei den sinusförmigen Signalen der Frequenz $f = 0$ angegeben. Spezialfälle für $T_0 = 2$ sind ebenfalls konstante Signale sowie alternierende Signale.

Beispiel 5.8 (Polynome).
Die Polynome vom Grad $\leq n$ sind die Lösungen der Gleichung $g * x = 0$ mit g als der $n + 1$-ten Ableitung des Diracimpulses,

$$g(k) = \delta^{(n+1)}(k) = [\delta(k) - \delta(k - 1)] * \cdots * [\delta(k) - \delta(k - 1)] . \tag{5.27}$$

Die Übertragungsfunktion des FIR-Filters,

$$G(z) = z^{-(n+1)}[z - 1]^{n+1} ,$$

besitzt die $n+1$-fache Nullstelle $z_0 = 1$. Daraus folgen die linear unabhängigen Eigenbewegungen $x_i(k) = k^i, i = 0, \ldots n$. Die Linearkombinationen dieser Eigenbewegungen sind die Polynome vom Grad $\leq n$.

Beispiel 5.9 (Exponentialsignale).
Die Exponentialsignale

$$x(k) = \lambda a^k$$

bei vorgegebener Basis $a \neq 0$ sind die Lösungen der FIR-Gleichung $g * x = 0$ mit

$$g(k) = \delta(k) - a\delta(k-1) \ . \tag{5.28}$$

Die Übertragungsfunktion

$$G(z) = z^{-1}(z-a)$$

besitzt die Nullstelle $z_1 = a$. Daraus folgt die Eigenbewegung $x_1(k) = a^k$. Die Eigenbewegungen sind folglich Exponentialsignale der angegebenen Form.

Bei den vorstehenden Beispielen liegen spezielle Eigenbewegungen vor, welche die Lösungen einer Gleichung $g * x = 0$ sind. Hierbei ist g die Impulsantwort eines FIR-Filters, das die Intra-Abhängigkeit der Eigenbewegung definiert. Aus der Tatsache, daß *alle* Lösungen erfaßt werden, ergibt sich als Folgerung:

Satz 5.2 (Erhaltung von Eigenbewegungen).
Ist das Eingangssignal eines LTI-Systems konstant, alternierend, sinusförmig (Frequenz f), periodisch (Periode T_0), ein Polynom (Grad $\leq n$) oder ein Exponentialsignal (Basis a), und ist das LTI-System für dieses Eingangssignal erklärt, dann ist das Ausgangssignal vom gleichen Signaltyp.

Beweis:
Es sei x ein Signal eines bestimmten Signaltyps (konstant, alternierend, sinusförmig u.s.w.). Daraus folgt, daß x eine Lösung der Gleichung

$$\mathrm{FIRg}(x) = g * x = 0$$

ist, wobei FIRg das FIR-Filter mit der Impulsantwort g ist, die den vorstehenden Beispielen zu entnehmen ist. Für das Ausgangssignal eines LTI-Systems S folgt daraus

$$\mathrm{FIRg}(y) = \mathrm{FIRg}(S(x)) = S(\mathrm{FIRg}(x)) = S(0) = 0 \ .$$

Es ist also für das Ausgangssignal ebenfalls $\mathrm{FIRg}(y) = g * y = 0$. Da jede Lösung der Gleichung $g * x = 0$ ein Signal des vorgegebenen Signaltyps ist, folgt daraus, daß das Ausgangssignal y vom gleichen Signaltyp wie das Eingangssignal ist.
q.e.d.

Besteht für ein Signal x eine Intra-Abhängigkeit in Form der Gleichung $\mathrm{FIRg}(x) = 0$ mit einem FIR-Filter FIRg, dann ist für ein beliebiges FIR-Filter FIR ebenfalls $\mathrm{FIR}(\mathrm{FIRg}(x)) = 0$. Eine Intra-Abhängigkeit besteht demnach auch in Form des FIR-Filters FIR FIRg. Diese Intra-Abhängigkeit nennen wir „sekundär", da sie auf das FIR-Filter FIRg zurückgeführt werden kann. Ist dagegen das FIR-Filter FIRg nicht auf ein anderes FIR-Filter zurückführbar, sprechen wir von einer *primären* Abhängigkeit. Nach den Ergebnissen von Abschn. 5.4 gibt es stets eine primäre Abhängigkeit in Form des sog. *Generatorfilters*.

Definition 5.3 (Generatorfilter).
Ein Generatorfilter eines Signals x ist ein FIR-Filter (FIRg) mit den folgenden Eigenschaften:

1. *Intra-Abhängigkeit:*

$$\mathrm{FIRg}(x) = 0 \ . \tag{5.29}$$

2. *Primäre Abhängigkeit:*
   Für jedes FIR-Filter FIR mit $\mathrm{FIR}(x) = 0$ gibt es ein FIR-Filter FIR_1 mit

$$\mathrm{FIR} = \mathrm{FIR}_1\mathrm{FIRg} \ . \tag{5.30}$$

Eine allgemeinere Definition des Generatorfilters erfolgt in Abschn. 5.4. Dort wird auch ein notwendiges und hinreichendes Kriterium für ein Generatorfilter angegeben (Lemma 5.13). Diesem Kriterium folgend ist ein Generatorfilter zu einem Signal x ein FIR-Filter mit $\mathrm{FIRg}(x) = 0$ und kleinstem Filtergrad. Es gibt also kein FIR-Filter mit $\mathrm{FIR}(x) = 0$, welches einen kleineren Filtergrad besitzt als das Generatorfilter FIRg (Minimalität). Die Minimalität des Generatorfilters folgt unmittelbar aus $\mathrm{FIR} = \mathrm{FIR}_1\mathrm{FIRg}$. Der Filtergrad des FIR-Filters FIR muß wegen der Additivität der Filtergrade mindestens gleich dem Filtergrad des Generatorfilters sein.

Auf Grund dieses Kriteriums erweisen sich die FIR-Filter der vorstehenden Beispiele (Impulsantwort g) als Generatorfilter, d.h. sie definieren die primäre Signalabhängigkeit. Ihre Filtergrade sind in Tabelle 5.1 zusammengefaßt.

Tabelle 5.1. Filtergrad von Generatorfiltern

Signaltyp	Filtergrad
Sinusförmig (Frequenz $0 < f < 1/2$)	2
Konstant	1
Alternierend	1
Periodisch (Periode T_0)	T_0
Polynom (Grad n)	$n+1$
Exponentialsignal (Basis a)	1

Wir beginnen die Begründung der Minimalität mit dem kleinsten Filtergrad, also mit Exponentialsignalen. Das Exponentialsignal $x(k) = a^k$ ist eine Lösung der Gleichung $g * x = 0$ mit

$$g(k) = \delta(k) - a\delta(k-1) \ .$$

Der Filtergrad ist folglich 1. Ein FIR-Filter mit kleinerem Filtergrad besitzt den Filtergrad 0. Seine Impulsantwort ist

$$g_0(k) = \lambda\delta(k-c) \ , \ \lambda \neq 0 \ .$$

Die Gleichung $g_0 * x = 0$ lautet aber $\lambda x(k - c) = 0$ und besitzt nur die Lösung $x = 0$. Ein FIR-Filter mit kleinerem Filtergrad als 1 ist daher nicht möglich. Folglich ist das FIR-Filter mit der angegebenen Impulsantwort g ein Generatorfilter für das Exponentialsignal. Andere Generatorfilter unterscheiden sich von diesem höchstens in einem Proportionalitätsfaktor und einer zeitlichen Verschiebung.

Konstante Signale und alternierende Signale sind Sonderfälle eines Exponentialsignals. Für konstante Signale ist $a = 1$, für alternierende Signale ist $a = -1$. Die Generatorfilter für diese Signale besitzen folglich auch den Filtergrad 1. Konstante und alternierende Signale erhält man auch für sinusförmige Signale der Frequenz $f = 0$ und $f = 1/2$. Bei sinusförmigen Signalen der Frequenz $0 < f < 1/2$ wurde in Beispiel 5.6 ein FIR-Filter mit dem Filtergrad 2 gefunden. Ein kleinerer Filtergrad ist nicht möglich, denn der Filtergrad 1 beinhaltet ein Exponentialsignal als Eigenbewegung, das aber bei einem sinusförmigen Signal der Frequenz $0 < f < 1/2$ ausgeschlossen ist. Das FIR-Filter mit der angegebenen Impulsantwort g ist somit ebenfalls ein Generatorfilter.

Schließlich sind die in den vorstehenden Beispielen angegebenen FIR-Filter bei periodischen Signalen und Polynomen ebenfalls Generatorfilter. Bei periodischen Signalen (Periode T_0) muß eine kleinere Periode als T_0 ausgeschlossen werden. Auf periodische Signale und Polynome wird nicht näher eingegangen, da sie im folgenden nicht benötigt werden.

5.2.2 Abhängigkeiten zwischen mehreren Signalen

Eine Abhängigkeit zwischen mehreren Signalen wird im folgenden auch *Inter-Abhängigkeit* genannt, um den Unterschied zur Intra-Abhängigkeit hervorzuheben. Eine Inter-Abhängigkeit zwischen Signalen beschreibt eine lineare Abhängigkeit zwischen den Signalwerten verschiedener Signale. Beispielsweise beschreibt die Differenzengleichung (vgl. Abschn. 3.7)

$$x_1(k - 1) - 2x_1(k + 1) + x_2(k - 2) + x_2(k) = 0$$

eine Abhängigkeit zwischen den Signalen x_1, x_2. Sie kann mit Hilfe zweier FIR-Filter auch durch die Gleichung $\mathrm{FIR}_1(x_1) + \mathrm{FIR}_2(x_2) = 0$ ausgedrückt werden. Eine Abhängigkeit zwischen mehr als zwei Signalen wird ebenfalls mit Hilfe von FIR-Filtern definiert. Ihnen kommt die gleiche Bedeutung zu wie Linearfaktoren bei der linearen Unabhängigkeit von Vektoren.

Definition 5.4 (Inter-Abhängigkeiten).
Eine Inter-Abhängigkeit oder kurz Abhängigkeit zwischen $n > 1$ Signalen $x_1, \ldots x_n$ besteht, wenn es FIR-Filter $\mathrm{FIR}_1, \ldots \mathrm{FIR}_n$ gibt mit

$$\mathrm{FIR}_1(x_1) + \cdots + \mathrm{FIR}_n(x_n) = 0 \,,$$

wobei nicht alle Summanden gleich 0 sind.

Aus den Definitionen für Intra-Abhängigkeit und Inter-Abhängigkeit ergibt sich das folgende Kriterium:

Lemma 5.3 (Keine Abhängigkeiten).
Ein notwendiges und hinreichendes Kriterium dafür, daß keine Abhängigkeiten zwischen $n > 1$ Signalen $x_1, \ldots x_n$ vorliegen, ist die Bedingung

$$\mathrm{FIR}_1(x_1) + \cdots + \mathrm{FIR}_n(x_n) = 0 \Rightarrow \mathrm{FIR}_i(x_i) = 0 \; , \; i = 1, \ldots n \; . \quad (5.31)$$

Ein notwendiges und hinreichendes Kriterium dafür, daß weder Inter-noch Intra-Abhängigkeiten für $n \geq 1$ Signale $x_1, \ldots x_n$ bestehen, ist die Bedingung

$$\mathrm{FIR}_1(x_1) + \cdots + \mathrm{FIR}_n(x_n) = 0 \Rightarrow \mathrm{FIR}_i = 0 \; , \; i = 1, \ldots n \; . \quad (5.32)$$

Beispiel 5.10 (Diracimpuls und Sprungfunktion).
Eine Abhängigkeit besteht zwischen dem Diracimpuls $x_1(k) = \delta(k)$ und der Sprungfunktion $x_2(k) = \varepsilon(k)$, denn es ist $\delta' * x_2 = \delta = x_1$. Somit gilt

$$\mathrm{FIR}_1(\delta) + \mathrm{FIR}_2(\varepsilon) = 0 \quad (5.33)$$

mit $\mathrm{FIR}_1 = S_{\mathrm{id}}$ (Impulsantwort δ) und $\mathrm{FIR}_2 = -S_\Delta$ (Impulsantwort $-\delta'$).

Nach dem vorstehenden Beispiel besteht zwischen dem Diracimpuls und der Sprungfunktion eine Inter-Abhängigkeit. Andererseits ist die Sprungfunktion keine Eigenbewegung, denn Eigenbewegungen sind (bis auf das Nullsignal) in beiden Zeitrichtungen unendlich ausgedehnt (s. Anhang A.1). Daher ist dieses Beispiel in Tabelle 5.2 links unten eingetragen. Die Tabelle zeigt weitere Beispiele für Signalabhängigkeiten zwischen dem Diracimpuls $x_1 = \delta$ und einem Signal x_2, auf die im folgenden näher eingegangen wird.

Tabelle 5.2. Inter-Abhängigkeit zwischen dem Diracimpuls und einem Signal x_2

Signal x_2	Abhängigkeit	Keine Abhängigkeit
Eigenbewegung	Nicht möglich (Lemma 5.4)	x_2 sinusförmig (Lemma 5.5)
Keine Eigenbewegung	$x_2 = \varepsilon$ (Beispiel 5.10)	Beispiel 5.11

Zwischen dem Diracimpuls und der Sprungfunktion besteht eine Abhängigkeit. Beide Signale sind andererseits keine Eigenbewegungen. Dieser Sachverhalt läßt sich verallgemeinern.

Lemma 5.4 (Signalabhängigkeiten für zwei Signale).
Bestehen zwischen zwei Signalen Abhängigkeiten, dann sind entweder beide Signale Eigenbewegungen oder keines der beiden Signale.

Beweis:
Es wird von zwei Signalen x_1 und x_2 ausgegangen. Signal x_1 sei eine Eigenbewegung und zwischen x_1 und x_2 bestehe eine Abhängigkeit. Es wird gezeigt, daß auch Signal x_2 eine Eigenbewegung ist.

Nach Voraussetzung ist $\mathrm{FIR}_0(x_1) = 0$ für ein $\mathrm{FIR}_0 \neq 0$ und $\mathrm{FIR}_1(x_1) + \mathrm{FIR}_2(x_2) = 0$ mit $\mathrm{FIR}_1(x_1) \neq 0$ und $\mathrm{FIR}_2(x_2) \neq 0$.
Daraus folgt

$$\mathrm{FIR}_0\mathrm{FIR}_2(x_2)) = \mathrm{FIR}_0(-\mathrm{FIR}_1(x_1)) = -\mathrm{FIR}_1(\mathrm{FIR}_0(x_1))$$
$$= -\mathrm{FIR}_1(0) = 0$$

mit $\mathrm{FIR}_0 \neq 0$ nach Voraussetzung und $\mathrm{FIR}_2 \neq 0$ wegen $\mathrm{FIR}_2(x_2) \neq 0$. Die Filtergrade beider FIR-Filter sind somit definiert. Daher ist auch der Filtergrad von $\mathrm{FIR}_0\mathrm{FIR}_2$ definiert, also $\mathrm{FIR}_0\mathrm{FIR}_2 \neq 0$.
q.e.d.

Speziell für die Eigenbewegungen der sinusförmigen Signale gilt

Lemma 5.5 (Diracimpuls und sinusförmige Signale).
Es bestehen keine Abhängigkeiten zwischen sinusförmigen Signalen unterschiedlicher Frequenzen im Bereich $0 \leq f \leq 1/2$. Darüber hinaus bestehen keine Abhängigkeiten zwischen sinusförmigen Signalen unterschiedlicher Frequenzen im Bereich $0 \leq f \leq 1/2$ und einem Signal endlicher Dauer.

Beweis:
Es seien $x_1, \ldots x_n$ sinusförmige Signale mit den Frequenzen $0 = f_1 < f_2 < \cdots < f_n = 1/2$, x_0 sei ein Signal endlicher Dauer sowie

$$\mathrm{FIR}_1(x_1) + \cdots + \mathrm{FIR}_n(x_n) + \mathrm{FIR}_0(x_0) = 0 \ .$$

Wir zeigen, daß alle Summanden gleich 0 sind. Da die sinusförmigen Signale einer bestimmten Frequenz f und die Signale endlicher Dauer Signalräume bilden, ergibt die FIR-Filterung dieser Signale wieder ein Signal des gleichen Typs. Die vorstehende Gleichung stellt somit eine Summe sinusförmiger Signale unterschiedlicher Frequenzen und eines Signals $y_0 := \mathrm{FIR}_0(x_0)$ endlicher Dauer dar,

$$a_1 \sin 2\pi f_1 k + b_1 \cos 2\pi f_1 k + \cdots + a_n \sin 2\pi f_n k + b_n \cos 2\pi f_n k$$
$$+ \, y_0(k) = 0 \ .$$

Multiplikation dieser Gleichung mit einem der Signale

$$\sin 2\pi f_i k \ , \ \cos 2\pi f_i k \ , \ i = 1, \ldots n$$

und anschließende Mittelwertbildung liefert wegen der Orthogonalitätsbeziehungen (4.28) und (4.29) für sinusförmige Signale zunächst

$$a_i \cdot \overline{\sin^2 2\pi f_i k} + \overline{y_0(k) \sin 2\pi f_i k} = 0 \ ,$$
$$b_i \cdot \overline{\cos^2 2\pi f_i k} + \overline{y_0(k) \cos 2\pi f_i k} = 0 \ , \ i = 1, \ldots n \ .$$

Die mit dem Signal y_0 endlicher Dauer zu bildenden Mittelwerte ergeben 0, denn die Signale $y_0(k)\sin 2\pi f_i k$, $y_0(k)\cos 2\pi f_i k$ sind ebenfalls von endlicher Dauer. Also gilt

$$a_i \cdot \overline{\sin^2 2\pi f_i k} = b_i \cdot \overline{\cos^2 2\pi f_i k} = 0 \ , \ i = 1, \ldots n \ .$$

Für Frequenzen $0 < f_i < 1/2, i = 2, \ldots n - 1$ sind die beiden Mittelwerte

$$\overline{\sin^2 2\pi f_i k} > 0 \ , \ \overline{\cos^2 2\pi f_i k} > 0 \ ,$$

woraus $a_i = b_i = 0$ für $i = 2, \ldots n - 1$ folgt. Für die Frequenzen $f = f_1 = 0$ und $f = f_n = 1/2$ ist $\overline{\cos^2 2\pi f k} = 1$, also $b_1 = b_n = 0$. Wegen $a_1 \sin 2\pi f_1 k = 0$ und $a_n \sin 2\pi f_n k = 0$ sind alle Summanden $a_i \sin 2\pi f_i k$ und $b_i \cos 2\pi f_i k$, $i = 1, \ldots n$ gleich 0. Folglich ist auch der Summand y_0 gleich 0.
q.e.d.

Im folgenden Beispiel wird ein Signal x_2 angegeben, daß weder eine Eigenbewegung ist, noch Inter-Abhängigkeiten mit dem Diracimpuls aufweist. Dies bedeutet: Für beliebige FIR-Filter $FIR_1, FIR_2 \neq 0$ ist zunächst $FIR_2(x_2) \neq 0$ (keine Eigenbewegung). Da keine Interabhängigkeit zwischen den Signalen δ und x_2 besteht, ist nach Lemma 5.3 die Gleichung

$$FIR_1(\delta) + FIR_2(x_2) = 0$$

folglich nicht erfüllbar. Es ist also

$$FIR_2(x_2) \neq -FIR_1(\delta) \ .$$

Dies bedeutet, daß die FIR-Filterung des Signals x_2 kein Signal endlicher Dauer ergibt. Wegen $FIR_2(x_2) \neq 0$ ist das Nullsignal auch nicht erzeugbar. Beide Bedingungen lassen sich durch die eine Bedingung

$$FIR_2 \neq 0 \Rightarrow FIR_2(x_2) \notin \mathbf{LTI}(\{\delta\}) \tag{5.34}$$

darstellen.

Beispiel 5.11 (Diracimpuls und unbegrenzte Impulsabstände).
Es sei $x_1 = \delta$ und

$$x_2(i) = \begin{cases} 1 : i = c_1, c_2 \ldots \\ 0 : \text{sonst} \end{cases} \tag{5.35}$$

mit unbegrenzt wachsenden Impulsabständen

$$d_i := c_{i+1} - c_i \ , \ i = 1, 2 \ldots \ .$$

Wir zeigen die Bedingung (5.34). Es sei $h \neq 0$ die Impulsantwort eines FIR-Filters FIR_2. Für das Ausgangssignal $y_2 := FIR(x_2)$ folgt

$$y_2(k) = \sum_i^e x_2(i)h(k - i) = \sum_i^e x_2(c_i)h(k - c_i)$$
$$= \sum_i^e h(k - c_i) \ .$$

Folglich ergibt sich y_2 aus einer Überlagerung der Signalanteile $h(k - c_1)$, $h(k - c_2), \ldots$. Für große Werte i mit

$$d_i > \mathrm{grad}(\mathrm{FIR}_2)$$

besteht keine Überlappung zwischen zwei benachbarten Signalanteilen $h(k - c_i)$ und $h(k - c_{i+1})$, wie Abb. 5.2 zeigt. Das Signal y_2 ist also kein Signal endlicher Dauer und auch nicht das Nullsignal.

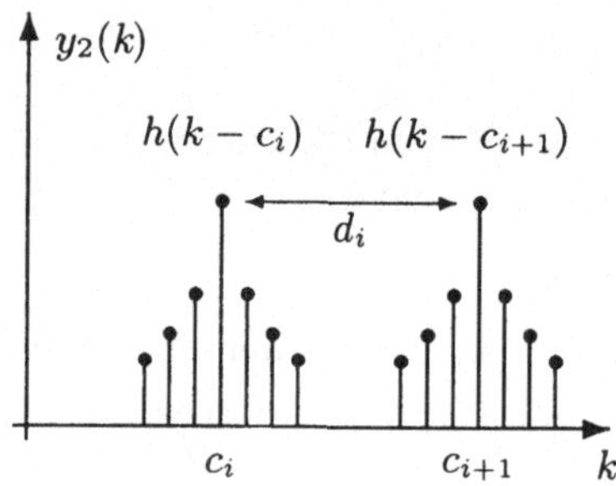

Abb. 5.2. Ausgangssignal eines FIR-Filters mit der Impulsantwort h bei Anregung mit Impulsen wachsenden Abstands

Die spezielle Definition des Signals x_2 im vorstehenden Beispiel legt die Vermutung nahe, daß die „meisten" Signale die Bedingung (5.34) nicht erfüllen. Im folgenden wird gezeigt, wie auf einfache Weise weitere Signalbeispiele gefunden weden können.

Für die Impulsantwort $h \neq 0$ des FIR-Filters FIR_2 soll

$$y = h * x_2$$

kein Signal endlicher Dauer sein. Für ein z-transformierbares Signal x_2 folgt aus dem Faltungssatz der z-Transformation (Lemma 3.18), daß auch das Signal y z-transformierbar ist mit $Y(z) = H(z)X_2(z)$ oder

$$X_2(z) = \frac{Y(z)}{H(z)} . \tag{5.36}$$

Für ein Signal y endlicher Dauer wäre $X_2(z)$ eine gebrochen rationale Funktion in z. Folglich stellen Signale, die keine Eigenbewegungen und deren z-Transformierten $X_2(z)$ *nicht* gebrochen rational sind, weitere Beispiele dar. Ein Beispiel ist das Signal

$$x_2(k) = \frac{\varepsilon(k - 1)}{k} . \tag{5.37}$$

Das Signal ist nicht durch eine Linearkombination von Eigenbewegungen $k^m z_0^k$, $m \geq 0$ erzeugbar, also keine Eigenbewegung. Ihre z-Transformierte ist nicht gebrochen rational, denn es ist [7]

$$X_2(z) = \sum_{k=1}^{\infty} \frac{1}{k} z^{-k} = \ln \frac{z}{z - 1} , \ |z| > 1 .$$

5.3 Definition zeitdiskreter LTI-Systeme

Bei einem LTI-System bewirken Signalabhängigkeiten bei den Eingangssignalen entsprechende Signalabhängigkeiten bei den Ausgangssignalen. Diesen Sachverhalt haben wir bereits bei der Erhaltung von Eigenbewegungen eines LTI-Systems kennengelernt (Satz 5.2). Im folgenden wird untersucht, wie die Ausgangssignale eines LTI-Systems gewählt werden dürfen, wenn nur Intra-Abhängigkeiten für die Basis-Signale des Signalraums vorliegen.

5.3.1 Definition mit Hilfe von Basis-Signalen

Wir gehen im folgenden von einem LTI-System S aus, das auf einem Signalraum $\Omega = \mathbf{LTI}(\mathbb{E})$ erklärt ist. Der Signalraum wird also von den Signalen einer Signalmenge $\mathbb{E}$ erzeugt, den Basis-Signalen des Signalraums Ω. Um Basis-Signale besser von beliebigen Eingangssignalen unterscheiden zu können, werden sie mit $b_1, b_2 \ldots$ bezeichnet. Ein Signal $x \in \Omega = \mathbf{LTI}(\mathbb{E})$ hat die Darstellung

$$x = \mathrm{FIR}_1(b_1) + \cdots + \mathrm{FIR}_n(b_n) \ , \ b_1, \ldots b_n \in \mathbb{E} \ , \ n \in \mathbb{N} \ . \tag{5.38}$$

Aus der LTI-Eigenschaft von S folgt für das Ausgangssignal

$$\begin{aligned} y = S(x) &= S(\mathrm{FIR}_1(b_1)) + \cdots + S(\mathrm{FIR}_n(b_n)) \\ &= \mathrm{FIR}_1(S(b_1)) + \cdots + \mathrm{FIR}_n(S(b_n)) \ . \end{aligned}$$

Bei der letzten Gleichung wurde die Systemoperation S mit den FIR-Filteroperationen $\mathrm{FIR}_1, \ldots \mathrm{FIR}_n$ vertauscht. Das Ausgangssignal y ist also durch die Ausgangssignale

$$y_i = S(b_i) \ , \ i = 1, \ldots n \tag{5.39}$$

für Basis-Signale bestimmt gemäß

$$y = S(x) = \mathrm{FIR}_1(y_1) + \cdots + \mathrm{FIR}_n(y_n) \ . \tag{5.40}$$

Ein LTI-System ist also bereits durch seine Ausgangssignale für Basis-Signale festgelegt. Um umgekehrt ein LTI-System auf einem Signalraum Ω zu definieren, reicht es daher aus, das System für Basis-Signale, also auf dem Erzeuger des Signalraums, zu erklären. Dabei stellt sich die Frage, welche Freiheitsgrade bei der Wahl der Ausgangssignale $S(b)$ für Basis-Signale $b \in \mathbb{E}$ bestehen. Bei bestehenden Inter-Abhängigkeiten zwischen den Basis-Signalen müssen sich diese bei den Ausgangssignalen widerspiegeln. Beispielsweise folgt aus der Inter-Abhängigkeit zwischen den Basis-Signalen b_1, b_2, b_3 gemäß

$$\mathrm{FIR}_1(b_1) + \mathrm{FIR}_2(b_2) + \mathrm{FIR}_3(b_3) = x = 0$$

eine entsprechende Abhängigkeit zwischen den zugehörigen Ausgangssignalen $y_1 = S(b_1)$, $y_2 = S(b_2)$ und $y_3 = S(b_3)$ gemäß

$$\mathrm{FIR}_1(y_1) + \mathrm{FIR}_2(y_2) + \mathrm{FIR}_3(y_3) = S(x) = S(0) = 0 \ .$$

Bestehen keine Inter-Abhängigkeiten zwischen den Basis-Signalen, dann sind eventuelle Intra-Abhängigkeiten zu berücksichtigen. Beispielsweise folgt aus der Intra-Abhängigkeit für ein Basis-Signal $b_1 \in \mathbb{E}$ in Form von

$$\mathrm{FIR}(b_1) = 0$$

eine entsprechende Intra-Abhängigkeit für das zugehörige Ausgangssignal $y_1 = S(b_1)$ gemäß

$$\mathrm{FIR}(y_1) = \mathrm{FIR}(S(b_1)) = S(\mathrm{FIR}(b_1)) = 0 \ .$$

Die Wahlmöglichkeiten für diesen Fall, also bei fehlenden Inter-Abhängigkeiten, gibt der folgende Satz an.

Satz 5.6 (Definition bei fehlenden Inter-Abhängigkeiten).
Es sei $\Omega := \mathbf{LTI}(\mathbb{E})$. Dann ist ein LTI-System S auf dem Signalraum Ω bereits durch seine Ausgangssignale $S(b)$ für Basis-Signale $b \in \mathbb{E}$ gemäß (5.40) definiert. Falls keine Inter-Abhängigkeiten zwischen den Basis-Signalen $b \in \mathbb{E}$ bestehen, sind für die Wahl der Ausgangssignale $S(b), b \in \mathbb{E}$ die zwei folgenden Fälle zu unterscheiden:

1. *Es besteht keine Intra-Abhängigkeit für das Signal $b \in \mathbb{E}$:*
   Dann ist $S(b)$ beliebig wählbar.
2. *Es besteht eine Intra-Abhängigkeit für das Signal $b \in \mathbb{E}$:*
   Es sei FIRg ein Generatorfilter für das Signal $b \in \mathbb{E}$. Demnach ist $\mathrm{FIRg}(b) = 0$. Dann ist die einzige Bedingung für das Ausgangssignal $y = S(b)$

$$\mathrm{FIRg}(y) = 0 \ . \tag{5.41}$$

Beweis:

1. Definition des Systems S:
   Wir müssen zeigen, daß zwei Darstellungen eines Signals $x \in \mathbf{LTI}(\mathbb{E})$,

$$x = \mathrm{FIR}_1(b_1) + \cdots + \mathrm{FIR}_n(b_n) = \ddot{\mathrm{FIR}}_1(b_1) + \cdots + \ddot{\mathrm{FIR}}_n(b_n) \ ,$$

   zum gleichen Ausgangssignal führen, d.h.

$$y = \mathrm{FIR}_1(y_1) + \cdots + \mathrm{FIR}_n(y_n) = \ddot{y} = \ddot{\mathrm{FIR}}_1(y_1) + \cdots + \ddot{\mathrm{FIR}}_n(y_n) \ .$$

   Die beiden Darstellungen für x fassen wir mit Hilfe der FIR-Filter

$$\Delta\mathrm{FIR}_i := \mathrm{FIR}_i - \ddot{\mathrm{FIR}}_i \ , \quad i = 1, \ldots n$$

   wie folgt zusammen:

$$\Delta\mathrm{FIR}_1(b_1) + \cdots + \Delta\mathrm{FIR}_n(b_n) = 0$$

   Nach Voraussetzung bestehen keine Inter-Abhängigkeiten zwischen den Signalen $b_1, \ldots b_n$, woraus folgt

$$\Delta\mathrm{FIR}_i(b_i) = 0 \ , \quad i = 1, \ldots n \ .$$

Wir zeigen

$$\Delta\mathrm{FIR}_i(y_i) = 0 \ , \ i = 1, \ldots n \ . \tag{5.42}$$

Falls keine Intra-Abhängigkeit für b_i besteht (Fall 1), folgt $\Delta\mathrm{FIR}_i = 0$. Damit gilt auch $\Delta\mathrm{FIR}_i(y_i) = 0$.
Wir nehmen im folgenden an, daß eine Intra-Abhängigkeit für b_i besteht (Fall 2). FIRg_i bezeichne ein Generatorfilter zum Signal b_i. Dann gibt es ein FIR-Filter $\dot{\mathrm{FIR}}_i$ mit

$$\Delta\mathrm{FIR}_i = \dot{\mathrm{FIR}}_i\mathrm{FIRg}_i \ .$$

Daraus folgt

$$\Delta\mathrm{FIR}_i(y_i) = \dot{\mathrm{FIR}}_i\mathrm{FIRg}_i(y_i) = 0 \ ,$$

denn nach Voraussetzung erfüllt das Ausgangssignal y_i die Bedingung $\mathrm{FIRg}_i(y_i) = 0$.
2. Linearität des Systems S:
Zwei Signale $x_1, x_2 \in \mathbf{LTI}(\mathbb{E})$ besitzen die Darstellung

$$x_1 = \mathrm{FIR}_1(b_1) + \cdots + \mathrm{FIR}_n(b_n) \ , \ x_2 = \ddot{\mathrm{FIR}}_1(b_1) + \cdots + \ddot{\mathrm{FIR}}_n(b_n)$$

mit Basis-Signalen $b_1, \ldots b_n \in \mathbb{E}$. Für $\lambda, \mu \in \mathbb{R}$ folgt daraus

$$\lambda x_1 + \mu x_2 = [\lambda\mathrm{FIR}_1 + \mu\ddot{\mathrm{FIR}}_1](b_1) + \cdots + [\lambda\mathrm{FIR}_n + \mu\ddot{\mathrm{FIR}}_n](b_n) \ .$$

Daraus folgt

$$\begin{aligned}
S(\lambda x_1 + \mu x_2) &= [\lambda\mathrm{FIR}_1 + \mu\ddot{\mathrm{FIR}}_1](y_1) + \cdots \\
&\quad + [\lambda\mathrm{FIR}_n + \mu\ddot{\mathrm{FIR}}_n](y_n) \\
&= \lambda[\mathrm{FIR}_1(y_1) + \cdots + \mathrm{FIR}_n(y_n)] \\
&\quad + \mu[\ddot{\mathrm{FIR}}_1(y_1) + \cdots + \ddot{\mathrm{FIR}}_n(y_n)] \\
&= \lambda S(x_1) + \mu S(x_2) \ .
\end{aligned}$$

3. Zeitinvarianz des Systems S:
Ein Signal $x \in \mathbf{LTI}(\mathbb{E})$ besitzt die Darstellung

$$x = \mathrm{FIR}_1(b_1) + \cdots + \mathrm{FIR}_n(b_n)$$

mit Basis-Signalen $b_1, \ldots b_n \in \mathbb{E}$. Für $c \in \mathbb{Z}$ folgt daraus

$$\tau_c(x) = \tau_c\mathrm{FIR}_1(b_1) + \cdots + \tau_c\mathrm{FIR}_n(b_n) \ .$$

Daraus folgt

$$S(\tau_c(x)) = \tau_c\mathrm{FIR}_1(y_1) + \cdots + \tau_c\mathrm{FIR}_n(y_n) = \tau_c S(x) \ .$$

q.e.d.

Aus dem vorstehenden Satz ergibt sich eine wichtige Folgerung für LTI-Systeme bei Anregung mit sinusförmigen Signalen. Wir wissen bereits, daß ein sinusförmiges Eingangssignal ein sinusförmiges Ausgangssignal der gleichen Frequenz zur Folge hat, vorausgesetzt, das LTI-System ist für sinusförmige Eingangssignale erklärt (Satz 5.2). Der Signalraum $\Omega(f)$ der sinusförmigen Signale der Frequenz f wird bereits durch das einzelne Signal

$$b_1(k) = x_1(k) = \cos 2\pi f k$$

erzeugt (Beispiel 5.2). Nach Satz 5.6 müssen daher nur die Ausgangssignale für x_1 festgelegt werden, um das Systemverhalten für alle sinusförmigen Eingangssignale zu beschreiben. Das Generatorfilter FIRg des Signals x_1 hängt von der Frequenz f ab. Seine Impulsantwort ist Beispiel 5.6 zu entnehmen. Die Bedingung $\mathrm{FIRg}(y_1) = 0$ für das Ausgangssignal $y_1 = S(x_1)$ ist erfüllt, wenn für y_1 ein beliebiges sinusförmiges Signal der gleichen Frequenz f gewählt wird. Die Frequenzfunktion kann man daher auch für LTI-Systeme, die keine Faltungssysteme sind, wie folgt definieren:

Definition 5.5 (Frequenzfunktion eines LTI-Systems).
Es sei S ein LTI-System, das für sinusförmige Eingangssignale erklärt ist und es sei außerdem

$$y_1(k) = A(f)\cos[2\pi f k + \Phi(f)]$$

das Ausgangssignal bei Anregung des Systems mit dem Eingangssignal

$$x_1(k) = \cos 2\pi f k \ .$$

Dann heißt $A(f)$ die Amplitudenfunktion und $\Phi(f)$ die Phasenfunktion von S. Die komplexwertige Größe

$$S^F(f) := A(f)\,\mathrm{e}^{\mathrm{j}\,\Phi(f)} \tag{5.43}$$

heißt Frequenzfunktion von S.

Lemma 5.7 (Frequenzfunktion).
Jedes LTI-System S ist durch seine Frequenzfunktion $S^F(f)$ auf dem Signalraum $\Omega(f)$ aller sinusförmigen Signale der Frequenz f festgelegt. Für das Eingangssignal

$$x_2(k) = \sin 2\pi f k$$

folgt für $0 < f < 1/2$ das Ausgangssignal

$$y_2(k) = A(f)\sin[2\pi f k + \Phi(f)] \tag{5.44}$$

und für $f = 0$ oder $f = 1/2$ ist $y_2 = 0$.

Beweis:
Es muß noch das Ausgangssignal y_2 bestimmt werden. Für $f = 0$ oder $f = 1/2$ ist $x_2 = 0$. Aus der Linearität von S folgt $y_2 = 0$. Im folgenden sei $0 < f < 1/2$. Aus der trigonometrischen Beziehung

$$\cos\alpha - \cos\beta = -2\sin\frac{\alpha+\beta}{2}\sin\frac{\alpha-\beta}{2}$$

folgt (vgl. (5.9))

$$x_2(k) = -\frac{1}{2\sin 2\pi f}\left[\cos 2\pi f(k+1) - \cos 2\pi f(k-1)\right]$$

$$= -\frac{1}{2\sin 2\pi f}\left[x_1(k+1) - x_1(k-1)\right].$$

Aus der LTI-Eigenschaft von S und der vorstehenden trigonometrischen Beziehung folgt daraus

$$y_2(k) = -\frac{1}{2\sin 2\pi f}\left[y_1(k+1) - y_1(k-1)\right]$$

$$= -\frac{1}{2\sin 2\pi f}\{A(f)\cos[2\pi f(k+1) + \Phi(f)]$$

$$\quad - A(f)\cos[2\pi f(k-1) + \Phi(f)]\}$$

$$= \frac{-A(f)}{2\sin 2\pi f}\{-2\sin[2\pi fk + \Phi(f)]\sin 2\pi f\}$$

$$= A(f)\sin[2\pi fk + \Phi(f)].$$

q.e.d.

Bei der sinusförmigen Anregung eines LTI-Systems sind Amplitude und Phasenwinkel des sinusförmigen Ausgangssignals durch die Frequenzfunktion des LTI-Systems bestimmt. Amplitudenfunktion $A(f)$ und Phasenfunktion $\Phi(f)$ können im Frequenzbereich $0 \le f \le 1/2$ beliebige Funktionen sein.[3]

---

[3] Frequenzen außerhalb des Bereichs $0 \le f \le 1/2$ ergeben keine neuen Eingangssignale. Insbesondere ergeben die Freqenzen $-f$ und $f+1$ das gleiche Eingangssignal $x_1(k) = \cos 2\pi fk$. Die Ausgangssignale müssen folglich bei den Frequenzen f, $-f$ und $f+1$ übereinstimmen, d.h.

$$y_1(k) = A(-f)\cos[-2\pi fk + \Phi(-f)]$$
$$= A(-f)\cos[2\pi fk - \Phi(-f)]$$
$$= A(f+1)\cos[2\pi(f+1)k + \Phi(f+1)]$$
$$= A(f+1)\cos[2\pi fk + \Phi(f+1)].$$

Übereinstimmung mit

$$y_1(k) = A(f)\cos[2\pi fk + \Phi(f)]$$

kann beispielsweise durch

$$A(-f) = A(f)\,,\ A(f+1) = A(f)\,, \tag{5.45}$$
$$\Phi(-f) = -\Phi(f)\,,\ \Phi(f+1) = \Phi(f) \tag{5.46}$$

erreicht werden, d.h. die Amplitudenfunktion $A(f)$ ist eine gerade Funktion mit der Periode 1, die Phasenfunktion $\Phi(f)$ ist eine ungerade Funktion ebenfalls mit der Periode 1. Dies ist gleichbedeutend mit einer konjungiert geraden Frequenzfunktion mit der Periode 1,

$$S^F(-f) = S^{F*}(f)\,,\ S^F(f+1) = S^F(f)\,. \tag{5.47}$$

Irgendwelche einschränkenden mathematischen Bedingungen, beispielsweise die (quadratische) Integrierbarkeit der Frequenzfunktion, wie sie sich bei Faltungssystemen mit Impulsantworten endlicher Energie ergeben, müssen nicht erfüllt sein. Noch überraschender mag die weitere Folgerung sein, daß kein Zusammenhang zwischen der Frequenzfunktion und der Impulsantwort eines LTI-Systems vorliegen muß.

Lemma 5.8 (Frequenzfunktion und Impulsantwort).
Die Frequenzfunktion und die Impulsantwort eines LTI-Systems können vollkommen unabhängig voneinander gewählt werden, wobei die Frequenzfunktion $S^F(f)$ für Frequenzen $0 \leq f \leq 1/2$ eine beliebige Funktion sein darf.

Beweis:
Zwischen sinusförmigen Signalen unterschiedlicher Frequenzen ($0 \leq f \leq 1/2$) und dem Diracimpuls bestehen nach Lemma 5.5 keine Inter-Abhängigkeiten. Bei sinusförmigen Signalen besteht eine Intra-Abhängigkeit, d.h. es liegen Eigenbewegungen vor, beim Diracimpuls dagegen nicht. Aus Satz 5.6 folgt, daß die Impulsantwort des LTI-Systems beliebig gewählt werden darf, während bei den sinusförmigen Signalen als einzige Bedingung das Ausgangssignal ebenfalls sinusförmig mit der Frequenz f sein muß. Die Frequenzfunktion des LTI-Systems dagegen ist für den Frequenzbereich $0 \leq f \leq 1/2$ eine beliebige Funktion.
q.e.d.

Nach dem vorstehenden Lemma ist beispielsweise das folgende LTI-System möglich:

Beispiel 5.12 (Monster-LTI-System).
Das LTI-System habe die Impulsantwort $h = 0$ und die Frequenzfunktion

$$S^F(f) = \begin{cases} 1 : f \in \mathbb{Q} \,,\, 0 \leq f \leq 1/2 \\ 0 : f \in [0, 1/2] \setminus \mathbb{Q} \end{cases}. \tag{5.48}$$

Beispiel 5.13 (Diracimpuls und Sprungfunktion).
Enthält die Menge $\mathbb{E}$ nur den Diracimpuls bzw. nur die Sprungfunktion, sind keine Signalabhängigkeiten, weder Inter-Abhängigkeiten noch Intra-Abhängigkeiten, zu berücksichtigen. In diesem Fall kann das LTI-System durch Auswahl eines beliebigen Signals als Impulsantwort bzw. als Sprungantwort definiert werden.

Anders liegen die Verhältnisse, wenn die Menge $\mathbb{E}$ sowohl den Diracimpuls als auch die Sprungfunktion enthält. In diesem Fall muß die Inter-Abhängigkeit zwischen dem Diracimpuls und der Sprungfunktion berücksichtigt werden. Die Inter-Abhängigkeit besteht darin, daß der Diracimpuls die Ableitung der Sprungfunktion ist,

$$\delta = S_\Delta(\varepsilon) \,,$$

und führt auf den bekannten Zusammenhang zwischen Sprungantwort und Impulsantwort (Lemma 3.11)

$$h = S(\delta) = S(S_\Delta(\varepsilon)) = S_\Delta(S(\varepsilon)) \,.$$

Dieser Zusammenhang wird durch die Inter-Abhängigkeit zwischen dem Diracimpuls und der Sprungfunktion verursacht.

5.3.2 Definition mit Hilfe direkter Summen

Wir haben bereits kennengelernt, wie man mit Hilfe von Basis-Signalen LTI-Systeme definieren kann. Bestehen keine Inter-Abhängigkeiten zwischen den Basis-Signalen, ist ein LTI-System durch die Ausgangssignale für die Basis-Signale definierbar. Wir gehen im folgenden ebenfalls von Signalen aus, zwischen denen keine Inter-Abhängigkeiten bestehen. Anstelle einzelner Signale (Basis-Signale) betrachten wir zwei Signalräume Ω_1, Ω_2, auf denen bereits LTI-Systeme S_1, S_2 definiert sind. Zwischen den Signalen $x_1 \in \Omega_1, x_2 \in \Omega_2$ sollen keine Inter-Abhängigkeiten bestehen. Dann kann durch

$$S(x_1 + x_2) = S_1(x_1) + S_2(x_2) \tag{5.49}$$

ein LTI-System S für Eingangssignale $x = x_1 + x_2$ definiert werden. Durch Kombination zweier Faltungssysteme S_1, S_2 können auf diese Weise LTI-Systeme aufgebaut werden, die keine Faltungssysteme sind. Die vorstehende Definition kann auf mehr als zwei Signalräume ausgedehnt werden. Wir beschränken uns im folgenden aber auf zwei Signalräume. Zunächst wenden wir uns den Eingangssignalen $x = x_1 + x_2$ des Systems S zu. Sie bilden einen Signalraum, den wir als *Summe* der Signalräume S_1, S_2 bezeichnen.

Definition 5.6 (Summe und direkte Summe).
Für zwei Signalräume Ω_1 und Ω_2 heißt

$$\Omega = \Omega_1 + \Omega_2 = \{x_1 + x_2 | x_1 \in \Omega_1 \,, \; x_2 \in \Omega_2\} \tag{5.50}$$

die Summe der zwei Signalräume. Die Summe heißt direkt, wenn die zwei Signalräume nur das Nullsignal gemeinsam haben,

$$\Omega_1 \cap \Omega_2 = \{0\} \,. \tag{5.51}$$

Dies wird durch

$$\Omega = \Omega_1 \oplus \Omega_2 \tag{5.52}$$

dargestellt.

Der Zusammenhang zwischen der direkten Summe und der Inter-Abhängigkeit besteht darin, daß die Signale zweier Signalräume, die nur das Nullsignal gemeinsam haben, keine Inter-Abhängigkeiten aufweisen. Dies entspricht dem Zusammenhang zwischen der direkten Summe zweier Vektorräume und der linearen Unabhängigkeit.

Lemma 5.9 (Unabhängigkeitskriterium).
Es seien Ω_1, Ω_2 zwei Signalräume und $\Omega = \Omega_1 + \Omega_2$. Die folgenden Bedingungen sind gleichwertig:

1. *Für zwei Signale $x_1 \in \Omega_1, x_2 \in \Omega_2$ bestehen keine Inter-Abhängigkeiten.*
2. *Die Summe ist direkt: $\Omega_1 \cap \Omega_2 = \{0\}$.*
3. *Die Zerlegung eines Signals $x = x_1 + x_2 \in \Omega$ in die Signale $x_1 \in \Omega_1$ und $x_2 \in \Omega_2$ ist nur auf eine Weise möglich.*

Beweis:

1. Aus (1) folgt (2):
   Es sei $x \in \Omega_1 \cap \Omega_2$. Wir zeigen $x = 0$. Die Gleichung $x - x = 0$ kann auch gemäß

   $$\text{FIR}_1(x) + \text{FIR}_2(x) = 0 \ , \ \text{FIR}_1 := S_{\text{id}} \ , \ \text{FIR}_2 := -S_{\text{id}}$$

   angegeben werden. Für $x \neq 0$ ist $\text{FIR}_1(x), \text{FIR}_2(x) \neq 0$. Daher besteht für $x \neq 0$ eine Inter-Abhängigkeit zwischen dem Signal x und dem gleichen Signal. Aus (1) folgt $x = 0$.

2. Aus (2) folgt (3):
   Wir gehen von zwei Zerlegungen eines Signals $x \in \Omega$ aus,

   $$x = x_1 + x_2 = \ddot{x}_1 + \ddot{x}_2 \ , \ x_1, \ddot{x}_1 \in \Omega_1 \ , \ x_2, \ddot{x}_2 \in \Omega_2$$

   und zeigen

   $$x_1 = \ddot{x}_1 \ , \ x_2 = \ddot{x}_2 \ .$$

   Zunächst ist $x_1 - \ddot{x}_1 = \ddot{x}_2 - x_2$, d.h. die Signale $x_1 - \ddot{x}_1$ und $\ddot{x}_2 - x_2$ sind gleich. Da Ω_1 und Ω_2 Signalräume sind, ist

   $$x_1 - \ddot{x}_1 \in \Omega_1 \ , \ \ddot{x}_2 - x_2 \in \Omega_2 \ .$$

   Aus (2) folgt

   $$x_1 - \ddot{x}_1 = \ddot{x}_2 - x_2 = 0 \ .$$

3. Aus (3) folgt (1):
   Wir gehen von der Gleichung

   $$\text{FIR}_1(x_1) + \text{FIR}_2(x_2) = 0$$

   für zwei Signale $x_1 \in \Omega_1, x_2 \in \Omega_2$ aus. Da Ω_1 und Ω_2 Signalräume sind, ist $y_1 := \text{FIR}_1(x_1) \in \Omega_1$, $y_2 := \text{FIR}_2(x_2) \in \Omega_2$ und damit

   $$y_1 + y_2 = 0$$

   eine Zerlegung des Nullsignals in $y_1 \in \Omega_1$ und $y_2 \in \Omega_2$. Aus (3) folgt $y_1 = y_2 = 0$.

q.e.d.

Auf Grund des gefunden Zusammenhangs zwischen direkten Summen und der Inter-Abhängigkeit besteht die folgende Möglichkeit, LTI-Systeme zu definieren:

Satz 5.10 (Direkte Summe).
Es sei $\Omega = \Omega_1 \oplus \Omega_2$ die direkte Summe zweier Signalräume. S_1 sei ein LTI-System auf Ω_1 und S_2 ein LTI-System auf Ω_2. Dann ist

$$S(x) := S_1(x_1) + S_2(x_2) \; , \; x = x_1 + x_2 \; , \; x_1 \in \Omega_1 \; , \; x_2 \in \Omega_2 \qquad (5.53)$$

ein LTI-System auf Ω.

Beweis:
Da die Summe beider Signalräume direkt ist, ist die Zerlegung eines Signals $x = x_1 + x_2 \in \Omega$ in die Signale $x_1 \in \Omega_1, x_2 \in \Omega_2$ eindeutig, d.h. durch die vorstehende Gleichung wird ein Systems S definiert. Wir zeigen die LTI-Eigenschaft von S.

1. Linearität:
   Für zwei Signale $x = x_1 + x_2 \in \Omega$, $\ddot{x} = \ddot{x}_1 + \ddot{x}_2 \in \Omega$, $x_1, \ddot{x}_1 \in \Omega_1$, $x_2, \ddot{x}_2 \in \Omega_2$, $\lambda, \mu \in \mathbb{R}$ gilt

$$\begin{aligned}
S(\lambda x + \mu \ddot{x}) &= S(\lambda(x_1 + x_2) + \mu(\ddot{x}_1 + \ddot{x}_2)) \\
&= S(\lambda x_1 + \mu \ddot{x}_1 + \lambda x_2 + \mu \ddot{x}_2) \\
&= S_1(\lambda x_1 + \mu \ddot{x}_1) + S_2(\lambda x_2 + \mu \ddot{x}_2) \\
&= \lambda S_1(x_1) + \mu S_1(\ddot{x}_1)) + \lambda S_2(x_2) + \mu S_2(\ddot{x}_2) \\
&= \lambda S(x) + \mu S(\ddot{x})
\end{aligned}$$

2. Zeitinvarianz:
   Für ein Signal $x = x_1 + x_2 \in \Omega$, $c \in \mathbb{Z}$ gilt

$$\tau_c(x) = \tau_c(x_1) + \tau_c(x_2)$$

   mit $\tau_c(x_1) \in \Omega_1$, $\tau_c(x_2) \in \Omega_2$. Daraus folgt

$$\begin{aligned}
S(\tau_c(x)) &= S_1(\tau_c(x_1)) + S_2(\tau_c(x_2)) \\
&= \tau_c(S_1(x_1)) + \tau_c(S_2(x_2)) \\
&= \tau_c(S_1(x_1) + S_2(x_2)) = \tau_c(S(x)) \; .
\end{aligned}$$

q.e.d.

Mit Hilfe des vorstehenden Satzes erhält man LTI-Systeme, die als *Projektionen* aufgefaßt werden können und mit denen eine Signaldetektion vorgenommen werden kann. Indem man für das System S_1 das identische System und für das System S_2 das Nullsystem wählt, erhält man das LTI-System

$$S(x) = S(x_1 + x_2) = x_1 \; .$$

Dieses System ordnet der Summe $x_1 + x_2$ ihre Projektion x_1 auf den Signalraum Ω_1 zu. Es detektiert damit den Signalanteil x_1 in der Überlagerung $x_1 + x_2$ des Signals x_1 mit einem Signal $x_2 \in \Omega_2$. Entsprechend erhält man für $S_1 = 0$ und $S_2 = S_{\mathrm{id}}$ das LTI-System $S(x) = x_2$.

Lemma 5.11 (Signaldetektoren oder Projektionen).

Es sei $\Omega = \Omega_1 \oplus \Omega_2$ die direkte Summe zweier Signalräume Ω_1, Ω_2. Dann ist durch

$$S_{\mathrm{pr1}}(x) := x_1 \ , \ S_{\mathrm{pr2}}(x) := x_2 \ , \ x = x_1 + x_2 \ , \ x_1 \in \Omega_1 \ , \ x_2 \in \Omega_2 \quad (5.54)$$

ein LTI-System auf dem Signalraum Ω_1 (S_{pr1}) bzw. auf dem Signalraum Ω_2 (S_{pr2}) definiert.

Jedes LTI-System $S(x) = S_1(x_1) + S_2(x_2)$ kann mit Hilfe von Signaldetektoren gemäß Abb. 5.3 nachgebildet werden. Der Signaldetektor S_{pr2} wird hierbei durch einen Subtrahierer realisiert.

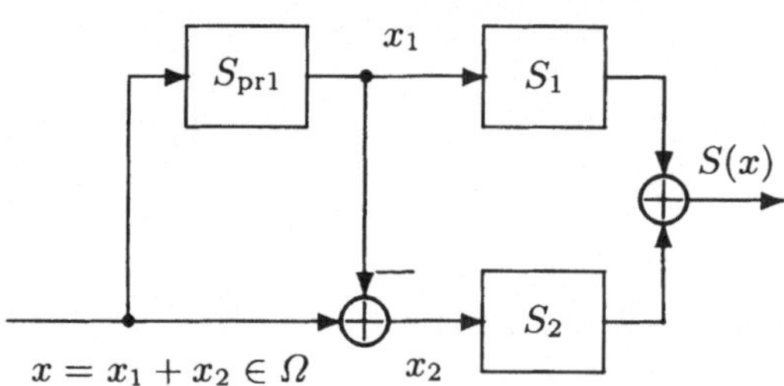

Abb. 5.3. Realisierung des LTI-Systems $S(x) = S_1(x_1) + S_2(x_2)$ mit Hilfe der Signaldetektoren $S_{\mathrm{pr1}}, S_{\mathrm{pr2}}$. Der Signaldetektor S_{pr2} wird durch den Subtrahierer realisiert

Beispiel 5.14 (Direkte Summe).

Es sei $\Omega = \Omega_1 \oplus \Omega_2$. Der Signalraum Ω_1 enthalte die sinusförmigen Signale (Frequenz f_0) und Ω_2 die Signale endlicher Energie. Der Signalraum Ω enthält somit alle Überlagerungen sinusförmiger Signale der Frequenz f_0 mit Signalen endlicher Energie. Da sinusförmige Signale $x_1 \neq 0$ unendliche Energie besitzen, ist die Summe aus den zwei Signalräumen direkt. Daher kann Satz 5.10 angewandt werden. Für die beiden LTI-Systeme können beispielsweise FIR-Filter gewählt werden. Ihre Impulsantworten seien h_1 und h_2. Dann ist

$$S(x) := h_1 * x_1 + h_2 * x_2 \ , \ x = x_1 + x_2 \ , \ x_1 \in \Omega_1 \ , \ x_2 \in \Omega_2 \quad (5.55)$$

ein LTI-System auf dem Signalraum Ω. Der Signaldetektor S_{pr1} für sinusförmige Signale der Frequenz f_0 kann mit Hilfe einer Mittelwertbildung gemäß

$$y(k) = \lim_{n \to \infty} \sum_{i=0}^{n} h_n(i) x(k - i)$$

erfolgen (vgl. Beispiel 4.1):

1. $0 < f_0 < 1/2$:

$$h_n(i) = \begin{cases} \frac{2}{n+1} \cos 2\pi f_0 i : 0 \le i \le n \\ 0 : \text{sonst} \end{cases} .$$

2. $f_0 = 0, 1/2$:

$$h_n(i) = \begin{cases} \frac{1}{n+1} \cos 2\pi f_0 i : 0 \le i \le n \\ 0 : \text{sonst} \end{cases} .$$

Die Frequenzfunktion des LTI-Systems ist damit für alle Frequenzen $0 \le f_0 \le 1/2$ durch

$$S^F(f) = \begin{cases} 1 : f = \pm f_0 \\ 0 : f \ne \pm f_0, |f| \le 1/2 \end{cases}$$

gegeben. Ein sinusförmiger Signalanteil x_1 der Frequenz f_0 wird somit unverändert an den Ausgang des Systems weitergegeben. Andererseits wird der Signalanteil x_2 endlicher Energie durch das System vollständig unterdrückt. Für ein Signal x_2 endlicher Energie folgt nämlich aus der *Schwarzschen Ungleichung* [4]

$$\left| \frac{1}{n+1} \sum_{i=0}^{n} \cos 2\pi f_0 i \cdot x_2(k-i) \right| \le \sqrt{\sum_{i=0}^{n} \frac{\cos^2 2\pi f_0 i}{(n+1)^2}} \cdot \sqrt{\sum_{i=0}^{n} |x_2(k-i)|^2}$$

$$\le \sqrt{\frac{1}{n+1}} \cdot \sqrt{\sum_{i=-\infty}^{\infty} |x_2(i)|^2} .$$

Da das Signal x_2 endliche Energie besitzt, ist der zweite Faktor endlich. Der erste Faktor strebt für $n \to \infty$ gegen 0. Daraus folgt, daß die Mittelwertbildung für das Energiesignal x_2 das Ausgangssignal

$$y(k) = \lim_{n \to \infty} \sum_{i=0}^{n} h_n(i) x_2(k-i) = 0$$

liefert. Der Mittelwertbilder stellt somit einen Signaldetektor für sinusförmige Signale (der Frequenz f_0) dar, die durch Energiesignale überlagert werden.

5.4 Fortsetzung zeitdiskreter LTI-Systeme

Wir gehen im folgenden von einem auf einem Signalraum Ω definierten LTI-System aus. Der Signalraum ist durch das LTI-System festgelegt, wenn er alle Signale enthalten soll, für die das LTI-System erklärt ist. Ein Beispiel ist der Summierer, der für linksseitig summierbare Eingangssignale erklärt ist. Wir stellen uns die Frage, ob es möglich ist, den Definitionsbereich auf alle möglichen zeitdiskreten Signale, also auf den Signalraum $\mathbb{R}^{\mathbb{Z}}$ zu erweitern. Dies ist keineswegs selbstverständlich auf Grund der unüberblickbaren Vielfalt der im Signalraum $\mathbb{R}^{\mathbb{Z}}$ bestehenden Signalabhängigkeiten. Insbesondere sind im Gegensatz zu Abschn. 5.3 bei der Wahl der Ausgangssignale des LTI-Systems auch Inter-Abhängigkeiten zwischen den Signalen des Signalraums $\mathbb{R}^{\mathbb{Z}}$ zu berücksichtigen. Das vorstehende Problem ist ein sog. *Fortsetzungsproblem*. Gegeben ist ein auf dem Signalraum Ω definiertes LTI-System. Gesucht ist eine Fortsetzung des LTI-Systems auf den Signalraum $\mathbb{R}^{\mathbb{Z}}$. Dies ist ein LTI-System S_{max}, welches auf dem Signalraum Ω mit S übereinstimmt, d.h. für alle $x \in \Omega$ ist $S_{\mathrm{max}}(x) = S(x)$. Im Unterschied zum System S ist es für alle möglichen Eingangssignale $x \in \mathbb{R}^{\mathbb{Z}}$ definiert (universell).

Eine Zerlegung des Signalraums $\mathbb{R}^{\mathbb{Z}}$ gemäß

$$\mathbb{R}^{\mathbb{Z}} = \Omega_1 \oplus \Omega_2$$

mit Ω_1 als Signalraum der Signale endlicher Dauer ist leider nicht möglich, und daher die gesuchte Fortsetzung nicht mit den Methoden von Abschn. 5.3.2 definierbar.[4] Die Fortsetzbarkeit jedes LTI-Systems zu einem universellen LTI-System kann dennoch nachgewiesen werden. Freiheitsgrade bei der Festlegung der Ausgangssignale werden hierbei verdeutlicht. Um das komplizierte Problem zu lösen, wird zunächst eine Fortsetzung auf den Signalraum

$$\Omega^+ = \Omega + \mathbf{LTI}(\{x_0\}) = \Omega \oplus \mathbf{LTI}(\{x_0\}) \tag{5.56}$$

untersucht. Dieser Signalraum enthält per Definition alle Überlagerungen eines Signals $x_\Omega \in \Omega$ und einer FIR-Filterung des Signals x_0. Erst in einem zweiten Schritt wird eine Fortsetzung auf den Signalraum $\mathbb{R}^{\mathbb{Z}}$ vorgenommen. Wegen der *Riesigkeit* dieses Signalraums ist die vollständige Induktion als Beweismethode nicht ausreichend. Wie bei der Fortsetzung linearer Funktionale muß stattdessen auf das sog. *Zornsche Lemma* zurückgegriffen werden.
Die beim Fortsetzungsproblem immer wiederkehrenden Bezeichnungen sind im folgenden zusammengefaßt.

$$
\begin{aligned}
S &: \quad \text{LTI-System,} \\
\Omega &: \quad \text{Definitionsbereich für } S \text{ (Signalraum),} \\
x_\Omega &: \quad \text{Signal aus } \Omega, \\
x_0 &: \quad \text{Signal} \notin \Omega, \\
\Omega^+ &: \quad \Omega + \mathbf{LTI}(\{x_0\}), \\
S^+ &: \quad \text{Fortsetzung von } S \text{ auf } \Omega^+, \\
y_0 &: \quad \text{Ausgangssignal } S^+(x_0).
\end{aligned}
$$

Aus der LTI-Eigenschaft der Fortsetzung S^+ ergibt sich unmittelbar, daß die Fortsetzung S^+ eines LTI-Systems durch das Ausgangssignal

---

[4] Die vorstehende Zerlegung kann wie folgt widerlegt werden: Aus der Zerlegung $\mathbb{R}^{\mathbb{Z}} = \Omega_1 \oplus \Omega_2$ folgt für die Sprungfunktion

$$\varepsilon = x_1 + x_2 \,, \ x_1 \in \Omega_1 \,, \ x_2 \in \Omega_2 \,.$$

Da Ω_2 ein Signalraum ist, ist $S_\Delta(x_2) \in \Omega_2$. Wegen $S_\Delta(x_2) = S_\Delta(\varepsilon) - S_\Delta(x_1) = \delta - S_\Delta(x_1)$ ist auch $S_\Delta(x_2) \in \Omega_1$. Aus $\Omega_1 \cap \Omega_2 = \{0\}$ (direkte Summe) folgt $S_\Delta(x_1) = \delta$. Damit hat das Signal x_1 die Gestalt $x_1 = \varepsilon + C$ mit einer Konstanten $C \in \mathbb{R}$. Dies ist aber kein Signal endlicher Dauer.

$$y_0 = S^+(x_0) \tag{5.57}$$

gemäß

$$
\begin{aligned}
S^+(x_\Omega + \mathrm{FIR}(x_0)) &= S^+(x_\Omega) + S^+(\mathrm{FIR}(x_0)) \\
&= S(x_\Omega) + \mathrm{FIR}(S^+(x_0)) \\
&= S(x_\Omega) + \mathrm{FIR}(y_0)
\end{aligned}
\tag{5.58}
$$

festgelegt ist. Bei bestehenden Signalabhängigkeiten für das Signal x_0 und den Signalen des Signalraums Ω ist eine beliebige Wahl von y_0 nicht möglich. Die Einschränkung bei der Wahl von y_0 ergibt sich aus der folgenden Bedingung (s. Abb. 5.4):

Lemma 5.12 (Fortsetzungsbedingung).
Eine notwendige und hinreichende Bedingung für die Fortsetzbarkeit eines LTI-Systems S auf den Signalraum Ω^+ ist die folgende Eigenschaft des Ausgangssignals $y_0 = S^+(x_0)$: Für jedes FIR-Filter (FIR) gilt die Implikation

$$\mathrm{FIR}(x_0) \in \Omega \Rightarrow S(\mathrm{FIR}(x_0)) = \mathrm{FIR}(y_0) \ . \tag{5.59}$$

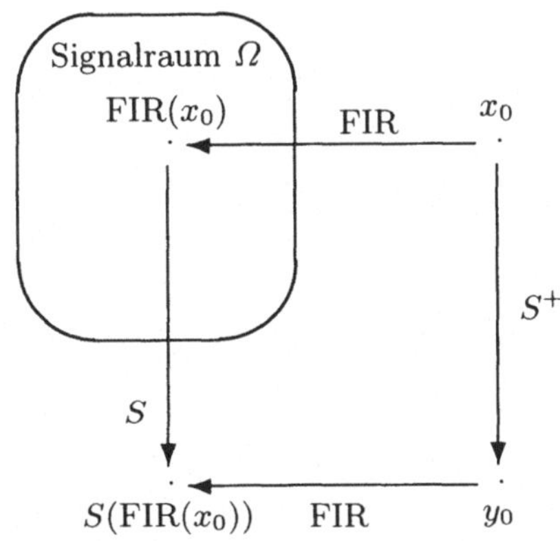

Abb. 5.4. Bedingung für die Fortsetzung eines LTI-Systems S mit Definitionsbereich Ω auf den Signalraum $\Omega^+ = \Omega + \mathbf{LTI}(\{x_0\})$

Beweis:
Die Notwendigkeit der Fortsetzungsbedingung ergibt sich unmittelbar aus

$$S(\mathrm{FIR}(x_0)) = S^+(\mathrm{FIR}(x_0)) = \mathrm{FIR}(S^+(x_0)) = \mathrm{FIR}(y_0)$$

für ein FIR-Filter FIR mit $\mathrm{FIR}(x_0) \in \Omega$. Wir zeigen, daß die Fortsetzungsbedingung auch hinreichend ist, indem wir zeigen, daß durch

$$S^+(x) := S(x_\Omega) + \mathrm{FIR}(y_0) \ , \quad x = x_\Omega + \mathrm{FIR}(x_0) \tag{5.60}$$

ein LTI-System auf dem Signalraum Ω^+ definiert wird. Für das Eingangssignal $x = x_\Omega \in \Omega$ folgt das Ausgangssignal $S(x_\Omega)$, d.h. S^+ ist dann eine Fortsetzung des Systems S.

1. Die Definition von S^+ ist sinnvoll:
Es ist zu zeigen, daß S^+ unabhängig von der Darstellung eines Signals $x \in \Omega^+$ ist. Sind also $x = x_\Omega + \text{FIR}(x_0) = \ddot{x}_\Omega + \text{F\"IR}(x_0)$ zwei Darstellungen eines Signals $x \in \Omega^+$, muß

$$S(x_\Omega) + \text{FIR}(y_0) = S(\ddot{x}_\Omega) + \text{F\"IR}(y_0) \tag{5.61}$$

nachgeprüft werden.
Für das FIR-Filter $\Delta\text{FIR} := \text{FIR} - \text{F\"IR}$ ist

$$\Delta\text{FIR}(x_0) = \text{FIR}(x_0) - \text{F\"IR}(x_0) = \ddot{x}_\Omega - x_\Omega \in \Omega \ .$$

Aus der Fortsetzungsbedingung folgt

$$S(\Delta\text{FIR}(x_0)) = \Delta\text{FIR}(y_0) \ .$$

Es ist

$$S(\Delta\text{FIR}(x_0)) = S(\ddot{x}_\Omega - x_\Omega) = S(\ddot{x}_\Omega) - S(x_\Omega) \ .$$

Daraus folgt wie behauptet

$$\begin{aligned}
S(\ddot{x}_\Omega) - S(x_\Omega) &= S(\Delta\text{FIR}(x_0)) = \Delta\text{FIR}(y_0)) \\
&= \text{FIR}(y_0) - \text{F\"IR}(y_0) \ .
\end{aligned}$$

2. Linearität von S^+:
Es seien $x_1, x_2 \in \Omega^+$, $\lambda, \mu \in \mathbb{R}$ mit $x_1 = x_\Omega + \text{FIR}(x_0)$, $x_2 = \ddot{x}_\Omega + \text{F\"IR}(x_0)$. Dann ist

$$x := \lambda x_1 + \mu x_2 = (\lambda x_\Omega + \mu \ddot{x}_\Omega) + (\lambda\text{FIR} + \mu\text{F\"IR})(x_0) \ .$$

Aus der Linearität von S folgt

$$\begin{aligned}
S^+(x) &= S(\lambda x_\Omega + \mu \ddot{x}_\Omega) + (\lambda\text{FIR} + \mu\text{F\"IR})(y_0) \\
&= \lambda S(x_\Omega) + \mu S(\ddot{x}_\Omega) + \lambda\text{FIR}(y_0) + \mu\text{F\"IR}(y_0) \\
&= \lambda S^+(x_1) + \mu S^+(x_2) \ .
\end{aligned}$$

3. Zeitinvarianz von S^+:
Es sei $x \in \Omega^+, c \in \mathbb{Z}$ mit $x = x_\Omega + \text{FIR}(x_0)$. Dann ist

$$\tau_c(x) = \tau_c(x_\Omega) + \tau_c\,\text{FIR}(x_0) = \ddot{x}_\Omega + \text{F\"IR}(x_0)$$

mit $\ddot{x}_\Omega := \tau_c(x_\Omega)$, $\text{F\"IR} := \tau_c\,\text{FIR}$. Aus der Zeitinvarianz von S folgt

$$\begin{aligned}
S^+(\tau_c(x)) &= S(\ddot{x}_\Omega) + \text{F\"IR}(y_0) \\
&= \tau_c(S(x_\Omega)) + \tau_c(\text{FIR}(y_0)) \\
&= \tau_c(S^+(x)) \ .
\end{aligned}$$

q.e.d.

Für das FIR-Filter $\text{FIR} = 0$ sind sowohl der linke Teil der Fortsetzungsbedingung (5.59)

$$\text{FIR}(x_0) \in \Omega \ ,$$

als auch die Implikation erfüllt. Dies ist der uninteressante Fall. Für ein FIR-Filter FIR $\neq 0$ dagegen drückt der linke Teil der Fortsetzungsbedingung, $\mathrm{FIR}(x_0) \in \Omega$, Signalabhängigkeiten für das Signal x_0 und die Signale des Signalraums Ω aus. Die folgenden drei Fälle sind zu unterscheiden:

1. Keine Signalabhängigkeiten:
   Bestehen keine Signalabhängigkeiten, dann gibt es auch kein FIR-Filter FIR $\neq 0$, welches den linken Teil der Fortsetzungsbedingung erfüllt. In diesem Fall ist die Fortsetzungsbedingung (als Implikation) richtig. Das Ausgangssignal y_0 kann folglich beliebig gewählt werden.

2. Intra-Abhängigkeiten:
   Der linke Teil der Fortsetzungsbedingung ist erfüllt, wenn für ein FIR-Filter FIR $\neq 0$

   $$\mathrm{FIR}(x_0) = 0$$

   gilt, denn der Nullvektor 0 ist in jedem Signalraum Ω enthalten. In diesem Fall liegt für das Signal x_0 eine Intra-Abhängigkeit vor, d.h. das Signal x_0 ist eine Eigenbewegung. Aus der Fortsetzungsbedingung folgt

   $$\mathrm{FIR}(y_0) = S(\mathrm{FIR}(x_0)) = S(0) = 0 \ ,$$

   d.h. die gleiche Intra-Abhängigkeit muß auch für das Ausgangssignal y_0 bestehen.

3. Inter-Abhängigkeiten:
   Der linke Teil der Bedingung ist erfüllt, wenn für ein FIR-Filter

   $$\mathrm{FIR}(x_0) = x_1 \in \Omega$$

   gilt, wobei jetzt der Fall $x_1 \neq 0$ vorliegen möge. In diesem Fall besteht eine Inter-Abhängigkeit zwischen dem Signal x_0 und einem Signal $x_1 \in \Omega$ ungleich dem Nullsignal. Die Fortsetzungsbedingung besagt, daß in diesem Fall die gleiche Inter-Abhängigkeit zwischen y_0 und $S(x_1)$ in Form der Gleichung

   $$\mathrm{FIR}(y_0) = S(\mathrm{FIR}(x_0)) = S(x_1)$$

   bestehen muß.

Ist ein Signal $x_0 \notin \Omega$ vorgegegeben, dann ist zunächst unklar, ob ein Ausgangssignal y_0 gefunden werden kann, welches die Fortsetzungsbedingung erfüllt. Wäre die Fortsetzungsbedingung nur für ein einziges FIR-Filter zu erfüllen, dann wäre eine Lösung y_0 der Gleichung

$$\mathrm{FIR}(y_0) = S(\mathrm{FIR}(x_0))$$

bei bekannter rechten Seite zu bestimmen, was nach Anhang A.1 (Lemma A.1) möglich ist. Das Problem besteht darin, daß diese Gleichung nicht nur für ein einziges FIR-Filter nachzuprüfen ist, sondern für *alle* FIR-Filter mit $\mathrm{FIR}(x_0) \in \Omega$. Diese Forderung scheint auf den ersten Blick unerfüllbar zu sein und läßt damit das Fortsetzungsproblem ebenfalls unlösbar erscheinen. Der

„Trick" zur Lösung des vorstehenden Problems besteht darin, ein sog. Generatorfilter zu finden, das die *primären* Signalabhängigkeiten für das Signal x_0 und den Signalen des Signalraums Ω ausdrückt.

Definition 5.7 (Generatorfilter).
Es sei Ω ein Signalraum und $x_0 \notin \Omega$. Ein Generatorfilter FIRg des Signalraums Ω und Signals x_0 ist ein FIR-Filter mit der folgenden Eigenschaft:

1. Inter-Abhängigkeit:

$$\mathrm{FIRg}(x_0) \in \Omega \tag{5.62}$$

2. Primäre Abhängigkeit:
Für jedes FIR-Filter FIR mit $\mathrm{FIR}(x_0) \in \Omega$ gibt es ein FIR-Filter FIR_1 mit

$$\mathrm{FIR} = \mathrm{FIR}_1 \mathrm{FIRg} . \tag{5.63}$$

Die vorstehende Definition geht in die bisherige Definition 5.3 eines Generatorfilters über, indem man $\Omega = \{0\}$ setzt. Gemäß der ersten Bedingung drückt das Generatorfilter eine Abhängigkeit zwischen dem Signal x_0 und den Signalen des Signalraums Ω aus. Auf Grund der zweiten Bedingung ist diese Abhängigkeit primär, denn jedes FIR-Filter, das ebenfalls eine solche Abhängigkeit ausdrückt, läßt sich auf das Generatorfilter zurückführen. Die Existenz eines Generatorfilters ergibt sich aus

Lemma 5.13 (Generatorfilter).
Es sei Ω ein Signalraum und $x_0 \notin \Omega$. Es gebe ein FIR-Filter FIR $\neq 0$ mit $\mathrm{FIR}(x_0) \in \Omega$. Unter allen FIR-Filtern mit dieser Eigenschaft habe das FIR-Filter FIRg einen minimalen Filtergrad. Dann ist FIRg ein Generatorfilter von Ω und x_0.

Beweis:
Wir gehen von der Menge

$$\Omega_1 := \{\mathrm{FIR} \neq 0 | \mathrm{FIR}(x_0) \in \Omega\} \tag{5.64}$$

aus. Nach Voraussetzung ist die Menge Ω_1 nicht leer. Die Menge Ω_1 enthält daher ein FIR-Filter mit minimalem Filtergrad (N). Es sei FIRg ein solches FIR-Filter. Seine Übertragungsfunktion ist

$$G(z) = \sum_{i=k_1}^{k_2} g(i) z^{-i} = z^{-k_2} G_1(z)$$

mit dem Polynom

$$G_1(z) := \sum_{i=k_1}^{k_2} g(i) z^{k_2-i} .$$

Der Grad dieses Polynoms stimmt mit dem Filtergrad $N = k_2 - k_1$ von FIRg überein. Wir zeigen, daß das FIR-Filter FIRg die primären Signalabhängigkeiten darstellt. Es ist zu zeigen, daß für ein beliebiges FIR-Filter $\text{FIR}_h \in \Omega_1$ (Impulsantwort h) die Darstellung

$$\text{FIR}_h = \text{FIR}_1 \text{FIRg} \tag{5.65}$$

mit einem FIR-Filter FIR_1 gilt. Wegen des minimalen Filtergrades von FIRg muß

$$\text{grad}(\text{FIR}_h) \geq \text{grad}(\text{FIRg}) = N$$

sein. Die Übertragungsfunktion von FIR_h ist

$$H(z) = \sum_{i=\overline{k}_1}^{\overline{k}_2} h(i) z^{-i} = z^{-\overline{k}_2} H_1(z) \ , \ H_1(z) := \sum_{i=\overline{k}_1}^{\overline{k}_2} h(i) z^{\overline{k}_2 - i} \ .$$

$G_1(z), H_1(z)$ sind Polynome mit

$$\text{grad}(H_1) = \text{grad}(\text{FIR}_h) \geq N = \text{grad}(\text{FIRg}) = \text{grad}(G_1) \ .$$

Folglich kann der Euklidische Divisions-Algorithmus angewandt werden. Daher ist

$$H_1(z) = \text{P}_1(z) \cdot G_1(z) + \text{P}_2(z)$$

mit zwei Polynomen $\text{P}_1(z), \text{P}_2(z)$, wobei entweder $\text{grad}(P_2) < \text{grad}(G_1)$ oder $\text{P}_2(z) = 0$ gilt. Für $H(z)$ folgt die Darstellung

$$H(z) = z^{-\overline{k}_2} H_1(z) = \text{P}_1(z) z^{k_2 - \overline{k}_2} G(z) + z^{-\overline{k}_2} \text{P}_2(z) \ .$$

Daraus folgt

$$\text{FIR}_h = \text{FIR}_1 \text{FIRg} + \text{FIR}_2$$

mit

$\text{FIR}_1 :$ FIR-Filter mit der Übertragungsfunktion
         $\text{P}_1(z) z^{k_2 - \overline{k}_2}$,

$\text{FIR}_2 :$ FIR-Filter mit der Übertragungsfunktion $z^{-\overline{k}_2} \text{P}_2(z)$.
         Für $\text{P}_2(z) \neq 0$ ist $\text{grad}(\text{P}_2) = \text{grad}(\text{FIR}_2)$.

Die Annahme $\text{FIR}_2 \neq 0$ widerspricht der Minimalität des Filtergrads von FIRg: Es ist

$$\text{FIR}_2(x_0) = \text{FIR}_h(x_0) - \text{FIR}_1 \text{FIRg}(x_0)$$

mit $\text{FIR}_h(x_0) \in \Omega, \text{FIRg}(x_0) \in \Omega$. Aus der Signalraumeigenschaft von Ω folgt daraus $\text{FIR}_2(x_0) \in \Omega$. Außerdem ist

$$\text{grad}(\text{FIR}_2) = \text{grad}(\text{P}_2) < \text{grad}(G_1) = \text{grad}(\text{FIRg}) \ .$$

q.e.d.

Mit Hilfe eines Generator-Filters gelingt der Nachweis, daß die Fortsetzungsbedingung durch eine geeignete Wahl des Ausgangssignals $y_0 = S^+(x_0)$ stets erfüllt werden kann.

Satz 5.14 (Kleiner Fortsetzungssatz).
Jedes LTI-System S, erklärt auf dem Signalraum Ω, läßt sich auf den Signalraum $\Omega^+ = \Omega + \mathbf{LTI}(\{x_0\})$ fortsetzen. Für die Wahl des Ausgangssignals $y_0 = S^+(x_0)$ sind die folgenden zwei Fälle zu unterscheiden:

1. *Es gibt kein FIR-Filter FIR $\neq 0$ mit $\mathrm{FIR}(x_0) \in \Omega$:*
   Dann ist y_0 beliebig wählbar.
2. *Es gibt ein FIR-Filter FIR $\neq 0$ mit $\mathrm{FIR}(x_0) \in \Omega$:*
   Es sei FIRg ein Generatorfilter des Signalraums Ω und Signals x_0. Dann ist y_0 eine beliebige Lösung der Gleichung

$$\mathrm{FIRg}(y_0) = S(\mathrm{FIRg}(x_0)) \,. \tag{5.66}$$

Beweis:

1. Fall 1:
   Der linke Teil der Fortsetzungsbedingung, $\mathrm{FIR}(x_0) \in \Omega$, ist für kein FIR-Filter FIR $\neq 0$ erfüllt. Daraus folgt, daß die Fortsetzungsbedingung (als Implikation) erfüllt ist. Folglich kann y_0 beliebig gewählt werden.
2. Fall 2:
   Wegen $\mathrm{FIRg}(x_0) \in \Omega$ ist die rechte Seite der Gleichung

$$\mathrm{FIRg}(y_0) = S(\mathrm{FIRg}(x_0)) \tag{5.67}$$

definiert. Sie besitzt nach Anhang A.1 (Lemma A.1) eine Lösung y_0, wobei abhängig vom Filtergrad $N = \mathrm{grad}(\mathrm{FIRg})$ des Generatorfilters N Freiheitsgrade für y_0 bestehen. Wir zeigen, daß die Fortsetzungsbedingung erfüllt ist. Es sei FIR ein beliebiges FIR-Filter mit $\mathrm{FIR}(x_0) \in \Omega$. Da FIRg ein Generatorfilter ist, gibt es ein FIR-Filter FIR_1 mit $\mathrm{FIR} = \mathrm{FIR}_1\mathrm{FIRg}$. Daraus folgt

$$S(\mathrm{FIR}(x_0)) = S(\mathrm{FIR}_1\mathrm{FIRg}(x_0)) = \mathrm{FIR}_1\left(S(\mathrm{FIRg}(x_0))\right)$$
$$= \mathrm{FIR}_1(\mathrm{FIRg}(y_0)) = \mathrm{FIR}(y_0) \,.$$

Hierbei wurde zunächst die Systemoperation S mit der Filteroperation FIR_1 vertauscht, dann mit der Filteroperation FIRg. Die Fortsetzungsbedingung ist also nicht nur für das Generatorfilter FIRg, sondern auch für das FIR-Filter FIR erfüllt.

q.e.d.

Beispiel 5.15 (Fortsetzung).
Es sei $\Omega = \mathbf{LTI}(\delta)$ der Signalraum der Signale endlicher Dauer und $x_0(k) = \varepsilon(k)$. Ein auf dem Signalraum Ω erklärtes LTI-System S ist durch seine Impulsantwort $h = S(\delta)$ gekennzeichnet. Die Frage lautet: Welche Bedingung muß die Sprungantwort $y_0 = S^+(x_0)$ erfüllen?

Die Bedingung $\mathrm{FIR}(x_0) \in \Omega$ ist für den Differenzierer $\mathrm{FIR} = S_\Delta$ erfüllt, denn es gilt $S_\Delta(x_0) = x_0' = \delta \in \Omega$. Der Filtergrad des Differenzierers ist 1. Ein FIR-Filter mit dem Filtergrad 0 und $\mathrm{FIR}(x_0) \in \Omega$ ist nicht möglich. Also ist $\mathrm{FIRg} = S_\Delta$ ein Generatorfilter. Aus dem kleinen Fortsetzungssatz folgt als Bedingung für y_0

$$y_0' = \mathrm{FIRg}(y_0) = S(\mathrm{FIRg}(x_0)) = S(x_0') = S(\delta) = h \ .$$

Die Bedingung besagt, daß die Ableitung der Sprungantwort y_0 gleich der Impulsantwort ist. Nach dem kleinen Fortsetzungssatz ist sie die einzige Bedingung für die Sprungantwort.

Mit Hilfe des kleinen Fortsetzungssatzes kann ein LTI-System schrittweise fortgesetzt werden, wobei bei jedem Schritt ein Signal x_0 den Definitionsbereich für das LTI-System „anreichert". Damit eine echte Erweiterung des Definitionsbereichs bzw. des Signalraums vorliegt, muß das Signal x_0 außerhalb des alten Definitionsbereichs liegen. Die Wahl des Signals x_0 hängt davon ab, welche Signale man bei der Erweiterung des Definitionsbereichs einschließen möchte.

Lemma 5.15 (Schrittweises Fortsetzen).
Setze zunächst $\Omega_0 := \Omega, i = 0$. Beispielsweise ist $\Omega = \mathbf{LTI}(\delta)$ der Signalraum der Signale endlicher Dauer.

1. *Wähle $x_0 \notin \Omega_i$, setze $\Omega_{i+1} := \Omega_i + x_0$.*
2. *Gibt es kein FIR-Filter $\mathrm{FIR} \neq 0$ mit $\mathrm{FIR}(x_0) \in \Omega_i$, dann kann das Ausgangssignal y_0 beliebig gewählt werden. Setze in diesem Fall $i = i+1$ und fahre bei Schritt 1 fort. Im anderen Fall fahre bei Schritt 3 fort.*
3. *Bestimme zum Signalraum Ω_i und dem Signal x_0 ein Generatorfilter FIRg. Ein notwendiges und hinreichendes Kriterium für ein Generatorfilter besteht darin, daß es kein FIR-Filter mit kleinerem Filtergrad als FIRg gibt, für das $\mathrm{FIR}(x_0) \in \Omega_i$ gilt.*
4. *Wähle für das Ausgangssignal y_0 eine Lösung der Gleichung $\mathrm{FIRg}(y_0) = S(\mathrm{FIRg}(x_0))$, wobei zunächst die rechte Seite dieser Gleichung zu bestimmen ist. Setze $i = i+1$ und fahre bei Schritt 1 fort.*

Das vorstehende Verfahren zum schrittweisen Fortsetzen eines LTI-Systems wird spätestens dann beendet, wenn alle vorgegebenen Signale x_0 abgearbeitet sind. Damit das Verfahren nach endlicher Zeit endet, dürfen das nur endlich viele Signale x_0 sein. Daraus folgt, daß mit Hilfe eines schrittweisen Fortsetzens eine Fortsetzung auf den Signalraum $\mathbb{R}^{\mathbb{Z}}$, also eine Erweiterung des Definitionsbereichs, der *alle* möglichen (zeitdiskreten) Signale umfaßt, *nicht* gelingt. Dies würde bedeuten, daß $\mathbb{R}^{\mathbb{Z}} = \mathbf{LTI}(\mathbb{E})$ einen endlichen Erzeuger $\mathbb{E}$ besitzt. Dies ist jedoch nicht der Fall. Der Signalraum ist vielmehr *so groß*, daß jeder Erzeuger von $\mathbb{R}^{\mathbb{Z}}$ überabzählbar ist, d.h. es gibt keine Folge von Signalen $x_1, x_2, \ldots \in \mathbb{R}^{\mathbb{Z}}$ derart, so daß sich jedes zeitdiskretes Signal aus einer (endlichen) Linearkombination von Signalen $x_1, x_2, \ldots$

und deren Verschiebungen ergibt.[5] Dennoch kann gezeigt werden, daß eine Fortsetzung auf den Signalraum $\mathbb{R}^{\mathbb{Z}}$ möglich ist.

Satz 5.16 (Großer Fortsetzungssatz).
Jedes auf einem Signalraum Ω erklärte LTI-System läßt sich auf den Signalraum $\mathbb{R}^{\mathbb{Z}}$ aller zeitdiskreten Signale fortsetzen.

Der Nachweis wird in Anhang A.2 geführt. Neben dem kleinen Fortsetzungssatz wird hierbei ein nicht konstruktives Prinzip in Form des Zornschen Lemmas benutzt.

Nach dem großen Fortsetzungssatz kann jedes LTI-System, insbesondere jedes IIR-Filter, zu einem universellen LTI-System $S_{\max}$ fortgesetzt werden. Ein Beispiel ist der Summierer $S_{\Sigma-}$. Er ist für linksseitig summierbare Eingangssignale (Signalraum $\Omega_{\Sigma-}$) erklärt. Das universelle System $S_{\max}$ stimmt somit für Eingangssignale $x \in \Omega_{\Sigma-}$ mit dem Summierer überein. Auf den Diracimpuls $x = \delta$ beispielsweise reagiert es folglich mit der Impulsantwort $h = S(\delta) = \varepsilon$ des Summierers. Da die Impulsantwort h unendliche Dauer besitzt, kann das System $S_{\max}$ kein FIR-Filter sein. Das System $S_{\max}$ ist also universell, aber kein FIR-Filter.

Daraus ergibt sich eine wichtige Aussage über die Klasse der FIR-approximierbaren LTI-Systeme aus Kap. 4. Diese Klasse umfaßt nach den Ergebnissen von Abschn. 4.1 Faltungssysteme. Sie enthält darüber hinaus LTI-Systeme, die keine Faltungssysteme sind. Beispiele sind der Grenzwertbilder und der Mittelwertbilder. Nach Lemma A.3 ist jedes universelle, FIR-approximierbare LTI-System ein FIR-Filter. Daraus folgt, daß das

---

[5] Wir zeigen, daß bereits der Signalraum

$$\Omega := \mathbf{LTI}(\mathbb{E}) \, , \, \mathbb{E} := \{\cos 2\pi f k | 0 \le f \le 1/2\}$$

aller sinusförmigen Signalen keinen abzählbaren Erzeuger besitzt. Zunächst stellen wir fest, daß die Signalmenge $\mathbb{E}$ überabzählbar ist. Die Menge $\mathbb{E}$ ist linear unabhängig, d.h. aus

$$\lambda_1 x_1 + \cdots + \lambda_n x_n = 0, \, , \, x_1, \ldots x_n \in \mathbb{E} \, , \, n \in \mathbb{N}$$

folgt $\lambda_1 = \cdots = \lambda_n = 0$. Aus der Theorie der Vektorräume folgt, daß die Menge $\mathbb{E}$ zu einer linearen Basis $\mathbb{B}_1 \supseteq \mathbb{E}$ von Ω erweitert werden kann. Es ist also $\mathbb{B}_1$ ebenfalls linear unabhängig und $\mathbf{LIN}(\mathbb{B}_1) = \Omega$. Aus $\mathbb{B}_1 \supseteq \mathbb{E}$ folgt, daß diese lineare Basis wie die Signalmenge $\mathbb{E}$ ebenfalls überabzählbar ist. Aus der Annahme, daß Ω einen abzählbaren Erzeuger $\mathbb{E}_1$ besitzt, d.h. $\Omega = \mathbf{LTI}(\mathbb{E}_1)$, erhält man daraus wie folgt einen Widerspruch:
Aus $\Omega = \mathbf{LTI}(\mathbb{E}_1)$ folgt zunächst

$$\Omega = \mathbf{LIN}(\mathbb{E}_2) \, , \, \mathbb{E}_2 := \{\tau_c(x) | x \in \mathbb{E}_1 \, , \, c \in \mathbb{Z}\} \, .$$

Mit $\mathbb{E}_1$ ist auch $\mathbb{E}_2$ abzählbar. Wegen $\Omega = \mathbf{LIN}(\mathbb{E}_2)$ kann die Menge $\mathbb{E}_2$ zu einer linearen Basis $\mathbb{B}_2 \subseteq \mathbb{E}_2$ von Ω „reduziert" werden. Es ist also $\Omega = \mathbf{LIN}(\mathbb{B}_2)$ und $\mathbb{B}_2$ ist linear unabhängig. Aus $\mathbb{B}_2 \subseteq \mathbb{E}_2$ folgt, daß auch $\mathbb{B}_2$ abzählbar ist. Wir haben damit neben der überabzählbaren, linearen Basis $\mathbb{B}_1$ von Ω eine abzählbare, lineare Basis $\mathbb{B}_2$ gefunden. Dies steht aber im Widerspruch dazu, daß zwei lineare Basen eines Vektorraums die gleiche Mächtigkeit besitzen.

universelle System $S_{\max}$ nicht FIR-approximierbar ist. Die Klasse der FIR-approximierbaren LTI-Systeme umfaßt daher nicht *alle* zeitdiskreten LTI-Systeme. Insbesondere sind universelle LTI-Systeme, die durch Fortsetzung eines IIR-Filters entstehen, nicht FIR-approximierbar. Wir haben damit folgende *Hierarchie* zeitdiskreter LTI-Systeme gefunden:

1. FIR-Filter:
   Ihre Ausgangssignale entstehen durch Faltung des Eingangssignals mit einer Impulsantwort endlicher Dauer. Der Differenzierer ist ein Beispiel. FIR-Filter sind universell, d.h. sie sind für alle Eingangssignale $x \in \mathbb{R}^{\mathbb{Z}}$ erklärt.

2. Faltungssysteme:
   Ihre Ausgangssignale entstehen durch Faltung des Eingangssignals mit der Impulsantwort. IIR-Filter besitzen per Definition eine Impulsantwort unendlicher Dauer, sind somit keine FIR-Filter. Beispiele für IIR-Filter sind der Summierer und ideale Tiefpäße.

3. FIR-approximierbare LTI-Systeme:
   Sie lassen sich durch eine Folge von FIR-Filtern approximieren. Faltungssysteme gehören dieser Klasse an. Die ein Faltungssystem approximierenden FIR-Filter ergeben sich durch Abschneiden der Impulsantwort des Faltungssystems. Mittelwertbilder und Grenzwertbilder dagegen sind keine Faltungssysteme. FIR-approximierbare LTI-Systeme sind nicht universell, es sei denn, daß das LTI-System ein FIR-Filter ist.

4. Beliebige LTI-Systeme:
   Diese Klasse beinhaltet *alle* zeitdiskreten LTI-Systeme. Neben FIR-approximierbaren LTI-Systemen gibt es weitere LTI-Systeme. Beispiele sind die Fortsetzungen eines IIR-Filters zu einem universellen LTI-System.

5.5 Allgemeingültige Aussagen über LTI-Systeme

Bei der Behandlung zeitdiskreter Signale und Systeme hat sich herausgestellt, daß bestimmte als allgemeingültig angenommene Aussagen über (zeitdiskrete) LTI-System nur unter bestimmten Voraussetzungen gelten. Unsere Ergebnisse darüber sind im folgenden zusammengefaßt.

1. Impulsantwort:
   Der wohlbekannte Zusammenhang zwischen Impulsantwort und Sprungantwort hat sich als allgemeingültig herausgestellt. Er besagt: Die Impulsantwort eines LTI-Systems ist die Ableitung der Sprungantwort. Als falsch hat sich herausgestellt, daß sich jedes LTI-System durch seine Impulsantwort charakterisieren läßt bzw. jedes LTI-System ein Faltungssystem ist. Ein einfaches Gegenbeispiel ist der arithmetische Mittelwertbilder, dessen Impulsantwort gleich 0 ist. Wenigstens gilt: Für Eingangs-

signale, die sich mit der Impulsantwort falten lassen, läßt sich das LTI-System als Summe eines Faltungssystems und eines weiteren LTI-Systems mit der Impulsantwort 0 darstellen (Abschn. 4.1). Die Signale, für die sich das LTI-System als ein Faltungssystem darstellen läßt, bilden einen Signalraum, den man den Signalraum der *klassischen* Theorie der LTI-Systeme nennen könnte. Er enthält wenigstens die Signale endlicher Dauer, d.h. die Darstellung als Faltungssystem gilt zumindest für Signale dieser Art (Abschn. 3.1).

2. Frequenzfunktion:

Es wurde gezeigt, daß jedes LTI-System eine Frequenzfunktion besitzt. Der übliche Nachweis durch Faltung des sinusförmigen Eingangssignals mit der Impulsantwort ist im Rahmen der hier allgemeingültigen Betrachtungen nicht akzeptabel, denn der Nachweis würde dann nur für Faltungssysteme geführt. Der allgemeingültige Nachweis basiert darauf, daß Intra-Abhängigkeiten der Eingangssignale bzw. Eigenbewegungen durch die LTI-Eigenschaft auf die Ausgangssignale übertragen werden. Daraus folgte allgemeiner, daß Eingangssignale, die sinusförmig, periodisch, Polynome oder Exponentialsignale sind, zu Ausgangssignalen des gleichen Signaltyps führen. Bei sinusförmigen Signalen bleiben die Sinusform sowie die Frequenz erhalten. Amplitude und Phasenlage dagegen können durch das LTI-System (frequenzabhängig) verändert werden. Die Frequenzfunktion beinhaltet diese Änderungsinformation in Form einer frequenzabhängigen komplexen Zahl. Die Frequenzfunktion eines LTI-Systems ist eine komplexwertige Funktion mit der Periode 1. Die Periode resultiert daraus, daß zeitdiskrete Signale betrachtet wurden. Es gilt aber auch die Umkehrung: Jede Funktion mit dieser Eigenschaft ist die Frequenzfunktion eines LTI-Systems. Verblüffend dabei ist, daß mathematisch exotische Funktionen auch als Frequenzfunktion möglich sind. Beispiele sind die FIR-approximierbaren LTI-Systeme aus Abschn. 4.1. Die verbreitete Auffassung, die Frequenzfunktion sei die Fouriertransformierte der Impulsantwort, wird dabei widerlegt. Mit Hilfe einer Analyse möglicher Signalabhängigkeiten wurde gezeigt, daß Frequenzfunktion und Impulsantwort vollkommen unabhängig voneinander seien können (s. Abschn. 5.3). So verkehrt die Aussage ist, jedes LTI-System lasse sich durch seine Impulsantwort charakterisieren, so verkehrt ist die verbreitete Auffassung, jedes LTI-System sei durch seine Frequenzfunktion definiert. Ein Gegenbeispiel sind der linksseitige und beidseitige Mittelwertbilder, welche beide die gleiche Frequenzfunktion haben, aber verschiedene Ausgangssignale besitzen können.

3. Zusammenschaltung von LTI-Systemen:

Für die Zusammenschaltungen von Faltungssystemen gelten die allgemein bekannten, äquivalenten Umformungen dank der für die Faltung gültigen Rechenregeln Kommutativität, Distributivität und Assoziativität, wenn alle Signale einer Faltungsalgebra angehören. Die Hintereinanderschaltung von Faltungssystemen kann in diesem Fall uneingeschränkt durchgeführt werden. Beispiele sind Einschaltvorgänge, Ausschaltvorgänge, absolut summierbare Signale und Signale endlicher Energie mit beschränktem Fourierspektrum (Kap. 3). Die Kommutativität gestattet die Vertauschung der Reihenfolge bei der Hintereinanderschaltung zweier Faltungssysteme. Die Vertauschbarkeit gilt auch zwischen einem beliebigen LTI-System und einem FIR-Filter, aber nicht für zwei beliebige LTI-Systeme, wie die Hintereinanderschaltung des Mittelwertbilders mit dem Grenzwertbilder zeigte (Abschn. 2.2). Sollen alle möglichen Signale zugelassen werden, muß der Definitionsbereich der LTI-Systeme entsprechend erweitert werden, was nach dem großen Fortsetzungssatz tatsächlich möglich ist. Die Vertauschbarkeit ist dann aber nicht allgemeingültig.

5.6 Übungsaufgaben zu Kapitel 5

Übungsaufgabe 5.1 (Signalraum).
Man zeige, daß die Polynome vom Grad $\leq n$ einen Signalraum bilden.

Übungsaufgabe 5.2 (Sinusförmige Eigenbewegungen).
Man bestätige die Eigenbewegungen $x_1(k) = \cos 2\pi f k$ und $x_2(k) = \sin 2\pi f k$ des FIR-Filters mit der Impulsantwort

$$g(k) = \delta(k) + g(1)\delta(k-1) + \delta(k-2) \ , \ \cos 2\pi f = -g(1)/2$$

durch Einsetzen in die FIR-Gleichung $g * x = 0$ und zeige ihre lineare Unabhängigkeit für $0 < f < 1/2$.

Übungsaufgabe 5.3 (LTI-Hülle).
Man charakterisiere den Signalraum $\Omega = \mathbf{LTI}(\{\varepsilon\})$ und vergleiche ihn mit dem Signalraum der Signale endlicher Dauer sowie mit dem Signalraum der Einschaltvorgänge.

Übungsaufgabe 5.4 (Intra-Abhängigkeiten).
Für die folgenden Signale gebe man die primären Intra-Abhängigkeiten an:

1. $x_1(k) = \ldots 1, -1, 1, -1, 1, -1, 1, -1 \ldots$,
2. $x_2(k) = \ldots 1, 0, -1, 0, 1, 0, -1, 0 \ldots$,
3. $x_3(k) = \ldots 1, 0, 1, 0, 1, 0, 1, 0 \ldots$.

Übungsaufgabe 5.5 (Signal-Abhängigkeiten).
Für die folgenden Signale gebe man möglichst alle Signal-Abhängigkeiten an:

1. $x_1(k) = \varepsilon(k)$,
2. $x_2(k) = \varepsilon(-k)$,
3. $x_3(k) = \delta(k)$,
4. $x_4(k) = 1$.

Übungsaufgabe 5.6 (Inter-Abhängigkeiten).

Man gebe zwei Signale x_1, x_2 an, die zusammen mit dem Diracimpuls $x_3 = \delta$ die folgende Signalabhängigkeit aufweisen:

1. Zwischen jeweils zwei Signalen besteht keine Inter-Abhängigkeit,
2. zwischen allen drei Signalen besteht eine Inter-Abhängigkeit.

Übungsaufgabe 5.7 (Inter-Abhängigkeiten bei zwei Signalen).

Man zeige: Sind x_1, x_2, x_3 drei Signale und besteht zwischen x_1, x_2 und x_2, x_3 eine Inter-Abhängigkeit, dann besteht auch zwischen x_1, x_3 eine Inter-Abhängigkeit.

Übungsaufgabe 5.8 (Definition von LTI-Systemen).

Es seien $x_1(k) := \lambda^{k+1}, x_2(k) := k\lambda^k$. Man zeige zunächst, daß

$$g(k) = [\delta(k+1) - \lambda\delta(k)] * [\delta(k+1) - \lambda\delta(k)]$$

die Impulsantwort eines Generatorfilters für das Signal x_2 ist. Mit Hilfe dieses Ergebnisses gebe man die allgemeine Form des Ausgangssignals $y_2 = S(x_2)$ eines LTI-Systems S an. Besteht eine Abhängigkeit zwischen y_2 und $y_1 = S(x_1)$?

6. Signalabtastung

Es wird die Abtastung und Interpolation zeitkontinuierlicher und zeitdiskreter Signale behandelt. Benötigte Grundlagen über zeitkontinuierliche Signale und Systeme sind die Frequenzfunktion zeitkontinuierlicher
Signale und Systeme und bandbegrenzte Signale. Die Fouriertransformation zeitkontinuierlicher Signale wird nicht benötigt. Aufbauend auf
diesen Grundlagen wird die Rekonstruktion eines bandbegrenzten Signals durch seine Abtastwerte mit Hilfe eines Interpolators untersucht.
Das Abtasttheorem besagt, daß eine fehlerfreie Rekonstruktion möglich
ist, wenn die Abtastfrequenz größer als der zweifache Wert der größten
im Signal auftetenden Frequenz ist. Der Nachweis wird für eine Überlagerung endlich vieler sinusförmiger Signale geführt. Er basiert auf einer
Darstellung des interpolierten Signals in Abhängigkeit von der Frequenzfunktion des Interpolators (Frequenzdarstellung). Distributionen werden nicht benutzt, sondern es wird ein Grenzübergang hinsichtlich der
Anzahl der bei der Interpolation benutzten Abtastwerte durchgeführt.
Mit Hilfe der Frequenzdarstellung des interpolierten Signals wird auch
eine äquivalente Realisierung zeitkontinuierlicher Systeme durch zeitdiskrete Systeme und umgekehrt zeitdiskreter Systeme durch kontinuierliche Systeme aufgezeigt. Eine Anwendung des zweiten Falles ist die
Amplitudenmodulation zeitdiskreter Signale aus der Nachrichtentechnik.

6.1 Zeitkontinuierliche Signale und Systeme

6.1.1 Frequenzfunktion eines LTI-Systems

Im folgenden wird die Frequenzfunktion eines LTI-Systems eingeführt. Wie
bei zeitdiskreten LTI-Systemen wird sie mit Hilfe einer sinusförmigen Anregung des Systems erklärt. Hierbei wird vorausgesetzt, daß das System auf
eine sinusförmige Anregung mit einem sinusförmigen Ausgangssignal der gleichen Frequenz reagiert. Für zeitdiskrete LTI-Systeme erfolgte der Nachweis
in Abschn. 5.3.1. Auf die Frage, unter welchen Voraussetzungen dies auch

für kontinuierliche Systeme zutrifft, wird hier nicht eingegangen. Stattdessen wird die Realisierung kontinuierlicher Systeme und die Bestimmung ihrer Frequenzfunktionen beispielhaft am Ende dieses Abschnitts aufgezeigt.

Die Definition der Frequenzfunktion eines zeitkontinuierlichen Systems entspricht der Definition für zeitdiskrete Systeme:

Definition 6.1 (Frequenzfunktion).
Es wird vorausgesetzt, daß das zeitkontinuierliche System[1] auf eine sinusförmige Anregung ebenfalls sinusförmig mit der gleichen Frequenz reagiert. Insbesondere folgt aus dem Eingangssignal

$$x_c(t) := e^{j\,2\pi f t} \tag{6.1}$$

das Ausgangssignal

$$y_c(t) = S^F(f)\, e^{j\,2\pi f t} \,. \tag{6.2}$$

Dann ist $S^F(f)$ die Frequenzfunktion des Systems.

Die Frequenzfunktion eines LTI-Systems wird als eine *konjugiert gerade* Funktion vorausgesetzt, die im allgemeinen von der Frequenz f abhängt. Im Gegensatz zu zeitdiskreten Systemen ergeben sich bei wachsender Frequenz f immer neue sinusförmige Eingangssignale $x_c(t)$, weswegen keine Periodizität der Frequenzfunktion erzwungen wird.

Die Zerlegung der Frequenzfunktion in Betrag und Argument gemäß

$$S^F(f) = |S^F(f)|\, e^{j\,\Phi(f)} \tag{6.3}$$

ergibt wie bei zeitdiskreten LTI-Systemen für das Eingangsssignal $x(t) = \cos 2\pi f t$ das Ausgangssignal

$$y(t) = |S^F(f)|\cos[2\pi f t + \Phi(f)] \,, \tag{6.4}$$

so daß auch im zeitkontinuierlichen Fall die Amplitudenfunktion $A(f) := |S^F(f)|$ die Verstärkung der Amplitude und die Phasenfunktion $\Phi(f) := \arg S^F(f)$ die Phasenverschiebung angibt.[2]

---

[1] Das System ist nicht notwendigerweise ein LTI-System, aber linear.

[2] Zum Nachweis wird zunächst das Eingangssignal gemäß

$$x(t) = \frac{1}{2}(e^{j\,2\pi f t} + e^{-j\,2\pi f t})$$

dargestellt und die Linearität des LTI-Systems wie folgt zur Bestimmung des Ausgangssignals ausgenutzt:

$$\begin{aligned}
y(t) &= \frac{1}{2}\left[S^F(f)\, e^{j\,2\pi f t} + S^F(-f)\, e^{-j\,2\pi f t}\right] \\
&= \frac{1}{2}\left[S^F(f)\, e^{j\,2\pi f t} + (S^F(f)\, e^{j\,2\pi f t})^*\right] = \frac{1}{2}\cdot 2\,\mathrm{Re}\,(S^F(f)\, e^{j\,2\pi f t}) \\
&= \mathrm{Re}\,(|S^F(f)|\, e^{j\,\Phi(f)}\, e^{j\,2\pi f t}) = |S^F(f)|\cos[2\pi f t + \Phi(f)] \,.
\end{aligned}$$

Beispiel 6.1 (Idealer Tiefpaß).

Abbildung 6.1 zeigt die Frequenzfunktion eines idealen Tiefpaßes. Da die Frequenzfunktion reell ist, folgt $S^F(-f) = S^F(f)^* = S^F(f)$, d.h. die Frequenzfunktion ist eine gerade Funktion. Wegen der unendlich steilen Flanke der Frequenzfunktion bei der *Grenzfrequenz* f_g stellt der ideale Tiefpaß eine Idealisierung dar, die nur annähernd realisiert werden kann. Auf Grund seiner Frequenzfunktion verändert der ideale Tiefpaß die Amplitude für Frequenzen unterhalb der Grenzfrequenz nicht und sperrt sinusförmige Signale mit einer Frequenz oberhalb der Grenzfrequenz vollkommen. Der ideale Tiefpaß kann als *Faltungssystem* beschrieben werden, dessen Ausgangssignal sich wie bei zeitdiskreten Faltungssystemen durch Faltung des Eingangssignals mit der Impulsantwort des Systems ergibt.[3]

---

[3] Die zeitkontinuierliche Faltung ist durch ein Faltungsintegral gemäß

$$y(t) = \int_{-\infty}^{\infty} h(v)x(t - v)\, dv \tag{6.5}$$

gegeben. Hierbei ist $h(t)$ die Impulsantwort des Faltungssystems. Der Begriff *Impulsantwort* läßt sich erst durch Verwendung von Distributionen begründen: Die Impulsantwort ergibt sich als Antwort des Systems auf den Diracimpuls $x(t) = \delta(t)$. Aus der Ausblendeigenschaft dieser Distribution folgt

$$y(t) = \int_{-\infty}^{\infty} h(v)\delta(t - v)\, dv = h(t) \ .$$

Für den idealen Tiefpaß ist die Impulsantwort

$$h(t) = 2f_g \cdot \mathrm{si}\, 2\pi f_g t \ , \tag{6.6}$$

wobei $\mathrm{si}\, x = \sin(x)/x$ die Spaltfunktion ist. Man erhält die Impulsantwort durch *Fourier-Rücktransformation* der Frequenzfunktion gemäß

$$h(t) = \int_{-f_g}^{f_g} S^F(f)\, e^{j\,2\pi f t}\, df \ . \tag{6.7}$$

Die Integration ist elementar und wird in Beispiel 6.4 ausgeführt.

Umgekehrt erhält man aus der Impulsantwort $h(t)$ die Frequenzfunktion $S^F(f)$ durch *Fouriertransformation* (FT) gemäß

$$S^F(f) = h^F(f) := \int_{-\infty}^{\infty} h(v)\, e^{-j\,2\pi f v}\, dv \ . \tag{6.8}$$

Für das sinusförmige Eingangssignal $x_c(t) = e^{j\,2\pi f t}$ folgt nämlich

$$y(t) = \int_{-\infty}^{\infty} h(v)x_c(t - v)\, dv = e^{j\,2\pi f t} \cdot \int_{-\infty}^{\infty} h(v)\, e^{-j\,2\pi f v}\, dv \ .$$

Die Integration ist nicht elementar [12, II]. Die gezeigten Zusammenhänge zwischen der Impulsantwort und der Frequenzfunktion können auf andere Faltungssysteme verallgemeinert werden, worauf nicht näher eingegangen wird.

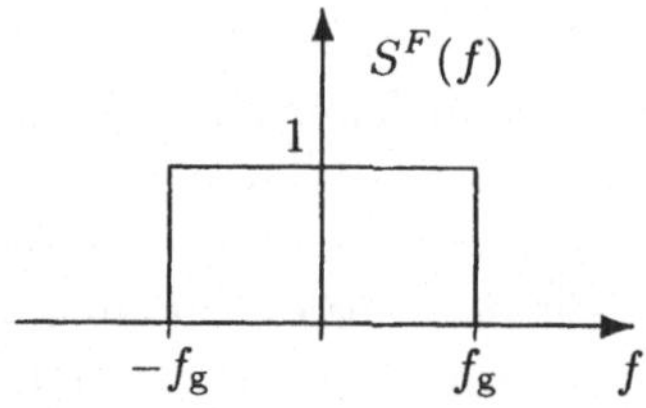

Abb. 6.1. Idealer zeitkontinuierlicher Tiefpaß der Grenzfrequenz f_g. Für die Phasenfunktion ist $\Phi(f) = 0$ angenommen

Zur näherungsweisen Realisierung eines idealen Tiefpaßes oder zur Realisierung anderer zeitkontinuierlicher Systeme können Schaltungen bestehend aus diskreten Bauelementen wie Widerständen, Kapazitäten, Induktivitäten und Operationsverstärkern benutzt werden. Der Zusammenhang zwischen Eingangssignal und Ausgangssignal wird in diesem Fall durch eine lineare *Differentialgleichung* (DGL) mit konstanten Koeffizienten beschrieben. Daraus kann die Frequenzfunktion direkt ermittelt werden, wie bei zeitdiskreten Systemen, die durch eine Differenzengleichung realisiert werden. Dies wird in den folgenden zwei Beispielen erläutert.

Beispiel 6.2 (Frequenzfunktion des RC-Glieds).
Für das RC-Glied aus Beispiel 2.1 lautet die DGL

$$\tau \cdot y'(t) + y(t) = x(t) \, . \tag{6.9}$$

Hierbei ist $\tau := RC$ die Zeitkonstante des RC-Glieds und stellt einen zeitunabhängigen Koeffizienten der DGL dar. Zur Bestimmung der Frequenzfunktion wird $x_\mathrm{c}(t) = \mathrm{e}^{\mathrm{j}\,2\pi f t}$ und $y_\mathrm{c}(t) = S^F(f)\mathrm{e}^{\mathrm{j}\,2\pi f t}$ in die DGL eingesetzt. Das ergibt

$$\tau \cdot S^F(f)(\mathrm{j}\,2\pi f)\,\mathrm{e}^{\mathrm{j}\,2\pi f t} + S^F(f)\,\mathrm{e}^{\mathrm{j}\,2\pi f t} = \mathrm{e}^{\mathrm{j}\,2\pi f t}$$

oder

$$S^F(f) = \frac{1}{1 + \mathrm{j}\,2\pi f \tau} \, . \tag{6.10}$$

Zum gleichen Ergebnis gelangt man mit Hilfe der *komplexen Wechselstromrechnung*: Das Eingangssignal ist die Spannung an Kondensator und Widerstand (beide in Reihe geschaltet), das Ausgangssignal ist die Kondensatorspannung. Das RC-Glied wirkt somit als Widerstandsteiler. Das Verhältnis zwischen Ausgangsspannung und Eingangsspannung ergibt sich folglich aus den (komplexen) Impedanzen von Kondensator und Widerstand zu

$$S^F(f) = \frac{1/(\mathrm{j}\,2\pi f C)}{R + 1/(\mathrm{j}\,2\pi f C)} = \frac{1}{1 + \mathrm{j}\,2\pi f R C} \, .$$

Es liegt ein *Tiefpaß* vor, der bei $f = 0$ die Amplitude nicht verändert (wegen $S^F(0) = 1$), aber bei zunehmenden Frequenzen die Amplitude des sinusförmigen Eingangssignals abgeschwächt. Das Verhältnis der Amplituden ergibt sich aus der Amplitudenfunktion

$$A(f) = |S^F(f)| = \frac{1}{|1 + \mathrm{j}\,2\pi f\tau|} = \frac{1}{\sqrt{1 + (2\pi f\tau)^2}}\;. \tag{6.11}$$

Bei der Frequenz $f_\mathrm{g} := 1/(2\pi\tau)$ ist $S^F(f_\mathrm{g}) = 1/\sqrt{2}$. Die Amplitude hat sich bei dieser sog. 3 db-Grenzfrequenz um den Faktor $1/\sqrt{2}$ verringert. Der Wert 3 db ergibt sich aus der logarithmischen Darstellung der Amplitudenfunktion gemäß

$$20 \cdot \lg |S^F(f_\mathrm{g})| = 20 \cdot \lg 1/\sqrt{2} \approx -3\,\mathrm{db}$$

und ist in Abb. 6.2 dargestellt.

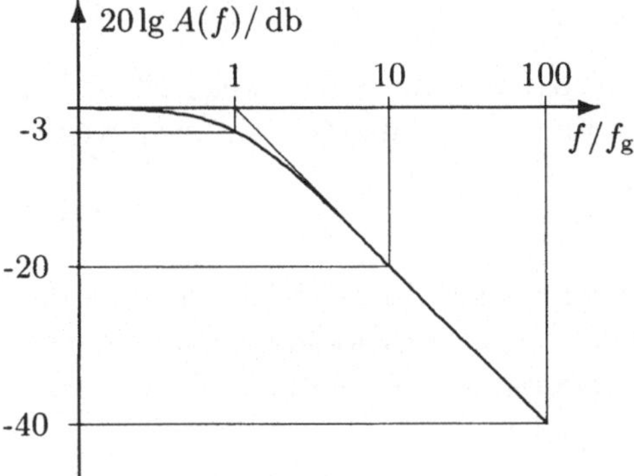

Abb. 6.2. Amplitudenfunktion des RC-Glieds mit der Zeitkonstanten $\tau = RC$. Es ist $20 \lg A(f) = -20 \cdot \frac{1}{2}\lg[1 + (2\pi f\tau)^2]$. Für kleine Frequenzen $f \approx 0$ folgt 0 db, für große Frequenzen gilt die Näherung $20 \lg A(f) \approx -10\lg(2\pi f\tau)^2 = -20\lg f/f_\mathrm{g}$ mit f_g als 3 db-Grenzfrequenz des RC-Glieds. Diese Näherung stellt eine Gerade dar, die die Frequenzachse bei $f = f_\mathrm{g}$ schneidet

Beispiel 6.3 (Frequenzfunktion des Differenzierers).
Für den Differenzierer aus Abschn. 2.1 lautet die DGL

$$y(t) = x'(t)\;. \tag{6.12}$$

Eine Realisierung mit Hilfe einer OPV-Schaltung wurde in Abschn. 2.1 ebenfalls gezeigt. Zur Bestimmung der Frequenzfunktion wird wieder $x_\mathrm{c}(t) = \mathrm{e}^{\mathrm{j}\,2\pi f t}$ in die DGL eingesetzt. Man erhält

$$y_\mathrm{c}(t) = (\mathrm{j}\,2\pi f)\,\mathrm{e}^{\mathrm{j}\,2\pi f t}$$

und daraus die Frequenzfunktion des Differenzierers zu

$$S^F(f) = \mathrm{j}\,2\pi f\;. \tag{6.13}$$

Es liegt ein *Hochpaß* vor, der bei $f = 0$ vollkommen sperrt (wegen $S^F(0) = 0$), aber bei zunehmenden Frequenzen die Amplitude des sinusförmigen Eingangssignals in zunehmendem Maß verstärkt.

6.1.2 Bandbegrenzte Signale

Bandbegrenzte Signale sind dadurch gekennzeichnet, daß zu ihrer Erzeugung nur sinusförmige Signale bis zu einer maximalen Frequenz f_g, der sog. *Grenzfrequenz* oder *Bandbreite* des Signals beteiligt sind. Ein erstes Beispiel für ein bandbegrenztes Signal ist ein sinusförmiges Signal der Frequenz f_0. In der komplexwertigen Form lautet es

$$x_c(t) = e^{j\,2\pi f_0 t} \; . \tag{6.14}$$

Es wird im folgenden durch einen einzelnen Pfeil (beliebiger Länge) bei der Frequenz f_0 gemäß der Abb. 6.3 veranschaulicht. Aus der Beziehung

$$\cos 2\pi f_0 t = \frac{1}{2}\left(e^{j\,2\pi f_0 t} + e^{-j\,2\pi f_0 t}\right) \tag{6.15}$$

folgt die Darstellung des Signals $x(t) = \cos 2\pi f_0 t$ mit Hilfe zweier Pfeile bei den Frequenzen $f_0, -f_0$. Das gleiche gilt für das Signal $x(t) = \sin 2\pi f_0 t$ wegen

$$\sin 2\pi f_0 t = \frac{1}{2j}\left(e^{j\,2\pi f_0 t} - e^{-j\,2\pi f_0 t}\right) \; . \tag{6.16}$$

Allgemeiner ist die Überlagerung endlich vieler sinusförmiger Signale ein bandbegrenztes Signal. Hierbei bestimmt die größte vorkommende Frequenz die Grenzfrequenz des zeitkontinuierlichen Signals. Abbildung 6.3 zeigt eine Überlagerung aus zwei sinusförmigen Signalen.

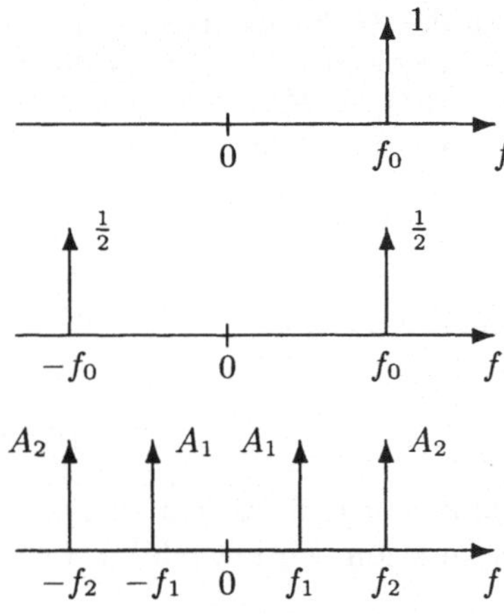

Abb. 6.3. Frequenz-Darstellung bandbegrenzter Signale. Das Pseudosignal $x_c(t) = e^{j\,2\pi f_0 t}$ wird durch den einen Pfeil bei der Frequenz f_0 (Abb. oben), das Signal $x(t) = \cos 2\pi f_0 t$ wird durch zwei Pfeile bei den Frequenzen $f_0, -f_0$ dargestellt (Abb. Mitte). Die untere Abb. zeigt eine Summe bestehend aus den zwei sinusförmigen Signalen $x_i(t) = A_i \cos 2\pi f_i t$, $i = 1, 2$ mit den Frequenzen $f_1 < f_2$. Die Grenzfrequenz des Signals ist in den ersten beiden Fällen durch f_0, im dritten Fall durch f_2 gegeben

Neben sinusförmigen Signalen und deren Überlagerungen kommen Signale der Form

$$x(t) = \int_{-\infty}^{\infty} x^F(f)\,e^{j\,2\pi f t}\,df \tag{6.17}$$

ebenfalls als bandbegrenzte Signale in Betracht. Hierbei ist $x^F(f)$ die sog. *Frequenzfunktion* des Signals. Sie wirkt als eine „Dichte", die angibt, welche Frequenzen mit welchem Gewicht im Signal $x(t)$ vorkommen. Ihr Betrag

$|x^F(f)|$ ist die *Amplitudenfunktion* des Signals und ihr Argument $\arg x^F(f)$ ihre *Phasenfunktion*, wie bei zeitdiskreten Signalen. Die Frequenzfunktion ist bei einem bandbegrenzten Signal der Grenzfrequenz f_g auf den Bereich $|f| \leq f_\mathrm{g}$ konzentriert, d.h. es gilt

$$|f| > f_\mathrm{g} \Rightarrow x^F(f) = 0 \ . \tag{6.18}$$

Dies bedeutet, daß nur sinusförmige Signale $x_\mathrm{c}(t) = \mathrm{e}^{\mathrm{j}\,2\pi f t}$ mit Frequenzen $|f| \leq f_\mathrm{g}$ als Signalanteile vorkommen. Daraus folgt die Darstellung eines bandbegrenzten Signals der Grenzfrequenz f_g gemäß

$$x(t) = \int_{-f_\mathrm{g}}^{f_\mathrm{g}} x^F(f)\,\mathrm{e}^{\mathrm{j}\,2\pi f t}\,\mathrm{d}f \ . \tag{6.19}$$

Damit die Integration durchführbar ist, wird die Frequenzfunktion als (absolut) integrierbare Funktion vorausgesetzt. Darüber hinaus wird für ein reellwertiges Signal wie bei zeitdiskreten Signalen eine konjugiert gerade Frequenzfunktion vorausgesetzt, d.h. es ist

$$x^F(-f) = x^F(f)^* \ . \tag{6.20}$$

Diese Eigenschaft garantiert, daß das Signal $x(t)$ reellwertig ist:
Mit der Substitution $F = -f$, $\mathrm{d}F/\mathrm{d}f = -1$ ergibt sich für den konjugiert komplexen Wert von $x(t)$

$$x^*(t) = \int_{-f_\mathrm{g}}^{f_\mathrm{g}} x^F(f)^*\,\mathrm{e}^{-\mathrm{j}\,2\pi f t}\,\mathrm{d}f = \int_{f_\mathrm{g}}^{-f_\mathrm{g}} x^F(F)\,\mathrm{e}^{\mathrm{j}\,2\pi F t}\,\frac{\mathrm{d}f}{\mathrm{d}F}\,\mathrm{d}F$$

$$= \int_{-f_\mathrm{g}}^{f_\mathrm{g}} x^F(F)\,\mathrm{e}^{\mathrm{j}\,2\pi F t}\,\mathrm{d}F = x(t) \ ,$$

d.h. $x(t)$ ist reellwertig. Dem zeitdiskreten Tiefpaßsignal aus Beispiel 3.11 entspricht das zeitkontinuierliche Tiefpaßsignal des folgenden Beispiels.

Beispiel 6.4 (Ideales Tiefpaßsignal).
Ein Signal mit der Frequenzfunktion

$$x^F(f) = \begin{cases} 1/(2f_\mathrm{g}) : |f| \leq f_\mathrm{g} \\ \qquad 0 : \text{sonst} \end{cases} \tag{6.21}$$

stellt ein ideales zeitkontinuierliches Tiefpaßsignal mit der Grenzfrequenz f_g dar. Da die Frequenzfunktion reell ist, folgt $x^F(-f) = x^F(f)^* = x^F(f)$, d.h. die Frequenzfunktion ist eine gerade Funktion. Der Faktor $1/(2f_\mathrm{g})$ ist ein Normierungsfaktor, der wie beim zeitdiskreten idealen Tiefpaßsignal die Fläche, welche die Frequenzfunktion mit der Frequenzachse einschließt, auf den Wert 1 normiert. Dies führt wie im zeitdiskreten Fall zur Spaltfunktion

$$x(t) = \int_{-f_\mathrm{g}}^{f_\mathrm{g}} \frac{1}{2f_\mathrm{g}}\,\mathrm{e}^{\mathrm{j}\,2\pi f t}\,\mathrm{d}f = \frac{1}{2f_\mathrm{g}}\,\frac{\mathrm{e}^{\mathrm{j}\,2\pi f t}}{\mathrm{j}\,2\pi t}\bigg|_{f=-f_\mathrm{g}}^{f_\mathrm{g}}$$

$$= \frac{1}{2f_{\mathrm{g}}} \frac{\mathrm{e}^{\mathrm{j}\,2\pi f_{\mathrm{g}}t} - \mathrm{e}^{-\mathrm{j}\,2\pi f_{\mathrm{g}}t}}{\mathrm{j}\,2\pi t} = \frac{2\mathrm{j} \cdot \sin 2\pi f_{\mathrm{g}}t}{2f_{\mathrm{g}} \cdot \mathrm{j}\,2\pi t}$$

$$= \frac{\sin 2\pi f_{\mathrm{g}}t}{2\pi f_{\mathrm{g}}t} = \mathrm{si}\,2\pi f_{\mathrm{g}}t \,, \tag{6.22}$$

welche in Abb. 6.4 dargestellt ist (vgl. Beispiel 3.11).

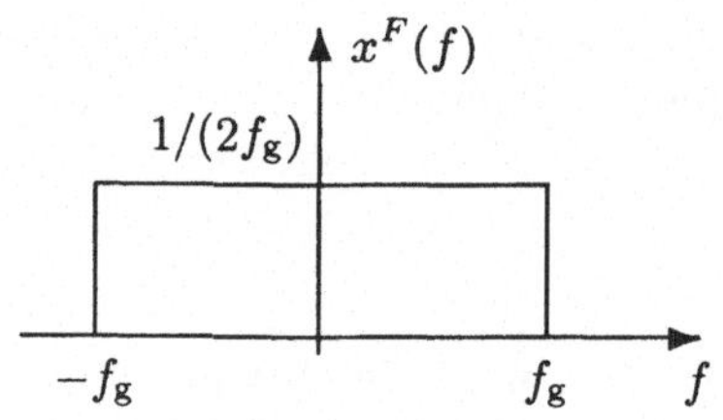
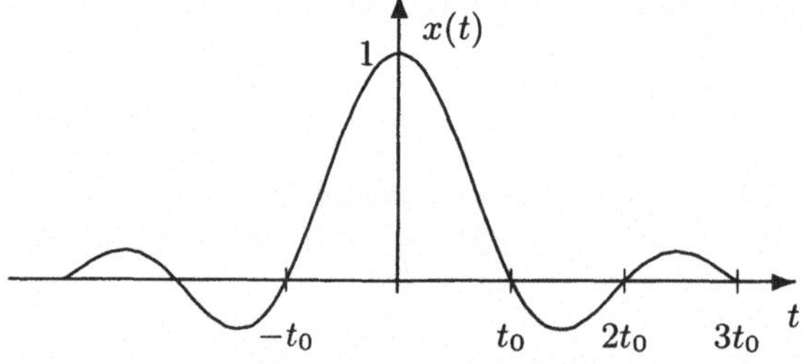

Abb. 6.4. Ideales, kontinuierliches Tiefpaßsignal der Grenzfrequenz f_{g}. Die Abb. oben zeigt die Frequenzfunktion. Die Abb. unten zeigt den zeitlichen Verlauf des Signals. Es ist $x(t) = \mathrm{si}\,2\pi f_{\mathrm{g}}t$. Der erste Nulldurchgang $t_0 > 0$ findet bei $t_0 = 1/(2f_{\mathrm{g}})$ statt. Alle anderen Nulldurchgänge sind ganzzahlige Vielfache von t_0

Das Signal mit der konjugiert geraden Frequenzfunktion

$$x^F(f) = \begin{cases} 1/(2f_{\mathrm{g}})\,\mathrm{e}^{-\mathrm{j}\,2\pi f\tau} : |f| \leq f_{\mathrm{g}} \\ \qquad\quad 0 : \text{sonst} \end{cases} \tag{6.23}$$

stellt ebenfalls ein ideales Tiefpaßsignal mit der Grenzfrequenz f_{g} dar. Es ist

$$x(t) = \int_{-f_{\mathrm{g}}}^{f_{\mathrm{g}}} \frac{1}{2f_{\mathrm{g}}}\,\mathrm{e}^{-\mathrm{j}\,2\pi f\tau}\,\mathrm{e}^{\mathrm{j}\,2\pi ft}\,\mathrm{d}f$$

$$= \int_{-f_{\mathrm{g}}}^{f_{\mathrm{g}}} \frac{1}{2f_{\mathrm{g}}}\,\mathrm{e}^{\mathrm{j}\,2\pi f(t-\tau)}\,\mathrm{d}f = \mathrm{si}\,[2\pi f_{\mathrm{g}}(t - \tau)] \,, \tag{6.24}$$

d.h. die Konstante τ bewirkt eine zeitliche Verschiebung der Spaltfunktion.

Nach den bisherigen Ausführungen haben wir zwei verschiedene Arten bandbegrenzter Signale kennengelernt. Wir nehmen sie zum Anlaß für die folgende Definition:

Definition 6.2 (Bandbegrenzte Signale).
Die folgenden zeitkontinuierlichen Signale sind bandbegrenzt mit der Grenzfrequenz f_g:

1. *Sinusförmige Signale und Überlagerungen endlich vieler sinusförmiger Signale mit der größten Frequenz f_g.*
2. *Signale mit einer kontinuierlichen Frequenzfunktion $x^F(f)$, welche auf den Frequenzbereich $|f| \leq f_\mathrm{g}$ konzentriert ist.*

Beide Signalarten können mit Hilfe einer Frequenzfunktion $x^F(f)$ in gleicher Weise dargestellt werden, wenn für $x^F(f)$ Distributionen zugelassen werden.[4] Sinusförmige Signale besitzen dann eine diskrete Frequenzfunktion bzw. ein sog. *Linienspektrum*. Der Unterschied zwischen den beiden Signalarten besteht darin, daß die Frequenzfunktion im ersten Fall diskret und im zweiten Fall kontinuierlich ist. Die Darstellung eines Linienspektrums kann wie bei unserer Frequenzdarstellung erfolgen. Über der Frequenz ist die Frequenzfunktion aufgetragen. Die Frequenzfunktion ist aber keine Funktion, sondern eine Distribution (z.B. $\delta(f - f_0)$).

Beide Signalarten haben die Eigenschaft, daß die Funktionen, die sie beschreiben, beliebig oft diffenzierbar sind, wobei bei der Differentiation wieder bandbegrenzte Signale der gleichen Grenzfrequenz entstehen. Für das sinusförmige Signal $x_\mathrm{c}(t) = \mathrm{e}^{\,\mathrm{j}\,2\pi f t}$ ergibt die Differentiation

$$x_\mathrm{c}'(t) = \mathrm{j}\,2\pi f \cdot \mathrm{e}^{\,\mathrm{j}\,2\pi f t} \ .$$

Die Signalform und die Frequenz werden somit nicht geändert, sondern es erfolgt nur eine Multiplikation mit dem Faktor $\mathrm{j}\,2\pi f$. Entsprechend liefert die Differentiation von $x(t) = \cos 2\pi f_0 t$ das sinusförmige Signal $x'(t) = -2\pi f_0 \sin 2\pi f_0 t$ und die Differentiation von $x(t) = \sin 2\pi f_0 t$ ergibt das sinusförmige Signal $x'(t) = 2\pi f_0 \cos 2\pi f_0 t$.

Bei einem Signal mit kontinuierlichem Spektrum ist das Signal durch das Parameterintegral

$$x(t) = \int_{-f_\mathrm{g}}^{f_\mathrm{g}} x^F(f)\,\mathrm{e}^{\,\mathrm{j}\,2\pi f t}\,\mathrm{d}f$$

gegeben. Die Integrationsgrenzen sind endlich und der Integrand bezüglich der Zeit t differenzierbar. Daher darf die Differentiation von $x(t)$ unter dem Integral durchgeführt werden [12, I, S. 431], woraus folgt

---

[4] Das sinusförmige Signal $x_\mathrm{c}(t) = \mathrm{e}^{\,\mathrm{j}\,2\pi f_0 t}$ besitzt die diskrete Frequenzfunktion

$$x^F(f) = \delta(f - f_0) \ .$$

Aus der Ausblendeigenschaft des Diracimpulses folgt

$$\int_{-\infty}^{\infty} x^F(f)\,\mathrm{e}^{\,\mathrm{j}\,2\pi f t}\,\mathrm{d}f = \int_{-\infty}^{\infty} \delta(f - f_0)\,\mathrm{e}^{\,\mathrm{j}\,2\pi f t}\,\mathrm{d}f = \mathrm{e}^{\,\mathrm{j}\,2\pi f_0 t} \ ,$$

also das sinusförmige Signal $x_\mathrm{c}(t)$.

$$x'(t) = \int_{-f_{\mathrm{g}}}^{f_{\mathrm{g}}} (\mathrm{j}\,2\pi f)\, x^F(f)\, \mathrm{e}^{\mathrm{j}\,2\pi ft}\, \mathrm{d}f\,. \tag{6.25}$$

Auch in diesem Fall erfolgt eine Multiplikation mit dem Faktor $\mathrm{j}\,2\pi f$. Die Differentiation läßt sich auch hier beliebig oft wiederholen. Dies zeigt, daß das Signal ebenfalls beliebig oft differenzierbar ist. Außerdem stellt die Ableitung des Signals wieder ein bandbegrenztes Signal der gleichen Grenzfrequenz dar, definiert durch die Frequenzfunktion $\mathrm{j}\,2\pi f \cdot x^F(f)$.

Bandbegrenzte Signale stellen daher beliebig oft differenzierbare, also *glatte* Funktionen dar. Damit lassen sich sofort Gegenbeispiele zu bandbegrenzten Signalen angeben. Beispielsweise stellt ein zeitkontinuierlicher Rechteckimpuls wegen seiner Unstetigkeitsstellen kein bandbegrenztes Signal dar. Zu seiner Darstellung mit Hilfe einer Frequenzfunktion müssen vielmehr *alle* Frequenzen beteiligt werden, um seine unendlich steilen Flanken an den Sprungstellen zu bilden. Die Glattheit bandbegrenzter Signale ist deshalb für die im folgenden behandelte Signalabtastung wichtig, da sie verhindert, daß das Ergebnis der Signalabtastung bei kleinsten Schwankungen des Abtastzeitpunkts „springen" kann, wie bei dem unstetigen Signalverlauf des Rechteckimpulses.

Eine weitere Eigenschaft bandbegrenzter Signale besteht darin, daß sie durch ihre Signalwerte für ein beliebiges Zeitintervall oder durch ihre Ableitungen zu einem beliebigen Zeitpunkt bereits eindeutig festgelegt sind.[5] Diese Eigenschaft beinhaltet, daß bandbegrenzte Signale nicht zugleich zeitlich begrenzt sind. Sie sind insbesondere von unendlicher Dauer. Bei einer zeitlichen Begrenzung des Signals wären nämlich die Signalwerte außerhalb eines Zeitintervalls und damit das Signal und ihre Ableitungen an einer Stelle t_0 alle gleich 0. Aus der Taylor-Entwicklung des Signals an der Stelle t_0 folgt, daß dann *alle* Signalwerte gleich 0 wären. Das einzige bandbegrenzte Signal, dessen Ableitungen zu einem bestimmten Zeitpunkt alle gleich 0 sind bzw. das außerhalb eines Zeitintervalls gleich 0 ist, ist somit das Nullsignal.

---

[5] Die Ableitung n-ter Ordnung ($n = 0, 1 \dots$) eines bandbegrenzten Signals $x(t)$ mit kontinuierlicher Frequenzfunktion ist durch

$$x^{(n)}(t) = \int_{-f_{\mathrm{g}}}^{f_{\mathrm{g}}} x^F(f)\, (\mathrm{j}\,2\pi f)^n\, \mathrm{e}^{\mathrm{j}\,2\pi ft}\, \mathrm{d}f \tag{6.26}$$

gegeben, woraus die Abschätzung

$$|x^{(n)}(t)| \le \int_{-f_{\mathrm{g}}}^{f_{\mathrm{g}}} |x^F(f)|\,|(\mathrm{j}\,2\pi f)^n|\,|\mathrm{e}^{\mathrm{j}\,2\pi ft}|\, \mathrm{d}f \le \mathrm{C} \cdot (2\pi f_{\mathrm{g}})^n \tag{6.27}$$

mit der Konstanten

$$\mathrm{C} := \int_{-f_{\mathrm{g}}}^{f_{\mathrm{g}}} |x^F(f)|\, \mathrm{d}f$$

folgt. Da die Konstante C endlich ist, wird das Signal durch seine Taylorreihe dargestellt [12, I, S. 240].

6.2 Interpolation zeitkontinuierlicher Signale

Im folgenden wird die Interpolation eines bandbegrenzten Signals durch seine Abtastwerte mit Hilfe eines Interpolators behandelt. Zunächst wird das interpolierte Signal mit Hilfe der Frequenzfunktion des Interpolators dargestellt. Diese Frequenzdarstellung ist der Ausgangspunkt für alle weiteren Untersuchungen in diesem Kapitel.

Es wird eine sog. *äquidistante Abtastung* vorausgesetzt. Die Abtastung erfolgt daher in gleichen *Abtastabständen* $T > 0$. Ihr Kehrwert ist die *Abtastfrequenz*

$$f_\mathrm{a} = 1/T \; . \tag{6.28}$$

Als Ergebnis der Abtastung entsteht aus dem zeitkontinuierlichen Eingangssignal $x(t)$ das zeitdiskrete Signal (s. Abb. 6.5)

$$x_\mathrm{a}(k) := x(k \cdot T) \, , \; k \in \mathbb{Z} \; . \tag{6.29}$$

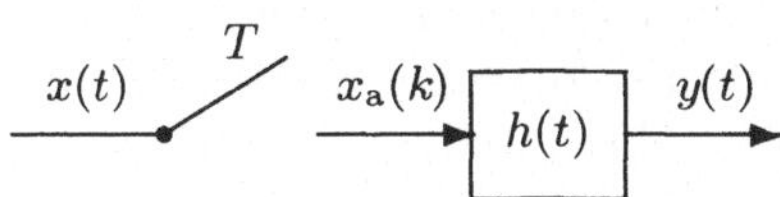

Abb. 6.5. Abtastung eines kontinuierlichen Signals $x(t)$ und Interpolation durch die Abtastwerte $x_\mathrm{a}(k) = x(kT), k \in \mathbb{Z}$ mit Hilfe eines Interpolators

Die Wirkungsweise des *Interpolators* wird durch ein zeitkontinuierliches Signal $h(t)$ beschrieben, dem sog. *Interpolationssignal*. Damit bildet der Interpolator aus den Abtastwerten das sog. *interpolierte Signal*. Das interpolierte Signal ist zeitkontinuierlich und durch

$$y(t) = \sum_{k=-\infty}^{\infty} x(kT)h(t - kT) \tag{6.30}$$

gegeben. Das Ziel der Interpolation besteht darin, mit dem Signal $y(t)$ das Eingangssignal $x(t)$ möglichst gut wiederzugeben. Da die Abtastwerte $x(kT)$ dem Interpolator bekannt sind, besteht die Aufgabe des Interpolators also darin, die Zwischenwerte $x(t)$ zwischen zwei Abtaststellen zu finden (zu interpolieren). Für $x(kT) = \delta(k)$ erhält man das Interpolationssignal $h(t)$. Dies bedeutet, daß das Interpolationssignal als Impulsantwort des Interpolators aufgefaßt werden kann. Der Interpolator wird hierbei als System aufgefaßt, das die Abtastwerte $x(kT)$ als zeitdiskretes Eingangssignal erhält und das zeitkontinuierliche Signal $y(t)$ ausgibt.

Bei einer linearen Interpolation werden die Zwischenwerte durch eine Gerade interpoliert, die jeweils zwei Punkte $(t, x(t))$, $t = kT$ und $t = (k + 1)T$ verbindet. Noch einfacher ist die Interpolation, bei der die Zwischenwerte durch den jeweils letzten Abtastwert $x(kT)$ interpoliert werden. Dieses Prinzip entspricht der Wirkungsweise eines sog. *Abtast-Halteglieds*. Der Interpolator wird in diesem Fall durch Rechteckimpulse

$$h(t) = \begin{cases} 1 : 0 \leq t < T \\ 0 : \text{sonst} \end{cases} \tag{6.31}$$

beschrieben. Das interpolierte Signal besitzt einen treppenförmigen Verlauf, der in Abb. 6.6 dargestellt ist.

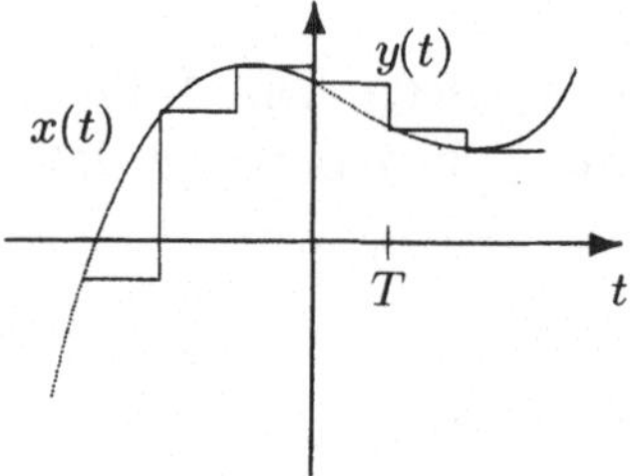

Abb. 6.6. Wirkungsweise eines Abtast-Halteglieds. Das interpolierte Signal $y(t)$ entsteht aus den abgetasteten Eingangssignalwerten $x(kT)$ durch „Halten" des jeweils letzten Abtastwerts während T Zeiteinheiten

Die vorstehende Interpolation ist *kausal*, da der Signalwert $y(t)$ nur von Abtastwerten $x(kT)$ des Eingangssignals zu Zeitpunkten $kT \leq t$ abhängt. Auf Grund der unendlich steilen Flanken ist der Rechteckimpuls nicht bandbegrenzt, wie in Abschn. 6.1 gezeigt wurde. Im folgenden werden dagegen nur bandbegrenzte Interpolatoren zugelassen, die durch ein bandbegrenztes Interpolationssignal $h(t)$ gekennzeichnet sind. Ihre Frequenzfunktion wird mit $h^F(f)$ bezeichnet, die Grenzfrequenz mit f_g. Es ist also

$$h(t) = \int_{-f_\text{g}}^{f_\text{g}} h^F(f)\, \text{e}^{\text{j}\, 2\pi f t}\, \text{d}f \;. \tag{6.32}$$

Als bandbegrenztes Eingangssignal wird ein sinusförmiges Signal vorausgesetzt. Eine Verallgemeinerung der Ergebnisse auf eine Überlagerung endlich vieler sinusförmiger Signale wird später vorgenommen. Die bei der Abtastung des sinusförmigen Pseudosignals

$$x_\text{c}(t) = \text{e}^{\text{j}\, 2\pi f_0 t}$$

entstehenden Abtastwerte sind durch

$$x_\text{c}(kT) = \text{e}^{\text{j}\, 2\pi f_0 kT} \;, \; k \in \mathbb{Z}$$

gegeben. Hierbei ist $f_0 \geq 0$ die Frequenz des Eingangssignals. Die Schwierigkeit einer fehlerfreien Interpolation kann anhand der sinusförmigen Signale $x_n(t) = \text{e}^{\text{j}\, 2\pi f_n t}$ mit den Frequenzen

$$f_n := f_0 - n f_\text{a} \;, \; n \in \mathbb{Z} \tag{6.33}$$

verdeutlicht werden. Für $n = 0$ stimmt das Signal $x_n(t)$ mit $x_\text{c}(t)$ überein. Für $n \neq 0$ heißen die Frequenzen f_n *Alias-Frequenzen*. Die Signale $x_n(t)$ besitzen *alle* die gleichen Abtastwerte

$$x_n(kT) = \text{e}^{\text{j}\, 2\pi (f_0 - n f_\text{a}) kT} = \text{e}^{\text{j}\, 2\pi f_0 kT} = x_\text{c}(kT) \;.$$

Es ist daher *nicht* möglich, das Eingangssignal durch seine Abtastwerte fehlerfrei zu interpolieren. Eine eindeutige Entscheidung für genau eines der Signale $x_n(t)$ ist möglich, wenn beispielsweise über die Frequenz f_0 des Eingangssignals

$$|f_0| < f_\mathrm{a}/2 \tag{6.34}$$

bekannt ist. Die sinusförmigen Signale $x_n(t), n \neq 0$ kommen dann als Eingangssignal nicht in Frage. Diese Bedingung wird *Abtastbedingung* genannt. Sie kann auch gemäß

$$f_\mathrm{a} > 2 \cdot f_0 \tag{6.35}$$

ausgedrückt werden und bedeutet, daß die Abtastfrequenz größer als der zweifache Wert der Signalfrequenz f_0, die sog. *Nyquistrate* ist. Ist die Abtastbedingung erfüllt, dann ist nach dem sog. Abtasttheorem eine fehlerfreie Interpolation möglich, wenn alle Abtastwerte der Interpolation zur Verfügung stehen. Hierbei kommt den Frequenzen f_n eine wichtige Rolle zu. Mit ihnen kann das interpolierte Signal für das sinusförmige E ingangssignal $x_\mathrm{c}(t)$ wie folgt dargestellt werden (s. Anhang A.3):

Satz 6.1 (Frequenzdarstellung).
Unter der Voraussetzung, daß die Frequenzfunktion $h^F(f)$ des bandbegrenzten Interpolationssignals neben der absoluten Integrierbarkeit eine Stetigkeitsbedingung[6] erfüllt, ist das interpolierte Signal durch

$$y(t) = f_\mathrm{a} \sum_n^e h^F(f_n)\, \mathrm{e}^{\mathrm{j}\, 2\pi f_n t} \tag{6.38}$$

gegeben. Ist die Frequenzfunktion $h^F(f)$ bei der Frequenz f_n unstetig, ist anstelle von $h^F(f_n)$ der Wert

$$1/2[h^F(f_n-) + h^F(f_n+)] \tag{6.39}$$

zu verwenden, also der Mittelwert aus dem linksseitigen und rechtsseitigen Grenzwert der Frequenzfunktion bei f_n.

Abbildung 6.7 zeigt die Frequenzdarstellung des interpolierten Signals. Man kann das interpolierte Signal wie folgt interpretieren: Neben dem sinusförmigen Eingangssignal $x_\mathrm{c}(t)$ der Frequenz f_0 werden weitere, endlich

---

[6] Die Stetigkeitsbedingung beinhaltet, daß die Frequenzfunktion $h^F(f)$ bei den Frequenzen $f_n = f_0 - n f_\mathrm{a}, n \in \mathbb{Z}$ *linksseitig und rechtsseitig hölderstetig* ist. Es gibt daher ein $\Delta > 0$ gibt, so daß für alle $|\Delta f| < \Delta$

$$\Delta f > 0 : |h^F(f_n + \Delta f) - h^F(f_n+)| < \mathrm{C} \cdot |\Delta f|^\alpha \,, \tag{6.36}$$

$$\Delta f < 0 : |h^F(f_n + \Delta f) - h^F(f_n-)| < \mathrm{C} \cdot |\Delta f|^\alpha \tag{6.37}$$

gilt. Hierbei sind C und α positive Konstanten. Die Hölderstetigkeit ist etwas strenger als Stetigkeit, denn für $\Delta f \to 0$ strebt die linke Seite der vorstehenden Ungleichungen gegen Null. C und α legen hierbei fest, wie schnell die Konvergenz mindestens erfolgt. Sie erfolgt umso langsamer, je kleiner α und je größer C ist.

viele sinusförmige Signale $x_n(t) = e^{j\,2\pi f_n t}$ am Eingang eines kontinuierlichen Systems mit der Frequenzfunktion $h^F(f)$ überlagert, wie Abb. 6.7 zeigt. Ihre Frequenzen f_n können abhängig von der Frequenzfunktion $h^F(f)$ die Abtastfrequenz f_a bei weitem übertreffen.

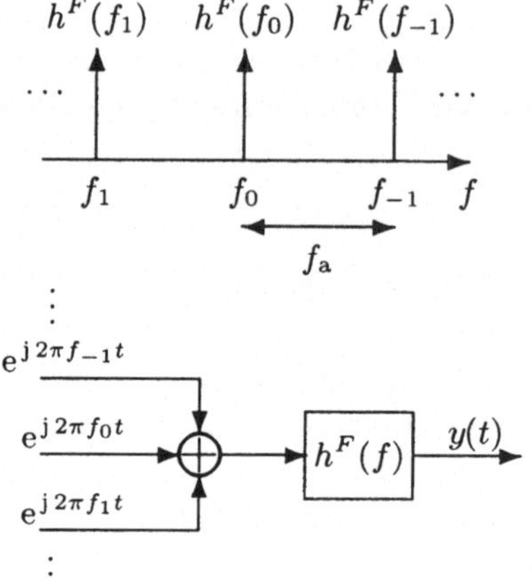

Abb. 6.7. Darstellung der Interpolation des sinusförmigen Eingangssignals $x_\mathrm{c}(t) = e^{j\,2\pi f_0 t}$ ($f_\mathrm{a} = 1$). $h^F(f)$ ist die Frequenzfunktion des Interpolationssignals. Abb. oben: Frequenzdarstellung des interpolierten Signals. Abb. unten: Ersatzschaltbild

6.2.1 Abtasttheorem und Alias-Effekt

Da $h(t)$ reellwertig ist, erhält man das interpolierte Signal bei Anregung mit $x(t) = \cos 2\pi f_0 t$ oder $x(t) = \sin 2\pi f_0 t$ durch Bildung des Realteils bzw. des Imaginärteils von $y(t)$ gemäß (6.38). Bei einer reellen Frequenzfunktion ist somit das interpolierte Signal für $x(t) = \cos 2\pi f_0 t$ durch

$$y(t) = f_\mathrm{a} h^F(f_0) \cos 2\pi f_0 t + f_\mathrm{a} \sum_{n\neq 0}^{e} h^F(f_n) \cos 2\pi f_n t \qquad (6.40)$$

und für $x(t) = \sin 2\pi f_0 t$ durch

$$y(t) = f_\mathrm{a} h^F(f_0) \sin 2\pi f_0 t + f_\mathrm{a} \sum_{n\neq 0}^{e} h^F(f_n) \sin 2\pi f_n t \qquad (6.41)$$

gegeben. Neben dem Eingangssignal $x(t)$ enthält das interpolierte Signal $y(t)$ weitere unerwünschte sinusförmige Signale mit den Alias-Frequenzen $f_n = f_0 - n f_\mathrm{a}, n \neq 0$, die sog. *Alias-Komponenten* des interpolierten Signals $y(t)$. Wegen der Bandbegrenzung $h^F(f) = 0$ für $|f| > f_\mathrm{g}$ ist ihre Anzahl endlich und von der Grenzfrequenz f_g abhängig. Im folgenden werden die zwei Fälle

1. fehlerfreie Interpolation,
2. Auswirkung der Alias-Komponenten bei fehlerbehafteter Interpolation

untersucht. Hierbei werden zunächst auch Interpolationssignale zugelassen, die nicht kausal sind.

Eine fehlerfreie Interpolation gelingt unter der Bedingung

$$n \neq 0 \;:\; h^F(f_n) = 0 \;,\; h^F(f_0) = T \;. \qquad (6.42)$$

Diese Bedingung ist notwendig und hinreichend dafür, daß $y(t) = x(t)$ gilt. Der erste Teil der Bedingung bedeutet, daß keine Alias-Komponenten vorliegen. Das sinusförmige Eingangssignal $x_c(t) = e^{j\,2\pi f_0 t}$ führt folglich auf das interpolierte Signal $y(t) = f_a h^F(f_0)x_c(t)$. Für das System bestehend aus Abtaster und Interpolator ist daher eine Frequenzfunktion $S^F_{kon}(f)$ für $f = f_0$ definiert mit

$$S^F_{kon}(f_0) = f_a h^F(f_0) .\tag{6.43}$$

Der zweite Teil der Bedingung bedeutet, daß zusätzlich $S^F_{kon}(f_0) = 1$ gilt. Beide Bedingungen werden bei dem in Abb. 6.8 dargestellten Tiefpaßsignal der Grenzfrequenz f_g erfüllt.

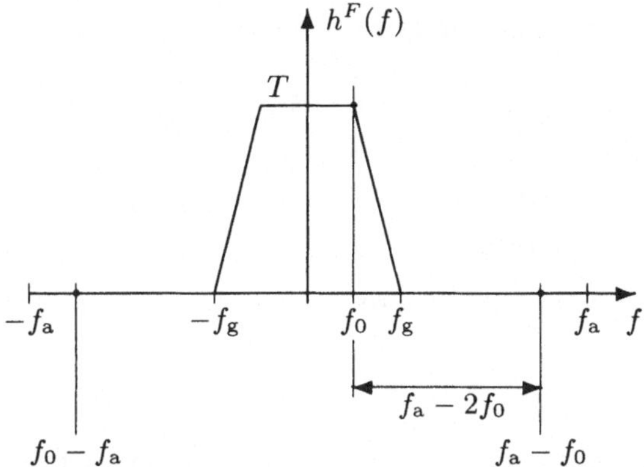

Abb. 6.8. Beispiel für fehlerfreie Interpolation eines sinusförmigen Signals der Frequenz f_0 mit einem Tiefpaßsignal der Grenzfrequenz f_g. Die Frequenzfunktion $h^F(f)$ ist reell und wegen $h^F(-f) = h^F(f)^*$ eine gerade Funktion

Die Grenzfrequenz f_g kann mit einer der beiden Frequenzen $f_0, f_a - f_0$ übereinstimmen, aber wegen $h^F(f_0) = T$ und $h^F(f_a - f_0) = h^F(f_0 - f_a) = 0$ müssen diese Frequenzen verschieden sein, d.h. es muß $f_a - f_0 > f_0$ gelten. Daraus folgt die fundamentale *Abtastbedingung* für fehlerfreie Interpolation durch ein Tiefpaßsignal,

$$f_a > 2f_0 .\tag{6.44}$$

Sie besagt, daß die Abtastfrequenz größer ist als der zweifache Wert der Frequenz f_0. Wegen

$$T = 1/f_a < 1/(2f_0)$$

bedeutet sie, daß der Abtastabstand T kleiner als die halbe Periodendauer des sinusförmigen Eingangssignals ist.

Die Frequenzfunktion des Tiefpaßsignals gemäß vorstehender Abb. ist durch drei Frequenzbereiche charakterisiert:

1. Einem Durchlaßbereich zwischen den Frequenzen 0 und f_0. In diesem Bereich ist der Verlauf der Frequenzfunktion konstant (gleich dem Wert T).

2. Einem Übergangsbereich zwischen den Frequenzen f_0 und $f_a - f_0$. In diesem Bereich ist der Verlauf der Frequenzfunktion beliebig. Seine Breite ist $f_a - 2f_0$. Auf Grund der Abtastbedingung $f_a > 2f_0$ ist dieser Bereich nicht leer. Die Breite bestimmt die erforderliche Flankensteilheit des Tiefpaßsignals. Bei kleiner Breite sind die Anforderungen an die Flankensteilheit entsprechend groß.

3. Dem Sperrbereich für Frequenzen oberhalb von $f_a - f_0$. Die Frequenz $f_a - f_0$ gehört bereits zum Sperrbereich.

Auf Grund dieser Eigenschaften ist eine fehlerfreie Interpolation für *alle* sinusförmigen Eingangssignale mit einer Frequenz zwischen 0 (konstantes Signal) und f_0 gewährleistet.

Eine fehlerfreie Interpolation gilt auch für eine Überlagerung endlich vieler sinusförmiger Eingangssignale mit Frequenzen $f_{01} < f_{02} < \cdots \leq f_0$. Beispielsweise folgt für das Eingangssignal

$$x(t) = \lambda_1 x_1(t) + \lambda_2 x_2(t) \, , \ \lambda_1, \lambda_2 \in \mathbb{R}$$

mit sinusförmigen Signalen $x_1(t), x_2(t)$ mit den Frequenzen $f_{01}, f_{02} \leq f_0$ das interpolierte Signal[7]

$$y(t) = \lambda_1 y_1(t) + \lambda_2 y_2(t) = \lambda_1 x_1(t) + \lambda_2 x_2(t) = x(t) \, .$$

Die Abtastbedingung $f_a > 2f_0$ ist für die fehlerfreie Interpolation wichtig, wie das folgende Beispiel zeigt.

Beispiel 6.5 (Abtastbedingung).
Ein Gegenbeispiel zur fehlerfreien Interpolation ist das sinusförmige Signal

$$x(t) = \sin 2\pi f_0 t \, , \ f_0 = f_a/2 \, .$$

Seine Abtastwerte sind

---

[7] Es wird hierbei ausgenutzt, daß die aus Abtaster und Interpolator bestehende Anordnung ein lineares System ist. Für das interpolierte Signal ist nämlich

$$y(t) = \lim_{N \to \infty} \sum_{k=-N}^{N} x(kT)h(t - kT)$$

$$= \lim_{N \to \infty} \sum_{k=-N}^{N} [\lambda_1 x_1(kT) + \lambda_2 x_2(kT)]h(t - kT)$$

$$= \lambda_1 \lim_{N \to \infty} \sum_{k=-N}^{N} x_1(kT)h(t - kT) + \lambda_2 \lim_{N \to \infty} \sum_{k=-N}^{N} x_2(kT)h(t - kT)$$

$$= \lambda_1 y_1(t) + \lambda_2 y_2(t) \, .$$

$$x(kT) = \sin 2\pi f_0 kT = \sin \pi k = 0 \ , \ k \in \mathbb{Z} \ .$$

Daraus folgt das interpolierte Signal

$$y(t) = \sum_{k=-\infty}^{\infty} x(kT)h(t - kT) = 0 \ .$$

Die Interpolation dieses Signals mißlingt also und zwar für jedes Interpolationssignal.

Um sinusförmige Signale möglichst großer Frequenz fehlerfrei zu interpolieren, muß der Übergangsbereich der Frequenzfunktion verkleinert werden, was zu einer Vergrößerung der Flankensteilheit führt. Im Grenzfall resultiert ein ideales Tiefpaßsignal mit der Grenzfrequenz $f_\mathrm{g} = f_\mathrm{a}/2$ (s. Abb. 6.4). Alle sinusförmigen Signale der Frequenz $f < f_\mathrm{a}/2$ können dann fehlerfrei interpoliert werden. Das Interpolationssignal ist in diesem Fall durch die Spaltfunktion

$$h(t) = \mathrm{si}\, 2\pi f_\mathrm{g} t = \mathrm{si}\, \pi f_\mathrm{a} t = s_T(t) \tag{6.45}$$

gegeben. Die Bezeichnung mit $s_T(t)$ ist hierbei vorteilhaft, um die erste Nullstelle bei $t_0 = 1/f_\mathrm{a} = T$ hervorzuheben.

Aus der fehlerfreien Interpolation $y(t) = x(t)$ mit Hilfe des idealen Tiefpaßsignals $h(t) = s_T(t)$ folgt die *Interpolationsformel*

$$x(t) = \sum_{k=-\infty}^{\infty} x(kT)s_T(t - kT) \ . \tag{6.46}$$

Wir haben sie für sinusförmige Signale der Frequenz $f_0 < f_\mathrm{a}/2$ gezeigt. Sie gilt ebenfalls für bandbegrenzte Eingangssignale mit kontinuierlicher Frequenzfunktion bei einer Grenzfrquenz $f_\mathrm{g} \leq f_\mathrm{a}/2$. Ein Beispiel ist die Spaltfunktion $x(t) = s_T(t)$ (Übungsaufgabe). Sie gilt allgemeiner für eine Überlagerung beider Signaltypen. Aus der Interpolationsformel folgt, daß ein bandbegrenztes Eingangssignal durch seine Abtastwerte festgelegt ist. Die Zwischenwerte ergeben sich gemäß der Interpolationsformel aus einer Reihe, die als *Spaltreihe* bezeichnet wird. Auf Grund der Nullstellen $kT, k \neq 0$ der Spaltfunktion folgt zunächst, daß die Spaltreihe für einen Abtastzeitpunkt $t = nT, n \in \mathbb{Z}$ nur den Summenanden $x(nT)$ enthält. Das interpolierte Signal

$$y(t) = \sum_{k=-\infty}^{\infty} x(kT)s_T(t - kT)$$

stimmt daher an den Abtaststellen nT mit dem Eingangssignal $x(t)$ überein, und zwar für jedes Eingangssignal $x(t)$. Für sinusförmige Eingangssignale der Frequenz $f_0 < f_\mathrm{a}/2$ besteht darüber hinaus Übereinstimmung für alle Zeitpunkte, d.h. die Interpolation ist fehlerfrei. Die gefundenen Ergebnise kann man wie folgt zusammenfassen:

Satz 6.2 (Abtasttheorem für sinusförmige Signale).
Unter der Abtastbedingung $f_a > 2f_0$ gelingt eine fehlerfreie Interpolation sinusförmiger Eingangssignale der Frequenz f_0 mit Hilfe eines Tiefpaßsignals als Interpolationssignal. Falls die Frequenzfunktion des Interpolationssignals für Frequenzen $0 \leq f \leq f_0$ den konstanten Wert T besitzt, und ihre Grenzfrequenz zwischen den Frequenzen f_0 und $f_a - f_0$ liegt, gelingt damit die fehlerfreie Interpolation für alle sinusförmigen Signale und daraus gebildeten Überlagerungen bis zur Frequenz f_0. Solche Signale können als Spaltreihe exakt dargestellt werden. Für ein sinusförmiges Signal mit $f_0 = f_a/2$ ist diese Darstellung nicht allgemeingültig.

Im folgenden wird die Auswirkung der Alias-Komponenten bei fehlerbehafteter Interpolation untersucht. Es wird also der Fall betrachtet, daß die maximale Frequenz f_0 überlagerter sinusförmiger Signale nicht die Abtastbedingung $f_a > 2f_0$ erfüllt. Dieser Fall wird auch als *Unterabtastung* bezeichnet. Im Gegensatz dazu wird der Fall $f_a > 2f_0$ *Überabtastung* genannt.

Abbildung 6.9 veranschaulicht die beiden Fälle. Ein sinusförmiges Signal der Frequenz f ist hierbei wieder durch zwei Pfeile bei den Frequenzen $\pm f$ dargestellt.

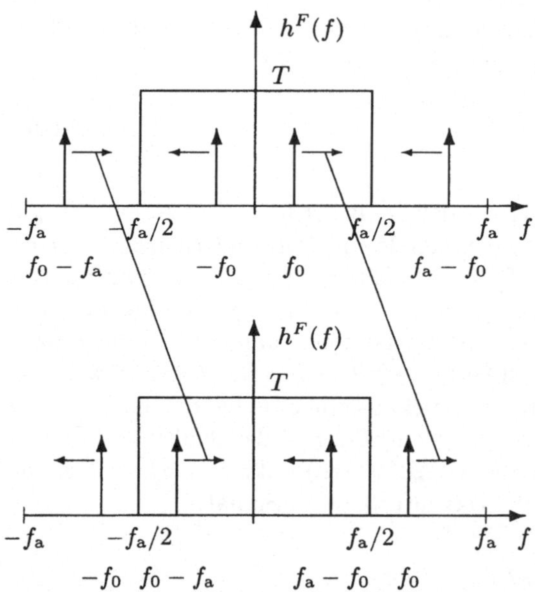

Abb. 6.9. Interpolation eines sinusförmigen Signals der Frequenz f_0 mit einem idealen Tiefpaßsignal der Grenzfrequenz $f_g = f_a/2$. Bei der Interpolation entstehen sinusförmige Signale der Frequenzen $f_n = f_0 - nf_a, n \neq 0$, die für $f_0 < f_a/2$ unterdrückt werden (Abb. oben). Für $f_0 > f_a/2$ entsteht eine Alias-Komponente bei der Frequenz $f_a - f_0$ (Alias-Effekt, s. Abb. unten)

Für den Fall $f_0 < f_a/2$ (Abb. oben) besteht eine Lücke zwischen den Frequenzen f_0 und $f_a - f_0$, so daß das Eingangssignal exakt interpoliert werden kann, beispielsweise durch ein ideales Tiefpaßsignal der Grenzfrequenz $f_g = f_a/2$. Nähert sich die Frequenz f_0 dem Wert $f_a/2$, verringert sich die

Lücke zwischen f_0 und $f_\mathrm{a} - f_0$. Überschreitet die Frequenz f_0 den Wert $f_\mathrm{a}/2$, hat dies die folgenden zwei Auswirkungen (s. Abb. unten):

1. Auslöschung:
   Das sinusförmige Signal der Frequenz f_0 „wandert" aus dem Durchlaßbereich von $h^F(f)$ und geht damit bei der Interpolation verloren.
2. Alias-Effekt:
   Die „Spektrallinie" bei $f_\mathrm{a} - f_0$ „schiebt" sich von rechts in den Durchlaßbereich von $h^F(f)$. Wegen $f_0 - f_\mathrm{a}/2 = f_\mathrm{a}/2 - (f_\mathrm{a} - f_0)$ ergibt sie sich durch eine Spiegelung der „Spektrallinie" bei f_0 an der Stelle $f_\mathrm{a}/2$. Ebenso schiebt sich die Spektrallinie bei $f_0 - f_\mathrm{a}$ von links in den Durchlaßbereich von $h^F(f)$.

Für ein sinusförmiges Eingangssignal der Frequenz f_0 entsteht ein sinusförmiges Ausgangssignal (Frequenz $f_n = f_0 - nf_\mathrm{a}$), falls nur eine der Frequenzen f_n in den Durchlaßbereich von $h^F(f)$ fällt. Dies ist für

$$f_0 \neq (n + 1/2)f_\mathrm{a} \, , \ n \in \mathbb{Z}$$

der Fall. Die Frequenz f_n des sinusförmigen Ausgangssignals ist in Abb. 6.10 dargestellt.

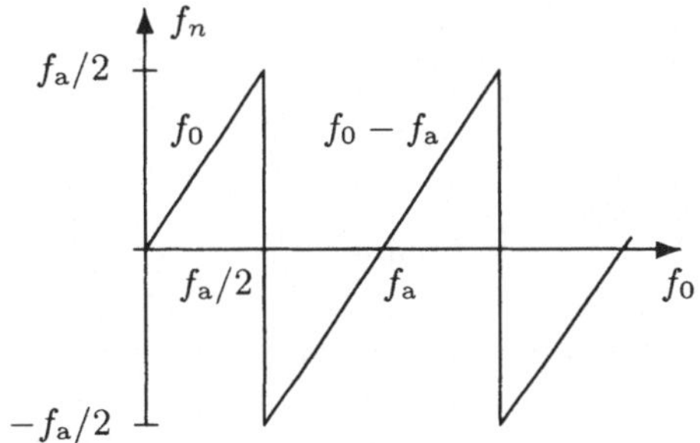

Abb. 6.10. Frequenz $f_n = f_0 - nf_\mathrm{a}$ des sinusförmigen, interpolierten Signals bei einem sinusförmigen Eingangssignal der Frequenz f_0 und einem idealen Tiefpaßsignal der Grenzfrequenz $f_\mathrm{g} = f_\mathrm{a}/2$

Für $|f_0| < f_\mathrm{a}/2$ liegt eine Überabtastung vor und die Interpolation ist fehlerfrei. Für $f_\mathrm{a}/2 < f_0 < 3f_\mathrm{a}/2$ entsteht eine Alias-Komponente bei der Frequenz

$$f_1 = f_0 - f_\mathrm{a} \, .$$

Wegen $f_0 \neq f_1$ ist in diesem Fall eine Frequenzfunktion für das System bestehend aus Abtaster und Interpolator nicht definiert. Ebensowenig ist die Frequenzfunktion für die Frequenz $f_0 = f_\mathrm{a}/2$ definiert. Für das Eingangssignal

$$x_\mathrm{c}(t) = \mathrm{e}^{\mathrm{j}\,2\pi f_0 t}$$

mit der Frequenz $f_0 = f_\mathrm{a}/2$ folgt nämlich das interpolierte Signal

$$y(t) = \cos 2\pi f_0 t \, , \tag{6.47}$$

d.h. es gibt keine komplexe Zahl $S_{\mathrm{kon}}^F(f_0)$ mit $y(t) = S_{\mathrm{kon}}^F(f_0)x_{\mathrm{c}}(t)$.[8] Durch Realteilbildung folgt

$$x(t) = \cos 2\pi f_0 t \ : \ y(t) = x(t) \tag{6.48}$$

und durch Imaginärteilbildung erhält man

$$x(t) = \sin 2\pi f_0 t \ : \ y(t) = 0 \ . \tag{6.49}$$

Die Interpolation von $x(t) = \sin 2\pi f_0 t$ ergibt also das Nullsignal, wie wir bereits in Bsp. 6.5 gesehen haben.

Zur Unterdrückung des Alias-Effekts kann vor der Abtastung ein sog. *Prefilter* verwendet werden, wie Abb. 6.11 zeigt. Es handelt sich hierbei um einen Tiefpaß mit einer Grenzfrequenz

$$f_{\mathrm{pre}} < f_{\mathrm{a}}/2 \ . \tag{6.50}$$

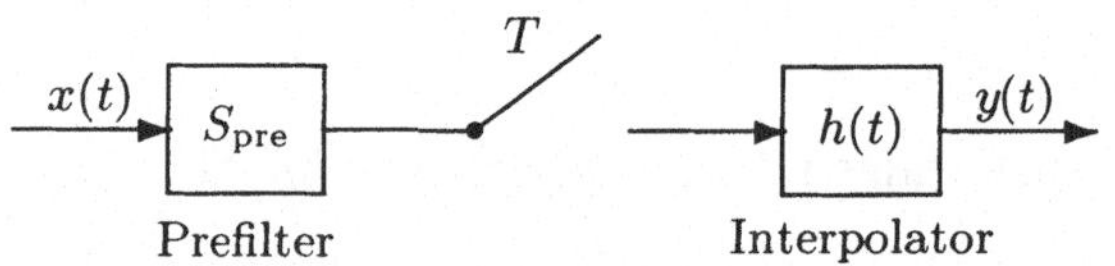

Abb. 6.11. Prefilter zur Unterdrückung der Alias-Komponenten. Das Prefilter ist ein Tiefpaß mit der Grenzfrequenz $f_{\mathrm{pre}} < f_{\mathrm{a}}/2$

Ein Beispiel ist der ideale Tiefpaß mit der Frequenzfunktion

$$S^F(f) = \begin{cases} 1 : |f| \le f_{\mathrm{pre}} \\ 0 : \mathrm{sonst} \end{cases} \ .$$

Dieses Prefilter läßt sinusförmige Signalanteile der Frequenz $f_0 < f_{\mathrm{pre}}$ passieren. Sinusförmige Signalanteile der Frequenz $f_0 > f_{\mathrm{pre}}$ werden vollständig unterdrückt. Diese Signalanteile können daher durch Interpolation nicht mehr zuückgewonnen werden. Der Vorteil des Prefilters besteht darin, daß die unterdrückten Signalanteile keine Alias-Komponenten hervorrufen können. Die Signalanteile des Eingangssignals mit $f_0 < f_{\mathrm{pre}}$ können wegen $f_0 < f_{\mathrm{pre}} < f_{\mathrm{a}}/2$ fehlerfrei interpoliert werden. Dies wird im folgenden Beispiel demonstriert.

---

[8] Die Frequenzfunktion $h^F(f)$ des idealen Tiefpaßsignals der Grenzfrequenz $f_{\mathrm{g}} = f_{\mathrm{a}}/2$ ist an den Sprungstellen $\pm f_{\mathrm{a}}/2$ linkseitig und rechtsseitig hölderstetig. Die Interpolationsformel ist also auch für den Fall $f_0 = f_{\mathrm{a}}/2$ gültig. An den Sprungstellen ist in (6.38) einzusetzen:

$$h^F(f_0) : \frac{1}{2}[h^F(f_0-) + h^F(f_0+)] = T/2 \ ,$$

$$h^F(-f_0) : \frac{1}{2}[h^F(-f_0-) + h^F(-f_0+)] = T/2 \ .$$

Daraus folgt für das Eingangssignal $x_{\mathrm{c}}(t) = \mathrm{e}^{\,\mathrm{j}\,2\pi f_0 t}$

$$y(t) = f_{\mathrm{a}}[T/2\,\mathrm{e}^{\,\mathrm{j}\,2\pi f_0 t} + T/2\,\mathrm{e}^{-\,\mathrm{j}\,2\pi f_0 t}] = \cos 2\pi f_0 t \ .$$

Beispiel 6.6 (Interpolation mit einem Prefilter).
Das Eingangssignal (s. Abb. 6.12) besteht aus drei sinusförmigen Signalen
gemäß

$$x(t) = x_1(t) + x_2(t) + x_3(t)$$

mit

$$x_1(t) = \cos 2\pi f_{01} t \,, \quad f_{01} = 10\,\text{Hz} \,,$$

$$x_2(t) = \frac{1}{2} \sin 2\pi f_{02} t \,, \quad f_{02} = 20\,\text{Hz} \,,$$

$$x_3(t) = \frac{1}{3} \cos 2\pi f_{03} t \,, \quad f_{03} = 115\,\text{Hz} \,.$$

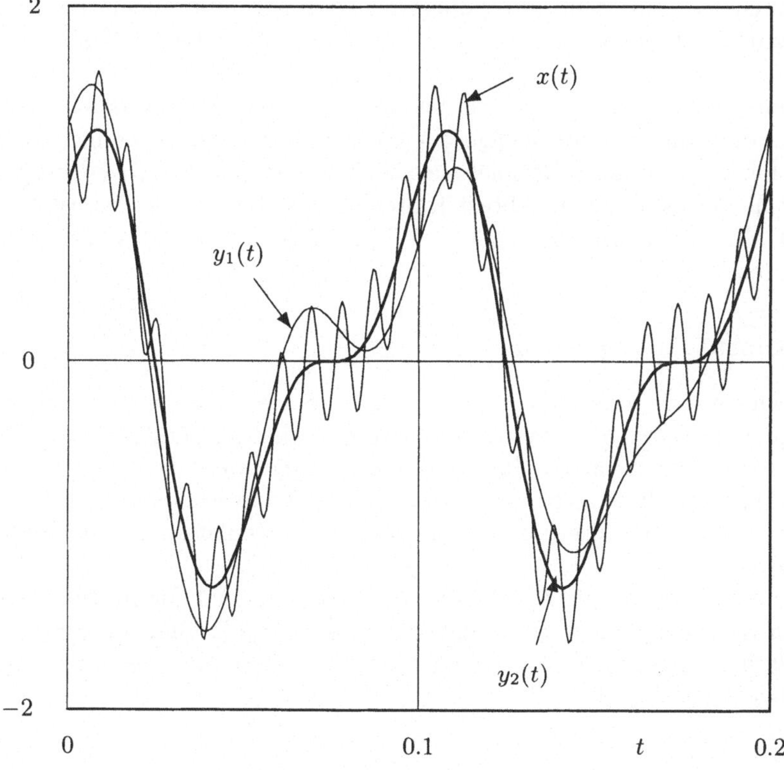

Abb. 6.12. Beispiel für eine Interpolation. Das Signal $x(t) = x_1(t) + x_2(t) + x_3(t)$
wird mit der Abtastfrequenz $f_a = 50\,\text{Hz}$ abgetastet und mit einem Tiefpaßsignal der
Grenzfrequenz $f_g = f_a/2$ interpoliert. Ohne Prefilterung wirkt sich die durch den
hochfrequenten Signalanteil $x_3(t)$ hervorgerufene Alias-Komponente störend aus
(Signal $y_1(t)$). Mit Prefilter erfolgt eine fehlerfreie Interpolation des verbleibenden
Signalanteils $y_2(t) = x_1(t) + x_2(t)$

Das Signal wird mit der Abtastfrequenz $f_\mathrm{a} = 50\,\mathrm{Hz}$ abgetastet. Das Interpolationssignal besitze die Grenzfrequenz $f_\mathrm{g} = 25\,\mathrm{Hz}$.

Der hochfrequente Signalanteil $x_3(t)$ verursacht die Alias-Komponente

$$\frac{1}{3}\cos 2\pi f_2 t \;, \quad f_2 = f_{03} - 2f_\mathrm{a} = 15\,\mathrm{Hz} \;.$$

Diese wirkt sich störend auf die Abtastung aus, wie die Abbildung zeigt. Durch ein Prefilter mit der Grenzfrequenz

$$f_\mathrm{pre} = f_\mathrm{a}/2 = 25\,\mathrm{Hz}$$

beispielsweise kann das Signal $x_3(t)$ und damit auch die Alias-Komponente unterdrückt werden. Der verbleibende Signalanteil $x_1(t) + x_2(t)$ am Ausgang des Prefilters kann fehlerfrei interpoliert werden. Der *hochfrequente* Signalanteil $x_3(t)$ ist hierbei verloren gegangen. Auch ohne Prefilterung wäre der Signalanteil $x_3(t)$ nicht im interpolierten Signal enthalten, denn die Grenzfrequenz des Interpolationssignals liegt unterhalb der Frequenz f_{03}.

Neben einem Prefilter zur Vermeidung des Alias-Effekts kann ein sog. *Postfilter* dem Interpolator nachgeschaltet sein, das die Aufgabe hat, die Interpolation zu verbessern. Beispielsweise kann ein treppenförmiges Interpolationssignal, wie es bei einem Abtast-Halteglied am Ausgang des Interpolators entsteht, durch einen nachgeschalteten Tiefpaß geglättet und damit verbessert werden.

6.2.2 Kausale Interpolation

Bisher wurde eine Interpolation untersucht, bei der Übereinstimmung zwischen Eingangssignal $x(t)$ und interpoliertem Signal $y(t)$ bestehen soll. Dies führte auf eine nicht kausale Interpolation. Beispielsweise ist die Spaltfunktion $s_T(t)$ wegen ihres nicht verschwindenden Signalverlaufs für $t < 0$ nicht kausal und damit die Interpolation mit diesem Interpolationssignal ebenfalls nicht kausal.

Wird eine Verzögerung $\tau > 0$ zwischen Eingangssignal und interpoliertem Signal in Kauf genommen, kann anstelle eines Interpolationssignals $h(t)$ das Interpolationssignal $h(t - \tau)$ verwendet werden. Dies ergibt anstelle von $y(t)$ das interpolierte Signal

$$\sum_{k=-\infty}^{\infty} x(kT)h(t - \tau - kT) = y(t - \tau) \;.$$

Das verzögerte Interpolationssignal führt also auf ein entsprechend verzögertes Ausgangssignal des Interpolators. Die Signalform des Ausgangssignals bleibt aber erhalten. Eine fehlerfreie Interpolation beinhaltet das interpolierte Signal $x(t - \tau)$, also das Eingangssignal mit einer Verzögerung um τ Zeiteinheiten. Bei dem idealen Tiefpaßsignal $s_T(t)$ beispielsweise ist das Interpolationssignal durch $s_T(t - \tau)$ gegeben (s. Abb. 6.13).

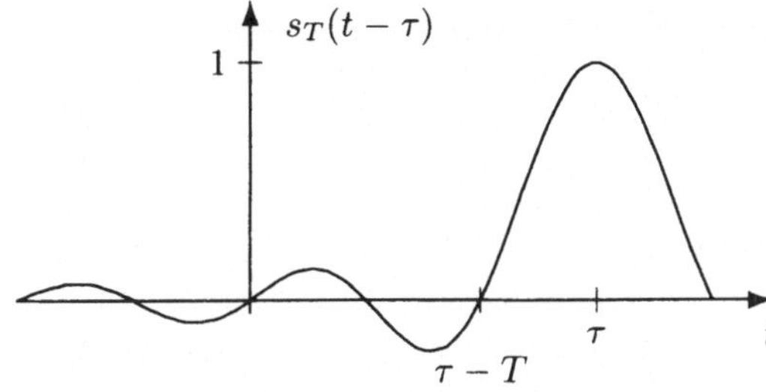

Abb. 6.13. Interpolationssignal $s_T(t-\tau)$. Für Frequenzen $f_0 < f_a/2$ ist eine fehlerfreie Interpolation gemäß $y(t) = x(t - \tau)$ möglich, wobei $\tau > 0$ die Verzögerung zwischen Eingangssignal und Ausgangssignal bezeichnet

Es handelt sich um das aus Beispiel 6.4 bereits bekannte ideale Tiefpaßsignal mit der komplexwertigen Frequenzfunktion

$$x^F(f) = \begin{cases} T\,\mathrm{e}^{-\mathrm{j}\,2\pi f\tau} : |f| \le f_a/2 \\ \qquad\quad 0 : \text{sonst} \end{cases} . \tag{6.51}$$

Wegen des linksseitigen Abklingens von $s_T(t-\tau)$ kann sein Verlauf durch ein kausales Signal angenähert werden. Es entsteht aus $h(t-\tau)$ durch Nullsetzen der Signalwerte für $t < 0$. Das kausale Interpolationssignal ist also durch

$$h_{\text{kaus}}(t) = \varepsilon(t)h(t-\tau) = \begin{cases} h(t-\tau) : t \ge 0 \\ \qquad\quad 0 : \text{sonst} \end{cases} \tag{6.52}$$

gegeben. Damit der hierbei verursachte Interpolationsfehler gering ist, ist ein möglichst rasches linksseitiges Abklingen von $h(t - \tau)$ erforderlich. Ein für beide Zeitrichtungen rasches Abklingen ist darüber hinaus nötig, um bei der Interpolation mit möglichst wenigen Abtastwerten auszukommen. Die Spaltfunktion klingt im Unendlichen leider nur langsam, nämlich wie $1/|t|$ ab. Der Grund dafür ist der unstetige Verlauf ihrer Frequenzfunktion bei der Grenzfrequenz $f_g = f_a/2$ bzw. $-f_g$. Durch *Glätten* der Frequenzfunktion kann folglich das Abklingverhalten verbessert werden.[9]

---

[9] Für eine insbesondere auch an den Stellen $\pm f_g$ differenzierbare Frequenzfunktion $h^F(f)$ mit stetiger Ableitung erhält man durch partielle Integration

$$h(t) = \int_{-f_g}^{f_g} h^F(f)\,\mathrm{e}^{\mathrm{j}\,2\pi ft}\,\mathrm{d}f$$

$$= h^F(f)\,\frac{\mathrm{e}^{\mathrm{j}\,2\pi ft}}{\mathrm{j}\,2\pi t}\bigg|_{f=-f_g}^{f_g} - \int_{-f_g}^{f_g} h^F(f)'\,\frac{\mathrm{e}^{\mathrm{j}\,2\pi ft}}{\mathrm{j}\,2\pi t}\,\mathrm{d}f .$$

Der erste Anteil ist gleich 0 wegen $h^F(\pm f_g) = 0$ (Stetigkeit von $h^F(f)$). Das Pseudosignal $(-\mathrm{j}\,2\pi t)h(t)$ besitzt also die Frequenzfunktion $h^F(f)'$. Da $h^F(f)'$ stetig ist, ist der Integrand über dem Intervall $-f_g \le f \le f_g$ integrierbar. Nach [13] klingt das Integral für $t \to \pm\infty$ ab. Daraus folgt, daß $t \cdot h(t)$ im Unendlichen abklingt, d.h. $h(t)$ klingt im Unendlichen rascher ab als $1/|t|$. Ist die Frequenzfunktion k Mal differenzierbar, verstärkt sich das Abklingen gemäß $t^k h(t) \to 0$ für $t \to \pm\infty$. Das Abklingverhalten von $h(t)$ im Unendlichen verbessert sich somit mit zunehmender *Glattheit* der Frequenzfunktion.

6.3 Realisierung kontinuierlicher Systeme durch diskrete Systeme

Aus der Interpolation bandbegrenzter Signale ergibt sich die in Abb. 6.14 dargestellte Möglichkeit, ein zeitkontinuierliches System durch ein zeitdiskretes System zur realisieren. Hierbei wirkt das zeitdiskrete System auf die Abtastwerte des zeitkontinuierlichen Eingangssignals. Das Ausgangssignal des zeitdiskreten Systems wird interpoliert und ergibt das zeitkontinuierliche Ausgangssignal $y(t)$. Die Frequenzfunktion des diskreten Systems wird mit $S_{\mathrm{dis}}^F(f_\mathrm{d})$ bezeichnet, die Frequenzfunktion des kontinuierlichen Systems mit $S_{\mathrm{kon}}^F(f)$. Der Index $_d$ soll hierbei verdeutlichen, daß es sich um ein zeitdiskretes System handelt. Die Frequenzfunktion des Interpolators wird wieder mit $h^F(f)$ bezeichnet.

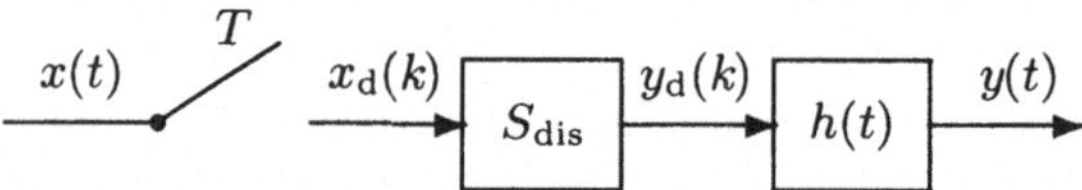

Abb. 6.14. Realisierung eines kontinuierlichen Systems mit Hilfe eines diskreten Systems S_{dis}

Mit Hilfe der Ergebnisse von Abschn. 6.2 können wir zunächst die Frequenzfunktion $S_{\mathrm{kon}}^F(f)$ des zeitkontinuierlichen Systems angeben, falls kein zeitdiskretes System zwischengeschaltet ist. Hierbei dürfen keine Alias-Komponenten auftreten. Nur dann ist die Frequenzfunktion $S_{\mathrm{kon}}^F(f)$ definiert. Für den Interpolator wird ein Tiefpaßsignal mit der Grenzfrequenz $f_\mathrm{g} = f_\mathrm{a}/2$ angenommen, d.h. es ist $h^F(f) = 0$ für $f > f_\mathrm{a}/2$. Dadurch werden für ein sinusförmiges Eingangssignal der Frequenz f_0 mit

$$|f_0| < f_\mathrm{a}/2$$

Alias-Komponenten der Frequenz $f_n = f_0 - nf_\mathrm{a}, n \neq 0$ verhindert und es ist nach (6.43)

$$S_{\mathrm{kon}}^F(f_0) = f_\mathrm{a} h^F(f_0) \ .$$

Um die Frequenzfunktion des zeitkontinuierlichen Systems nach Abb. 6.14 zu finden, wird das sinusförmige Pseudosignal

$$x_\mathrm{c}(t) = \mathrm{e}^{\mathrm{j}\, 2\pi f_0 t} \tag{6.53}$$

als Eingangssignal verwendet. Durch Abtastung folgt das zeitdiskrete Signal

$$x_\mathrm{d}(k) = x_\mathrm{c}(kT) = \mathrm{e}^{\mathrm{j}\, 2\pi f_0 kT} = \mathrm{e}^{\mathrm{j}\, 2\pi f_\mathrm{d} k}$$

mit der Frequenz

$$f_\mathrm{d} := f_0 T = f_0/f_\mathrm{a} < 1/2 \ . \tag{6.54}$$

Durch die Abtastung des sinusförmigen Signals $x_c(t)$ der Frequenz f_0 entsteht also ein sinusförmiges Signal der Frequenz f_d. Über das zeitdiskrete System haben wir vorausgesetzt, daß es die Frequenzfunktion $S_{\mathrm{dis}}^F(f_d)$ besitzt. Daraus folgt am Ausgang des zeitdiskreten Systems das Signal

$$y_d(k) = S_{\mathrm{dis}}^F(f_d)\,\mathrm{e}^{\mathrm{j}\,2\pi f_d k} = S_{\mathrm{dis}}^F(f_d)\,\mathrm{e}^{\mathrm{j}\,2\pi f_0 kT} \ . \tag{6.55}$$

Es entsteht durch Abtastung des zeitkontinuierlichen Signals

$$x_1(t) := S_{\mathrm{dis}}^F(f_d)\,\mathrm{e}^{\mathrm{j}\,2\pi f_0 t} \ , \ f_d = f_0 T \ . \tag{6.56}$$

Das Signal $x_1(t)$ wird als ein Hilfssignal benutzt. Es ist sinusförmig mit der Frequenz f_0 und das Eingangssignal eines Systems bestehend aus Abtaster und Interpolator (s. Abb. 6.15).[10]

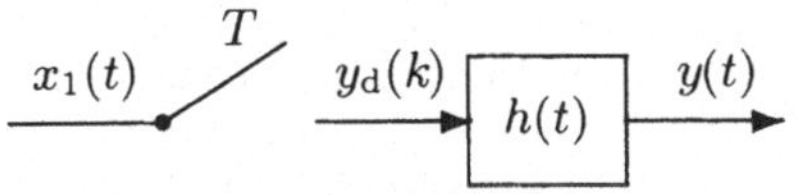

$x_1(t)$ — T — $y_d(k)$ — $h(t)$ — $y(t)$

Abb. 6.15. Zur Bestimmung des interpolierten Signals $y(t)$ für das sinusförmige Eingangssignal $x_c(t) = \mathrm{e}^{\mathrm{j}\,2\pi f_0 t}$

Damit ist der allgemeine Fall nach Abb. 6.14 auf den vorher betrachteten Fall eines zeitkontinuierlichen Systems ohne zwischengeschaltetes zeitdiskretes System zurückgeführt. Für das interpolierte Ausgangssignal folgt

$$y(t) = f_a h^F(f_0)x_1(t) = f_a h^F(f_0)S_{\mathrm{dis}}^F(f_d) \cdot x_c(t)$$

und daraus die Frequenzfunktion des kontinuierlichen Systems,

$$S_{\mathrm{kon}}^F(f_0) = f_a h^F(f_0)S_{\mathrm{dis}}^F(f_0/f_a) \ . \tag{6.57}$$

Speziell für ein ideales Tiefpaßsignal mit $h^F(f) = T$ für $|f| \leq f_g = f_a/2$ erhält man die Frequenzfunktion

$$S_{\mathrm{kon}}^F(f_0) = S_{\mathrm{dis}}^F(f_0/f_a) \ , \ |f_0| < f_a/2 \ . \tag{6.58}$$

Die Abtastbedingung $|f_0| < f_a/2$ ist hierbei wichtig, da die Frequenzfunktion $S_{\mathrm{kon}}^F(f)$ nur für solche Frequenzen definiert ist. Auf Grund der vorstehenden Beziehung folgt sie in ihrem Verlauf direkt der Frequenzfunktion $S_{\mathrm{dis}}^F(f_d)$ des diskreten Systems, wobei die Frequenz f_0 in die zeitdiskrete Frequenz f_d umgerechnet werden muß. Der Interpolator wirkt hierbei wie ein Tiefpaßfilter, mit dem eine Periode der (periodischen) Frequenzfunktion $S_{\mathrm{dis}}^F(f_d)$ des zeitdiskreten Systems übernommen wird. Abbildung 6.16 verdeutlicht den gefundenen Zusammenhang:

---

[10] Das Hilfssignal $x_1(t)$ ist das Ausgangssignal eines zeitkontinuierlichen Systems mit der Frequenzfunktion $S_{\mathrm{dis}}^F(f_d)$ bei Anregung mit dem Signal $x(t) = x_c(t)$.

Lemma 6.3 (Frequenzfunktion des kontinuierlichen Systems).
Durch Abtastung, zeitdiskrete Filterung und Interpolation entsteht ein zeitkontinuierliches System. Seine Frequenzfunktion ist für Frequenzen $|f| < f_\mathrm{a}/2$ definiert und ergibt sich durch Multiplikation der Frequenzfunktion des zeitdiskreten Systems mit der Frequenzfunktion des Interpolators und der Abtastfrequenz f_a.

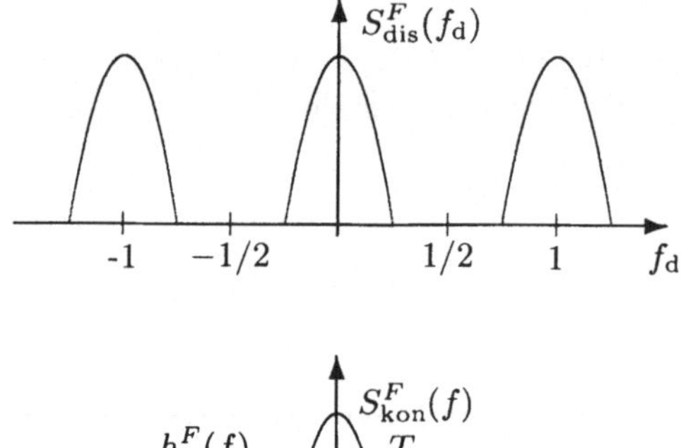
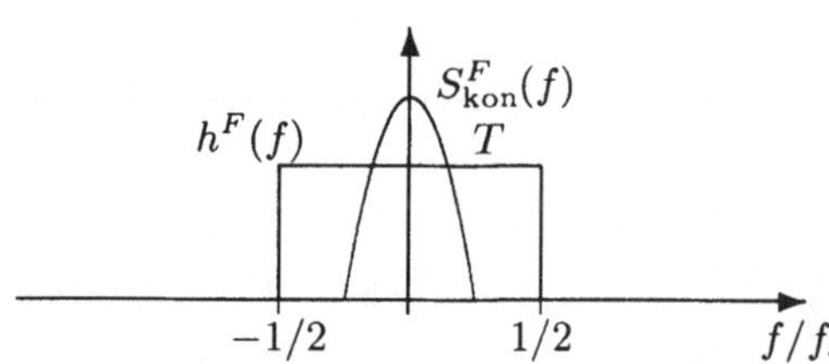

Abb. 6.16. Realisierung eines zeitkontinuierlichen Systems durch ein zeitdiskretes System mit der Frequenzfunktion $S^F_\mathrm{dis}(f_\mathrm{d})$ (Abb. oben). Das Interpolationssignal ist ein ideales Tiefpaßsignal der Grenzfrequenz $f_\mathrm{g} = f_\mathrm{a}/2$ (Abb. unten). Multiplikation mit seiner Frequenzfunktion und f_a ergibt die Frequenzfunktion $S^F_\mathrm{kon}(f)$ des zeitkontinuierlichen Systems. Sie ist nur für $f < f_\mathrm{a}/2$ definiert

6.4 Realisierung diskreter Systeme durch kontinuierliche Systeme

Auch der umgekehrte Weg, die Realisierung eines zeitdiskreten Systems durch ein zeitkontinuierliches System, ist möglich, wie Abb. 6.17 zeigt. Es enthält das interpolierte Signal $x(t)$ als Eingangssignal. Die Abtastung seines Ausgangssignals liefert das zeitdiskrete Ausgangssignal $y_\mathrm{d}(k)$. Das kontinuierliche System wird im folgenden als ein LTI-System mit der Frequenzfunktion $S^F_\mathrm{kon}(f)$ vorausgesetzt.[11] Eine Anwendung auf die Übertragungstechnik wird in Abschn. 6.5 aufgezeigt.

Um die Frequenzfunktion des diskreten Systems zu finden, wird das sinusförmige Pseudosignal

$$x_\mathrm{d}(k) = \mathrm{e}^{\mathrm{j}\,2\pi f_\mathrm{d} k} \tag{6.59}$$

als Eingangssignal verwendet. Es besitze die Frequenz f_d mit $0 \le f_\mathrm{d} \le 1/2$. Es entsteht durch Abtastung des zeitkontinuierlichen Signals

---

[11] Es wird im folgenden nur die Linearität des zeitkontinuierlichen Systems benötigt.

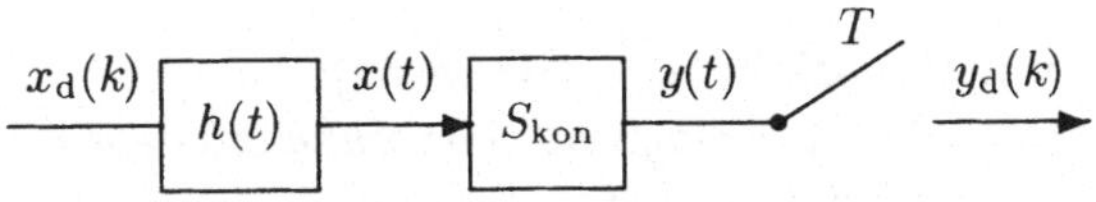

$$x_{\mathrm{d}}(k) \longrightarrow \boxed{h(t)} \xrightarrow{x(t)} \boxed{S_{\mathrm{kon}}} \xrightarrow{y(t)} \overset{T}{\diagup} \xrightarrow{y_{\mathrm{d}}(k)}$$

Abb. 6.17. Realisierung eines diskreten Systems mit Hilfe eines kontinuierlichen Systems S_{kon}

$$x_{\mathrm{c}}(t) = \mathrm{e}^{\mathrm{j}\,2\pi f_0 t}\,,\ f_0 = f_{\mathrm{a}} \cdot f_{\mathrm{d}}\,,$$

denn es ist

$$x_{\mathrm{c}}(kT) = \mathrm{e}^{\mathrm{j}\,2\pi f_{\mathrm{a}} f_{\mathrm{d}} kT} = x_{\mathrm{d}}(k)\,.$$

Folglich ist das interpolierte Signal $x(t)$ nach (6.38)

$$x(t) = f_{\mathrm{a}} \sum_{n}^{e} h^{F}(f_n)\,\mathrm{e}^{\mathrm{j}\,2\pi f_n t}\,. \tag{6.60}$$

Der Interpolator wird wie bisher als bandbegrenzt mit der Grenzfrequenz f_{g} angenommen. Die Grenzfrequenz ist beliebig. Die vorstehende Summe ist daher endlich, d.h. das Signal $x(t)$ am Eingang des kontinuierlichen Systems beinhaltet eine endliche Überlagerung sinusförmiger Signale der Frequenzen $f_n, n \in \mathbb{Z}$. Aus der Linearität des kontinuierlichen Systems folgt sein Ausgangssignal

$$y(t) = f_{\mathrm{a}} \sum_{n}^{e} h^{F}(f_n) S_{\mathrm{kon}}^{F}(f_n)\,\mathrm{e}^{\mathrm{j}\,2\pi f_n t}\,. \tag{6.61}$$

Bei der anschließenden Abtastung dieses Signals ergibt sich nun die folgende Vereinfachung:

$$\mathrm{e}^{\mathrm{j}\,2\pi f_n kT} = \mathrm{e}^{\mathrm{j}\,2\pi (f_0 - nf_{\mathrm{a}})kT} = \mathrm{e}^{\mathrm{j}\,2\pi f_0 kT} = \mathrm{e}^{\mathrm{j}\,2\pi f_{\mathrm{d}}k} = x_{\mathrm{d}}(k)\,.$$

Die Abtastung führt daher auf

$$y_{\mathrm{d}}(k) = y(kT) = x_{\mathrm{d}}(k) \cdot f_{\mathrm{a}} \sum_{n}^{e} h^{F}(f_n) S_{\mathrm{kon}}^{F}(f_n)\,. \tag{6.62}$$

Das Ausgangssignal ist also ebenfalls sinusförmig mit der Frequenz f_{d} des Eingangssignals. Die Frequenzfunktion des diskreten Systems ist daher

$$S_{\mathrm{dis}}^{F}(f_{\mathrm{d}}) = f_{\mathrm{a}} \sum_{n}^{e} h^{F}(f_n) S_{\mathrm{kon}}^{F}(f_n)\,. \tag{6.63}$$

Mit

$$S_{\mathrm{ges}}^{F}(f) := h^{F}(f) \cdot S_{\mathrm{kon}}^{F}(f) \tag{6.64}$$

folgt als Ergebnis

$$S_{\mathrm{dis}}^{F}(f_{\mathrm{d}}) = f_{\mathrm{a}} \sum_{n}^{e} S_{\mathrm{ges}}^{F}(f_0 - nf_{\mathrm{a}})\,,\ f_{\mathrm{d}} = f_0/f_{\mathrm{a}}\,. \tag{6.65}$$

Der Interpolator wirkt wie ein Tiefpaßfilter, das mit dem kontinuierlichen System S_{kon} hintereinandergeschaltet das Gesamtsystem S_{ges} ergibt. Die Frequenzfunktion des diskreten Systems ergibt sich aus der Frequenzfunktion $S_{\mathrm{ges}}^{F}(f)$ durch eine *periodische Wiederholung* mit der Periode f_{a}, wobei die Frequenz $f_{\mathrm{d}} = f_0/f_{\mathrm{a}}$ in die Frequenz f_0 umgerechnet werden muß. Abbildung 6.18 verdeutlicht den gefundenen Zusammenhang:

Lemma 6.4 (Frequenzfunktion des diskreten Systems).
*Durch Interpolation, zeitkontinuierliche Filterung und Abtastung entsteht ein
zeitdiskretes System. Seine Frequenzfunktion ergibt sich durch Multiplikation
der Frequenzfunktion des zeitkontinuierlichen Systems mit der Frequenzfunktion des Interpolators und der Abtastfrequenz f_a und einer periodischen Wiederholung mit der Periode f_a.*

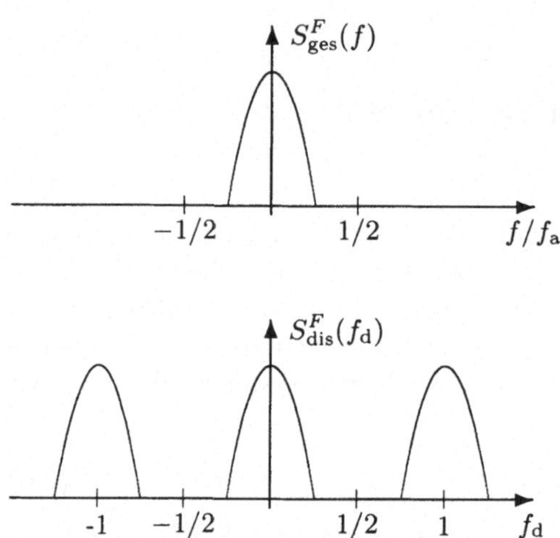

Abb. 6.18. Multiplikation der Frequenzfunktion des zeitkontinuierlichen Systems
mit der Frequenzfunktion des Interpolators ergibt die Frequenzfunktion $S^F_\mathrm{ges}(f)$
(Abb. oben). Multiplikation mit der Abtastfrequenz f_a und periodische Wiederholung mit f_a ergibt die Frequenzfunktion des zeitdiskreten Systems $S_\mathrm{dis}(f_\mathrm{d})$ (Abb.
unten)

6.5 Amplitudenmodulation zeitdiskreter Signale

Die gefundenen Ergebnisse von Abschn. 6.4 werden im folgenden auf die
Übertragung eines zeitdiskreten Signals mittels Amplitudenmodulation angewandt. Zunächst werden die Begriffe *Modulation* und *Amplitudenmodulation*
erklärt.

Die Aufgabe der Modulation bei der Nachrichtenübertragung besteht in
der Übertragung eines *Nachrichtensignals* über einen *technischen Kanal*. Das
Nachrichtensignal kann beispielsweise die einzelnen Byte-Werte einer Computerdatei beinhalten oder ein analoges Tonsignal. Im ersten Fall beschreibt
man das Signal als zeitdiskretes Signal, im zweiten Fall als zeitkontinuierliches Signal. Der technische Kanal beinhaltet das für die Übertragung zur
Verfügung stehende physikalische Medium. Das kann eine elektrische Leitung
sein oder es handelt sich um eine Freiraumausbreitung. In beiden Fällen

findet eine Wellenausbreitung statt. Im ersten Fall ist die Ausbreitung leitungsgebunden, im zweiten Fall nicht. In beiden Fällen benötigt man ein zeitkontinuierliches Eingangssignal, das in Form einer elektrischen Spannung zur Verfügung steht. Aus diesem Grund wird man als Modell für den technischen Kanal ein zeitkontinuierliches System verwenden. Für ein zeitdiskretes Nachrichtensignal ergibt sich daraus zwangsläufig die Aufgabe, es in ein zeitkontinuierliches Signal umzuformen, das man an den Eingang des technischen Kanals anlegen kann. Diese Aufgabe übernimmt der *Modulator* (s. Abb. 6.19).[12]

Abb. 6.19. Übertragung eines zeitdiskreten Signals über einen technischen Kanal (TK) mit Hilfe eines Modulators (M) und eines Demodulators (DM)

Nach den bisherigen Ausführungen erfolgt die Übertragung des Nachrichtensignals über einen technischen Kanal, der durch ein zeitkontinuierliches System dargestellt wird. Der Modulator bewirkt eine Umformung des zu übertragenden Nachrichtensignals in ein zeitkontinuierliches Signal. Ein Demodulator auf der Empfangsseite sorgt für die Umkehrung des Modulationsschrittes, um das Nachrichtensignal möglichst gut auszugeben. Störvorgänge bei der Übertragung machen eine Erweiterung des Kanalmodells erforderlich, beispielsweise durch ein Störsignal, das zum Ausgangssignal des technischen Kanals addiert wird. Im folgenden wird jedoch ein ungestörter Kanal angenommen.

Eine *Amplitudenmodulation* (AM) beinhaltet die Bildung des modulierten Signals

$$x(t) = \sum_{k=-\infty}^{\infty} x_\mathrm{d}(k)h(t - kT) \, , \tag{6.66}$$

wobei $h(t)$ das sog. *Trägersignal* ist. Die zu übertragenden Signalwerte $x_\mathrm{d}(k)$ bestimmen also die Amplituden der Signalanteile $x_\mathrm{d}(k)h(t - kT)$, die durch zeitliche Verschiebungen aus dem Trägersignal $h(t)$ hervorgehen. Der Modulator ist daher ein Interpolator mit dem Trägersignal $h(t)$ als Interpolationssig-

---

[12] Die Notwendigkeit einer Modulation ergibt sich auch bei zeitkontinuierlichen Nachrichtensignalen, wenn beispielsweise mehrere Signale gleichzeitig übertragen werden sollen. Anstelle einer zeitlich getrennten Übertragung der einzelnen Nachrichtensignale (Zeitmultiplextechnik) wird jedes Signal in einem bestimmten Frequenzbereich übertragen, zeitgleich mit allen anderen Nachrichtensignalen (Frequenzmultiplextechnik). Beispiele sind Telefonie, Rundfunktechnik und Fernsehübertragungstechnik.

nal bzw. Impulsantwort. Der Demodulator besteht aus einem Empfangsfilter und einem Abtaster, wie Abb. 6.20 zeigt.[13]

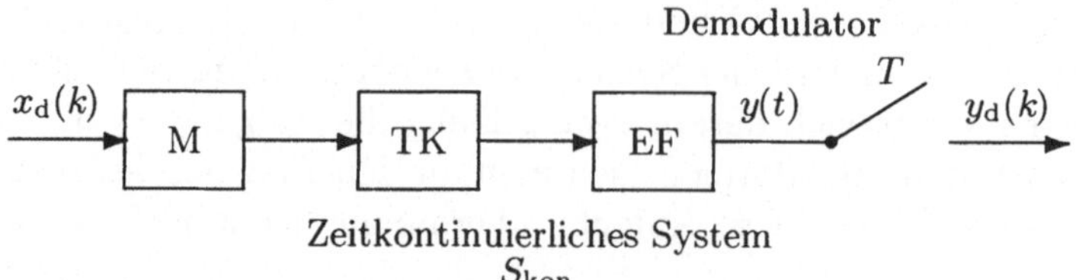

Abb. 6.20. Übertragung eines zeitdiskreten Signals mit Hilfe einer AM. Der Modulator (M) ist ein Interpolator mit der Frequenzfunktion $h^F(f)$. Der Demodulator besteht aus Empfangsfilter (EF) und Abtaster. Technischer Kanal (TK) und Empfangsfilter bilden das zeitkontinuierliche System S_{kon}

Technischer Kanal und Empfangsfilter bilden ein System mit der Frequenzfunktion $S_{\mathrm{kon}}^F(f)$. Das Übertragungssystem entspricht damit dem bereits untersuchten zeitdiskreten System in Abb. 6.17, realisiert mit Hilfe eines zeitkontinuierlichen Systems. Hierbei sind

1. $h^F(f)$: Frequenzfunktion des Interpolators bzw. Modulators,
2. $S_{\mathrm{kon}}^F(f)$: Frequenzfunktion des zeitkontinuierlichen Systems bestehend aus technischem Kanal und Empfangsfilter.

Ein Ziel der Übertragung besteht in einer möglichst guten Übereinstimmung der gesendeten Nachrichtenwerte $x_d(k)$ und der empfangenen Nachrichtenwerte $y_d(k)$. Eine exakte Übereinstimmung bedeutet für die Frequenzfunktion des zeitdiskreten Systems nach (6.65)[14]

$$S_{\mathrm{dis}}^F(f_d) = f_a \sum_n^e S_{\mathrm{ges}}^F(f_0 - nf_a) = 1 \,. \tag{6.67}$$

Hierbei ist die Frequenzfunktion $S_{\mathrm{ges}}^F(f)$ durch

$$S_{\mathrm{ges}}^F(f) := h^F(f) \cdot S_{\mathrm{kon}}^F(f) \tag{6.68}$$

gegeben.

Im folgenden wird die Bedingung (6.67) für eine fehlerfreie Übertragung des Nachrichtensignals untersucht. Hierbei spielt die Grenzfrequenz f_g des Systems S_{ges} eine wichtige Rolle. Sie ist die kleinere der beiden Grenzfrequenzen für

1. Interpolator (Frequenzfunktion $h^F(f)$),

---

[13] Die Funktion des Empfangsfilters wird erst beim Vorhandensein von Störungen deutlich: Es wirkt dann als ein sog. *signalangepaßtes Filter*, mit dessen Hilfe das von Rauschen überlagerte Trägersignal „detektiert" werden soll.

[14] Exakte Übereinstimmung besteht für sinusförmige Eingangssignale. Eine exakte Übereinstimmung für andere Signale erfordert eine vollständige Definition des zeitkontinuierlichen Systems S_{kon}.

2. technischer Kanal und Empfangsfilter (Frequenzfunktion $S_{\mathrm{kon}}^{F}(f)$).

Sie legt die für die Übertragung zur Verfügung stehende Bandbreite, die sog. *Übertragungsbandbreite* fest. Ist beispielsweise der technische Kanal vorgegeben, wird die Übertragungsbandbreite durch die Grenzfrequenz des technischen Kanals begrenzt. In Abhängigkeit von der Übertragungsbandbreite f_{g} ergeben sich die folgenden drei Fälle:

1. $f_{\mathrm{g}} < f_{\mathrm{a}}/2$:
   Abbildung 6.18 aus Abschn. 6.4 zeigt diesen Fall. Für die Frequenzfunktion $S_{\mathrm{dis}}^{F}(f_{\mathrm{d}})$ ergeben sich *Frequenzlücken* bei den Frequenzen $f_{\mathrm{d}} = \pm 1/2$. Die Bedingung $S_{\mathrm{dis}}^{F}(f_{\mathrm{d}}) = 1$ ist somit nicht für alle Frequenzen f_{d} erfüllbar.

2. $f_{\mathrm{g}} = f_{\mathrm{a}}/2$ (Abtastung bei Nyquistrate):
   Die Bedingung $S_{\mathrm{dis}}^{F}(f_{\mathrm{d}}) = 1$ ist für die Frequenzfunktion

$$S_{\mathrm{ges}}^{F}(f) = \begin{cases} T : |f| \leq f_{\mathrm{a}}/2 \\ 0 : \text{sonst} . \end{cases} \tag{6.69}$$

   erfüllt.[15] Die Abtastfrequenz $f_{\mathrm{a}} = 2 \cdot f_{\mathrm{g}}$ ist somit die größte Abtastfrequenz, bei der eine fehlerfreie Übertragung gerade noch möglich ist. Diese Abtastfrequenz wird auch *Nyquistrate* genannt.

3. $f_{\mathrm{g}} > f_{\mathrm{a}}/2$:
   Die Bedingung ist ebenfalls durch ein ideales Tiefpaßsignal der Grenzfrequenz $f_{\mathrm{g}} = f_{\mathrm{a}}/2$ erfüllbar. Neben diesem Signal sind weitere Signale möglich, bei denen die verfügbare Übertragungsbandbreite f_{g} besser ausgenutzt wird. Für $f_{\mathrm{g}} < f_{\mathrm{a}}$ beispielsweise lautet die Bedingung für fehlerfreie Übertragung

$$S_{\mathrm{ges}}^{F}(f_0) + S_{\mathrm{ges}}^{F}(f_0 - f_{\mathrm{a}}) = T . \tag{6.70}$$

   Diese Bedingung ist beispielsweise für die Frequenzfunktion in Abb. 6.21 erfüllt. Die Frequenzfunktion ist durch sog. *Nyquistflanken* gekennzeichnet. Der abfallende Wert $S_{\mathrm{ges}}(f_0)$ wird dabei durch den zweiten Wert der Frequenzfunktion $S_{\mathrm{ges}}^{F}(f_0 - f_{\mathrm{a}})$ kompensiert.

Wir haben damit gefunden:

---

[15] Für $f_0 = f_{\mathrm{a}}/2$ ist die Bedingung ebenfalls erfüllt:
Es ist

$$S_{\mathrm{dis}}^{F}(1/2) = f_{\mathrm{a}}[S_{\mathrm{ges}}^{F}(f_0) + S_{\mathrm{ges}}^{F}(-f_0)] ,$$

wobei auf Grund der Sprungstellen von $S_{\mathrm{ges}}^{F}(f)$ bei $f_0 = f_{\mathrm{a}}/2$ und $-f_0 = -f_{\mathrm{a}}/2$ die folgenden Werte einzusetzen sind:

$$S_{\mathrm{ges}}^{F}(f_0) : \frac{1}{2}[S_{\mathrm{ges}}^{F}(f_0-) + S_{\mathrm{ges}}^{F}(f_0+)] = T/2 ,$$

$$S_{\mathrm{ges}}^{F}(-f_0) : \frac{1}{2}[S_{\mathrm{ges}}^{F}(-f_0-) + S_{\mathrm{ges}}^{F}(-f_0+)] = T/2 .$$

Daraus folgt $S_{\mathrm{dis}}^{F}(1/2) = 1$.

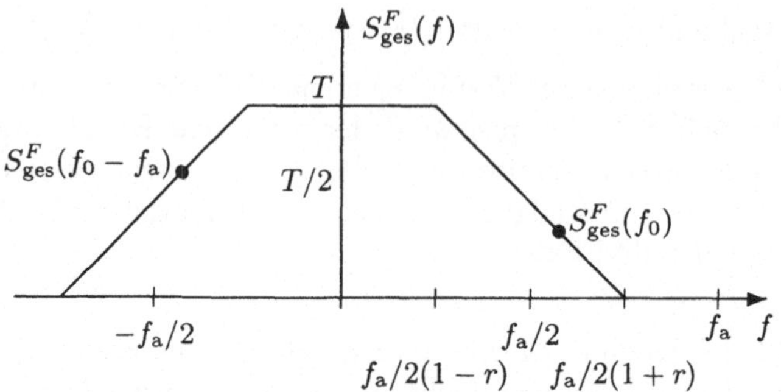

Abb. 6.21. Beispiel für eine Frequenzfunktion für fehlerfreie Übertragung. Dabei ist r ein Faktor zwischen 0 und 1. Er bestimmt die Breite der Flanke des Tiefpaßes

Lemma 6.5 (AM-Übertragung).
Ist die Übertragungsbandbreite f_g vorgegeben, ist eine fehlerfreie Übertragung bis zu einer maximalen Abtastfrequenz, der Nyquistrate $f_a = 2f_g$, möglich. Sie bestimmt die maximale Anzahl von Nachrichtenwerten, die pro Zeiteinheit fehlerfrei übertragen werden können. Ist umgekehrt die Abtastfrequenz f_a der Übertragung vorgegeben, ist eine fehlerfreie Übertragung bis zu der minimalen Übertragungsbandbreite $f_g = f_a/2$, der sog. Nyquistbandbreite, *möglich.*

Die gefundenen Ergebnisse gelten unter der Voraussetzung, daß die Abtastung exakt erfolgt, d.h. die empfangsseitige Abtastung erfolgt genau zu den Zeitpunkten $kT, k \in \mathbb{Z}$. Fehler bei den Abtastzeitpunkten (*Jitter*) werden hierbei nicht berücksichtigt. Sie können beispielsweise durch zeitliche Abweichungen $\tau_k, k \in \mathbb{Z}$ berücksichtigt werden. Die Abtastzeitpunkte sind demnach

$$t_k = kT + \tau_k \ , \ k \in \mathbb{Z} \ .$$

Eine sinnvolle Annahme besteht in einer statistischen Abweichung von den exakten Abtastzeitpunkten. Die Abweichungen τ_k sind dann durch Zufallsvariable zu beschreiben. Sind ihre statistischen Merkmale bekannt, kann eine optimale Frequenzfunktion $S_{\mathrm{ges}}^F(f)$ bestimmt werden [14]. Sie hängt von der Übertragungsbandbreite ab. Auch bei teilweise bekannter Statistik für die Abweichungen τ_k kann mit Hilfe der Spieltheorie die Frequenzfunktion $S_{\mathrm{ges}}^F(f)$ optimiert werden [15].

Die dargestellten Ergebnisse wurden im Frequenzbereich gefunden. Die zeitkontinuierliche Faltung wurde nicht benötigt. Die Darstellung im Zeitbereich liefert auf der anderen Seite zusätzliche Einsichten. So ist beispielsweise das interpolierte Signal durch

$$y(t) = \sum_{i=-\infty}^{\infty} x_{\mathrm{d}}(i) h(t - iT)$$

gegeben, wenn der technische Kanal und das Empfangsfilter nicht berücksichtigt werden. Anhand dieser Darstellung im Zeitbereich erkennt man den störenden Einfluß der Signalwerte $x_\mathrm{d}(i), i \neq k$ auf den Signalwert $y_\mathrm{d}(k)$:

$$y_\mathrm{d}(k) = y(kT) = x_\mathrm{d}(k)h(0) + \sum_{i \neq k} x_\mathrm{d}(i)h((k-i)T) \,. \tag{6.71}$$

Die Reihe auf der rechten Seite beschreibt diesen störenden Einfluß, welche *Impulsinterferenz* genannt wird. Für

$$h(kT) = \delta(k) \tag{6.72}$$

liegt keine Impulsinterferenz vor. In diesem Fall ist $y_\mathrm{d}(k) = x_\mathrm{d}(k)$, d.h. das Nachrichtensignal wird fehlerfrei übertragen. In einer Übungsaufgabe wird darauf näher eingegangen.

Auch für den Fall des Jitters liefert die Betrachtung im Zeitbereich zusätzliche Einsichten. So wird bei einer gegenüber Jitter optimalen Impulsform $h(t)$ versucht, die Bedingung

$$h(kT + \tau_k) = \delta(k) \tag{6.73}$$

auch für Abweichungen $\tau_k \neq 0$ möglichst gut zu erfüllen. Daher ist ein möglichst flacher Verlauf von $h(t)$ bei den Abtaststellen $kT, k \in \mathbb{Z}$ anzustreben. Eine größere Übertragungsbandbreite $f_\mathrm{g} > f_\mathrm{a}/2$ kommt diesem Ziel zugute, denn dann sind im Vergleich zur Spaltfunktion diesbezüglich günstigere Signalverläufe möglich.

6.6 Interpolation zeitdiskreter Signale

Eine Abtastung zeitdiskreter Signale ist ebenfalls möglich. Dieser Vorgang wird auch *Unterabtastung* genannt. Sie hat aber nichts mit der Unterabtastung eines zeitkontinuierlichen Signals zu tun. Bei der (Unter-)Abtastung eines zeitdiskreten Signals $x_\mathrm{d}(k)$ mit dem Abtastabstand T ist das abgetastete Signal

$$x_\mathrm{u}(k) := x_\mathrm{d}(kT) \,. \tag{6.74}$$

Der Abtastabstand T ist ganzzahlig. Sein Kehrwert ist die Abtastfrequenz $f_\mathrm{a} = 1/T$, wie bei der Abtastung eines zeitkontinuierlichen Signals. Bei der Abtastung eines zeitdiskreten Signals, das durch Abtastung eines zeitkontinuierlichen Signals entsteht, wird die Abtastfrequenz für das zeitkontinuierliche Signal verringert. Im Gegensatz zur Interpolation zeitkontinuierlicher Signale erfolgt die Interpolation des zeitdiskreten Signals mit Hilfe eines zeitdiskreten Filters, dem sog. *Interpolations-Filter.* Abtastung und Interpolation von Signalen werden damit in die digitale Signalverarbeitung verlagert. Eine Anwendung ist die *Datenkompression*, da die Anzahl der anfallenden Signalwerte pro Zeiteinheit verringert wird. Die im folgenden behandelte Abtastung zeitdiskreter Signale stellt daher eine mögliche Strategie bei der Datenkompression dar. Im folgenden wird die Interpolation für die folgenden Eingangssignale untersucht:

1. Sinusförmige Eingangssignale:
   Das Eingangssignal ist sinusförmig mit der Frequenz f_0 $(0 \leq f_0 \leq 1/2)$. Signale, die aus einer endlichen Überlagerung sinusförmiger Signale bestehen, können auf diesen Fall zurückgeführt werden. Es wird eine Beziehung für das interpolierte Signal hergeleitet, die der Frequenzdarstellung (6.38) des kontinuierlichen, sinusförmigen, interpolierten Signals entpricht. Im Gegensatz zum zeitkontinuierlichen Fall ist die Herleitung einfach.

2. Nicht sinusförmige Eingangssignale:
   Für ein Eingangssignal mit der Frequenzfunktion $x_{\mathrm{d}}^F(f)$ wird die Frequenzfunktion des interpolierten Signals bestimmt. Das Eingangssignal wird als absolut summierbar vorausgesetzt, damit die Frequenzfunktion für alle Frequenzen erklärt ist. Mit f_0 wird die Grenzfrequenz bezeichnet. Es ist also $x_{\mathrm{d}}^F(f) = 0$ für $f_0 < f \leq 1/2$. Zeitdiskrete Signale mit dieser Eigenschaft nennen wir *bandbegrenzt*. Anhand der Frequenzfunktion des interpolierten Signals können alle Einzelheiten über Alias-Komponenten, fehlerfreie Interpolation sowie Prefilter erkannt werden.

Die Interpolation kann in zwei Schritten erfolgen:

1. Erhöhung der Datenrate (Signalspreizung):
   Zunächst wird die Anzahl der Signalwerte pro Zeiteinheit (Datenrate) auf die Datenrate des Eingangssignals angehoben. Dies erfolgt durch Einfügen von $T - 1$ Nullen für jeden Signalwert $x_{\mathrm{u}}(k)$. Diese Signaloperation wird auch *Überabtastung* oder *Signalspreizung* genannt. Das überabgetastete (gespreizte) Signal ist (s. Abb. 6.22)

$$y_{\mathrm{s}}(k) = \begin{cases} x_{\mathrm{d}}(k) : k/T \in \mathbb{Z} \\ 0 : \text{sonst} \end{cases} . \tag{6.75}$$

2. Filterung:
   Das durch Überabtastung erzeugte Signal $y_{\mathrm{s}}(k)$ wird mit Hilfe eines zeitdiskreten Systems (Interpolationsfilter) gefiltert. Aus den eingefügten Nullen im Signal $y_{\mathrm{s}}(k)$ entstehen Zwischenwerte $y(k)$ für das interpolierte Signal, die auch für nicht ganzzahlige Vielfache von T mit den Eingangssignalwerten $x_{\mathrm{d}}(k)$ im Idealfall übereinstimmen.

Das Signal $y_{\mathrm{s}}(k)$ entsteht aus dem Eingangssignal $x_{\mathrm{d}}(k)$ durch Nullsetzen von jeweils $T - 1$ aufeinanderfolgenen Signalwerten. Folglich ist

$$y_{\mathrm{s}}(k) = f_{\mathrm{a}} x_{\mathrm{d}}(k) \mathrm{F}(k) \tag{6.76}$$

mit dem Signal

$$\mathrm{F}(k) = \begin{cases} T : k/T \in \mathbb{Z} \\ 0 : \text{sonst} \end{cases} .$$

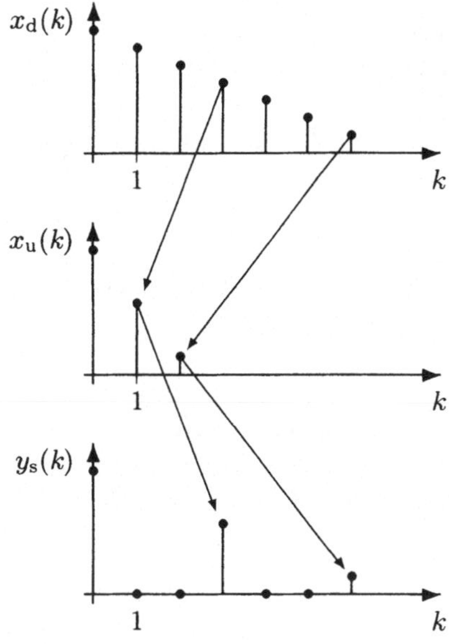

Abb. 6.22. Unterabtastung und Signalspreizung eines diskreten Signals $x_\mathrm{d}(k)$. Die Unterabtastung liefert das Signal $x_\mathrm{u}(k)$. Für den gezeigten Fall $T = 3$ werden im Signal $x_\mathrm{u}(k)$ jeweils $T-1 = 2$ Nullen eingefügt. Es entsteht das gespreizte Signal $y_\mathrm{s}(k)$

Das Signal $\mathrm{F}(k)$ kann wie folgt durch sinusförmige Signale dargestellt werden:[16]

$$\mathrm{F}(k) = \sum_{n=0}^{T-1} \mathrm{e}^{-\mathrm{j}\,2\pi n f_\mathrm{a} k}\;. \tag{6.77}$$

6.6.1 Interpolation sinusförmiger Signale

Mit Hilfe der vorstehenden Darstellung läßt sich für ein sinusfömiges Eingangssignal

$$x_\mathrm{d}(k) = \mathrm{e}^{\mathrm{j}\,2\pi f_0 k}\;,\ 0 \le f_0 \le 1/2 \tag{6.78}$$

das interpolierte Signal bestimmen. Durch Realteilbildung und Imaginärteilbildung erhält man daraus auch das interpolierte Signal für die Eingangssignale $x_\mathrm{d}(k) = \cos 2\pi f_0 k$ und $x_\mathrm{d}(k) = \sin 2\pi f_0 k$.
Es ist

---

[16] Für $k/T = k f_\mathrm{a} \in \mathbb{Z}$ sind alle Summanden gleich 1. In diesem Fall ist also $\mathrm{F}(k) = T$.
Für $kT \notin \mathbb{Z}$ ist $q := \mathrm{e}^{-\mathrm{j}\,2\pi f_\mathrm{a} k} \neq 1$ und daher

$$\sum_{n=0}^{T-1} \mathrm{e}^{-\mathrm{j}\,2\pi n f_\mathrm{a} k} = \sum_{n=0}^{T-1} q^n = \frac{1 - q^T}{1 - q} = \frac{1 - \mathrm{e}^{-\mathrm{j}\,2\pi k}}{1 - q} = 0\;.$$

Die Summe für $\mathrm{F}(k)$ entspricht der Summe $\widehat{\delta}_N(\tau)$ für den zeitkontinuierlichen Fall (s. Anhang A.3).

$$y_s(k) = f_a x_d(k) \sum_{n=0}^{T-1} e^{-j\,2\pi n f_a k} = f_a \sum_{n=0}^{T-1} e^{j\,2\pi(f_0 - n f_a)k} \;, \tag{6.79}$$

d.h. $y_s(k)$ ergibt sich aus einer Überlagerung von T sinusförmigen Signalen der Frequenz

$$f_n := f_0 - n f_a \;, \; n \in \mathbb{Z} \;. \tag{6.80}$$

Die Fiterung von $y_s(k)$ mit dem Interpolationsfilter liefert wegen der Linearität der Filteroperation das folgende Ergebnis:

Lemma 6.6 (Frequenzdarstellung).
Bei der Unterabtastung eines sinusförmigen, zeitdiskreten Signals der Frequenz f_0 im Verhältnis T zu 1 und Interpolation durch Signalspreizung und zeitdiskreter Filterung mit der Frequenzfunktion $h^F(f)$ folgt das interpolierte Signal

$$y(k) = f_a \sum_{n=0}^{T-1} h^F(f_n)\, e^{j\,2\pi f_n k} \;. \tag{6.81}$$

Diese Frequenzdarstellung entspricht der Frquenzdarstellung eines zeitkontinuierlichen, interpolierten Signals gemäß (6.38). Anstelle einer Summe über *alle* Frequenzen $f_n, n \in \mathbb{Z}$ (im Durchlaßbereich des zeitkontinuierlichen Interpolators) erfolgt eine Summation über die Frequenzen $f_0, f_0 - 1/T, \cdots f_0 - (T-1)/T$, also über alle Frequenzen f_n, die innerhalb einer Periode (Periode 1) der periodischen Frequenzfunktion $h^F(f)$ liegen.

Die Zerlegung der vorstehenden Summe gemäß

$$y(k) = f_a h^F(f_0)\, e^{j\,2\pi f_0 k} + f_a \sum_{n=1}^{T-1} h^F(f_n)\, e^{j\,2\pi f_n k}$$

zeigt die sinusförmigen Alias-Komponenten mit den Frequenzen $f_n, n = 1, 2, \ldots T-1$. Mit einem Interpolationsfilter mit der Frequenzfunktion

$$n = 1, 2 \ldots T-1 \; : \; h^F(f_n) = 0 \;, \; h^F(f_0) = T \tag{6.82}$$

werden die Alias-Komponenten unterdrückt und die Interpolation ist fehlerfrei. Ein Beispiel ist ein idealer Tiefpaß der Grenzfrequenz $f_g = f_a/2$, den Abb. 6.23 zeigt.

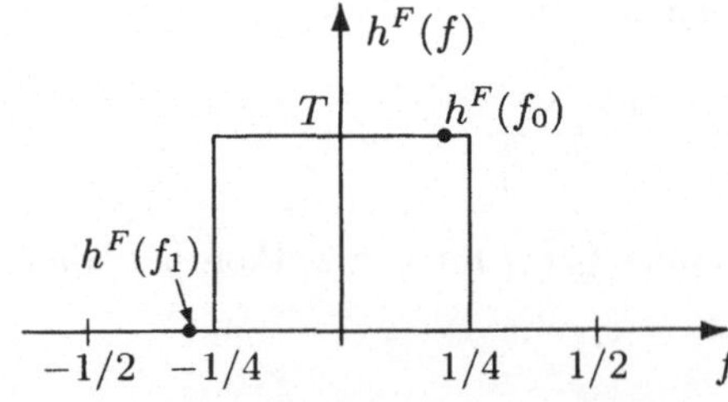

Abb. 6.23. Interpolation mit einem zeitdiskreten idealen Tiefpaß der Grenzfrequenz $f_g = f_a/2$ für $T = 2$ $(f_a = 1/2)$

Eine fehlerfreie Interpolation ist für alle Frequenzen möglich, die die Abtastbedingung

$$f_0 < f_\mathrm{a}/2 \tag{6.83}$$

erfüllen. Hierbei ist ein idealer Tiefpaß mit der Grenzfrequenz

$$f_\mathrm{g} = f_\mathrm{a}/2 \tag{6.84}$$

erforderlich.[17] Bei einem großen Abtastabstand T ist folglich eine entsprechend kleine Grenzfrequenz $f_\mathrm{g} = f_\mathrm{a}/2$ für das Interpolationsfilter zu wählen.

Bei einer endlichen Überlagerung sinusförmiger Signale, in der auch Frequenzen $f_0 > f_\mathrm{a}/2$ vorkommen, können diese Signalanteile wie im zeitkontinuierlichen Fall durch ein Prefilter unterdrückt werden. Sinusförmige Signalanteile der Frequenz $f_0 > f_\mathrm{a}/2$ gehen dabei verloren, aber es entstehen keine Alias-Komponenten.

6.6.2 Interpolation nicht sinusförmiger Signale

Im folgenden wird ein Eingangssignal mit der Frequenzfunktion $x_\mathrm{d}^F(f)$ vorausgesetzt. Die Grenzfrequenz des Signals wird mit f_0 bezeichnet. Sie darf nicht mit der Grenzfrequenz f_g des Interpolationsfilters verwechselt werden. Für die Interpolation aufschlußreich ist die Frequenzfunktion des gespreizten Signals. Aus

$$y_\mathrm{s}(k) = f_\mathrm{a} x_\mathrm{d}(k) \sum_{n=0}^{T-1} \mathrm{e}^{-\mathrm{j}\,2\pi n f_\mathrm{a} k}$$

folgt die Frequenzfunktion des gespreizten Signals,

$$\begin{aligned}
y_\mathrm{s}^F(f) &= \sum_{k=-\infty}^{\infty} y_\mathrm{s}(k)\,\mathrm{e}^{-\mathrm{j}\,2\pi f k} \\
&= f_\mathrm{a} \sum_{k=-\infty}^{\infty} x_\mathrm{d}(k) \sum_{n=0}^{T-1} \mathrm{e}^{-\mathrm{j}\,2\pi n f_\mathrm{a} k}\,\mathrm{e}^{-\mathrm{j}\,2\pi f k} \\
&= f_\mathrm{a} \sum_{k=-\infty}^{\infty} x_\mathrm{d}(k) \sum_{n=0}^{T-1} \mathrm{e}^{-\mathrm{j}\,2\pi (f + n f_\mathrm{a}) k}
\end{aligned}$$

---

[17] Die Abtastbedingung $f_0 < f_\mathrm{a}/2$ ist für eine fehlerfreie Interpolation auch notwendig: Für $T = 2$ und

$$x_\mathrm{d}(k) = \sin 2\pi f_0 k \;,\; f_0 = 1/4$$

beispielsweise ist $f_0 = f_\mathrm{a}/2 = 1/4$ und

$$y_\mathrm{s}(k) = \begin{cases} x_\mathrm{d}(k) = 0 : k/2 \in \mathbb{Z} \\ \qquad\quad 0 : \text{sonst} \end{cases}$$

Daraus folgt das interpolierte Signal $y(k) = 0$.

$$= f_\mathrm{a} \sum_{n=0}^{T-1} \sum_{k=-\infty}^{\infty} x_\mathrm{d}(k)\, e^{-\mathrm{j}\,2\pi(f+nf_\mathrm{a})k}$$

$$= f_\mathrm{a} \sum_{n=0}^{T-1} x_\mathrm{d}^F(f + nf_\mathrm{a})\,. \tag{6.85}$$

Neben der Frequenzfunktion $x_\mathrm{d}^F(f)$ enthält die Frequenzfunktion des gespreizten Signals Verschiebungen von $x_\mathrm{d}^F(f)$ um ganzzahlige Vielfache der Abtastfrequenz. Abbildung 6.24 zeigt die Frequenzfunktion für $T = 2$.

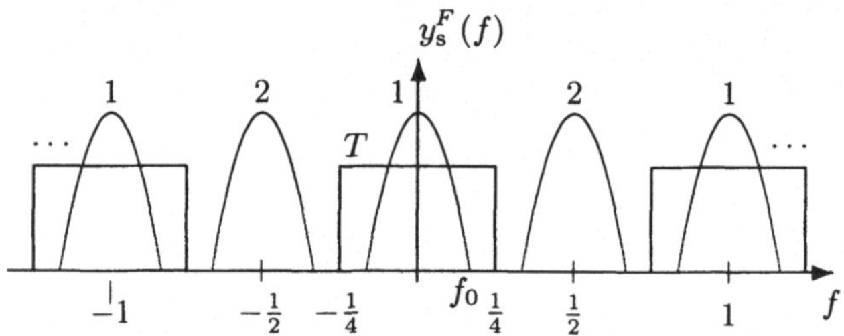

Abb. 6.24. Frequenzfunktion des gespreizten Signals $y_\mathrm{s}(k)$ für $T = 2$ ($f_\mathrm{a} = 1/2$), $y_\mathrm{s}^F(f) = f_\mathrm{a}[x_\mathrm{d}^F(f) + x_\mathrm{d}^F(f + 1/2)]$ (**1**: $f_\mathrm{a} x_\mathrm{d}^F(f)$, **2**: $f_\mathrm{a} x_\mathrm{d}^F(f + 1/2)$). Außerdem ist die Frequenzfunktion eines idealen Tiefpaßes mit der Grenzfrequenz $f_\mathrm{g} = f_\mathrm{a}/2 = 1/4$ dargestellt

Ist die Grenzfrequenz f_0 des Eingangssignals kleiner als $f_\mathrm{a}/2$, überlappen sich nicht die einzelnen Anteile $x_\mathrm{d}^F(f + nf_\mathrm{a})$, $n = 0, 1, \ldots T - 1$. In diesem Fall kann durch einen Tiefpaß der Grenzfrequenz $f_\mathrm{g} = f_\mathrm{a}/2$ der Anteil $x_\mathrm{d}^F(f)$ erhalten werden. Für $f_0 > f_\mathrm{a}/2$ dagegen findet eine *Überlappung* statt. Der Alias-Effekt äußert sich in dieser Weise. Er kann vermieden werden, indem eine Bandbegrenzung des Eingangssignals mit Hilfe eines Prefilters auf eine Grenzfrequenz $f_0 < f_\mathrm{a}/2$ vergenommen wird.

Eine Abtastung mit dem Abtastabstand T beinhaltet eine Abtastung im Verhältnis T : 1, d.h. auf T aufeinanderfolgende Eingangssignalwerte kommt ein einzelner Ausgangssignalwert. Mit Hilfe eines vorgeschalteten Interpolators können auch andere Abtastverhältnisse erreicht werden. Für die Interpolation bestehen die zwei folgenden Möglichkeiten:

1. Zeitdiskrete Interpolation:

    Ein zeitdiskreter Interpolator führt eine Überabtastung im Verhältnis 1 : T_2 aus ($T_2 \in \mathbb{N}$) sowie eine zeitdiskrete Filterung. Dann erfolgt eine Unterabtastung im Verhältnis T_1 : 1. Daraus folgt: T_1 Eingangssignalwerte führen auf $T_1 \cdot T_2$ Signalwerte nach der Überabtastung, woraus T_2 Signalwerte nach der Unterabtastung (mit Abtastabstand T_1) resultieren. Daraus ergibt sich eine Abtastung im Verhältnis T_1 : T_2. Das Abtastverhältnis ist folglich eine rationale Zahl. Für $T_2 < T_1$ liegt eine Unterabtastung vor, für $T_2 > T_1$ eine Überabtastung.

2. Der Interpolator ist zeitkontinuierlich. Er liefert folglich ein zeitkontinuierliches Ausgangssignal, das mit einem beliebigen Abtastabstand T abgetastet werden kann. Durch den Umweg über ein zeitkontinuierliches Signal kann auch ein Abtastverhältnis realisiert werden, das keine rationale Zahl ist.

6.7 Übungsaufgaben zu Kapitel 6

Übungsaufgabe 6.1 (Frequenzfunktion kontinuierlicher Signale).
Man bestimme die Frequenzfunktion des arithmetischen Mittelwertbilders, dessen Ausgangssignal durch

$$y(t) = \frac{1}{T} \int_0^T x(t - v)\, \mathrm{d}v$$

definiert ist. Hierbei ist $T > 0$ die Länge des Zeitintervalls, über die gemittelt wird. Wie läßt sich das Filter charakerisieren? Welche Frequenzfunktion ergibt sich beim Grenzübergang $T \to 0$?

Übungsaufgabe 6.2 (Bandbegrenzte Signale).
Welche der folgenden Signale sind bandbegrenzt? Wie groß ist im Fall der Bandbegrenzung die Grenzfrequenz des Signals? Die Frequenzwerte f_{01}, f_{02}, f_0 seien nicht negativ.

1. $x(t) = 1$,
2. $x(t) = \cos 2\pi f_{01} t + \sin 2\pi f_{02} t$,
3. $x(t) = \cos 2\pi f_{01} t \cdot \sin 2\pi f_{02} t$,
4. $x(t) = \varepsilon(t) \cdot \cos 2\pi f_0 t$,
5. $x(t) = \varepsilon(t) \cdot \sin 2\pi f_0 t$.

Übungsaufgabe 6.3 (Spaltreihe).
Für das Signal $x(t) = s_T(t)$ untersuche man seine Darstellbarkeit durch eine Spaltreihe. Man begründe das Ergebnis mit Hilfe des Grenzfrequenz des Signals.

Übungsaufgabe 6.4 (Interpolation und Auslöschung).
Ein sinusförmiges Eingangssignal der Frequenz f_0 wird mit der Abtastfrequenz f_a abgetastet und mit einem Tiefpaßsignal der Grenzfrequenz $f_\mathrm{g} = f_\mathrm{a}/4$ interpoliert. Für die Frequenzfunktion $h^F(f)$ des Interpolators gilt also $h^F(f) = 0$ für $|f| > f_\mathrm{g}$. Welches interpolierte Signal ergibt sich für den Fall $f_\mathrm{a}/4 < f_0 < 3 f_\mathrm{a}/4$?

Übungsaufgabe 6.5 (Prefilter/Postfilter).
Das Eingangssignal $x(t) = \cos 2\pi f_0 t$ mit der Frequenz $f_0 = 400\,\mathrm{Hz}$ wird mit der Abtastfrequenz $f_\mathrm{a} = 1000\,\mathrm{Hz}$ abgetastet. Für die Interpolation wird die folgende Frequenzfunktion $h^F(f)$ verwendet (angegeben für nichtnegative Frequenzen):

$$h^F(f) = \begin{cases} T(1 - f/f_\mathrm{a}) : 0 \le f \le f_\mathrm{a}/2 \\ T/10 : f_\mathrm{a}/2 < f \le f_\mathrm{a} \\ 0 : f > f_\mathrm{a} \end{cases} .$$

Man gebe das interpolierte Signal $y(t)$ an. Man untersuche Verbesserungsmöglichkeiten für das interpolierte Signal durch ein Prefilter und Postfilter.

Übungsaufgabe 6.6 (Erklärung zum Alias-Effekt).

Das sinusförmige Signal

$$x(t) = \cos 2\pi f_0 t - \sin 2\pi f_0 t$$

mit der Frequenz $f_0 = 1200\,\text{Hz}$ wird mit der Abtastfrequenz $f_\text{a} = 1000\,\text{Hz}$ abgetastet und mit einem idealen Tiefpaßsignal der Grenzfrequenz $f_\text{g} = f_\text{a}/2$ interpoliert. Man vergleiche die Abtastwerte mit den Abtastwerten für $f_0 = 200\,\text{Hz}$. Was folgt daraus für das interpolierte Signal $y(t)$?

Übungsaufgabe 6.7 (Halbe Abtastfrequenz).

Das sinusförmige Signal

$$x(t) = \sin[2\pi f_0(t - \tau)] \ , \quad f_0 = f_\text{a}/2$$

wird mit einem idealen Tiefpaßsignal der Grenzfrequenz $f_\text{g} = f_\text{a}/2$ interpoliert. Man bestimme das interpolierte Signal $y(t)$. Ist das System bestehend aus Abtaster und Interpolator zeitinvariant? Hinweis: Für $x(t) = \cos 2\pi f_0 t$ ist die Interpolation fehlerfrei.

Übungsaufgabe 6.8 (Realisierung kontinuierlicher Systeme).

Es ist das zeitkontinuierliche System bestehend aus Abtaster, zeitdiskreter Differenzierer und Interpolator zu untersuchen. Das Interpolationssignal ist ein ideales Tiefpaßsignal der Grenzfrequenz $f_\text{g} = f_\text{a}/2$ mit $h^F(0) = T$. Man gebe die Frequenzfunktion des zeitkontinuierlichen Systems für $|f| < f_\text{a}/2$ an und vergleiche sie mit der Frequenzfunktion des zeitkontinuierlichen Differenzierers bei kleiner Frequenz. Man gebe für das gefundene Ergebnis eine Erklärung im Zeitbereich an.

Übungsaufgabe 6.9 (Amplitudenmodulation).

Ein zeitkontinuierliches Signal der Grenzfrequenz f_0 wird zunächst abgetastet, mittels Amplitudenmodulation übertragen und am Empfangsort interpoliert. Die Übertragung ist ungestört mit einer Bandbreite von f_g. Wie lautet die Bedingung für fehlerfreie Übertragung des zeitkontinuierlichen Signals?

Übungsaufgabe 6.10 (Amplitudenmodulation).

Ein zeitdiskretes Signal $x_\text{d}(k)$ wird mit einer Amplitudenmodulation übertragen. Als Trägersignal wird der „Dreieckimpuls"

$$h(t) = \begin{cases} 1 + t/T : -T \leq t \leq 0 \\ 1 - t/T : 0 \leq t \leq T \\ \quad\ 0 : \text{sonst} \end{cases}$$

verwendet. Der Einfluß von Kanal und Empfangsfilter wird vernachlässigt. Wie lautet das empfangene Signal vor und nach der Abtastung? Man skizziere das empfangene Signal vor der Abtastung für $-T \leq t \leq T$ für ein binäres Eingangssignal mit den folgenden 4 „Übergängen"

$$(x_\text{d}(-1), x_\text{d}(0), x_\text{d}(1)) = (1,1,1) \ , \ (-1,1,-1) \ , \ (1,-1,1) \ , \ (-1,-1,-1) \ .$$

Übungsaufgabe 6.11 (Abtastung zeitdiskreter Signale).

Das zeitdiskrete Eingangssignal $x_\text{d}(k) = 1$ wird mit dem Abtastabstand $T \in \mathbb{N}$ unterabgetastet und durch Signalspreizung und zeitdiskrete Filterung mit einem idealen Tiefpaßsignal der Grenzfrequenz $f_\text{g} = f_\text{a}/2$ interpoliert. Man gebe den Zusammenhang zwischen dem zeitlichen Mittelwert des gepreizten Signals und dem zeitlichen Mittelwert des gefilterten Signals an (beidseitig gemittelt). Man erkläre das gefundene Ergebnis.

Hinweis: Für das Interpolationsfilter nehme man ein FIR-Filter an.

7. AD-Umsetzung

Die Digitalisierung eines zeit-und wertkontinuierlichen Signals beinhaltet eine Abtastung und Quantisierung des Signals. Das Ergebnis der Digitalisierung ist ein zeit-und wertdiskretes (digitales) Signal. Das digitale Signal kann kodiert werden, um den Einfluß von auf das Signal einwirkenden Störungen zu verringern (Kanalkodierung, Kap. 8) oder um eine Datenkompression durchzuführen (Quellenkodierung, Kap. 9). Da die Abtastung eines zeitkontinuierlichen Signals bereits in Kap. 6 untersucht wurde, wird im folgenden die Quantisierung behandelt. Zunächst wird das einer AD-Umsetzung zugrunde liegende Prinzip der *skalaren* Quantisierung erläutert. Andere Quantisierungen werden erst im Kap. 9 vorgestellt. Die Beurteilung der AD-Umsetzung durch den mittleren quadratischen Quantisierungsfehler ist das Hauptergebnis dieses Kapitels.

7.1 Skalare Quantisierung

Die Quantisierung eines Signals beinhaltet die Umformung des Signals in ein wertdiskretes Signal. Die Signalwerte des quantisierten Signals stammen somit aus einem endlichen Wertevorrat. Der endliche Wertevorrat ermöglicht die Darstellung eines Signalwerts mit einer endlichen Anzahl von *Binärsymbolen* 0 und 1 (Bits). Bei einem Wertevorrat von $N = 2^L$ möglichen Signalwerten ist N die sog. *Stufenzahl* und L die *Wortbreite*. Hierbei werden genau L Bit für einen Signalwert benötigt, d.h. das quantisierte Signal kann mit einer Wortbreite von L Bits dargestellt (binär kodiert) werden. Die binären Kodewörter haben alle die gleiche Länge L und bilden einen sog. FLC (engl.: Fixed Length Code). Hierbei ist

$$R = L = \operatorname{ld} N \tag{7.1}$$

die *Quellbitrate* oder kurz Bitrate für die Binärkodierung mit der Maßeinheit bit pro Signalwert.[1] Bei einem zeitdiskreten Signal, das durch Abtastung

---

[1] Mit $\operatorname{ld} x$ wird der *Logarithmus Dualis* (Basis 2) bezeichnet.

eines zeitkontinuierlichen Signals mit dem Abtastabstand T (Abtastfrequenz $f_\mathrm{a} = 1/T$) entsteht, folgt

$$R = L/T = f_\mathrm{a} \cdot L = f_\mathrm{a} \cdot \mathrm{ld}\, N \qquad (7.2)$$

bit pro Sekunde. Sie ergibt sich aus dem Produkt der Abtastfrequenz und der Wortbreite.

Eine Quantisierung kann auch zunächst auf die Signalwerte eines zeitkontinuierlichen Signals angewandt werden und danach kann eine Abtastung erfolgen. Das Ergebnis ist auch in diesem Fall ein zeitdiskretes und wertdiskretes Signal, das binär kodiert werden kann. Eine Quantisierung kann für ein bereits quantisiertes Signal ebenfalls durchgeführt werden. Beispielsweise kann ein abgetastetes und quantisiertes Bildsignal mit einer prädiktiven Kodierung weiter quantisiert werden, um eine höhere Datenkompression zu erreichen.

Für die Quantisierung sind verschiedene Methoden möglich. Ist jeder Signalwert $y(k)$ des quantisierten Signals nur vom Signalwert $x(k)$ des unquantisierten Signals zum gleichen Zeitpunkt k abhängig, liegt eine sog. *skalare* Quantisierung vor. Hängt dagegen der quantisierte Signalwert $y(k)$ von weiteren Signalwerten $x(k-1), x(k-2), \ldots$ ab, liegt eine Quantisierung mit *Gedächtnis* vor. Beispiele sind eine prädiktive Kodierung und die Vektorquantisierung, die in Kap. 9 vorgestellt werden. Im folgenden wird ausschließlich die skalare Quantisierung behandelt. Sie stellt auch das Prinzip bei einer AD-Umsetzung dar.

Für gewöhnlich erfolgt die skalare Quantisierung für alle Signalwerte des Eingangssignals in gleicher Weise. Die skalare Quantisierung wird dann durch eine Funktion gemäß

$$y = Q(x) \qquad (7.3)$$

vollständig beschrieben. Hierbei ist x ein Eingangswert (unquantisiert) und y der Ausgangswert (quantisiert). Für ein zeitdiskretes Eingangssignal folgt das zeitdiskrete, quantisierte Ausgangssignal

$$y(k) = Q(x(k)) \,, \ k \in \mathbb{Z} \,. \qquad (7.4)$$

Der Graph der Funktion Q wird als *Quantisierungskennlinie* bezeichnet. Charakteristisch für eine Quantisierungskennlinie ist ihr treppenförmiger Verlauf. In Abb. 7.1 sind die Stufenbreiten und Stufenhöhen durch die sog. *Quantisierungsschrittweite* festgelegt. Allgemeiner können bei einer skalaren Quantisierung unterschiedliche Stufenbreiten und Stufenhöhen vorkommen. Sind die Stufenbreiten alle gleich groß, nennt man die Quantisierung *uniform*.

Definition 7.1 (Skalare Quantisierung).
Bei einer skalaren Quantisierung hängt jeder Signalwert des quantisierten Signals nur vom Signalwert des unquantisierten Signals zum gleichen Zeitpunkt ab. Bei einer uniformen Quantisierung erfolgt die skalare Quantisierung für alle Signalwerte mit Hilfe einer Quantisierungskennlinie, deren Stufenbreiten alle gleich der Quantisierungsschrittweite sind.

Beispiel 7.1 (Uniforme Quantisierung).

Abbildung 7.1 zeigt eine uniforme Quantisierung mit der Quantisierungs-schrittweite s. Der Wertevorrat der Eingangswerte liegt im Bereich $x_{min} \leq x \leq x_{max}$.

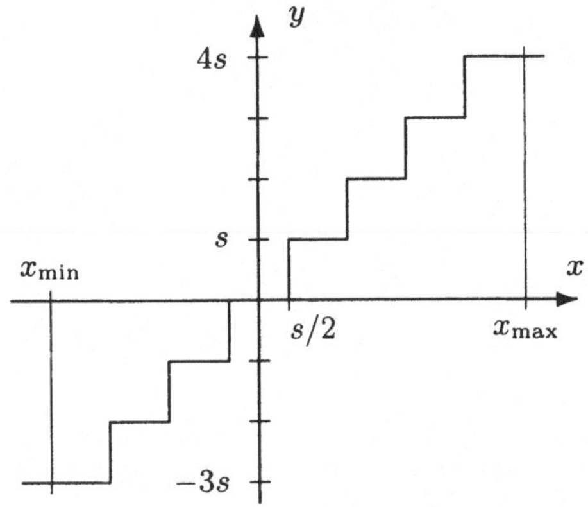

Abb. 7.1. Beispiel für eine skalare, uniforme Quantisierung mit 3 bit pro Signalwert. Die Quantisierungs-schrittweite ist s. Die Eingangswerte liegen im Bereich $x_{min} \leq x \leq x_{max}$. Es ist $x_{min} = -3.5s, x_{max} = 4.5s$

Durch den treppenförmigen Verlauf der Quantisierungskennlinie wird ein endlicher Wertevorrat für den Ausgangswert y erreicht. Im vorliegenden Beispiel sind das die acht Werte $y_i = i \cdot s, i = -3, -2, \ldots 4$, d.h. die Stufenzahl ist $N = 2^3 = 8$. Der Eingangswert wird auf einen dieser acht Werte auf-oder abgerundet. Die acht Ausgangswerte können durch drei Binärzeichen dargestellt werden (Wortbreite $L = 3$), beispielsweise durch eine Binärdarstellung der Zahlen $0, 1, \ldots 7$ gemäß Kodeworttabelle 7.1.

Tabelle 7.1. Beispiel für einen FLC

Quantisierter Wert	Binäres Kodewort
$-3s$	000
$-2s$	001
$-s$	010
0	011
s	100
$2s$	101
$3s$	110
$4s$	111

Bei einer technischen Realisierung wird für jedes der drei Binärzeichen eine Spannung benötigt. Beispielsweise wird das Binärzeichen 0 durch einen Spannungswert unterhalb eines bestimmten Schwellwerts dargestellt, das Binärzeichen 1 durch einen Spannungswert oberhalb des Schwellwerts.

Sowohl die Quantisierung als auch die Binärkodierung werden von einem *AD-Umsetzer* durchgeführt. Der AD-Umsetzer erhält einen Spannungswert x und liefert den quantisierten Ausgabewert y in binärer Form. Die Anzahl der Binärzeichen ist die Wortbreite (im Beispiel $L = 3$). Der DA-Umsetzer dagegen macht die Binärkodierung rückgängig, d.h. ein binäres Kodewort, welches den Ausgangswert y binär darstellt, wird als Spannungswert y ausgegeben. Abbildung 7.2 zeigt den Zusammenhang.

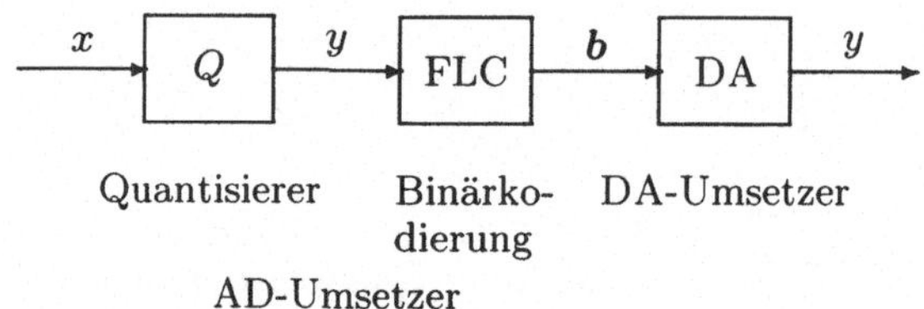

Abb. 7.2. AD-Umsetzer und DA-Umsetzer. Der AD-Umsetzer erhält einen kontinuierlichen Eingangswert x, den er skalar quantisiert (Ausgangswert y) und mit einem Kodewort b der Länge L binär kodiert. Der DA-Umsetzer kehrt die Operation der Binärkodierung um

Die Schrittweite s einer uniformen Quantisierung legt den möglichen Fehler bei der Quantisierung fest. Beispielsweise ergeben alle Eingangswerte mit $s/2 \leq x < 3s/2$ des Beispiels den gleichen Ausgangswert $y = s$. Aus diesem Wert kann nicht genau auf den Eingangswert x geschlossen werden. Es kommen vielmehr alle Eingangswerte $s/2 \leq x < 3s/2$ in Betracht. Bei der Quantisierung ergibt sich also ein Quantisierungsfehler $x - Q(x)$. Er folgt zwangsläufig aus dem endlichen Wertevorrat für den quantisierten Ausgangswert y. Der Quantisierungsfehler wird folglich durch die AD-Umsetzung verursacht. Bei der uniformen Quantisierung im Beispiel liegt er zwischen den Werten $-s/2, s/2$. Darin unterscheidet sich die Quantisierung ganz wesentlich von der Abtastung und Interpolation. Während eine fehlerfreie Interpolation eines zeitkontinuierlichen Signals durch seine Abtastwerte unter bestimmten Voraussetzungen möglich ist, gehen bei der Quantisierung Informationen verloren und führen zu einem fehlerhaften Signal am Ausgang des DA-Umsetzers.

Wie bereits gezeigt wurde, müssen verschiedene Eingangswerte durch einen gleichen Ausgangswert y quantisiert werden. Die Gesamtheit dieser Eingangswerte, d.h. die Mengen

$$Z_i := \{x \in \mathbb{R} \,|\, Q(x) = y_i\} , \; i = 1, \ldots N \tag{7.5}$$

heißen *Quantisierungszellen*. Um einen möglichst geringen Quantisierungsfehler zu erreichen, sind bei einer skalaren Quantisierung die Quantisierungszellen Intervalle, die sog. *Quantisierungsintervalle*. Sind wie im Beispiel die Intervallmittelpunkte die quantisierten Werte $y_1, \ldots y_N$, sind die Quantisierungsfehler auf die halbe Länge eines Quantisierungsintervalls begrenzt. Bei einer uniformen Quantisierung mit der Schrittweite s ist das der Wert $s/2$.[2]

Eine Verringerung der Quantisierungsschrittweite führt zwar zu einem kleineren Quantisierungsfehler, aber die Bitrate für die Binärkodierung wird dabei erhöht. Die Anzahl der Quantisierungsintervalle bei der uniformen Quantisierung ist

$$N = \frac{x_{\max} - x_{\min}}{s} \ .$$

Daraus folgt die Bitrate

$$R = \operatorname{ld} \frac{x_{\max} - x_{\min}}{s} \tag{7.6}$$

in bit pro Signalwert. Die Bitrate ist also bei kleiner Schrittweite (einer feinen Quantisierung) entsprechend groß.

Um den Quantisierungsfehler zu verringern, ohne die Bitrate zu erhöhen, ist die Quantisierung an die statistischen Eigenschaften der Eingangswerte anzupassen. Hierbei gibt es die folgenden zwei Möglichkeiten, die auch miteinander kombiniert werden können:

1. Nicht uniforme Quantisierung:
   Die Quantisierungsintervalle werden unterschiedlich lang gewählt. Indem man kurze Intervalle für häufige Eingangswerte und dafür längere Intervalle für seltenere Eingangswerte wählt, kann der Quantisierungsfehler im Mittel verringert werden.

2. Lage der quantisierten Werte:
   Im Beispiel sind die quantisierten Werte die Mittelpunkte der Quantisierungsintervalle. Damit erreicht man eine Begrenzung des Quantisierungsfehlers auf die halbe Intervall-Länge. Von den Mittelpunkten abweichende quantisierte Werte können dennoch zu einem geringeren Quantisierungsfehler im Mittel führen, indem der quantisierte Wert zu den häufigeren Eingangswerten hin verschoben wird. Abbildung 7.3 zeigt ein Beispiel. Die Häufigkeit der Eingangswerte wird hierbei durch eine *Verteilungsdichte* $p(x)$ beschrieben. Wegen des englischen Begriffs *probability density function* werden wir die Abkürzung *pdf* verwenden. Die Integration von $p(x)$ über ein Intervall liefert auf Grund der Definition einer pdf die Wahrscheinlichkeit dafür, daß der Eingangswert x in diesem Intervall liegt. Beispielsweise gibt

$$prb(a_1 \le x \le \overline{a}) = \int_{a_1}^{\overline{a}} p(x)\,\mathrm{d}x$$

---

[2] Bei der uniformen Quantisierung des Beispiels erfolgt außerdem eine Quantisierung nach der *Nächsten-Nachbar-Regel* (NN-Regel): $Q(x)$ ist derjenige der Werte $y_1, \ldots y_N$, welcher dem Eingangssignalwert x am nächsten ist. Die NN-Regel sowie die Eigenschaft, daß die quantisierten Werte die Mittelpunkte ihrer Quantisierungsintervalle sind, kennzeichnen die uniforme Quantisierung des Beispiels (Übungsaufgabe).

die Wahrscheinlichkeit dafür an, daß x im Intervall $a_1 \leq x \leq \bar{a}$ liegt, in Abb. 7.3 durch die markierte Fläche dargestellt.[3] Diese Wahrscheinlichkeit ist wegen des fallenden Verlaufs der pdf größer als die Wahrscheinlichkeit dafür, daß der Eingangswert im Intervall $\bar{a} \leq x \leq a_2$ liegt.

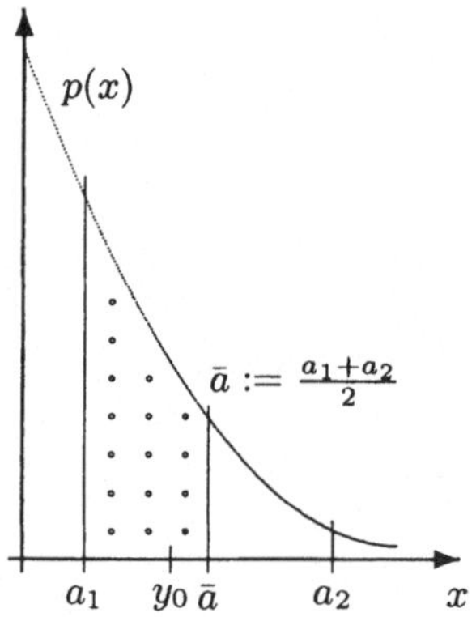

Abb. 7.3. Beispiel für einen quantisierten Wert y_0, der nicht gleich dem Mittelpunkt $\bar{a} = (a_1 + a_2)/2$ des Quantisierungsintervalls $a_1 \leq x \leq a_2$ ist. Er liegt stattdessen links davon, da die Eingangswerte dort häufiger vorkommen. Dies folgt aus den größeren Werten der pdf $p(x)$ in diesem Bereich

Neben einer Verringerung des mittleren Quantisierungsfehlers bei einer skalaren Quantisierung kann eine Verringerung der mittleren Bitrate erzielt werden. Dabei werden Kodewörter unterschiedlicher Länge benutzt. Häufige quantisierte Werte werden mit einem kurzen binären Kodewort kodiert, dafür werden seltenere quantisierte Werte mit einem längeren Kodewort dargestellt. Diese als *Variable-Length-Kodierung* bezeichnete Kodiermethode wird in Kap. 9 eingehend behandelt.

7.2 Mittlerer quadratischer Quantisierungsfehler

Die dargestellten Verbesserungsmöglichkeiten bei einer skalaren Quantisierung zielen auf eine Verringerung des mittleren Quantisierungsfehlers oder einer Verringerung der mittleren Bitrate ab. Es werden dabei statistische Eigenschaften der Eingangswerte benötigt, um die statistische Mittelung durchzuführen. Diese Eigenschaften werden durch die pdf $p(x)$ der Eingangswerte beschrieben. Sie wird im folgenden benötigt, um eine bekannte Näherung für den sogenannten *mittleren quadratischen Quantisierungsfehler* (MQQF) D (engl.: Distortion)

$$D := E\{[x - Q(x)]^2\} = \int_{x_{\min}}^{x_{\max}} p(x)[x - Q(x)]^2 \, dx \tag{7.7}$$

---

[3] Auf Grund dieser Eigenschaft ist die pdf $p(x)$ eine nicht negative Funktion mit

$$\int_{-\infty}^{\infty} p(x) \, dx = 1 \,.$$

herzuleiten. Hierbei wird das quadratische Fehlerkriterium benutzt, d.h. es wird der quadratische Quantisierungsfehler $[x - Q(x)]^2$ gebildet und statistisch gemittelt. Die statistische Mittelung wird durch den Erwartungswert ausgedrückt. Das Ergebnis ist der mittlere quadratische Quantisierungsfehler (MQQF). Die *Näherungsformel* lautet

$$D \approx s^2/12 \, . \tag{7.8}$$

Auf dieses Ergebnis werden wir häufig zurückgreifen. Die Näherung gilt für die Quantisierung gemäß des vorstehenden Beispiels bei kleiner Quantisierungsschrittweite, d.h. unter den folgenden Voraussetzungen:

1. Die Quantisierung ist skalar und uniform mit einer kleinen Quantisierungsschrittweite s,
2. die quantisierten Werte sind die Mittelpunkte der Quantisierungsintervalle.

Interessant an der Näherungsformel ist die Unabhängigkeit des MQQF von den statistischen Eigenschaften der Eingangswerte, d.h. der MQQF hängt nicht von der pdf $p(x)$ ab. Es wird lediglich eine (integrierbare) pdf $p(x)$ angenommen. Hierbei ist wichtig, daß die pdf $p(x)$ vorgegeben ist und dann der Grenzübergang $s \to 0$ vorgenommen wird. Ist umgekehrt die Quantisierungsschrittweite s vorgegeben, kann die pdf $p(x)$ stets so gewählt werden, daß die Näherungsformel nicht erfüllt ist. Beispielsweise kann die pdf $p(x)$ so gewählt werden, daß Eingangswerte x nur in unmittelbarer Nähe der Randpunkte der Quantisierungsintervalle auftreten. Daraus folgt der Quantisierungsfehler $|x - Q(x)| \approx s/2$ und daraus der MQQF $D \approx s^2/4$. Dieser ist wesentlich größer als der Wert $s^2/12$.[4]

Zur Herleitung der Näherungsformel wird zunächst der Integrationsbereich $x_{\min} \leq x \leq x_{\max}$ in die $N = [x_{\max} - x_{\min}]/s$ Quantisierungsintervalle der Länge s zerlegt. Ihre linken Randpunkte sind

$$a_i := x_{\min} + (i - 1)s \, , \; i = 1, \ldots N \, , \tag{7.9}$$

ihre Mittelpunkte sind

$$y_i := a_i + s/2 \, , \; i = 1, \ldots N \, . \tag{7.10}$$

Abbildung 7.4 zeigt ein Beispiel für eine pdf $p(x)$. Für dieses Beispiel ist die Näherungsformel exakt erfüllt.

Für den MQQF folgt

$$D = \sum_{i=1}^{N} \int_{a_i}^{a_i+s} p(x)[x - Q(x)]^2 \, \mathrm{d}x = \sum_{i=1}^{N} \int_{a_i}^{a_i+s} p(x)[x - y_i]^2 \, \mathrm{d}x \, .$$

---

[4] Da die pdf $p(x)$ eine integrierbare (nichtnegative) Funktion ist, treten einzelne Eingangswerte $x = x_0$ nur mit der Wahrscheinlichkeit 0 auf, d.h. es ist $\mathrm{prb}(x = x_0) = 0$. Der Fall $\mathrm{prb}(x = x_0) > 0$ muß bei der Näherungsformel ausgeschlossen werden. Ist beispielsweise $p(x) = \delta(x - x_{\min})$, d.h. ist $\mathrm{prb}(x = x_{\min}) = 1$, dann ist der MQQF ebenfalls $D = s^2/4$.

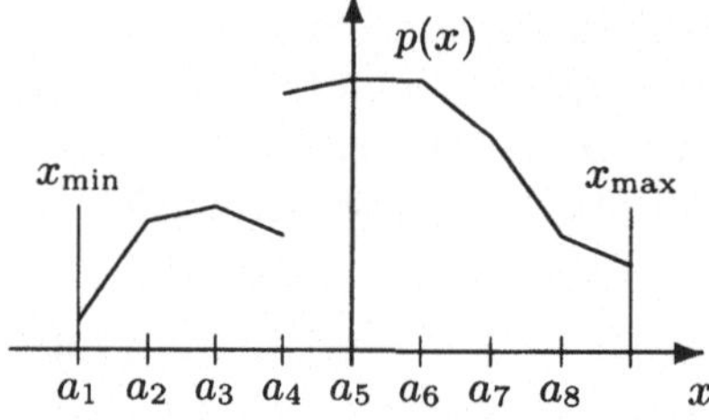

Abb. 7.4. Uniforme Quantisierung mit der Stufenzahl $N = 8$. Die Quantisierungsintervalle sind durch $a_i \leq x < a_i + s, i = 1, \ldots N$ gegeben. Für die gezeigte stückweise lineare pdf $p(x)$ der Eingangswerte ist die Näherungsformel exakt

Die Substitution $y = x - y_i$ führt auf

$$D = \sum_{i=1}^{N} \int_{-s/2}^{s/2} p(y_i + y)y^2 \, \mathrm{d}y = \int_{-s/2}^{s/2} \sum_{i=1}^{N} p(y_i + y) \cdot y^2 \, \mathrm{d}y$$

$$= \int_{-s/2}^{s/2} I_N(y)y^2 / s \, \mathrm{d}y$$

mit

$$I_N(y) := s \cdot \sum_{i=1}^{N} p(y_i + y) \, , \, |y| \leq s/2 \, . \tag{7.11}$$

$I_N(y)$ stellt eine Formel zur numerischen Integration der pdf $p(x)$ dar. Für große Werte N strebt $I_N(y)$ folglich gegen[5]

$$\int_{x_{\min}}^{x_{\max}} p(x) \, \mathrm{d}x = 1 \, ,$$

woraus die Näherungsformel

---

[5] Es wird die Riemann-Integrierbarkeit der pdf $p(x)$ vorausgesetzt, d.h. die Riemannsche Untersumme I_N^- und die Riemannsche Obersumme I_N^+ konvergieren beide für $N \to \infty$ gegen den Wert 1. Die beiden Summen unterscheiden sich darin, daß bei der Riemannschen Untersumme in den Intervallen $[a_i, a_i + s]$ der kleinste Wert von $p(x)$, bei der Riemannschen Obersumme der größte Wert zu verwenden ist. Somit gilt

$$I_N^- \leq I_N(y) \leq I_N^+ \, , \, |y| \leq s/2 \, .$$

Daraus folgt, daß $I_N(y)$ gleichmäßig für $|y| \leq s/2$ gegen 1 konvergiert, d.h. es ist

$$|I_N(y) - 1| \leq 1/n$$

für $N \geq N_0$ und $|y| \leq s/2$, wobei N_0 nur von $n \in \mathbb{N}$ abhängt, aber nicht von y. Daraus folgt ein verschwindender Näherungsfehler

$$|D - s^2/12| = \left| \int_{-s/2}^{s/2} I_N(y)y^2 / s \, \mathrm{d}y - \int_{-s/2}^{s/2} y^2 / s \, \mathrm{d}y \right|$$

$$\leq \int_{-s/2}^{s/2} |I_N(y) - 1| \cdot y^2 / s \, \mathrm{d}y \leq \frac{1}{n} \cdot s^2/12 \, .$$

$$D \approx \int_{-s/2}^{s/2} y^2/s\,\mathrm{d}y = s^2/12$$

folgt. Die Näherungsformel ist sogar exakt erfüllt, falls die pdf $p(x)$ innerhalb eines Quantisierungsintervalls linear verläuft.[6]

Mit der gefunden Näherung $D \approx s^2/12$ kann der Zusammenhang zwischen dem MQQF D und der Bitrate

$$R = \mathrm{ld}\,\frac{x_{\max} - x_{\min}}{s}$$

angegeben werden. Zunächst ist

$$2^R = \frac{x_{\max} - x_{\min}}{s}\;.$$

Daraus folgt

$$D \approx s^2/12 = \frac{1}{12}(x_{\max} - x_{\min})^2 \cdot 2^{-2R}\;. \tag{7.13}$$

Die Näherung gilt bei kleiner Schrittweite und damit bei großer Bitrate. Sie zeigt, daß der MQQF bei zunehmender Bitrate exponentiell wie 2^{-2R} abnimmt. Insbesondere bewirkt eine Erhöhung der Wortbreite um 1 bit eine Verringerung des MQQF um den Faktor $1/4$. Dies entspricht einer Vergrößerung bzw. Verbesserung des *Signal-Rauschabstands*

$$\mathrm{snr} := 10\lg D_0/D \tag{7.14}$$

um $10\lg 4 \approx 6\,\mathrm{db}$. Hierbei ist D_0 ein beliebiger Bezugswert.[7]

Die gefundene Näherung gilt exakt für eine stückweise lineare pdf der Eingangswerte und insbesondere für eine konstante pdf. Für eine konstante pdf kann ein weiterer Zusammenhang zwischen der Bitrate und dem MQQF mit Hilfe der *Varianz* der Eingangswerte angegeben werden. Sie stellt die

---

[6] Für die stückweise lineare pdf $p(x)$ mit

$$p(y_i + y) = p(y_i) + C_i y\,,\ i = 1,\ldots N\,,\ -s/2 \le y < s/2 \tag{7.12}$$

ist

$$D = \sum_{i=1}^{N}\int_{-s/2}^{s/2} p(y_i + y)y^2\,\mathrm{d}y = \sum_{i=1}^{N}\int_{-s/2}^{s/2}[p(y_i) + C_i y]y^2\,\mathrm{d}y$$

$$= \sum_{i=1}^{N}p(y_i)\int_{-s/2}^{s/2} y^2\,\mathrm{d}y + \sum_{i=1}^{N}C_i\int_{-s/2}^{s/2} y^3\,\mathrm{d}y$$

$$= I_N(0)\int_{-s/2}^{s/2} y^2/s\,\mathrm{d}y + 0 = I_N(0)s^2/12\;.$$

Da die pdf $p(x)$ innerhalb der Intervalle $[a_i, a_i + s)$ linear verläuft, liefert die numerische Integration von $p(x)$ exakt den Wert $I_N(0) = 1$, woraus $D = s^2/12$ folgt.

[7] Für $D = D_0$ erhält man den Signal-Rauschabstand $0\,\mathrm{db}$.

mittlere Leistung des zeitdiskreten Eingangssignals $x(k)$ dar und ist für mittelwertfreie Eingangswerte durch

$$\sigma^2 := E\{x^2\} = \int_{x_{\min}}^{x_{\max}} x^2 p(x)\,\mathrm{d}x \qquad (7.15)$$

gegeben.[8]

Beispiel 7.2 (Gleichverteilung).
Es wird

$$p(x) := \begin{cases} \frac{1}{2x_{\max}} : |x| \leq x_{\max} \\ 0 : \text{sonst} \end{cases} \qquad (7.16)$$

vorausgesetzt (s. Abb. 7.5). Die Eingangswerte sind folglich im Intervall $x_{\min} = -x_{\max} \leq x \leq x_{\max}$ gleichverteilt Da dieses Intervall symmetrisch zum Nullpunkt liegt, sind darüber hinaus die Eingangswerte mittelwertfrei.

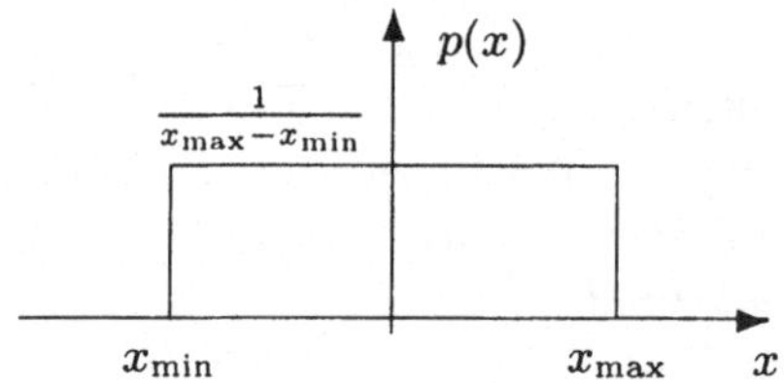

Abb. 7.5. pdf der Eingangswerte bei einer symmetrischen Gleichverteilung. Es ist $x_{\min} = -x_{\max}$

Man erhält für die Varianz der Eingangswerte

$$\sigma^2 = \int_{x_{\min}}^{x_{\max}} x^2 p(x)\,\mathrm{d}x = \frac{1}{2x_{\max}} \left. \frac{x^3}{3} \right|_{x_{\min}}^{x_{\max}} = \frac{x_{\max}^2}{3}\,.$$

Indem man $x_{\max}^2 = 3\sigma^2$ und den MQQF $D = s^2/12$ in

$$R = \operatorname{ld} \frac{x_{\max} - x_{\min}}{s} = \frac{1}{2} \operatorname{ld} \frac{(x_{\max} - x_{\min})^2}{s^2} = \frac{1}{2} \operatorname{ld} \frac{4x_{\max}^2}{s^2}$$

einsetzt, erhält man als Ergebnis

$$R = \frac{1}{2} \operatorname{ld} \frac{\sigma^2}{D}\,. \qquad (7.17)$$

Da die pdf innerhalb eines Quantisierungsintervalls konstant ist, gilt dieses Ergebnis exakt. Die mittlere Bitrate wird somit durch den Signal-Rauschabstand $10 \lg D_0/D$ festgelegt, wobei als Bezugsgröße D_0 die Varianz σ^2 benutzt wird. Abbildung 7.6 zeigt den gefundenen Zusammenhang. Man erkennt die Abnahme der Bitrate bei wachsendem MQQF. Die zwei Sonderfälle sind:

---

[8] Bei *mittelwertfreien* Eingangswerten ist $E\{x\} = 0$. In diesem Fall stimmt die Varianz der Eingangswerte mit dem zweiten Moment überein.

1. $D = \sigma^2$:

   Dieser Fall liegt vor, wenn nur ein Quantisierungsintervall verwendet wird ($N = 1$). In diesem Fall gibt es nur einen einzigen Ausgangswert $y_1 = (x_{\min} + x_{\max})/2 = 0$. Da nicht mehrere Ausgangswerte unterschieden werden müssen, folgt $R = 0$. Eine Binärkodierung ist also „nicht erforderlich". Der MQQF ist gleich

   $$D = E\{[x - y_1]^2\} = E\{x^2\} = \sigma^2 \ .$$

2. $D \to 0$:

   Ein verschwindender Quantisierungsfehler erfordert eine unbegrenzt wachsende Bitrate für die Kodierung.

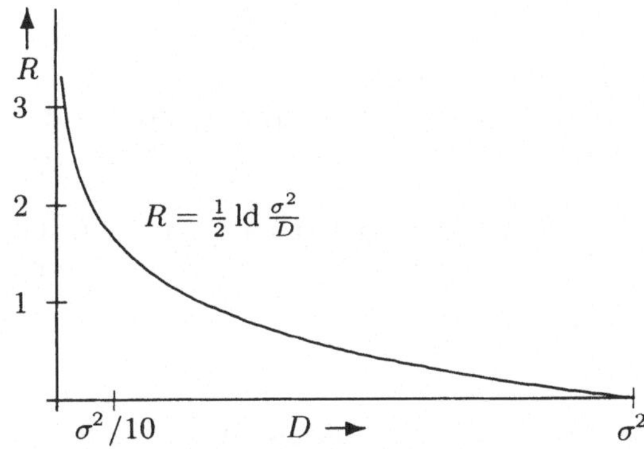

Abb. 7.6. Abhängigkeit der Bitrate R bei einer uniformen Quantisierung gleichverteilter Eingangswerte mit der Varianz σ^2 in Abhängigkeit vom MQQF D

Die gefundenen Ergebnisse werden in Kap. 9 benötigt. Wir fassen sie wie folgt zusammen:

Satz 7.1 (Uniforme Quantisierung).
Für eine skalare, uniforme Quantisierung, bei der die quantisierten Werte die Mittelpunkte der Quantisierungsintervalle sind, ist der mittlere quadratische Quantisierungsfehler (MQQF) bei kleiner Quantisierungsschrittweite s näherungsweise durch $D \approx s^2/12$ gegeben. Die Näherung ist exakt erfüllt, falls die pdf der Eingangswerte innerhalb der Quantisierungsintervalle linear verläuft. Dies ist insbesondere bei gleichverteilten Eingangswerten der Fall. Der Zusammenhang zwischen Bitrate R und MQQF D ist dann durch

$$R = \frac{1}{2}\,\mathrm{ld}\,\frac{\sigma^2}{D}$$

gegeben, wobei σ^2 die Varianz der Eingangswerte darstellt.

7.3 Übungsaufgaben zu Kapitel 7

Übungsaufgabe 7.1 (Skalare Quantisierung).

Es wird der linear ansteigende Signalverlauf $x(t) = t$ angenommen. Das Signal wird im Abtastabstand $T = 1/4$ abgetastet und skalar mit der Quantisierungskennlinie

$$Q(x) := \begin{cases} 1/4 : x < 1/2 \\ 3/4 : x \geq 1/2 \end{cases}$$

quantisiert. Man gebe (z. B. anhand einer Zeichnung) für den Zeitbereich $0 \leq t \leq 1$

- die abgetasteten Signalwerte vor der Quantisierung
- die abgetasteten Signalwerte nach der Quantisierung
- den Quantisierungsfehler

an. Kann durch Erhöhung der Abtastfrequenz aus den abgetasteten und quantisierten Signalwerten das Eingangssignal zurückgewonnen werden?

Übungsaufgabe 7.2 (Skalare Quantisierung).

Ein zeit-und wertkontinuierliches Signal der Grenzfrequenz $f_g = 20\,\text{kHz}$ wird mit der doppelten Nyquistrate abgetastet. Die abgetasteten Signalwerte sind gleichverteilt im Intervall $0 \leq x \leq 1$.

1. Man gebe die Abtastfrequenz sowie die pdf der abgetasteten Signalwerte an.
2. Die abgetasteten Signalwerte werden skalar mit der folgenden Quantisierungskennlinie quantisiert:

$$Q(x) := \begin{cases} 1/2 : x > 0 \\ -1/2 : x \leq 0 \, . \end{cases}$$

   Wie groß ist der MQQF und die Bitrate in bit pro Signalwert sowie in bit pro Sekunde?
3. Auf welche Weise läßt sich die Quantisierungskennlinie verbessern?

Übungsaufgabe 7.3 (Quantisierte Werte).

Die Eingangswerte eines uniformen Quantisierers werden gleichverteilt im Intervall $x_{\min} \leq x \leq x_{\max}$ angenommen. Man bestimme den MQQF für den Fall, daß die quantisierten Werte durch die Randpunkte der Quantisierungsintervalle gegeben sind.

Übungsaufgabe 7.4 (NN-Regel).

Der Eingangswert x wird nach der NN-Regel mit den $N = 3$ möglichen Werten $y_1 < y_2 < y_3$ skalar quantisiert.

1. Man gebe das Quantisierungsintervall für y_2 an.
2. Was folgt daraus, wenn neben der NN-Regel die quantisierten Werte y_1, y_2, y_3 die Mittelpunkte ihrer Quantisierungsintervalle sind?

8. Kanalkodierung

Die Übertragung oder Speicherung eines digitalen Signals kann Fehler verursachen, die durch ein digitales Kanalmodell beschrieben werden. Am Kanaleingang liegt das Orginalsignal vor, am Kanalausgang das Signal nach der Übertragung oder Speicherung. Zunächst wird die Bildung eines digitalen Kanalmodells erklärt. Dann werden zwei Prinzipien der Kanalkodierung beschrieben, die zu einer Verringerung der Fehler führen. Im ersten Fall können fehlerhafte Daten mehrmals übertragen werden. Dies erfordert empfangsseitig eine Fehlererkennung sowie eine Rückmeldung an die Senderseite. Bei einer empfangsseitig durchgeführten Fehlerkorrektur werden Fehler nicht nur erkannt, sondern darüber hinaus bis zu einem gewissen Grad korrigiert.

8.1 Digitale Kanäle

Ein digitaler Kanal definiert die Abhängigkeit des digitalen Ausgangssignals vom digitalen Eingangssignal. Abweichungen zwischen Eingangssignalwerten und Ausgangssignalwerten werden dabei durch Fehlerwahrscheinlichkeiten angegeben. Bevor auf verschiedene Kanalmodelle eingegangen wird, wird zunächst die Bildung eines einfachen digitalen Kanalmodells erklärt.

Als Beispiel wird eine digitale Übertragung mit Hilfe einer Amplitudenmodulation (AM) betrachtet (s. Abb. 8.1). Im Unterschied zur AM eines zeitdiskreten Signals nach Abb. 6.20 ist das Eingangssignal nicht nur zeitdiskret, sondern auch wertdiskret. Für ein binäres Signal beispielsweise besteht der Wertevorrat nur aus den zwei Signalwerten x_1, x_2. Allgemeiner umfasse der Wertevorrat die Signalwerte $x_1, x_2, \ldots x_N, N > 1$. Hierbei stellt N die *Stufenzahl* der digitalen Übertragung dar. Die bei der AM empfangsseitig abgetasteten Signalwerte $y_\mathrm{d}(k)$ stimmen auf Grund von Übertragungsfehlern und anderen Fehlereinflüssen nicht exakt mit den gesendeten Signalwerten $x_\mathrm{d}(k)$ überein. Es bestehen vielmehr Abweichungen, die zusätzlich einen *Entscheider* bzw. Quantisierer auf der Empfangsseite erfordern (s. Abb. 8.1). Dieser entscheidet sich für einen der möglichen Signalwerte $x_1, x_2, \ldots x_N$. Seine Aufgabe ist die Ausgabe eines möglichst guten Schätzwerts $\widehat{x_\mathrm{d}}(k)$ für den gesendeten Signalwert $x_\mathrm{d}(k)$.

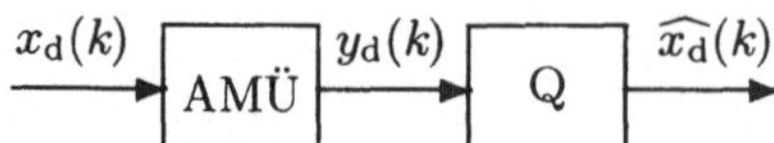

Abb. 8.1. Übertragung eines digitalen Signals mit Hilfe einer AM. Die AM-Übertragung (AMÜ) beinhaltet eine AM-Modulation, den technischen Kanal, Empfangsfilter und Abtaster. Der Quantisierer (Entscheider) liefert einen Schätzwert $\widehat{x_\mathrm{d}}(k)$ für den gesendeten Signalwert $x_\mathrm{d}(k)$

Eine einfache Regel des Entscheiders besteht darin, sich für denjenigen Signalwert $x_1, x_2, \ldots x_N$ zu entscheiden, der dem empfangenen Signalwert $y = y_\mathrm{d}(k)$ am nächsten ist. Dies entspricht der bereits aus Kap. 7 bekannten NN-Regel (Nächster Nachbar) der Quantisierung. Für $N = 2$ beispielsweise beinhaltet sie den Vergleich des empfangenen Signalwerts y mit dem Schwellwert

$$\overline{x} = (x_1 + x_2)/2 \ . \tag{8.1}$$

Für $y < \overline{x}$ wird für x_1 entschieden, für $y > \overline{x}$ für den Signalwert x_2.[1]

Die bei der AM-Übertragung empfangenen Signalwerte $y_\mathrm{d}(k)$ (vor dem Entscheider) können statistisch beschrieben werden. Wird beispielsweise zum Zeitpunkt k der Signalwert $x_\mathrm{d}(k) = x_1$ gesendet, beschreibt eine pdf $p(y|x_1)$ die Verteilungsdichte des Signalwerts $y_\mathrm{d}(k)$. Ebenso beschreibt eine pdf $p(y|x_2)$ die Verteilungsdichte bei gesendetem Signalwert $x_\mathrm{d}(k) = x_2$. Die gesendeten Signalwerte x_1, x_2 stellen hierbei Bedingungen für die pdf von y dar, d.h. die statistische Beschreibung erfolgt in diesem Fall durch zwei bedingte pdfs $p(y|x_1), p(y|x_2)$. Abbildung 8.2 zeigt ein Beispiel.

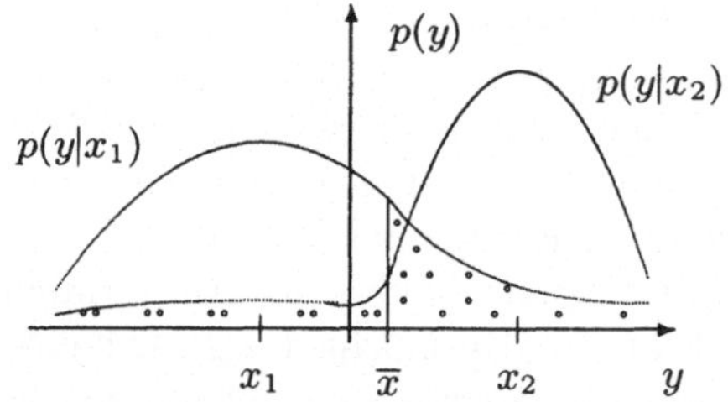

Abb. 8.2. Bedingte pdfs für den abgetasteten Signalwert $y = y_\mathrm{d}(k)$ in Abhängigkeit von den gesendeten Signalwerten $x_\mathrm{d}(k) = x_1$ und x_2. Der daraus gebildete Mittelwert $\overline{x} = (x_1 + x_2)/2$ ist die Entscheidungsschwelle

Den Verläufen der beiden pdfs ist zu entnehmen:

- Die pdf $p(y|x_1)$ ist bei $y = x_1$ am größten und fällt links und rechts davon ab. Für den gesendeten Signalwert x_1 sind daher kleine Abweichungen $|x_1 - y|$ häufiger als große Abweichungen. Entsprechendes gilt für die pdf $p(y|x_2)$.
- Trotz des selteneren Auftretens großer Abweichungen kann der gesendete Signalwert x_1 zu einem empfangenen Signalwert $y > \overline{x} = (x_1 + x_2)/2$

---

[1] Für $y = \overline{x}$ wird beispielsweise immer für x_1 entschieden.

führen. In diesem Fall findet nach der NN-Regel eine Entscheidung zugunsten des Signalwerts x_2 statt, d.h. die Entscheidung ist fehlerhaft. Die Wahrscheinlichkeit für diese Verwechselung ist durch die markierte Fläche unter der pdf $p(y|x_1)$ gegeben (Wahrscheinlichkeit $P_{1,2}$).

- Ebenso ist eine Verwechslung möglich, wenn der Signalwert x_2 gesendet wird. Die Wahrscheinlichkeit dieser Verwechslung ist durch die markierte Fläche unter der pdf $p(y|x_2)$ gegeben (Wahrscheinlichkeit $P_{2,1}$).

Die Fehlerwahrscheinlichkeiten $P_{1,2}$ und $P_{2,1}$ beschreiben die zwei fehlerhaften Übergänge eines digitalen Kanals. Daneben gibt es zwei korrekte Übergänge, insgesamt also vier Fälle:

$$
\begin{aligned}
&1.)\ x_1 \text{ gesendet und } x_2 \text{ ausgegeben}: &&\text{Wahrscheinlichkeit } P_{1,2} \\
&2.)\ x_2 \text{ gesendet und } x_1 \text{ ausgegeben}: &&\text{Wahrscheinlichkeit } P_{2,1} \\
&3.)\ x_1 \text{ gesendet und } x_1 \text{ ausgegeben}: &&\text{Wahrscheinlichkeit } P_{1,1} \\
&4.)\ x_2 \text{ gesendet und } x_2 \text{ ausgegeben}: &&\text{Wahrscheinlichkeit } P_{2,2}
\end{aligned}
$$

Da bei gesendetem Signalwert x_1 einer der beiden Signalwerte x_1, x_2 ausgegeben wird, gilt $P_{1,1} + P_{1,2} = 1$. Entsprechend gilt $P_{2,1} + P_{2,2} = 1$. Die Wahrscheinlichkeiten für die korrekten Übergänge folgen also aus den beiden Fehlerwahrscheinlichkeiten $P_{1,2}, P_{2,1}$.

Damit ist die Bildung eines einfachen Kanalmodells aufgezeigt. Bei dem dargestellten Binärkanal wird der digitale Kanal durch die beiden Fehlerwahrscheinlichkeiten $P_{1,2}, P_{2,1}$ definiert. Sind diese Wahrscheinlichkeiten gleich, d.h. gilt $P_{1,2} = P_{2,1}$, liegt ein sog. *symmetrischer Binärkanal* vor. Abbildung 8.3 zeigt den allgemeinen Fall.

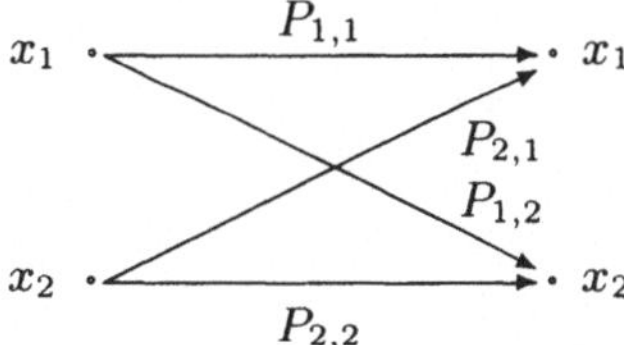

Abb. 8.3. Darstellung eines Binärkanals. Die Wahrscheinlichkeiten der 4 möglichen Übergänge sind mit angegeben

Anhand einer AM-Übertragung eines Binärsignals wurde die Bildung eines *digitalen Kanals* erläutert. Sie läßt sich wie folgt verallgemeinern:

1. Ein digitaler Modulator bildet aus dem digitalen Eingangssignal $x_{\mathrm{d}}(k)$ das modulierte Signal. Dieses Signal ist zeitkontinuierlich. Bei der AM-Übertragung beispielsweise ist

$$
x(t) = \sum_{k=-\infty}^{\infty} x_{\mathrm{d}}(k) h(t - kT) \tag{8.2}
$$

mit $h(t)$ als Impulsantwort des AM-Modulators.

2. Ein technischer Kanal beschreibt die Übertragung bzw. Speicherung des Signals $x(t)$.

3. Ein digitaler Demodulator liefert das digitale Ausgangssignal. Bei der AM-Übertragung besteht er aus Empfangsfilter, Abtaster und Entscheider.

Im Unterschied zum technischen Kanal sind Eingangs-und Ausgangssignale des digitalen Kanals digital, d.h. zeitdiskret und wertdiskret. Der technische Kanal hingegen erhält zeit-und wertkontinuierliche Eingangssignale und gibt Signale dieser Art aus. Durch den sendeseitigen digitalen Modulator und den empfangsseitigen digitalen Demodulator entsteht aus dem technischen Kanal ein digitaler Kanal. Abbildung 8.4 verdeutlicht diesen Zusammenhang.

Abb. 8.4. Bildung eines digitalen Kanals aus einem technischen Kanal (TK). Der digitale Modulator (DM) bildet aus dem digitalen Eingangssignal $x_d(k)$ das kontinuierliche Signal $x(t)$, der digitale Demodulator (DDM) bildet aus dem kontinuierlichen Signal $\widehat{x}(t)$ das digitale Ausgangssignal $\widehat{x_d}(k)$

Das digitale Kanalmodell kann auf verschiedene Weise erweitert werden. Bei einer Stufenzahl $N > 2$ beispielsweise sind anstelle von zwei fehlerhaften Übergängen für jeden der N möglichen Eingangssignalwerte $x_1, \ldots x_N$ nunmehr $N - 1$ fehlerhafte Übergänge zu berücksichtigen. In Abb. 8.5 ist ein digitaler Kanal mit der Stufenzahl $N = 4$ dargestellt.

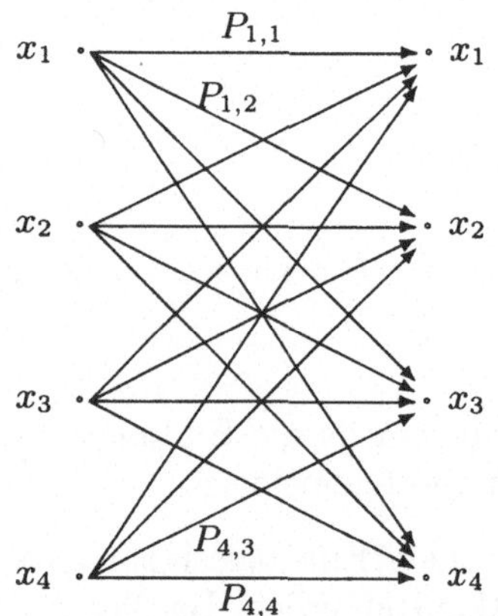

Abb. 8.5. Digitaler Kanal mit der Stufenzahl $N = 4$. Alle möglichen Übergänge sind durch jeweils einen Pfeil dargestellt. Es sind nur vier der insgesamt 16 Übergangswahrscheinlichkeiten angegeben

Die Angabe des digitalen Kanals beinhaltet $N \cdot N$ *Übergangswahrscheinlichkeiten* $P_{i,n}, i, n = 1, \ldots N$, die übersichtlich in einer sog. *Matrix der Übergangswahrscheinlichkeiten* angeordnet werden können. Diese Wahrscheinlichkeiten gelten für alle gesendeten Signalwerte in gleicher Weise, d.h. unabhängig vom Zeitpunkt. Eventuelle zeitliche Schwankungen der Wahrscheinlichkeitswerte werden hierbei nicht berücksichtigt.

Zeitliche Schwankungen werden beispielsweise bei einem sog. *büschel-gestörten Binärkanal* berücksichtigt. Er ist durch zwei Zustände gekennzeichnet. Im „guten" Zustand (Grundzustand) sind die Fehlerwahrscheinlichkeiten $P_{1,2}, P_{2,1}$ klein, im „schlechten" Zustand sind sie groß. Ein Wechsel zwischen beiden Zuständen erfolgt zufällig mit kleiner Wahrscheinlichkeit. Dies hat zur Folge, daß der digitale Kanal plötzlich sein Verhalten für eine begrenzte Zeit ändern kann, gekennzeichnet durch mehr fehlerhafte Übergänge als im Grundzustand. Fehler treten somit „büschelweise" auf, woraus die Bezeichnung büschelgestörter Binärkanal resultiert.

Eine andere Erweiterung des Kanalmodells ergibt sich aus der Möglichkeit, daß die Wahrscheinlichkeit des Ausgangssignalwerts $y(k)$ nicht nur vom gesendeten Signalwert $x(k)$ abhängt, sondern vielmehr auch von den vorher gesendeten Signalwerten $x(k - i), i > 0$. In diesem Fall liegt ein digitaler Kanal mit *Gedächtnis* vor. Solche statistischen Abhängigkeiten entstehen beispielsweise bei einer digitalen AM-Übertragung durch *Impulsinterferenz*. Der Einfluß der gesendeten Signalwerte auf das modulierte Signal

$$x(t) = \sum_{k=-\infty}^{\infty} x_{\mathrm{d}}(k)h(t - kT)$$

bewirkt nämlich, daß die Signalwerte $x_{\mathrm{d}}(i), i \neq k$ Einfluß auf den abgetasteten Signalwert $y_{\mathrm{d}}(k)$ auf der Empfangsseite nehmen können.

Eine Erweiterung des digitalen Kanalmodells ermöglicht stets eine verbesserte statistische Beschreibung des digitalen Kanals. Komplexe statistische Eigenschaften können dann besser berücksichtigt werden. Andererseits werden genauere Kenntnisse darüber benötigt. Bei dem einfachsten Modell eines Binärkanals dagegen werden nur zwei Fehlerwahrscheinlichkeiten benötigt. Dieses Kanalmodell ist in der Praxis bewährt und es können Prinzipien der Kanalkodierung gut verdeutlicht werden, weswegen wir im folgenden dieses Kanalmodell benutzen.

8.2 Rückmeldesysteme

Die im folgenden behandelte Methode der Kanalkodierung erfordert die empfangsseitige Erkennung fehlerhaft übertragener Binärsymbole. Eine Möglichkeit der Fehlererkennung besteht in einer sog. *Blockkodierung*. Hierbei werden jeweils L_{Q} aufeinanderfolgende zu übertragende Binärsymbole, im folgenden auch *Quellbits* genannt, in Blöcke bestehend aus $L > L_{\mathrm{Q}}$ Binärsymbolen „verpackt". Bei einer sog. *systematischen* Blockkodierung werden jeweils L_{Q} Quellbits L_{P} sog. *Kontrollbits oder Prüfbits* angehängt. Jeder Block besteht also aus L_{Q} Quellbits und L_{P} Prüfbits. Die Gesamtanzahl der Binärsymbole eines Blocks ist demnach

$$L := L_{\mathrm{P}} + L_{\mathrm{Q}} . \tag{8.3}$$

Das Grundprinzip eines auf Blockkodierung beruhenden Rückmeldesystems ist in Abb. 8.6 dargestellt. Es läßt sich wie folgt beschreiben:

Definition 8.1 (Rückmeldesystem).
Bei einem Rückmeldesystem werden die folgenden Schritte durchgeführt:

1. *Der Kanalkodierer bildet Blöcke bestehend aus L_Q aufeinanderfolgenden Quellbits und L_P Prüfbits. Jedes Prüfbit wird vom Kanalkodierer in Abhängigkeit von den L_Q Quellbits des Blocks berechnet.*

2. *Der Kanaldekodierer berechnet die L_P Prüfbits mit Hilfe der empfangenen L_Q Quellbits nach der gleichen Rechenvorschrift wie der Kanalkodierer. Die empfangsseitig berechneten Prüfbits werden mit den empfangenen Prüfbits verglichen. Liegt keine Übereinstimmung vor, muß mindestens eines der L Binärsymbole des Blocks fehlerhaft übertragen worden sein. In diesem Fall erfolgt eine* negative Rückmeldung *an den Kanalkodierer. Bei Übereinstimmung erfolgt eine* positive Rückmeldung.

3. *Der Kanalkodierer entscheidet auf Grund der erhaltenen Rückmeldung wie folgt:*

    a) *Bei einer negativen Rückmeldung wiederholt der Kanalkodierer den gleichen Block.*

    b) *Bei einer positiven Rückmeldung fährt der Kanalkodierer mit der Bildung und Übertragung des nächsten Blocks fort.*

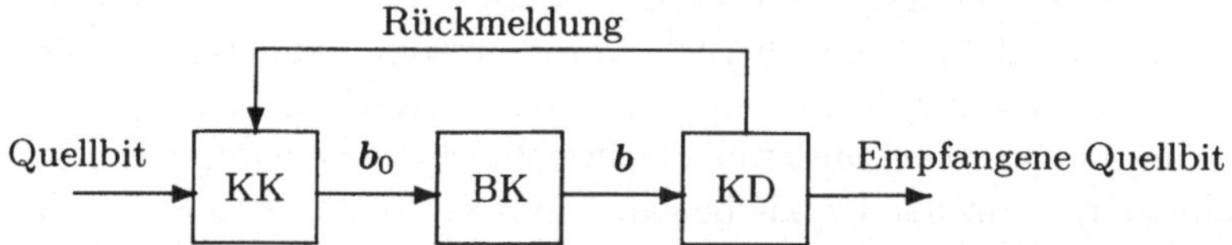

Abb. 8.6. Kanalkodierung mit Rückmeldung: Ein Binärsignal wird blockweise über einen Binärkanal (BK) übertragen. Der Kanalkodierer (KK) bildet bei der systematischen Blockkodierung Blöcke b_0 bestehend aus L_Q Quellbits und L_P angehängten Prüfbits. Der Kanaldekodierer (KD) führt eine Fehlererkennung und Rückmeldung an den Kanalkodierer durch.

Der Kanalkodierer hat dafür Sorge zu tragen, daß die mögliche Anzahl der Blockwiederholungen auf einen maximalen Wert begrenzt ist. Die Festlegung eines Abbruchkriteriums für Blockwiederholungen sowie Verfeinerungen des soeben beschriebenen Verfahrens sind im sog. *Leitungsprotokoll* spezifiziert. Hier ist nur das Grundprinzip dargestellt.

Ein einfaches Beispiel für eine systematische Blockkodierung ist die Verwendung eines *Paritätsbits* als Prüfbit ($L_P = 1$).

Beispiel 8.1 (Fehlererkennung mit Paritätsbit).
Bei *gerader Parität* wird das Paritätsbit so gewählt, daß die Gesamtanzahl der Einsen des Blocks (einschließlich Paritätsbit) gerade ist, bei *ungerader*

Parität ist die Gesamtanzahl der Einsen ungerade. Bei gerader Parität und $L_Q = 2$ Quellbits b_1, b_2 ergibt sich das Prüfbit nach Tabelle 8.1.

Tabelle 8.1. Paritätsbit bei gerader Parität

Quellbit b_1	Quellbit b_2	Prüfbit b_3
0	0	0
0	1	1
1	0	1
1	1	0

Das Prüfbit entsteht durch eine Exklusiv-Oder-Verknüpfung der Quellbits b_1, b_2, d.h. es ist

$$b_3 = b_1 \oplus b_2 \ . \tag{8.4}$$

Durch dieses Prüfbit sind nur die folgenden vier Blöcke möglich:[2]

$$(b_1, b_2, b_3) = 000 \ , \ 011 \ , \ 101 \ , \ 110 \ . \tag{8.5}$$

Diese Binärvektoren werden auch *Kodevektoren* genannt. Sie sind in Abb. 8.7 geometrisch dargestellt. Die anderen vier Blöcke

$$(b_1, b_2, b_3) = 001 \ , \ 010 \ , \ 100 \ , \ 111$$

kommen sendeseitig nicht vor, bzw. sind „verbotene" Bitmuster. Dagegen sind sie empfangsseitig möglich, falls Übertragungsfehler auftreten.

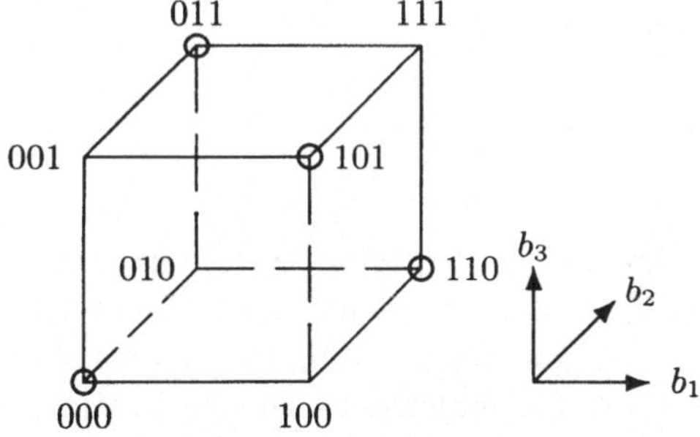

Abb. 8.7. Die vier Kodevektoren bei einer systematischen Kanalkodierung mit $L_Q = 2$ Quellbits b_1, b_2 und einem geraden Paritätsbit $b_3 = b_1 \oplus b_2$ als Prüfbit ($L_P = 1$)

Übertragungsfehler können sowohl Quellbits als auch das Prüfbits betreffen. Falls ein verbotener Block empfangen wird, kann der Kanaldekodierer

---

[2] Ein Binärvektor (b_1, b_2, b_3) wird im folgenden einfacher durch $b_1 b_2 b_3$ dargestellt.

auf Übertragungsfehler schließen, d.h. ein fehlerhaft empfangener Block wird in diesem Fall auch als fehlerhaft erkannt. Beispielsweise ergibt ein Bitfehler des ersten Quellbits für den Kodevektor 000 den verbotenen Block 100. Wie die vorstehende Abb. zeigt, ist dieser Block über eine einzelne „Würfelkante" mit dem Kodevektor 000 verbunden. Andere einzelne Bitfehler führen ebenfalls über eine einzelne Würfelkante zu einem verbotenen Block. Dabei spielt es keine Rolle, ob ein einzelnes Quellbit oder das Prüfbit fehlerhaft ist.

Es ist aber auch der Fall möglich, daß ein Block fehlerhaft übertragen wird, aber trotzdem ein Kodevektor (ein erlaubter Block) empfangen wird. Bei zwei Bitfehlern liegt dieser Fall vor. Dann führt der Weg über zwei Würfelkanten zu einem anderen Kodevektor. Daher wird in diesem Fall der fehlerhafte Block nicht als fehlerhaft erkannt, sondern mit einem anderen Kodevektor verwechselt. Der empfangsseitig durchgeführte Prüfbit-Vergleich liefert in diesem Fall Übereinstimmung. Bei drei Bitfehlern dagegen führt der Weg über drei Kanten zu einem verbotenen Block, der Block wird als fehlerhaft erkannt. Allgemein gilt: Ist die Anzahl der Bitfehler ungerade, entsteht aus einem Block mit gerader Anzahl von Einsen ein Block mit ungerader Anzahl von Einsen, d.h. der Block wird als fehlerhaft erkannt. Bei einer geraden Anzahl von Bitfehlern dagegen wird der Block nicht als fehlerhaft erkannt. Das gefundene Ergebnis ist in Tabelle 8.2 zusammengefaßt.

Tabelle 8.2. Erkennung eines fehlerhaften Blocks bei gerader Parität

Anzahl der Bitfehler	Block wird als fehlerhaft erkannt
1	Ja
2	Nein
3	Ja
Ungerade Zahl	Ja
Gerade Zahl	Nein

Auf Grund der nicht perfekten Erkennung fehlerhafter Blöcke werden nicht alle fehlerhaften Blöcke wiederholt und es verbleibt trotz Kanalkodierung ein *Restfehler*, der im folgenden untersucht wird. Zunächst wird für ein Rückmeldesystem die Wahrscheinlichkeit für fehlerhafte Blöcke bestimmt. Danach werden die gefundenen Ergebnisse auf die Kodierung mit einem Paritätsbit angewandt. Die folgenden Bezeichnungen werden verwendet:

P_R :   Wahrscheinlichkeit für Block richtig übertragen,

P_F :   Wahrscheinlichkeit für Block fehlerhaft und Fehler wird nicht erkannt,

P_W :   Wahrscheinlichkeit für Block fehlerhaft und Fehler wird erkannt.

Die Wahrscheinlichkeit P_{W} ist die Wahrscheinlichkeit für eine Blockwieder-holung, daher der Index w.[3] Da die drei vorstehenden Fälle sich gegenseitig ausschließen und andererseits einer dieser Fälle stets eintritt, gilt für die Wahrscheinlichkeiten der Zusammenhang

$$P_{\mathrm{R}} + P_{\mathrm{F}} + P_{\mathrm{W}} = 1 \; . \tag{8.6}$$

Unter den zu übertragenden Blöcken ist bei der erstmaligen Übertra-gung ein Anteil von P_{R} fehlerfrei.[4] Der Anteil von P_{F} Blöcken ist fehlerhaft, wobei kein Fehler erkannt wird und damit auch keine wiederholte Übertra-gung stattfindet. Die übrigen Blöcke sind fehlerhaft und werden wiederholt übertragen. Für die wiederholt übertragenen Blöcke erfolgt die gleiche Auf-spaltung in die soeben beschriebenen Anteile (s. Abb. 8.8). Auch bei der wiederholten Übertragung verbleiben folglich fehlerhafte Blöcke auf der Emp-fangsseite.

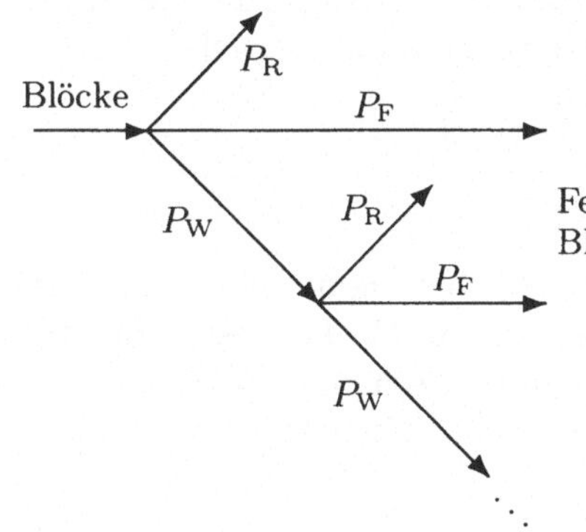

Abb. 8.8. Zur Bestimmung der Wahr-scheinlichkeit eines fehlerhaften Blocks bei der Übertragung mit einem Rückmeldesy-stem. Bei jeder Blockwiederholung ergeben sich fehlerhafte Blöcke auf der Empfangssei-te, die nicht wiederholt werden

Weitere Blockwiederholungen führen zu weiteren fehlerhaften Blöcken auf der Empfangsseite. Die Summierung dieser Anteile ergibt den Anteil

$$\mathrm{prb}(\text{Block fehlerhaft}) = P_{\mathrm{F}} + P_{\mathrm{W}} \cdot P_{\mathrm{F}} + P_{\mathrm{W}}^{2} \cdot P_{\mathrm{F}} + \cdots$$

und mit Hilfe der geometrischen Reihe als Ergebnis

$$\mathrm{prb}(\text{Block fehlerhaft}) = \frac{P_{\mathrm{F}}}{1 - P_{\mathrm{W}}} = \frac{P_{\mathrm{F}}}{P_{\mathrm{F}} + P_{\mathrm{R}}} \; . \tag{8.7}$$

Man erkennt den Einfluß von P_{F} auf die Wahrscheinlichkeit für fehlerhafte Blöcke. Bei perfekter Fehlererkennung ($P_{\mathrm{F}} = 0$) können durch wiederholte

---

[3] Hierbei ist allerdings vorausgesetzt, daß der Kanalkodierer die Aufforderung, den fehlerhaften Block noch einmal zu übertragen, korrekt empfängt. Übertragungs-fehler bei der Rückmeldung werden somit vernachlässigt.

[4] Der Anteil ist nur näherungsweise gleich P_{R}, wobei die Annäherung mit der Anzahl der zu übertragenden Blöcke zunimmt.

Blockübertragungen alle fehlerhaften Blöcke beseitigt werden. Allerdings ergibt sich bei einem Rückmeldesystem eine gegenüber der Quellbitrate erhöhte *Kanalbitrate*. Man kann sie in bit pro Quellbit angeben. Bei einem Rückmeldesystem beeinflussen zwei Effekte die Kanalbitrate:

1. Verwendung von Prüfbits:
   Bei einer systematischen Blockkodierung mit L_Q Quellbits und L_P Prüfbits beträgt die Kanalbitrate ohne Blockwiederholungen

$$R_K = \frac{L_Q + L_P}{L_Q} \quad \text{bit pro Quellbit} . \tag{8.8}$$

   Für $L_Q = 1$ und $L_P = 2$ beispielsweise folgt $R = 3$ bit pro Quellbit.
2. Blockwiederholungen:
   Auf Grund möglicher Blockwiederholungen ergibt sich gegenüber der Quellbitrate eine weitere Erhöhung der Kanalbitrate.[5]

Ist die Kanalbitrate vorgegeben, bedeutet dies eine Verringerung der Quellbitrate. Die Quellbitrate kann in (Quell)bit pro Kanalbit angegeben werden. Ohne Blockwiederholungen beispielsweise ist

$$R_Q = \frac{L_Q}{L_Q + L_P} \quad \text{bit pro Kanalbit} . \tag{8.10}$$

Für Beispiel 8.1 einer systematischen Blockkodierung mit einem Paritätsbit werden im folgenden die Wahrscheinlichkeiten P_R, P_F, P_W bestimmt. Hierbei wird vorausgesetzt, daß der Binärkanal symmetrisch und ohne Gedächtnis ist. Die Fehlerwahrscheinlichkeit des symmetrischen Binärkanal wird mit

$$P_e := P_{1,2} = P_{2,1} \tag{8.11}$$

bezeichnet. In diesem Fall ist die Wahrscheinlichkeit für i Bitfehler in einem Block bestehend aus L Binärsymbolen gemäß der *Binomischen Verteilung* durch

$$\mathrm{prb}(i) = \binom{L}{i} P_e^i (1 - P_e)^{L-i} , \quad i = 0, \dots L \tag{8.12}$$

gegeben. Sie läßt sich wie folgt erklären: Der Ausdruck $P_e^i (1 - P_e)^{L-i}$ ist die Wahrscheinlichkeit dafür, daß genau i Binärsymbole verfälscht werden

---

[5] Die mittlere Anzahl der Blockübertragungen eines einzelnen Blocks ergibt sich aus

$$1 + P_W + P_W^2 + \cdots = \frac{1}{1 - P_W} .$$

Um diesen Faktor erhöht sich die Kanalbitrate gegenüber der Kanalbitrate ohne Blockwiederholungen. Für die mittlere Kanalbitrate folgt

$$R_K = \frac{L_Q + L_P}{L_Q} \cdot \frac{1}{1 - P_W} . \tag{8.9}$$

(Wahrscheinlichkeit P_e) und die übrigen Binärsymbole nicht verfälscht werden (Wahrscheinlichkeit $1 - P_e$). Die Wahrscheinlichkeiten P_e und $1 - P_e$ werden einfach miteinander multipliziert, da die Bitfehler für die L Binärsymbole des Blocks statistisch unabhängig sind. Letzteres folgt daraus, daß der Binärkanal gedächtnisfrei ist. Die Wahrscheinlichkeiten $P_e^i(1 - P_e)^{L-i}$ werden mit dem Binomialkoeffizient $\binom{L}{i}$ multipliziert, der die Anzahl der möglichen Blöcke mit i Fehlern (Fehlermuster) angibt.

Beispiel 8.2 (Fehlererkennung mit Paritätsbit).
Vorausgesetzt wird wieder eine systematische Blockkodierung mit $L_Q = 2$ Quellbits und einem Paritätsbit ($L_P = 1$). Die Blockgröße ist also $L = L_Q + L_P = 3$. Der Binärkanal sei symmetrisch mit der Fehlerwahrscheinlichkeit $P_e = 5\%$. Die Auswertung der Binomischen Verteilung zeigt Tabelle 8.3.

Tabelle 8.3. Wahrscheinlichkeit für i Fehler für einen symmetrischen Binärkanal mit der Fehlerwahrscheinlichkeit $P_e = 5\%$

Anzahl der Fehler (i)	prb(i)	
0	$\binom{3}{0}(1 - P_e)^3$	≈ 0.8574
1	$\binom{3}{1}P_e(1 - P_e)^2$	≈ 0.1354
2	$\binom{3}{2}P_e^2(1 - P_e)$	≈ 0.0071
3	$\binom{3}{3}P_e^3$	≈ 0.0001

Die Wahrscheinlichkeit für zwei Bitfehler ist gegenüber der Wahrscheinlichkeit für einen einzelnen Bitfehler sehr gering. Dies gilt allgemeiner bei kleiner Fehlerwahrscheinlichkeit des Kanals und Blockgröße L. Daraus folgen die Wahrscheinlichkeiten

$$P_R = \text{prb}(i = 0) \approx 0.8574$$
$$P_F = \text{prb}(i = 2) \approx 0.0071$$
$$P_W = \text{prb}(i = 1) + \text{prb}(i = 3) \approx 0.1355 \,.$$

Somit ist

$$\text{prb}(\text{Block fehlerhaft}) = \frac{P_F}{1 - P_W} \approx 0.0082 \,,$$

d.h. die Wahrscheinlichkeit für einen fehlerhaften Block beträgt etwa 0.8 %. Daraus erhält man die Wahrscheinlichkeit für ein fehlerhaftes Quellbit wie folgt: Ein fehlerhafter Block enthält mindestens einen Bitfehler. Ein einzelner Bitfehler ($i = 1$) und drei Bitfehler ($i = 3$) werden erkannt und führen zu einer Blockwiederholung. Daraus folgt, daß jeder fehlerhafte Block genau zwei Bitfehler enthält ($i = 2$). Es kommen also nur die folgenden drei Fehlermuster vor („F" steht für fehlerhaft, „R"steht für richtig): FFR, RFF, FRF. Die drei

Fehlermuster treten mit der gleichen Wahrscheinlichkeit auf, so daß jeder fehlerhafte Block im Mittel $1/3 \cdot 2 + 1/3 \cdot 1 + 1/3 \cdot 1 = 4/3$ fehlerhafte Quellbits enthält. Daraus folgt die Wahrscheinlichkeit für ein fehlerhaftes Quellbit

$$P_{\mathrm{eK}} = \frac{4}{3} \cdot \frac{P_{\mathrm{F}}}{1 - P_{\mathrm{W}}} \approx 0.011 \; .$$

Dies bedeutet, daß sich die Bitfehlerwahrscheinlichkeit $P_{\mathrm{e}} = 5\%$ des symmetrischen Binärkanals durch die Kanalkodierung auf etwa $1.1\,\%$ verringert hat. Dafür hat sich die Kanalbitrate auf

$$R_{\mathrm{K}} = \frac{L_{\mathrm{Q}} + L_{\mathrm{P}}}{L_{\mathrm{Q}}} \cdot \frac{1}{1 - P_{\mathrm{W}}} \approx 1.735 \text{ bit pro Quellbit}$$

im Mittel erhöht.

Das vorstehende Beispiel zeigt, daß ein hohes Maß an Sicherheit, mit der Bitfehler empfangsseitig erkannt werden können, in einem Rückmeldesystem zu einem kleinen Restfehler führt. Die Kanalbitrate wird durch die Kanalkodierung zwar erhöht bzw. die Quellbitrate verringert sich, aber Restfehler können praktisch vermieden werden, wenn die Sicherheit der Fehlererkennung entsprechend groß ist ($P_{\mathrm{F}} \approx 0$). Um einen sehr kleinen Restfehler zu erreichen, können mehrere Prüfbits erforderlich sein, die möglichst geschickt zu wählen sind. Eine Beurteilung dieser Wahl kann mit Hilfe der sog. *Hamming-Distanz* erfolgen.

Definition 8.2 (Hamming-Distanz).

Die Hamming-Distanz zwischen zwei Binärvektoren (Blöcken) gibt die Anzahl der Binärsymbole an, in denen sich die beiden Vektoren voneinander unterscheiden.[6]

---

[6] Die Hamming-Distanz stellt einen sog. *metrischen Abstand* dar. Für drei Binärvektoren $\boldsymbol{b}_1, \boldsymbol{b}_2, \boldsymbol{b}_3$ gelten somit

1. $\qquad d(\boldsymbol{b}_1, \boldsymbol{b}_2) \geq 0, \quad d(\boldsymbol{b}_1, \boldsymbol{b}_2) = 0 \Rightarrow \boldsymbol{b}_1 = \boldsymbol{b}_2 \; .$ $\qquad$ (8.13)
2. Symmetrie:

$$d(\boldsymbol{b}_1, \boldsymbol{b}_2) = d(\boldsymbol{b}_2, \boldsymbol{b}_1) \; . \qquad (8.14)$$

3. Dreiecksungleichung:

$$d(\boldsymbol{b}_1, \boldsymbol{b}_2) \leq d(\boldsymbol{b}_1, \boldsymbol{b}_3) + d(\boldsymbol{b}_3, \boldsymbol{b}_2) \; . \qquad (8.15)$$

Die Dreiecksungleichung läßt sich für den Euklidischen Abstand anhand der drei Seiten eines Dreiecks veranschaulichen. Dann ist $d(\boldsymbol{b}_1, \boldsymbol{b}_2)$ die Länge der Grundseite und die Abstände $d(\boldsymbol{b}_1, \boldsymbol{b}_3), d(\boldsymbol{b}_3, \boldsymbol{b}_2)$ sind die beiden anderen Seitenlängen. Für die Hamming-Distanz folgt die Dreiecksungleichung aus folgender Überlegung: Unterschiedliche Vektorkomponenten $\boldsymbol{b}_1(i) \neq \boldsymbol{b}_2(i)$ für $i = 1, \ldots L$ liefern für die Hamming-Distanz $d(\boldsymbol{b}_1, \boldsymbol{b}_2)$ den Beitrag 1. Wegen $\boldsymbol{b}_1(i) \neq \boldsymbol{b}_2(i)$ können $\boldsymbol{b}_1(i), \boldsymbol{b}_2(i)$ nicht beide gleich der Vektorkomponente $\boldsymbol{b}_3(i)$ sein. Daraus folgt, daß die Vektorkomponenten $\boldsymbol{b}_1(i), \boldsymbol{b}_2(i)$ für $d(\boldsymbol{b}_1, \boldsymbol{b}_3) + d(\boldsymbol{b}_3, \boldsymbol{b}_2)$ einen Beitrag von mindestens 1 liefern.

Für zwei Binärvektoren b, b' der Dimension L ist also

$$d(b, b') = \sum_{i=1}^{L} |b_i - b_i'| \,. \tag{8.16}$$

Ist beispielsweise die Hamming-Distanz 3, sind drei Änderungen der Binärsymbole erforderlich, um den einen Binärvektor in den anderen Binärvektor überzuführen. Für zwei Kodevektoren bedeutet dies, daß in diesem Fall drei Bitfehler auftreten müssen, damit der eine Kodevektor mit dem anderen Kodevektor verwechselt wird oder mit anderen Worten: Die zwischen den beiden Kodevektoren bestehende „Lücke" von drei Binärsymbolen kann nur durch drei Bitfehler überwunden werden, damit eine Verwechslung zwischen den Kodevektoren auftritt. Liegen dagegen beispielsweise nur zwei Bitfehler vor, ist eine Verwechslung ausgeschlossen.

Für Beispiel 8.1 sind die Kodevektoren die vier Binärvektoren $000, 011, 101, 110$. Die Hamming-Distanz zwischen zwei Kodevektoren beträgt in diesem Fall immer 2, d.h. die Lücke zwischen zwei Kodevektoren beträgt 1. Damit wird ein einzelner Bitfehler erkannt, denn ein Kodevektor wird dann in eine Lücke übergeführt.

Bei Verwendung mehrerer Prüfbits resultieren ebenfalls Kodevektoren, die den sog. *Kode* definieren. Unter der *Hamming-Distanz eines Kodes* versteht man die kleinste Hamming-Distanz zwischen jeweils zwei Kodevektoren. Ist diese gleich d, wobei d eine natürliche Zahl ist, beträgt die Lücke zwischen zwei Kodevektoren $d-1$ Binärsymbole. In diesem Fall können bis zu maximal $d-1$ Bitfehler erkannt werden, da diese Bitfehler zu einem Binärvektor in einer Lücke führen. Im Beispiel ist die Hamming-Distanz $d = 2$ und es kann daher ein einzelner Bitfehler ($d - 1 = 1$) erkannt werden.

Um die Hamming-Distanz zu vergrößern, muß die Anzahl der Prüfbits vergrößert werden. Eine einfache Möglichkeit besteht darin, jedes Quellbit mehrfach zu wiederholen, wie im folgenden Beispiel.

Beispiel 8.3 (Fehlererkennung durch Bitwiederholung).
Für jedes einzelne Quellbit ($L_Q = 1$) werden zwei Prüfbits vorgesehen ($L_P = 2$). Die Kodevektoren sind die beiden Binärvektoren $000, 111$ (s. Abb. 8.9). Das Quellbit wird demnach zweimal wiederholt. Die Hamming-Distanz dieses Kodes beträgt $d = 3$, so daß $d - 1 = 2$ Bitfehler erkannt werden können. Der Restfehler kann damit drastisch verringert werden (s. Übungsaufgabe). Allerdings hat sich die Kanalbitrate ohne Berücksichtigung von Blockwiederholungen auf $R_K = 3$ bit pro Quellbit erhöht. Ein Vergleich zwischen verschiedenen Kanalkodierungen muß daher sowohl den Restfehler als auch die Kanalbitrate berücksichtigen. Eine übersichtliche Darstellung beider Größen erfolgt beispielsweise, indem die (mittlere) Kanalbitrate grafisch über dem Restfehler aufgetragen wird.

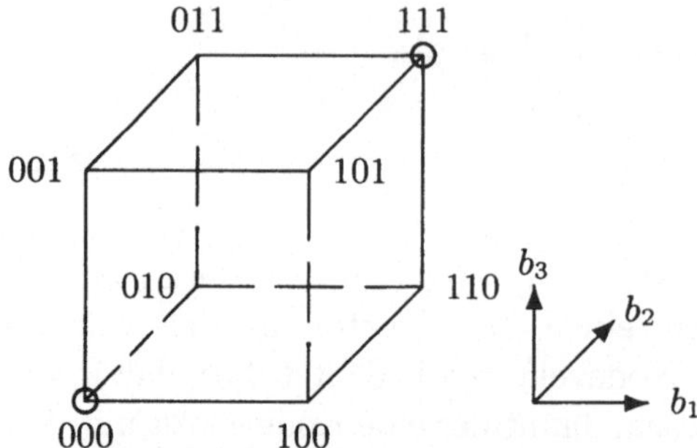

Abb. 8.9. Die zwei Kodevektoren bei einer Bitwiederholung. Ein einzelnes Quellbit b_1 ($L_Q = 1$) wird $L_P = 2$ Mal wiederholt. Die beiden Prüfbits sind $b_2 = b_3 = b_1$. Die Hamming-Distanz des Kodes beträgt $d = 3$

Im vorstehenden Beispiel wird die Erhöhung der Hamming-Distanz mit einer deutlichen Erhöhung der Kanalbitrate „erkauft". Bei der systematischen Blockkodierung werden daher auch andere Kodes verwendet, die einen besseren Kompromiß zwischen einer großen Hamming-Distanz und einer kleinen Kanalbitrate ermöglichen. Geometrisch läßt sich dieses interessante Problem wie folgt deuten: Zu einer vorgegebenen Anzahl von L_Q Quellbits und L_P Prüfbits sind die Prüfbits so zu wählen, daß zwei Kodevektoren möglichst weit voneinander entfernt liegen (große Hamming-Distanz). Für Einzelheiten darüber wird auf [16] und [17] verwiesen.

8.3 Fehlerkorrektur ohne Rückmeldung

Bei der im folgenden behandelten Methode der Kanalkodierung wird empfangsseitig eine Fehlerkorrektur durchgeführt. Die Methode wird für eine (systematische) Blockkodierung erläutert. Demnach bilden wieder L_Q aufeinanderfolgende Quellbits und L_P Prüfbits einen Block oder Kodevektor bestehend aus $L = L_Q + L_P$ Binärsymbolen. Der Kanaldekodierer versucht den gesendeten Kodevektor auszugeben und damit Übertragungsfehler zu korrigieren (s. Abb. 8.10). Eine Rückmeldung an den Kanalkodierer findet nicht statt. Die Ausgabe eines Kodevektors erfolgt auf Grund des empfangenen Blocks $b = (b_1, b_2, \ldots b_L)$. Eine mögliche Entscheidungsregel ist die *NN-Regel*:

Definition 8.3 (NN-Regel für Kanaldekodierung).
Die Entscheidung erfolgt zugunsten desjenigen Kodevektors, der mit dem empfangenen Block am besten übereinstimmt. Es wird also der Kodevektor gewählt, dessen Hamming-Distanz zum empfangenen Block am kleinsten ist.[7]

---

[7] Kommen mehrere Kodevektoren in Betracht, muß die Entscheidungsregel erweitert werden. Beispielsweise entscheidet man sich per Zufall.

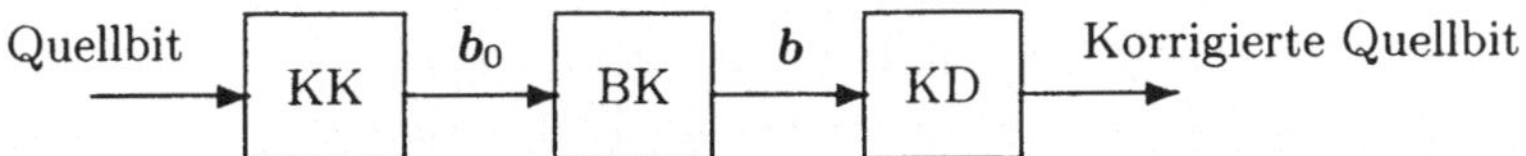

Abb. 8.10. Fehlerkorrektur ohne Rückmeldung. Ein Binärsignal wird blockweise über einen Binärkanal (BK) übertragen. Der Kanalkodierer bildet bei einer systematischen Blockkodierung Blöcke (b_0) bestehend aus L_Q Quellbits und L_P Prüfbits. Bei der NN-Regel entscheidet sich der Kanaldekodierer (KD) für denjenigen Kodevektor, der mit dem empfangenen Block (b) am besten übereinstimmt

Liefert die Entscheidung nach der NN-Regel den gesendeten Kodevektor (Block), sind damit die bei der Übertragung des Blocks aufgetretenen Bitfehler korrigiert, d.h. die Fehlerkorrektur ist erfolgreich. Um die Frage zu beantworten, wieviele Bitfehler mit der NN-Regel korrigiert werden können, wird ein Kode mit der Hamming-Distanz $d > 2$ vorausgesetzt. Der Abstand zwischen zwei Kodevektoren beträgt somit mindestens gleich d. Der gesendete Kodevektor wird mit b_0 bezeichnet. Ist die Hamming-Distanz zwischen b_0 und dem empfangenen Block b kleiner als $d/2$, dann muß die Hamming-Distanz zwischen b und allen anderen Kodevektoren größer als $d/2$ sein, da der Mindestabstand zwischen zwei Kodevekoren gleich d ist.[8] Die NN-Regel liefert daher die richtige Entscheidung zugunsten von b_0, d.h. der empfangene Block b wird korrigiert. Da die Hamming-Distanz zum Kodevektor b_0 kleiner als $d/2$ ist, sind bei der Übertragung weniger als $d/2$ Bitfehler aufgetreten. Wir haben damit gefunden:

Lemma 8.1 (Fehlerkorrektor und Fehlererkennung).
Bei einer Fehlerkorrektor des empfangenden Blocks nach der NN-Regel können alle Bitfehler korrigiert werden, wenn ihre Anzahl kleiner als die halbe Hamming-Distanz $d/2$ des verwendeten Kodes ist. Der empfangene Block wird bereits als fehlerhaft erkannt, wenn die Anzahl der Bitfehler $< d$ ist. Im Vergleich zur Erkennung von Bitfehlern sind bei der Fehlerkorrektur die Anforderungen an den Kode somit größer.

Das folgende Beispiel erläutert die NN-Regel und beurteilt die Fehlerkorrektur anhand des verbleibenden Restfehlers.

---

[8] Es ist zu zeigen, daß für $d(b_0, b) < d/2$ die Hamming-Distanz $d(b, b_1) > d/2$ für jeden anderen Kodevektor b_1 ist. Dies folgt aus der Dreiecksungleichung, wonach

$$d(b_0, b_1) \leq d(b_0, b) + d(b, b_1)$$

gilt. Aus der Dreiecksungleichung folgt

$$d(b, b_1) \geq d(b_0, b_1) - d(b_0, b) .$$

Nach Voraussetzung ist $d(b_0, b) < d/2$. Da d die Hamming-Distanz des Kodes ist, ist außerdem $d(b_0, b_1) \geq d$. Daraus folgt

$$d(b, b_1) > d - d/2 = d/2 .$$

Beispiel 8.4 (Fehlerkorrektur mit Bitwiederholung).
Wie im letzten Beispiel wird jedes einzelne Quellbit zweimal wiederholt.
Die Kodevektoren sind also die zwei Binärvektoren $000, 111$. Die Hamming-
Distanz des Kodes beträgt $d = 3$, so daß ein einzelner Bitfehler korrigiert
werden kann. Nach der NN-Regel wird eine Entscheidung zugunsten desjenigen Kodevektors vorgenommen, der mit dem empfangenen Block b am besten
übereinstimmt. Daraus folgen Entscheidungen gemäß Tabelle 8.4.

Tabelle 8.4. Fehlerkorrektur nach der NN-Regel
bei Bitwiederholung

Empfangender Block b	Entscheidung für
000	0
001	0
010	0
011	1
100	0
101	1
110	1
111	1

Die NN-Regel stellt in diesem Fall eine *Mehrheitsentscheidung* dar: Es
wird zunächst die Anzahl der Nullen und Einsen des empfangenen Blocks
b gezählt. Eine Entscheidung zugunsten der Null wird dann getroffen, wenn
die Nullen überwiegen, eine Entscheidung zugunsten der Eins wird getroffen,
wenn die Einsen überwiegen. Eine „Patt-Situation", gekennzeichnet durch
eine gleiche Anzahl von Nullen und Einsen, tritt hier nicht auf, da die Anzahl
der Binärsymbole eines Blocks die ungerade Zahl $L = 3$ ist.

Eine falsche Entscheidung nach der NN-Regel liegt dann vor, wenn die
Anzahl der Bitfehler mindestens gleich zwei ist. Daraus folgt die Wahrschein-
lichkeit für eine fehlerhafte Korrektur und damit auch für ein fehlerhaftes
Quellbit zu

$$P_{\text{eK}} = \text{prb}(i = 2) + \text{prb}(i = 3) \,.$$

Für einen symmetrischen Binärkanal mit der Fehlerwahrscheinlichkeit $P_{\text{e}} =$
5% beispielsweise entnimmt man Tabelle 8.2

$$P_{\text{eK}} \approx 0.0071 + 0.0001 = 0.0072 \,,$$

d.h. der Restfehler beträgt nur noch etwa 0.7 %. Die Kanalbitrate beträgt
allerdings $R_{\text{K}} = 3$ bit pro Quellbit. Die Kanalbitrate hat sich somit verdrei-
facht.

Eine Fehlerkorrektur ohne Rückmeldung ist gegenüber einer Fehlererkennung in einem Rückmeldesystem wie folgt gekennzeichnet:

1. Anforderungen an den Kode:
   Bei einer Fehlerkorrektur sind höhere Anforderungen an den Kode zu stellen als bei einer Fehlererkennung in einem Rückmeldesystem, denn Bitfehler sind nicht nur zu erkennen, sondern auch zu korrigieren.

2. Fehlender Rückkanal:
   Bei einer Fehlerkorrektur ist andererseits eine Rückmeldung an den Kanalkodierer nicht erforderlich, d.h. der Rückkanal entfällt.

3. Konstante Kanalbitrate:
   Da keine Blockwiederholungen erfolgen, stellt sich bei einer Fehlerkorrektur ohne Rückmeldung eine zeitlich konstante Kanalbitrate ein. Um bei einem Rückmeldesystem eine konstante Kanalbitrate zu erreichen, müssen die zu übertragenden Binärsymbole in einem „Übertragungspuffer" gespeichert werden. Es wird mit zeitlich schwankender Bitrate beschrieben und mit konstanter Kanalbitrate ausgelesen.

4. Realisierung:
   Wie bei der Fehlererkennung in Rückmeldesystemen werden geeignete Kodes mit einer möglichst großen Hamming-Distanz d benötigt. Damit können $d - 1$ Bitfehler erkannt und $< d/2$ Bitfehler korrigiert werden. Insbesondere werden auch große Blockgrößen $L = L_Q + L_P$ benutzt. Dies erschwert die naheliegende Verwirklichung der NN-Regel: Alle Kodevektoren sind in einem sog. *Kodebuch* abgespeichert, welches nach einem Kodevektor, der mit dem empfangenen Block am besten übereinstimmt, abgesucht wird. Beispielsweise ergeben sich bei $L_Q = 20$ Quellbits bereits $N = 2^{20} \approx 1$ Million Kodevektoren. Daher sind bei großer Blockgröße andere Algorithmen zur näherungsweisen Verwirklichung der NN-Regel erforderlich, die den technischen Aufwand für den Kanaldekodierer entsprechend erhöhen.

Beide Kodiermethoden, Fehlererkennung in Rückmeldesystemen sowie eine Fehlerkorrektur ohne Rückmeldung, können auch miteinander kombiniert werden. Prinzipiell bestehen hierbei zwei Möglichkeiten, die von der Reihenfolge abhängen, mit der die beiden Kodiermethoden durchgeführt werden. Eine Möglichkeit besteht darin, in einer „inneren Kanalkodierung" zunächst eine Fehlerkorrektur durchzuführen. Verbleibende Restfehler werden in einer „äußeren Kanalkodierung" mit Hilfe einer Fehlererkennung und Rückmeldung veringert. Ein Block enthält somit zunächst L_Q Quellbits und L_P Prüfbits für die Fehlerkorrektur. Die Summe $L'_Q := L_Q + L_P$ ist die Anzahl der Quellbits für die Fehlererkennung, d.h die Quellbits der Fehlererkennung enthalten sowohl die zu übertragenden Quellbits als auch Prüfbits der Fehlerkorrektur. Im Anschluß an die Prüfbits für die Fehlerkorrektur befinden sich L'_P Prüfbits für die Fehlererkennung. Diese Methode ist deshalb vorteilhaft, da ein kleiner Restfehler nach der Fehlerkorrektur durch die Fehlererkennung und Rückmeldung praktisch beseitigt werden kann.

8.4 Übungsaufgaben zu Kapitel 8

Übungsaufgabe 8.1 (Digitale Kanäle).
Ein digitales Signal wird mit Hilfe einer AM mit der Stufenzahl $N = 4$ übertragen. Der Abstand zwischen zwei benachbarten Signalwerten x_i, x_{i+1} beträgt 1. Auf die empfangenen Signalwerte wirke additiv eine Störung, die im Intervall $-1 \leq y \leq 1$ gleichverteilt ist.

1. Man gebe zunächst die bedingten pdfs $p(y|x_i)$ an.
2. Der Entscheider arbeitet nach der NN-Regel. Man bestimme alle Wahrscheinlichkeiten $P_{i,n} = \mathrm{prb}(x_i \text{ gesendet}, x_n \text{ ausgegeben})$ des digitalen Kanals.

Übungsaufgabe 8.2 (Gerade Parität).
Man zeige: Bei gerader Parität ergibt sich das Paritätsbit aus einer Ex-Oder-Verknüpfung aller Quellbits.

Übungsaufgabe 8.3 (Ungerade Parität).
Es wird eine systematische Blockkodierung mit einem ungeraden Paritätsbit durchgeführt. Die Blockgröße sei $L = 3$. Man gebe alle Kodevektoren an und vergleiche sie mit den Kodevektoren bei gerader Parität. Wie groß ist die Hamming-Distanz des Kodes? Wieviele Bitfehler können erkannt, wieviele Bitfehler können korrigiert werden?

Übungsaufgabe 8.4 (Fehlererkennung mit Paritätsbit).
Es wird ein Rückmeldesystem mit $L_\mathrm{Q} = 2$ Quellbits und $L_\mathrm{P} = 1$ Paritätsbits vorausgesetzt. Die Übertragung erfolgt über einen symmetrischen Binärkanal mit der Fehlerwahrscheinlichkeit P_e. Man bestimme die Wahrscheinlichkeit für einen fehlerhaften Block

1. ohne Blockwiederholungen,
2. bei beliebig vielen Blockwiederholungen

für $P_\mathrm{e} = 1\%$ und $P_\mathrm{e} = 20\%$. Bei welchem Kanal ist die Verringerung des Fehlers durch die Kanalkodierung stärker ausgefallen?

Übungsaufgabe 8.5 (Fehlererkennung mit Bitwiederholung).
Es wird ein Rückmeldesystem mit den beiden Kodevektoren 000, 111 vorausgesetzt. Die Übertragung erfolgt über einen symmetrischen Binärkanal mit der Fehlerwahrscheinlichkeit $P_\mathrm{e} = 5\%$. Auf welchen Wert wird die Fehlerwahrscheinlichkeit herabgesetzt und wie groß ist die mittlere Kanalbitrate?

9. Quellenkodierung

Es wird mit einem Beispiel für die Kodierung von Binärbildern in die Datenkompression eingeführt. Die Kombination der Datenkompression mit der Kanalkodierung wird ebenfalls erklärt. Dann wird die Binärkodierung mit Kodewörtern unterschiedlicher Längen dargestellt (Variable-Length-Kodierung). Indem häufig auftretende Kodewörter eine kleinere Länge besitzen als selten auftretende Kodewörter, kann damit die mittlere Kodewortlänge deutlich verringert werden. Eine Variable-Length-Kodierung kann auf die skalar quantisierten Signalwerte angewandt werden. Höhere Datenkompressionen können erzielt werden, indem vor der skalaren Quantisierung und Variable-Length-Kodierung eine Prädiktion oder Transformation der Signalwerte vorgenommen wird. Bei der prädiktiven Kodierung werden nicht die Signalwerte direkt kodiert, sondern die Fehlerwerte, die bei der Schätzung der Signalwerte mit Hilfe vorheriger Signalwerte entstehen. Bei einer Transformationskodierung werden die Signalwerte ebenfalls nicht direkt kodiert, sondern vor der Kodierung transformiert. Bei der sog. *Vektorquantisierung* sind Kodewörter gleicher Längen möglich. Damit können informationstheoretische Grenzen der Datenkompression sogar angenähert werden.

Das Ziel der Datenkompression besteht darin, bei der Binärdarstellung eines Signals mit möglichst wenigen Binärsymbolen auszukommen. Anwendungen sind die Übertragung und Speicherung von Text, Sprache, Musik und Bildern. Die Datenkompression kann mit Hilfe der *Quellbitrate* angegeben werden. Die Angabe kann beispielsweise in bit pro Sekunde oder in bit pro Signalwert erfolgen. Eine mittlere Quellbitrate von $R_Q = 0.01$ bit pro Signalwert bedeutet, daß im Mittel 0.01 Binärsymbole für jeden Signalwert aufgebracht werden. Für ein Binärsignal folgt der *Kompressionsfaktor* 100. Die Datenkompression erfolgt in einem Quellenkodierer, den Abb. 9.1 zeigt. Er erzeugt einen binären Datenstrom (Binärsignal) mit der Quellbitrate R_Q. Die Rückwandlung des Signals aus diesem Binärsignal ist die Aufgabe des Quellendekodierers. Liegt das Signal nicht in digitaler Form vor, ist eine Digitalisierung des Signals vorzunehmen. Sie erfolgt beispielsweise in einer Vorverarbeitung im Quellenkodierer. Sie kann aber auch in das Kompressionsverfahren integriert sein. Zur Erzielung einer hohen Datenkompression führt der

Quellenkodierer zusätzlich zur für die Digitalisierung des Signals benötigten Quantisierung eine Quantisierung für die Datenkompression durch. Daraus folgt, daß eine fehlerfreie Rekonstruktion des Eingangssignals durch den Quellendekodierer nicht möglich ist. Daher muß ein Kompromiß zwischen einer hohen Datenkompression und einer hohen Wiedergabetreue angestrebt werden. Neben Quantisierungsfehlern können bei der Übertragung bzw. beim Speichervorgang weitere Fehler auftreten, die in Abb. 9.1 durch einen digitalen Kanal berücksichtigt werden. In Verbindung mit der Quellenkodierung können sich diese fatal auswirken, so daß eine Kanalkodierung zwingend erforderlich ist. Durch die Kanalkodierung wird die Kanalbitrate gegenüber der Quellbitrate zwar erhöht, die verbleibende Datenkompression dadurch aber nicht wesentlich beeinträchtigt.

Abb. 9.1. Quellenkodierung und Kanalkodierung bei der Übertragung oder Speicherung eines Signals (zeitdiskretes oder zeitkontinuierliches Signal x). Übertragung bzw. Speicherung werden durch einen digitalen Kanal (DK) beschrieben. Die Bitraten sind in Klammern angegeben. R_Q ist die Quellbitrate am Ausgang des Quellenkodierers (QK), R_K die Kanalbitrate am Ausgang des Kanalkodierers (KK). Die Dekodierung erfolgt im Kanaldekodierer (KD) und Quellendekodierer (QD)

Ein einfaches Beispiel zur Einführung in die Datenkompression ist die sog. *Lauflängen-Kodierung* eines Binärbildes:

Beispiel 9.1 (Lauflängenkodierung eines Binärbildes).
Das Binärbild in Abb. 9.2 besteht aus n mal n Bildpunkten, wobei jeder Bildpunkt die zwei möglichen Werte 0 (weiß) und 1 (schwarz) besitzt.

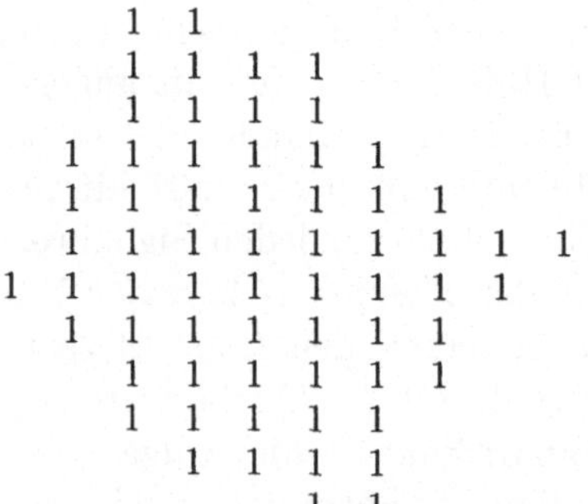

Abb. 9.2. Beispiel für ein Binärbild, das aus n mal n Bildpunkten besteht

Ohne Datenkompression erfordert das Bild eine Quellbitrate von $R_Q = n^2$ bit pro Bild. Bei der Lauflängenkodierung werden aufeinanderfolgende Nullen bzw. Einsen gezählt und diese „Lauflängen" binär kodiert. Bei $n = 255$ beispielsweise reicht ein einzelnes Byte zur Kodierung einer Lauflänge aus. Das gezeigte Bild beginnt bei jeder Zeile mit einer Lauflänge von Nullen (weißer Hintergrund) und jede Bildzeile enthält drei Lauflängen, z.B. 70 Nullen, 9 Einsen und 176 Nullen. Daraus folgt die Quellbitrate

$$R_{\mathrm{Q}} = n \cdot 3$$

Byte pro Bild. Die Lauflängen-Kodierung bewirkt somit eine Datenkompression mit dem Kompressionsfaktor

$$\frac{n \cdot n}{n \cdot 3 \cdot 8} = \frac{n}{24} = \frac{255}{24} > 10\,.$$

Die hohe Datenkompression gilt aber nur für das vorstehende Binärbild. Sie wird durch eine kleine Anzahl auftretender Lauflängen ermöglicht. Dies beruht auf der großen statistischen Abhängigkeit zwischen zwei benachbarten Bildpunkten: Die Wahrscheinlichkeit für einen schwarzen Bildpunkt ist groß, falls beispielsweise der linke Nachbarpunkt ebenfalls schwarz ist. Das gleiche gilt für weiße Bildpunkte.

Bei dem Bild in Abb. 9.3 dagegen besteht keine statistische Bindung zwischen benachbarten Bildpunkten, da dieses Bild ein „Zufallsmuster" enthält. Eine Lauflängenkodierung führt bei diesem Bild sogar zu einer Erhöhung der Quellbitrate.

		1	1			1		1	
1	1				1		1		1
1		1		1	1				
	1		1	1		1		1	1
		1	1		1		1		
	1		1	1		1		1	1
1			1		1		1	1	
	1	1			1	1	1		1
				1		1	1		
1		1	1		1				1
			1			1			1
	1				1	1			

Abb. 9.3. Beispiel für ein Binärbild, das aus n mal n Bildpunkten besteht. Während das vorherige Bild einen zusammenhängenden schwarzen Bereich beinhaltet, enthält dieses Bild ein Zufallsmuster

9.1 Variable-Length-Kodierung

Bei der Variable-Length-Kodierung eines digitalen Signals sind binäre Kodewörter unterschiedlicher Längen erlaubt. Damit können die statistischen Eigenschaften des digitalen Signals ausgenutzt werden, indem häufige Signalwerte mit kürzeren Kodewörtern kodiert werden als seltene Signalwerte. Daraus folgt eine Verringerung der mittleren Quellbitrate gegenüber einer Kodierung mit Kodewörtern fester Länge. Im ersten Fall bilden die Kodewörter einen Kode, der als „VLC" (engl.: Variable Length Code) bezeichnet wird im Unterschied zum „FLC".

Anstelle von Signalwerten werden wir allgemeiner von Ereignissen ausgehen. Damit sind auch komplexere Ereignisse möglich. Beispiele sind die Lauflängen bei einer Lauflängen-Kodierung oder Blockereignisse bestehend aus mehreren einzelnen Ereignissen, die am Ende dieses Abschnitts behandelt werden. Die möglichen Ereignisse werden mit $e_1, e_2, \ldots e_N$ bezeichnet. Hierbei ist N die Anzahl der möglichen Ereignisse. Die Aufgabe der Kodierung mit einem VLC besteht darin, jedem Ereignis einer Ereignisfolge

$$e(1), e(2), e(3) \ldots$$

ein binäres *Kodewort* zuzuordnen und zwar so, daß aus der entstandenen Folge von Binärsymbolen die Ereignisfolge fehlerfrei zurückgewonnen (dekodiert) werden kann. Im folgenden Beispiel wird die Kodierung und Dekodierung von $N = 4$ Ereignissen mit Hilfe eines VLC gezeigt.

Beispiel 9.2 (VLC für vier Ereignisse).
Die binären Kodewörter für die $N = 4$ Ereignisse e_1, e_2, e_3, e_4 sind der *Kodeworttabelle* 9.1 zu entnehmen. Die Tabelle enthält zum Vergleich außerdem die Kodewörter eines FLC.

Tabelle 9.1. Beispiel für einen VLC und Vergleich mit einem FLC

Ereignis	Kodewort (VLC)	Kodewort (FLC)
e_1	0	00
e_2	100	01
e_3	101	10
e_4	110	11

Das erste Kodewort besitzt die Länge 1, während die anderen Kodewörter die Länge 3 besitzen. Der Quellenkodierer ordnet einem Ereignis gemäß der Kodeworttabelle ein binäres Kodewort zu. Der Quellendekodierer trifft bei der Dekodierung eine Reihe von Binärentscheidungen, die durch den sog. *Kodebaum* des VLC verdeutlicht werden können (s. Abb. 9.4).

Bei der Dekodierung mit dem VLC können sich durch den Digitalkanal verursachte Bitfehler fatal auswirken. Beispielsweise ergibt ein fehlerhaftes erstes Bit für die konstante Ereignisfolge

$$e(1) = e_4 \,, \; e(2) = e_4 \,, \; e(3) = e_4 \,, \; \ldots$$

anstelle der Bitfolge

$$110 \,, \, 110 \,, \, 110 \,, \, \ldots$$

die Bitfolge

$$0 \,, \, 101 \,, \, 101 \,, \, 101 \,, \, \ldots \,,$$

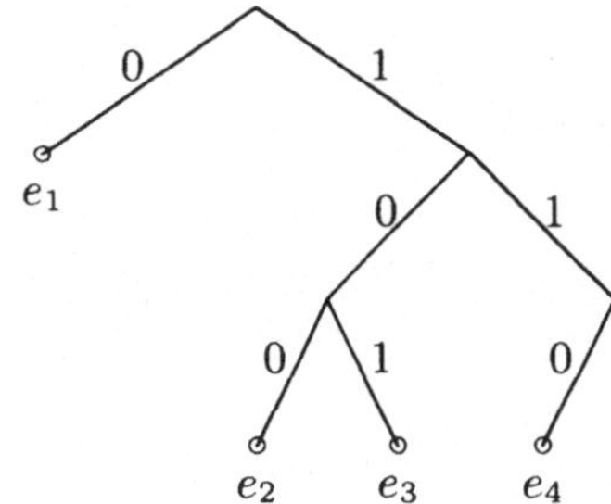

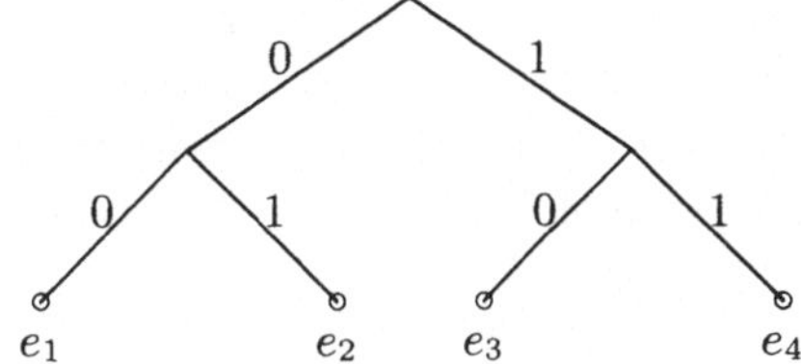

Abb. 9.4. Kodebaum eines VLC zur Kodierung von vier Ereignissen e_1, e_2, e_3, e_4 (Abb. oben) sowie zum Vergleich der Kodebaum eines FLC (Abb. unten)

d.h. es werden die Ereignisse

$$e(1) = e_1 \ , \ e(2) = e_3 \ , \ e(3) = e_3 \ , \ \ldots$$

dekodiert. Ein einzelner Bitfehler führt also zu beliebig vielen Folgefehlern. Bei der Kodierung mit dem FLC dagegen betrifft ein Bitfehler immer nur die Dekodierung eines einzelnen Ereignisses. Ein Fehler des ersten Bits führt für den FLC der Kodeworttabelle auf die Dekodierung des Ereignisses e_2 anstelle des Ereignisses e_4. Folgefehler treten nicht auf.

Zur Beurteilung einer Datenkompression wird die mittlere Quellbitrate R_Q benötigt. Bei einem VLC kann sie als *mittlere Kodewortlänge* in bit pro Ereignis bzw. bit pro Kodewort definiert werden. Sie hängt von den Wahrscheinlichkeiten

$$P_i := \mathrm{prb}(e_i) \ , \ i = 1, \ldots N \tag{9.1}$$

der Ereignisse $e_1, e_2, \ldots e_N$ ab sowie von den Kodewortlängen $L_1, L_2, \ldots L_N$ der Kodewörter. Bei einer großen Anzahl zu kodierender Ereignisse in der Ereignisfolge gibt P_i näherungsweise den darin enthaltenen Anteil des Ereignisses e_i an ($i = 1, \ldots N$). Folglich ist

$$R_Q = E\{L_i\} = P_1 \cdot L_1 + \cdots + P_N \cdot L_N \tag{9.2}$$

die mittlere Kodewortlänge. Sie ergibt sich folglich durch statistische Mittelung der Kodewortlängen $L_1, \ldots L_N$ und stellt damit den Erwartungswert der Kodewortlänge dar.

Für das vorstehende Beispiel sind die Kodewortlängen $L_1 = 1, L_2 = L_3 = L_4 = 3$. Daraus folgt

$$R_Q = P_1 L_1 + P_2 L_2 + P_3 L_3 + P_4 L_4 = P_1 + 3(1 - P_1)$$
$$= 3 - 2P_1 \,.$$

Beispielsweise ist für $P_1 = 0.9$ die mittlere Kodewortlänge $R_Q = 1.2$ bit pro Ereignis. Gegenüber der Quellbitrate $R_Q = 2$ bit pro Ereignis bei einem FLC ist die mittlere Quellbitrate deutlich verringert. Die Datenkompression beruht auf dem kurzen Kodewort mit der Länge $L_1 = 1$ für das Ereignis e_1, das mit der hohen Wahrscheinlichkeit $P_1 = 0.9$ auftritt. Dagegen würde bei gleichen Wahrscheinlichkeiten $P_1 = P_2 = P_3 = P_4 = 1/4$ die mittlere Kodewortlänge $R_Q = 1/4(1 + 3 + 3 + 3) = 2.5$ bit pro Ereignis betragen. In diesem Fall ist die Quellbitrate sogar höher als beim FLC. Dies zeigt, daß ein VLC nur dann eine Datenkompression liefert, wenn die statistischen Eigenschaften der Ereignisse, an die der VLC „angepaßt" wurde, auch tatsächlich vorliegen. Diesen Effekt haben wir bereits bei der Lauflängenkodierung von Binärbildern kennengelernt. Im vorstehenden Beispiel erfolgte die Anpassung des VLC an den Fall, daß das Ereignis e_1 häufig auftritt.[1]

Für den FLC und VLC im vorstehenden Beispiel erhält man das dekodierte Ereignis unmittelbar nach Erhalt des jeweils letzten Bits des Kodeworts. Weitere Bits nach Erhalt des letzten Bits müssen nicht abgewartet werden. Dies liegt daran, daß kein Kodewort in einem anderen Kodewort als Anfang enthalten ist. Einen Kode mit dieser Eigenschaft nennt man *Präfixkode*. Die Kodewörter eines Präfixkodes sind ausnahmslos Endknoten des Kodebaums. Ein Präfixkode ist stets *dekodierbar*, d.h. aus der Binärfolge, die die Kodewörter einer Ereignisfolge bilden, läßt sich die Ereignisfolge zurückgewinnen. Die Dekodierung eines Ereignisses wird hierbei mit dem letzten Bit des binären Kodeworts abgeschlossen.

Ein einfaches Gegenbeispiel ist der VLC mit den beiden Kodewörtern $e_1 : 0, e_2 : 01$. Daß kein Präfixkode vorliegt, erkennt man auch anhand des Kodebaums in Abb. 9.5. Jedes Kodewort beginnt mit der Null. Folglich muß erst ein zweites Bit abgewartet werden, um die Dekodierung eines einzelnen Ereignisses zu beenden.

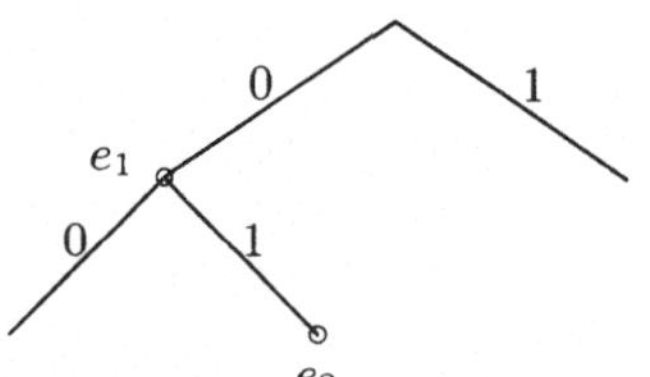

Abb. 9.5. Kodebaum eines dekodierbaren VLC. Zur Dekodierung eines Ereignisses muß stets ein zweites Bit abgewartet werden

---

[1] Für $P_1 < 0.5$ ist $R_Q = 3 - 2P_1 > 2$ bit pro Ereignis. In diesem Fall liefert der FLC eine kleinere mittlere Kodewortlänge als der VLC. Der FLC benötigt 2 bit pro Ereignis unabhängig von den statistischen Eigenschaften der Ereignisse und ist damit „robust" gegenüber den statistischen Eigenschaften der Ereignisse. Er „garantiert" immerhin 2 bit pro Ereignis, während ein VLC diese Quellbitrate nicht garantieren kann. Das „worst-case-Verhalten" des FLC ist also besser.

Die neuen Begriffe fassen wir wie folgt zusammen:

Definition 9.1 (Präfixkode).
Ein Präfixkode ist ein Kode, bei dem kein Kodewort in einem anderen Kodewort als Anfang vorkommt. Allgemeiner bilden bei einem dekodierbaren Kode die Kodewörter zu zwei unterschiedlichen Ereignisfolgen zwei unterschiedliche Binärfolgen.

Ein einfaches Gegenbeispiel zur Dekodierbarkeit ist der Kode bestehend aus den $N = 3$ Kodewörtern $e_1 : 0, e_2 : 01, e_3 : 1$. Sowohl das Ereignis e_2 als auch die beiden Ereignisse e_1, e_3 ergeben die Binärsymbole $0, 1$. Der Kode ist daher nicht dekodierbar.

Zur Erzielung einer hohen Datenkompression werden kurze Kodewörter benötigt. Hierbei muß allerdings Dekodierbarkeit gewährleistet sein. Die Dekodierbarkeit stellt eine Forderung dar, die für die Kodewortlängen in der sog. *Kraftschen Ungleichung* zum Ausdruck kommt:

$$\sum_{i=1}^{N} 2^{-L_i} \le 1 \; . \tag{9.3}$$

Eine kleine Kodewortlänge L_i führt auf einen großen Summanden 2^{-L_i}, so daß die Kraftsche Ungleichung nur erfüllt sein kann, wenn die anderen Kodewortlängen entsprechend groß sind. Für einen Präfixkode kann sie dadurch eingesehen werden, indem alle Binärvektoren bis zur Länge

$$L_{\max} = \max\{L_1, \dots L_N\}$$

betrachtet werden. Hierbei ist $L_{\max}$ die Länge des längsten Kodeworts des Präfixkodes. Die Binärvektoren lassen sich durch einen sog. *vollständigen Kodebaum* veranschaulichen, den Abb. 9.6 zeigt. Außerdem sind die drei Kodewörter eines Präfixkodes mit $L_1 = 2, L_2 = 3, L_3 = 1$ dargestellt.

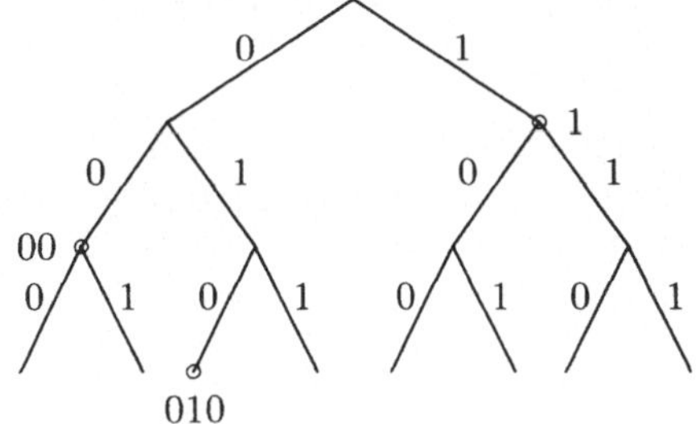

Abb. 9.6. Vollständiger Kodebaum für Binärvektoren bis zu einer maximalen Länge $L_{\max} = 3$. Die drei Kodewörter eines Präfixkodes sind ebenfalls dargestellt

Auf Grund der Präfixeigenschaft kommen alle Binärvektoren, die von dem Knoten eines Kodeworts ausgehen, einschließlich das Kodewort selbst, als weitere Kodewörter nicht in Betracht. Im Beispiel sind die Binärvektoren der Länge $L_{\max} = 3$, die als weitere Kodewörter *nicht* in Betracht kommen, wegen des Kodeworts

$$00 : \quad 000, 001 ,$$
$$010 : \quad 010 ,$$
$$1 : \quad 100, 101, 110, 111 .$$

Ihre Anzahl ist $2^{L_{\max} - L_i}, i = 1, 2, 3$. Da die Anzahl *aller* Binärvektoren der Länge $L_{\max}$ gleich $2^{L_{\max}}$ ist, folgt daraus

$$\sum_{i=1}^{N} 2^{L_{\max} - L_i} \leq 2^{L_{\max}} .$$

Indem man beide Seiten dieser Ungleichung mit $2^{-L_{\max}}$ multipliziert, erhält man die Kraftsche Ungleichung. Sie stellt somit eine notwendige Bedingung für einen Präfixkode dar. Sie ist aber auch hinreichend in dem Sinne, daß für natürliche Zahlen $L_1, \ldots L_N$, welche die Kraftsche Ungleichung erfüllen, stets ein Präfixkode mit den vorgegebenen Längen $L_1, \ldots L_N$ gefunden werden kann: Es werden unter Wahrung der Präfixeigenschaft Kodewörter ausgewählt, wobei die Reihenfolge durch die Kodewortlängen festgelegt wird. Begonnen wird mit der kleinsten Kodewortlänge, das letzte Kodewort besitzt die größte Kodewortlänge $L_{\max}$. Die Kraftsche Ungleichung garantiert bei jedem Auswahlvorgang, daß Binärvektoren der vorgegebenen Länge zur Verfügung stehen. Weitere Einzelheiten befinden sich in [16].
Die gefundenen Ergebnisse können wie folgt zusammengefasst werden:

Lemma 9.1 (Kraftsche Ungleichung).
Ein dekodierbarer Kode mit den Kodewortlängen $L_1, \ldots L_N$ und damit auch ein Präfixkode erfüllt die Kraftsche Ungleichung

$$\sum_{i=1}^{N} 2^{-L_i} \leq 1 .$$

Sind umgekehrt $L_1, \ldots L_N$ natürliche Zahlen, welche die Kraftsche Ungleichung erfüllen, gibt es einen Präfixkode mit $L_1, \ldots L_N$ als Kodewortlängen.

Beweis:
Es bleibt zu zeigen, daß bereits aus der Dekodierbarkeit des Kodes die Kraftsche Ungleichung folgt. Der trickhafte Nachweis erfolgt wie in [16]. Zunächst wird der Ausdruck

$$\left(\sum_{i=1}^{N} 2^{-L_i} \right)^{M} , \; M \in \mathbb{N}$$

wie folgt dargestellt:

$$\left(\sum_{i=1}^{N} 2^{-L_i} \right)^{M} = \sum_{i_1=1}^{N} \cdots \sum_{i_M=1}^{N} 2^{-(L_{i_1} + \cdots + L_{i_M})} = \sum_{L=M}^{M \cdot L_{\max}} N(M, L) 2^{-L} .$$

Bei der letzten Gleichung wurde

$$L_{i_1} + \cdots + L_{i_M} = L \; , \; L = M, \ldots M \cdot L_{\max}$$

gesetzt und die zugehörige Anzahl der Summanden mit $N(M, L)$ bezeichnet. Die vorstehende Gleichung kann so gedeutet werden, daß M Kodewörter einen Binärvektor bestehend aus L Bits bilden. Hierbei ist $N(M, L)$ die Anzahl dieser Binärvektoren. Da jedes Kodewort mindestens ein Bit lang ist, ist für $L < M$ $N(M, L) = 0$. Aus der Dekodierbarkeit folgt, daß diese Binärvektoren für alle Kombinationen von M Kodewörtern unterscheidbar sind. Da es nur 2^L unterschiedliche Binärvektoren der Länge L gibt, folgt daraus $N(M, L) \leq 2^L$ und daraus die Ungleichung

$$\left(\sum_{i=1}^{N} 2^{-L_i} \right)^M \leq \sum_{L=M}^{M \cdot L_{\max}} 1 < M \cdot L_{\max} \; ,$$

woraus man durch Grenzübergang $M \to \infty$

$$\sum_{i=1}^{N} 2^{-L_i} \leq \lim_{M \to \infty} \sqrt[M]{M \cdot L_{\max}} = 1$$

erhält.
q.e.d.

Der FLC und VLC aus Beispiel 9.2 erfüllen beide die Kraftsche Ungleichung: Für den FLC ist $L_1 = L_2 = L_3 = L_4 = 2$ und die Kraftsche Ungleichung ist mit Gleichheit erfüllt. Dies gilt für jeden FLC, denn jeder FLC ist ein Präfixkode. Für den VLC ist $L_1 = 1, L_2 = L_3 = L_4 = 3$ und damit

$$\sum_{i=1}^{4} 2^{-L_i} = \frac{1}{2} + 3 \cdot \frac{1}{8} = \frac{7}{8} < 1 \; .$$

Die Kraftsche Ungleichung wäre ebenfalls mit Gleichheit erfüllt, wenn der Binärvektor 111 das Kodewort eines fünften Ereignisses e_5 wäre. Die Ungleichheit rührt also daher, daß der Kodebaum des VLC einen „ungenutzten" Endknoten besitzt.

Die Kraftsche Ungleichung stellt eine Bedingung für die Kodewortlängen eines dekodierbaren Kodes dar. Unter dieser Bedingung ist die Minimierung der mittleren Kodewortlänge

$$R_Q = \sum_{i=1}^{N} P_i L_i$$

eine mathematisch sinnvoll gestellte Aufgabe. Ignoriert man hierbei die Einschränkung, daß die Kodewortlängen $L_1, \ldots L_N$ natürliche Zahlen sind, führt die Minimierung auf die reellen Lösungswerte $L_i = \operatorname{ld}(1/P_i)$. Der Nachweis kann mit der Multiplikatorenmethode von Lagrange geführt werden. Die bei der Minimierung erhaltene mittlere Kodewortlänge ist die sog. *Entropie* der Ereignisse $e_1, \ldots e_N$.

Definition 9.2 (Entropie).
*Die Entropie erster Ordnung[2] oder kurz Entropie der Ereignisse $e_1, \ldots e_N$ ist
der von den Ereigniswahrscheinlichkeiten $P_i = prb(e_i)$ abhängige Ausdruck*

$$I_e := \sum_{i=1}^{N} P_i \operatorname{ld} \frac{1}{P_i} \; . \tag{9.4}$$

Die Bedeutung der Entropie für die Quellenkodierung folgt auch aus einer informationstheoretischen Betrachtung, die im folgenden dargelegt wird.
Zunächst stellen wir fest, daß die Entropie I_e durch die Wahrscheinlichkeiten
$P_1, \ldots P_N$ der Ereignisse $e_1, \ldots e_N$ festgelegt wird. Dabei stellt

$$\operatorname{ld} \frac{1}{P_i} \; , \; i = 1, \ldots N$$

den *Informationsgehalt* für das Eintreten des Ereignisses e_i dar. Für $P_i = 1$
tritt das Ereignis e_i mit Sicherheit ein, so daß die mit dem Eintreten dieses Ereignisses verbundene Information gleich 0 ist. Dagegen wird der Informationsgehalt und damit die „Überraschung" über das Eintreten eines
seltenen Ereignisses entsprechend groß. Die Logarithmus-Funktion ist dafür
verantwortlich, daß bei statistischer Unabhängigkeit zweier Ereignisse der Informationsgehalt für das Eintreten beider Ereignisse gleich der Summe der
Informationsgehälter für die beiden Ereignisse ist.[3] Schließlich beinhaltet der
Logarithmus Dualis für den Informationsgehalt die Maßeinheit „bit".[4]
Bei der Entropie I_e gemäß vorstehender Gleichung wird der statistische
Mittelwert des Informationsgehalts gebildet, so daß die Entropie I_e den mittleren Informationsgehalt eines Ereignisses darstellt, d.h. es ist

$$I_e = E \left\{ \operatorname{ld} \frac{1}{P_i} \right\} \; . \tag{9.5}$$

Die Maßeinheit ist bit pro Ereignis. Bei der Mittelwertbildung ist zu beachten,
daß der Ausdruck

$$P_i \operatorname{ld} \frac{1}{P_i}$$

für $P_i \to 0$ ebenfalls gegen 0 strebt. Obgleich in diesem Fall der Informationsgehalt $\operatorname{ld}(1/P_i)$ gegen Unendlich strebt, liefert das Ereignis e_i wegen
seines seltenen Auftretens dennoch nur einen verschwindenden Anteil an der
Entropie. Das folgende Beispiel verdeutlicht diesen Sachverhalt.

---

[2] Die Entropie höherer Ordnung wird am Ende dieses Abschnitts eingeführt.

[3] Diese Additivitätseigenschaft des Informationsgehalts folgt daraus, daß bei statistischer Unabhängigkeit die Wahrscheinlichkeiten der beiden Ereignisse miteinander multipliziert werden.

[4] Bei der numerischen Auswertung kann die Beziehung $\operatorname{ld} x = \ln x / \ln 2$ benutzt werden. Die Verwendung des natürlichen Logarithmus ist ebenfalls möglich. Die Maßeinheit der Information ist dann „Nat" (engl.: „Natural Unit") anstelle von „bit"(engl.: „Binary Digit"). Es ist 1 bit $= 1/\ln 2 \approx 1.44$ Nat.

Beispiel 9.3 (Entropie einer Binärquelle).
Es werden $N = 2$ Ereignisse mit den Wahrscheinlichkeiten P_1 und $P_2 = 1 - P_1$ vorausgesetzt. Die Entropie ist

$$I_e = P_1 \operatorname{ld} \frac{1}{P_1} + (1 - P_1) \operatorname{ld} \frac{1}{1 - P_1} \, . \tag{9.6}$$

Ihre Abhängigkeit von P_1 ist in Abb. 9.7 dargestellt. Wie die Abb. zeigt, ist die Entropie bei der Wahrscheinlichkeit $P_1 = 50\%$ am größten mit dem Wert 1 bit pro Ereignis, während die Entropie für $P_1 \to 0$ bzw. $P_1 \to 1$ gegen 0 strebt.

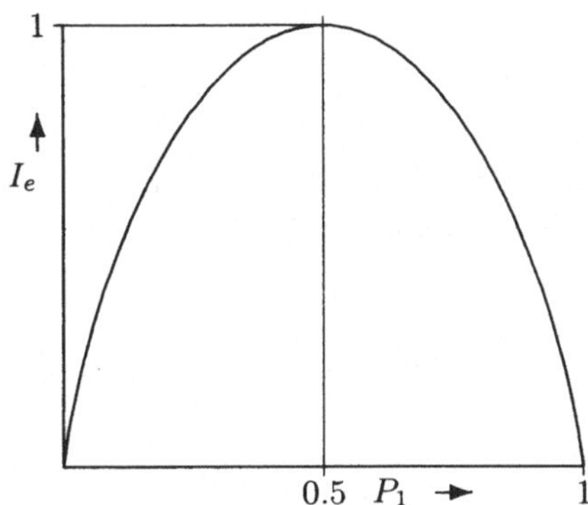

Abb. 9.7. Abhängigkeit der Entropie erster Ordnung einer Binärquelle von der Wahrscheinlichkeit P_1 für das Ereigniss e_1

Auf Grund der Deutung der Entropie als mittlerer Informationsgehalt kann die mittlere Anzahl von Bits zur Darstellung eines Ereignisses die Entropie nicht unterschreiten. Im folgenden wird gezeigt, daß die Entropie tatsächlich eine untere Grenze für die mittlere Kodewortlänge darstellt. Sie kann andererseits mit einer Abweichung von weniger als 1 bit pro Ereignis erreicht werden. Der Wert 1 bit pro Ereignis resultiert aus der Forderung, daß die Kodewortlängen natürliche Zahlen sind.

Satz 9.2 (Kodiertheorem für Variable-Length-Kodierung).
Die mittlere Kodewortlänge kann bei einem dekodierbaren Kode die Entropie I_e erster Ordnung der zu kodierenden Ereignisse $e_1, \ldots e_N$ nicht unterschreiten. Andererseits gibt es einen Präfixkode mit mittlerer Kodewortlänge $R_Q < I_e + 1$ bit pro Ereignis, d.h. es gilt

$$I_e \le R_Q < I_e + 1 \; bit \; pro \; Ereignis \, . \tag{9.7}$$

Beweis:

1. Für jeden dekodierbaren Kode gilt $R_Q \ge I_e$:
   Die Ungleichung kann nachgewiesen werden, indem die mittlere Kodewortlänge R_Q für reelle Zahlen L_i minimiert wird. Eine andere Möglichkeit besteht darin, eine Abschätzung durchzuführen. Es ist zunächst

$$I_e - R_Q = \sum_{i=1}^{N} \left[P_i \, \mathrm{ld} \, \frac{1}{P_i} - P_i L_i \right] = \sum_{i=1}^{N} P_i \, \mathrm{ld} \, \frac{2^{-L_i}}{P_i}$$

$$= \sum_{i=1}^{N} P_i \, \mathrm{ld} \, (\mathrm{e}) \ln \frac{2^{-L_i}}{P_i} \; .$$

An dieser Stelle wird die Ungleichung

$$\ln x \leq x - 1 \; , \; x > 0 \tag{9.8}$$

benötigt. Sie besagt, daß die ln-Funktion unterhalb ihrer Tangente an der Stelle $x = 1$ verläuft. Aus dieser Ungleichung folgt

$$I_e - R_Q \leq \sum_{i=1}^{N} P_i \, \mathrm{ld} \, (\mathrm{e}) \left[\frac{2^{-L_i}}{P_i} - 1 \right] = \mathrm{ld} \, (\mathrm{e}) \left[\sum_{i=1}^{N} 2^{-L_i} - \sum_{i=1}^{N} P_i \right] \; .$$

Die erste Summe ist nach der Kraftschen Ungleichung ≤ 1 (Dekodierbarkeit), während die zweite Summe gleich 1 ist. Daraus folgt $I_e - R_Q \leq 0$, wie zu zeigen war.

2. Es gibt einen Präfixkode mit $R_Q < I_e + 1$:
Nach Lemma 9.1 genügt es, zu zeigen, daß es natürliche Zahlen $L_1, \dots L_N$ gibt, welche

a) die Kraftsche Ungleichung erfüllen und

b) für die ihr Erwartungswert $R_Q < I_e + 1$ erfüllt.

Die reellen Zahlen $L_i = \mathrm{ld} \, (1/P_i), i = 1, \dots N$ erfüllen beide Eigenschaften:

$$\sum_{i=1}^{N} 2^{-L_i} = \sum_{i=1}^{N} P_i = 1$$

und

$$R_Q = \sum_{i=1}^{N} P_i L_i = I_e \; .$$

Um natürliche Zahlen für die Kodewortlängen zu erhalten, wählen wir L_i als die kleinste natürliche Zahl mit $L_i \geq \mathrm{ld} \, (1/P_i)$. Dann ist die Kraftsche Ungleichung ebenfalls erfüllt, denn die Kodewortlängen sind durch das Aufrunden vergrößert worden. Andererseits ist

$$L_i < \mathrm{ld} \, \frac{1}{P_i} + 1 \; , \; i = 1, \dots N \tag{9.9}$$

und damit

$$R_Q = \sum_{i=1}^{N} P_i L_i < \sum_{i=1}^{N} P_i \left[\mathrm{ld} \, \frac{1}{P_i} + 1 \right] = I_e + 1 \; .$$

q.e.d.

Nach dem vorstehenden Satz stellt die Entropie eine Kodiergrenze dar, die mit einem Präfixkode angenähert werden kann. Die Konstruktion der Kodewörter eines Präfixkodes beinhaltet der Satz nicht. Eine erste Möglichkeit besteht darin, zu den Kodewortlängen gemäß (9.9) einen Präfixkode wie beim Beweis von Lemma 9.1 in [16] zu konstruieren. Eine zweite Möglichkeit ist die sog. *Huffman-Kodierung*. Ein Huffman-Kode ist ein Präfixkode mit der kleinsten mittleren Kodewortlänge, die von einem dekodierbaren Kode überhaupt erreichbar ist. Ein Huffman-Kode kann nach dem folgenden Verfahren konstruiert werden. Zum Nachweis der Optimalität eines Huffman-Kodes wird z.B. auf [18] verwiesen.

1. Man ordne die Ereignisse nach der Größe ihrer Wahrscheinlichkeiten.
2. Man fasse die beiden Ereignisse mit den kleinsten Wahrscheinlichkeiten zu einem neuen Ereignis zusammen. Seine Wahrscheinlichkeit ist die Summe der Wahrscheinlichkeiten der beiden Ereignisse. Die zwei Ereignisse werden durch eine „0" für das erste Ereignis und eine „1" für das zweite Ereignis unterschieden (kodiert), wie im folgenden Beispiel dargestellt ist.[5]
3. Man wiederhole die ersten beiden Schritte für die verkleinerte Ereignismenge und zwar so lange, bis nur noch ein Ereignis (mit der Wahrscheinlichkeit 1) übrigbleibt.

Beispiel 9.4 (Huffman-Kodierung).
Für die in Abb. 9.8 angegebenen Ereignisse werden die Kodewörter nach der Methode von Huffman bestimmt. Die Zusammenfassung der zwei Ereignisse mit den kleinsten Wahrscheinlichkeiten ist hierbei bildlich verdeutlicht. Die Wahrscheinlichkeiten der neuen Ereignisse sind ebenfalls angegeben.

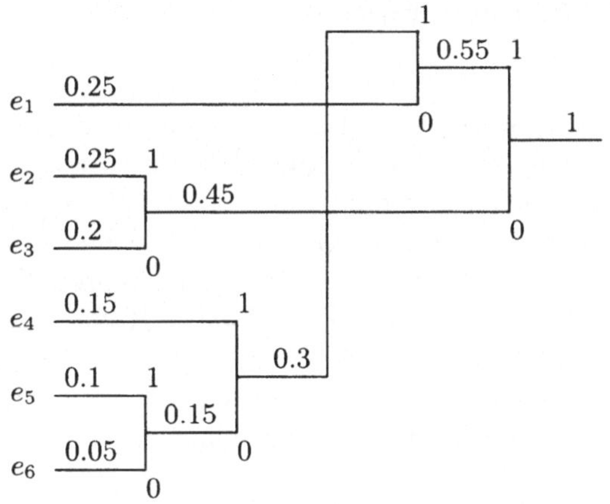

Abb. 9.8. Konstruktion eines Huffman-Kodes für sechs Ereignisse $e_1, \ldots e_6$ mit den Wahrscheinlichkeiten $P_1 = 0.25, P_2 = 0.25, P_3 = 0.2, P_4 = 0.15, P_5 = 0.1, P_6 = 0.05$

---

[5] Welches der beiden Ereignisse mit einer „0" kodiert wird, kann willkürlich festgelegt werden.

Es resultieren die folgenden Kodewörter:

Tabelle 9.2. Kodeworttabelle eines VLC

Ereignis	Kodewort (VLC)	Kodewortlänge L_i
e_1	10	2
e_2	01	2
e_3	00	2
e_4	111	3
e_5	1101	4
e_6	1100	4

Wir bestätigen die Kraftsche Ungleichung:

$$\sum_{i=1}^{6} 2^{-L_i} = 3 \cdot 2^{-2} + 2^{-3} + 2 \cdot 2^{-4} = 1 \ .$$

Die mittlere Kodewortlänge des Huffman-Kodes ist

$$R_Q = \sum_{i=1}^{6} P_i L_i = 0.25 \cdot 2 + 0.25 \cdot 2 +$$
$$0.2 \cdot 2 + 0.15 \cdot 3 + 0.1 \cdot 4 + 0.05 \cdot 4 = 2.45$$

bit pro Ereignis. Die Entropie beträgt

$$I_e = \sum_{i=1}^{6} P_i \operatorname{ld} \frac{1}{P_i} \approx 2.43$$

bit pro Ereignis. Die Entropie der Ereignisse wurde somit nur knapp überschritten.

Die mittlere Kodewortlänge eines optimalen VLC, z.B. eines Huffman-Kodes, ist im ungünstigsten Fall etwa 1 bit pro Ereignis größer als die Entropie I_e erster Ordnung. Bei einer großen Entropie von mehreren Bits pro Ereignis fällt dieser Unterschied nicht besonders ins Gewicht. Bei kleiner Entropie dagegen gewinnt er zunehmend an Bedeutung. Bei einer Binärquelle mit beispielsweise $P_1 = 0.1\%$ folgt $I_e \approx 0.08$ bit pro Ereignis. Die Kodierung der Binärquelle liefert dagegen eine Quellbitrate von mindestens 1 bit pro Ereignis, denn die zwei Kodewörter eines VLC sind mindestens ein Bit lang. Bei kleiner Entropie ist eine getrennte Kodierung jedes einzelnen Ereignisses der Ereignisfolge $e(1), e(2), \ldots$ somit nicht effizient.

Eine mögliche Lösung des vorstehenden Problems besteht in einer sog. *Blockkodierung*. Bei der Kanalkodierung haben wir sie bereits kennengelernt. Bei der Quellenkodierung bedeutet eine Blockkodierung, daß $M > 1$ aufeinanderfolgende Ereignisse Blöcke bilden, die als neue, komplexere Ereignisse

(Blockereignisse) kodiert werden.[6] Bei einer Binärquelle beispielsweise gibt es 2^M Blockereignisse, die mit einem VLC zu kodieren sind. Nach dem vorstehenden Satz kann durch einen Präfixkode die Entropie der Blockereignisse (Block-Entropie) mit einem Unterschied von weniger als 1 bit pro Block angenähert werden. Der Präfixkode kann nach der Methode von Huffman konstruiert werden. Bei der Kodierung werden M aufeinanderfolgenden Ereignissen gemeinsam ein binäres Kodewort zugeordnet. Da die Anzahl der möglichen Blöcke N^M beträgt, werden bei der Blockkodierung wesentlich größere Kodeworttabellen benötigt.

Die Block-Entropie ist durch die Wahrscheinlichkeiten für die N^M möglichen Blöcke festgelegt. Für $M = 2$ beispielsweise sind dies die Wahrscheinlichkeiten

$$P_{i_1,i_2} := \mathrm{prb}(e(1) = e_{i_1}, e(2) = e_{i_2}) \, , \quad i_1, i_2 = 1, \dots N \, . \tag{9.10}$$

Im Unterschied zur Ereignis-Entropie I_e bezeichnen wir die Block-Entropie mit I_{e^M} und nennen sie auch Entropie M-ter Ordnung. Für $M = 2$ ist folglich

$$I_{e^2} = \sum_{i_1=1}^{N} \sum_{i_2=1}^{N} P_{i_1,i_2} \, \mathrm{ld} \, \frac{1}{P_{i_1,i_2}} \, . \tag{9.11}$$

Nach dem vorstehenden Satz gibt es einen Präfixkode für Blockereignisse mit der mittleren Kodewortlänge R_Q gemäß

$$I_{e^M} \leq R_Q < I_{e^M} + 1$$

in bit pro Block. Für die Quellbitrate umgerechnet in bit pro Ereignis folgt

$$\frac{I_{e^M}}{M} \leq \frac{R_Q}{M} < \frac{I_{e^M}}{M} + \frac{1}{M} \, . \tag{9.12}$$

Bei der Blockkodierung kann folglich der Wert I_{e^M}/M mit einem Unterschied von weniger als $1/M$ bit pro Ereignis angenähert werden. Hierbei ist I_{e^M}/M eine untere Grenze für die Blockkodierung. Sie stellt die Blockentropie in bit pro Ereignis dar. Der Zusammenhang zur Entropie erster Ordnung ist durch

$$I_e \leq I_{e^M} \leq M \cdot I_e \tag{9.13}$$

gegeben [18]. Die rechte Ungleichung gilt mit Gleichheit, d.h. die Entropien der M Ereignisse eines Blocks aufsummiert ergeben die Block-Entropie, falls die Ereignisse $e(1), e(2), \dots$ statistisch unabhängig sind.[7] Ansonsten ist die Blockentropie kleiner. Sie kann wegen der linken Ungleichung aber nicht kleiner als die Entropie eines einzelnen Ereignisses I_e sein. Der Wert I_e wird

---

[6] Ein Block kann auch als ein Wort aufgefaßt werden, dessen M „Buchstaben" die Ereignisse $e_1, \dots e_N$ sind.

[7] Die statistische Unabhängigkeit der M Ereignisse eines Blocks ist bereits hinreichend.

dann angenommen, wenn beispielsweise die M Ereignisse des Blocks identisch sind. In diesem Fall „steckt" die gesamte Information eines Blocks in einem einzelnen Ereignis.

Auf Grund der angegebenen Ungleichungen erhält man das folgende Ergebnis für eine Blockkodierung:

Lemma 9.3 (Blockkodierung).
Durch eine Blockkodierung mit der Blockgröße M kann die Entropie erster Ordnung I_e mit einem Unterschied von weniger als $1/M$ bit pro Ereignis angenähert werden. Bei statistischen Abhängigkeiten zwischen den Ereignissen eines Blocks kann dieser Wert sogar unterschritten werden. Eine untere Grenze stellt hierbei die Block-Entropie I_{eM}/M in bit pro Ereignis dar. Sie ist nicht kleiner als I_e/M.

Durch Wahl einer entsprechend großen Blockgröße M kann daher die Entropie I_e bzw. sogar I_{eM}/M gut angenähert werden. Allerdings steigt der Aufwand exponentiell mit der Blockgröße an. Für eine Binärquelle beispielsweise kann durch Zusammenfassung von $M = 8$ aufeinanderfolgenden Ereignissen die Ereignis-Entropie I_e mit einem Präfixkode mit einem Unterschied von weniger als $1/8$ bit pro Ereignis (Binärsymbol) angenähert werden. Allerdings ist eine Kodeworttabelle mit $N^M = 2^8 = 256$ Kodewörtern erforderlich. Bei $M = 16$ sind schon $2^{16} = 65.536$ Kodewörter erforderlich. Eine Alternative ist eine Lauflängenkodierung. Hierbei können die unterschiedlichen Lauflängen anstelle mit einem FLC auch mit einem VLC kodiert werden.

9.2 Datenkompression mit skalarer Quantisierung

In Kap. 7 wurde eine skalare Quantisierung in Verbindung mit Kodewörtern fester Länge untersucht, wie sie bei der AD-Umsetzung benutzt wird. Im Unterschied dazu werden im folgenden Kodewörter unterschiedlicher Länge zugelassen, d.h. es wird anstelle eines FLC ein VLC verwendet, wie in Abb. 9.9 dargestellt wird. Die zu kodierenden Ereignisse sind die Ausgangswerte $y_1, \ldots y_N$ des Quantisierers, welche mit einem VLC kodiert werden. Wie in Kap. 7 interessiert hierbei wieder der Zusammenhang zwischen dem mittleren quadratischen Quantisierungsfehler (MQQF) D und der mittleren Quellbitrate bzw. der mittleren Kodewortlänge R_Q. Die Voraussetzungen und Bezeichnungen sind im folgenden zusammengefaßt.

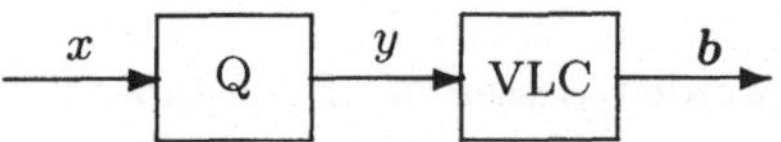

Abb. 9.9. Skalare Quantisierung (Q) eines Eingangswerts x und Binärkodierung des quantisierten Wertes y mit einem Kodewort b variabler Länge

1. Quantisierung:
   Die Quantisierungsschrittweite s der uniformen Quantisierung ist klein.
   Die quantisierten Werte sind die Mittelpunkte der Quantisierungsintervalle. Der MQQF ist folglich

$$D = E\{[x - Q(x)]^2\} \approx s^2/12 \ . \tag{9.14}$$

2. Verteilungsdichte der Eingangswerte:
   Die pdf $p(x)$ wird durch einen konstanten Verlauf innerhalb eines Quantisierungsintervalls angenähert. Wegen der kleinen Quantisierungsschrittweite ist diese Annahme gerechtfertigt, wenn die Schwankungen der pdf
   $p(x)$ begrenzt sind. Es bezeichnen wieder $a_i, i = 1, \ldots N$ den linken Randpunkt und $y_i = a_i + s/2, i = 1, \ldots N$ den Mittelpunkt eines Quantisierungsintervalls. Aus der pdf $p(x)$ folgt die Varianz der Eingangswerte
   zu

$$\sigma^2 = E\{x^2\} = \int_{x_{\min}}^{x_{\max}} x^2 p(x)\,\mathrm{d}x \ , \tag{9.15}$$

   welche die mittlere Leistung des mittelwertfreien, zeitdiskreten Eingangssignals x angibt.

3. Mittlere Quellbitrate:
   Anstelle der mittleren Kodewortlänge des VLC wird der mittlere Informationsgehalt am Ausgang des Quantisierers berechnet, gegeben durch
   die uns aus Abschn. 9.1 bekannte Entropie erster Ordnung

$$I_e = I_y = E\{\operatorname{ld} \frac{1}{P_i}\} = \sum_{i=1}^{N} P_i \operatorname{ld} \frac{1}{P_i} \ . \tag{9.16}$$

Hierbei ist $P_i, i = 1, \ldots N$ die Wahrscheinlichkeit für das Ereignis, daß
der Ausgangswert y des Quantisierers gleich y_i ist.

Zur Bestimmung der Entropie I_y werden die Wahrscheinlichkeiten

$$P_i = \int_{a_i}^{a_i+s} p(x)\,\mathrm{d}x \ , \ i = 1, \ldots N \tag{9.17}$$

benötigt. Da die pdf $p(x)$ innerhalb eines Quantisierungsintervalls näherungsweise konstant ist, folgt

$$P_i \approx s \cdot p(y_i) \ , \ i = 1, \ldots N \tag{9.18}$$

und daraus

$$I_y = \sum_{i=1}^{N} P_i \operatorname{ld} \frac{1}{P_i} \approx \sum_{i=1}^{N} P_i \operatorname{ld} \frac{1}{s \cdot p(y_i)}$$

$$\approx -\sum_{i=1}^{N} s \cdot p(y_i) \operatorname{ld} p(y_i) - \operatorname{ld}(s) \cdot \sum_{i=1}^{N} P_i \ .$$

Die erste Summe ist das Ergebnis einer numerischen Integration der Funktion $-p(x)\,\mathrm{ld}\,p(x)$ und ist damit näherungsweise gleich der sog. *differentiellen Entropie*

$$I_x := -\int_{x_{\min}}^{x_{\max}} p(x)\,\mathrm{ld}\,p(x)\,\mathrm{d}x \tag{9.19}$$

des Eingangswerts x.[8] Da die zweite Summe gleich 1 ist, folgt als Ergebnis

$$I_y \approx I_x - \mathrm{ld}\,(s)\ . \tag{9.20}$$

Die vorstehende Beziehung gibt die Entropie am Ausgang des Quantisierers bei kleiner Quantisierungsschrittweite s näherungsweise wieder. Für eine pdf $p(x)$, die innerhalb eines Quantisierungsintervalls konstant ist, gilt sie exakt. Der Einfluß der Quantisierungsschrittweite wird durch den Anteil $-\mathrm{ld}\,(s)$ erfaßt, während der Einfluß der pdf der Eingangswerte durch die differentielle Entrope I_x berücksichtigt wird. Wie zu erwarten ist, nimmt die Entropie I_y mit abnehmender Schrittweite zu, da dann die Anzahl N der Ereignisse zunimmt. Für $s \to 0$ strebt die Entropie gegen Unendlich. Der Grenzübergang $s \to 0$ bedeutet nämlich eine fehlerfreie Rückgewinnung der Eingangswerte, was auf Grund der unendlich vielen Dezimalstellen eines Eingangswerts einer unendlich großen Information entspricht. Die Darstellung eines Signalwerts mit einem Kodewort endlicher Länge ist in diesem Fall daher nicht möglich. Eine endliche Kodewortlänge führt vielmehr zu einem gewissen Darstellungsfehler $D \approx s^2/12$, der bei der Quantisierung in Kauf genommen werden muß.

In den folgenden zwei Beispielen wird die differentielle Entropie für gleichverteilte und gaußverteilte Eingangswerte bestimmt und die Entropie I_y in Abhängigkeit vom MQQF und der Varianz der Eingangswerte ermittelt.

Beispiel 9.5 (Gleichverteilung).
Wie in Beispiel 7.2 wird

$$p(x) := \begin{cases} \frac{1}{2x_{\max}} & :\ |x| \le x_{\max} \\ 0 & :\ \text{sonst} \end{cases} \tag{9.21}$$

vorausgesetzt, d.h. die Eingangswerte sind im Intervall $x_{\min} = -x_{\max} \le x \le x_{\max}$ gleichverteilt. Da dieses Intervall symmetrisch zum Nullpunkt liegt, sind darüber hinaus die Eingangswerte mittelwertfrei. Die Varianz der Eingangswerte ist

$$\sigma^2 = \int_{x_{\min}}^{x_{\max}} x^2 p(x)\,\mathrm{d}x = \frac{x_{\max}^2}{3}$$

und die differentielle Entropie ist

---

[8] Im Gegensatz zur Ereignisentropie I_y kann die differentielle Entropie nicht als Informationsgehalt interpretiert werden. Dies ergibt sich schon daraus, daß die differentielle Entropie einen negativen Wert besitzen kann.

$$I_x = -\int_{x_{\min}}^{x_{\max}} p(x)\,\mathrm{ld}\,p(x)\,\mathrm{d}x = -2x_{\max} \cdot \frac{1}{2x_{\max}}\,\mathrm{ld}\,\frac{1}{2x_{\max}}$$

$$= \mathrm{ld}\,(2x_{\max})\,.$$

Daraus folgt

$$I_y = \mathrm{ld}\,(2x_{\max}) - \mathrm{ld}\,(s) = \mathrm{ld}\,\frac{2x_{\max}}{s}\,. \tag{9.22}$$

Da die pdf $p(x)$ innerhalb eines Quantisierungsintervalls konstant ist, gibt die vorstehende Beziehung die Entropie am Ausgang des Quantisierers exakt wieder. Es ist

$$N = 2x_{\max}/s$$

die Anzahl der Quantisierungsintervalle. Für $N = 2^L, L \in \mathbb{N}$ stimmt folglich I_y mit der Bitrate bei Kodierung mit einem FLC überein. Die Entropie wird also durch einen FLC erreicht. Dies liegt daran, daß bei gleichverteilten Eingangswerten alle quantisierten Werte $y_1, \ldots y_N$ mit der gleichen Wahrscheinlichkeit auftreten.

Indem man die Varianz $\sigma^2 = x_{\max}{}^2/3$ und den MQQF $D = s^2/12$ in die vorstehende Beziehung einsetzt, erhält man wie in Beispiel 7.2 als Ergebnis

$$I_y = \frac{1}{2}\,\mathrm{ld}\,\frac{\sigma^2}{D}\,. \tag{9.23}$$

Gleichung (9.23) besitzt in der Informationstheorie große Bedeutung. Sie ist nämlich die sog. *Rate Distortion Funktion* (RDF) bei gaußverteilten Eingangswerten mit der Varianz σ^2, welche im folgenden als *Gauß-RDF* bezeichnet und mit

$$R_{\mathrm{G}}(D) := \frac{1}{2}\,\mathrm{ld}\,\frac{\sigma^2}{D}\,,\ D \leq \sigma^2 \tag{9.24}$$

abgekürzt wird. Eine RDF $R(D)$ ist hierbei eine untere Grenze für die mittlere Quellbitrate (in bit pro Eingangswert) in Abhängigkeit vom mittleren Quantisierungsfehler D. Diese Grenze kann bei der Datenkompression angenähert, aber nicht unterschritten werden. Im Unterschied zur Entropie und einem VLC ist diese Kodiergrenze umfassender, denn sie beinhaltet auch den Quantisierungsvorgang bei der Quellenkodierung.

Auf Grund der Bedeutung einer RDF als Kodiergrenze muß die RDF bei gleichverteilten Eingangswerten unterhalb von $R_{\mathrm{G}}(D)$ verlaufen, denn $R_{\mathrm{G}}(D)$ stellt in diesem Fall die Bitrate in Abhängigkeit vom MQQF D bei einer speziellen Datenkompression dar (skalare Quantisierung in Verbindung mit einem VLC).[9] Allgemeiner verläuft die RDF nicht nur bei gleichverteilten, sondern auch bei beliebig verteilten Eingangswerten (mit der Varianz σ^2)

---

[9] Durch Blockkodierung kann $R_{\mathrm{G}}(D)$ zumindest angenähert werden.

unterhalb von $R_\mathrm{G}(D)$ [19]. Dies bedeutet, daß gaußverteilte Eingangswerte den ungünstigsten Fall für die Rate Distortion Funktion darstellen. Im folgenden Beispiel bestimmen wir die Entropie für gaußverteilte Eingangswerte und vergleichen sie mit der Gauß-RDF.

Beispiel 9.6 (Gaußverteilte Eingangswerte).
Es wird

$$p(x) := \frac{1}{\sqrt{2\pi\sigma^2}}\,\mathrm{e}^{-x^2/(2\sigma^2)} \tag{9.25}$$

vorausgesetzt (s. Abb. 9.10). Wegen des angenommenen symmetrischen Verlaufs zum Nullpunkt sind die Eingangswerte mittelwertfrei. Die Varianz σ^2 bestimmt hierbei die „Breite" des Verlaufs, gekennzeichnet durch Wendepunkte bei $\pm\sigma$.

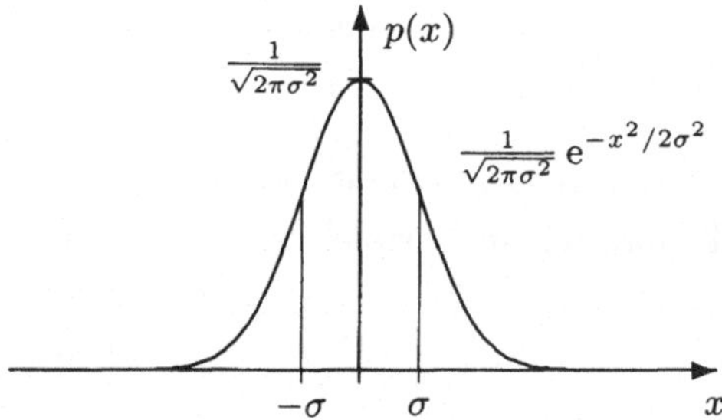

Abb. 9.10. pdf der Eingangswerte bei einer symmetrischen Gaußverteilung mit dem Erwartungswert 0 und der Varianz σ^2

Die Gauß-pdf ist nicht auf ein endliches Intervall $x_\mathrm{min} \le x \le x_\mathrm{max}$ begrenzt wie bei einer Gleichverteilung. Bei einer uniformen Quantisierung mit gleichlangen Quantisierungsintervallen folgen unendlich viele Quantisierungsintervalle.[10] Dies bedeutet eine differentielle Entropie gemäß

$$I_x = -\int_{-\infty}^{\infty} p(x)\,\mathrm{ld}\,p(x)\,\mathrm{d}x \ .$$

Für die Gauß-pdf $p(x)$ erhält man zunächst

$$I_x = -\int_{-\infty}^{\infty} p(x)\left[\mathrm{ld}\,\frac{1}{\sqrt{2\pi\sigma^2}} + \mathrm{ld}\,\mathrm{e}^{-x^2/(2\sigma^2)}\right]\,\mathrm{d}x$$

$$= -\mathrm{ld}\,\frac{1}{\sqrt{2\pi\sigma^2}}\int_{-\infty}^{\infty} p(x)\,\mathrm{d}x - \int_{-\infty}^{\infty} p(x)\,\mathrm{ld}\,(\,\mathrm{e})(-x^2/2\sigma^2)\,\mathrm{d}x \ .$$

---

[10] Vor der Kodierung mit einem VLC mit endlich vielen Kodewörtern ist eine Begrenzung der Eingangswerte auf ein endliches Intervall $x_\mathrm{min} \le x \le x_\mathrm{max}$ erforderlich. Diese Begrenzung entspricht einer Quantisierung von Eingangswerten $x < x_\mathrm{min}$ bzw. $x > x_\mathrm{max}$ mit y_1 bzw. y_N. Eingangswerte im Intervall $x_\mathrm{min} \le x \le x_\mathrm{max}$ dagegen werden uniform mit der Schrittweite s quantisiert. Ist $x_\mathrm{max} = -x_\mathrm{min}$ ein Vielfaches von σ, ist der Quantisierungsfehler, der durch die Begrenzung verursacht wird, vernachlässigbar, da die Gauß-pdf $p(x)$ mit wachsendem $|x|$ rasch (exponentiell) abklingt.

Aus

$$\int_{-\infty}^{\infty} p(x)\, dx = 1\,, \quad \int_{-\infty}^{\infty} x^2 p(x)\, dx = \sigma^2$$

folgt

$$I_x = \frac{1}{2}\,\mathrm{ld}\,(2\pi\sigma^2) + \frac{\mathrm{ld}\,e}{2\sigma^2}\cdot\sigma^2 = \frac{1}{2}\,\mathrm{ld}\,(2\pi\,e\,\sigma^2)\,.$$

Mit dem MQQF $D \approx s^2/12$ erhält man

$$I_y \approx \frac{1}{2}\,\mathrm{ld}\,(2\pi\,e\,\sigma^2) - \mathrm{ld}\,(s) = \frac{1}{2}\,\mathrm{ld}\,\frac{2\pi\,e\,\sigma^2}{s^2} \approx \frac{1}{2}\,\mathrm{ld}\,\frac{2\pi\,e\,\sigma^2}{12D}$$

und damit das Ergebnis

$$I_y \approx R_{\mathrm{G}}(D) + \frac{1}{2}\,\mathrm{ld}\,\frac{2\pi e}{12}\,. \tag{9.26}$$

Da die pdf innerhalb eines Quantisierungsintervalls nicht konstant ist, gilt dieses Ergebnis nur näherungweise bei kleiner Quantisierungsschrittweite.

Das gefundene Ergebnis ist bemerkenswert, denn es besagt, daß die Entropie nur um

$$\frac{1}{2}\,\mathrm{ld}\,\frac{2\pi e}{12} \approx 0.255 \text{ bit pro Eingangswert} \tag{9.27}$$

die Gauß-RDF $R_{\mathrm{G}}(D)$ übersteigt. Dies bedeutet, daß man sich der Kodiergrenze in Form der Gauß-RDF bis auf etwa 0.255 bit pro Eingangswert nähern kann, indem eine „einfache" skalare Quantisierung in Verbindung mit einem VLC benutzt wird.[11]

9.3 Prädiktive Kodierung

Bei der Quantisierung bestimmt die Varianz der Eingangswerte den maximalen MQQF $D = \sigma^2$ und beinflußt daher maßgeblich die mittlere Quellbitrate in Abhängigkeit vom MQQF. Bei einer prädiktiven Kodierung kann die Varianz der Signalwerte verringert werden und damit auch die mittlere Quellbitrate bzw. der MQQF. Dies wird dadurch erreicht, daß eine Prädiktion (Vorhersage) der Eingangswerte mit Hilfe von vorherigen Eingangswerten vorgenommen wird und der bei dieser Vorhersage entstehende Fehlerwert kodiert wird. Abbildung 9.11 zeigt das Kodierprinzip. Zunächst wird die Kodierung näher erläutert. Dann wird die Verringerung der Varianz durch die Prädiktion untersucht.

---

[11] Bei der Kodierung mit einem VLC muß noch der Unterschied zwischen der Entropie I_y und der mittleren Kodewortlänge berücksichtigt werden.

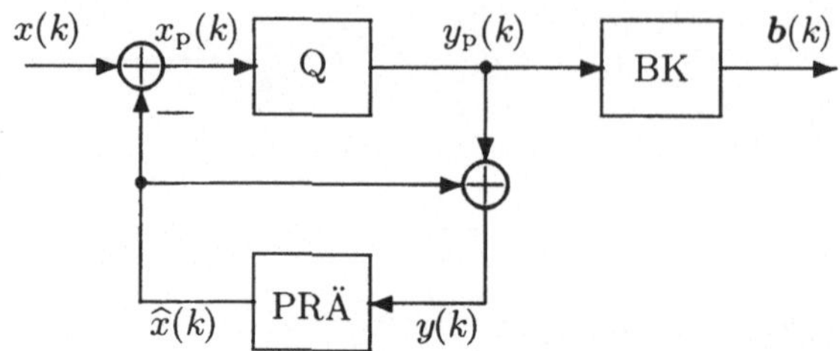

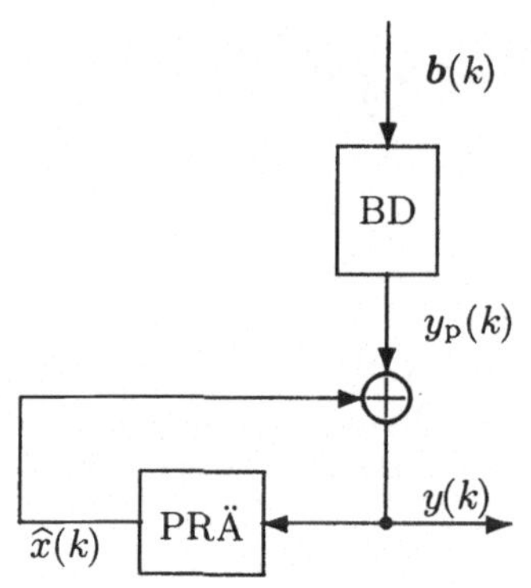

Abb. 9.11. Prinzip einer prädiktiven Kodierung. Die obere Abb. zeigt den Kodierer, bestehend aus Quantisierer (Q), Binärkodierer (BK) und Prädiktor (PRÄ). Die untere Abb. zeigt den Dekodierer bestehend aus Binärdekodierer (BD) und Prädiktor. Anstelle des Eingangswerts $x(k)$ wird der Prädiktionsfehlerwert $x_\mathrm{p}(k) = x(k) - \widehat{x}(k)$ quantisiert und binär kodiert. Der Prädiktionswert $\widehat{x}(k)$ wird von einem Prädiktor geliefert. Kodierer und Dekodierer liefern beide das Ausgangssignal $y(k)$

Der *Prädiktor* liefert für jeden Eingangswert $x(k)$ einen Prädiktionswert $\widehat{x}(k)$. Durch die Differenzenbildung im Kodierer entsteht der Prädiktionsfehlerwert

$$x_\mathrm{p}(k) := x(k) - \widehat{x}(k) \,, \tag{9.28}$$

welcher quantisiert und binär kodiert wird. Durch die Summenbildung entsteht der Ausgangswert bei der prädiktiven Kodierung,

$$y(k) = \widehat{x}(k) + y_\mathrm{p}(k) \,. \tag{9.29}$$

Bei einem vernachlässigbaren Quantisierungsfehler ist $y_\mathrm{p}(k) \approx x_\mathrm{p}(k) = x(k) - \widehat{x}(k)$, woraus $y(k) \approx x(k)$ folgt. Ohne eine Quantisierung stimmen also die Ausgangswerte der prädiktiven Kodierung mit den Eingangswerten überein. Die Quantisierung führt dagegen auf die Abweichung

$$x(k) - y(k) = x(k) - [\widehat{x}(k) + y_\mathrm{p}(k)] = x_\mathrm{p}(k) - y_\mathrm{p}(k) \,. \tag{9.30}$$

Der Fehler zwischen Eingangswert und Ausgangswert entspricht bei der prädiktiven Kodierung somit gerade dem Fehler bei der Quantisierung des Prädiktionsfehlerwerts $x_\mathrm{p}(k)$.

Der Prädiktor bildet den Prädiktionswert $\widehat{x}(k)$ mit Hilfe der Ausgangswerte $y(k-i), i > 0$. Da diese Signalwerte, abgesehen vom Quantisierungsfehler, den Eingangswerten $x(k-1), x(k-2), \ldots$ entsprechen, wird also versucht, den Eingangswert $x(k)$ mit Hilfe vergangener Eingangssignalwerte vorherzusagen. Ein einfaches Beispiel ist die Prädiktion mit dem Vorgängerwert gemäß

$$\widehat{x}(k) = y(k-1) \,. \tag{9.31}$$

Der Prädiktor beinhaltet in diesem Fall einen Speicher für den Ausgangswert $y(k-1)$. Der Prädiktor kann daher als ein Verzögerungsglied mit der Impulsantwort $h(k) = \delta(k-1)$ beschrieben werden. Allgemeiner wird bei einem sog. *linearen Prädiktor* der Prädiktionswert durch eine Filterung gemäß

$$\widehat{x}(k) = (h * y)(k) \tag{9.32}$$

gewonnen (s. Abb. 9.12). Hierbei bezeichnet h die Impulsantwort eines FIR-Filters mit den Filterkoeffizienten $h(1), h(2), \ldots h(k_2)$. Wegen $h(i) = 0$ für $i \leq 0$ wirkt es verzögernd. Eine lineare Prädiktion beinhaltet den Sonderfall $\widehat{x}(k) = 0$, wenn alle Filterkoeffizienten gleich 0 sind. In diesem Fall stimmen Eingangswerte $x(k)$ und Prädiktionsfehlerwerte $x_\mathrm{p}(k)$ überein und es liegt eine nicht prädiktive Kodierung vor, die in Abschn. 9.2 bereits untersucht wurde.

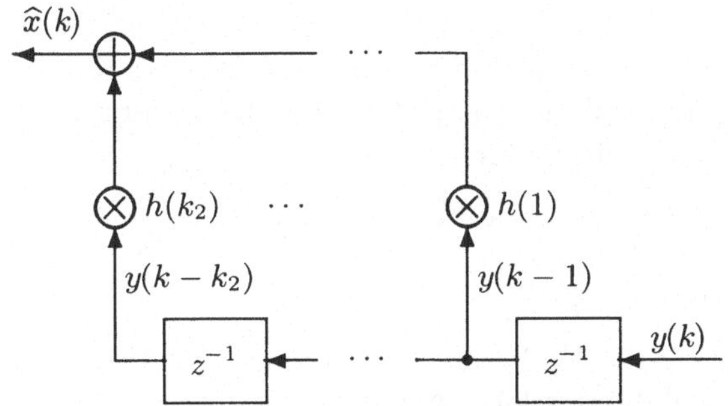

Abb. 9.12. Linearer Prädiktor. Die Prädiktion erfolgt durch ein verzögerndes FIR-Filter mit der Impulsantwort h und den Filterkoeffizienten $h(1), \ldots h(k_2)$

Der Dekodierer entschlüsselt zunächst aus den binären Kodewörtern die Signalwerte $y_\mathrm{p}(k)$, die mit den Signalwerten im Kodierer übereinstimmen. Dies ergibt sich daraus, daß die im Kodierer durchgeführte Binärkodierung eine umkehrbare Operation ist. Folglich produziert das System bestehend aus dem Prädiktor und der Summationstelle die gleichen Ausgangswerte $y(k)$ wie der Kodierer, denn dieses System kommt sowohl im Kodierer als auch im Dekodierer vor. Die Übereinstimmung setzt allerdings voraus, daß die binären Kodewörter im Kodierer und Dekodierer gleich sind. Abweichungen können bei einer Übertragung oder Speicherung der binären Kodewörter auftreten. Auf dieses Problem kommen wir später in Abschn. 9.3.2 zurück.

Das System bestehend aus dem Prädiktor und der Summationstelle stellt ein rückgekoppeltes System dar, welches ausführlich in Kap. 2 und 3 behandelt wurde. Speziell bei einem FIR-Filter als Prädiktor stellt das System ein rückgekoppeltes FIR-Filter, also ein IIR-Filter dar. Bei einer Prädiktion mit dem Vorgängerwert beispielsweise ist das FIR-Filter durch den Verzögerer mit der Impulsantwort $h(k) = \delta(k-1)$ gegeben. In diesem Fall ist das IIR-Filter der Summierer $(S = S_{\Sigma-})$, d.h. es ist

$$y(k) = \sum_{i=-\infty}^{k} y_{\mathrm{p}}(i) \, . \tag{9.33}$$

Wegen $\widehat{x}(k) = y(k-1)$ ergibt sich daraus das Prädiktionssignal durch Verzögerung. Abbildung 9.13 zeigt den Kodierer bei dieser Interpretation.[12]

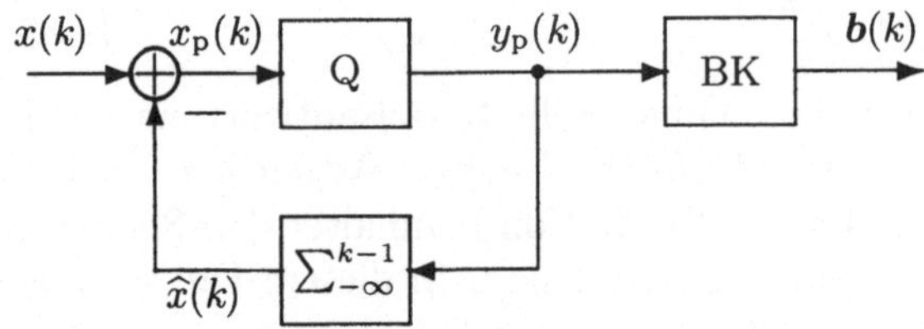

Abb. 9.13. Prädiktiver Kodierer bei einer Prädikton mit dem Vorgängerwert. Das Prädiktionssignal $\widehat{x}(k) = y(k-1)$ entsteht durch Summation und einer Verzögerung um $c = 1$ Zeiteinheiten aus dem quantisierten Prädiktionsfehlersignal $y_{\mathrm{p}}(k)$.

Die sog. *Deltamodulation* kann als eine Variante der prädiktiven Kodierung aufgefaßt werden. Der Zusammenhang zur prädiktiven Kodierung wird im folgenden kurz dargestellt. Die Deltamodulation ist durch

- eine Prädiktion mit dem Vorgängerwert wie in Abb. 9.13,
- einer 1 Bit-Quantisierung,
- einem zeitkontinuierlichen Eingangssignal

gekennzeichnet. Die Wirkungsweise des Kodierers wird anhand von Abb. 9.13 erläutert. Als Quantisierungskennlinie des 1 Bit-Quantisierers wird

$$Q(x_{\mathrm{p}}) := \begin{cases} \Delta y : x_{\mathrm{p}} \geq 0 \\ -\Delta y : x_{\mathrm{p}} < 0 \end{cases} \tag{9.34}$$

angenommen. Der Quantisierer liefert demnach einen der beiden Werte Δy, $-\Delta y$ als Ausgangswert, abhängig vom Vorzeichen seines Eingangswerts. Wegen der 1 Bit-Quantisierung ist die Binärkodierung einfach zu realisieren, z.B. gemäß

$$b(k) = \begin{cases} 1 : y_{\mathrm{p}}(k) = \Delta y \\ 0 : \text{sonst} \, . \end{cases} \tag{9.35}$$

Da nur die beiden quantisierten Werte Δy, $-\Delta y$ möglich sind, liefert der Summierer ein treppenförmig verlaufendes Ausgangssignal $y(k)$ bzw. Prädiktionssignal $\widehat{x}(k) = y(k-1)$, welches sich dem Eingangssignal $x(k)$ nur in Schritten

---

[12] Bei einem vernachlässigbaren Quantisierungsfehler ist die folgende Interpretation des Kodierers möglich: Es ist

$$\widehat{x}(k) = y(k-1) = x(k-1) \, ,$$

d.h. die Differenzstelle im Kodierer realisiert einen Differenzierer für das Eingangssignal. Das IIR-Filter realisiert einen Summierer, der die Wirkung des Differenzierers umkehrt. Das IIR-Filter liefert folglich das Eingangssignal $y(k) = x(k)$.

der Größe Δy nähern kann. Abb. 9.14 zeigt die allmähliche Annäherung des
Prädiktionssignals an den konstanten Eingangssignalwert eines Einschaltvorgangs sowie sein Pendeln um diesen Wert. Bei einem Deltamodulator sind das
Eingangssignal und Prädiktionssignal zeitkontinuierlich. Der Abtaster befindet sich nicht vor dem Kodierer, sondern hinter dem 1 Bit-Quantisierer. Das
Prädiktionssignal $\widehat{x}(t)$ wird durch einen Integrierer erzeugt, der gegenüber
der Taktzeit T kurze Impulse der Fläche Δy erhält, deren Polarität durch
das Vorzeichen am Ausgang des Quantisierers festgelegt sind. Weitere Einzelheiten sind z.B. [10] zu entnehmen.

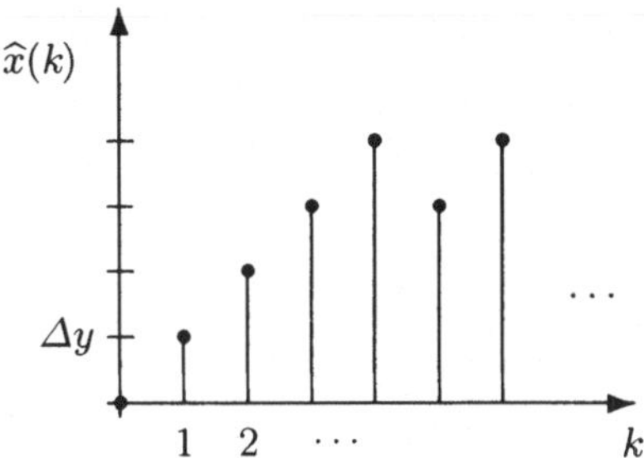

Abb. 9.14. Treppenförmiges Ausgangssignal bei einer prädiktiven Kodierung mit einem 1 Bit-Quantisierer für den Einschalt-
vorgang $x(k) = C\Delta y \cdot \varepsilon(k)$ mit $3 < C < 4$.
Hierbei sind $\Delta y, -\Delta y$ die beiden Ausgangswerte des Quantisierers

Im folgenden wird die Varianz σ_{p}^2 der Prädiktionsfehlerwerte mit der Varianz σ^2 der Eingangswerte verglichen. Die sich hierbei ergebende Verbesserung
der Kodierung wird mit Hilfe der Gauß-RDF

$$R_{\mathrm{G}}(D) = \frac{1}{2}\,\mathrm{ld}\,\frac{\sigma_{\mathrm{p}}^2}{D}\,,\ D \le \sigma_{\mathrm{p}}^2 \tag{9.36}$$

aus Abschn. 9.2 beurteilt. Sie stellt die RDF bei gaußverteilten Prädiktions-
fehlerwerten $x_{\mathrm{p}}(k)$ dar und ist eine obere Schranke für die RDF des Prädik-
tionsfehlersignals. Die exakte Bestimmung der Varianz σ_{p}^2 ist kompliziert, da
Quantisierungsfehler zu berücksichtigen sind, die die Prädiktion beeinflussen
(und beeinträchtigen). Daher wird der Einfluß von Quantisierungsfehlern auf
die Prädiktion vernachlässigt. Es wird also eine Prädiktion des Signalwerts
$x(k)$ durch die Signalwerte $x(k-1), x(k-2), \ldots$ untersucht. Diese Annahme ist bei einem kleinen Quantisierungsfehler gerechtfertigt. Zur weiteren
Vereinfachung werden höchstens zwei Signalwerte $x(k-1), x(k-2)$ für die
Prädiktion zugelassen, d.h. des FIR-Filter liefert den Prädiktionswert

$$\widehat{x}(k) = h(1)x(k-1) + h(2)x(k-2)\,. \tag{9.37}$$

Hierbei kann die Verbesserung der Prädiktion durch einen zweiten Eingangswert untersucht werden. Es werden mittelwertfreie Eingangswerte $x(k)$ mit
der für alle Eingangswerte gleichen Varianz

$$\sigma^2 = E\{x^2(k)\} \tag{9.38}$$

vorausgesetzt sowie die beiden vom Zeitpunkt k ebenfalls unabhängigen *Korrelationskoeffizienten*

$$\rho_1 := \frac{E\{x(k) \cdot x(k+1)\}}{\sigma^2} \, , \tag{9.39}$$

$$\rho_2 := \frac{E\{x(k) \cdot x(k+2)\}}{\sigma^2} \, . \tag{9.40}$$

Der Korrelationskoeffizient ρ_1 „mißt", in welchem Ausmaß ein proportionaler Zusammenhang zwischen zwei benachbarten Eingangswerten $x(k), x(k+1)$ besteht. Der Wertebereich ist $-1 \leq \rho_1 \leq 1$. Der Wert $\rho_1 = 1$ bedeutet, daß alle Punkte $(x(k), x(k+1)), k \in \mathbb{Z}$ exakt auf einer Geraden (durch den Nullpunkt) mit der Steigung 1 liegen. Für den Wert $\rho_1 = -1$ ist die Steigung -1. Entsprechend mißt der Korrelationskoeffizient ρ_2, in welchem Ausmaß ein proportionaler Zusammenhang zwischen Eingangswerten $x(k), x(k+2)$ besteht. Die folgenden Sonderfälle werden untersucht:

1. Prädiktion mit dem Vorgängerwert:

$$\widehat{x}(k) = x(k-1) \, .$$

2. Optimale Prädiktion mit einem Filterkoeffizient:

$$\widehat{x}(k) = h(1) \cdot x(k-1) \, .$$

3. Optimale Prädiktion mit zwei Filterkoeffizienten:

$$\widehat{x}(k) = h(1)x(k-1) + h(2)x(k-2) \, .$$

9.3.1 Prädiktion mit dem Vorgängerwert

Auf Grund der Linearität des Erwartungswerts erhält man

$$
\begin{aligned}
\sigma_{\mathrm{p}}^2 &= E\{[x(k) - x(k-1)]^2\} \\
&= E\{x^2(k)\} - 2E\{x(k)x(k-1)\} + E\{x^2(k-1)\} \\
&= \sigma^2 - 2\sigma^2\rho_1 + \sigma^2 = 2\sigma^2(1 - \rho_1) \, .
\end{aligned}
\tag{9.41}
$$

Demnach wird für $\rho_1 > 1/2$ die Varianz verringert, d.h. für $\rho_1 > 1/2$ ist $\sigma_{\mathrm{p}}^2 < \sigma^2$. Für benachbarte Grauwerte von Bildern beispielsweise findet man den Wert $\rho_1 \approx 0.95$.[13] Aus diesem Wert folgt eine Verringerung der Varianz um den Faktor 10. Daraus folgt eine Verringerung der mittleren Bitrate um $1/2 \cdot \mathrm{ld}\,10 \approx 1.66$ bit pro Eingangssignalwert. Daran erkennt man, daß die prädiktive Kodierung von einer hohen Korrelation zwischen benachbarten Signalwerten profitiert. Für $\rho_1 < 1/2$ dagegen vergrößert die Prädiktion die Signalvarianz.

---

[13] Der genaue Wert hängt von den Bildern ab, für die der Korrelationskoeffizient ρ_1 experimentell durch Mittelung über die vorgegebenen Bilder bestimmt wird. Die Mittelung beinhaltet eine Schätzung des Korrelationskoeffizienten (s. Abschn. 9.3.4).

9.3.2 Optimale Prädiktion mit einem Filterkoeffizient

Es ist

$$\sigma_{\mathrm{p}}^2 = E\{[x(k) - h(1)x(k-1)]^2\} = \sigma^2[1 - 2h(1)\rho_1 + h^2(1)]\ .$$

Der optimale Filterkoeffizient $h(1)$ ergibt sich durch Nullsetzen der Ableitung von σ_{p}^2 nach $h(1)$, d.h. aus $-2\rho_1 + 2h(1) = 0$ zu

$$h(1) = \rho_1 \tag{9.42}$$

mit

$$\sigma_{\mathrm{p}}^2 = \sigma^2(1 - \rho_1^2)\ . \tag{9.43}$$

Der optimale Filterkoeffizient $h(1)$ ist demnach gleich dem Korrelationskoeffizient ρ_1. Die folgenden Fälle sind möglich:

1. $|\rho_1| = 1$:
   Für $\rho_1 = 1$ ist $x(k) = x(k-1)$. Nur in diesem Fall ist die vorher behandelte Prädiktion mit dem Vorgängerwert optimal. Für $\rho_1 = -1$ ist $x(k) = -x(k-1)$. In beiden Fällen ist die Vorhersage gemäß $\widehat{x}(k) = \rho_1 x(k-1)$ fehlerfrei.
2. $|\rho_1| < 1$:
   Für $|\rho_1| < 1$ liefert die Prädiktion mit dem optimalen Filterkoeffizient $h(1) = \rho_1$ eine geringere Varianz als die Prädiktion mit dem Vorgängerwert, denn es ist

   $$2\sigma^2(1 - \rho_1) - \sigma^2(1 - \rho_1^2) = \sigma^2(1 - \rho_1)^2 > 0\ .$$

3. $\rho_1 = 0$:
   Benachbarte Eingangssignalwerte $x(k), x(k-1)$ sind unkorrelliert. Der optimale Filterkoeffizient ist $h(1) = 0$ und es ist $\sigma_{\mathrm{p}}^2 = \sigma^2$. Durch Prädiktion kann daher die Varianz nicht verringert werden. Andererseits ist bei Prädiktion mit dem Vorgängerwert die Varianz $\sigma_{\mathrm{p}}^2 = 2\sigma^2$ noch größer.

Der Faktor $h(1) = \rho_1$ hat gegenüber einer Prädiktion mit dem Vorgängerwert neben einer verbesserten Prädiktion den weiteren Vorteil, Folgefehler bei Kanalfehlern zu verringern. Bei Kanalfehlern treten Abweichungen zwischen den binären Kodewörtern $b(k)$ im Kodierer und Dekodierer auf. Wir nehmen an, daß unter allen binären Kodewörten das Kodewort $b(0)$ fehlerhaft ist und daher anstelle des quantisierten Signalwerts $y_{\mathrm{p}}(0)$ der Signalwert $y_{\mathrm{p}}(0) + \Delta y$ dekodiert wird. Das Ausgangssignal des Dekodierers ergibt sich wegen der Linearität des IIR-Filters im Dekodierer (Summierstelle und Prädiktor) aus einer Überlagerung des Ausgangssignals ohne Kodewortfehler und einem Fehleranteil. Der Fehleranteil ist die Antwort des IIR-Filters auf das Signal

$$y_{\mathrm{p}}(k) = \Delta y \cdot \delta(k) \tag{9.44}$$

und ergibt sich aus der Rückkopplungsgleichung

$$y(k) = h(1)y(k-1) + y_\mathrm{p}(k)$$

zu

$$y(k) = \Delta y \cdot \varepsilon(k)[h(1)]^k \; . \tag{9.45}$$

Er stimmt abgesehen von dem Faktor Δy mit der Impulsantwort der Rückkopplung überein (s. Abschn. 3.6). Für $h(1) = 1$ ist $y(k) = \Delta y \cdot \varepsilon(k)$. Bei einer Prädiktion mit dem Vorgängerwert bleibt somit die Abweichung Δy zwischen Kodierer und Dekodierer bestehen. Ein einziges fehlerhaftes Kodewort führt zu nicht abnehmenden Folgefehlern. Für $|h(1)| = \rho_1 < 1$ dagegen klingt die Impulsantwort der Rückkopplung und damit auch die Abweichung zwischen Kodierer und Dekodierer zeitlich ab.

9.3.3 Optimale Prädiktion mit zwei Filterkoeffizienten

Für

$$\widehat{x}(k) = h(1)x(k-1) + h(2)x(k-2)$$

ist

$$\begin{aligned}
\sigma_\mathrm{p}^2 &= E\{[x(k) - \widehat{x}(k)]^2\} \\
&= \sigma^2 - 2E\{x(k)\widehat{x}(k)\} + E\{\widehat{x}^2(k)\} \\
&= \sigma^2[1 - 2h(1)\rho_1 - 2h(2)\rho_2 + h^2(1) + 2h(1)h(2)\rho_1 + h^2(2)] \; .
\end{aligned}$$

Die optimalen Filterkoeffizienten $h(1), h(2)$ ergeben sich durch Nullsetzen der Ableitung von σ_p^2 nach $h(1)$ und $h(2)$. Man erhält die sog. *Normal-Gleichungen* [20]

$$-2\rho_1 + 2h(1) + 2h(2)\rho_1 = 0 \; ,$$
$$-2\rho_2 + 2h(1)\rho_1 + 2h(2) = 0$$

oder in Matrizenschreibweise

$$\begin{bmatrix} 1 & \rho_1 \\ \rho_1 & 1 \end{bmatrix} \cdot \begin{pmatrix} h(1) \\ h(2) \end{pmatrix} = \begin{pmatrix} \rho_1 \\ \rho_2 \end{pmatrix} \; . \tag{9.46}$$

Für $|\rho_1| < 1$ erhält man die eindeutig bestimmte Lösung

$$h(1) = \frac{\rho_1(1-\rho_2)}{1-\rho_1^2} \; , \quad h(2) = \frac{\rho_2 - \rho_1^2}{1-\rho_1^2} \; . \tag{9.47}$$

Einsetzen der Lösung in σ_p^2 führt auf die minimale Signalvarianz[14]

---

[14] Die Rechnung kann durch Anwendung des sog. *Orthogonalitätstheorems* vereinfacht werden. Es besagt, daß bei optimaler Prädiktion das Prädiktionsfehlersignal $x_\mathrm{p}(k) = x(k) - \widehat{x}(k)$ und die zur Schätzung benutzten Signalwerte $x(k-1), x(k-2)$ unkorreliert sind (s. Übungsaufgabe). Daraus folgt

$$\sigma_\mathrm{p}^2 = E\{[x(k) - \widehat{x}(k)]^2\} = E\{x(k)[x(k) - \widehat{x}(k)]\} \; .$$

$$\sigma_\mathrm{p}^2 = \sigma^2 \frac{(1 - \rho_2)(1 + \rho_2 - 2\rho_1^2)}{1 - \rho_1^2} \ , \ |\rho_1| < 1 \ . \tag{9.48}$$

Gegenüber der optimalen Prädiktion mit einem einzelnen Filterkoeffizienten muß jetzt der Zusammenhang zwischen den Korrelationskoeffizienten ρ_1, ρ_2 berücksichtig werden. Der Zusammenhang ergibt sich aus der Bedingung, daß die Signalvarianz σ_p^2 auch bei optimalen Filterkoeffizienten nicht negativ sein darf, zu

$$\rho_2 \geq 2\rho_1^2 - 1 \ . \tag{9.49}$$

Diese Bedingung ergibt zusammen mit den Bedingungen $|\rho_1| \leq 1, |\rho_2| \leq 1$ den zulässigen Bereich für die Korrelationskoeffizienten (s. Abb. 9.15). Der Rand des zulässigen Bereichs wird durch die Parabel $\rho_2 = 2\rho_1^2 - 1$ und die Gerade $\rho_2 = 1$ begrenzt.

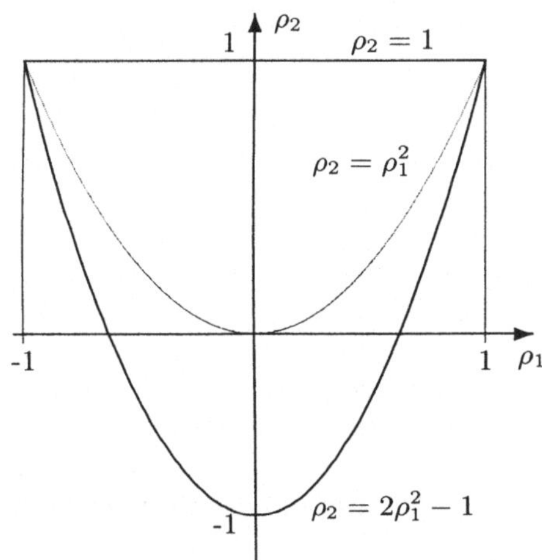

Abb. 9.15. Zulässiger Bereich für die Korrelationskoeffizienten ρ_1, ρ_2. Die Punkte (ρ_1, ρ_2) liegen zwischen der Parabel $\rho_2 = 2\rho_1^2 - 1$ und der Geraden $\rho_2 = 1$. Auf dem Rand dieses Bereichs ist die Signalvarianz $\sigma_\mathrm{p}^2 = 0$

Sonderfälle für die Korrelationskoeffizienten sind:

1. $\rho_1^2 = 1$:
   Abbildung 9.15 entnimmt man zunächst, daß in diesem Fall $\rho_2 = 1$ gilt. Dies ergibt sich auch aus $x(k) = \pm x(k-1)$, woraus $x(k) = x(k-2)$ und damit $\rho_2 = 1$ folgt. Die Normal-Gleichungen lauten für

$$\rho_1 = 1 : h(1) + h(2) = 1 \ , \tag{9.50}$$

$$\rho_1 = -1 : h(2) - h(1) = 1 \ . \tag{9.51}$$

Optimale Filterkoeffizienten sind daher in diesem Fall nicht eindeutig bestimmt, sondern es gibt mehrere Lösungen.

2. $\rho_2 = \rho_1^2$:
   Auf der Parabel $\rho_2 = \rho_1^2$ ist

$$h(1) = \rho_1 \ , \ h(2) = 0 \ , \tag{9.52}$$

d.h. der zweite Filterkoeffizient $h(2)$ führt nicht zu einer Verringerung der Varianz gegenüber der optimalen Prädiktion mit $h(1)$. Die Signalvarianz ist nach (9.48)

$$\sigma_\mathrm{p}^2 = \sigma^2(1 - \rho_1^2) \ .$$

Diese Varianz haben wir bei der Prädiktion mit dem optimalen Filterkoeffizienten $h(1)$ kennengelernt, s. (9.43). Für $\rho_2 \neq \rho_1^2$ dagegen ist $h(2) \neq 0$, d.h. der Filterkoeffizient $h(2)$ verbessert dann die Prädiktion.

3. $\rho_2 = 1$ oder $\rho_2 = 2\rho_1^2 - 1$:

Auf dem Rand des zulässigen Bereichs ist nach (9.48) $\sigma_\mathrm{p}^2 = 0$, d.h. die Prädiktion ist fehlerfrei. Daraus folgt

$$x(k) = \widehat{x}(k) = h(1)x(k - 1) + h(2)x(k - 2) \ , \tag{9.53}$$

d.h. der Signalwert $x(k)$ ist von den Signalwerten $x(k-1), x(k-2)$ linear abhängig. Die optimalen Filterkoeffizienten sind[15]

$$\begin{aligned}
\rho_2 &= 1: &h(1) &= 0, h(2) = 1 \\
\rho_2 &= 2\rho_1^2 - 1: &h(1) &= 2\rho_1, h(2) = -1 \ .
\end{aligned} \tag{9.54}$$

9.3.4 Adaptive Prädiktion

Eine Möglichkeit, die Prädiktion zu verbessern, besteht in einer adaptiven Prädiktion. Im folgenden wird das Prinzip erklärt sowie eine Anwendung in der Bewegtbildkodierung aufgezeigt. Bei einer adaptiven Prädiktion wird in Abhängigkeit vom Eingangssignal einer von mehreren Prädiktoren ausgewählt. Der Auswahlvorgang ist in Abb. 9.16 durch einen Schalter dargestellt. Durch die Abhängigkeit der Prädiktion vom Eingangssignal kann die Prädiktion an das Eingangssignal angepaßt und damit die Prädiktion verbessert werden.

Eine Änderung der Prädiktion während der prädiktiven Kodierung ist ebenfalls möglich. Beispielsweise kann die Auswahl eines Prädiktors blockweise erfolgen, wobei ein Block aus M aufeinanderfolgenden Signalwerten,

---

[15] Aus den optimalen Filterkoeffizienten folgen

$$\rho_2 = 1 : x(k) = x(k - 2) \ ,$$
$$\rho_2 = 2\rho_1^2 - 1 : x(k) = 2\rho_1 x(k - 1) - x(k - 2) \ .$$

In beiden Fällen bestätigt man, daß aus

$$E\{x^2(k - 2)\} = E\{x^2(k - 1)\} = \sigma^2 \ , \ E\{x(k - 1)x(k - 2)\} = \sigma^2\rho_1$$

die Beziehungen

$$E\{x^2(k)\} = \sigma^2 \ ,$$
$$E\{x(k)x(k - 1)\} = \sigma^2\rho_1 \ , \ E\{x(k)x(k - 2)\} = \sigma^2\rho_2$$

folgen.

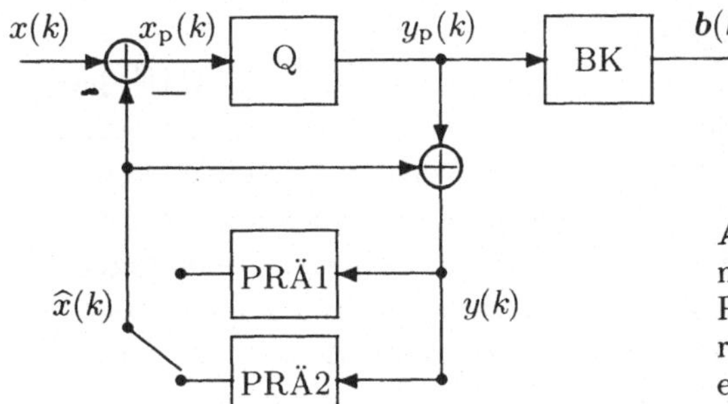

Abb. 9.16. Adaptive Prädiktion mit zwei Prädiktoren PRÄ1 und PRÄ2 bei der prädiktiven Kodierung. Die Auswahl eines Prädiktors erfolgt in Abhängigkeit vom Eingangssignal

z.B. $x(1), \ldots x(M)$ besteht. Hierbei sind die zwei folgenden Fälle zu unterscheiden:

1. Kodierung mit Nebeninformation:
   Die Auswahl des Prädiktors hängt idealerweise vom zu kodierenden Block ab. Da der Dekodierer den gleichen Prädiktor auswählen muß wie der Kodierer, muß der Dekodierer die Auswahl als sog. *Nebeninformation* erhalten. Die Binärkodierung der Nebeninformation erhöht zwar die Quellbitrate, die Prädiktion kann aber verbessert werden. Ein Beispiel ist die adaptive Prädiktion gemäß

$$\widehat{x}(k) = h(1)y(k - 1)$$

mit dem Filterkoeffizienten

$$h(1) := \begin{cases} 0.9 : \widehat{\rho}_1 > 1/2 \\ 0 : \text{sonst} \end{cases} .$$

Es wird also entweder ein linearer Prädiktor mit dem Filterkoeffizienten $h(1) = 0.9$ verwendet (Prädiktor 1) oder keine Prädiktion vorgenommen, d.h. es erfolgt eine Prädiktion mit Filterkoeffizienten 0 (Prädiktor 2). Die Auswahl eines der beiden Prädiktoren erfolgt in Abhängigkeit von $\widehat{\rho}_1$, welcher als Ergebnis einer „Korrelationsanalyse" den „Korrelationskoeffizienten" für Block $\boldsymbol{x} = (x(1), \ldots x(M))^T$ angibt:[16]

$$\widehat{\rho}_1 = \widehat{\rho}_1(x(1), \ldots x(M)) := \frac{\sum_{i=2}^{M} x(i)x(i - 1)}{\sum_{i=2}^{M} x^2(i - 1)} . \tag{9.55}$$

---

[16] Damit wird der mittlere quadratische Prädiktionsfehler

$$\widehat{\sigma}_p^2 = \sum_{i=2}^{M} [x(i) - \rho \cdot x(i - 1)]^2$$

minimiert: Nullsetzen der Ableitung nach ρ ergibt

$$\sum_{i=2}^{M} [x(i) - \rho \cdot x(i - 1)][-x(i - 1)] = 0 ,$$

woraus $\rho = \widehat{\rho}_1$ folgt.

2. Kodierung ohne Nebeninformation:
   Die Auswahl des Prädiktors für den Block $x = (x(1), \ldots x(M))^T$ hängt nur von den bereits dekodierten Signalwerten $y(0), y(-1), \ldots$ ab. Da diese Signalwerte auch im Dekodierer zur Verfügung stehen, kann im Dekodierer der gleiche Prädiktor ausgewählt werden wie im Kodierer, ohne die Auswahl des Prädiktors als Nebeninformation übertragen zu müssen. Ein Beispiel ist die adaptive Prädiktion unter Punkt 1, aber mit $\widehat{\rho}_1 = \widehat{\rho}_1(y(1 - M), \ldots y(0))$. Eine Korrelationsanalyse wird somit für die bereits dekodierten Signalwerte $y(1 - M), \ldots y(0)$ vorgenommen.

Das folgende Beispiel erläutert die adaptive Prädiktion anhand der sog. *Bewegungskompensation* bei Bewegtbildern. Die Nebeninformation ist hierbei durch Bewegungsvektoren gegeben, welche zeitliche Änderungen bei einer Bildfolge widerspiegeln.

Beispiel 9.7 (Bewegungskompensation).
Bei der sog. *Interframe-Kodierung* mit blockweiser Bewegungskompensation wird das zu kodierende Bild einer Bildfolge zunächst in quadratische Bildausschnitte zerlegt. Jeder Block enthält die M Grauwerte eines solchen Bildausschnitts. Bei einer Bewegungsanalyse wird für jeden Block ein dazu möglichst „passender" Block im vorangegangenen (dekodierten) Bild gesucht. Mit Hilfe dieses Blocks erfolgt die Prädiktion. Die Position des Blocks im vorangegangenen Bild wird als Nebeninformation in Form eines *Verschiebungsvektors* binär kodiert. Die *Hauptinformation* dagegen enthält die bildpunktweise gebildete Differenz beider Blöcke. Abbildung 9.17 verdeutlicht das Prinzip.

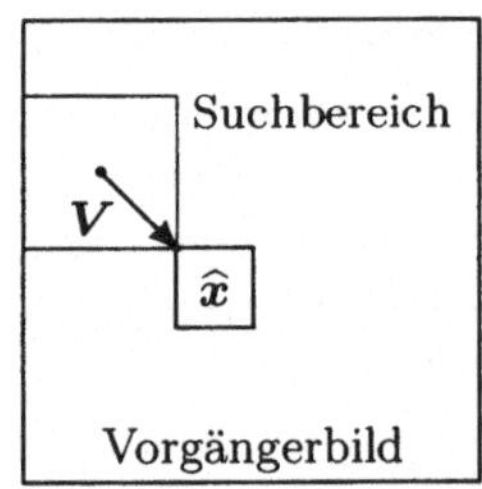

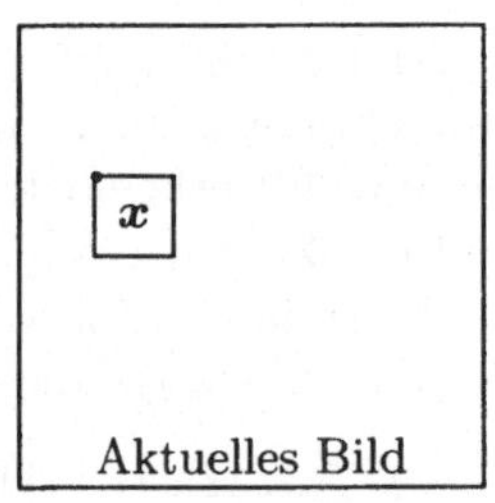

Abb. 9.17. Bewegungskompensation bei einer Folge von Grauwertbildern. Der zu kodierende Block $x = (x(1), \ldots x(M))^T$ wird durch den Block $\widehat{x}$ im dekodierten Vorgängerbild vorhergesagt. Die gegenseitige Verschiebung V beider Blöcke ist die Nebeninformation

Die Anzahl der Prädiktoren ist gleich der Anzahl der möglichen Verschiebungsvektoren V. Durch eine entsprechende Begrenzung dieser Anzahl wird

1. die Bitrate für die Nebeninformation begrenzt,
2. der *Suchbereich* für den Block $\widehat{x}$ im vorangegangenen Bild und damit der Suchaufwand begrenzt.

Für jeden Block y innerhalb des Suchbereichs wird die Abweichung zu Block x bestimmt, beispielsweise mit Hilfe des quadratischen Fehlerkriteriums gemäß

$$\frac{1}{M} \sum_{i=1}^{M} [x(i) - y(i)]^2 \ .$$

Der Block $\boldsymbol{y}$ mit der kleinsten quadratischen Abweichung zum Block $\boldsymbol{x}$ liefert den gesuchten Prädiktionsblock $\hat{\boldsymbol{x}}$. Durch spezielle Suchverfahren kann die Bestimmung der Verschiebungsvektoren beschleunigt werden.

Eine Verbesserung der Prädiktion ist durch eine FIR-Filterung des Prädiktionsblocks $\hat{\boldsymbol{x}}$ möglich. Bei der Filterung können höherfrequente Signalanteile des Prädiktionsblocks verringert werden, die auf Grund ihrer kleinen Korrelation mit dem Eingangsblock $\boldsymbol{x}$ der Prädiktion nur schaden würden. Solche Signalanteile können auch durch die Bewegungskompensation verursacht werden. Dabei werden Signalsprünge an den Blockgrenzen durch die Bewegungskompensation in den Prädiktionsblock „hineingeschoben". Bei einem adaptiven FIR-Filter kann die Tiefpaßfilterung signalabhängig erfolgen. Nähere Einzelheiten können beispielsweise [21] entnommen werden.

9.4 Transformationskodierung

In Abschn. 4.2.1 wurden unitäre Transformationen für Vektoren eingeführt. Im folgenden wird die Anwendung unitärer Transformationen für die Quellenkodierung aufgezeigt. Die in Beispiel 4.4 eingeführte Diskrete Kosinustransformation (DCT) wird hierbei als bekannt vorausgesetzt. Eine Kombination aus einer prädiktiven Kodierung und einer Transformation wird am Ende dieses Abschnitts dargestellt.

Eine *Transformationskodierung* beinhaltet die blockweise Transformation des zu kodierenden, zeitdiskreten Eingangssignals und die Quantisierung der Transformationskoeffizienten. Dies bedeutet, daß zunächst das zeitdiskrete Signal $x(k)$ in Blöcke $\boldsymbol{x}$ von M aufeinanderfolgenden Signalwerten zerlegt wird und jeder Block $\boldsymbol{x}$ gemäß

$$\tilde{\boldsymbol{x}} = \boldsymbol{F}\boldsymbol{x} \tag{9.56}$$

transformiert wird. Hierbei bezeichnet $\boldsymbol{F}$ die $M \times M$ Transformationsmatrix und $\tilde{\boldsymbol{x}}$ den transformierten Block, bestehend aus den Transformationskoeffizienten $\tilde{x}(1), \ldots \tilde{x}(M)$. Die Matrix $\boldsymbol{F}$ wird reellwertig vorausgesetzt. Eine Kodierung des Imaginärteils der Transformationskoeffizienten erübrigt sich dann. Die transformierten Blöcke werden im Kodierer quantisiert und im Dekodierer rücktransformiert. Die Quantisierung erfolge skalar. Abbildung 9.18 zeigt das Kodierprinzip.

Wie bei der prädiktiven Kodierung zeigt sich der Vorteil der Transformation in einer Verringerung der Signalvarianz. Die Varianzen der Transformationskoeffizienten werden mit

$$\sigma_n^2 := E\{\tilde{x}^2(n)\} \ , \ n = 1, \ldots M \tag{9.57}$$

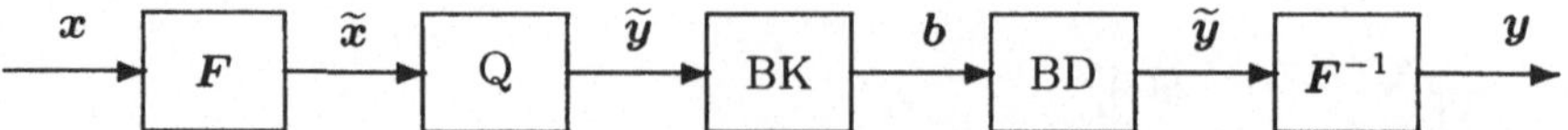

Abb. 9.18. Prinzip der Transformationskodierung. Der Eingangsblock x wird im Kodierer transformiert und der transformierte Block $\widetilde{x}$ quantisiert und binär kodiert (BK). Die Binärdekodierung (BD) und Rücktransformation des quantisierten Blocks im Dekodierer ergibt den Ausgangsblock y

bezeichnet.[17] Im Unterschied zur prädiktiven Kodierung ergeben sich im allgemeinen unterschiedliche Varianzwerte. In einem möglichst starken „Gefälle"

$$\sigma_1^2 > \sigma_2^2 > \cdots > \sigma_M^2 \tag{9.58}$$

liegt gerade der Vorteil für die Datenkompression. Dieser Sachverhalt wird im folgenden *Energiekonzentration* genannt. Die Varianzen $\sigma_1^2, \ldots \sigma_n^2$ können wegen der linearen Abhängigkeit der Transformationskoeffizienten von den Signalwerten $x(1), \ldots x(M)$ einfach berechnet werden. Sie hängen neben der Varianz

$$\sigma^2 = E\{x^2(k)\} \, , \ k = 1, \ldots M \tag{9.59}$$

von Korrelationskoeffizienten des Eingangssignals ab.

Die naheliegende Vorgehensweise, *alle* Varianzwerte zu verringern, führt nicht zum Ziel. Dies wird am Beispiel der Transformation gemäß

$$\widetilde{x}(k) = \lambda \cdot x(k) \, , \ k = 1, \ldots M$$

erklärt. Die Multiplikation der Eingangswerte mit dem Faktor $\lambda \in \mathbb{R}$ stellt eine Transformation mit der Transformationsmatrix $F = \lambda E$ dar. Hierbei bezeichnet E wieder die Einheitsmatrix. Für $|\lambda| < 1$ ergibt sich für *alle* Transformationskoeffizienten die verringerte Varianz

$$\sigma_n^2 = E\{\widetilde{x}^2(n)\} = \lambda^2 \sigma^2 \, , \ n = 1, \ldots M \, .$$

Der Einfluß der Varianzen auf die mittlere Quellbitrate wird wie bei der prädiktiven Kodierung durch die Gauß-RDF

$$R_n(D_n) = \frac{1}{2} \operatorname{ld} \frac{\sigma_n^2}{D_n} \, , \ n = 1, \ldots M \tag{9.60}$$

beurteilt. Dabei ist

$$D_n := E\{[\widetilde{y}(n) - \widetilde{x}(n)]^2\} \, , \ n = 1, \ldots M \tag{9.61}$$

---

[17] Wir setzen voraus, daß die Signalwerte $x(k), k = 1, \ldots M$ mittelwertfrei sind. Multiplikation mit der Transformationsmatrix F liefert daher ebenfalls mittelwertfreie Signalwerte $\widetilde{x}(n), n = 1, \ldots M$, denn jeder Transformationskoeffizient ist eine Linearkombination der Signalwerte $x(k), k = 1, \ldots M$. Ihre Varianzen und zweiten Momente stimmen daher überein.

der MQQF für die Quantisierung des Transformationskoeffizienten $\widetilde{x}(n)$. Durch einen Faktor $\lambda \approx 0$ könnte daher bei gleichbleibenden Quantisierungsfehlern D_n eine beliebig kleine Quellbitrate erzielt werden. Der Quantisierungsfehler D_n bezieht sich allerdings auf die Transformationskoeffizienten und nicht auf die Abweichung zwischen Eingangsblock x und Ausgangsblock y. Der Einfluß der Rücktransformation muß auch berücksichtigt werden. Die Rücktransformation ist durch

$$y = \frac{1}{\lambda}\widetilde{y}$$

gegeben. Daraus folgt der quadratische Fehler

$$\sum_{k=1}^{M}[y(k) - x(k)]^2 = \sum_{n=1}^{M}\left[\frac{1}{\lambda}\widetilde{y}(n) - \frac{1}{\lambda}\widetilde{x}(n)\right]^2$$

$$= \frac{1}{\lambda^2}\sum_{n=1}^{M}[\widetilde{y}(n) - \widetilde{x}(n)]^2 \ .$$

Der quadratische Quantisierungsfehler für die Quantisierung der Transformationskoeffizienten wird demnach mit dem Faktor $1/\lambda^2$ multipliziert. Der Faktor $\lambda \approx 0$ führt daher einerseits zu einer kleinen Quellbitrate, aber andererseits zu einer Vergrößerung des Quantisierungsfehlers. Im Gegensatz zur Multiplikation mit einem Faktor sind bei einer unitären Transformation der quadratische Fehler für den Eingangsblock x und den transformierten Block $\widetilde{x}$ gleich, wie im folgenden gezeigt wird.

Eine unitäre Transformation ist nach (4.58) durch die inverse Transformationsmatrix

$$F^{-1} = F^{*T}$$

gekennzeichnet. Da die Transformation außerdem reellwertig ist, ist sie orthogonal, d.h. es ist

$$F^{-1} = F^{T} \ . \tag{9.62}$$

Für eine orthogonale Transformation folgt die Erhaltung der Energie eines Vektors bei seiner Transformation aus

$$\sum_{n=1}^{M}\widetilde{x}^2(n) = \widetilde{x}^T\widetilde{x} = (Fx)^T Fx = x^T F^T Fx = x^T Ex$$

$$= x^T x = \sum_{k=1}^{M}x^2(k) \ . \tag{9.63}$$

Folglich bleibt auch der quadratische Quantisierungsfehler, gegeben durch die Energie des Signalvektors

$$\widetilde{y} - \widetilde{x} = Fy - Fx = F(y - x)$$

bei der Transformation erhalten. Bei einer orthogonalen Transformation wird folglich der MQQF

$$D = \frac{1}{M}E\left\{\sum_{n=1}^{M}[\tilde{y}(n) - \tilde{x}(n)]^2\right\} = \frac{1}{M}\sum_{n=1}^{M}D_n \qquad (9.64)$$

durch die Rücktransformation nicht verändert, sondern bleibt erhalten, d.h. es ist

$$D = \frac{1}{M}E\left\{\sum_{k=1}^{M}[y(k) - x(k)]^2\right\} \ . \qquad (9.65)$$

Die Faktoren $1/M$ beinhalten eine Mittelung des MQQF über die M Komponenten eines Blocks.

Aus der Energieerhaltung bei der Transformation gemäß (9.63) folgt durch Bildung des Erwartungswerts außerdem der Zusammenhang

$$\sum_{n=1}^{M}\sigma_n^2 = M\sigma^2 \ . \qquad (9.66)$$

Eine gleichmäßige Verringerung aller Varianzen $\sigma_1^2, \ldots \sigma_M^2$ wie bei der Multiplikation mit einem Faktor ist bei einer orthogonalen Transformation also nicht möglich. Der Nutzen einer orthogonalen Transformation für die Datenkompression liegt vielmehr in der Energiekonzentration $\sigma_1^2 > \sigma_2^2 > \cdots > \sigma_M^2$. Die Konzentration auf Transformationskoeffizienten niedriger Ordnung setzt voraus, daß die Transformationskoeffizienten richtig geordnet sind, was durch Umsortierungen der Zeilen der Transformationsmatrix stets erreicht werden kann. Die Energiekonzentration ist für

$$\sigma_1^2 = M\sigma^2 > \sigma_2^2 = \cdots = \sigma_M^2 = 0$$

am größten.

Ein wichtiges Beispiel für eine orthogonale Transformation ist die DCT, die in Beispiel 4.4 eingeführt wurde.

Beispiel 9.8 (Energiekonzentration der DCT).
Die Basisvektoren der (geraden) DCT ergeben sich aus jeweils M Signalwerten sinusförmiger, zeitdiskreter Signale mit wachsenden Frequenzen

$$f_n = \frac{n-1}{2M} \ , \ n = 1, \ldots M \ ,$$

die sich der „maximalen" Frequenz $f = 1/2$ nähern. Nach den Ausführungen in Abschn. 4.2.1 geben die DCT-Koeffizienten $\tilde{x}(n)$ die Faktoren für die Gewichtung der Basisvektoren an, um den Eingangsvektor x zu erzeugen. Abnehmende Varianzen entstehen daher insbesondere, wenn die Eingangssignalwerte wenig schwanken. Bei maximaler Energiekonzentration ist nur der DC-Anteil (Gleichanteil) ungleich Null. Die Energiekonzentration der DCT wird anhand der Blockgröße $M = 2$ verdeutlicht.

Für $M = 2$ stimmt die Transformationsmatrix der (geraden) DCT mit der Transformationsmatrix der *Walsh-Hadamard-Transformation* überein:

$$F = \begin{bmatrix} 1/\sqrt{2} & 1/\sqrt{2} \\ \cos(\pi/4) & \cos(3\pi/4) \end{bmatrix} = \frac{1}{\sqrt{2}} \begin{bmatrix} 1 & 1 \\ 1 & -1 \end{bmatrix} . \tag{9.67}$$

Die beiden DCT-Koeffizienten lauten folglich

$$\widetilde{x}(1) = \frac{1}{\sqrt{2}}[x(1) + x(2)] \,, \ \ \widetilde{x}(2) = \frac{1}{\sqrt{2}}[x(1) - x(2)] \,. \tag{9.68}$$

Mit dem Korrelationskoeffizienten

$$\rho_1 = \frac{E\{x(1)x(2)\}}{\sigma^2}$$

folgt

$$\sigma_1^2 = E\{\widetilde{x}^2(1)\} = \frac{1}{2}[\sigma^2 + 2\sigma^2\rho_1 + \sigma^2] = \sigma^2(1 + \rho_1) \,,$$

$$\sigma_2^2 = E\{\widetilde{x}^2(2)\} = \frac{1}{2}[\sigma^2 - 2\sigma^2\rho_1 + \sigma^2] = \sigma^2(1 - \rho_1) \,.$$

Durch die Bildung der Summe und Differenz der beiden Signalwerte $x(1), x(2)$ wird eine hohe Energiekonzentration erreicht, wenn eine hohe Korrelation ρ_1 zwischen den Signalwerten $x(1), x(2)$ besteht. Für $\rho_1 = 1$ sind die Signalwerte $x(1), x(2)$ gleich. In diesem Fall ist der DCT-Koeffizient $\widetilde{x}(2)$ gleich Null. Bei einer prädiktiven Kodierung ergab sich für diesen Fall eine exakte Prädiktion.

Im folgenden wird die Auswirkung der Energiekonzentration auf die Datenkompression angegeben. Als Zusammenhang zwischen mittlerer Bitrate und MQQF zur Kodierung eines DCT-Koeffizienten wird eine Gauß-RDF gemäß (9.60) vorausgesetzt. Es ist also

$$R = \frac{1}{M} \sum_{n=1}^{M} \frac{1}{2} \,\mathrm{ld}\, \frac{\sigma_n^2}{D_n} \,, \tag{9.69}$$

$$D = \frac{1}{M} \sum_{n=1}^{M} D_n \,. \tag{9.70}$$

Die Aufteilung des MQQF D auf die MQQF D_n für die einzelnen Transformationskoeffizienten stellt einen Freiheitsgrad dar, der zur Optimierung der Datenkompression ausgenutzt werden kann. Bei einer skalaren, uniformen Quantisierung der Transformationskoeffizienten beispielsweise wird der MQQF D_n durch eine Quantisierungsschrittweite s_n „gesteuert". Bei kleiner Schrittweite s_n gilt die bereits bekannte Näherung

$$D_n \approx s_n^2/12 \,, \ n = 1, \ldots M \,. \tag{9.71}$$

Durch unterschiedliche Quantisierungsschrittweiten ergeben sich auf diese Weise auch unterschiedliche MQQF D_n. Eine Optimierung der Datenkompression beinhaltet die Minimierung der mittleren Bitrate R unter allen möglichen Aufteilungen des MQQF D auf die Transformationskoeffizienten. Die Lösung kann mit Hilfe der *Multiplikatorenmethode nach Lagrange* gefunden werden. Hierbei ist zu beachten:

1. Die MQQF $D_n, n = 1, \ldots M$ sind nicht negativ.
2. Die MQQF D_n sind höchstens gleich der Varianz σ_n^2. Für den maximalen MQQF $D_n = \sigma_n^2$ ist die mittlere Bitrate

$$R_n = \frac{1}{2} \operatorname{ld} \frac{\sigma_n^2}{D_n}$$

   gleich Null.

Als Lösung erhält man für alle Transformationskoeffizienten mit einer Bitrate $R_n > 0$ den gleichen Quantisierungsfehler $D_n = \Theta$:[18]

$$D_n := \begin{cases} \Theta : \Theta < \sigma_n^2 \\ \sigma_n^2 : \text{sonst} \end{cases} , \quad n = 1, \ldots M . \tag{9.72}$$

Für den Sonderfall einer feinen Quantisierung mit $\Theta \leq \sigma_n^2, n = 1, \ldots M$ folgt $D_n = \Theta, n = 1, \ldots M$. Die Quantisierungsfehler D_n sind somit für alle Transformationskoeffizienten gleich groß. Es folgt $D = D_n, n = 1, \ldots M$ und damit der Zusammenhang[19]

$$R = \frac{1}{M} \sum_{n=1}^{M} \frac{1}{2} \operatorname{ld} \frac{\sigma_n^2}{D} , \quad D \leq \sigma_M^2 . \tag{9.73}$$

Wegen $\sigma_1^2 \geq \sigma_2^2 \geq \cdots \geq \sigma_M^2$ gilt die vorstehende Beziehung für einen MQQF $D \leq \sigma_M^2$. Aus der Näherung $D_n \approx s^2/12$ erhält man das interessante Ergebnis, daß eine optimale Aufteilung des MQQF D durch eine für alle Transformationskoeffizienten gleiche Quantisierungsschrittweite erreicht wird.

Der Einfluß der Energiekonzentration auf die mittlere Bitrate wird durch die folgende Umformung deutlich:

$$R(D) = \frac{1}{2M} \sum_{n=1}^{M} \left[\operatorname{ld} \sigma_n^2 - \operatorname{ld} D \right] = \frac{1}{2M} \left[\operatorname{ld} \prod_{n=1}^{M} \sigma_n^2 - M \operatorname{ld} D \right]$$

---

[18] Nach der Multiplikatorenmethode von Lagrange ist

$$\frac{\mathrm{d}R}{\mathrm{d}D_n} - \lambda \frac{\mathrm{d}D}{\mathrm{d}D_n} = 0$$

mit $\lambda \in \mathbb{R}$ als Lagrange-Faktor. Die Beziehung gilt für alle $n = 1, \ldots M$, für die die Bitrate R nach D_n differenzierbar ist, also für $D_n < \sigma_n^2$.

[19] Die Beziehung stellt die RDF für die Kodierung des Vektors $\tilde{x}$ bei unkorrelierten, gaußverteilten Komponenten $\tilde{x}(1), \ldots \tilde{x}(M)$ dar.

$$= \frac{1}{2} \operatorname{ld} \frac{\left(\prod_{n=1}^{M} \sigma_n^2\right)^{1/M}}{D} . \tag{9.74}$$

Der Zähler stellt das geometrische Mittel der Varianzen $\sigma_1^2, \ldots \sigma_M^2$ dar. Bei einer hohen Energiekonzentration ist es entsprechend klein.

Die durch die orthogonale Transformation hervorgerufene Energiekonzentration kann durch Multiplikation der Transformationskoeffizienten $\tilde{x}(n)$ mit Faktoren $\Lambda_{n,n}$ noch verstärkt werden. In Abschn. 4.2.1 wurde gezeigt, daß diese Operation bei der DCT als eine Faltungsoperation für den Vektor x aufgefaßt werden kann. Für die Faktoren gemäß (4.72) beispielsweise,

$$\Lambda_{1,1} = 1 \,, \quad \Lambda_{2,2} = 0.85 \,, \quad \Lambda_{3,3} = 0.5 \,, \quad \Lambda_{4,4} = 0.15$$

ergibt sich eine „Tiefpaßfilterung" des Vektors x mit dem 1-2-1-Filter. Eine Verringerung der mittleren Bitrate wird demnach durch eine „Tiefpaßfilterung" des Eingangsblocks erreicht. Dieser Sachverhalt war der Grund für weiterführende Untersuchungen insbesondere am sog. *Hybridkodierer* [21]. Das Prinzip wird im folgenden dargestellt.

Der Hybridkodierer kombiniert eine prädiktive Kodierung mit einer Transformationskodierung. Die Prädiktion beinhaltet die zeitliche Vorhersage eines Blocks mit Hilfe eines Blocks des vorherigen Bildes. Eine Bewegungskompensation ist hierbei möglich (s. Beispiel 9.7). Durch die prädiktive Kodierung werden statistische Abhängigkeiten zwischen zwei aufeinanderfolgenden Bildern einer Bildfolge für die Kodierung ausgenutzt. Durch die Transformationskodierung dagegen werden statistische Abhängigkeiten zwischen benachbarten Bildpunkten innerhalb eines Bildes ausgenutzt. Beide Arten der Abhängigkeit können durch Korrelationskoeffizienten beschrieben werden. Der Kodierer ist in Abb. 9.19 dargestellt. Wegen der Transformation ist seine Arbeitsweise blockweise.

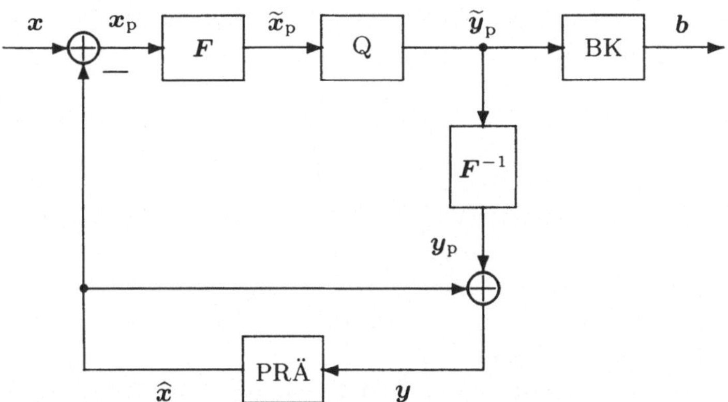

Abb. 9.19. Prinzip einer Hybridkodierung für Bewegtbilder (Kodierer). Der Eingangsblock x wird durch den Prädiktionsblock $\hat{x}$ geschätzt und der Prädiktionsfehlerblock x_p transformationskodiert

Statistische Abhängigkeiten, die nicht durch Korrelationskoeffizienten ausgedrückt werden können, können für die Kodierung dadurch ausgenutzt werden, indem eine Klassifikation der Prädiktionsfehlerblöcke vorgenommen wird und die Binärkodierung seiner Transformationskoeffizienten in Abhängigkeit von der Klasse erfolgt [22].

9.5 Vektorquantisierung

Bei einer *Vektorquantisierung* werden mehrere aufeinanderfolgende Signalwerte des zu quantisierenden Signals gemeinsam quantisiert. Anstelle skalarer Größen werden am Eingang und Ausgang des Quantisierers also Vektoren vorausgesetzt. Die Quantisierungszellen sind folglich Vektormengen. Im folgenden wird gezeigt, daß die Quantisierungszellen bei der skalaren Quantisierung und Transformationskodierung durch Quader gegeben sind. Um einen kleineren Quantisierungsfehler zu erreichen, sind kompaktere Formen als die Quaderform erforderlich.

Bei einer Vektorquantisierung werden mehrere aufeinanderfolgende Signalwerte $x(k)$ des zu quantisierenden, zeitdiskreten und wertkontinuierlichen Signals zu einem Eingangsvektor $\boldsymbol{x}$ zusammengefaßt. Die Anzahl der Signalwerte wird als *Blockgröße M* bezeichnet. Bei der Vektorquantisierung wird der Eingangsvektor $\boldsymbol{x}$ durch einen von N Ausgangsvektoren $\boldsymbol{y}_1, \ldots \boldsymbol{y}_N$ quantisiert. Die Ausgangsvektoren werden auch *Kodevektoren* genannt. Sie besitzen ebenfalls die Blockgröße M. Die Vektorquantisierung wird demnach durch eine Zuordnung

$$\boldsymbol{y} = Q(\boldsymbol{x}) \tag{9.75}$$

beschrieben. Die Anzahl der möglichen Ausgangsvektoren ist hierbei endlich (Anzahl N). Die Ausgangsvektoren können folglich durch binäre Kodewörter gleicher Längen dargestellt (kodiert) werden. Dies bedeutet eine Binärkodierung mit einem FLC. Die Quellbitrate beträgt in diesem Fall

$$R_\mathrm{Q} = \frac{\mathrm{ld}\,N}{M} \tag{9.76}$$

bit pro Eingangswert. Hierbei ist angenommen, daß $N = 2^L$ ist mit einer natürlichen Zahl L. Sie entspricht der Wortbreite L bei einer skalaren Quantisierung. Eine Binärkodierung der Ausgangsvektoren mit Kodewörtern unterschiedlicher Längen (VLC) ist ebenfalls möglich. Im Gegensatz zu einer skalaren Quantisierung treten am Eingang und Ausgang des Vektorquantisierers Vektoren (der Dimension M) auf. Die Vektorquantisierung verallgemeinert daher die skalare Quantisierung. Für Blockgröße $M = 1$ entspricht sie der skalaren Quantisierung. Anstelle von Quantisierungsintervallen werden die *Quantisierungszellen*

$$Z_i = \{\boldsymbol{x} \in \mathbb{R}^M | Q(\boldsymbol{x}) = \boldsymbol{y}_i\}, \; i = 1, \ldots N \tag{9.77}$$

benutzt. Die Tabelle 9.3 vergleicht die Vektorquantisierung mit einer skalaren Quantisierung.

Tabelle 9.3. Vergleich zwischen skalarer Quantisierung und Vektorquantisierung

Skalare Quantisierung	Vektorquantisierung
Eingangswert $x \in \mathbb{R}$	Eingangsvektor $\boldsymbol{x} \in \mathbb{R}^M$
Ausgangswert $y \in \mathbb{R}$	Ausgangsvektor $\boldsymbol{y} \in \mathbb{R}^M$
Mögliche Ausgangswerte $y_1, \ldots y_N$	Kodevektoren $\boldsymbol{y}_1, \ldots \boldsymbol{y}_N \in \mathbb{R}^M$
Quantisierungsintervall	Quantisierungszelle

Beispiel 9.9 (Vektorquantisierung).
Abbildung 9.20 zeigt eine Vektorquantisierung mit vier Kodevektoren bzw. Quantisierungszellen. Die Quellbitrate ist folglich

$$R_Q = \frac{\mathrm{ld}\,4}{2} = 1$$

bit pro Eingangswert. Die Binärkodierung kann beispielsweise durch die 4 binären Kodewörter

$$\boldsymbol{y}_1 : 00 \,,\ \boldsymbol{y}_2 : 01 \,,\ \boldsymbol{y}_3 : 10 \,,\ \boldsymbol{y}_4 : 11$$

erfolgen. Als zulässiger Bereich für die Eingangsvektoren wurde ein rechteckförmiger Bereich

$$x_{\min} \le x(1) \le x_{\max} \,,\ x_{\min} \le x(2) \le x_{\max}$$

angenommen.

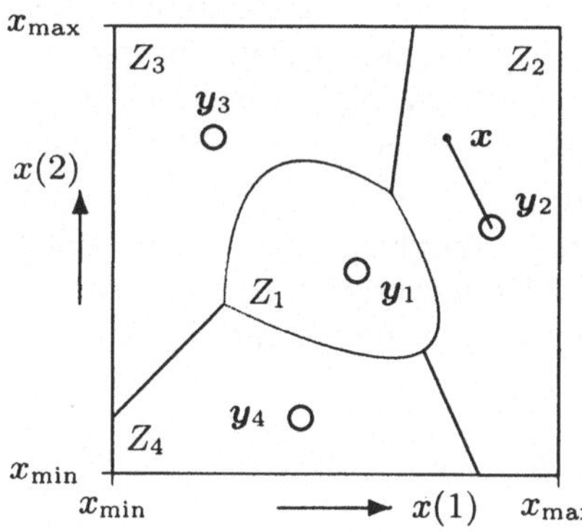

Abb. 9.20. Vektorquantisierung von Eingangsvektoren $\boldsymbol{x} = (x(1), x(2))^T$ mit $N = 4$ Kodevektoren $\boldsymbol{y}_i, i = 1, \ldots 4$ und den 4 Quantisierungszellen $Z_i, i = 1, \ldots 4$. Die Quellbitrate beträgt 1 bit pro Eingangswert. Die Abweichung des Eingangsvektors $\boldsymbol{x}$ vom zugehörigen Kodevektor $\boldsymbol{y} = Q(\boldsymbol{x})$, in der Abbildung $Q(\boldsymbol{x}) = \boldsymbol{y}_2$, stellt den Quantisierungsfehler dar

Die Abweichung des Eingangsvektors $\boldsymbol{x}$ von seinem zugehörigen Kodevektor $\boldsymbol{y} = Q(\boldsymbol{x})$ stellt den Quantisierungsfehler dar. Hierbei ist

$$D = \frac{1}{M} E \left\{ \sum_{k=1}^{M} [y(k) - x(k)]^2 \right\} \tag{9.78}$$

der mittlere quadratische Quantisierungsfehler (MQQF) pro Eingangswert. Durch den Erwartungswert wird der quadratische Quantisierungsfehler statistisch gemittelt. Hierbei geht die Verteilungsdichte $p_x(x)$ für Eingangsvektoren in Form von

$$D = \frac{1}{M} \int_{\mathbb{R}^M} \sum_{k=1}^{M} [Q(x)(k) - x(k)]^2 p_x(x) \, dx$$

in den MQQF ein.

Sind die Kodevektoren des Vektorquantisierers vorgegeben, ergibt sich der kleinste Quantisierungsfehler wie bei einer skalaren Quantisierung nach der *NN-Regel*:

Definition 9.3 (NN-Regel für Vektorquantisierung).
Zur Quantisierung des Eingangsvektors x wird der Kodevektor y_i mit dem kleinsten Abstand vom Eingangsvektor verwendet. Es ist also

$$\sum_{k=1}^{M} [Q(x)(k) - x(k)]^2 \leq \sum_{k=1}^{M} [y_i(k) - x(k)]^2 \tag{9.79}$$

für alle Kodevektoren $y_i \neq Q(x), i = 1, \ldots N$.

Die Durchführung der Vektorquantisierung nach der NN-Regel erfordert eine Minimierung des quadratischen Quantisierungsfehlers zwischen dem Eingangsvektor und allen N Kodevektoren. Im vorstehenden Beispiel stellt die Minimierung kein Problem dar: Die vier Kodevektoren können in einem sog. *Kodebuch* abgespeichert werden. Das Kodebuch wird nach einem besten Kodevektor durchsucht und mit Hilfe einer Kodeworttabelle binär kodiert. Aus Aufwandsgründen ist diese „direkte" Methode der Vektorquantisierung nur bis zu einem gewissen Umfang N des Kodebuchs bzw. einer gewissen Quellbitrate praktikabel. Bei einer großen Quellbitrate dagegen muß auf andere Algorithmen zurückgegriffen werden [23, 24, 25].

Bei einer Quantisierung nach der NN-Regel sind die Quantisierungszellen durch die Kodevektoren festgelegt. Bei $N = 2$ Kodevektoren y_1, y_2 beispielsweise sind die Quantisierungszellen Halbräume, die durch eine *Hyperebene* voneinander getrennt sind, welche

1. senkrecht zur Verbindungslinie zwischen y_1, y_2, d.h. senkrecht zum Vektor $y_2 - y_1$ steht,
2. die Verbindungslinie in ihrer Mitte bei $(y_1 + y_2)/2$ schneidet.

Bei $N > 2$ Kodevektoren ergeben sich die Quantisierungszellen, indem die Durchsschnittsmenge von $N - 1$ Halbräumen gebildet wird (s. Abb. 9.21). Daraus folgen Quantisierungszellen mit Hyperebenen als Begrenzungsflächen zwischen zwei Quantisierungszellen.[20] Abbildung 9.21 zeigt die Quantisierungszellen bei $N = 3$ Kodevektoren der Dimension $M = 2$. Als zulässiger Bereich für die Eingangsvektoren wurde wieder ein rechteckförmiger Bereich angenommen.

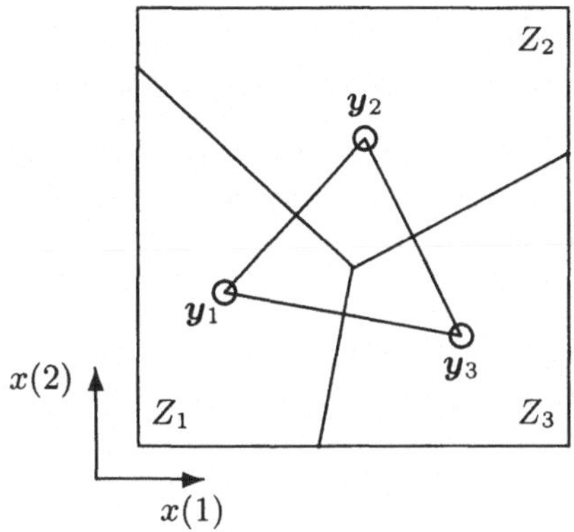

Abb. 9.21. Quantisierungszellen nach der NN-Regel. Zwei Quantisierungszellen werden durch Mittelsenkrechte der Verbindungslinien ihrer Kodevektoren begrenzt. Bei $N = 3$ Kodevektoren schneiden sie sich im Schwerpunkt des Dreiecks, daß durch die drei Kodevektoren gebildet wird

Der Unterschied zwischen einer Vektorquantisierung und einer skalaren Quantisierung kann anhand der Quantisierungszellen und Kodevektoren verdeutlicht werden, die sich bei einer skalaren Quantisierung ergeben. Bei einer skalaren Quantisierung werden die M Signalwerte des Eingangsvektors x getrennt mit einer Quantisierungskennlinie Q quantisiert. Daraus folgen die Ausgangsvektoren

$$y = (Q(x(1)), \ldots Q(x(M)))^T \ . \tag{9.80}$$

Bei einer uniformen Quantisierung mit der Quantisierungsschrittweite s sind die Ausgangsvektoren die Gitterpunkte eines *Würfelgitters*. Abbildung 9.22 zeigt das Würfelgitter für eine 2 Bit-Quantisierung und der Blockgröße $M = 2$. In der Abbildung sind außerdem die Quantisierungszellen dargestellt. Es handelt sich hierbei um Quadrate (Würfel) der Kantenlänge s.

Auch für die Transformationskodierung aus Abschn. 9.4 können die Kodevektoren und Quantisierungszellen für den Fall angegeben werden, daß die Transformationskoeffizienten skalar quantisiert werden. Der Zusammenhang zwischen Eingangsblöcken x und transformierten Blöcken $\tilde{x}$ ist durch eine orthogonale Transformation mit der Transformationsmatrix F gemäß $\tilde{x} = Fx$

---

[20] Die Quantisierungszellen sind durch diese Hyperebenen voneinander abgegrenzt. Weitere Begrenzungsflächen ergeben sich durch den zulässigen Bereich für die Eingangsvektoren. Für $x_{min} \leq x(k) \leq x_{max}$, $k = 1, \ldots M$ ist dieser Bereich ein Quader, d.h. alle Begrenzungsflächen sind Hyperebenen. Eine Kugel als zulässiger Bereich ist ebenfalls möglich. Sind alle Vektoren $x \in \mathbb{R}^M$ zugelassen, sind die Hyperebenen zwischen zwei Quantisierungszellen die einzigen Begrenzungsflächen. Die Quantisierungszellen der „äußeren" Kodevektoren sind in diesem Fall unbeschränkte Teilmengen des $\mathbb{R}^M$.

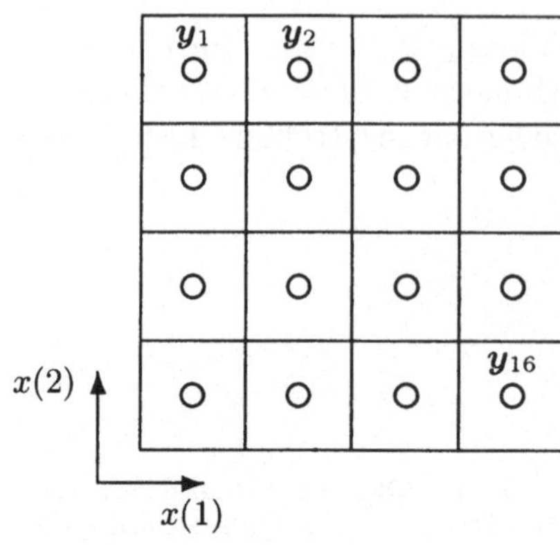

Abb. 9.22. Uniforme, skalare 2 Bit-Quantisierung für Eingangsvektoren $x = (x(1), x(2))^T$ mit der Quantisierungsschrittweite s. Die Kodevektoren sind die Gitterpunkte eines Würfelgitters mit der Maschenbreite s

gegeben. Bei einer orthogonalen Transformation bleibt der (euklidische) Abstand zwischen zwei Vektoren und allgemeiner ihr Skalarprodukt erhalten, denn für zwei Vektoren x_1, x_2 ist

$$\tilde{x}_1^T \tilde{x}_2 = (F x_1)^T F x_2 = x_1^T F^T F x_2 = x_1^T x_2 \,. \tag{9.81}$$

Insbesondere bleibt die Orthogonalität zweier Vektoren, gekennzeichnet durch ihr Skalarprodukt 0, bei einer orthogonalen Transformation erhalten. Eine orthogonale Transformation beinhaltet nur eine *Drehung* des Eingangsvektors. Abstände und Winkel zwischen zwei Vektoren bleiben dabei erhalten. Ein Beispiel ist die (gerade) DCT mit der Transformationsmatrix

$$F = \frac{1}{\sqrt{2}} \begin{bmatrix} 1 & 1 \\ 1 & -1 \end{bmatrix}$$

aus Beispiel 9.8. Sie bewirkt eine Drehung des Eingangsvektors $x = (x(1), x(2))^T$ um den Winkel $\pi/4$ gegen den Uhrzeigersinn. Hierbei wird beispielsweise der Einheitsvektor $e_1 = (1, 0)^T$ in den Vektor $\widetilde{e_1} = 1/\sqrt{2}(1, 1)^T$ transformiert.

Bei einer skalaren, uniformen Quantisierung (der Transformationskoeffizienten) sind die Kodevektoren die Gitterpunkte eines Würfelgitters mit der Maschenbreite s und die Quantisierungszellen sind Würfel der Kantenlänge s. Durch die orthogonale Transformation erfolgt eine Drehung des Würfelgitters und der Quantisierungszellen. Die Kodevektoren für die Eingangsvektoren sind daher ebenfalls die Gitterpunkte eines Würfelgitters mit würfelförmigen Quantisierungszellen der Kantenlänge s. Da der quadratische Quantisierungsfehler bei einer orthogonalen Transformation ebenfalls erhalten bleibt, hat die Drehung keinen Einfluß auf den MQQF.[21]

Hinsichtlich der Quantisierungszellen kann die Datenkompression mit einer Vektorquantisierung bei FLC-Kodierung wie folgt verbessert werden:

---

[21] Die Drehung hat dagegen Einfluß auf die mittlere Quellbitrate, wenn die Transformationskoeffizienten mit einem VLC kodiert werden, wie in Abschn. 9.4 gezeigt wurde.

1. Form der Quantisierungszellen:
   Der MQQF kann durch eine „kompakte" Form der Quantisierungszellen verringert werden. Die optimale Form wäre eine Kugel. Leider können Kugeln nicht wie Würfel lückenlos und überlappungsfrei aneinandergefügt werden. Die Kugelform stellt vielmehr einen Idealfall dar, welcher als sog. *sphere lower bound* bekannt ist. Sie kann beispielsweise durch „bienenwabenförmige" Quantisierungszellen besser angenähert werden als durch Würfel.

2. Verteilung der Quantisierungszellen:
   Ein quaderförmiger Bereich für Eingangsvektoren x beinhaltet auch Quantisierungszellen in seinen „Ecken". In diesen Bereichen treten Eingangsvektoren möglicherweise wesentlich seltener auf als beispielsweise im Zentrum des Quaders. Ein Beispiel sind statistisch unabhängige, gaußverteilte Eingangswerte mit der Verteilungsdichte

$$p_{\boldsymbol{x}}(\boldsymbol{x}) = \prod_{k=1}^{M} \frac{1}{\sqrt{2\pi\sigma^2}}\, e^{-x^2(k)/(2\sigma^2)} \qquad (9.82)$$

$$= \left(\frac{1}{\sqrt{2\pi\sigma^2}} \right)^M e^{-[x^2(1)+\cdots+x^2(M)]/(2\sigma^2)} \ .$$

Ihr Wert ist z.B. in der Ecke $x(k) = x_{\max}, k = 1,\ldots M$ am kleinsten. Durch die folgende Methode kann die Bitrate verringert werden:

   a) Es werden nur Quantisierungszellen benutzt, die auch in nicht vernachlässigbarem Umfang bei der Quantisierung auftreten. Sie liegen innerhalb eines von der pdf der Eingangsvekoren abhängigen „Kernbereichs".

   b) Eingangsvektoren außerhalb des Kernbereichs werden vor der Quantisierung auf den Rand dieses Kernbereich projiziert, z.B. durch Multiplikation des Eingangvektors mit einem Faktor.

Für die vorstehende Gauß-pdf ist der Kernbereich eine Kugel um den Nullpunkt mit einem Radius etwas größer als $r = \sqrt{M}\sigma$. Bei großer Vektordimension M spielt es dabei keine Rolle, ob die gesamte Kugel oder nur ein „schmaler" Bereich in der Nähe der Kugeloberfläche als Kernbereich verwendet wird [23, 25].

Kugelförmige Quantisierungszellen können nicht lückenlos und überlappungsfrei aneinandergefügt werden. Mit kugelformigen Quantisierungszellen kann dennoch die Gauß-RDF bei großer Blockgröße beliebig gut angenähert werden [26]. Hierbei sind statistisch unabhängige, gaußverteilte Eingangswerte vorausgesetzt. Die Kodevektoren werden zufällig auf der Oberfläche einer Kugel ausgewählt. Als Quantisierungszellen werden Kugeln verwendet, die sich überlappen dürfen. Die Vektorquantisierung erfordert demnach ein Kodebuch, in dem alle Kodevektoren abgespeichert sind. Praktikablere Methoden, mit denen die RDF ebenfalls beliebig gut angenähert werden kann, sind leider nicht bekannt.

9.6 Übungsaufgaben zu Kapitel 9

Übungsaufgabe 9.1 (Variable-Length-Kodierung).
Gegeben ist eine Binärquelle, die statistisch unabhängige Binärsymbole mit den
Wahrscheinlichkeiten $P_1 = 0.9, P_2 = 0.1$ erzeugt.

1. Man bestimme die Wahrscheinlichkeiten der Blöcke bestehend aus $M =$
   2 Binärsymbolen und damit einen Huffman-Kode. Seine Präfixeigenschaft
   bestätige man mit Hilfe der Kraftschen Ungleichung.
2. Man bestimme die mittlere Kodewortlänge und vergleiche sie mit ihrer unteren
   Grenze.
3. Wie gut kann diese Kodiergrenze bei Blockkodierung mit $M = 3$ Binärsymbolen pro Block angenähert werden?

Übungsaufgabe 9.2 (Prädiktive Kodierung).
Für eine skalare und uniforme Quantisierung mit einer kleinen Quantisierungs-
schrittweite s werden gaußverteilte Eingangswerte angenommen. Man vergleiche
die Kodierung ohne und mit Prädiktion hinsichtlich des MQQF und der mittleren
Bitrate (Entropie). Die Eingangswerte seien gaußverteilt mit der Varianz σ^2 ohne
Prädiktion und $\sigma_\mathrm{p}^2 = \sigma^2/256$ mit Prädiktion.

Übungsaufgabe 9.3 (Dekorrelation durch Prädiktion).
Man zeige, daß bei der optimalen Prädiktion mit einem einzelnen Filterkoeffizienten
das Prädiktionsfehlersignal dekorreliert ist, wenn $\rho_2 = \rho_1^2$ gilt.

Übungsaufgabe 9.4 (Orthogonalitätstheorem).
Man bestätige das Orthogonalitätstheorem für eine optimale Prädiktion mit zwei
Signalwerten.

Übungsaufgabe 9.5 (Prädiktion mit zwei Signalwerten).
Man bestimme zunächst den Bereich für den Korrelationskoeffizient ρ_2 für $\rho_1 = 0$
und vergleiche für diesen Fall die optimale Prädiktion mit zwei Signalwerten und
mit einem Signalwert.

Übungsaufgabe 9.6 (Dekorrelation mit der DCT).
Man zeige, daß für $M = 2$ die Transformationskoeffizienten der (geraden) DCT
dekorreliert sind.

Übungsaufgabe 9.7 (Vektorquantisierung).
Es wird eine Vektorquantisierung mit den 4 Kodevektoren

$$\boldsymbol{y}_1 = \boldsymbol{e}_1 = (1,0)^T \, , \ \boldsymbol{y}_2 = -\boldsymbol{e}_1 \, , \ \boldsymbol{y}_3 = \boldsymbol{e}_2 = (0,1)^T \, , \ \boldsymbol{y}_4 = -\boldsymbol{e}_2$$

nach der NN-Regel durchgeführt.

1. Wie groß ist die Quellbitrate?
2. Gebe die Quantisierungszellen an.
3. Man gebe einen Algorithmus für die Vektorquantisierung an, bei dem kein
   Kodebuch durchsucht werden muß. Man vergleiche die Vektorquantisierung
   mit einer skalaren Quantisierung, bei der der Signalwert $x(1)$ mit 1 bit und der
   Signalwert $x(2)$ mit der 0 quantisiert wird.
4. Man versuche, die Vektorquantisierung auf $M > 2$ Dimensionen zu verallgemeinern.

A. Anhang

A.1 Lösung einer FIR-Gleichung

Es wird zunächst die Lösbarkeit der FIR-Gleichung

$$\mathrm{FIR}(y) = h * y = x \,, \tag{A.1}$$

für ein beliebiges Signal $x \in \mathbb{R}^{\mathbb{Z}}$ nachgewiesen. Da das Signal beliebig ist, muß das Signal x beispielsweise nicht z-transformierbar sein. Mit h wird die Impulsantwort eines FIR-Filters bezeichnet. Hierbei sind k_1, k_2 der Ein-und Ausschaltzeitpunkt von h und $N = k_2 - k_1$ der Filtergrad des FIR-Filters. Zwei Lösungen unterscheiden sich in einer Eigenbewegung, was sich direkt aus der Linearität des FIR-Filters ergibt. Die Eigenbewegungen werden explizit angeben.

Lemma A.1 (Lösbarkeit einer FIR-Gleichung).
Für ein FIR-Filter mit dem Filtergrad N besitzt die FIR-Gleichung $\mathrm{FIR}(y) = x$ für jedes Signal $x \in \mathbb{R}^{\mathbb{Z}}$ eine Lösung. Zwei Lösungen unterscheiden sich in einer Eigenbewegung. Die Eigenbewegungen bilden einen N-dimensionalen Signalraum.

Beweis:

1. Lösbarkeit:
   Die FIR-Gleichung lautet

$$x(k) = h(k_1)y(k - k_1) + h(k_1 + 1)y(k - k_1 - 1) + \cdots$$
$$+ h(k_2 - 1)y(k - k_2 + 1) + h(k_2)y(k - k_2) \,, \ k \in \mathbb{Z} \,.$$

Durch zeitliche Verschiebung um $c = -k_1$ Zeiteinheiten (Substitution $k + k_1$ für k) und Division durch $h(k_1) \neq 0$ läßt sie sich in die folgende (Standard-)Form bringen:

$$y(k) + h_1 y(k - 1) + \cdots + h_{N-1} y(k - N + 1) + h_N y(k - N) = x_1(k)$$

mit

$$x_1(k) := \frac{x(k + k_1)}{h(k_1)} \,,$$

$$h_1 := \frac{h(k_1 + 1)}{h(k_1)} \,, \ \ldots h_N := \frac{h(k_2)}{h(k_1)} \neq 0 \,.$$

Zur Lösung dieser Gleichung werden N aufeinanderfolgende Signalwerte, z.B. $y(0) \in \mathbb{R}$, $y(1) \in \mathbb{R}$, $\ldots y(N-1) \in \mathbb{R}$ beliebig gewählt. Die restlichen Signalwerte von y werden mit Hilfe der FIR-Gleichung rekursiv wie folgt berechnet:

   a) Signalwerte $y(N), y(N + 1) \ldots$:
      Auswertung der Gleichung

$$y(k) = x_1(k) - h_1 y(k - 1) - \cdots - h_N y(k - N) \tag{A.2}$$

      für $k = N, N + 1 \ldots$.

b) Signalwerte $y(-1), y(-2) \ldots$:

Auswertung der Gleichung

$$y(k - N) = \frac{x_1(k)}{h_N} - \frac{y(k)}{h_N} - \ldots - \frac{h_{N-1}}{h_N} y(k - N + 1) \qquad (A.3)$$

für $k = N - 1, N - 2 \ldots$.

2. Eigenbewegungen:

Die Eigenbewegungen lassen sich nach der soeben gezeigten Lösungsmethode rekursiv bestimmen, indem man $x_1(k) = 0$ setzt. Hierbei können die Signalwerte $y(0) \in \mathbb{R}$, $y(1) \in \mathbb{R}$, $\ldots y(N - 1) \in \mathbb{R}$ beliebig gewählt werden. Indem man einen dieser N Signalwerte 1 und die restlichen Signalwerte 0 setzt, d.h.

$$y_i(k) = \delta(k - i) \, , \; i, k = 0, \ldots N - 1 \, ,$$

erhält man N linear unabhängige Signale $y_0, y_1, \ldots y_{N-1}$. Der Signalraum der Eigenbewegungen besitzt folglich die Dimension N.

q.e.d.

Um die FIR-Gleichung $\mathrm{FIR}(y) = x$ lösen zu können, haben wir für das FIR-Filter einen definierten Filtergrad N vorausgesetzt. Der Fall $\mathrm{FIR} = 0$ ist damit ausgeschlossen. Nur in diesem Fall ist die FIR-Gleichung nicht lösbar (für $x \neq 0$). Lösungen können wie im Beweis des vorstehenden Satzes rekursiv berechnet werden. Insbesondere können auf diese Weise alle Eigenbewegungen bestimmt werden. Für sie gilt

$$\mathrm{FIR}(y) = 0 \, . \qquad (A.4)$$

Die Eigenbewegungen können explizit angegeben werden. Dabei wird auf die Faktorisierung eines FIR-Filters aus Abschn. 3.4.1 zurückgegriffen. Sie beinhaltet die Faktorisierung der Übertragungsfunktion $H(z)$ gemäß

$$H(z) = \sum_{i=k_1}^{k_2} h(i) z^{-i} = z^{-k_2} \cdot \mathrm{C} \cdot (z - z_1) \cdots (z - z_N) \, , \; \mathrm{C} \neq 0 \, . \qquad (A.5)$$

Die N Nullstellen $z_0 = z_1, \ldots z_N \in \mathbb{C}$ von $H(z)$ treten als konjugiert komplexe Paare auf und sind ungleich 0 (wegen $h(k_2) \neq 0$). Aus dem Faltungssatz folgt die Darstellung von h als Faltungsprodukt gemäß

$$h(k) = \mathrm{C} \cdot \delta(k - k_2) * h_1(k) * \cdots * h_N(k) \qquad (A.6)$$

mit Impulsantworten

$$h_i(k) := \delta(k + 1) - z_i \delta(k) \, , \; i = 1, \cdots N \, . \qquad (A.7)$$

Im folgenden wird mit

$$z_0 = |z_0| \, \mathrm{e}^{\mathrm{j}\, \phi_0} \qquad (A.8)$$

eine der N Nullstellen bezeichnet und mit $n \geq 1$ die *Vielfachheit* der Nullstelle z_0. Sie gibt an, wie oft z_0 unter den Nullstellen $z_1, \ldots z_N$ vorkommt. Die der Nullstelle z_0 zugeordnete Impulsantwort wird mit

$$h_0(k) := \delta(k+1) - z_0 \delta(k) \tag{A.9}$$

bezeichnet. Es ist

$$h_0(k) * z_0^k = (\delta(k+1) - z_0 \delta(k)) * z_0^k = z_0^{k+1} - z_0 z_0^k = 0 .$$

Also ist $x_0(k) = z_0^k$ eine (i.allg. komplexwertige) Eigenbewegung des Teilsystems des FIR-Filters mit der Impulsantwort h_0. Sie ist auch eine Eigenbewegung des FIR-Filters wegen

$$h_1 * \cdots * h_0 * \cdots * h_N * x_0 = h_1 * \cdots * (h_0 * x_0) = 0 . \tag{A.10}$$

Hierbei wurde die Assoziativität und die Kommutativität der Faltung benutzt, die für die Faltung der Signale $h_i, i = 0, \ldots N$ endlicher Dauer mit einem beliebigen Signal x_0 erfüllt sind (vgl. Abschn. 3.3).

Abhängig von den Nullstellen $z_0 = z_1, \ldots z_N$ ergeben sich die folgenden Eigenbewegungen:

1. Nullstelle z_0 reell:
   Wegen $h_0(k) * z_0^k = 0$ ist

   $$y_0(k) := z_0^k \tag{A.11}$$

   eine (reelle) Eigenbewegung des FIR-Filters.

2. Nullstelle z_0 nicht reell:
   In diesem Fall ist $h_0(k)$ ebenfalls nicht reell. Da mit z_0 auch z_0^* eine Nullstelle ist, stellt das System mit der Impulsantwort $h_0 * h_0^*$ ebenfalls ein Teilsystem des FIR-Filters dar. Da diese Impulsantwort reell ist, folgt

   $$\begin{aligned} h_0(k) * h_0^*(k) * \operatorname{Re} z_0^k &= \operatorname{Re}\left\{ h_0(k) * h_0^*(k) * z_0^k \right\} \\ &= \operatorname{Re}\left\{ h_0^*(k) * (h_0(k) * z_0^k) \right\} = 0 . \end{aligned}$$

   Eine entsprechende Beziehung gilt für den Imaginärteil. Daraus folgen die zwei reellen Eigenbewegungen des FIR-Filters

   $$y_1(k) := \operatorname{Re} z_0^k = |z_0|^k \cos \phi_0 k , \tag{A.12}$$
   $$y_2(k) := \operatorname{Im} z_0^k = |z_0|^k \sin \phi_0 k . \tag{A.13}$$

3. Mehrfache Nullstellen:
   Tritt eine Nullstelle z_0 mehrfach auf, erhält man weitere Eigenbewegungen. Für die Vielfachheit $n > 1$ stellt das System mit der Impulsantwort

   $$h_{0,n} := h_0 * h_0 \cdots * h_0$$

   mit n Faltungsfaktoren h_0 ein Teilsystem des FIR-Filters dar. Es ist

   $$h_{0,n}(k) * k^m z_0^k = 0 , \quad m = 0, \ldots n-1 , \tag{A.14}$$

   wie in Lemma A.2 gezeigt wird. Man erhält reelle Eigenbewegungen

   $$y(k) = k^m z_0^k , \quad m = 0, \ldots n-1 \tag{A.15}$$

   für eine reelle Nullstelle der Vielfachheit n und

$$y_1(k) := \operatorname{Re} k^m z_0^k = k^m |z_0|^k \cos \phi_0 k \ , \ m = 0, \ldots n-1 \ , \qquad \text{(A.16)}$$

$$y_2(k) := \operatorname{Im} k^m z_0^k = k^m |z_0|^k \sin \phi_0 k \ , \ m = 0, \ldots n-1 \qquad \text{(A.17)}$$

für eine nicht reelle Nullstelle z_0 der Vielfachheit n.

Es ergeben sich auf diese Weise N Eigenbewegungen. Sie sind linear unabhängig, d.h. keine der Eigenbewegungen kann als Linearkombination der anderen Eigenbewegungen dargestellt werden. Damit sind alle N linear unabhängigen Eigenbewegungen gefunden:

Lemma A.2 (Eigenbewegungen).
Für ein FIR-Filter mit dem Filtergrad N und der Übertragungsfunktion $H(z)$ sind die N linear unabhängigen Eigenbewegungen durch die Gleichungen (A.15), (A.16), (A.17) gegeben, wobei $z_0 \neq 0$ eine reelle oder komplexe Nullstellstelle von $H(z)$ ist.

Beweis:
Es bleibt zu zeigen:

$$x_{n,m}(k) := h_{0,n}(k) * k^m z_0^k = 0 \ , \ m = 0, \cdots n-1 \ . \qquad \text{(A.18)}$$

Der Nachweis wird induktiv geführt. Für $n = 1$ ist $m = 0$ und die Behauptung richtig (Induktionsanfang). Wir nehmen an, daß die Behauptung für $1, 2 \ldots n$ richtig ist (Induktionsannahme) und zeigen die Behauptung für $n + 1$:

1. $m = 0, \ldots n - 1$:
   Es ist

$$x_{n+1,m} = h_0 * x_{n,m} = 0 \ ,$$

   da nach Induktionsvoraussetzung $x_{n,m} = 0$ gilt.

2. $m = n$:
   Es ist

$$\begin{aligned}
x_{n+1,m} &= h_{0,n}(k) * [\delta(k+1) - z_0 \delta(k)] * k^n z_0^k \\
&= h_{0,n}(k) * [(k+1)^n z_0^{k+1} - z_0 k^n z_0^k] \\
&= h_{0,n}(k) * z_0^{k+1} [(k+1)^n - k^n] = \\
&= h_{0,n}(k) * z_0^{k+1} \left[\sum_{i=0}^{n} \binom{n}{i} k^i - k^n \right] \\
&= \sum_{i=0}^{n-1} h_{0,n}(k) * \left[z_0^{k+1} \binom{n}{i} k^i \right] \\
&= z_0 \sum_{i=0}^{n-1} \binom{n}{i} x_{n,i}(k) = 0 \ ,
\end{aligned}$$

   da nach Induktionsvoraussetzung $x_{n,i} = 0$ für $i = 0, \ldots n - 1$ gilt.

q.e.d.

A.2 Universelle LTI-Systeme

Universelle, zeitdiskrete LTI-Systeme sind für alle Eingangssignale $x \in \mathbb{R}^{\mathbb{Z}}$ definiert. FIR-Filter gehören folglich zu dieser Klasse von LTI-Systemen. Für FIR-approximierbare LTI-Systeme läßt sich diese Aussage nach Lemma 4.2 umkehren, d.h. jedes universelle, FIR-approximierbare LTI-System ist ein FIR-Filter. Lemma 4.2 wird im folgenden bewiesen (Lemma A.3). Im Anschluß daran wird der *große Fortsetzungssatz* gezeigt, wonach sich jedes LTI-System zu einem universellen LTI-System fortsetzen läßt. Geht man hierbei von einem IIR-Filter aus, erhält man durch die Fortsetzung universelle LTI-Systeme, die nicht durch eine Folge von FIR-Filtern approximierbar sind.

A.2.1 FIR-approximierbare LTI-Systeme

Lemma 4.2 lautet:

Lemma A.3 (Universelle FIR-approximierbare LTI-Systeme).
Ein FIR-approximierbares LTI-System mit dem Ausgangssignal

$$y(k) = \lim_{n \to \infty} \sum_{i=-n}^{n} h_n(i)x(k-i) \,, \tag{A.19}$$

das für alle Eingangssignale $x \in \mathbb{R}^{\mathbb{Z}}$ definiert, d.h. universell ist, ist ein FIR-Filter.

Beweis:
Der Beweis wird indirekt geführt. Um die Widerspruchsannahme aufzustellen, charakterisieren wir zunächst h_n ($n \in \mathbb{N}$) für ein FIR-Filter. Für die Impulsantworten h_n gilt zunächst

$$|k| > n \;:\; h_n(k) = 0 \,. \tag{A.20}$$

Die FIR-Filtereigenschaft folgt aus der folgenden Bedingung (s. Abb. 1.1): Es gibt eine Zahl $k_0 \in \mathbb{N}$, so daß gilt:

$$|k| > k_0 \;:\; h_n(k) = 0 \tag{A.21}$$

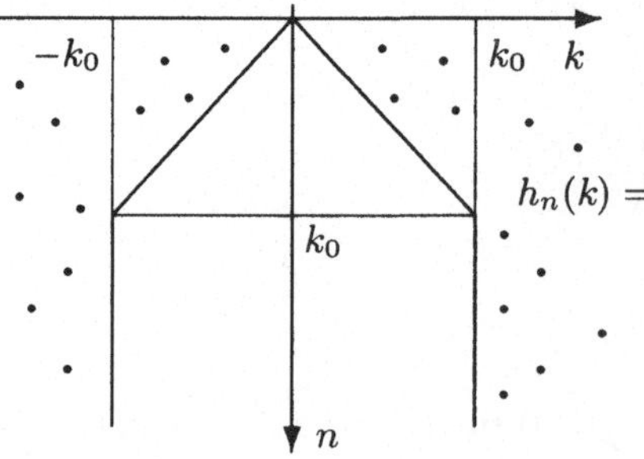

Abb. A.1. FIR-Filtereigenschaft eines LTI-Systems, das durch FIR-Filter mit den Impulsantworten h_n approximiert wird. Die Signalwerte $h_n(k)$ sind im markierten Bereich gleich 0

Unter dieser Bedingung folgt nämlich das Ausgangssignal durch FIR-Filterung,

$$y(k) = \lim_{n\to\infty} \sum_{i=-n}^{n} h_n(i)x(k-i) = \lim_{n\to\infty} \sum_{i=-k_0}^{k_0} h_n(i)x(k-i)$$

$$= \sum_{i=-k_0}^{k_0} \lim_{n\to\infty} h_n(i)\cdot x(k-i) = \sum_{i=-k_0}^{k_0} h(i)x(k-i)$$

mit der Impulsantwort

$$h(i) = \lim_{n\to\infty} h_n(i) \tag{A.22}$$

des FIR-Filters. Die Grenzwertbildung ist durchführbar, wie sich durch Einsetzen des Eingangssignals $x = \delta$ in (A.19) ergibt.

Ist das System kein FIR-Filter (*Widerspruchsannahme*), dann ist (A.21) verletzt. Daraus folgt die folgende Form der Widerspruchsannahme:
Für jedes $k_0 \in \mathbb{N}$ gibt es Zahlen $k \in \mathbb{Z}, n \in \mathbb{N}$ mit

$$|k| > k_0 \ , \ h_n(k) \neq 0 \ . \tag{A.23}$$

Wegen $h_n(k) = 0$ für $|k| > n$ muß hierbei $n \geq |k|$ sein.

Mit Hilfe der vorstehenden Widerspruchsannahme wird ein Eingangssignal x konstruiert, für das der Grenzwert

$$y(0) = \lim_{n\to\infty} y_n(0) \ , \ y_n(0) := \sum_{i=-n}^{n} h_n(i)x(-i) \tag{A.24}$$

nicht existiert (Widerspruch zur Universalität des Systems). Zunächst werden Zahlen $k_i, n_i, i = 1, 2, \ldots$ mit der Eigenschaft

$$|k_i| \leq n_i < |k_{i+1}| \ , \ i \in \mathbb{N} \tag{A.25}$$

und

$$h_{n_i}(k_i) \neq 0 \tag{A.26}$$

wie folgt definiert:

1. Auf Grund der Widerspruchsannahme (für $k_0 = 1$) gibt es Zahlen k_1, n_1 mit

$$h_{n_1}(k_1) \neq 0 \ .$$

2. Auf Grund der Widerspruchsannahme für $k_0 = n_1$ gibt es Zahlen k_2, n_2 mit

$$|k_2| > n_1 \ , \ h_{n_2}(k_2) \neq 0 \ .$$

3. Auf Grund der Widerspruchsannahme für $k_0 = n_2$ gibt es Zahlen k_3, n_3 mit

$$|k_3| > n_2 \ , \ h_{n_3}(k_3) \neq 0$$

usw.

Die auf diese Weise definierten Zahlen $k_i, n_i, \ldots$ erfüllen die Eigenschaft (A.25). Insbesondere ist $n_i \geq |k_i|$ wegen $h_{n_i}(k_i) \neq 0$.

Das zu definierende Eingangssignal besitze Signalwerte $\neq 0$ nur für Zeitpunkte $-k_1, -k_2, \ldots$, d.h.

$$k \neq -k_1, -k_2, \ldots \; : \; x(k) = 0 \; . \tag{A.27}$$

Für

$$y_n(0) = \sum_{i=-n}^{n} h_n(i) x(-i)$$

folgt daraus

$$y_{n_1}(0) = h_{n_1}(k_1)x(-k_1) + h_{n_1}(k_2)x(-k_2) + h_{n_1}(k_3)x(-k_3) + \cdots \; ,$$
$$y_{n_2}(0) = h_{n_2}(k_1)x(-k_1) + h_{n_2}(k_2)x(-k_2) + h_{n_2}(k_3)x(-k_3) + \cdots \; ,$$
$$y_{n_3}(0) = h_{n_3}(k_1)x(-k_1) + h_{n_3}(k_2)x(-k_2) + h_{n_3}(k_3)x(-k_3) + \cdots \; ,$$
$$\vdots$$

Wegen (A.25) folgt daraus

$$y_{n_1}(0) = h_{n_1}(k_1)x(-k_1) \; ,$$
$$y_{n_2}(0) = h_{n_2}(k_1)x(-k_1) + h_{n_2}(k_2)x(-k_2) \; ,$$
$$y_{n_3}(0) = h_{n_3}(k_1)x(-k_1) + h_{n_3}(k_2)x(-k_2) + h_{n_3}(k_3)x(-k_3) \; ,$$
$$\vdots$$

Für die Signalwerte $y_{n_i}(0)$ wird beispielsweise die divergente Folge

$$y_{n_i}(0) = i \; , \; i \in \mathbb{N} \tag{A.28}$$

gewählt. Wegen $h_{n_i}(k_i) \neq 0$ können die Eingangssignalwerte $x(-k_1)$, $x(-k_2), \ldots$ dann rekursiv berechnet werden gemäß

$$x(-k_2) = \frac{y_{n_2}(0) - h_{n_2}(k_1)x(-k_1)}{h_{n_2}(k_2)} \; , \tag{A.29}$$

$$x(-k_3) = \frac{y_{n_3}(0) - h_{n_3}(k_1)x(-k_1) - h_{n_3}(k_2)x(-k_2)}{h_{n_3}(k_3)} \; , \tag{A.30}$$

$$\vdots$$

Da die Folge $y_{n_1}(0), y_{n_2}(0), y_{n_3}(0) \cdots$ divergiert, ist auch die Folge $y_n(0)$ divergent. Der Grenzwert $y(0)$ existiert somit nicht, womit die Widerspruchsannahme, daß das System kein FIR-Filter ist, widerlegt ist.
q.e.d.

A.2.2 Großer Fortsetzungssatz

Im folgenden wird der Nachweis geführt, daß jedes zeitdiskrete LTI-System S zu einem universellen LTI-System S_{max} fortgesetzt werden kann. Dies bedeutet, daß das LTI-System S_{max} für alle Eingangssignale $x \in \mathbb{R}^{\mathbb{Z}}$ definiert ist und für Eingangssignale $x \in \Omega$ des Systems S die gleichen Ausgangssignale liefert wie das System S.

Für den Nachweis wird das *Zornsche Lemma* benötigt. Es wird auf die Menge aller Fortsetzungen des LTI-Systems S angewandt. Um eine Fortsetzung vollständig anzugeben, wird sowohl das LTI-System S_1 als auch der Signalraum Ω_1, auf dem das System S_1 definiert ist, in Form des Paares (S_1, Ω_1) angegeben. Es sei $\mathbb{X}$ die Menge aller Paare (Ω_1, S_1) mit:

1. Ω_1 ist ein Signalraum, der Ω umfaßt,
2. S_1 ist ein LTI-System, welches auf Ω_1 erklärt ist und auf dem Signalraum Ω mit dem System S übereinstimmt.

Eine Kurzschreibweise dafür ist $S = S_1|\Omega$ oder in Worten: S_1 restringiert auf Ω stimmt mit dem System S überein.

Auf der Menge $\mathbb{X}$ wird eine Halbordnung[1] durch

$$(\Omega_1, S_1) \le (\Omega_2, S_2) \; : \; \Omega_1 \subseteq \Omega_2 \quad \text{und} \quad S_1 = S_2|\Omega_1 \tag{A.31}$$

definiert. Eine erste Fortsetzung $\chi_1 = (\Omega_1, S_1)$ ist also kleiner als eine zweite Fortsetzung $\chi_2 := (\Omega_2, S_2)$, wenn χ_2 ihrerseits eine Fortsetzung von χ_1 ist. Wir prüfen die Eigenschaften einer Halbordnung nach:

1. Refelexivität:
   Es gilt $(\Omega_1, S_1) \le (\Omega_1, S_1)$ wegen $\Omega_1 \subseteq \Omega_1$ und $S_1 = S_1|\Omega_1$.
2. Transitivität:
   Aus $(\Omega_1, S_1) \le (\Omega_2, S_2) \le (\Omega_3, S_3)$ folgt $\Omega_1 \subseteq \Omega_2 \subseteq \Omega_3$ und $S_1 = S_2|\Omega_1$, $S_2 = S_3|\Omega_2$. Daraus folgt $\Omega_1 \subseteq \Omega_3$ und $S_1 = S_3|\Omega_1$.
3. Antisymmetrie:
   Aus $(\Omega_1, S_1) \le (\Omega_2, S_2) \le (\Omega_1, S_1)$ folgt $\Omega_1 \subseteq \Omega_2 \subseteq \Omega_1$ und $S_1 = S_2|\Omega_1$, $S_2 = S_1|\Omega_2$. Daraus folgt $\Omega_1 = \Omega_2$ und $S_1 = S_2$.

Um das Zornsche Lemma zu formulieren, benötigen wir die Definition einer sog. *Kette*. Eine Kette $\mathbb{K} \subseteq \mathbb{X}$ ist dadurch gekennzeichnet, daß je zwei

---

[1] Bei einer halbgeordneten Menge gibt es eine Relation $\le$ mit den folgenden drei Eigenschaften:

1. Reflexivität:
   Für jedes $\chi \in \mathbb{X}$ ist $\chi \le \chi$.
2. Transitivität:
   Für $\chi_1, \chi_2, \chi_3 \in \mathbb{X}$ folgt aus $\chi_1 \le \chi_2$ und $\chi_2 \le \chi_3$ die Relation $\chi_1 \le \chi_3$.
3. Antisymmetrie:
   Für $\chi_1, \chi_2 \in \mathbb{X}$ folgt aus $\chi_1 \le \chi_2$ und $\chi_2 \le \chi_1$ die Gleichheit $\chi_1 = \chi_2$.

Elemente $\chi_1, \chi_2 \in \mathbb{K}$ vergleichbar sind, also wenigstens eine der beiden Relationen $\chi_1 \leq \chi_2$, $\chi_2 \leq \chi_1$ gilt. Die Menge $\mathbb{X}$ aller Fortsetzungen ist keine Kette, denn für zwei Fortsetzungen (Ω_1, S_1) und (Ω_2, S_2) ist der Fall möglich, daß weder Ω_1 in Ω_2 enthalten ist noch $\Omega_2 \subseteq \Omega_1$ gilt. Andererseits enthält die Menge $\mathbb{X}$ unendlich viele Ketten. Das Zornsche Lemma für die Menge $\mathbb{X}$ lautet:

Lemma A.4 (Zornsches Lemma).
Für die halbgeordnete Menge $\mathbb{X}$ *sei die* Zornsche Bedingung *erfüllt, wonach jede Kette* $\mathbb{K} \subseteq \mathbb{X}$ *eine obere Schranke* $\overline{\chi} \in \mathbb{X}$ *besitzt, d.h. es gilt für alle* $\chi \in \mathbb{K}$ *die Relation* $\chi \leq \overline{\chi}$. *Dann besitzt die Menge* $\mathbb{X}$ *ein maximales Element* $\chi_{\max}$, *d.h. es gibt kein* $\chi \in \mathbb{X}$ *mit* $\chi > \chi_{\max}$.

Mit Hilfe des Zornschen Lemmas läßt sich beispielsweise zeigen, daß jeder Vektorraum eine lineare Basis besitzt. Eine lineare Basis des Vektorraums Ω findet man in Form eines maximalen Elements $\chi_{\max}$ der Menge $\mathbb{X}$ aller linear unabhängigen Teilmengen $\mathbb{E} \subseteq \Omega$, d.h. Mengen $\mathbb{E}$, bestehend aus linear unabhängigen Vektoren [27, S.54]. Die Existenz einer linearen Basis wird auf diese Weise nachgewiesen. Allerdings wird keine lineare Basis angegeben. Im folgenden *großen Fortsetzungssatz* wird mit Hilfe des Zornschen Lemmas ebenfalls ein Existenzbeweis geführt.

Satz A.5 (Großer Fortsetzungssatz).
Jedes auf einem Signalraum Ω *erklärte LTI-System läßt sich auf den Signalraum* $\mathbb{R}^{\mathbb{Z}}$ *aller zeitdiskreten Signale fortsetzen.*

Beweis:
Wir prüfen ausführlich für die Menge $\mathbb{X}$ die Zornsche Bedingung nach. Für eine Kette $\mathbb{K} \subseteq \mathbb{X}$ wird daher eine obere Schranke $(\overline{\Omega}, \overline{S})$ gesucht. Sie wird wie folgt definiert:

1. $\overline{\Omega}$ sei die Vereinigung aller Signalräume der Kette $\mathbb{K}$, d.h.

$$\overline{\Omega} := \bigcup_{(\Omega_1, S_1) \in K} \Omega_1 \, . \tag{A.32}$$

Wir zeigen, daß $\overline{\Omega}$ ein Signalraum ist: Ein Signal $x \in \overline{\Omega}$ ist stets in einem Signalraum Ω_1 von $\mathbb{K}$ enthalten. Somit ist die Multiplikation von x mit einem Faktor sowie seine zeitliche Verschiebung ebenfalls in Ω_1 und damit in $\overline{\Omega}$ enthalten. Für zwei Signale $x, y \in \overline{\Omega}$ ist $x \in \Omega_1, y \in \Omega_2$ für zwei Signalräume Ω_1, Ω_2 der Kette $\mathbb{K}$. Da $\mathbb{K}$ eine Kette ist, ist $\Omega_1 \subseteq \Omega_2$ oder $\Omega_2 \subseteq \Omega_1$, d.h. die Signale x, y sind beide in einem der beiden Signalräume Ω_1, Ω_2 enthalten. Daraus folgt, daß das Signal $x + y$ in genau diesem Signalraum und damit in $\overline{\Omega}$ enthalten ist.

2. $\overline{S}$ soll eine Fortsetzung jedes LTI-Systems S_1 der Kette $\mathbb{K}$ sein. Für ein Signal $x \in \overline{\Omega}$ ist $x \in \Omega_1$ für ein $(\Omega_1, S_1) \in \mathbb{K}$. Folglich muß $\overline{S}(x) = S_1(x)$ gelten. Umgekehrt kann auf diese Weise das LTI-System $\overline{S}$ definiert werden, d.h.

$$\overline{S}(x) := S_1(x) \, , \; x \in \Omega_1 \, . \tag{A.33}$$

Davon überzeugen wir uns im folgenden.

a) Die vorstehende Definition ist sinnvoll:

Das Signal $\overline{S}(x)$ ist unabhängig vom Kettenelement $(\Omega_1, S_1) \in \mathbb{K}$: Ist $(\Omega_2, S_2) \in \mathbb{K}$ ein zweites Kettenelement mit $x \in \Omega_2$, dann ist $S_2(x) = S_1(x)$, denn eines der beiden Kettenelemente $(\Omega_1, S_1), (\Omega_2, S_2)$ ist eine Fortsetzung des anderen Kettenelements.

b) Das System $\overline{S}$ ist ein LTI-System:

Für ein Signal $x \in \overline{\Omega}$ ist $x \in \Omega_1$ für ein $(\Omega_1, S_1) \in \mathbb{K}$. Daraus folgt für $\lambda \in \mathbb{R} \, , c \in \mathbb{Z}$:

$$\overline{S}(\lambda x) = S_1(\lambda x) = \lambda S_1(x) = \lambda \overline{S}(x) \, ,$$

$$\overline{S}(\tau_c(x)) = S_1(\tau_c(x)) = \tau_c(S_1(x)) = \tau_c(\overline{S}(x) \, .$$

Für $x, y \in \overline{\Omega}$ sind $x, y \in \Omega_1$ für ein $(\Omega_1, S_1) \in \mathbb{K}$ (vgl. Teil 1) und damit

$$\overline{S}(x + y) = S_1(x + y) = S_1(x) + S_1(y) = \overline{S}(x) + \overline{S}(y) \, .$$

c) $(\overline{\Omega}, \overline{S})$ ist eine obere Schranke von $\mathbb{K}$:

Das LTI-System $\overline{S}$ ist auf Grund seiner Definition eine Fortsetzung jedes LTI-Systems der Kette $\mathbb{K}$ und damit $(\overline{\Omega}, \overline{S})$ eine obere Schranke von $\mathbb{K}$. Insbesondere ist $(\overline{\Omega}, \overline{S})$ eine Fortsetzung von (Ω, S), d.h. $(\overline{\Omega}, \overline{S})$ ist in $\mathbb{X}$ enthalten.

Aus dem Zornschen Lemma folgt, daß die Menge $\mathbb{X}$ ein maximales Element

$$\chi_{\mathrm{max}} := (\Omega_{\mathrm{max}}, S_{\mathrm{max}}) \in \mathbb{X}$$

besitzt. Demzufolge besitzt die Menge aller Fortsetzungen von S die maximale Fortsetzung χ_{max}. Diese Fortsetzung kann wegen ihrer Maximalität nicht mehr fortgesetzt werden. Sie erweist sich als gesuchte Fortsetzung S_{max}. Dazu müssen wir

$$\Omega_{\mathrm{max}} = \mathbb{R}^{\mathbb{Z}}$$

zeigen. Es sei $x_0 \in \mathbb{R}^{\mathbb{Z}}$. Wir führen die Annahme $x_0 \notin \Omega_{\mathrm{max}}$ mit Hilfe des *kleinen Fortsetzungssatzes* wie folgt zum Widerspruch: Es sei

$$\Omega_1 := \Omega_{\mathrm{max}} + \mathbf{LTI}(\{x_0\}) \, .$$

Aus dem kleinen Fortsetzungssatz folgt, daß das LTI-System S_{max} zu einem auf Ω_1 erklärten LTI-System S_1 fortgesetzt werden kann. Somit ist

$$(\Omega_1, S_1) \in \mathbb{X} \, .$$

Wegen $x_0 \notin \Omega_{\mathrm{max}}$ ist $\Omega_1 \supset \Omega_{\mathrm{max}}$ im Widerspruch zur Maximalität von $(\Omega_{\mathrm{max}}, S_{\mathrm{max}})$.

q.e.d.

A.3 Interpolation sinusförmiger Signale

Zunächst wird das interpolierte Ausgangssignal für das sinusförmige Eingangssignal $x_{\mathrm{c}}(t) = \mathrm{e}^{\mathrm{j}\,2\pi f_0 t}$ bei Verwendung der endlich vielen Abtastwerte $x(kT), -N \le k \le N$ bestimmt. Es ist durch

$$y_N(t) = \sum_{k=-N}^{N} x(kT)h(t - kT) \, . \tag{A.34}$$

gegeben. Im zweiten Schritt wird der Grenzübergang $N \to \infty$ durchgeführt. Distributionen werden bei dieser Herleitung umgangen.[2]

A.3.1 Bestimmung von $y_N(t)$

Drückt man die Interpolationsfunktion $h(t)$ durch die Frequenzfunktion $h^F(f)$ aus, erhält man

$$y_N(t) = \sum_{k=-N}^{N} \mathrm{e}^{\mathrm{j}\,2\pi f_0 kT} \int_{-f_\mathrm{g}}^{f_\mathrm{g}} h^F(f)\,\mathrm{e}^{\mathrm{j}\,2\pi f(t-kT)} \, \mathrm{d}f \, .$$

Die endliche Summe kann mit der Integration vertauscht werden:

---

[2] Eine exakte Herleitung mit Hilfe von Distributionen erfordert genaue Kenntnisse der Distributionentheorie. Schon aus diesem Grund wird diese Möglichkeit hier nur skizziert. Im folgenden nehmen wir an, daß die Frequenzfunktion $h^F(f)$ stetig ist. Das interpolierte Signal läßt sich mit Hilfe von Distributionen als ein Faltungsprodukt gemäß

$$y(t) = \sum_{k=-\infty}^{\infty} x(kT)h(t - kT) = \sum_{k=-\infty}^{\infty} x(kT)\delta(t - kT) * h(t)$$

darstellen. Mit der *Summenformel von Poisson* und dem Faltungssatz (für Distributionen) folgt für die Frequenzfunktion von $y(t)$

$$y^F(f) = f_\mathrm{a} \sum_{n=-\infty}^{\infty} x^F(f + nf_\mathrm{a}) \cdot h^F(f) \, .$$

Hierbei ist $x^F(f)$ die Frequenzfunktion des kontinuierlichen Eingangssignals $x(t)$, die für das sinusförmige Signal $x_{\mathrm{c}}(t) = \mathrm{e}^{\mathrm{j}\,2\pi f_0 t}$ durch $x^F(f) = \delta(f - f_0)$ gegeben ist (vgl. Abschn. 6.1.2). Auf Grund der Ausblendeigenschaft der Delta-Funktion bei Multiplikation mit einer stetigen Funktion folgt daraus

$$y^F(f) = f_\mathrm{a} \sum_{n=-\infty}^{\infty} \delta(f + nf_\mathrm{a} - f_0) \cdot h^F(f) = f_\mathrm{a} \sum_{n=-\infty}^{\infty} h^F(f_n)\delta(f - f_n)$$

und daraus das interpolierte Signal

$$y(t) = f_\mathrm{a} \sum_{n=-\infty}^{\infty} h^F(f_n)\,\mathrm{e}^{\mathrm{j}\,2\pi f_n t} \, .$$

$$y_N(t) = \int_{-f_g}^{f_g} h^F(f)\, e^{j\,2\pi ft} \sum_{k=-N}^{N} e^{j\,2\pi(f_0-f)kT}\, df\;.$$

Für die Substitution

$$v := (f_0 - f)T$$

ist

$$f = f_0 - vf_a\;,\quad \frac{df}{dv} = -f_a$$

mit den neuen Integrationsgrenzen $v_2 := (f_0 + f_g)T$ und $v_1 = (f_0 - f_g)T$. Man erhält

$$y_N(t) = -f_a \int_{v_2}^{v_1} h^F(f_0 - vf_a)\, e^{j\,2\pi(f_0-vf_a)t} \sum_{k=-N}^{N} e^{j\,2\pi kv}\, dv$$

$$= f_a \int_{v_1}^{v_2} F(v)\widehat{\delta}_N(v)\, dv$$

mit der endlichen Summe

$$\widehat{\delta}_N(v) := \sum_{k=-N}^{N} e^{j\,2\pi kv} = 1 + 2\sum_{k=1}^{N} \cos 2\pi kv \tag{A.35}$$

und der Hilfsfunktion

$$F(v) := h^F(f_0 - vf_a)\, e^{j\,2\pi(f_0-vf_a)t}\;. \tag{A.36}$$

Der Integrationsbereich $v_1 \le v \le v_2$ kann in Intervalle $n - 1/2 \le v \le n + 1/2, n \in \mathbb{Z}$ zerlegt werden:

$$y_N(t) = f_a \sum_{n}^{e} \int_{n-1/2}^{n+1/2} F(v)\widehat{\delta}_N(v)\, dv\;.$$

Hierbei ist nur über endlich viele Werte $n \in \mathbb{Z}$ zu summieren, da das Interpolationssignal $h(t)$ bandbegrenzt ist. Es ist

$$y_N(t) = f_a \sum_{n}^{e} \int_{-1/2}^{+1/2} F(v + n)\widehat{\delta}_N(v + n)\, dv\;.$$

Da $\widehat{\delta}_N(v)$ periodisch mit der Periode 1 ist, folgt

$$y_N(t) = f_a \sum_{n}^{e} \int_{-1/2}^{+1/2} F(v + n)\widehat{\delta}_N(v)\, dv\;. \tag{A.37}$$

Die Funktion $\widehat{\delta}_N(v)$ ist eine geometrische Summe, für die man erhält [12, Bd. II, S. 289]:

$$\widehat{\delta}_N(v) = \frac{\sin 2\pi(N + \frac{1}{2})v}{\sin \pi v}\;. \tag{A.38}$$

Sie ist in der folgenden Abbildung dargestellt.

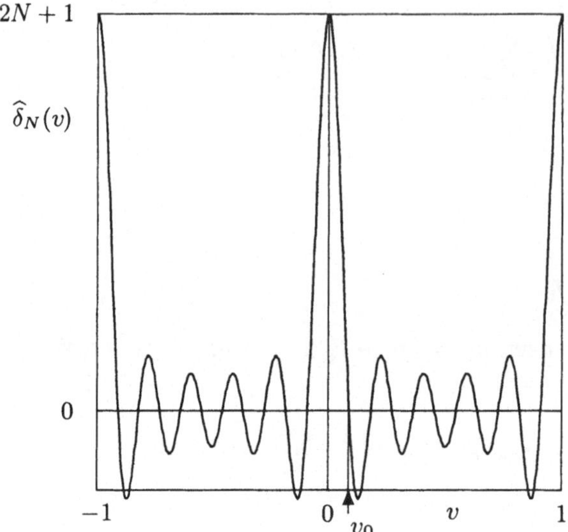

Abb. A.2. Summe $\widehat{\delta}_N(v)$ für $N = 5$. Die Funktion ist gerade und periodisch mit der Periode 1 und dem Maximalwert $\widehat{\delta}_N(0) = 2N + 1$. Die erste Nullstelle $v_0 > 0$ ergibt sich aus $2\pi(N + \frac{1}{2})v_0 = \pi$ zu $v_0 = 1/(2N + 1)$

A.3.2 Grenzübergang $N \to \infty$

Wir zeigen:

$$\lim_{N \to \infty} \int_{-1/2}^{1/2} \mathrm{F}(v + n)\widehat{\delta}_N(v)\,\mathrm{d}v = \frac{1}{2}\left[\mathrm{F}(n+) + \mathrm{F}(n-)\right], \quad n \in \mathbb{Z}\ . \qquad (A.39)$$

Es wird also durch die Funktion $\widehat{\delta}_N(v)$ beim Grenzübergang $N \to \infty$ der Wert $\mathrm{F}(n)$ *ausgeblendet*.[3] Der Wert der Funktion für $v = 0$ ist $\widehat{\delta}_N(0) = 2N + 1$ und strebt somit für $N \to \infty$ gegen Unendlich. Würde die Summe für $v \neq 0$, $-1/2 \leq v \leq 1/2$ und $N \to \infty$ gegen 0 steben, wäre die Ausblendeigenschaft der Summe plausibel. Dies ist jedoch *nicht* der Fall. Beispielsweise folgt für große Werte N der Funktionswert

$$\widehat{\delta}_N(3v_0/2) = \frac{-1}{\sin \pi 3v_0/2} \approx \frac{-1}{\pi 3v_0/2} = \frac{-2}{3\pi}(2N + 1)\ ,$$

der für $N \to \infty$ ebenfalls gegen Unendlich strebt.

Die Ausblendeigenschaft beruht vielmehr auf der für eine (absolut) integrierbare Funktion $\mathrm{F}(v)$ gültigen Grenzwertbeziehung

$$\lim_{f \to \infty} \int_{-\infty}^{\infty} \mathrm{F}(v)\,\mathrm{e}^{\mathrm{j}\,2\pi f v}\,\mathrm{d}v = 0$$

---

[3] Die Funktion $\widehat{\delta}_N(v)$ nähert sich für $N \to \infty$ der Delta-Funktion $\delta(v)$, welche diese Ausblendeigenschaft besitzt.

[13].[4] Dafür verantwortlich ist die unendlich stark anwachsende Oszillation der Sinusschwingung $\mathrm{e}^{\mathrm{j}\,2\pi f v}$ für $f \to \infty$. Dies läßt sich wie folgt erklären: Bei hoher Frequenz f strebt die Periodendauer $1/f$ der Sinusschwingung gegen 0. Die Funktion $\mathrm{F}(v)$ verhält sich dann innerhalb eines Intervalls der Länge $1/f$ wie eine konstante Funktion. Die Integration der Sinussschwingung über dieses Intervall ergibt aber 0. Dieser Effekt wird im folgenden daher *oszillatorischer Effekt* genannt. Den oszillatorischen Effekt benutzen wir dazu, um die vorzunehmende Grenzwertbildung zu vereinfachen. Zunächst besitzt der Integrand

$$\mathrm{F}(n+v)\widehat{\delta}_N(v) = \mathrm{F}(n+v)\frac{\sin 2\pi(N+\frac{1}{2})v}{\sin \pi v}$$

im Integrationsbereich $-1/2 \leq v \leq 1/2$ nur die Unendlichkeitsstelle $v = 0$. Wird diese bei der Integration dadurch ausgeschlossen, indem die Integration nur über $a < |v| \leq 1/2$ mit einer Zahl $a > 0$ vorgenommen wird, ist der Integrand eine integrierbare Funktion. Der Grenzübergang $N \to \infty$ liefert wegen des oszillatorischen Effekts daher den Wert 0. Dies bedeutet, daß für $N \to \infty$ anstelle des Intervalls $|v| \leq 1/2$ ein beliebiges Intervall $|v| \leq a$ verwendet werden kann.

Die Frequenzfunktion $h^F(f)$ ist nach Voraussetzung bei den Frequenzen $f_n = f_0 - nf_\mathrm{a}$ linksseitig und rechtsseitig hölderstetig. Daraus folgt, daß die Funktion $\mathrm{F}(v) = h^F(f_0 - vf_\mathrm{a})\,\mathrm{e}^{\mathrm{j}\,2\pi(f_0 - vf_\mathrm{a})t}$ bei $v = n$ ebenfalls linksseitig und rechtsseitig hölderstetig ist. Der Wert $a > 0$ kann daher so klein gewählt werden, daß die folgenden Näherungen verwendet werden können:

$$v > 0 \; : \; \mathrm{F}(n+v) \approx \mathrm{F}(n+) \,, \; v < 0 \; : \; \mathrm{F}(n+v) \approx \mathrm{F}(n-) \,. \tag{A.40}$$

Daher ist[5]

---

[4] Sie besagt, daß die Fouriertransformierte einer (absolut) integrierbaren Funktion im Unendlichen abklingt. Die Grenzwertbeziehung gilt insbesondere, wenn nur über $-1/2 \leq v \leq 1/2$ integriert wird.

[5] Wir schätzen den Näherungsfehler ab. Er ist durch

$$\lim_{N\to\infty} \int_{-a}^{0} \frac{\mathrm{F}(v+n) - \mathrm{F}(n-)}{\sin \pi v} \sin(2\pi(N+\frac{1}{2})v)\,\mathrm{d}v \; +$$

$$\lim_{N\to\infty} \int_{0}^{a} \frac{\mathrm{F}(v+n) - \mathrm{F}(n+)}{\sin \pi v} \sin 2\pi(N+\frac{1}{2})v\,\mathrm{d}v$$

gegeben. Aus der linksseitigen und rechtsseitigen Hölderstetigkeit von $\mathrm{F}(v)$ an der Stelle $v = n$ folgt für $|v| \leq \Delta v$

$$\left| \frac{\mathrm{F}(v+n) - \mathrm{F}(n+)}{\sin \pi v} \right| \approx \left| \frac{\mathrm{F}(v+n) - \mathrm{F}(n+)}{\pi v} \right| \leq \frac{C \cdot |v|^\alpha}{\pi|v|} = \frac{C}{\pi} \cdot |v|^{\alpha-1} \tag{A.41}$$

mit Konstanten $C, \alpha > 0$. Die gleiche Abschätzung gilt für den anderen Grenzwert. Wegen $\alpha > 0$ ist $\alpha - 1 > -1$ und damit die rechte Seite über $|v| \leq a$ absolut integrierbar. Daraus folgt, daß auch die linke Seite über $|v| \leq a$ absolut integrierbar ist. Wegen des oszillatorischen Effekts geht der Näherungsfehler beim Grenzübergang $N \to \infty$ gegen 0.

$$\lim_{N\to\infty} \int_{-1/2}^{1/2} \mathrm{F}(v+n)\widehat{\delta}_N(v)\,\mathrm{d}v = \tag{A.42}$$

$$= \mathrm{F}(n-) \lim_{N\to\infty} \int_{-a}^{0} \frac{\sin 2\pi(N+\frac{1}{2})v}{\sin \pi v}\,\mathrm{d}v +$$

$$\mathrm{F}(n+) \lim_{N\to\infty} \int_{0}^{a} \frac{\sin 2\pi(N+\frac{1}{2})v}{\sin \pi v}\,\mathrm{d}v \ .$$

Die beiden Grenzwerte können auf den sog. Integralsinus zurückgeführt werden, der durch

$$\mathrm{Si}(v) := \int_{0}^{v} \frac{\sin \alpha}{\alpha}\,\mathrm{d}\alpha$$

definiert ist mit [12, Bd. I]

$$\lim_{v\to\infty} \mathrm{Si}(v) = \pi/2 \ . \tag{A.43}$$

Für die beiden Grenzwerte erhält man der Wert $1/2$:

Da der Integrand eine gerade Funktion ist, sind zunächst die beiden Grenzwerte gleich. Mit der Substitution

$$\alpha := 2\pi(N+\frac{1}{2})v \ , \ \frac{\mathrm{d}v}{\mathrm{d}\alpha} = \frac{1}{2\pi(N+\frac{1}{2})}$$

erhalten wir für den Grenzwert

$$\lim_{N\to\infty} \int_{0}^{a} \frac{\sin 2\pi(N+\frac{1}{2})v}{\sin \pi v}\,\mathrm{d}v \approx \lim_{N\to\infty} \int_{0}^{a} \frac{\sin 2\pi(N+\frac{1}{2})v}{\pi v}\,\mathrm{d}v$$

$$= \lim_{N\to\infty} 2(N+\frac{1}{2}) \int_{0}^{a} \frac{\sin 2\pi(N+\frac{1}{2})v}{2\pi(N+\frac{1}{2})v}\,\mathrm{d}v$$

$$= \lim_{N\to\infty} \frac{1}{\pi} \int_{0}^{2\pi(N+\frac{1}{2})a} \frac{\sin \alpha}{\alpha}\,\mathrm{d}\alpha$$

$$= \frac{1}{\pi} \int_{0}^{\infty} \frac{\sin \alpha}{\alpha}\,\mathrm{d}\alpha = \frac{1}{\pi}\pi/2$$

$$= \frac{1}{2} \ .$$

Aus $\mathrm{F}(v) = h^F(f_0 - vf_\mathrm{a})\,\mathrm{e}^{\mathrm{j}\,2\pi(f_0-vf_\mathrm{a})t}$ folgt das Ergebnis

$$y(t) = f_\mathrm{a} \lim_{N\to\infty} \sum_{n}^{e} \int_{-1/2}^{1/2} \mathrm{F}(v+n)\widehat{\delta}_N(v)\,\mathrm{d}v$$

$$= f_\mathrm{a} \sum_{n}^{e} \frac{\mathrm{F}(n-) + \mathrm{F}(n+)}{2}$$

$$= f_\mathrm{a} \sum_{n}^{e} \frac{h^F(f_n-) + h^F(f_n+)}{2}\,\mathrm{e}^{\mathrm{j}\,2\pi f_n t} \ . \tag{A.44}$$

B. Lösung der Übungsaufgaben

B.1 Lösungen zu Kapitel 1

Lösung der Übungsaufgabe 1.1 (Zeitdiskretes Sinussignal).
Das Signal $x(k) = \cos 2\pi f k$ wird in der komplexen Zahlenebene durch die komplexen Zahlen

$$x_{\mathrm{c}}(k) = \mathrm{e}^{\,\mathrm{j}\,2\pi f k} = z^k \;,\; z := \mathrm{e}^{\,\mathrm{j}\,2\pi f}$$

dargestellt. Die komplexen Zahlen liegen folglich auf dem *Einheitskreis* (Kreis um den Nullpunkt mit Radius 1) mit den Argumenten (Winkeln)

$$\Phi_k := \arg z^k = 2\pi f k \;.$$

Die Signalwerte $x(k)$ ergeben sich daraus durch Realteilbildung, also durch Projektion auf die reelle Zahlengerade. Die Argumente $x_{\mathrm{c}}(k)$ für eine Periode sind für

$$f = 0 : \Phi_0 = 0 \;,$$
$$f = 1/2 : \Phi_0 = 0 \;,\; \Phi_1 = \pi \;,$$
$$f = 1/4 : \Phi_0 = 0 \;,\; \Phi_1 = \pi/2 \;,\; \Phi_2 = \pi \;,\; \Phi_3 = 3\pi/2 \;,$$
$$f = 2/5 : \Phi_0 = 0 \;,\; \Phi_1 = 4\pi/5 \;,\; \Phi_2 = 8\pi/5 \;,\; \Phi_3 = 12\pi/5 \;,\; \Phi_4 = 16\pi/5 \;.$$

Lösung der Übungsaufgabe 1.2 (Zeitkontinuierliches Sinussignal).
Für $f_2 = f_1$ ist

$$x(t) = \cos 2\pi f_1 t + \sin 2\pi f_1 t = A \sin(2\pi f_1 t + \Phi)$$

mit

$$A = \sqrt{a^2 + b^2} = \sqrt{2} \;,\; \tan \Phi = 1 \;.$$

Aus $\tan \Phi = 1$ folgt $\Phi = \pi/4$ oder $\Phi = \pi/4 + \pi$. Für $t = 0$ folgt $1 = A \sin \Phi$, woraus man

$$\Phi = \pi/4$$

erhält. Die Überlagerung der beiden sinusförmigen Signale $x_1(t), x_2(t)$ ist also ebenfalls sinusförmig mit der Frequenz f_1.

Für $f_2 = 2f_1$ werden zwei sinusförmige Signale mit den Perioden

$$c_1 := 1/f_1 \;,\; c_2 := 1/f_2 = c_1/2 \;.$$

überlagert. Beide Signale haben die Periode c_1. Daher hat auch das Signal $x(t) = x_1(t) + x_2(t)$ die Periode c_1. Das Signal $x(t)$ ist jedoch nicht sinusförmig. Es handelt sich vielmehr um eine (abbrechende) Fourierreihe bestehend aus der *Grundschwingung* $x_1(t)$ und der *harmonischen Oberschwingung* $x_2(t)$.

Lösung der Übungsaufgabe 1.3 (Zeitdiskrete Sprungfunktion).
Die zeitdiskrete Sprungfunktion $\varepsilon(k)$ ist weder absolut summierbar noch quadratisch summierbar, da die Partialsummen

$$\sum_{i=-N}^{N} \varepsilon^2(i) = N + 1$$

für $N \to \infty$ nicht konvergieren. Deshalb ist die Sprungfunktion kein Energiesignal. Die Sprungfunktion ist jedoch linksseitig summierbar, da es sich um einen Einschaltvorgang handelt. Die mittlere Leistung ist endlich:

$$\overline{\varepsilon^2(k)} = \lim_{N \to \infty} \frac{1}{2N+1} \sum_{i=-N}^{N} \varepsilon^2(i) = \lim_{N \to \infty} \frac{N+1}{2N+1} = 1/2 \ .$$

Mit Hilfe der zeitdiskreten Sprungfunktion können alle zeitdiskreten Signale endlicher Dauer aufgebaut werden: Zunächst erhält man den (zeitdiskreten) Diracimpuls gemäß

$$\delta(k) = \varepsilon(k) - \varepsilon(k-1) \ .$$

Da man aus dem Diracimpuls durch elementare Signaloperationen jedes zeitdiskrete Signal endlicher Dauer aufbauen kann, ergeben sich somit aus der Sprungfunktion alle zeitdiskreten Signale endlicher Dauer. Durch Anwendung endlich vieler elementarer Signaloperationen erhält man darüber hinaus alle Einschaltvorgänge, die ab einem bestimmten Zeitpunkt konstant sind.

B.2 Lösungen zu Kapitel 2

Lösung der Übungsaufgabe 2.1 (1-2-1-Filter).
Für die Sprungfunktion $x(k) = \varepsilon(k)$ folgt die Sprungantwort $y(k) = 0$ für $k < -1$, $y(-1) = 1/4$, $y(0) = 3/4$, $y(k) = 1$ für $k \geq 1$.
Das System ist nicht kausal. Es ist dennoch realisierbar, wenn k nicht als Zeitpunkt, sondern als Ortspunkt interpretiert wird.
Die Stabilität folgt aus

$$|y(k)| \leq \frac{1}{4}|x(k-1)| + \frac{1}{2}|x(k)| + \frac{1}{4}|x(k+1)| \leq C$$

für $|x(k)| \leq C$. Eine andere Begründung erhält man, indem das 1-2-1-Filter als Summe der drei Systeme mit den Ausgangssignalen

$$y_1(k) = \frac{1}{4}x(k-1) \ , \quad y_2(k) = \frac{1}{2}x(k) \ , \quad y_3(k) = \frac{1}{4}x(k+1)$$

dargestellt wird. Alle drei Systeme sind stabil, woraus die Stabilität des 1-2-1-Filters folgt. Ebenso folgt die LTI-Eigenschaft des 1-2-1-Filters aus der LTI-Eigenschaft der drei Teilsysteme.

Lösung der Übungsaufgabe 2.2 (Stabilität).
Die beiden folgenden Systeme sind instabil:

1. Zeitkontinuierlicher Differenzierer:
   Das beschränkte Eingangssignal

   $$x(t) = \sin 2\pi f(t) t$$

   mit zeitabhängiger Frequenz $f(t) = t$ führt auf das unbeschränkte Ausgangssignal $y(t) = 4\pi t \cos 2\pi t^2$.

2. Zeitvariantes Proportionalglied:
   Seine Sprungantwort ist $y(t) = t\varepsilon(t)$, also nicht beschränkt.

Lösung der Übungsaufgabe 2.3 (Gedächtnislose Systeme).

Die Kennlinie des Systems ist durch eine Funktion F gegeben, d.h. es gilt

$$y(t) = \mathrm{F}(x(t))$$

für jeden Zeitpunkt t.

1. Das System sei linear:
   Aus der Homogenität folgt $\mathrm{F}(\lambda x(t)) = \lambda \mathrm{F}(x(t))$ und speziell für $x(t) = 1$
   $\mathrm{F}(\lambda) = \lambda \mathrm{F}(1)$. Die Kennlinie ist also eine Gerade durch den Nullpunkt mit der
   Steigung $\mathrm{F}(1)$.
2. Die Kennlinie sei eine Gerade durch den Nullpunkt:
   Dann gilt $y(t) = \mathrm{F}(1)x(t)$ mit $F(1)$ als Steigung der Geraden. Es handelt sich
   somit um das Proportionalglied mit dem Proportionalitätsfaktor $F(1)$ und damit um ein LTI-System. Neben der Linearität gilt daher die Zeitinvarianz. Dies
   ergibt sich daraus, daß eine Kennlinie vorausgesetzt wurde, die zeitunabhängig
   ist.

Lösung der Übungsaufgabe 2.4 (LTI-Systeme).

Das System ist zeitinvariant, denn mit einer zeitlichen Verschiebung des Eingangs-
signals wird sein erster Impuls entsprechend zeitlich verschoben.
Das System ist auch homogen (Homogenität), aber trotzdem nicht linear, weil die
Additivität verletzt ist. Um dies einzusehen, werden die zwei Eingangssignale

$$x_1(k) := \delta(k) \, , \ x_2(k) := -\delta(k) + \delta(k-1)$$

betrachtet. Die Ausgangssignale sind

$$y_1(k) = \delta(k) \, , \ y_2(k) = -\delta(k) \, .$$

Daraus folgt $y_1(k) + y_2(k) = 0$. Andererseits ergibt sich für das Eingangssignal

$$x(k) = x_1(k) + x_2(k) = \delta(k-1)$$

das Ausgangssignal $y(k) = \delta(k-1) \neq 0$.

Lösung der Übungsaufgabe 2.5 (Regelkreis).

Die Hintereinanderschaltung von Regler und Regelstrecke wird als System S bezeichnet. Die Verlegung des Systems S in den Rückkopplungspfad der Rückkopplung führt auf die folgende Lösung:

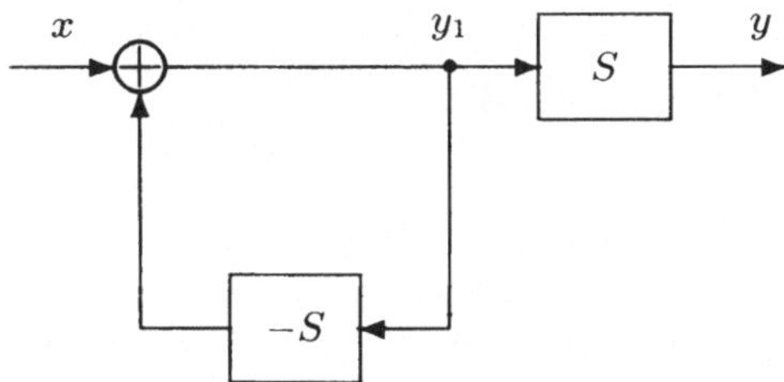

Abb. B.1. Umgeformter Regelkreis. Das System S ist die Hintereinanderschaltung aus Regler und
Regelstrecke

Wir überzeugen uns davon, daß beide Systeme das gleiche Ausgangssignal liefern. Es gilt:

$$y = S(y_1) \,,\; x - S(y_1) = y_1 \,.$$

Daraus folgt

$$y = S(y_1) = S(x - S(y_1)) = S(x - y) \,.$$

Dies ist die (implizite) Gleichung für den Regelkreis.

Lösung der Übungsaufgabe 2.6 (Summenschaltung).

Das Ausgangssignal der Summenschaltung ist durch

$$y = y_1 + y_2 \,,\; y_1 = S_1(x) \,,\; y_2 = S_2(x)$$

gegeben.

1. Kausalität:
   $y_1(t), y_2(t)$ hängen nur von $x(t'), t' \leq t$ ab, also auch $y(t)$.
2. Stabilität:
   Aus $y_1(t) \leq C_1$, $y_2(t) \leq C_2$ folgt
   $$|y(t)| \leq |y_1(t)| + |y_2(t)| \leq C_1 + C_2 \,.$$
3. Linearität:
   Es ist
   $$\begin{aligned}
   S(\lambda x_1 + \mu x_2) &= S_1(\lambda x_1 + \mu x_2) + S_2(\lambda x_1 + \mu x_2) \\
   &= \lambda S_1(x_1) + \mu S_1(x_2) + \lambda S_2(x_1) + \mu S_2(x_2) \\
   &= \lambda S(x_1) + \mu S(x_2) \,.
   \end{aligned}$$
4. Zeitinvarianz:
   Es ist
   $$\begin{aligned}
   S(\tau_c(x)) &= S_1(\tau_c(x)) + S_2(\tau_c(x)) = \tau_c(S_1(x)) + \tau_c(S_2(x)) \\
   &= \tau_c(S_1(x) + S_2(x)) = \tau_c(S(x)) \,.
   \end{aligned}$$

Lösung der Übungsaufgabe 2.7 (Eindeutigkeit).

Um die Eindeutigkeit eines Systems zu widerlegen, genügt es, zwei Eingangssignale x_1, x_2 anzugeben, die die gleichen Ausgangssignale verursachen.

1. Konstante $y(t) = C$:
   Es können zwei beliebige Eingangssignale $x_1 \neq x_2$ gewählt werden.
2. Quadrierer $y(t) = x^2(t)$:
   Wähle beispielsweise $x_1(t) = 1$, $x_2(t) = -1$.
3. Zeitvariantes Proportionalglied $y(t) = t \cdot x(t)$:
   Wähle zwei Signale, die bis auf $t = 0$ übereinstimmen.
4. Beispielsystem 10 (Matrixmultiplikation):
   Es ist
   $$y(0) = x(-1) + 2x(0) \,,\; y(1) = 2x(-1) + 4x(0) \,.$$
   Wähle
   $$x_1(k) = \delta(k + 1) \,,\; x_2(k) = 1/2\delta(k) \,.$$

Für beide Eingangssignale folgen $y(0) = 1$, $y(1) = 2$. Die anderen Ausgangssignalwerte sind 0. Für beide Eingangssignale folgt somit das gleiche Ausgangssignal

$$y(k) = \delta(k) + 2\delta(k - 1) \,.$$

Die Nicht-Eindeutigkeit der Matrixmultiplikation erhält man einfacher aus der Tatsache, daß die Matrix nicht invertierbar ist.

Lösung der Übungsaufgabe 2.8 (Inverse Systeme).

Das zeitvariante Verzögerungsglied liefert die Ausgangssignalwerte

$$y(k) = \ldots x(-2), x(-1), y(0) = 0, x(0), x(1), \ldots \ .$$

Daraus folgt:

1. $\qquad S(\Omega) = \{y \in \mathbb{R}^{\mathbb{Z}} \,|\, y(0) = 0\} \ .$
2. Die Operation des zeitvarianten Verzögerungsglieds kann durch eine zeitliche Verschiebung nach links gemäß

$$y(k) = \left\{ \begin{array}{l} x(k) : k < 0 \\ x(k+1) : k \geq 0 \end{array} \right.$$

rückgängig gemacht werden.

Lösung der Übungsaufgabe 2.9 (Rückkopplung).

Die Rückkopplungsgleichung lautet

$$y(k) = x(k) + \lambda y(k - 1) \ .$$

Für $y(-1) = 0$ erhält man $y(-2) = -1/\lambda x(-1), \ldots$ und

$$y(0) = x(0) \ , \ y(1) = x(1) + \lambda y(0) = x(1) + \lambda x(0) \ , \ \ldots \ .$$

Für die Sprungfunktion $x(k) = \varepsilon(k)$ ist $y(k) = 0$ für $k < -1$ und daher

$$y(k) = \varepsilon(k) \sum_{i=0}^{k} \lambda^i \ .$$

Für $k \to \infty$ erhält man den Grenzwert

$$y(\infty) = \frac{1}{1 - \lambda} \ , \ |\lambda| < 1 \ .$$

Für $|\lambda| \geq 1$ existiert der Grenzwert nicht.
Eigenbewegungen sind Lösungen der Gleichung

$$y(k) = \lambda y(k - 1) \ .$$

Sie haben die Form

$$y(k) = \mathrm{C}\lambda^k = y(0)\lambda^k \ .$$

Dabei ist C eine Konstante, die sich beim Einsetzen von $k = 0$ als der Wert $y(0)$ erweist. Speziell für $\lambda = 1$ erhält man konstante Signale $y(k) = \mathrm{C}$ in Übereinstimmung damit, daß die Eigenbewegungen bei der Summierer-Rückkopplung konstante Signale sind. Für $|\lambda| > 1$ und $y(0) \neq 0$ ist die Eigenbewegung aufklingend, für $|\lambda| < 1$ und $y(0) \neq 0$ dagegen liegt eine abklingende Eigenbewegung vor.

B.3 Lösungen zu Kapitel 3

Lösung der Übungsaufgabe 3.1 (Faltungssysteme).

Nein, denn seine Impulsantwort ist wie für den Grenzwertbilder gleich 0:

$$h(k) = \lim_{n \to \infty} \frac{1}{2n + 1} \sum_{i=-n}^{n} \delta(i) = \lim_{n \to \infty} \frac{1}{2n + 1} = 0 \ .$$

Lösung der Übungsaufgabe 3.2 (Impulsantwort zeitvarianter Systeme).

1. Zeitvariantes Proportionalglied:

$$y(k) = kx(k) \ .$$

Aus $x(k) = \delta(k - i)$ folgt

$$h_i(k) = k\delta(k - i) = \begin{cases} k : k = i \\ 0 : k \neq i \end{cases} \ .$$

2. Zeitvarianter Verzögerer:

$$y(k) = \begin{cases} x(k) : k < 0 \\ 0 : k = 0 \\ x(k - 1) : k > 0 \end{cases} \ .$$

Signalwerte $x(i), i < 0$ werden nicht verändert, Signalwerte $x(i), i \geq 0$ werden um eine Zeiteinheit verzögert. Der Diracimpuls $x(k) = \delta(k - i)$ besitzt den einzigen Signalwert $\neq 0$ für den Zeitpunkt $k = i$ ($x(i) = 1$). Daraus folgt für die Impulsantworten

$$h_i(k) = \begin{cases} \delta(k - i) : i < 0 \\ \delta(k - i - 1) : i \geq 0 \end{cases} \ .$$

Lösung der Übungsaufgabe 3.3 (Zeitdiskrete Faltung).

Interpretiert man h als Gewichtsfunktion und x als Eingangssignal, sind zur Berechnung von $y(k) = (h * x)(k)$ der Eingangssignalwert $x(k)$ zum Zeitpunkt k und der vergangene Eingangssignalwert $x(k - 1)$ zu addieren. Daraus folgt:

1. $x_1(k) = h(k)$:

$$y_1(0) = 1 \ , \ y_1(1) = 2 \ , \ y_1(2) = 1 \ .$$

Die restlichen Signalwerte sind 0.

2. $x_2(k) = \delta(k) - \delta(k - 1)$:

$$y_2(0) = 1 \ , \ y_2(1) = 0 \ , \ y_2(2) = -1 \ .$$

Die restlichen Signalwerte sind 0.

Lösung der Übungsaufgabe 3.4 (Faltbarkeit).

1. $\varepsilon(k)$ mit $\varepsilon(k) + \varepsilon(k - 2)$:
   Faltbar, da zwei Einschaltvorgänge vorliegen.
   Interpretation: Ausgangssignal des Summierers für $x(k) = \varepsilon(k) + \varepsilon(k - 2)$ als Eingangssignal.
2. $\varepsilon(k)$ mit $\varepsilon(-k)$:
   Nicht faltbar wegen

$$\varepsilon(k) * \varepsilon(-k) = \sum_{i=-\infty}^{\infty} \varepsilon(i)\varepsilon(i - k) = \infty \ .$$

Interpretation: Der Summierer liefert für die gespiegelte Sprungfunktion $x(k) = \varepsilon(-k)$ als Eingangssignal keine endlichen Ausgangssignalwerte, denn $x(k)$ besitzt unendlich viele Signalwerte $x(k) = 1$ für $k \leq 0$.

3. $\varepsilon(-k)$ mit $\varepsilon(-k - 2)$:
   Faltbar, da zwei Ausschaltvorgänge vorliegen.

4. $1/(1 + |k|)$ mit $1/(1 + |k|)$:
   Faltbar, da $x(k) := 1/(1 + |k|)$ ein Energiesignal ist:

$$\sum_{k=-\infty}^{\infty} |x(k)|^2 < 1 + 2 \cdot \sum_{k=1}^{\infty} \frac{1}{k^2} = 1 + 2 \cdot (1 + \frac{1}{4} + \frac{1}{9} + \cdots)$$

$$= 1 + 2 \cdot \frac{\pi^2}{6} < \infty .$$

5. $1/(1 + |k|)$ mit $\varepsilon(k)$:
   Nicht faltbar, denn es ist zunächst

$$y(k) = \sum_{i=-\infty}^{\infty} \varepsilon(i) \frac{1}{1 + |k - i|} = \sum_{i=0}^{\infty} \frac{1}{1 + |k - i|} .$$

Daraus folgt

$$y(0) = \sum_{i=0}^{\infty} \frac{1}{1 + |i|} = 1 + \frac{1}{2} + \frac{1}{3} + \cdots .$$

Dies ist die harmonische Reihe, welche divergiert.

Lösung der Übungsaufgabe 3.5 (Faltung von Ausschaltvorgängen).

Es seien x_1, x_2 zwei Ausschaltvorgänge (Ausschaltzeitpunkte $k_2, \overline{k}_2$). Für den Summationsbereich von

$$y(k) = \sum_{i=-\infty}^{\infty} x_1(i)x_2(k - i)$$

folgt $i \le k_2, k - i \le \overline{k}_2$ oder

$$k - \overline{k}_2 \le i \le k_2 .$$

Für $k > k_2 + \overline{k}_2$ ist der Summationsbereich leer und damit $y(k) = 0$. Für $k = k_2 + \overline{k}_2$ umfaßt der Summationsbereich den einzelnen Wert $i = k_2$ mit $y(k) = x_1(k_2)x_2(\overline{k}_2) \ne 0$. Also ist y ebenfalls ein Ausschaltvorgang mit $k_2 + \overline{k}_2$ als Ausschaltzeitpunkt.

Lösung der Übungsaufgabe 3.6 (Invertierung eines Einschaltvorgangs).

Es ist $h(0) = 1, h(1) = -a$. Die übrigen Filterkoeffizienten sind 0. Aus den rekursiven Gleichungen (3.52) folgt für die inverse Impulsantwort $h = y$:

$$y(0) = 1 ,$$
$$y(1) = -h(1)y(0) = a ,$$
$$y(2) = -h(1)y(1) = a \cdot a = a^2 ,$$
$$y(3) = -h(1)y(2) = a \cdot a^2 = a^3 ,$$

$$\cdots$$

Allgemein gilt

$$y(k) = \varepsilon(k)a^k .$$

Lösung der Übungsaufgabe 3.7 (Differentiation und Faltung).

Die Impulsantwort von S_Δ^2 ist

$$h(k) = [\delta(k) - \delta(k-1)] * [\delta(k) - \delta(k-1)]$$
$$= \delta(k) - 2\delta(k-1) + \delta(k-2) \ .$$

Daraus folgt

$$y(k) = x(k) * h(k) = x(k) - 2x(k-1) + x(k-2)$$

mit

1. $x(k) = 1$:

$$y(k) = 1 - 2 + 1 = 0 \ .$$

2. $x(k) = k$:

$$y(k) = k - 2(k-1) + (k-2) = 0 \ .$$

3. $x(k) = k^2$:

$$y(k) = k^2 - 2(k-1)^2 + (k-2)^2$$
$$= k^2 - 2(k^2 - 2k + 1) + (k^2 - 4k + 4) = 2 \ .$$

Eigenbewegungen:
Es ist somit $S_\Delta^2(y) = 0$ für $y(k) = 1$ und $y(k) = k$. Folglich sind $y(k) = 1$ und $y(k) = k$ Eigenbewegungen des Systems S_Δ^2. Damit sind auch ihre Linearkombinationen

$$y(k) = \lambda + \mu k \ , \ \lambda, \mu \in \mathbb{R}$$

Eigenbewegungen des Systems. Das System S_Δ^2 besitzt den Filtergrad 2. Aus Anhang A.1 folgt, daß der Signalraum der Eigenbewegungen zweidimensional ist. Alle Eigenbewegungen von S_Δ^2 haben somit diese Form.

Lösung der Übungsaufgabe 3.8 (1-2-1-Filter).

Für $x = \delta$ erhält man die Impulsantwort

$$h(k) = \frac{1}{4}\delta(k-1) + \frac{1}{2}\delta(k) + \frac{1}{4}\delta(k+1) \ .$$

Sie ist von endlicher Dauer, so daß das 1-2-1-Filter ein FIR-Filter ist. Daher ist das System stabil. Es ist nicht kausal wegen des Anteils $1/4\delta(k+1)$. Die Sprungantwort lautet:

$$y(k) = \varepsilon(k) * h(k) = \frac{1}{4}\varepsilon(k-1) + \frac{1}{2}\varepsilon(k) + \frac{1}{4}\varepsilon(k+1) \ .$$

Die Signalwerte $\neq 0$ der Sprungantwort des 1-2-1-Filters sind folglich

$$y(-1) = 1/4 \ , \ y(0) = 3/4 \ , \ y(k) = 1 \ , \ k \geq 1 \ .$$

Differentiation der Sprungantwort ergibt für die Impulsantwort

$$h(-1) = y(-1) - y(-2) = 1/4 \ ,$$
$$h(0) = y(0) - y(-1) = 1/2 \ ,$$
$$h(1) = y(1) - y(0) = 1/4 \ .$$

Die übrigen Signalwerte der Impulsantwort sind 0.

Lösung der Übungsaufgabe 3.9 (Übertragungsfunktion des 1-2-1-Filters).

Mit der Übertragungsfunktion des 1-2-1-Filters,

$$H_{121}(z) = \frac{1}{4}z^{-1} + \frac{1}{2} + \frac{1}{4}z$$

folgt die Übertragungsfunktion der Hintereinanderschaltung zu

$$H(z) = H_{121}(z) \cdot H_{121}(z) = \left(\frac{1}{4}z^{-1} + \frac{1}{2} + \frac{1}{4}z\right) \cdot \left(\frac{1}{4}z^{-1} + \frac{1}{2} + \frac{1}{4}z\right)$$

$$= \frac{1}{16}z^{-2} + \frac{1}{4}z^{-1} + \frac{3}{8} + \frac{1}{4}z + \frac{1}{16}z^2 \ .$$

Der Übertragungsfunktion entnimmt man die Filterkoeffizienten $h(-2) = h(2) = 1/16$, $h(-1) = h(1) = 1/4$, $h(0) = 3/8$. Die Summe der Filterkoeffizienten ist 1, denn es ist

$$\sum_{i=k_1}^{k_2} h(i) = H(1) = H_{121}(1) \cdot H_{121}(1) = 1 \cdot 1 = 1 \ .$$

Das Ausgangssignal des 1-2-1-Filters bei Anregung mit $x = h_{121}$ ist die bereits bestimmte Impulsantwort h, denn es ist $y = h_{121} * h_{121}$.

Lösung der Übungsaufgabe 3.10 (z-Transformation und Filtergrad).

Der Differenzierer S_Δ hat den Filtergrad 1. Aus der Additivität der Filtergrade folgt für S_Δ^n der Filtergrad n. Die Übertragungsfunktion von S_Δ^n ergibt sich aus der Binomischen Formel zu

$$H(z) = \left(1 - z^{-1}\right)^n = \sum_{i=0}^{n} \binom{n}{i} 1^{n-i}(-z^{-1})^i = \sum_{i=0}^{n} \binom{n}{i}(-1)^i z^{-i} \ .$$

Der Übertragungsfunktion entnimmt man die Filterkoeffizienten

$$h(i) = \binom{n}{i}(-1)^i \ , \ i = 0,\ldots n \ .$$

Lösung der Übungsaufgabe 3.11 (Eindeutigkeit der z-Transformation).

Ausgangspunkt sind zwei Signale x_1, x_2 endlicher Dauer mit $x_1 \neq x_2$. Wir zeigen, daß ihre z-Transformierten nicht gleich sind, d.h.

$$X_1(z) \neq X_2(z) \ .$$

Die z-Transformierte des Signals $x := x_1 - x_2$ ist $X(z) = X_1(z) - X_2(z)$. Wegen $x \neq 0$ läßt sich $X(z)$ faktorisieren, besitzt also nur endlich viele Nullstellen (abhängig von der Signaldauer des Signals x). Daraus folgt, daß $X(z)$ nicht für alle Werte $z \in \mathbb{C}$ gleich 0 ist und damit $X_1(z) \neq X_2(z)$.

Lösung der Übungsaufgabe 3.12 (Nichtlineare Phasenfunktion).

Die Frequenzfunktion lautet

$$h^F(f) = 1 - \lambda e^{-j 2\pi f k} = 1 - \lambda \cos 2\pi f k + j\,\lambda \sin 2\pi f k \ .$$

Daraus folgt

$$\Phi(f) = \arctan \frac{\lambda \sin 2\pi f k}{1 - \lambda \cos 2\pi f k} \ .$$

Die nichtlinearen Verläufe für $\lambda = 0.5$ und $\lambda = 1.5$ zeigt die folgende Abbildung.

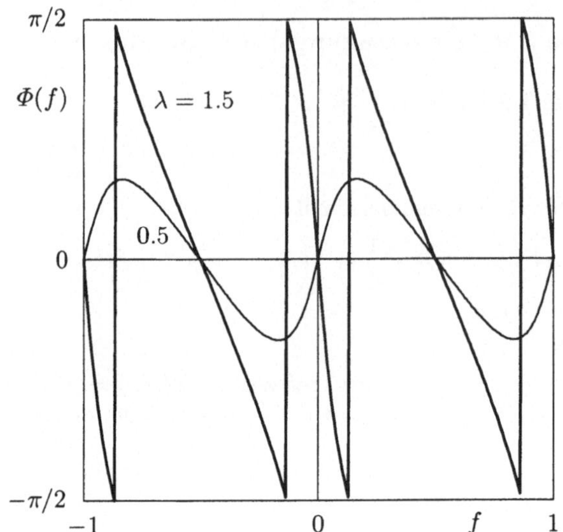

Abb. B.2. Nichtlineare Phasenfunktionen des FIR-Filters mit der Impulsantwort $h(k) = \delta(k) - \lambda\delta(k - 1)$ für $\lambda = 0.5$ und $\lambda = 1.5$

Lösung der Übungsaufgabe 3.13 (Sobel-und Laplace-Operator).

1. Sobeloperator:

$$h^F(f) = e^{j\,2\pi f} - e^{-j\,2\pi f} = 2j\sin 2\pi f\,.$$

Daraus folgt $A(f) = |2\sin 2\pi f|$, $\Phi(f) = \pi/2$. Die Amplitudenfunktion hat im Frequenzbereich $0 \leq f \leq 1/2$ ihr Maximum bei $f = 1/4$. Es handelt sich daher um einen Bandpaß. Es ist

$$A(0) = A(1/2) = 0\,.$$

Begründung im Zeitbereich: Das Filter bildet das Ausgangssignal

$$y(k) = x(k + 1) - x(k - 1)\,,$$

welches für das konstante Signal $x(k) = 1$ ($f = 0$) und für das alternierende Signal $x(k) = (-1)^k$ ($f = 1/2$) das Nullsignal ergibt.

2. Laplaceoperator:

$$h^F(f) = e^{j\,2\pi f} - 2 + e^{-j\,2\pi f} = -2[1 - \cos 2\pi f]\,.$$

Daraus folgt $A(f) = 2(1 - \cos 2\pi f)$, $\Phi(f) = \pi$. Für die Amplitudenfunktion gilt:

$$A(0) = 0\,,\ A(1/4) = 2\,,\ A(1/2) = 4\,.$$

Es handelt sich daher um einen Hochpaß. Begründung im Zeitbereich: Das Filter bildet das Ausgangssignal

$$y(k) = x(k + 1) - 2x(k) + x(k - 1)\,,$$

welches für $x(k) = 1$ ($f = 0$) das Nullsignal und für $x(k) = (-1)^k$ ($f = 1/2$) gleich $y(k) = -4(-1)^k$ ist.

Die Impulsantwort des FIR-Filters, welches die zweifache Ableitung bildet, ist

$$h(k) = \delta(k) - 2\delta(k - 1) + \delta(k - 2)\,.$$

Dieses Filter ist somit die „kausale Version" des Laplaceoperators.

Lösung der Übungsaufgabe 3.14 (λ-Tiefpaßfilter).

Die Frequenzfunktion lautet

$$h^F(f) = \frac{\lambda}{2}\,\mathrm{e}^{\mathrm{j}\,2\pi f} + (1-\lambda) + \frac{\lambda}{2}\,\mathrm{e}^{-\mathrm{j}\,2\pi f} = 1 - \lambda(1 - \cos 2\pi f)\ .$$

Die Frequenzfunktion ist also reell. Für die Amplitudenfunktion ist $A(0) = 1$ wie beim 1-2-1-Filter, aber $A(1/2) = |1 - 2\lambda|$. Durch Veränderung von $\lambda, 0 \le \lambda \le 1/2$ erhält man unterschiedliche Tiefpässe mit der größten Tiefpaßwirkung bei $\lambda = 1/2$ (1-2-1-Filter) und keiner Tiefpaßwirkung bei $\lambda = 0$.

Für $\lambda = 1$ ist $A(f) = |\cos 2\pi f|$, also $A(0) = 1, A(1/4) = 0, A(1/2) = 1$. Sinusförmige Signale der Frequenz $f = 1/4$ werden somit vollkommen unterdrückt. Insbesondere liegt bei $\lambda = 1$ kein Tiefpaß vor.

Lösung der Übungsaufgabe 3.15 (Verzerrungsfreie Übertragung).

Sinusförmige Anregung mit $x(k) = \cos 2\pi f k$ ergibt das sinusförmige Ausgangssignal

$$y(k) = \lambda \cdot \cos[2\pi f k + \Phi(f)] = \lambda \cdot \cos 2\pi f(k - c)\ .$$

Das sinusförmige Eingangssignal wird somit verzögert. Die Amplitude ist der frequenzunabhängige Faktor λ. Die Impulsantwort des gesuchten Systems ergibt sich aus der *Rücktransformation* seiner Frequenzfunktion:

$$\begin{aligned}
h(k) &= \int_{-1/2}^{1/2} h^F(f)\,\mathrm{e}^{\mathrm{j}\,2\pi f k}\,\mathrm{d}f = \int_{-1/2}^{1/2} \lambda\,\mathrm{e}^{-\mathrm{j}\,2\pi f c}\,\mathrm{e}^{\mathrm{j}\,2\pi f k}\,\mathrm{d}f \\
&= \lambda \int_{-1/2}^{1/2} \mathrm{e}^{\mathrm{j}\,2\pi f(k-c)}\,\mathrm{d}f \\
&= \lambda \int_{-1/2}^{1/2} \cos 2\pi f(k-c)\,\mathrm{d}f + \mathrm{j}\lambda \int_{-1/2}^{1/2} \sin 2\pi f(k-c)\,\mathrm{d}f\ .
\end{aligned}$$

Für $k \ne c$ werden zwei Sinusschwingungen über eine oder mehrere Perioden integriert und liefern daher den Wert 0. Für $k = c$ liefert das erste Integral den Wert 1 und das zweite Integral den Wert 0. Daraus folgt als Ergebnis

$$h(k) = \lambda\delta(k - c)\ .$$

Es handelt sich folglich um ein FIR-Filter, das eine zeitliche Verschiebung und eine proportionale Veränderung der Signalwerte (Faktor λ) bewirkt. Die Signalform bleibt erhalten, d.h. es liegt ein verzerrungsfreies System vor.

Lösung der Übungsaufgabe 3.16 (Symmetrie der FT).

Für ein Signal $x(k)$ mit $x(k) = x(-k)$ folgt

$$\begin{aligned}
x^F(f) &= \sum_{i=-\infty}^{\infty} x(i)\,\mathrm{e}^{-\mathrm{j}\,2\pi f i} = x(0) + \sum_{i=1}^{\infty} x(i)\left[\mathrm{e}^{-\mathrm{j}\,2\pi f i} + \mathrm{e}^{\mathrm{j}\,2\pi f i}\right] \\
&= x(0) + 2 \cdot \sum_{i=1}^{\infty} x(i) \cos 2\pi f i\ .
\end{aligned}$$

Also ist $x^F(f)$ reell und gerade.

Ist umgekehrt $x^F(f)$ reell und gerade, dann folgt

$$x(k) = \int_{-1/2}^{1/2} x^F(f)\,\mathrm{e}^{\mathrm{j}\,2\pi f k}\,\mathrm{d}f = \int_{-1/2}^{1/2} x^F(f)[\cos 2\pi f k + \mathrm{j}\sin 2\pi f k]\,\mathrm{d}f$$

mit

1. $x^F(f)\cos 2\pi fk$:
   Als Produkt zweier gerader Funktionen (bezüglich f) ebenfalls gerade.
2. $x^F(f)\sin 2\pi fk$:
   Als Produkt einer geraden Funktion und einer ungeraden Funktion (bezüglich f) ungerade.

Daraus folgt

$$x(k) = \int_{-1/2}^{1/2} x^F(f)\cos 2\pi fk\,\mathrm{d}f\ ,$$

d.h. $x(k)$ ist gerade.

Lösung der Übungsaufgabe 3.17 (Idealer Bandpaß).

Nach dem Faltungssatz für Energiesignale besitzt die Hintereinanderschaltung die Frequenzfunktion

$$h^F(f)\cdot h^F(f) = h^F(f)\ ,$$

d.h. die Hintereinanderschaltung ergibt wieder den gleichen idealen Bandpaß. Für $f_1 = 0$ liegt ein idealer Tiefpaß mit der Grenzfrequenz f_2 vor.

Eine Möglichkeit zur Bestimmung der Impulsantwort besteht darin, wie beim idealen Tiefpaß die Rücktransformation explizit durchzuführen. Einfacher ist die Zurückführung der Aufgabe auf zwei ideale Tiefpäße. Ihre Impulsantworten h_1, h_2 haben die Grenzfrequenzen f_1, f_2 mit $h_1^F(0) = h_2^F(0) = 1$. Die Frequenzfunktion des idealen Bandpaßes ist

$$h^F(f) = h_2^F(f) - h_1^F(f) = 2f_2\frac{1}{2f_2}h_2^F(f) - 2f_1\frac{1}{2f_1}h_1^F(f)\ .$$

Aus der Linearität der FT folgt

$$h(k) = h_2(k) - h_1(k) = 2f_2\,\mathrm{si}\,2\pi f_2 k - 2f_1\,\mathrm{si}\,2\pi f_1 k\ .$$

Für $f_1 = 0$ folgt $h(k) = 2f_2\,\mathrm{si}\,2\pi f_2 k$.

Aus der Parsevalschen Gleichung folgt für die Energie der Impulsantwort des idealen Bandpaßes

$$\sum_{i=-\infty}^{\infty} h^2(i) = \int_{-1/2}^{1/2} |h^F(f)|^2\,\mathrm{d}f = 2(f_2 - f_1)\ .$$

Beim Grenzübergang $f_1 \to f_2$ strebt dieser Wert gegen 0. Damit streben auch alle Signalwerte $h(i)$ der Impulsantwort (gleichmäßig) gegen 0. Für $f_1 = f_2$ ist $h(k) = 0$, d.h. das Filter liefert in diesem Fall das Ausgangssignal $y(k) = 0$. Dies gilt auch dann, wenn das Eingangssignal ein sinusförmiges Signal der Frequenz $f = f_1 = f_2$ ist. Dies steht nicht im Widerspruch zur Frequenzfunktion des Filters, die in diesem Fall durch

$$h^F(f) = \begin{cases} 1 : f = f_1 = f_2 \\ 0 : \text{sonst} \end{cases}\ ,\ 0 \le f \le 1/2$$

gegeben ist. Diese Frequenzfunktion ist nämlich als quadratisch integrierbare Funktion gleich der Nullfunktion:

$$h(k) = \int_{-1/2}^{1/2} h^F(f)\,\mathrm{e}^{\mathrm{j}\,2\pi fk}\,\mathrm{d}f = 0\ .$$

Lösung der Übungsaufgabe 3.18 (Impulsantworten von Teilsystemen).
Es ist

$$
h_1(k) * h_2(k) = \sum_{i=-\infty}^{\infty} \varepsilon(i) z_1^i \varepsilon(k-i) z_2^{k-i} = \varepsilon(k) \sum_{i=0}^{k} z_1^i z_2^{k-i}
$$

$$
= \varepsilon(k) z_2^k \sum_{i=0}^{k} [z_1/z_2]^i .
$$

1. $h_0 * h_0$:
   Für $z_1 = z_2 = z_0$ folgt
   $$
   h_0(k) * h_0(k) = \varepsilon(k)(k+1) z_0^k .
   $$

2. $h_0 * h_0^*$:
   Für $z_1 = z_0, z_2 = z_0^* \neq z_1$ folgt
   $$
   h_0(k) * h_0^*(k) = \varepsilon(k) z_0^{*\,k} \sum_{i=0}^{k} [z_0/z_0^*]^i
   $$
   $$
   = \varepsilon(k) z_0^{*\,k} \frac{1 - [z_0/z_0^*]^{k+1}}{1 - z_0/z_0^*} = \varepsilon(k) \frac{z_0^{*\,k+1} - z_0^{k+1}}{z_0^* - z_0}
   $$
   $$
   = \varepsilon(k) \frac{|z_0|^{k+1} \left[e^{-j(k+1)\phi_0} - e^{j(k+1)\phi_0} \right]}{|z_0| \left[e^{-j\phi_0} - e^{j\phi_0} \right]}
   $$
   $$
   = \varepsilon(k) |z_0|^k \frac{\sin(k+1)\phi_0}{\sin \phi_0} .
   $$

3. $h_1 * h_2$:
   Für $z_2 \neq z_1$ folgt
   $$
   h_1(k) * h_2(k) = \varepsilon(k) z_2^k \frac{1 - [z_1/z_2]^{k+1}}{1 - z_1/z_2}
   $$
   $$
   = \varepsilon(k) \frac{z_2^{k+1} - z_1^{k+1}}{z_2 - z_1} .
   $$

Lösung der Übungsaufgabe 3.19 (Übertragungsfunktion von IIR-Filtern).
Beispielsweise kann man

$$
H_1(z) := \frac{z-1}{z+1} , \quad H_2(z) := \frac{z+1}{z-1} , \quad |z| > 1
$$

wählen. Da beide Übertragungsfunktionen gebrochen rational sind, und wegen der Form des Konvergenzbereichs, handelt es sich um die Übertragungsfunktionen zweier kausaler IIR-Filter.

Lösung der Übungsaufgabe 3.20 (Übertragungsfunktion von IIR-Filtern).
Es ist

$$
[X(z) - Y(z) \cdot H_2(z)] \cdot H_1(z) = Y(z) ,
$$

woraus folgt

$$H(z) = \frac{Y(z)}{X(z)} = \frac{H_1(z)}{1 + H_1(z)H_2(z)}$$

$$= \frac{z}{z-1} \cdot \frac{1}{1 + z/(z-1) \cdot (z-1)/z^2} = \frac{z}{z-1} \cdot \frac{1}{1 + 1/z}$$

$$= \frac{z}{z-1} \cdot \frac{z}{z+1} = \frac{z^2}{z^2-1} \;,\; |z| > 1 \;.$$

Das System läßt sich daher durch eine Hintereinanderschaltung aus einem Summierer (Übertragungsfunktion $z/(z-1)$ und einem System mit der Impulsantwort $h(k) = \varepsilon(k)(-1)^k$ (Übertragungsfunktion $z/(z+1)$) aufbauen.

B.4 Lösungen zu Kapitel 4

Lösung der Übungsaufgabe 4.1 (Mittelwertbildung).

1. Linksseitiger Mittelwert:

$$y(k) = \lim_{n\to\infty} \frac{1}{n+1} \sum_{i=0}^{n} x(k-i)$$

$$= \lim_{n\to\infty} \frac{1}{n+1} \sum_{i=0}^{n} k - i = k - \lim_{n\to\infty} \frac{1}{n+1} \frac{n(n+1)}{2} = -\infty \;,$$

d.h. der linksseitige Mittelwert existiert nicht.

2. Beidseitiger Mittelwert:

$$y(k) = \lim_{n\to\infty} \frac{1}{2n+1} \sum_{i=-n}^{n} k - i = k - \lim_{n\to\infty} \frac{1}{2n+1} \sum_{i=-n}^{n} i = k \;.$$

Lösung der Übungsaufgabe 4.2 (Mittelwertbildung und beschränkte Signale).

Die Eigenschaften Beschränktheit eines Signals und Existenz des Signalmittelwerts bedingen sich nicht gegenseitig:

1. Das Signal besitzt einen beidseitigen Mittelwert, ist aber nicht beschränkt:
   Ein Beispiel ist das unbeschränkte Signal $x(k) = k$ mit dem beidseitigen Mittelwert 0.
2. Das Signal ist beschränkt, besitzt aber keinen Mittelwert:
   Eine Möglichkeit besteht darin, den über endlich viele Signalwerte gebildeten Mittelwert zwischen zwei Signalwerten, z.B. $x_1 = 1, x_2 = -1$ „schwanken" zu lassen. Wir definieren

$$x(1) = x_1 \;,\; x(2) = x(3) = x_2 \;,\; x(4) = x(5) = x(6) = x(7) = x_1 \ldots \qquad .$$

Es folgen $4^2 = 16$ Signalwerte x_2, $16^2 = 256$ Signalwerte $x_1 \ldots$. Die Signalwerte $x(k)$ für $k \leq 0$ können 0 gesetzt werden. Für den Mittelwert der Signalwerte $x(1), \ldots x(n)$ erhält man beispielsweise für $n = 1 + 2 + 4 + 16 + 256$

$$\frac{1}{n} \sum_{i=1}^{n} x(i) = \frac{x_1 + 2x_2 + 4x_1 + 16x_2 + 256x_1}{1 + 2 + 4 + 16 + 256} = \frac{243}{279} \;.$$

Lösung der Übungsaufgabe 4.3 (Mittelwertbilder und Differenzierer).

1. Frequenzfunktion der Hintereinanderschaltung:
   Bei der Hintereinanderschaltung ist die Frequenzfunktion des Mittelwertbilders,

   $$S^F(f) := \begin{cases} 1 : f \in \mathbb{Z} \\ 0 : \text{sonst} \end{cases}$$

   mit der Frequenzfunktion des Differenzierers, gegeben durch

   $$S_\Delta^F(f) = 1 - e^{-j 2\pi f}$$

   zu multiplizieren. Daraus folgt, daß die Frequenzfunktion der Hintereinanderschaltung für alle Frequenzen gleich 0 ist.

2. Einfluß der Reihenfolge bei der Hintereinanderschaltung auf das Systemverhalten:
   Für sinusförmige Eingangssignale besteht kein Einfluß. Das Ausgangssignal der Hintereinanderschaltung ist dann $y(k) = 0$. Insbesondere liefert der Differenzierer für ein sinusförmiges Eingangssignal ein ebenfalls sinusförmiges Ausgangssignal, dessen Mittelung 0 ergibt. Für andere Eingangssignale besteht ebenfalls kein Einfluß, da der Differenzierer ein FIR-Filter ist. Für das Eingangssignal $x(k) = k$ beispielsweise liefert der beidseitige Mittelwertbilder nach Übungsaufgabe 4.1 das Ausgangssignal $y_1(k) = k$. Die anschließende Differentiation ergibt $y(k) = 1$. Der Differenzierer liefert für $x(k) = k$ das konstante Signal $y_2(k) = 1$. Die anschließende (beiseitige) Mittelwertbildung ergibt ebenfalls $y(k) = 1$.

Lösung der Übungsaufgabe 4.4 (Sinusdetektor).

Es ist

$$y_1(k) = \cos 2\pi f_0 k \lim_{n \to \infty} \frac{1}{n+1} \sum_{i=0}^{n} x(k-i) \cos 2\pi f_0(k-i)$$

$$= \lim_{n \to \infty} \frac{1}{n+1} \frac{1}{2} \sum_{i=0}^{n} x(k-i)[\cos 2\pi f_0 i + \cos 2\pi f_0(2k-i)]$$

und

$$y_2(k) = \sin 2\pi f_0 k \lim_{n \to \infty} \frac{1}{n+1} \sum_{i=0}^{n} x(k-i) \sin 2\pi f_0(k-i)$$

$$= \lim_{n \to \infty} \frac{1}{n+1} \frac{1}{2} \sum_{i=0}^{n} x(k-i)[\cos 2\pi f_0 i - \cos 2\pi f_0(2k-i)] \, .$$

Daraus folgt

$$y(k) = y_1(k) + y_2(k) = \lim_{n \to \infty} \frac{1}{n+1} \sum_{i=0}^{n} x(k-i) \cos 2\pi f_0 i \, .$$

Es handelt sich also um den Sinusdetektor aus Abschn. 4.1, der durch FIR-Filter mit den Impulsantworten

$$h_n(i) = \begin{cases} \frac{1}{n+1} \cos 2\pi f_0 i : 0 \leq i \leq n \\ 0 : \text{sonst} \end{cases}$$

approximiert wird.

Lösung der Übungsaufgabe 4.5 (Signaldetektor für Exponential-signal).

1. Impulsantwort:

$$h(k) = \lim_{n \to \infty} h_n(k) = 0 \,.$$

2. Anregung mit $x(k) = \sin 2\pi f k$:
   Die Frequenzfunktion des FIR-Filters mit der Impulsantwort h_n ist

$$h_n^F(f) = \sum_{i=-n}^{n} h_n(i)\, \mathrm{e}^{-\mathrm{j}\,2\pi f i} = \frac{1}{n+1} \sum_{i=0}^{n} \left(a \cdot \mathrm{e}^{-\mathrm{j}\,2\pi f} \right)^i$$

$$= \frac{1}{n+1} \frac{1 - \left(a \cdot \mathrm{e}^{-\mathrm{j}\,2\pi f} \right)^{n+1}}{1 - a \cdot \mathrm{e}^{-\mathrm{j}\,2\pi f}} \,.$$

Wegen $|a| < 1$ streben die Frequenzfunktionen bei jeder Frequenz gegen 0. Folglich ist das Ausgangssignal bei allen Frequenzen gleich 0.

3. Anregung mit $x(k) = a^k$:
   Es ist

$$y(k) = \lim_{n \to \infty} \sum_{i=0}^{n} \frac{1}{n+1} a^i a^{k-i} = a^k = x(k) \,.$$

Das System detektiert somit ein Exponentialsignal, das von sinusförmigen Signalen überlagert ist.

Lösung der Übungsaufgabe 4.6 (Starke Fortsetzungsbedingung).
Für die periodische Fortsetzung ist

$$[\delta_1] \cdot [\delta_{-1}] = \begin{bmatrix} 0 & 0 & 0 & 1 \\ 1 & 0 & 0 & 0 \\ 0 & 1 & 0 & 0 \\ 0 & 0 & 1 & 0 \end{bmatrix} \cdot \begin{bmatrix} 0 & 1 & 0 & 0 \\ 0 & 0 & 1 & 0 \\ 0 & 0 & 0 & 1 \\ 1 & 0 & 0 & 0 \end{bmatrix} = \begin{bmatrix} 1 & 0 & 0 & 0 \\ 0 & 1 & 0 & 0 \\ 0 & 0 & 1 & 0 \\ 0 & 0 & 0 & 1 \end{bmatrix} \,.$$

Für die gerade-periodische Fortsetzung ist

$$[\delta_1] \cdot [\delta_{-1}] = \begin{bmatrix} 1 & 0 & 0 & 0 \\ 1 & 0 & 0 & 0 \\ 0 & 1 & 0 & 0 \\ 0 & 0 & 1 & 0 \end{bmatrix} \cdot \begin{bmatrix} 0 & 1 & 0 & 0 \\ 0 & 0 & 1 & 0 \\ 0 & 0 & 0 & 1 \\ 0 & 0 & 0 & 1 \end{bmatrix} = \begin{bmatrix} 0 & 1 & 0 & 0 \\ 0 & 1 & 0 & 0 \\ 0 & 0 & 1 & 0 \\ 0 & 0 & 0 & 1 \end{bmatrix} \,.$$

Lösung der Übungsaufgabe 4.7 (Fortsetzungsbedingungen).
Gemäß der starken Fortsetzungsbedingung ist für $c \in \mathbb{Z}$

$$[\delta_c] = [\delta_1]^c \,.$$

Daraus folgt die schwache Fortsetzungsbedingung:

$$[\delta_c^S] \cdot [\delta_1^S] = ([\delta_c] + [\delta_{-c}]) \cdot ([\delta_1] + [\delta_{-1}])$$

$$= [\delta_{c+1}] + [\delta_{c-1}] + [\delta_{-c+1}] + [\delta_{-c-1}] = [\delta_{c+1}^S] + [\delta_{c-1}^S] \,.$$

Lösung der Übungsaufgabe 4.8 (Nullfortsetzung).
Für $c = 1$ lautet die schwache Fortsetzungsbedingung

$$[\delta_2^S] = [\delta_1^S]^2 - [\delta_0^S] = [\delta_1^S]^2 - 2\boldsymbol{E} \,.$$

Für die gerade-periodische Fortsetzung und $M = 6$ ist

$$[\delta_1^S] = \begin{bmatrix} 1&1&0&0&0&0 \\ 1&0&1&0&0&0 \\ 0&1&0&1&0&0 \\ 0&0&1&0&1&0 \\ 0&0&0&1&0&1 \\ 0&0&0&0&1&1 \end{bmatrix}, \quad [\delta_2^S] = [\delta(k-2) + \delta(k+2)] = \begin{bmatrix} 0&1&1&0&0&0 \\ 1&0&0&1&0&0 \\ 1&0&0&0&1&0 \\ 0&1&0&0&0&1 \\ 0&0&1&0&0&1 \\ 0&0&0&1&1&0 \end{bmatrix}$$

und daher

$$[\delta_1^S] \cdot [\delta_1^S] - 2\boldsymbol{E} = \begin{bmatrix} 2&1&1&0&0&0 \\ 1&2&0&1&0&0 \\ 1&0&2&0&1&0 \\ 0&1&0&2&0&1 \\ 0&0&1&0&2&1 \\ 0&0&0&1&1&2 \end{bmatrix} - 2\boldsymbol{E} = \begin{bmatrix} 0&1&1&0&0&0 \\ 1&0&0&1&0&0 \\ 1&0&0&0&1&0 \\ 0&1&0&0&0&1 \\ 0&0&1&0&0&1 \\ 0&0&0&1&1&0 \end{bmatrix} .$$

Beispielsweise ergibt sich die erste Zeile der Matrix $[\delta_1^S] \cdot [\delta_1^S]$ aus der Multiplikation der ersten Zeile von $[\delta_1^S]$ mit den Spalten von $[\delta_1^S]$, also aus der Summe der ersten zwei Zeilen dieser Matrix. Die schwache Fortsetzungsbedingung ist für die gerade-periodische Fortsetzung somit erfüllt (auch für $c > 1$).

Für die Nullfortsetzung und $M = 6$ ist

$$[\delta_1^S] = \begin{bmatrix} 0&1&0&0&0&0 \\ 1&0&1&0&0&0 \\ 0&1&0&1&0&0 \\ 0&0&1&0&1&0 \\ 0&0&0&1&0&1 \\ 0&0&0&0&1&0 \end{bmatrix}, \quad [\delta_2^S] = [\delta(k-2) + \delta(k+2)] = \begin{bmatrix} 0&0&1&0&0&0 \\ 0&0&0&1&0&0 \\ 1&0&0&0&1&0 \\ 0&1&0&0&0&1 \\ 0&0&1&0&0&0 \\ 0&0&0&1&0&0 \end{bmatrix},$$

aber

$$[\delta_1^S] \cdot [\delta_1^S] - 2\boldsymbol{E} = \begin{bmatrix} 1&0&1&0&0&0 \\ 0&2&0&1&0&0 \\ 1&0&2&0&1&0 \\ 0&1&0&2&0&1 \\ 0&0&1&0&2&0 \\ 0&0&0&1&0&1 \end{bmatrix} - 2\boldsymbol{E} = \begin{bmatrix} -1&0&1&0&0&0 \\ 0&0&0&1&0&0 \\ 1&0&0&0&1&0 \\ 0&1&0&0&0&1 \\ 0&0&1&0&0&0 \\ 0&0&0&1&0&-1 \end{bmatrix} .$$

Die schwache Fortsetzungsbedingung ist für die Nullfortsetzung somit nicht erfüllt.

Lösung der Übungsaufgabe 4.9 (DCT).

Die Basisvektoren der (geraden) DCT besitzen die Komponenten

$$x_n(k) = \sqrt{\frac{2 - \delta(n-1)}{M}} \cos \frac{\pi(n-1)(k-1/2)}{M} \;, \quad n,k = 1, \ldots M \;.$$

Für $n = 1$ ist

$$\boldsymbol{x}_1 = \frac{1}{\sqrt{M}} (1, \ldots 1)^T$$

und damit $\boldsymbol{x}_1^T \boldsymbol{x}_1 = 1$. Für $n = 2, \ldots M$ ist

$$\boldsymbol{x}_n^T \boldsymbol{x}_n = \frac{2}{M} \sum_{k=1}^{M} \cos^2 \frac{\pi(n-1)(k-1/2)}{M}$$

$$= \frac{2}{M} \sum_{k=1}^{M} \frac{1}{2} \left[1 + \cos \frac{2\pi(n-1)(k-1/2)}{M} \right]$$

$$= 1 + \frac{1}{M} \operatorname{Re} \sum_{k=1}^{M} e^{\,j\, 2\pi(n-1)(k-1/2)/M} \;.$$

Mit Hilfe der geometrischen Summe

$$\sum_{k=0}^{M-1} q^k = \frac{1 - q^M}{1 - q}$$

für $q := e^{j\,2\pi(n-1)/M}$ zeigt man, daß die vorstehende Summe gleich 0 ist, woraus $x_n^T x_n = 1$ folgt.

B.5 Lösungen zu Kapitel 5

Lösung der Übungsaufgabe 5.1 (Signalraum).

1. Vektorraumeigenschaft:
   Für zwei Polynome $P_1(k), P_2(k)$ vom Grad $\leq n$ und $\lambda, \mu \in \mathbb{R}$ ist $P(k) := \lambda P_1(k) + \mu P_2(k)$ ebenfalls ein Polynom vom Grad $\leq n$.
2. Abgeschlossenheit gegenüber Verschiebungen:
   Für ein Polynom $P(k)$ vom Grad $\leq n$ und $c \in \mathbb{Z}$ ist $P(k - c)$ ebenfalls ein Polynom vom Grad $\leq n$.

Lösung der Übungsaufgabe 5.2 (Sinusförmige Eigenbwegungen).
Einsetzen von

$$x(k) = e^{j\,2\pi f k}$$

in die FIR-Gleichung $g * x = 0$ liefert

$$e^{j\,2\pi f k}[1 + g(1)\,e^{-j\,2\pi f} + e^{-j\,2\pi 2 f}] = 0 \ .$$

Daraus folgt

$$g(1)\,e^{-j\,2\pi f} = -[1 + e^{-j\,2\pi 2 f}] \ .$$

Multiplikation mit $-\frac{1}{2}\,e^{j\,2\pi f}$ liefert

$$-g(1)/2 = \frac{e^{j\,2\pi f} + e^{-j\,2\pi f}}{2} = \cos 2\pi f \ .$$

Damit ist $x(k) = e^{j\,2\pi f k}$ eine Lösung der FIR-Gleichung $g * x = 0$. Daraus folgt, daß auch $x_1(k) = \operatorname{Re} x(k) = \cos 2\pi f k$ und $x_2(k) = \operatorname{Im} x(k) = \sin 2\pi f k$ die FIR-Gleichung lösen.
   Für $0 < f < 1/2$ sind die Eigenbewegungen linear unabhängig:
Aus der Gleichung $\lambda x_1(k) + \mu x_2(k) = 0$ erhält man für $k = 0$ und $k = 1$ das lineare Gleichungssystem

$$\begin{bmatrix} 1 & 0 \\ \cos 2\pi f & \sin 2\pi f \end{bmatrix} \begin{pmatrix} \lambda \\ \mu \end{pmatrix} = \begin{pmatrix} 0 \\ 0 \end{pmatrix} \ ,$$

das wegen der Gleichungsdeterminante $\sin 2\pi f \neq 0$ nur die Lösung $\lambda = \mu = 0$ besitzt.

Lösung der Übungsaufgabe 5.3 (LTI-Hülle).
Der Signalraum $\Omega = \mathbf{LTI}(\{\varepsilon\})$ enthält alle Einschaltvorgänge, die ab einem bestimmten Zeitpunkt konstant sind. Dieser Signalraum enthält alle Signale endlicher Dauer und ist im Signalraum der Einschaltvorgänge enthalten.

Lösung der Übungsaufgabe 5.4 (Intra-Abhängigkeiten).

Die primären Intra-Abhängigkeiten für die Signale x_i sind durch $g_i * x_i = 0$, $i = 1, 2, 3$ gegeben mit

1. Alternierendes Signal:
   $g_1(k) = \delta(k) + \delta(k - 1)$.
2. Sinusförmiges Signal der Frequenz $f = 1/4$:
   $g_2(k) = \delta(k) + \delta(k - 2)$.
3. Periodisches Signal mit der Periode $T_0 = 2$:
   $g_3(k) = \delta(k) - \delta(k - 2)$.

Lösung der Übungsaufgabe 5.5 (Signal-Abhängigkeiten).

Für die Signale $x_1(k) = \varepsilon(k)$, $x_2(k) = \varepsilon(-k)$, $x_3(k) = \delta(k)$ und $x_4(k) = 1$ bestehen folgende Signalabhängigkeiten:

1. Intra-Abhängigkeiten:
$$x_4'(k) = 0 .$$

2. Abhängigkeit zwischen zwei Signalen:
   a) $x_1'(k) = x_3(k)$.
   b) $x_2'(k) = -x_3(k - 1)$.
   c) Aus (a) und (b) folgt
   $$x_1'(k) + x_2'(k + 1) = 0 .$$
3. Abhängigkeiten zwischen drei Signalen:
$$x_1(k) + x_2(k + 1) = x_4(k) .$$

4. Abhängigkeiten zwischen allen vier Signalen:
$$x_1(k) + x_2(k) - x_4(k) = x_3(k) .$$

Lösung der Übungsaufgabe 5.6 (Inter-Abhängigkeiten).

Ein Beispiel ist

$$x_1(k) := \frac{\varepsilon(k - 1)}{k} , \quad x_2(k) := \delta(k) - x_1(k) .$$

Es ist

$$x_1 + x_2 = \delta = x_3 .$$

Also sind die drei Signale x_1, x_2, x_3 abhängig. Zwischen jeweils zwei dieser drei Signale besteht jedoch keine Inter-Abhängigkeit. Die Annahme einer Inter-Abhängigkeit zwischen zwei Signalen kann wie folgt widerlegt werden. Die Übertragungsfunktion des Signals x_1 ist die gebrochen rationale Funktion $X_1(z) = \ln z/(z-1)$, $|z| > 1$. Eine FIR-Filterung dieses Signals ergibt daher kein Signal endlicher Dauer. Die Annahme einer Inter-Abhängigkeit zwischen zwei Signalen liefert einen Widerspruch zu dieser Aussage:

1. Signale $x_1, x_3 = \delta$:
   Aus $\mathrm{FIR}_1(x_1) + \mathrm{FIR}_3(\delta) = 0$ folgt
   $$\mathrm{FIR}_1(x_1) = -\mathrm{FIR}_3(\delta) .$$

2. Signale $x_2, x_3 = \delta$:
   Aus $\mathrm{FIR}_2(x_2) + \mathrm{FIR}_3(\delta) = 0$ folgt wegen $\mathrm{FIR}_2(x_2) = \mathrm{FIR}_2(\delta) - \mathrm{FIR}_2(x_1)$
   $$\mathrm{FIR}_2(x_1) = \mathrm{FIR}_2(\delta) - \mathrm{FIR}_2(x_2) = (\mathrm{FIR}_2(\delta) + \mathrm{FIR}_3(\delta)$$
   $$= (\mathrm{FIR}_2 + \mathrm{FIR}_3)(\delta) .$$

3. Signale x_1, x_2:
Aus $\mathrm{FIR}_1(x_1) + \mathrm{FIR}_2(x_2) = 0$ folgt wegen $\mathrm{FIR}_2(x_2) = \mathrm{FIR}_2(\delta) - \mathrm{FIR}_2(x_1)$

$$(\mathrm{FIR}_2 - \mathrm{FIR}_1)(x_1) = \mathrm{FIR}_2(x_1) + \mathrm{FIR}_2(x_2) = \mathrm{FIR}_2(\delta) \; .$$

Lösung der Übungsaufgabe 5.7 (Inter-Abhängigkeiten bei zwei Signalen).

Auf Grund der vorausgesetzten Inter-Abhängigkeiten gibt es vier FIR-Filter FIR_1 , FIR_2 , $\ddot{\mathrm{FIR}}_2$, $\mathrm{FIR}_3 \neq 0$ mit

$$\mathrm{FIR}_1(x_1) = \mathrm{FIR}_2(x_2) \; , \; \ddot{\mathrm{FIR}}_2(x_2) = \mathrm{FIR}_3(x_3) \; .$$

Auf die erste Gleichung wird das FIR-Filter $\ddot{\mathrm{FIR}}_2$, auf die zweite Gleichung das FIR-Filter FIR_2 angewandt:

$$\ddot{\mathrm{FIR}}_2\mathrm{FIR}_1(x_1) = \ddot{\mathrm{FIR}}_2\mathrm{FIR}_2(x_2) \; ,$$

$$\mathrm{FIR}_2\ddot{\mathrm{FIR}}_2(x_2) = \mathrm{FIR}_2\mathrm{FIR}_3(x_3) \; .$$

Aus der Vertauschbarkeit der FIR-Filter $\mathrm{FIR}_2, \ddot{\mathrm{FIR}}_2$ folgt

$$\ddot{\mathrm{FIR}}_2\mathrm{FIR}_1(x_1) = \mathrm{FIR}_2\mathrm{FIR}_3(x_3)$$

mit $\ddot{\mathrm{FIR}}_2\mathrm{FIR}_1$, $\mathrm{FIR}_2\mathrm{FIR}_3 \neq 0$.

Lösung der Übungsaufgabe 5.8 (Definition von LTI-Systemen).

Für die Signale $x_1(k) = \lambda^{k+1}$, $x_2(k) = k\lambda^k$ ist

$$\begin{aligned}
[\delta(k+1) - \lambda\delta(k)] * x_2(k) &= x_2(k+1) - \lambda x_2(k) \\
&= (k+1)\lambda^{k+1} - k\lambda^{k+1} = \lambda^{k+1} = x_1(k) \; , \\
[\delta(k+1) - \lambda\delta(k)] * x_1(k) &= x_1(k+1) - \lambda x_1(k) \\
&= \lambda^{k+2} - \lambda\lambda^{k+1} = 0 \; .
\end{aligned}$$

Für die Impulsantwort

$$g(k) = [\delta(k+1) - \lambda\delta(k)] * [\delta(k+1) - \lambda\delta(k)]$$

folgt daraus

$$g * x_1 = 0 \; , \; g * x_2 = 0 \; .$$

Das FIR-Filter FIR_g mit der Impulsantwort g hat den Filtergrad 2. Ein kleinerer Filtergrad für ein FIR-Filter mit $\mathrm{FIR}(x_2) = 0$ ist nicht möglich. Daher ist FIR_g ein Generatorfilter des Signals x_2. Für das Ausgangssignal $y_2 = S(x_2)$ muß nach dem kleinen Fortsetzungsatz als einzige Bedingung

$$\mathrm{FIR}_g(y_2) = 0$$

gelten. Zwei Lösungen dieser Gleichung haben wir bereits in den Signalen x_1, x_2 gefunden. Da diese Signale linear unabhängig sind und der Filtergrad von FIR_g gleich 2 ist, ist die allgemeine Form von y_2 durch

$$y_2 = \mathrm{C}_1 x_1 + \mathrm{C}_2 x_2 \; , \; \mathrm{C}_1, \mathrm{C}_2 \in \mathbb{R}$$

gegeben. Für die Signale x_1, x_2 haben wir die Abhängigkeit

$$[\delta(k+1) - \lambda\delta(k)] * x_2(k) = x_2(k+1) - \lambda x_2(k) = x_1(k)$$

gefunden. Die Signale x_1, x_2 sind daher abhängig. Die gleiche Inter-Abhängigkeit besteht folglich auch für die Signale y_1, y_2:

$$y_2(k+1) - \lambda y_2(k) = y_1(k) \; .$$

Das Ausgangssignal y_1 ist also durch y_2 festgelegt.

B.6 Lösungen zu Kapitel 6

Lösung der Übungsaufgabe 6.1 (Frequenzfunktion   kontinuierlicher Signale).
Das Pseudosignal

$$x_c(t) = e^{j\,2\pi ft}$$

ergibt das Ausgangssignal

$$y_c(t) = \frac{1}{T} \int_0^T e^{j\,2\pi f(t-v)}\,dv = e^{j\,2\pi ft} \cdot h^F(f)$$

mit

$$h^F(f) = \frac{1}{T} \int_0^T e^{-j\,2\pi fv}\,dv \ .$$

Die Berechnung erfolgt wie beim idealen Tiefpaßsignal. Als Ergebnis erhält man

$$h^F(f) = \frac{1 - e^{-j\,2\pi fT}}{j\,2\pi fT} \ .$$

Die Frequenzfunktion strebt für große Frequenzen gegen 0 und für $f \to 0$ gegen 1 (Tiefpaß). Für $T \to 0$ erhält man wie für $f \to 0$

$$h^F(f) = \frac{1 - \cos 2\pi fT + j\,\sin 2\pi fT}{j\,2\pi fT} \approx \frac{j\,2\pi fT}{j\,2\pi fT} = 1 \ .$$

Sinusförmige Signale aller Frequenzen passieren somit den Mittelwertbilder, wenn die Länge T des Intervalls für die Mittelung gegen 0 strebt.

Lösung der Übungsaufgabe 6.2 (Bandbegrenzte Signale).
Zeitkontinuierliche Signale:

1. $x(t) = 1$:
   Es ist $x(t) = \cos 2\pi f_0 t$ mit $f_0 = 0$. Also ist $x(t)$ bandbegrenzt mit der Grenzfrequenz $f_g = 0$.
2. $x(t) = \cos 2\pi f_{01} t + \sin 2\pi f_{02} t$:
   Das Signal ist als Überlagerung bandbegrenzter Signale ebenfalls bandbegrenzt. Die Grenzfrequenz ist der größere der beiden Werte f_{01}, f_{02}.
3. $x(t) = \cos 2\pi f_{01} t \cdot \sin 2\pi f_{02} t$:
   Es ist

$$x(t) = \frac{1}{2} \cos 2\pi(f_{01} - f_{02})t + \frac{1}{2} \cos 2\pi(f_{01} + f_{02})t \ .$$

   Das Signal ist daher eine Überlagerung sinusförmiger Signale. Die Grenzfrequenz ist $f_g = f_{01} + f_{02}$.
4. $x(t) = \varepsilon(t) \cdot \cos 2\pi f_0 t$:
   Das Signal ist nicht bandbegrenzt, da $x(t)$ an der Stelle $t = 0$ unstetig ist.
5. $x(t) = \varepsilon(t) \cdot \sin 2\pi f_0 t$:
   Das Signal ist ebenfalls nicht bandbegrenzt, denn das Signal ist an der Stelle $t = 0$ nicht differenzierbar.

Lösung der Übungsaufgabe 6.3 (Spaltreihe).
Die Abtastwerte des Signals $x(t) = s_T(t)$ sind durch $x(kT) = \delta(k)$ gegeben. Daraus folgt für das durch die Spaltreihe interpolierte Signal $y(t) = s_T(t) = x(t)$, d.h die Interpolation ist fehlerfrei. Die Grenzfrequenz des Signals $x(t)$ beträgt $f_g = 1/(2T)$, so daß in diesem Fall die Abtastbedingung $f_g \le f_a/2$ gerade noch eingehalten ist.

Lösung der Übungsaufgabe 6.4 (Interpolation und Auslöschung).

Die Frequenzen $f_n = f_0 - n f_\mathrm{a}$ sind für

$$
\begin{aligned}
n = 0 : \quad & f_0 > f_\mathrm{a}/4 = f_\mathrm{g} \,, \\
n = 1 : \quad & f_1 = f_0 - f_\mathrm{a} < -f_\mathrm{a}/4 = -f_\mathrm{g}.
\end{aligned}
$$

Somit liegen alle Frequenzen $f_n, n \in \mathbb{Z}$ außerhalb des Bereichs $|f| \leq f_\mathrm{g}$, d.h. es ist $h^F(f_n) = 0, n \in \mathbb{Z}$. Daraus folgt für das interpolierte Signal $y(t) = 0$.

Lösung der Übungsaufgabe 6.5 (Prefilter/Postfilter).

Das interpolierte Signal ist

$$
\begin{aligned}
y(t) &= f_\mathrm{a} \sum_{n=-\infty}^{\infty} h^F(f_n) \cos 2\pi f_n t \\
&= f_\mathrm{a} h^F(f_0) \cos 2\pi f_0 t + f_\mathrm{a} h^F(f_0 - f_\mathrm{a}) \cos 2\pi (f_0 - f_\mathrm{a}) t \\
&= 0.6 \cos 2\pi 400\,\mathrm{Hz}\, t + 1/10 \cos 2\pi (-600\,\mathrm{Hz}) t \,.
\end{aligned}
$$

Die sinusförmige Alias-Komponente der Frequenz $600\,\mathrm{Hz}$ kann durch Absenkung der Frequenzfunktion $h^F(f)$ für Frequenzen $f > f_\mathrm{a}/2$ mit einem nachgeschalteten Postfilter reduziert werden. Durch ein Prefilter kann die Alias-Komponente nicht verhindert werden, ohne das Eingangssignal bei $f_0 = 400\,\mathrm{Hz}$ ebenfalls zu unterdrücken. Eine weitere Verbesserung besteht darin, durch ein Postfilter die Frequenzfunktion bei der Frequenz f_0 anzuheben.

Lösung der Übungsaufgabe 6.6 (Erklärung zum Alias-Effekt).

Die Abtastwerte des Signals $x(t)$ sind

$$
\begin{aligned}
x(kT) &= \cos 2\pi f_0 kT - \sin 2\pi f_0 kT \\
&= \cos 2\pi 1200\,\mathrm{Hz}\, k/1000\,\mathrm{Hz} - \sin 2\pi 1200\,\mathrm{Hz}\, k/1000\,\mathrm{Hz} \\
&= \cos 2\pi 200\,\mathrm{Hz}\, k/1000\,\mathrm{Hz} - \sin 2\pi 200\,\mathrm{Hz}\, k/1000\,\mathrm{Hz} \,.
\end{aligned}
$$

Die Abtastwerte stimmen daher mit den Abtastwerten für $f_0 = 200\,\mathrm{Hz}$ überein. Daraus folgt: Das interpolierte Signal $y(t)$ stimmt mit dem interpolierten Signal für $f_0 = 200\,\mathrm{Hz}$ überein. Wegen $200\,\mathrm{Hz} < f_\mathrm{a}/2 = 500\,\mathrm{Hz}$ ist die Interpolation fehlerfrei. Daraus folgt das interpolierte Signal

$$
y(t) = \cos 2\pi 200\,\mathrm{Hz}\, t - \sin 2\pi 200\,\mathrm{Hz}\, t \,.
$$

Es handelt sich um die sinusförmige Alias-Komponente mit der Frequenz $f_1 = f_0 - f_\mathrm{a} = 200\,\mathrm{Hz}$.

Lösung der Übungsaufgabe 6.7 (Halbe Abtastfrequenz).

Es ist

$$
x(t) = \cos 2\pi f_0 \tau \sin 2\pi f_0 t - \sin 2\pi f_0 \tau \cos 2\pi f_0 t \,.
$$

Die Abtastung von $x(t) = \sin 2\pi f_0 t$ liefert die Abtastwerte $x(kT) = 0$ und damit das interpolierte Signal $y(t) = 0$. Dagegen ist die Interpolation von $x(t) = \cos 2\pi f_0 t$ fehlerfrei. Aus der Linearität des Systems bestehend aus Abtaster und Interpolator folgt das interpolierte Signal

$$
y(t) = -\sin 2\pi f_0 \tau \cdot \cos 2\pi f_0 t \,.
$$

Eine zeitliche Verschiebung des Eingangssignals $x(t) = \sin 2\pi f_0 t$ (um τ Zeiteinheiten) führt also nicht auf eine zeitliche Verschiebung des interpolierten Signals. Das System bestehend aus Abtaster und Interpolator ist daher nicht zeitinvariant.

Lösung der Übungsaufgabe 6.8 (Realisierung zeitkontinuierlicher Systeme).

Der zeitdiskrete Differenzierer besitzt die Frequenzfunktion $S_{\mathrm{dis}}(f_{\mathrm{d}}) = 1 - \mathrm{e}^{-\mathrm{j}\,2\pi f_{\mathrm{d}}}$.
Für $f < f_{\mathrm{a}}/2$ folgt daraus die Frequenzfunktion des zeitkontinuierlichen Systems

$$S_{\mathrm{kon}}(f) = S_{\mathrm{dis}}(f/f_{\mathrm{a}}) = 1 - \mathrm{e}^{-\mathrm{j}\,2\pi f/f_{\mathrm{a}}}\ .$$

Bei kleiner Frequenz $|f| \ll f_{\mathrm{a}}$ bzw. einer großen Abtastfrequenz f_{a} folgt die Näherung

$$S_{\mathrm{kon}}(f) = 1 - \cos 2\pi f/f_{\mathrm{a}} + \mathrm{j}\,\sin 2\pi f/f_{\mathrm{a}} \approx \mathrm{j}\,2\pi f \cdot T\ .$$

Sie stimmt bis auf den Faktor T mit der Frequenzfunktion $\mathrm{j}\,2\pi f$ des zeitkontinuierlichen Differenzierers überein. Der Faktor T kann wie folgt erklärt werden: Der zeitdiskrete Differenzierer liefert das Ausgangssignal

$$\begin{aligned}
y_{\mathrm{d}}(k) &= x_{\mathrm{d}}(k) - x_{\mathrm{d}}(k-1) = x(kT) - x((k-1)T)\\
&= \frac{x(kT) - x((k-1)T)}{T}\cdot T \approx x'(kT)\cdot T\ ,
\end{aligned}$$

da bei großer Abtastfrequenz f_{a} der Abtastabstand $T = 1/f_{\mathrm{a}}$ entsprechend klein ist.

Lösung der Übungsaufgabe 6.9 (Amplitudenmodulation).

Die fehlerfreie Übertragung des zeitdiskreten Signals erfordert eine Abtastfrequenz $f_{\mathrm{a}} \leq 2f_{\mathrm{g}}$. Die fehlerfreie Interpolation des zeitkontinuierlichen Signals erfordert eine Abtastfrequenz $f_{\mathrm{a}} > 2f_0$. Daraus folgt die Bedingung $f_{\mathrm{g}} \geq f_{\mathrm{a}}/2 > f_0$, d.h. die Übertragungsbandbreite muß größer sein als die Grenzfrequenz des zu übertragenden zeitkontinuierlichen Signals.

Lösung der Übungsaufgabe 6.10 (Amplitudenmodulation).

Das empfangene Signal vor der Abtastung lautet

$$y(t) = \sum_{i=-\infty}^{\infty} x_{\mathrm{d}}(i) h(t - iT)\ .$$

Nach der Abtastung folgt

$$y_{\mathrm{d}}(k) = y(kT) = \sum_{i=-\infty}^{\infty} x_{\mathrm{d}}(i) h((k-i)T)\ .$$

Auf Grund des stückweise linearen Verlaufs des Trägersignals $h(t)$ folgt ebenfalls ein stückweise linearer Verlauf für $y(t)$. An den Abtaststellen stimmt $y(t)$ mit den Eingangssignalwerten exakt überein. Daraus folgen die stückweise linearen Verläufe von $y(t)$ gemäß Abb. B.3.

Lösung der Übungsaufgabe 6.11 (Abtastung zeitdiskreter Signale).

Das Interpolationsfilter liefert das Ausgangssignal

$$y(k) = \sum_{i}^{e} h(i) y_{\mathrm{s}}(k - i)\ ,$$

wobei nach Voraussetzung die Summe endlich ist. Die zeitliche Mittelwertbildung kann folglich mit der Summation vertauscht werden. Sie liefert

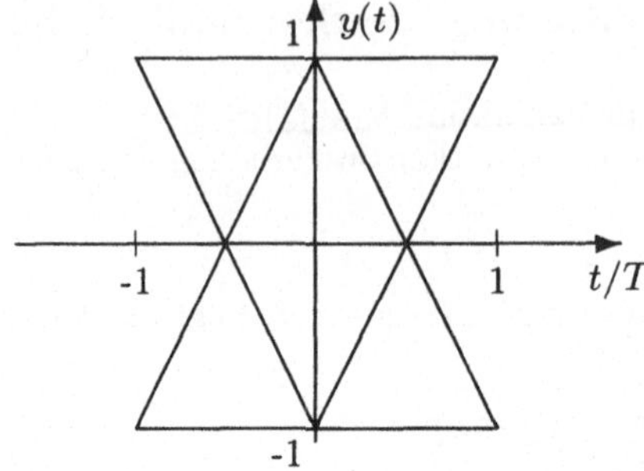

Abb. B.3. Empfangenes Signal vor der Abtastung für verschiedene Binärsignale mit den Übergängen $x_\mathrm{d}(i), i = 0, 1, 2$: $(1, 1, 1)$, $(-1, 1, -1)$, $(1, -1, 1)$ und $(-1, -1, -1)$

$$\overline{y(k)} = \sum_i^e h(i)\overline{y_\mathrm{s}(k - i)} = \overline{y_\mathrm{s}(k)} \sum_i^e h(i) \ .$$

Die rechte Summe ist gleich der Frequenzfunktion des Interpolationsfilters bei $f = 0$. Aus der Frequenzfunktion

$$h^F(f) = \begin{cases} T : |f| \leq f_\mathrm{g} = f_\mathrm{a}/2 \\ 0 : \text{sonst} \end{cases}$$

folgt der Zusammenhang

$$\overline{y(k)} = \overline{y_\mathrm{s}(k)} \cdot T \ .$$

Der Mittelwert des gespreizten Signals wird also entprechend angehoben. Dies ist erforderlich, um die Verringerung des Mittelwerts des gespreizten Signals gegenüber dem Eingangssignal $x_\mathrm{d}(k)$ zu kompensieren. Beispielsweise besitzt für $x_\mathrm{d}(k) = 1$ das gespreizte Signal

$$y_\mathrm{s}(k) = \begin{cases} 1 : k/T \in \mathbb{Z} \\ 0 : \text{sonst} \end{cases}$$

den Mittelwert $\overline{y_\mathrm{s}(k)} = 1/T$. Die Erhaltung des Signalmittelwerts ist andererseits eine notwendige Bedingung dafür, daß $y(k) = x_\mathrm{d}(k)$ gilt.

B.7 Lösungen zu Kapitel 7

Lösung der Übungsaufgabe 7.1 (Skalare Quantisierung).
Die abgetasteten Signalwerte sind vor der Quantisierung

$$x(0) = 0 \ , \ x(T) = 0.25 \ , \ x(2T) = 0.5 \ , \ x(3T) = 0.75 \ , \ x(4T) = 1$$

und nach der Quantisierung

$$Q(x(kT)) = 0.25 \ , \ 0.25 \ , \ 0.75 \ , \ 0.75 \ , \ 0.75 \ , \ k = 0, 1, 2, 3, 4 \ .$$

Der Quantisierungsfehler ist

$$x(kT) - Q(x(kT)) = -0.25 \ , \ 0 \ , \ -0.25 \ , \ 0 \ , \ 0.25 \ , \ k = 0, 1, 2, 3, 4 \ .$$

Durch Erhöhung der Abtastfrequenz kann das Eingangssignal *nicht* zurückgewonnen werden: Bei direkter Quantisierung des Eingangssignals (Abtastfrequenz unendlich) erhält man das quantisierte Signal

$$y(t) = Q(x(t)) = \begin{cases} 1/4 : t < 1/2 \\ 3/4 : t \geq 1/2 \end{cases}.$$

Jedes Eingangssignal mit der Eigenschaft

$$t < 1/2 \; : \; x(t) < 1/2 \, , \; t \geq 1/2 \; : \; x(t) \geq 1/2$$

ergibt das Signal $y(t)$. Daraus folgt, daß aus $y(t)$ nicht auf das Signal $x(t)$ geschlossen werden kann.

Lösung der Übungsaufgabe 7.2 (Skalare Quantisierung).

1. Die Abtastfrequenz ist $f_a = 80\,\text{kHz}$, die pdf der abgetasteten Signalwerte ist

$$p(x) := \begin{cases} 1 : 0 \leq x \leq 1 \\ 0 : \text{sonst} \end{cases}.$$

2. Der MQQF ist $D = s^2/12 = 1/12$.
   Die Näherung gilt exakt, da die pdf $p(x)$ im Bereich $x_{\min} = 0 \leq x \leq x_{\max} = 1$ linear verläuft und der quantisierte Wert $1/2$ genau in der Mitte dieses Bereichs liegt. Die Bitrate beträgt $R = 1$ bit pro Signalwert oder $R = 80000$ bit pro Sekunde.

3. Die Quantisierungskennlinie läßt sich wie folgt verbessern:
   Auf Grund der pdf $p(x)$ kommen nur Werte $x \geq 0$ vor. Bei einer Quantisierung mit der Quantisierungskennlinie

$$Q(x) := \begin{cases} 1/4 : 0 \leq x < 1/2 \\ 3/4 : 1/2 \leq x \leq 1 \end{cases}$$

verringert sich der MQQF auf den Wert $D = s^2/12 = 1/48$, da jetzt die Quantisierungsschrittweite nur noch $s = 1/2$ beträgt. Die Bitrate hat sich nicht geändert. Sie beträgt 1 bit pro Signalwert.

Lösung der Übungsaufgabe 7.3 (Quantisierte Werte).

Die quantisierten Werte sind bei Verwendung der linken Randpunkte durch $y_i = a_i, i = 1, \ldots N$ gegeben. Die Herleitung des MQQF erfolgt wie für den gezeigten Fall, daß die quantisierten Werte die Mittelpunkte der Quantisierungsintervalle sind. Aus der Substitution $y = x - y_i$ und $a_i \leq x \leq a_i + s$ folgt der Integrationsbereich $0 \leq y \leq s$. Daraus folgt die Näherungsformel

$$D = \int_0^s y^2/s \, \text{d}y = s^2/3 \, .$$

Gegenüber einer Quantisierung mit den Mittelpunkten der Quantisierungsintervalle als quantisierte Werte hat sich der MQQF somit vervierfacht.

Lösung der Übungsaufgabe 7.4 (NN-Regel).

1. Das Quantisierungsintervall für y_2 besitzt die Intervallgrenzen

$$a_2 = (y_1 + y_2)/2 \, , \; a_3 = (y_2 + y_3)/2 \, .$$

2. Die quantisierten Werte y_1, y_2, y_3 sind die Mittelpunkte ihrer Quantisierungsintervalle, d.h.

$$y_1 = (a_1 + a_2)/2 \, , \; y_2 = (a_2 + a_3)/2 \, , \; y_3 = (a_3 + a_4)/2 \, .$$

   Aus Teil 1 folgt

$$a_2 = (y_1 + y_2)/2 = a_1/4 + a_2/2 + a_3/4$$

   und daraus

$$a_2 = (a_1 + a_3)/2$$

oder

$$a_2 - a_1 = a_3 - a_2 \, .$$

Ebenso erhält man

$$a_3 = (a_2 + a_4)/2$$

oder

$$a_3 - a_2 = a_4 - a_3 \, .$$

Damit haben wir gefunden, daß die Quantisierung uniform ist.

B.8 Lösungen zu Kapitel 8

Lösung der Übungsaufgabe 8.1 (Digitale Kanäle).

Die vier möglichen Signalwerte sind $x_1, x_2 = x_1 + 1, x_3 = x_2 + 1, x_4 = x_3 + 1$.

1. Die bedingten pdfs sind ($i = 1, 2, 3, 4$)

$$p(y|x_i) = \begin{cases} 1/2 : |y - x_i| \le 1 \\ 0 : \text{sonst} \end{cases} .$$

2. Auf Grund der Überlappungen zweier pdfs $p(y|x_i), p(y|x_{i+1})$ ist zunächst $P_{1,2} = P_{2,1} = P_{2,3} = P_{3,2} = P_{3,4} = P_{4,3} = 1/4$. Weiterhin ist $P_{1,3} = P_{3,1} = P_{2,4} = P_{4,2} = P_{1,4} = P_{4,1} = 0$. Daraus folgt $P_{1,1} = 1 - P_{1,2} - P_{1,3} - P_{1,4} = 3/4 = P_{4,4}$ und $P_{2,2} = 1 - P_{2,1} - P_{2,3} - P_{2,4} = 1/2 = P_{3,3}$.

Lösung der Übungsaufgabe 8.2 (Gerade Parität).

Das gerade Paritätsbit b_{n+1} ($L_Q = n$ Quellbits) ist genau dann gleich 1, wenn die Anzahl der Einsen im Kodevektor $(b_1, \ldots b_n, b_{n+1})$ gerade ist, d.h. wenn die Anzahl der Einsen unter den Quellbits $b_1, \ldots b_n$ ungerade ist. Daher ist zu zeigen:

$$b_{n+1} := b_1 \oplus \cdots \oplus b_n$$

ist genau dann gleich 1, wenn die Anzahl der Einsen unter $b_1, \ldots b_n$ ungerade ist.

Die Behauptung ist für $n = 2$ Quellbits bereits gezeigt. Es sei $n > 2$ und die Behauptung für $n - 1$ richtig (Induktionsvoraussetzung). Es ist

$$b_{n+1} = (b_1 \oplus \cdots \oplus b_{n-1}) \oplus b_n$$

und daher b_{n+1} genau dann gleich 1, wenn einer der beiden folgenden Fälle vorliegt:

1. $b_1 \oplus \cdots \oplus b_{n-1} = 1$ und $b_n = 0$:
   Nach Induktionsvoraussetzung ist die Anzahl der Einsen unter $b_1, \ldots b_{n-1}$ ungerade.
2. $b_1 \oplus \cdots \oplus b_{n-1} = 0$ und $b_n = 1$:
   Nach Induktionsvoraussetzung ist die Anzahl der Einsen unter $b_1, \ldots b_{n-1}$ gerade.

In beiden Fällen ist also die Anzahl der Einsen unter $b_1, \ldots b_n$ ungerade.

Lösung der Übungsaufgabe 8.3 (Ungerade Parität).

Die Anzahl der Einsen in einem Kodevektor ist eine ungerade Zahl. Daraus folgen die vier Kodevektoren $001, 010, 100, 111$. Diese sind gerade die „verbotenen" Blöcke bei der Kodierung mit gerader Parität. Wie bei gerader Parität ist die Hamming-Distanz $d = 2$, so daß ein einzelner Bitfehler erkannt werden kann. Außerdem können drei gleichzeitig in einem Block auftretende Bitfehler erkannt werden. Dagegen kann keine Fehlerkorrektur vorgenommen werden.

Lösung der Übungsaufgabe 8.4 (Fehlererkennung mit Paritätsbit).
Die Wahrscheinlichkeit für einen fehlerhaften Block ohne Blockwiederholung ergibt sich aus

$$\mathrm{prb}(i > 0) = 1 - \mathrm{prb}(i = 0) = 1 - (1 - P_\mathrm{e})^3 \,,$$

bei beliebig vielen Blockwiederholungen aus

$$\frac{P_\mathrm{F}}{1 - P_\mathrm{W}}$$

mit

$$P_\mathrm{F} = \mathrm{prb}(i = 2) = \binom{3}{2} P_\mathrm{e}^2 (1 - P_\mathrm{e}) \,,$$

$$P_\mathrm{W} = \mathrm{prb}(i = 1) + \mathrm{prb}(i = 3) = 3 P_\mathrm{e}(1 - P_\mathrm{e})^2 + P_\mathrm{e}^3$$

zu

P_e	$\mathrm{prb}(i > 0)$	P_F	P_W	$\dfrac{P_\mathrm{F}}{1 - P_\mathrm{W}}$
0.01	0.0297	0.0003	0.0294	0.0003
0.2	0.488	0.096	0.392	0.1579

Bei dem geringer gestörten Binärkanal ($P_\mathrm{e} = 1\%$) fällt die Verringerung des Fehlers am stärksten aus. Die Wahrscheinlichkeit eines Blockfehlers hat sich von etwa 3% auf 0.03% verringert.

Lösung der Übungsaufgabe 8.5 (Fehlererkennung mit Bitwiederholung).
Zunächst wird die Wahrscheinlichkeit eines fehlerhaften Blocks bestimmt. Sie ergibt sich bei beliebig vielen Blockwiederholungen aus

$$\mathrm{prb}(\text{Block fehlerhaft}) = \frac{P_\mathrm{F}}{1 - P_\mathrm{W}} \,.$$

Ein fehlerhafter Block wird nur dann nicht erkannt, wenn alle drei Binärsymbole fehlerhaft sind. Dagegen werden ein einzelner Bitfehler sowie zwei Bitfehler erkannt. Daraus folgt

$$P_\mathrm{F} = \mathrm{prb}(i = 3) \approx 0.0001 \,,$$
$$P_\mathrm{W} = \mathrm{prb}(i = 1) + \mathrm{prb}(i = 2) \approx 0.1425$$

und daraus $\mathrm{prb}(\text{Block fehlerhaft}) = 0.01\%$. Da die fehlerhaften Blöcke, die nicht wiederholt werden, drei Bitfehler enthalten, enthält jeder fehlerhafte Block auch ein fehlerhaftes Quellbit, d.h. die Wahrscheinlichkeit für einen fehlerhaften Block ist auch die gesuchte Wahrscheinlichkeit für einen Bitfehler. Die mittlere Kanalbitrate folgt aus

$$R_\mathrm{K} = \frac{L_\mathrm{Q} + L_\mathrm{P}}{L_\mathrm{Q}} \cdot \frac{1}{1 - P_\mathrm{W}}$$

zu $R_\mathrm{K} \approx 3.5$ bit pro Quellbit.

B.9 Lösungen zu Kapitel 9

Lösung der Übungsaufgabe 9.1 (Variable-Length-Kodierung).

1. Wegen der statistischen Unabhängigkeit der Binärsymbole innerhalb eines
Blocks sind die Wahrscheinlichkeiten der einzelnen Binärsymbole miteinander
zu multiplizieren.

Ereignis	Wahrscheinlichkeit	Kodewort
(0, 0)	0.9^2	0
(0, 1)	$0.9 \cdot 0.1$	10
(1, 0)	$0.1 \cdot 0.9$	110
(1, 1)	$0.1 \cdot 0.1$	111

Die Kraftsche Ungleichung ist erfüllt:
$$2^{-1} + 2^{-2} + 2 \cdot 2^{-3} = 1 \; .$$

2. Mittlere Kodewortlänge:

$$R_Q = 0.81 \cdot 1 + 0.09 \cdot 2 + 0.09 \cdot 3 + 0.01 \cdot 3 = 1.29$$

bit pro Block oder 0.645 bit pro Binärsymbol.
Untere Grenze für mittlere Kodewortlänge:

$$I_e = P_1 \,\mathrm{ld}\, \frac{1}{P_1} + P_2 \,\mathrm{ld}\, \frac{1}{P_2} \approx 0.469$$

bit pro Binärsymbol.

3. Blockkodierung mit 3 Binärsymbolen:
Die Wahrscheinlichkeiten und die Kodewortlängen sind der folgenden Tabelle
zu entnehmen:

Wahrscheinlichkeit	Blöcke (Ereignisse)	Kodewortlänge
$P_1^3 = 0.729$	(0,0,0)	1
$P_1^2 P_2 = 0.081$	(0,0,1), (0,1,0), (1,0,0)	3
$P_1 P_2^2 = 0.009$	(0,1,1), (1,0,1), (1,1,0)	5
$P_2^3 = 0.001$	(1,1,1)	5

Die mittlere Kodewortlänge ist
$$R_Q = 0.729 \cdot 1 + 3 \cdot 0.081 \cdot 3 + 3 \cdot 0.009 \cdot 5 + 0.001 \cdot 5 = 1.598$$

bit pro Block oder etwa 0.533 bit pro Binärsymbol.

Lösung der Übungsaufgabe 9.2 (Prädiktive Kodierung).
Der MQQF ist in beiden Fällen gleich $D \approx s^2/12$. Die mittlere Bitrate in bit pro
Signalwert ist

1. ohne Prädiktion:

$$R \approx \frac{1}{2} \,\mathrm{ld}\, \frac{\sigma^2}{D} + 0.255 \; ,$$

2. mit Prädiktion:

$$R \approx \frac{1}{2} \,\mathrm{ld}\, \frac{\sigma_\mathrm{P}^2}{D} + 0.255 \; .$$

Daraus folgt die Verringerung der mittleren Bitrate durch die Prädiktion um

$$\frac{1}{2}\,\mathrm{ld}\,\sigma^2 - \frac{1}{2}\,\mathrm{ld}\,\sigma_\mathrm{p}^2 = \frac{1}{2}\,\mathrm{ld}\,\sigma^2/\sigma_\mathrm{p}^2 \ .$$

Dies ist ein Unterschied von 4 bit pro Signalwert. Hierbei ist die Quantisierungsschrittweite so klein angenommen, daß der MQQF D bei der Prädiktion kleiner als die Varianz σ_p^2 ist, d.h. es ist

$$s^2/12 < \sigma_\mathrm{p}^2 \ .$$

Lösung der Übungsaufgabe 9.3 (Dekorrelation durch Prädiktion).

Bei einer optimalen Prädiktion ist $h(1) = \rho_1$. Daraus folgt für das Prädiktionsfehlersignal $x_\mathrm{p}(k) = x(k) - \rho_1 x(k-1)$

$$\begin{aligned}
E\{x_\mathrm{p}(k)x_\mathrm{p}(k-1)\} &= E\{[x(k) - \rho_1 x(k-1)][x(k-1) - \rho_1 x(k-2)]\} \\
&= \sigma^2(\rho_1 - \rho_1\rho_2 - \rho_1 + \rho_1^3) = \sigma^2\rho_1(\rho_1^2 - \rho_2) = 0 \ .
\end{aligned}$$

Lösung der Übungsaufgabe 9.4 (Orthogonalitätstheorem).

Es ist zu zeigen, daß bei optimaler Prädiktion gemäß $\widehat{x}(k) = h(1)x(k-1)+h(2)x(k-2)$ der Prädiktionsfehlerwert $x(k) - \widehat{x}(k)$ mit den Signalwerten $x(k-1), x(k-2)$ unkorreliert ist.

Zur Vereinfachung wird im folgenden $\sigma^2 = 1$ gesetzt. Es ist

$$\begin{aligned}
E\{[x(k) - \widehat{x}(k)]x(k-1)\} &= \rho_1 - h(1) - h(2)\rho_1 \\
&= \rho_1 - \frac{\rho_1(1-\rho_2)}{1-\rho_1^2} - \frac{\rho_2 - \rho_1^2}{1-\rho_1^2}\rho_1 \\
&= \frac{\rho_1}{1-\rho_1^2}[1 - \rho_1^2 - (1-\rho_2) - (\rho_2 - \rho_1^2)] = 0
\end{aligned}$$

und

$$\begin{aligned}
E\{[x(k) - \widehat{x}(k)]x(k-2)\} &= \rho_2 - h(1)\rho_1 - h(2) \\
&= \rho_2 - \frac{\rho_1(1-\rho_2)}{1-\rho_1^2}\rho_1 - \frac{\rho_2 - \rho_1^2}{1-\rho_1^2} \\
&= \frac{1}{1-\rho_1^2}[\rho_2(1-\rho_1^2) - \rho_1^2(1-\rho_2) - (\rho_2 - \rho_1^2)] = 0 \ .
\end{aligned}$$

Lösung der Übungsaufgabe 9.5 (Prädiktion mit zwei Signalwerten).

Für $\rho_1 = 0$ ist $|\rho_2| \leq 1$. Für die optimale Prädiktion mit zwei Signalwerten ist

$$h(1) = 0, h(2) = \rho_2$$

und

$$\sigma_\mathrm{p}^2 = \sigma^2(1-\rho_2)(1+\rho_2) = \sigma^2(1-\rho_2^2) \ .$$

Dieses Ergebnis entspricht der optimalen Prädiktion mit einem Signalwert:

$$h(1) = \rho_1, \sigma_\mathrm{p}^2 = \sigma^2(1-\rho_1^2) \ .$$

Wegen $\rho_1 = 0$ wird der Signalwert $x(k-1)$ nicht zur Schätzung des Signalwerts $x(k)$ benutzt.

Lösung der Übungsaufgabe 9.6 (Dekorrelation mit der DCT).

Die beiden DCT-Koeffizienten lauten

$$\widetilde{x}(1) = \frac{1}{\sqrt{2}}[x(1) + x(2)] \, , \ \widetilde{x}(2) = \frac{1}{\sqrt{2}}[x(1) - x(2)] \, .$$

Daraus folgt

$$E\{\widetilde{x}(1)\widetilde{x}(2)\} = \frac{1}{2}(\sigma^2 - \rho_1\sigma^2 + \rho_1\sigma^2 - \sigma^2) = 0 \, .$$

Lösung der Übungsaufgabe 9.7 (Vektorquantisierung).

1. Die Quellbitrate beträgt

$$R_\mathrm{Q} = \frac{\mathrm{ld}\,4}{2} = 1$$

   bit pro Eingangswert.
2. Die Quantisierungszellen sind Kegel mit dem Öffnungswinkel 90 Grad und dem Nullpunkt als Scheitelpunkt.
3. Der folgende Algorithmus liefert den Kodevektor, der dem Eingangsvektor $(x(1), x(2))^T$ am nächsten ist:
   Bestimme den Eingangswert $x(1), x(2)$ mit dem größten Betrag und quantisiere diesen Eingangswert (skalar) mit 1 oder -1 abhängig von seinem Vorzeichen. Der andere Eingangswert wird mit der 0 (skalar) quantisiert. Der Unterschied zur skalaren Quantisierung besteht darin, das der betragsmäßig größte Eingangssignalwert mit einem Bit quantisiert wird anstelle des Signalwerts $x(1)$. Die Quellbitrate ist daher größer als bei der skalaren Quantisierung, da die Information, welcher Eingangssignalwert betragsmäßig am größten ist, in den Kodevektoren enthalten ist.
4. Für $M > 2$ kann man wie folgt quantisieren:
   Bestimme den Eingangswert $x(1), x(2), \ldots x(M)$ mit dem größten Betrag und quantisiere diesen Eingangswert (skalar) mit 1 oder -1 abhängig von seinem Vorzeichen. Die anderen Eingangswerte werden mit der 0 (skalar) quantisiert. Die Kodevektoren sind $e_1, \ldots e_M, -e_1, \ldots - e_M$. Sie sind Schwerpunkte der Seiten eines Würfels der Dimension M. Die Quantisierungszellen sind ebenfalls Kegel mit dem Scheitelpunkt 0. Die Quellbitrate beträgt

$$R_\mathrm{Q} = \frac{\mathrm{ld}\,(2M)}{M}$$

   bit pro Eingangswert. Die Quellbitrate nimmt somit mit zunehmender Vektordimension M ab. Die Datenkompression (für eine Gauß-pdf) ist besser als bei einer skalaren Quantisierung, bei der beispielsweise der erste Signalwert $x(1)$ skalar mit einem Bit und die übrigen Eingangssignalwerte $x(2), \ldots x(M)$ mit der 0 quantisiert werden [25].

Literaturverzeichnis

1. Lüke H.D. (1999) Signalübertragung – Grundlagen der digitalen und analogen Nachrichtenübertragungssysteme, 7. Auflage, Springer, Berlin Heidelberg
2. Unbehauen R. (1997) Systemtheorie – Allgemeine Grundlagen, Signale und lineare Systeme im Zeitbereich und Frequenzbereich, Bd. 1: 7. Auflage, Oldenbourg, München Wien
3. Tietze U., Schenk Ch. (1999) Halbleiter-Schaltungstechnik, 11. Auflage, Springer, Berlin Heidelberg
4. Bronstein I.N., Semendjajew K.A. (1999) Taschenbuch der Mathematik, 4. Auflage, Deutsch, Frankfurt a.M.
5. v.Mangoldt, Knopp (1974, 1975) Einführung in die höhere Mathematik, Bd. II, III: 14. Auflage, Bd. IV: 2. Auflage, Hirzel, Stuttgart
6. Wloka, J. (1971) Funktionalanalysis und Anwendungen, 1. Auflage, de Gruyter, Berlin
7. Schüßler H.W. (1994) Digitale Signalverarbeitung, Bd. 1: 4. Auflage, Springer, Berlin Heidelberg
8. Kammeyer K.D., Kroschel K. (1998) Digitale Signalverarbeitung, 4. Auflage, Teubner, Stuttgart
9. Vogel P. (1987) An algebraic model for finite area convolution, AEÜ, Bd. 41, S. 123–127
10. Pratt W.K. (1991) Digital Image Processing, 2. Auflage, John Wiley and Sons, New York
11. Netravali A.N., Haskell B.G. (1995) Digital Pictures – Representation, Compression, and Standards, 2. Auflage, Plenum Press, New York
12. Meyberg K. (1991, 1998) Höhere Mathematik 1 und 2, Bd. 1: 3. Auflage, Bd. 2: 1. Auflage, Springer, Berlin Heidelberg
13. Bauer H. (1978) Wahrscheinlichkeitstheorie und Grundzüge der Maßtheorie, 3. Auflage, de Gruyter, Berlin
14. Hänsler E. (1977) Entwurf optimaler Impulse für Pulse-Amplituden-Modulations-Systeme mit statistisch schwankendem Abtastzeitpunkt, AEÜ, Bd. 31, S. 349–354
15. Vogel P. (1986) Pam-systems including timing jitter – a game-theoretical approach, AEÜ, Bd. 40, S. 163–168
16. Gallager R.G. (1968) Information Theory and Reliable Communication, 1. Auflage, John Wiley and Sons, New York
17. Furrer F.J. (1981) Fehlerkorrigierende Block-Codierung für die Datenübertragung, 1. Auflage, Birkhäuser, Basel Stuttgart
18. Fano, R.M. (1966) Informationsübertragung - Eine statistische Theorie der Nachrichtenübertragung, 1. Auflage, Oldenbourg, München Wien
19. Berger T. (1971) Rate Distortion Theory – A Mathematical Basis for Data Compression, 1. Auflage, Prentice-Hall, Englewoord Cliffs, N.J.

20. Papoulis A. (1991) Probability, Random Variables, and Stochastic Processes, 3. Auflage, McGraw-Hill, Boston
21. Speidel J., Vogel P. (1988) Space and transform domain filtering in hybrid coders, AEÜ, Bd. 42, S. 230–235
22. Vogel P. (1995) Source coding by classification, IEEE Transactions on Communications, vol. 43, S. 2821–2832
23. Fischer T.R. (1986) A pyramid vector quantizer, IEEE Transactions on Information Theory, vol. 32, S. 568–583
24. Conway J.H., Sloane N.J.A. (1982) Fast quantizing and decoding algorithms for lattice quantizers and codes, IEEE Transactions on Information Theory, vol. 28, S. 227–232
25. Vogel P. (1994) Analytical coding of Gaussian sources, IEEE Transactions on Information Theory, vol. 40, S. 1639–1645
26. Sakrison P.J. (1968) A geometric treatment of the source encoding of a Gaussian random variable, IEEE Transactions on Information Theory, vol. 14, S. 481–486
27. Köthe G. (1966) Topologische lineare Räume, Bd. 1: 2. Auflage, Springer, Berlin Heidelberg

Sachverzeichnis

Springer und Umwelt